口服固体制剂
制造风险管控关键技术要点

国家药典委员会
中国食品药品国际交流中心 **组织编写**

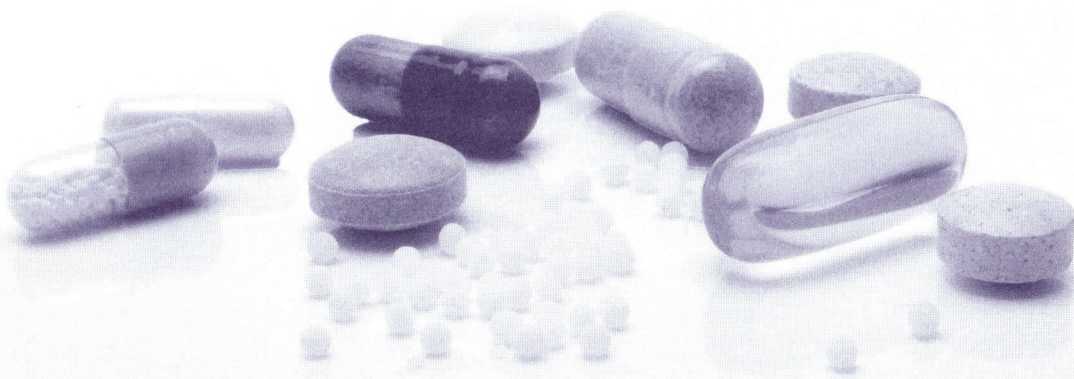

中国健康传媒集团
中国医药科技出版社

图书在版编目（CIP）数据

口服固体制剂制造风险管控关键技术要点 / 国家药典委员会，中国食品药品国际交流中心组织编写 . — 北京：中国医药科技出版社，2022.7

ISBN 978-7-5214-2901-5

Ⅰ . ①口… Ⅱ . ①国… ②中… Ⅲ . ①内服药—固体—制剂—生产工艺—指南 ②内服药—固体—制剂—检查—指南 Ⅳ . ① TQ460.6-62

中国版本图书馆 CIP 数据核字（2021）第 238928 号

美术编辑　陈君杞
版式设计　也　在

出版　**中国健康传媒集团** ｜ 中国医药科技出版社
地址　北京市海淀区文慧园北路甲 22 号
邮编　100082
电话　发行：010-62227427　邮购：010-62236938
网址　www.cmstp.com
规格　710×1000mm $\frac{1}{16}$
印张　42 $\frac{1}{2}$
字数　816 千字
版次　2022 年 7 月第 1 版
印次　2022 年 7 月第 1 次印刷
印刷　三河市万龙印装有限公司
经销　全国各地新华书店
书号　ISBN 978-7-5214-2901-5
定价　**220.00 元**

获取新书信息、投稿、为图书纠错，请扫码联系我们。

参与编写人员（以姓氏笔画为序）

邓 哲　叶思媛　白燕琳　戎志刚　成 微

汤 军　孙海青　李 扬　李 睿　李柏刚

杨大力　杨国光　杨胜利　沙宇峰　沈斌彬

张 震　陈彪　陈小容　陈积沪　单广龙

房 超　周 凯　赵 俊　赵建峰　柯 颖

俞 杰　袁炳辉　贾晓燕　顾 彬　徐小平

高晓东　陶 珺　陶一飞　章洪方　董新城

鲁军武　谢必山　谢杨聪　赖观平　鲍夏玉

蔡仕国　魏筱华　Joerg Pieper

感谢以下单位对本书编纂的支持：

创志科技（江苏）股份有限公司

上海勃林格殷格翰药业有限公司

香港奥星集团

楚天科技股份有限公司

东富龙科技集团股份有限公司

哈尔滨纳诺机械设备有限公司

前言

口服固体制剂包括片剂、胶囊剂、颗粒剂、丸剂和口服散剂等，是药物制剂的重要剂型。现行版《中国药典》收载口服固体制剂各类剂型近20种。目前，我国生产的药品制剂总量的50%以上是口服固体制剂。口服固体制剂种类丰富、便于携带、服用方便、使用广泛、储运条件要求不高，是国内外临床疾病治疗普遍使用的药物制剂。

我国化学药口服固体制剂以仿制药为主，国家药品安全"十一五"至"十三五"规划期间，通过大力深化药品审评审批制度改革，积极开展仿制药质量和疗效一致性评价，加快实施原料药、药用辅料和药包材关联审评审批制度，持续推进"药品标准提高行动计划"，口服固体制剂在基础研究、工艺设计、生产设施、风险评估、质控项目设定和标准限度制定等方面得到明显加强，药品质量显著提升，临床用药安全有效得到进一步保障。

2018年，国家药品监督管理局正式成为国际人用药品注册技术协调会（ICH）管委会成员，有力推进了我国药品研制、生产、检验、监管相关技术法规和技术要求与国际全面接轨，加快了我国医药产业国际化的步伐。当前，药品质量源于设计（QbD），实施药品全生命周期的管理理念已成为我国药品监管机构和工业界的普遍共识。尽管口服固体制剂不属于高风险制剂，但生产全过程质量管理、生产工艺各环节的风险管控，是保障口服固体制剂产品质量稳定、安全有效的基础。药品监管机构和业界日益意识到口服固体制剂的研究开发、工艺设计、工艺验证、关键工艺参数的建立、原辅包特性的特性研究、筛选，质量标准的建立、严格执行批准的工艺流程、工艺参数和质量控制，对保证终端产品质量的意义和重要性。

随着全球制药工业的飞速发展，新型口服固体制剂研制上市，新技术、新设备、新工艺、新方法不断应用在口服固体制剂的研制、生产和检验。口服固体制剂的制造工艺越来越复杂，生产规模也不断扩大，对原料药、药用辅料的要求越来越高，生产过程控制日益精细化，生产设施高度集成自动化，先进检测技术不断应用到产品质量控制，在不断满足当前临床用药的需要和医药产业发展的同时，也给口服固体制剂的研制、生产、监管、质量评价和风险管控带来了极大的挑战。

为此，中国食品药品国际交流中心组织国家药品监督管理局食品药品审核查验中心、国家药典委员会、中国食品药品检定研究院等相关技术机构的资深专家，以及一批长期从事药品研发和生产的国内外制药行业技术专家，针对临床常用口服固体制剂的剂型，结合国内外监管机构和行业在口服固体制剂制造和质量控制风险管控的要求和成熟经验，编纂了《口服固体制剂制造风险管控关键技术要点》一书，对口服固体制剂的发展沿革、国内相关技术法规、生产用原料药、药用辅料、药包材质控要求和检测方法、口服固体制剂的厂房设施、生产设备、生产控制系统设计、验证、运行等技术规范、关键技术要点和风险管控措施进行了全面系统的阐述。本书通过具有代表性的案例分析，对口服固体制剂质量控制要求，风险关注点以及相关管控措施进行了深入的阐述解析和技术解读。本书还对当前口服固体制剂前沿技术的应用，如连续制造、3D 打印、纳米技术以及热熔挤出技术等在口服固体制剂制造应用进行了全面的介绍，并就工艺设计、工艺关键质控点和风险防控措施等方面提出了技术解决方案。

本书将药品生产全生命周期管理的理念贯穿于口服固体制剂制造全过程的风险管控，基于药品良好的生产管理规范（GMP），将影响药物制剂的各个要素，包括原料药、药用辅料、药包材进行关联评价，同时，将各类口服固体制剂制造关键要素有机融合，综合进行评价，并对各国相关的技术法规和技术指导原则进行了全面梳理和系统阐述，帮助药品监管、研发、生产、检验机构和相关生产企业的从业人员更好地了解口服固体制剂的制造风险管控关键要点、防控手段和应对措施，是一部极具参考价值的技术书籍。对强化我国口服固体制剂药品全过程质量控制，完善药品质量标准，加强药品质量的可控性，提升我国药品监管能力、更好地保障口服固体制剂药物安全性和有效性发挥重要作用。

谨此对参与本书编写的全体专家和工作人员表示诚挚的谢意。由于编制时间紧，涉及范围广，在编写工作中难免有错误之处，对此，敬请广大读者批评指正。

张伟　董江萍

2022 年 5 月

目录

3

1 口服固体制剂概述

1.1 定义与特点

口服固体制剂系指药物以固体形式经口服进入体内并在胃肠道释放和吸收的一大类制剂的总称。与液体制剂比较，口服固体制剂具有物理、化学、生物稳定性良好，生产成本低，包装运输、携带使用方便等特征。因此，口服固体制剂是目前研究、应用最广泛的药物制剂。口服固体制剂剂型多样，本章将针对常用的片剂、胶囊剂、颗粒剂、丸剂、散剂等进行阐述。

1.1.1 片剂

片剂系指由药物与适宜的辅料混匀压制而成的片状制剂。片剂是现代药物制剂中应用最广泛的剂型之一，也是口服固体制剂中最常见的剂型。片剂生产成本低，生产机械化和自动化程度高，产量大，化学稳定性好，受外界空气光线水分等因素影响较小，服用时易于分剂量，患者依从性好。口服片剂又包含普通片、含片、舌下片、口腔贴片、咀嚼片、分散片、可溶片、泡腾片、缓释片、控释片、肠溶片与口崩片等多种亚剂型，是当前临床最常用、各国药典收载最多的剂型。

1.1.2 胶囊剂

胶囊剂系指药物（或加有辅料）充填于空心硬质胶囊或密封于软质囊材中的固体制剂，可分为硬胶囊剂和软胶囊剂。其中，药用空心胶囊是硬胶囊剂的重要辅料，是由可套合和锁合的帽和体两节组成的质硬且有弹性的圆筒状空囊。软胶囊由于其软质囊壳弹性大，又可称为弹性胶囊剂或胶丸剂。胶囊剂能有效掩盖药物不良味道，提高药物稳定性，使液态药物固体剂型化，亦可对内囊材或囊壳进行包衣等制成缓控释、定位或择时释药胶囊。

1.1.3 颗粒剂

颗粒剂系指药物与适宜的辅料混合制成具有一定粒度的干燥粒状制剂，可直接冲服或冲入水中饮服。上述药物包括化学药物、中药提取物和药材细粉。颗粒剂可分为可溶颗粒、泡腾颗粒、混悬颗粒等，其包衣后亦可制成肠溶颗粒、缓释颗粒和控释颗粒等。颗粒剂的飞散性、团聚性、吸湿性等与散剂相比均有所改善，多成分混合后利用黏合剂制备成颗粒，可防止各成分的离析，且颗粒剂贮存运输方便。

1.1.4 丸剂

丸剂系指原料药物与适宜的辅料制成的球形或类球形固体制剂。中药丸剂包括蜜丸、水蜜丸、水丸、糊丸、蜡丸、浓缩丸和滴丸等。化学药丸剂包括滴丸、糖丸等。滴丸剂系指原料药物与适宜的基质加热熔融混匀，滴入不相混溶、互不作用的冷凝介质中制成的球形或类球形制剂。滴丸的制备是基于固体分散体原理，具有溶出快、生物利用度高等特点；但滴丸剂同时具有稳定性差、剂量小、可供选择的滴丸基质和冷凝剂品种少的缺陷。根据作用特点，滴丸剂可分为速效高效滴丸、溶液滴丸、栓剂滴丸、硬胶囊滴丸、脂质体滴丸、缓控释滴丸等多种类型。

1.1.5 散剂

散剂系指药物与适宜的辅料经粉碎、均匀混合制成的干燥粉末状制剂。散剂是一类传统的剂型，尤其在我国中药制剂中应用广泛。内服散剂可分为调散和煮散。除另有规定外，口服散剂为细粉，一般在水中溶解或混悬后服用。散剂由于粒度小，比表面积大，因此起效快，但分散度大也带来吸湿性、化学活性、刺激性等方面的不良影响。

1.1.6 其他基于制剂新技术的剂型

主要包括微囊与微球。微囊系指利用天然或合成的高分子材料作为囊材，将固体药物或液体药物包裹成囊；微球系指将药物溶解或分散在高分子材料中，形成骨架型微小球状实体。微囊和微球的粒度范围在 1~250μm，属于微米级，又统称微粒。药物制备成口服微粒能掩盖药物不良气味、使液态药物固态化、提高药物稳定性、减少药物对胃刺激性、避免肝脏首过效应，亦可制成口服缓控释制剂。近年来采用微囊或微球技术制备的药物已经有 30 多种，如解热镇痛药、抗生素、多肽、避孕药、维生素、抗癌药以及诊断用药等。

1.2 发展概况与趋势

1.2.1 口服固体制剂历史沿革

1.2.1.1 片剂

片剂最早形态为模印片，由英国人 Brockedon 于 1843 年创制。到 1876 年 Remington 等人发明了压片机，由此出现了压制片（Compressed Tablets）。19 世纪末，随着新型压片机械的出现与不断改进，压制片的生产和应用得到了迅速发展。片剂发展至今已有一百多年的历史，其产量大、使用方便、品种多样，在各国药典所收载的片剂占各类品种三分之一以上。近年来片剂生产技术与设备取得了日新月异的发展，如沸腾制粒、全粉末直接压片、半薄膜包衣、3D 打印技术、干粉旋转式压片机、符合 GMP 认证的 ZP 系列旋转式压片机、生产联动化等。优质黏合剂、崩解剂、多用途辅料、复合辅料、包衣辅料等的应用均在推动常规片剂制备工艺的完善，不断提升了片剂质量。速释、缓控释、择时、定位等新型片剂也有长足的进展。

1.2.1.2 胶囊剂

硬胶囊剂的出现最早可追溯到公元前 1500 年的埃及。至 1846 年两节式硬胶囊制造技术在法国获得专利，出现药用空心胶囊，随即很多关于药用空心胶囊的发明专利在此基础上不断改进以适应工业化生产需求。1872 年法国首先研发了胶囊制造充填机。1874 年在底特律开始硬胶囊的工业化制造。1931 年，Parke-Davis 公司首次成功设计并制造了自动空心胶囊生产线。目前的空心胶囊生产线也是在 Parke-Davis 公司的设计基础上持续进行改进，不断提高产品质量和生产效率。硬胶囊剂也是中药制剂研发中应用较广的一种剂型。20 世纪 70 年代后，中药单味或复方硬胶囊剂的品种逐渐增加，如毛冬青胶囊、复方满山红胶囊等。自 20 世纪 80 年代起，肠溶胶囊剂、缓控释胶囊剂的研发备受重视。

软胶囊于 1935 年问世，随着旋转式软胶囊机的引入，我国自 20 世纪 80 年代后软胶囊剂的生产能力、技术水平、产品质量、产品品种均得到发展与提高，且生产模式逐步向机械自动化方向发展。

胶囊剂的发展主要受限于设备的更新以及新型囊材的发展。其中，软胶囊与硬胶囊均使用药用明胶为主原料，但药用明胶来源于猪骨、牛骨等动物组织，在一定程度上存在动物源性外源因子污染的潜在风险，如疯牛病等。目前，植物胶囊如羟丙基淀粉空心胶囊、羟丙基甲基纤维素空心胶囊、普鲁兰多糖空心胶囊等作为囊材，逐渐用于胶囊剂制备。植物胶囊具有不易受水分和温度影响、不含抑菌剂残留、低含量重金属等优势，在一定程度上为胶囊剂囊材提供更多的选择。

1.2.1.3 颗粒剂

颗粒剂是在溶液剂、汤剂、糖浆剂基础上发展起来的剂型，能有效解决携带不便、储存困难、稳定性差等缺陷。颗粒剂也可作为中间剂型，进一步制备成常规以及缓控释胶囊剂和片剂。与化学药相比，颗粒剂在中药制剂中应用更广泛。我国药典收载的颗粒剂以中药颗粒剂为主体。中药颗粒剂出现于 20 世纪 60 年代，《中国药典》1977 年版首次收载，起初以"冲剂"命名。随着粒度、硬度、水分等质量标准的逐步完善，提取、纯化、浓缩、成型工艺的快速提升，制粒新设备的引入，以及辅料应用、掩味技术研究等的不断深入，中药颗粒剂向着多剂型（包衣型、泡腾型、吞服型、无糖型等）发展，呈现使用方便、剂量准确、方便保管、易于吸收、安全性高等优势。

1.2.1.4 丸剂

本部分将重点针对丸剂中的滴丸剂。滴制法制丸起始于 1933 年丹麦首次制成维生素 AD 滴丸后，维生素 A、维生素 AD、维生素 ADB_1、维生素 ADB_1C、苯巴比妥、酒石酸锑钾滴丸相继问世。20 世纪 30 年代至 50 年代滴丸剂制造理论尚不成熟，不能解决实际生产的难题，无法保证产品的质量。20 世纪 60 年代末，我国研发人员探索发现，将固体分散技术应用于滴丸剂的制备可显著提高药物疗效，且滴丸剂在制备理论、生产设备等方面有了长足的发展，已具备工业化生产条件。《中国药典》从 1977 年版开始收载化学药滴丸剂，是首个收载滴丸剂的药典。我国中药滴丸剂的研发始于 1968 年芸香油滴丸的试制，中药滴丸剂最初收载于《中国药典》（1990 年版）。自此，滴丸剂不仅品种增加，而且在药典中收载滴丸剂制剂通则，其质量检查方法有明确规定。从已上市的滴丸剂品种总结发现，化学药滴丸以耳用滴丸为主，而滴丸剂在口服固体制剂领域的应用是以中药滴丸为主。中药滴丸剂可与片剂、胶囊剂等结合，避免药物配伍禁忌或合理调控释药速度，开发高效、速效、长效和毒性低、副作用少、用量小的目标制剂。但是，滴丸剂含药量低、滴丸基质与冷凝剂的特殊要求会在一定程度限制其开发和使用范围。

1.2.1.5 散剂

散剂是我国医学应用最早的剂型之一，在《黄帝内经》中即被认为是"丸、散、膏、丹"四大基本剂型之一，其起于先秦，兴于汉代，盛于唐宋，衰于明清。在先秦两汉至宋代期间各大医书记载的方剂中，散剂出现的频次最高。《五十二病方》是我国现存最早的医方著作，散剂是该书方剂中数量最多的剂型，但书中未提出"散剂"之名，直至《伤寒杂病论》首次提出"散"的名称，如四逆散、当归赤小豆散等。《中国药典》（2015 年版）一部共收载 50 多种中药散剂，如七厘散、八味清心沉香散等。在现代医疗中，由于片剂、胶囊剂等现代固体剂型的发展，且散剂自身稳定性差、刺激性高等显著缺陷，化学药品极少制成散剂，《中国药典》（2000 年版）二部仅收载了 3 种，如牛磺酸散、磷霉素氨丁三醇散等。

1.2.2　口服固体制剂发展趋势

随着医药行业的发展，人们对药品发挥药效的准确度和精确度要求随之提高，为了克服普通口服固体制剂可能存在的释药迟缓、生物利用度低及给药次数过多等弊端，基于制剂新技术发展的口服速释、缓控释、定位或择时给药固体制剂等应运而生，并伴随着新技术、新工艺、新设备、新材料在制药领域的应用得到蓬勃的发展。

1.2.2.1　口服固体速释制剂

已批准上市的口服固体制剂的统计分析报告结果表明，口服固体速释制剂为发展的主要趋势之一。与普通制剂相比，口服固体速释制剂经人体服用后能快速溶解或崩解，尤其是其中难溶性药物主成分能被快速吸收、显著提高其生物利用度。近年来口服固体速释制剂的剂型不断增加，主要包括分散片、口崩片、滴丸（固体分散制剂）、速溶片、泡腾片、舌下片、固体自乳化 / 自微乳化制剂等。基于冷冻干燥技术成型的口崩片以及采用 3D 打印技术制备的制剂产品成为口服固体速释制剂研发的新生军。采用冻干工艺制备的口崩片密度小、孔隙率大，在数秒内即可于口腔中快速崩解释放药物，崩解速度比压片法制备的口崩片快 10 倍以上。此外，冻干技术的使用可以避免药品因高热变质，且含水量低、微生物不易生长繁殖，易于保存。美国惠氏公司最先以冷冻干燥技术开发 2 个品种：奥沙西泮和劳拉西泮。而目前已有 60 多种药品运用该技术制备。3D 打印技术能使药物粉末堆积固化成型，由于其中药粉不经压缩，因此制剂孔隙率较高，有利于制剂崩解。美国 Aprecia 公司采用 ZipDose 技术研制了左乙拉西坦速溶片，其只需少量水即可在 11 秒内崩解，用以治疗癫痫、肌阵挛发作等疾病。总而言之，口服固体速释制剂以提高普通固体制剂的药物溶出和生物利用度为目的，促进需快速起效的药物、难溶性药物高效制剂的快速发展。

1.2.2.2　口服固体缓控释制剂

缓控释制剂，尤其是复方缓控释制剂是口服固体制剂的发展重点。口服固体缓控释制剂系指能让药物在体内缓慢地恒速或非恒速释放以控制药物的吸收速度的一大类高端制剂。该制剂不仅使血药浓度在较长时间内维持在有效浓度范围，减少了用药次数，而且可避免峰谷现象，有利于降低药物的毒副作用。随着药物制剂关键技术和药物新剂型研究的发展，口服固体缓控释制剂不仅能做到控制药物释放的速度，而且形成了定速、定时、定位释药等分支。根据缓控释技术和功能分类，一般可分为骨架型制剂、薄膜包衣型制剂、渗透泵片、胃内滞留片、结肠定位控释制剂等。口服固体缓控释制剂是发展较早的一类新剂型，至今已有40余年的研发历史，其中以片剂应用最为广泛，片剂中又以缓控释骨架片居多。除片剂以外，口服固体缓控释制剂也涵盖上述胶囊剂、滴丸剂、微球等多种剂型。目前国内市售口服固体缓控释制剂产品有数十种，例如复方布洛芬伪麻黄缓释片等。然而，该类制剂的进一步发展与优化受限于药物制剂关键技术和制药新辅料、新设备、新工艺的发展。因此在加快科技发展以及增强学科交叉融合的大背景下，科研机构和生产企业需不断提高研发及生产水平，以期打造属于固体口服缓控释制剂的"医药工业4.0"。

1.2.3 其他口服固体制剂新技术与产品

1.2.3.1 纳米结晶技术及其产品

纳米结晶（NanoCrystal）也被称为纳米混悬液，是以表面活性剂或聚合物为稳定剂，将纳米尺度的药物微粒分散于水中形成的稳定胶态分散体系。以纳米结晶作为中间体，利用冷冻干燥技术或流化床技术制成纳米结晶粉末，可进一步研制成口服固体制剂。纳米结晶技术因颗粒的微尺寸能够提高药物饱和溶解度，增加药物溶出率，延长药物体内滞留，从而提高难溶性药物口服生物利用度。纳米结晶技术被视为是目前最为成功的一种纳米技术，于1994年首次被研发，2000年，惠氏公司推出首个市售产品西罗莫司片，随后其他纳米结晶制剂相继上市，如默克制药公司的化疗止吐药阿瑞匹坦、Abbott公司的非诺贝特等。随着科技的发展，基于纳米结晶的口服固体制剂质量标准不断提高，效率高、污染少、可控性高的设备亟待开发。纳米结晶技术正朝着制备粒度更小、物理稳定性更佳，适应大规模工业化生产的方向快速发展。

1.2.3.2 口腔膜剂

口腔膜剂是一种供口服的固体膜状制剂，其具有使用方便，口腔内溶解、释药迅速、分剂量准确、适用人群广的特点；口腔膜剂以口腔黏膜吸收入血，能有效避免首过效应。口腔膜剂是一类新兴口服固体制剂。2010年，美国食品药品管理局（FDA）首次批准第一例舌溶膜剂处方药——昂丹司琼舌溶膜。目前口腔膜剂在全身用药方面快速推广，如用于哮喘、止吐、胃肠道功能紊乱以及助眠等。但口腔膜剂一般较柔软、强度低，为了便于运输、贮存和使用，需加强包装强度和厚度，还需有效隔绝空气和水蒸气，加强密封性，以保障药物稳定性。作为新型口服固体制剂，口腔膜剂的发展和应用已对制备技术、工艺、辅料、设备提出了高要求；并且其研发方向已经从单一的以提高药物溶出速度、方便给药为目标，发展为促进难吸收的药物（尤其是生物大分子活性成分等）的透膜吸收、显著提高其生物利用度方面。

1.2.3.3 连续化生产模式

口服固体制剂除了基于剂型和制剂技术的创新和发展，其生产模式也在逐步优化，正从传统的分批式生产向连续生产转变。分批式生产的中间、最终产品都要经离线检测来保证质量，而连续生产药品的关键质量属性（Critical Quality Attributes，CQA）则可通过在线实时监测得到控制，其中过程分析技术（Process Analysis Technology，PAT）的应用是关键，PAT的发展将为连续制造技术投入药品工业化生产提供有力支撑。

1.3 制剂工艺与设计

1.3.1 一般工艺流程和设备

口服固体制剂虽种类繁多，但在制备工艺方面却有相似之处，所有的口服固体制剂都需经过配料、粉碎过筛、混合操作。把粉状物料混合后，直接分装，即得散剂；把粉状物料混合进行制粒后进入袋包间分装，可得颗粒剂；如果把制备的药物颗粒灌入胶囊，即得胶囊剂；把制备的颗粒进行压片，即得片剂；片剂包衣后可获得包衣片剂。此外，在各工艺模块利用新技术、新辅料可以进一步制备得到速释、缓释、控释型口服颗粒剂。

1.3.1.1 粉碎和过筛

粉碎系指借助机械力将大块物料破碎成小颗粒或细粉的操作，其有利于各成分混合均匀和从天然产物中提取有效成分，能提高固体药物在介质中的分散度，且能提高难溶性药物的溶出度及生物利用度。粉碎所借助的外加机械力主要包括冲击力、压缩力、剪切力、弯曲力、研磨力等，并有闭塞粉碎、自由粉碎、开路粉碎、循环粉碎、干法粉碎、湿法粉碎、低温粉碎等多种方式。目前口服固体制剂常用粉碎设备包括万能粉碎机、流能磨、球磨机等。

筛分是利用筛网的孔径大小将粉碎后的不同粒度物料进行分离的操作。筛分的目的主要是获得一定粒度范围的物料颗粒群，筛除粗粒、细粉、异物或杂质等，以满足进一步的制剂制备需求。常用的药筛分为冲眼筛和编织筛，工业生产常用振荡筛和旋振筛。

1.3.1.2 混合

混合系将两种以上组分利用对流、剪切、扩散等原理混合均匀的操作。散剂的粒度小、分散度大，因此混合均匀是保证散剂质量的关键。散剂混合常采用等量递加混合法，即先称取小剂量的药粉，然后加入等体积的其他成分混匀，依次倍量增加，直至全部混匀。工业生产用混合设备有容器旋转型、容器固定型和复合型混合机，如 V 型混合机、搅拌槽式混合机、锥形垂直螺旋混合机等；其中复合型混合机是针对前两者无法彻底清洗、容易导致交叉污染等问题改进而来，主要包括二维或三维运动混合设备，具有占用空间小、混合更充分、易出料、桶内无死角等特点。

1.3.1.3 制粒

制粒是将粉状、块状、熔融液、水溶液等状态的物料经过加工，制成具有一定形状与大小的颗粒状物的操作。对颗粒剂而言，制粒物为最终产品，不仅要求流动性好，而且外形美观均匀；对片剂而言，制粒物为中间品，不仅要求流动性好，而且要保证较好的压缩成型性。常见的制粒方法有湿法制粒和干法制粒等。

湿法制粒是通过向粉状物料中加适宜的润湿剂或黏合剂，将粉末制成颗粒的方法。湿法制粒方式多样，包括挤压制粒、转动制粒、高速搅拌制粒、流化床制粒、复合型制粒、喷雾型制粒、液相中析晶制粒等。目前工业化生产制粒单元操作常用设备为：高速搅拌制粒机、转动制粒机、流化制粒机、喷雾制粒机以及复合型制粒机。

干法制粒是将药物与辅料的粉末混合均匀、压缩成大片状或板状后再粉碎成颗粒的方法，是依靠压缩力使粒子间产生结合力。必要时可以在辅料中加入干黏合剂，以增加粒子间结合力，保证片剂的硬度和脆度合格。干法制粒常用于热敏性物料、遇水易分解药物的制粒。常用的干法制粒方法有压片法和滚压法。

当前制粒机的发展与计算机紧密结合，实现机电一体化控制，将自动化操作程序、自动检验系统、数据收集系统等用于制粒机，最大程度减少人员介入，确保产品重现性良好，保障产品机械柔性化，提高生产效率，同时降低成本。例如 2012 年瑞士 Gerteis 公司的辊压式制粒机，在降低成本和提高效率的同时响应了美国 FDA 提倡的"连续制造"要求，将原料药和辅料采用连续混合的进料方式，运用电脑操作宏观调控制粒、压粒的过程，生产工序简化，提高了产品质量。

1.3.1.4 压片

压片工艺单元是由辅料与药物主成分混合后，在强大的外在机械力作用下将其压制成片。物料的流动性和可压性是影响片剂成型的关键因素，制粒是改善物料流动性、压缩成形性的有效方法之一，因此制粒压片法是传统而基本的方法。近年来，随着优良辅料和先进压片机的出现，粉末直接压片法得到了越来越多的关注，因其省去了制粒的步骤，工序少、工艺简单且省时节能，有些国家甚至 60% 以上的压片工艺均采用粉末直接压片法。实验室工艺小试常用单冲压片机，工业大生产多采用高速旋转压片机。此外，按压片次数分一次压制压片机和二压压片机；按片层又可分为双层压片机和有芯压片机等。近年来，规模化、先进的在线检测技术、模块化、自动化、密闭性是压片技术的主要发展方向。

1.3.1.5 包衣

药物制剂中的包衣技术始于 20 世纪 50 年代，早期包衣主要目的是为了改善药物外观、口感，增强药物稳定性、掩盖药物不良臭味等，随着包衣技术的发展，现在包衣的主要目的还包括控制药物的定时、定速、定位释放。基本的包衣工艺包括糖包衣、薄膜包衣和压制包衣法。糖包衣是传统的包衣方法，但其耗时长、辅料用量多且易吸湿，因此已逐渐被薄膜包衣取代，目前主要被用于中药片剂的包衣。与糖包衣相比，薄膜包衣耗时短、工序简单、包衣增重少、吸湿小且片上可以印字，普及更广；其包衣工艺主要为有机溶剂包衣法和聚合物水分散体包衣法。有机溶剂包衣法消耗材料用量少，表面光滑均匀，但要严格控制有机溶剂残留量；聚合物水分散体包衣法较安全，但与前者相比包衣后相对增重较多，能量消耗大。

包衣设备大体分为三类，即锅包衣装置、转动包衣装置、流化包衣装置。锅包衣装置的包衣过程是在包衣锅内完成，最为经典也最常用，包括倾斜包衣锅、埋管包衣锅及高效水平包衣锅。转动包衣装置是在转动制粒机的基础上发展起来的，主要用于微丸的包衣。流化床包衣装置包括三种形式：流化型、喷流型和流化转动型。目前国外还有压制包衣设备，即用两台压片机联合实施压片，一台压片机专门用于压制片芯，后将片芯输送至另一包衣转台的膜孔中，膜孔底部已有包衣材料，随着转台的转动，片芯上面又加入约等量的包衣材料，加压后压制成包衣片剂。此外，基于静电学原理的包衣设备、旋转流化床干法包衣设备等新型的工艺设备也在不断地被研发推进。

1.3.1.6 胶囊剂充填

胶囊剂制备工艺主要为硬胶囊、软胶囊、缓控释及肠溶胶囊的制备。硬胶囊剂的制备一般分为空心胶囊的制备、填充物料的制备、填充与套合镶帽等工艺过程。空胶囊系由囊体和囊帽组成，其主要制备流程如下：溶胶→蘸胶（制胚）→干燥→拔壳→切割→整理，一般由自动生产线完成。胶囊剂填充方式可归为四种类型：一是由螺旋钻压进物料；二是用柱塞上下往复压进物料；三是自由流入物料；四是在填充管内，先将药物压成单位量药粉块，再填充于胶囊中。填充后，即可套合胶囊帽，目前多使用锁口式胶囊，不必封口；使用非锁扣式胶囊（平口套合）时须封口。全自动胶囊填充机是工业生产硬胶囊剂的专用设备。

软胶囊制备常用滴制法和压制法，相应设备为滴制机和压制机。滴制法由具双层滴头的滴丸机完成，囊材液（胶液）与药液分别在双层滴头的外层与内层以不同速度定量流出，以使胶液包裹药液后，滴入与胶液不相混溶的冷却液中，由于表面张力作用使之形成球形并逐渐冷却、凝固成软胶囊，如常见的鱼肝油软胶囊。压制法系将明胶、甘油与水混合溶解后制成薄厚均匀的胶带，再将药液置于两层胶带之间，用钢板模或旋转模压制成软胶囊的一种方法。目前工业生产主要采用旋转模压法，应用滚模式软胶囊机。

缓释、控释、肠溶胶囊剂的制备工艺可大致分为两种：①使胶囊内填充物具有缓控释或肠溶特性，如将药物与辅料制成颗粒或小丸后用肠溶材料包衣，然后填充于胶囊而制成肠溶胶囊剂；②对胶囊壳进行包衣，使其具有缓控释或肠溶特性。对于肠溶特性的胶囊壳制备，还可以使用甲醛浸渍法，将胶囊壳经适宜浓度的甲醛溶液处理，明胶与甲醛作用生成甲醛明胶，甲醛明胶只能在肠液中溶解。

1.3.2 工艺设计

1.3.2.1 生产线设计要求

中国 GMP 首先强化了口服固体制剂生产管理方面的要求，包括对操作人员要求的提高、企业药品质量管理体系的建立、对操作规程和生产记录等文件管理的细化；其次对部分硬件的要求也有所提高，如严格无菌制剂生产环境的洁净度、设备设施的要求，对厂房设施内生产区、仓储区、质量控制区和辅助区分别提出设计和布局的要求，对设备的设计和安装、维护和维修、使用、清洁及状态标识、校准等几个方面也都做出具体规定。无论是新的厂房设计还是现有厂房改造，都应按照 GMP 要求考虑厂房布局的合理性和设备设施的匹配性。

对于口服固体制剂净化车间而言，各个生产单元均易产生粉尘，粉尘带来的污染及混淆是影响口服固体制剂安全生产及产品质量的关键因素。为解决以上问题，提高产品质量，常采用最佳化厂房布置规划、调整工艺布局、开发新型设备、选择科学的物料转运方式等方法。例如对厂房正确选址，最优化外部环境以及内部布局，同时科学有序地维持厂房日常使用和维护；对制粒生产联动线、清洗系统和净化系统进行合理的开发和改进；以及采用封闭式物料转运体系等。除对设备的改进与完善之外，还需对生产工艺单元流程和人员操作加强控制与管理，同时强化质量、卫生检验，例如确保加工工序处于隔离状态，辅料、半成品和成品严格分开，并做出显著标识；生产现场人员严格确保穿戴整洁，并且在易交叉感染的产区内，操作人员必须穿戴指定的防护服等。此外，随着制药设备不断向高效、自动、联动化发展，传统的制剂工艺需及时适应新的生产要求而作出修改，达到工艺省时、省力以及高产优质的目的。

1.3.2.2 药用辅料相容性与适用性

除厂房设施、设备工艺的影响因素，药用辅料的选择在固体口服制剂的工艺设计过程中也至关重要。此处所说辅料不仅指终产品中所含辅料，还包括生产过程中所用非活性成分物质，如气体、水等。对于辅料种类及其在处方中用量的选择，不仅基于其安全性和功能性，即生理惰性、高生理耐受性、低吸湿性、优异的可塑性与良好的口感等，且应关注药物和辅料之间的相容性。相容性是指药物与处方中的辅料不发生不良相互作用，即不因辅料导致制剂发生物理、化学、微生物学或治疗方面的变化。原辅料的不相容可归因于：①原辅料的自身性质：理化性质、水分、杂质、比表面积、晶型等；②处方设计：混合比例与方式、制粒方式、包装等；③外界环境：温度、湿度、光照等。原料药与辅料不相容可导致口服固体制剂在颜色或外观、机械性能、溶出行为、药效、降解产物含量等多方面发生质变。目前相容性研究一般是基于药物与辅料的二元或多元混合物，置于一定温度、湿度、光照加速条件下，通过观察制剂的颜色、物理形态、色谱、光谱、量热的方法来确定制剂变化。原、辅料相容性研究的意义在于选择能够赋予原料药以良好的生物利用效果和可生产性的辅料，同时又不影响原料药稳定性。目前国外制剂研发过程中对原、辅料相容性的研究较为深入，而我国在此方面相关研究工作有待加强。

1.3.2.3 包装材料的选择要求

为了有效避免或降低温度、湿度、光线、氧气以及包装材料自身理化性能等对药物稳定性的影响，方便运输、储存以及使用，口服固体制剂需进行合理包装。其包装形式的选择通常根据产品的类型和剂量的不同，可分为单剂量和多剂量包装。单剂量包装主要分为泡罩式包装和窄条式包装两种形式；多剂量包装容器多为玻璃瓶和塑料瓶，也有用软性薄膜、纸塑复合膜、金属箔复合膜等制成的药袋。同时，不同剂型包装形式也各异，如对于散剂包装大多采用纸、铝箔、塑料薄膜、塑料瓶、玻璃瓶、复合材料来进行包装；片剂、胶囊剂大多使用铝塑泡罩、双铝箔包装、冷冲压成型包装、复合材料、薄膜袋、塑料瓶进行包装等。另外也可根据需要加入聚乙烯薄膜衬垫，以提高包装的防潮性能。

口服固体制剂的包装形式及材料的选择主要应考虑包装材料自身安全性；考虑包装材料或容器的使用性能和保护性能，例如密闭性、防潮性、避光性、对湿热的敏感性、美观性等；考虑包装材料或容器的洁净度；充分了解包装材料的化学性质，了解包装材料中容易发生化学反应的元素以及容易与其他元素发生反应的元素；考虑进行直接接触包装材料与药物的相容性评估，保障二者之间的相容性。

1.4 质量标准的评价

1.4.1 质量控制策略

口服固体制剂关键质量控制项目包括均一性、制剂崩解和药物溶出、药物吸收和生物利用度、产品储存和稳定性等。基于质量源于设计（Quality by Design，QbD）和质量源于制造（Quality by Manufacture，QbM）的理念，口服固体制剂质量主要受处方工艺设计和生产过程的影响。因此，如何通过研究确定合理可行的处方和生产工艺，以及如何确认此生产工艺可以重复而有效地连续生产出符合质量标准的产品，是企业与药品管理部门必须关注的问题。

目前工艺验证已成为药品生产质量管理的重中之重，也是制药企业维护其质量管理体系运行的关键所在。美国 FDA 于 2011 年颁布《工艺验证工业指南：一般原则和实践》中重点强调了风险管理体系在药品工艺验证中的应用；而我国 GMP（2010 年修订）也首次提出药品生产工艺确认和验证的范围和程度应通过风险评估来确定。风险管理理念应贯穿于完整的工艺验证周期，企业应运用质量风险管理工具对药品生产工艺进行风险评估，确定影响产品质量的关键步骤及工艺参数，并制定验证计划。由此，风险管理体系的应用能够有效地提高药品工艺验证的针对性及效率，在降低成本的同时提高生产效率。

风险管理在口服固体制剂工艺设计阶段的具体应用目标是确定关键步骤及工艺参数。通过药品研发过程初步确立的生产工艺存在很大的不确定性，需采用质量管理工具［鱼骨图法、失效模式与效应分析（FMEA）、危害分析及关键控制点（HACCP）等］对口服固体制剂的常规工艺步骤（如称量配置、粉碎过筛、混合、制软材、制粒、干燥等）进行评价，确定影响产品质量的关键工艺步骤；在此基础上，进一步分析影响该步骤的因素，例如在粉碎过筛步骤中的粉碎时间和速度、过筛完好性，及在制软材步骤中的黏合剂搅拌速度和加入方式、搅拌时间等，并确定其参数和波动范围，进行风险评估确定关键工艺参数，并对关键工艺参数还需进行充分的验证；关键工艺步骤则要求必须在验证过的范围内操作。在口服固体制剂生产的小试及中试阶段，首先确保验证前提，即 GMP 实施四大要素：人员、硬件、软件及工作现场。而后进行小试及中试生产，对生产过程尤其关键工艺步骤和参数实施动态监测，记录验证过程的参数和其波动范围，分析验证结果，对关键工艺步骤及关键参数提出有效的风险控制措施，并且可以进一步调整工艺参数范围，优化并确认工艺。通过工艺设计阶段、小试和中试阶段的风险分析及验证，工艺确认基本完成，但小试及中试生产规模小，过渡到商业化大生产仍具有不确定性。因此在商业化生产中，还应建立一个持续和不断发展的风险管理系统，对产品的关键属性及工艺参数进行同步收集分析，以确保当前生产工艺能够持续稳定地生产出符合预期质量的产品。此外，药品生产的工艺验证是动态与持续管理的过程，企业应建立工艺验证风险回顾审查制度，定期分析产品关键工艺步骤及参数指标控制的情况，对偏差特点和趋势进行统计分析，草拟并执行风险降低的改进计划。当生产工艺变更时，应对风险应进行再评价。

1.4.2 制剂工艺与质量评价标准

口服固体制剂质量标准的内容一般可分为两大类别：一类是与制剂中所含原料药物及其纯度有关的标准，如反映药物结构特征的必要鉴别、有关物质检查、药物含量测定等；另一类是与制剂本身的要求相关的项目，如普通片剂的崩解度或溶出度，缓释制剂的释放度，分散片的分散均匀度等。现行版《中国药典》规定了的相应口服固体制剂品种下的具体检查项目。

溶出度或释放度测定在口服固体制剂的检查占有重要地位，是口服固体制剂内在质量检查关键指标。溶出度系指活性药物从片剂、胶囊剂或颗粒剂等固体制剂在规定介质中溶出的速率和程度。释放度系指活性药物从缓控释制剂、迟释制剂等固体制剂在规定介质中溶出的速率和程度。但药物溶出只是药物吸收的前提，药物的吸收和利用主要取决于药物从制剂中的溶出或释放，以及在胃肠道黏膜上皮细胞膜的透过率。药物分子扩散溶解于胃肠道后的跨膜过程受多种因素影响，如药物的理化性质、处方组成以及人类消化系统的生理因素等。针对药物的自身性质，生物药剂学分类系统（BCS）根据渗透性和溶解性将药物分为四类：BCS Ⅰ类为高溶解度、高渗透性化合物；

BCS Ⅱ类为低溶解度、高渗透性化合物；BCS Ⅲ类为高溶解度、低渗透性化合物；BCS Ⅳ类为低溶解度、低渗透性化合物。BCS分类系统对口服固体制剂的开发具有一定的指导意义。对于BCS Ⅰ类及部分BCS Ⅲ类药物，在开发过程中没有太多的风险；对于BCS Ⅱ类或者BCS Ⅲ类药物，则需要分别从改善药物的溶出速率和提高药物的渗透性着手进行剂型设计；对于BCS Ⅳ类药物，在改善溶出和提高渗透性两方面难度都比较大，在制剂开发中风险较高。

现行版《中国药典》收载的溶出度测定方法有：篮法、桨法、小杯法、桨碟法、转筒法、流池法和往复筒法，溶出度测定有以下三个作用。一是在药物生产过程中用于筛选制剂处方与工艺。二是在质量标准中用于检验固体制剂的溶出速度和程度。由于口服固体制剂的体外溶出行为受到原料药的晶型和粒度、辅料的种类和用量、制剂技术及其制备工艺等诸多因素的直接影响。因此，根据口服固体制剂的体外溶出试验结果，不仅直接得到产品质量评价报告，而且可以联合风险控制理念，有效调整工艺设计并控制产品质量。当前，对于化学仿制药口服固体制剂而言，与参比制剂的溶出曲线一致或具有相似性，是评价仿制药与参比制剂质量一致性的重要指标之一。由此，体外溶出度试验对制剂工艺设计和质量评价的指导作用在口服固体制剂仿制药一致性评价中具有重要的意义。溶出度测定的第三个作用是在临床药学研究中用于评价口服固体制剂活性成分的体内生物利用度。

生物利用度和生物等效性是用以衡量口服固体制剂质量的重要体内参数。生物利用度是指活性物质从药物制剂中释放并被吸收后，在作用部位可利用的速度和程度，通常用血浆浓度－时间曲线来评估。生物等效性是指一种药物的不同制剂在相同实验条件下，给以相同的剂量，其吸收速度与程度没有明显差异。在生物等效性试验中，一般通过比较受试药品和参比药品的相对生物利用度，根据选定的药动学参数和预设的接受限，对两者的生物等效性做出判定。生物利用度和生物等效性的研究是用来判断新口服固体制剂优劣的最终直接指标，也是口服固体制剂仿制药一致性评价工作中的重要组成部分。

体内外相关性则是由制剂产生的生物学性质或由生物学性质衍生的参数（如 t_{max}、C_{max} 或 AUC），与同一制剂的体外释放行为之间建立的合理定量关系。只有当体内外具有相关性，才能通过体外释放曲线预测体内情况，即用体外溶出度或释放度试验结果作为制剂产品体内生物利用度特性的指示，进而才可能进一步指导口服固体制剂的处方和工艺设计。

2 口服固体制剂国内外相关法规指南

近年来，全球制药行业监管法规和质量管理理念在不断发展，特别是ICH Q8 药物开发、ICH Q9 质量风险管理、ICH Q10 制药质量体系的发布，使质量风险管理（QRM）、质量源于设计（QbD）及产品生命周期中的制药质量体系（PQS）等理念逐渐得到广泛的认识。这些指南为药用物质和药品的开发、管理决策以及药品的商业化生产提供了科学及基于风险的方法，同时说明操作与法规灵活性程度取决于对产品与工艺的理解程度。

为了使这些理念在药品生命周期活动中能够更好地贯彻，中国、美国、欧盟以及世界卫生组织（WHO）等围绕着这些理念，发布或更新了一系列相应法规和指南。这些法规与指南对口服固体制剂的研发、批准以及上市后商业化生产都具有重大影响。

2.1 中国关于口服固体制剂的法规指南

我国药品开发、注册审批以及上市药品生产管理体系的整体框架已基本建立，从法律、法规、技术指导原则三个层级共同搭建了覆盖药品开发、注册审批以及商业化生产的法律及技术体系。

《中华人民共和国药品管理法》及实施条例建立了我国药品监管法规基础，是部门法规制定的基本遵循依据。为规范药品注册行为，保证药品安全、有效、质量可控，国家市场监督管理总局颁布了《药品注册管理办法》。国家药品监管机构在此基础上制定了用于部门实施行业监管的《药物非临床研究质量管理规范》《药物临床试验质量管理规范》《药品生产质量管理规范》《中药材生产质量管理规范》以及《药品经营质量管理规范》等。药品监管机构旨在规范药品开发及生产过程的科学性、系统性以及严谨性，为帮助开发者和生产者对药学和生产科学知识的深入了解、节约成本和时间以及提高药品的质量，制定了一系列技术指南，从科学性和操作性上具体指导行业行为。这些指导原则涵盖了药物的探索和开发、药物非临床研究、药物临床研究阶段以及药品的商业化生产，并涉及药物的安全性、有效性和质量可控性相关研究。

2.1.1 口服固体制剂研发基础指导原则介绍

供口服固体制剂研发机构、生产企业借鉴的用于指导药物研发的基础指导原则如下。

- 从总体上指导整个制剂研究基本思路和方法的指南有《化学药物制剂研究基本技术指导原则》《已有国家标准化学药品研究技术指导原则》《化学药品技术标准》《中药、天然药物改变剂型研究技术指导原则》。对于缓控释制剂，已发布的有《化学药物口服缓释制剂药学研究技术指导原则》。

- 《化学药物杂质研究的技术指导原则》旨在指导整个药物研发过程中杂质的控制，以保证药品的质量和患者的安全。在药物的质量控制方面还发布了《化学药物质量标准建立的规范化过程技术指导原则》《化学药物质量控制分析方法验证技术指导原则》以及《普通口服固体制剂溶出度试验技术指导原则》。以指导建立科学、合理、可行的分析方法和质量标准，以保证药品质量。《化学药物（原料药和制剂）稳定性研究技术指导原则》则为药品的处方、工艺、包装、贮藏条件和有效期/复检期的确定提供支持性信息。

- 药物的非临床研究主要用于评价药物的安全性，包括安全药理学试验、单次给药毒性试验、重复给药毒性试验、生殖毒性试验、遗传毒性试验、致癌性试验、局部毒性试验、免疫原性试验、依赖性试验、毒代动力学试验以及与评价药物安全性有关的其他试验。为开展各项安全性评估试验提供技术指导，药品监管机构发布或修订了《化学药物急性毒性试验技术指导原则》《化学药物长期毒性试验技术指导原则》《化学药物非临床药代动力学研究技术指导原则》《药物非临床依赖性研究技术指导原则》《药物生殖毒性研究技术指导原则》《新药用辅料非临床安全性评价指导原则》《药物代谢产物安全性试验技术指导原则》《药物单次给药毒性研究技术指导原则》《药物毒代动力学研究技术指导原则》《药物非临床药代动力学研究技术指导原则》《药物重复给药毒性研究技术指导原则》《儿科用药非临床安全性研究技术指导原则》《药物遗传毒性研究技术指导原则》《化学药物一般药理学研究技术指导原则》以及《药物遗传毒性研究技术指导原则》等指导原则。

- 药物临床试验是指任何在人体（患者或健康志愿者）进行的药物系统性研究，以证实或发现试验药物的临床、药理和（或）其他药效学方面的作用、不良反应和（或）吸收、分布、代谢及排泄，目的是确定试验药物的安全性和有效性。为了保证药物临床试验的科学性和伦理学，药品监管机构发布或修订了《药物Ⅰ期临床试验管理指导原则（试行）》《药物临床试验生物样本分析实验室管理指南（试行）》《健康成年志愿者首次临床试验药物最大推荐起始剂量的估算指导原则》《国际多中心药物临床试验指南（试行）》《药物相互作用研究指导原则》《药物安全药理学研究技术指导原则》《以药动学参数为终点评价指标的化学药物仿制药人体生物等效性研究技术指导原则》《儿科人群药代动力学研究技术指导原则》《儿科人群药物临床试验技术指导原则》《药物临床试验的生物统计学指导原则》《药物临床试验数据管理与统计分析的计划和报告指导原则》《药物临床试验数据管理工作技术指南》《药物临床试验的电子数据采集技术指导原则》《药物临床试验的一般考虑指导原则》《成人用药数据外推至儿科人群的技术指导原则》《创新药（化学药）Ⅲ期临床试验药学研究信息指南》《接受药品境外临床试验数据的技术指导原则》等指导原则。
- 临床试验用药品的生产要求在 GMP 条件下进行，2018 年 7 月国家药品监督管理局公开征求了《临床试验用药物生产质量管理规范》的意见，以更好地生产临床研究用药品，确保临床研究用药品的安全和质量。

国务院发布了《国务院关于改革药品医疗器械审评审批制度的意见》（国发〔2015〕44 号）、中共中央办公厅和国务院办公厅联合印发《关于深化审评审批制度改革鼓励药品医疗器械创新的意见》（厅字〔2017〕42 号），以及《药品上市许可持有人制度》的试点实施，极大促进了我国新药研发以及仿制药质量提升，为制药行业注入了创新活力，推进我国口服固体制剂的良性发展。药品监管机构陆续出台了一系列的指导文件，如《仿制药质量和疗效一致性评价改规格药品评价一般考虑（征求意见稿）》《仿制药质量和疗效一致性评价工作中改剂型药品（普通口服固体制剂）评价一般考虑（征求意见稿）》、《仿制药质量和疗效一致性评价工作中改盐基药品评价一般考虑（征求意见稿）》《普通口服固体制剂参比制剂选择和确定指导原则（征求意见稿）》《化学仿制药口服固体制剂一致性评价复核检验技术指南》为仿制药的一致性评价提供了技术指导。

2017 年 6 月，原国家食品药品监督管理总局正式成为国际人用药品注册技术协调会（ICH）的成员，并在一年后当选为管理委员会成员，为此，国家药品监管机构专门成立了ICH办公室，对相关ICH指南进行梳理和评估，在完善中国的药事法规体系的基础上，逐步推进ICH技术指南在我国的转化实施，以此进一步提升我国药品研发和管理的水平。

2.1.2 口服固体制剂注册审批相关指导原则

我国药品注册申请包括药物临床试验申请、药品上市许可申请、上市后补充申请及再注册申请。化学药品注册分类分为创新药、改良型新药、仿制药。口服固体制剂的注册审批管理符合《药品注册管理办法》的要求。此外，发布了一系列用于指导和规范药品注册申请资料的编写以及注册管理流程的指导原则。

《化学药物综述资料撰写的格式和内容的技术指导原则——对主要研究结果的总结及评价》《化学药物综述资料撰写的格式和内容的技术指导原则——立题目的与依据》《化学药物综述资料撰写的格式和内容的技术指导原则——药学研究资料综述》《化学药物综述资料撰写的格式和内容的技术指导原则——药理毒理研究资料综述》《化学药物综述资料撰写的格式和内容的技术指导原则——临床研究资料综述》《药品注册申报资料的体例与整理规范》为创新药、改良型新药以及仿制药注册资料的撰写格式和内容提出了一般性原则要求。《接受药品境外临床试验数据的技术指导原则》用于指导药品在中国境内申报注册时，接受申请人采用境外临床试验数据作为临床评价资料的工作。

此外，《药品审评中心与注册申请人沟通交流质量管理规范（试行）》《药品技术审评原则和程序（试行）》等确保了审评的规范以及与申请人的良好沟通。

原国家食品药品监督管理总局发布的《关于药包材药用辅料与药品关联审评审批有关事项的公告》（2016年第134号）标志着原料药、药用辅料、药包材由原来的单独评审改变为在制剂审批时，一并对原料药进行审批，对药用辅料和药包材进行审评。为保障原辅包关联审评审批的实施，原国家食品药品监督管理总局相继出台了《关于调整原料药、药用辅料和药包材审评审批事项的公告》（2017年第146号）;《原辅包与制剂关联审评管理办法征求意见稿》（2017年12月5日）;《关于药品制剂所用原料药、药用辅料和药包材登记和关联审评审批有关事宜的公告（征求意见稿）》2018年07月24日发布;《国家药监局关于进一步完善药品关联审评审批和监管工作有关事宜的公告》（2019年第56号）。

原辅包关联审评制度的发布改变了过去将原辅料、药用辅料、药包材和制剂单独审评审批，将影响制剂质量的各关键因素——原料药、药用辅料、药包材的质量和安全综合评价考虑，从而保证最终制剂的安全性、有效性和质量。同时将过去孤立、分散的原辅包与其关联的制剂统一在一个平台上管理，方便制剂申请人选择合适的原料药、药用辅料和药包材，加快制剂研发和注册申报速度。

原辅包关联审评相关法规制度发布的时间线如图 2-1 所示。

图 2-1　原辅包关联审评相关法规制度发布时间线

注：原辅包登记人在登记平台上登记，制剂申请人提交注册申请时与平台登记资料进行关联，或在制剂注册申请时，由制剂注册申请人一并提供原辅包研究资料。

以制剂质量为核心、原辅包质量为基础的原辅包与制剂共同审评审批的管理体系。

基于科学风险，在药品生产链条上明晰了各自的责任和义务，上市许可持有人主体责任。

2.1.3 药品技术转移

目前我国实行药品上市许可和生产许可绑定的双重行政许可管理，即药品批准文号与药品生产许可和 GMP 认证许可并行的管理模式。药品的转移通常发生在已具有"药品生产许可证"和"药品 GMP 证书"的药品生产企业间的药品批准文号的转移。基于此情况，原国家食品药品监督管理局（CFDA）颁布了《药品技术转让注册管理规定》。2013 年 12 月我国启动了《中华人民共和国药品管理法》的修订，引入了药品上市许可持有人（MAH）的制度并于 2018 年 11 月完成十省市的试点工作。

除此之外，国家药品监管机构鼓励企业参照国际行业协会关于技术转移的指南，如国际制药工程协会（ISPE）发布的《良好实践指南：技术转移（第 3 版）》（2018 年），美国注射剂协会（PDA）出版的《技术报告 65 号：技术转移》。上述指南为基于风险、控制策略以及持续的工艺确证实现药品技术的成功转移提供了指导。相比我国的技术转让注册，这些指南具有更广阔的范围，不仅包括不同企业之间的产权转让，还包括企业内部实验室研发到大生产、从原生产厂到新生产场地、从产品持有方到不同委托生产商之间的转移。

2.1.4 药品的商业化生产

在我国，GMP 于 20 世纪 80 年代形成雏形，当时参照了 WHO 以及欧美国家的药品 GMP 制定了最早的《药品生产管理规范（试行稿）》，并开始在一些制药企业试行，拉开了我国制药行业 GMP 的序幕。试行两年后，原国家医药管理局在全国范围内推行。当时的 GMP 为行业规范，并不具有法律约束力。1988 年，原国家卫生部颁布了《药品生产质量管理规范》，此后的三十年里又相继对规范进行了修订，目前版本为《药品生产质量管理规范》（2010 年修订）。

《药品生产质量管理规范》（2010 年修订）由正文部分（14 个章节）和 13 个附录组成，如表 2-1 所示。

表 2-1 《药品生产质量管理规范》（2010 年修订）目录

项目		名称
正文	第一章	总则
	第二章	质量管理
	第三章	机构与人员
	第四章	厂房与设施
	第五章	设备
	第六章	物料与产品
	第七章	确认与验证
	第八章	文件管理
	第九章	生产管理
	第十章	质量控制与质量保证
	第十一章	委托生产与委托检验
	第十二章	产品发运与召回
	第十三章	自检
	第十四章	附则
附录		无菌药品
		原料药
		生物制品
		血液制品

项目	名称
附录	中药制剂
	放射性药品
	中药饮片
	医用氧
	取样
	确认与验证
	计算机化系统
	生化药品
	麻醉药品精神药品和药品类易制毒化学品（征求意见稿）

口服固体制剂生产企业的商业化生产应符合《药品生产质量管理规范》（2010年修订）的正文部分以及附录《中药制剂》（如适用）、《放射性药品》（如适用）、《中药饮片》（如适用）、《取样》《确认与验证》《计算机化系统》以及《麻醉药品精神药品和药品类易制毒化学品（征求意见稿）》（如适用）。

针对已上市药品的变更也有相应指导原则，如《已上市化学药品变更研究的技术指导原则（一）》《已上市中药变更研究技术指导原则（一）》《已上市化学药品生产工艺变更研究技术指导原则》《已上市中药生产工艺变更研究技术指导原则》。

2.2 国外关于口服固体制剂的法规指南

本章节将重点关注世界卫生组织（WHO）、美国和欧盟的相关要求，并结合药品生命周期的四个阶段进行介绍。

2.2.1 药品开发与注册

在药物开发方面，WHO发布了若干用于指导仿制药开发及注册的指南，如《关于创新者药品经过严格的监管当局预认证的文件提交指南》《可互换多源（仿制）药品开发－考虑点》《WHO药品资格预审规划多源（仿制）成品药品文件提交指南》《原料药和制剂的稳定性试验》、《多源（仿制）药品：建立互换性的注册要求指南》《对豁免WHO基本药物列表中速释、固体口服制剂体内生物等效性要求的提议》《组织开展体内生物等效性研究的指南》《可互换多源（仿制）药品等效性评估的参比制剂选择指南》《关于已预确认药品变更指南》《固定剂量组合药品注册指南》等。

美国 FDA 为药品的开发与注册做出了总体框架要求，这部分要求是强制执行。如众所周知的"反应停"事件（沙利度胺，thalidomide）后，美国国会于 1962 年通过了《Kefauver–Harris 修正案》，这个修正案重构了美国 FDA 新药监管的基本制度，要求每一个新药上市前都要通过安全性和有效性审评，从此药物开发者需开展全面的药物研究。

美国 FDA 发布的与口服制剂开发与注册阶段相关的行业指南及其作用，如表 2-2 所示。

表 2-2　FDA 发布的与口服制剂开发与注册相关指南及其作用

发布指南	目的作用
ICH Q8《药物开发》 ICH Q9《质量风险管理》 ICH Q10《制药管理体系》	新药开发、注册资料相关要求以及临床和非临床试验指导原则主要按照 ICH 的指导原则，提倡在研发过程中采用质量源于设计（QbD）的理念，基于风险管理，制定控制策略确保产品生产工艺的稳定可靠
《ANDA 的质量源于设计：速释制剂的实例》	口服固体制剂应用质量源于设计（QbD）理念的案例
《药物研发工具的鉴定方法》 《普通片剂和胶囊的大小、形状和其他物理特性》 《含有高溶解性的速释口服固体制剂的溶解度测试及可接受标准》 《咀嚼片质量属性的考虑》 《口服崩解片》 《口服缓释制剂体内外相关性研究》 《口服固体制剂中加入理化标识剂，用于防伪造》 《PAT- 创新药物开发、生产和质量保证的框架》	普通口服制剂以及速释、缓释口服固体制剂的开发
《基于生物药剂学分类速释口服固体制剂的体内生物利用度和生物等效性研究的豁免》	口服固体制剂仿制药的生物等效性评价
《简化新药申请的药品的药代动力学终点生物等效性研究》	用于指导非临床研究
《NDAs 或 INDs 的体内生物利用度和生物等效性研究 - 一般考虑》 《IND（研究新药申请）和 BA/BE（生物利用度/生物等效性）研究的安全性报告要求》	指导申办方及研究者开展临床研究

美国 FDA 还关注一些新技术的开发与应用，如《行业指南：PAT- 创新药物开发、生产和质量保证的框架》《行业指南：含有纳米物料的药品、生物制剂》《行业指南：药用共晶体的监管分类》等。

口服固体制剂在美国 FDA 的注册申请一般分为临床研究申请（IND）、新药申请（NDA）和简略新药申请（ANDA），即仿制药申请。进行注册资料编写以及与美国 FDA 注册过程中的沟通交流可参考美国 FDA 发布的行业指南和指导原则:《申办方－研究者准备和提交的研究新药申请》《人用药物和生物制剂的 IND 会议》《以电子形式进行监管提交—标准化研究数据》、《IND 安全性报告的安全性评估》《药品审评质量管理规范》《关于 IND 申办方在药物开发期间如何与 FDA 沟通的最佳实践》《FDA 和 PDUFA 产品申办方或申请人之间的正式会议》《关键路径创新会议》《药物安全性信息—美国 FDA 与公众的交流》《Ⅱa 期临床试验结束后沟通交流会的有关要求》等。美国 FDA 药品审评与研究中心(Center for Drug Evaluation and Research,CDER)为了更好地统一管理其所负责的所有化学药品的质量,包括新药、仿制药与非处方药,制定了《政策与程序手册》(Manual of Policies and Procedures,MAPP)——"对基于问题审评(Question-based Review,QbR)的申报资料的药学审评"。该手册与 ICH M4Q 通用技术文件(CTD)内容保持一致,明确了审评人员在进行药品审评时所参照的审评模块,这些问题适用于所有的剂型,可以帮助梳理研发中的关键问题,如研发历程、风险管理、控制策略及生产规模放大等。QbR 为仿制药申报资料的总体框架,并在《简化新药申请(ANDA)申报－简化新药申请的格式和内容》中推荐在制药行业内使用。QbR 包含与药品及工艺的设计和理解、药品性能和质量控制策略相关的科学和法规问题。2012 年及 2014 年进行了修订,以更好贯彻质量源于设计(QbD)的理念。

欧盟的新药开发、非临床研究、临床试验按照 ICH 的技术指导原则和 GCP 的要求进行。因各成员国在药品研发阶段的发展程度不同,其 GCP 的执行情况也各不相同。欧盟对药品临床试验没有统一的审批,申办方需向开展临床试验的所在国申请。各国药品监管机构主要针对药品安全性审查,伦理委员会负责伦理道德方面的审查。

有关口服固体制剂非临床研究、临床试验技术指导文件以及相关 ICH 指南可在《欧盟药事法规集》EudraLex 中获得,如第三卷《人用药品技术指南》(即欧洲药品管理局科学技术指南),包含了口服固体制剂所用 API 以及制剂成品申请注册时所使用的 CTD 架构、格式等要求;质量相关指导原则,如《药物相互作用研究指南》《固定剂量复方制剂》《生物等效性研究指南》《已上市普通制剂改为缓控释制剂临床要求的考虑要点》等;非临床研究以及临床有效性及安全性相关的指导原则,如《欧洲以外临床试验结果外推至欧洲人群的考虑要点》《识别和降低研究用新药在首次人体临床实验中风险》等;质量源于设计(QbD),如《参数放行指南备注》《问答文件:提高对工艺参数的正常操作范围、已以证明可接受范围、设计空间以及正常变量》

等；ICH 相关指导原则，如 ICH Q8 药物开发、ICH Q9 质量风险管理以及 ICH 10 制药质量体系等。第十卷《临床试验指导原则》用于指导如何在欧盟境内进行临床试验的申请、指导临床试验检查、临床试验样品的生产等。

临床研究用药品要求在 GMP 条件下生产，Eudralex 第四卷 4《人用及兽用药品的生产质量管理规范》：附录 13，"临床研究用药品"以及依据（EU）No.536/2014 法规第 63（1）条第二段的《人用临床研究用药物生产质量管理规范详细指南》，为预计在欧盟进行临床试验的样品生产提供了详细的指南。

欧盟（EU）现行的药品注册管理模式可概括为两层机构和两种审批程序。两层机构为欧洲药品管理局（EMA）和各成员国的药品管理局。两种程序分为集中审批程序和非集中审批程序。集中审批程序针对整个欧盟市场，预计在欧洲各国上市。非集中审批程序则包括成员国审批程序（各成员国自主）和互认程序（各成员国之间）。对于用于治疗 HIV/AIDS、癌症、糖尿病、神经退行性疾病、自身免疫和其他免疫功能障碍，以及病毒性疾病的含有新活性成分的口服固体制剂以及用于治疗罕见疾病的药物必须集中审批。为重大治疗学、科学或技术创新或为 EU 范围内患者感兴趣的含有新活性成分的口服固体制剂可选择集中审批。在 EMA 官方网站上可获得集中审批流程的指导。除了必须通过集中审批程序的药品应进行非集中审批。非集中审批程序需按照相关特定成员国的药品管理法规和技术要求进行药品的审批。

2.2.2 药品技术转移阶段

大多数产品从开发、扩大规模、制造、生产和发布到后期批准阶段，都有可能将某个工艺转移到另一个生产地点。WHO 为制药行业发布了 WHO 第 961 号技术报告 附件 7《制药生产中技术转移指南》，旨在为制药行业的技术转移制定框架，以灵活的方式对药品生产工艺的转移进行要求。在此指南中，WHO 更加关注产品技术转移过程中药品的质量方面。

关于技术转移，美国 FDA 没有发布具体法规指南进行指导，但可参见美国行业协会的相关指南，如国际制药工程协会（ISPE）发布的《良好实践指南：技术转移（第 3 版）》（2018 年）和美国注射剂协会（PDA）出版的《技术报告 65 号：技术转移》，为基于风险、控制策略以及持续的工艺确证实现药品技术的成功转移提供了指导。

2.2.3 药品商业化生产

WHO 采用药品资格预审的方式，将通过认证的药品目录发布于 WHO 网站上，此目录为联合国有关药品采购组织以及各国家的药品采购提供决策指导。WHO 通过发布邀请意向书（EOI）公布 WHO 有意向的品种，生产列于 EOI 中品种的药品生产企业均可提交药品资格预审申请。目前 EOI 按照治疗领域发布，主要包括以下治疗领域：抗 HIV/ 乙型肝炎 / 丙型肝炎、抗疟疾、抗结核、生殖健康药品、抗流感、治疗腹泻药品、治疗容易被忽视的热带疾病药品。通常情况下，EOI 每年进行一次或者两次的修订。

WHO 要求已批准上市的药品应仅由已批准的生产商（上市许可持有者）生产，其活动应定期接受国家监管机构的检查。WHO GMP 指南应作为证明 GMP 状态的标准，是 WHO 关于进入国际贸易药品质量认证计划中的一个要素。现行 WHO GMP 的组成如表 2-3 所示。

表 2-3　WHO GMP 指南

卷号	名称及内容
第一部分	导论、总论和术语。介绍了 GMP 的产生、作用和 GMP 中所使用的术语
第二部分	质量管理宗旨和基本要素。概述了质量保证的一般概念和 GMP 的主要组成部分或子系统，企业最高管理层和生产、质量部门的共同职责，包括卫生、验证、自检、人员、厂房、物料、文件等内容。质量管理的基本要素包括：适当的基本组织或"质量体系"，包括组织机构、程序、工艺和资源；必要的体系行为，以确保产品（或服务）符合质量要求
第三部分	生产和质量控制规范。它分别向生产和质量管理人员阐述贯彻质量保证的一般指导原则
第四部分	增补指南，包括无菌药品及活性药物组分（原料药）的 GMP 指南。这一部分是开放性的，WHO 持续制订更多指南，如制药用水、临床试验用品、验证指南等

WHO 制定《关于非无菌药品制剂 HVAC 系统生产质量管理规则指南》以规范空调系统的设计、建造、调试、验证以及维护。WHO《药品生产质量管理规范指南》附录 7《非无菌工艺验证》指导了如何科学合理地进行非无菌产品的工艺验证。

关于药品的储运，WHO 也发布了相关技术报告进行指导，如 WHO 技术报告 961 的附件 9《时间温度敏感的药物贮运指南》《补充文件 6- 固定存贮区域的温湿度监测系统》《补充文件 7- 温控存贮区域的确认》《补充文件 8- 仓储区域分布》《补充文件 10- 温度监控装置准确度检查》《补充文件 14- 运输路线概况确认》等指导文件。

《联邦管理法》（Code of Federal regulations，CFR）21 卷是针对食品和药品管理的条款，即 21CFR。美国 FDA 药品《现行良好生产质量管理规范》（cGMP）的主要内容在 21CFR 210 和 21CFR 211 中作出具体规定，如表 2-4 所示。

表 2–4　FDA cGMP 主要内容

卷号	名称
21 CFR 11	电子记录；电子签名
21 CFR 210	药品：总第 210 部分 – 现行药品生产、加工、包装或持有质量管理规范；总则
21 CFR 211	药品：总第 211 部分 – 现行药品生产质量管理规范

　　cGMP 中的 c 是现行、动态、与时俱进的。cGMP 由美国联邦公报发布，适用于美国国内，也适用于进口到美国及在美国国内销售原料药和制剂的国外供应商和制造商，其相关条款具有法律约束力。

　　除此之外，美国 FDA 还发布了若干用于指导药品商业化生产的《行业指南》（Guidance for Industry）属于建议和指导性质，供制药行业参考使用，不具有法律约束力，但经验表明一旦实施便被美国 FDA 认可。适用于口服固体制剂生产指导的行业指南如表 2–5 所示。

表 2–5　适用口服固体制剂企业的行业指南（节选）

组织	指南性质	题目 / 主要内容
FDA	行业指南	制药工业 cGMP 要求的质量体系
		预防非青霉素 β– 内酰胺类药物交叉污染的 cGMP 框架
		工艺验证 – 一般原则和规范
		质量量度要求（草案）
		数据可靠性及药品 cGMP 符合性问答
		单剂量重新包装口服固体剂型药品的有效期（草案）
		药品委托生产安排：质量协议
		药品超标（OOS）测试结果调查
		含铁固体口服剂型药物的有效期及稳定性试验

　　在美国还有一些行业组织和协会，其起草和发布的指南也有助于指导口服固体制剂的生产，如：美国历史最悠久、规模最大的非盈利性的标准学术团体之一的材料与试验协会（American Society for Testing and Materials，ASTM），其发布的 ASTM E2500 –13《制药、生物制药生产系统和设备的规范、设计和确证标准指南》以风险和科学的方法，对潜在可能影响产品质量和患者安全的生产系统和设备的规范、设计和确证进行指导，同时还介绍了系统、高效的方式，以确保生产系统和设备符合预期的使用目的，而且对与产品质量和患者安全相关的风险进行有效管理。美国注射剂协会（Parenteral Drug Association，PDA）发布的第 60 号技术报告《生命周期方法的工艺验证》以及 60-2 号技术报告《生命周期方法的工艺验证附录 1：口服固体制剂 / 半

固体制剂》为口服固体制剂工艺验证提供了科学、先进的工艺验证方法。国际制药工程协会（International Society for Pharmaceutical Engineering，ISPE）发布的基准指南第二卷《口服固体制剂》、第四卷《水和蒸汽系统》以及第五卷《调试与确认》、第七卷《基于风险的制药产品生产》等为口服固体制剂生产设施以及公用系统的设计、建造、验证、运行和维护提供了系统的方法。

欧盟制药工业界在药品研发、生产与质量控制方面始终保持着高质量管理标准。药品上市许可体系确保所有药品经过主管机构评审，从而保证药品的安全性、质量和有效性符合要求。药品生产许可体系确保只有经许可的药品生产企业生产 / 进口的药品才能在欧洲市场销售，经许可的药品生产企业的活动受到主管机构定期检查。在欧盟，无论所生产的药品是在欧盟销售还是在欧盟以外国家销售，所有药品生产企业都必须获得生产许可。适用于人用药品的 2003/94/EC 号指令与适用于兽药的 91/412/EEC 号指令阐述了药品 GMP 基本原则和指导方针。与这些基本原则一致的详细指南则发布在 Eudralex 第四卷《GMP 指南》中，它用于审批药品生产许可申请，同时也是药品生产企业的检查依据。

欧盟 GMP 的基本原则及条款还适用于其他大规模药品生产过程，例如医院制剂以及用于临床试验用药品的制备。欧盟《GMP 指南》包括四个部分以及一系列的附录，这些附录起补充作用，如表 2-6 所示。

表 2-6　欧盟《GMP 指南》组成

组织	章节	题目 / 主要内容
EU	第一部分	基本要求：涵盖药品生产的 GMP 原则 第一章—制药质量体系 第二章—人员 第三章—厂房与设备 第四章—文件管理 第五章—生产 第六章—质量控制 第七章—外包活动 第八章—投诉与产品召回 第九章—自检
	第二部分	原料药基本要求：涵盖作为起始物料的原料药 GMP
	第三部分	GMP 相关文件：阐述监管期望
	第四部分	先进治疗药物 GMP 要求
	附录	附录 1—无菌药品生产
		附录 2—人用生物原料药与药品生产

组织	章节	题目／主要内容
EU	附录	附录 3—放射性药品生产
		附录 4—非免疫类兽用药品生产
		附录 5—免疫类兽用药品生产
		附录 6—药用气体生产
		附录 7—草本药品生产
		附录 8—起始物料和包装材料的取样
		附录 9—液体制剂、乳膏及软膏生产
		附录 10—加压定量吸入气雾剂的生产
		附录 11—计算机化系统
		附录 12—电离辐照在药品生产中的应用
		附录 13—临床试验用药 依据（EU）No.536/2014 法规第 63（1）条第二段的人用临床研究用药物生产质量管理规范详细指南
		附录 14—源于人血或血浆的药品生产
		附录 15—确认与验证
		附录 16—质量受权人证明与批放行
		附录 17—实时放行检测及参数放行
		附录 19—对照样品和留样

Eudralex 第四卷中还发布了一些与 GMP 相关的文件，如有关现场主文件、GMP 检查互认协议（Mutual Recognition Agreement，MRA）批证明、临床试验用药品（Investigational Medicinal Product，IMP）批放行模板等，这些文件有助于生产企业了解欧盟药监机构对制药企业监管的期望。而且在此部分还有两个指南文件对药品生产企业至关重要，分别是用于指导制药企业对于多产品共线防止交叉污染以及指导制药企业如何监管辅料生产企业，即《在共用设施生产不同药品使用风险辨识设立健康暴露限度指南》以及《2015 年 3 月 15 日确认人用药品使用辅料适用生产质量管理规范正式风险评估指南》。

除此之外，欧洲药品管理局为了指导制药企业更好的实施 GMP，发布了 GMP 相关章节及附录的问答文件，部分文件如表 2-7 所示。

口服固体制剂制造风险管控关键技术要点

表 2-7 部分 GMP 指南的问答文件

组织	章节	题目/主要内容
EMA	第一部分 药品基本要求	第一章：制药质量体系 第三章：设备 第三章：共用生产设施 第五章—生产 第八章—投诉、质量缺陷与产品召回
	附录	附录 1：无菌药品生产 附录 6：药用气体生产 附录 8：起始物料及包装材料取样：丙三醇 附录 8：起始物料及包装材料取样：使用近红外技术进行容器鉴别测试 附录 11：计算机化系统 附录 13：—临床试验用药品 依据（EU）No.536/2014 法规第 63（1）条第二段的人用临床研究用药物生产质量管理规范详细指南 附录 16：质量受权人证明与批放行 附录 19：对照样品和留样
	—	一般 GMP
		GMP 证书、不符合说明和生产许可
		检查协调
		数据可靠性

2018 年 4 月，EMA 发布了基于风险防止药品生产中交叉污染以及《共用设施中不同药品生产风险识别所用基于健康的暴露限设定指南》实施问答（EMA/CHMP/CVMP/SWP/169430/2012），这是欧盟在"有效控制交叉污染"专题中的持续关注。

中国、欧盟、美国、WHO 在 GMP 内容中的异同总结如表 2-8 所示。

表 2-8 中国、欧盟、美国与 WHO 的 GMP 异同

项目	异同点分析
制药质量体系	各 GMP 中均强调了制药质量体系是对企业的最基本要求 美国 FDA cGMP 并没有单独的章节对质量体系进行规定，在美国 FDA 发布的其他指南中均有对质量管理体系的具体要求
人员	各 GMP 中均强调应建立一个质量管理部门，并有权利审核所有与本规范相关的文件 而美国 FDA cGMP 中提到的"quality control unit"并不等同于传统的质量控制部门，对其职责的描述中也包括了部分质量保证部门的职责，但在美国 FDA cGMP 中并没有提到质量保证部门 中国和欧盟 GMP 中提到了关键人员：生产负责人和质量负责人及其职责要求 美国 FDA cGMP 中没有质量受权人的概念 中国 GMP 对顾问没有要求，欧盟和美国 FDA cGMP 对顾问都有要求

项目	异同点分析
厂房和设施	各 GMP 对厂房和设施要求基本一致 美国 FDA cGMP 211.50 中提出应使用安全、卫生的方法处理来自厂房和附近建筑物的污水、垃圾以及其他废物;而中国和欧盟 GMP 中并未有相关要求 美国 FDA cGMP 211.56 中指出除依据联邦杀虫剂、杀真菌剂及杀鼠剂法规(7U.S.C135)已注册和使用的品种外,其他不应当使用
设备	各 GMP 针对设备要求基本一致 中国和欧盟、WHO 的 GMP 提出了校准的要求;而美国 FDA cGMP 并没有此章,校准的规定可参见其实验室控制部分 中国 GMP 中对制药用水进行了要求;欧盟和美国 FDA cGMP 并没有用单独的章节规定这些内容。关于制药用水《欧洲药典》和《美国药典》规定的更为详细,WHO GMP 有单独的指南对其进行了规定
物料与产品	各 GMP 针对物料与产品要求基本一致 中国 GMP 对需特殊管理的物料和产品进行了说明,欧盟、美国和 WHO 中并没有此规定 美国 FDA cGMP 对药品包装材料提出了具体的要求,比如不应与药品发生反应、不向药品中释放物质等
确认与验证	中国、欧盟和 WHO 规定相似,并有单独的附录或是指南进行要求 美国 FDA cGMP 中并没有有确认与验证的单独章节,但是美国 FDA 发布的行业指南《工艺验证主要原则和实践》中有相关规定
文件	各 GMP 要求基本一致。关于记录和报告的规定中国、欧盟和 WHO 的 GMP 放在了文件这一章,而美国 FDA cGMP 中并未有单独的章节描述文件管理,而是将文件融入到了各个部分,比如在美国 FDA cGMP 中其他章节数次强调应建立书面的程序 美国 FDA cGMP J 部分对记录和报告进行了规定
生产	各 GMP 要求基本一致,中国 GMP 相对其他 GMP 来说规定的更为详细 美国 FDA cGMP 中在此部分并未包括包装操作,而是在 G 部分进行了单独规定 欧盟 GMP 中提及了由于生产商操作受限,而导致药品短缺问题的报告
质量控制	各 GMP 要求基本一致 欧盟 GMP 中提到了测试方法转移的具体要求:转移之前的差距分析、补充的验证、转移方案基本内容等 美国 FDA cGMP 中针对实验动物、青霉素交叉污染等内容进行了要求
委托生产与委托检验	美国 FDA cGMP 中并未具体提到委托生产和委托检验的内容,只是简单描述质量控制部门有责任批准或拒绝由合同商生产、加工、包装的药品。中国、欧盟和 WHO 的 GMP 则对委托生产和委托检验进行详细的规定
产品发运与召回	各 GMP 针对产品发运与召回要求基本一致 关于药品的储运,WHO 发布了多篇技术报告进行指导
自检	中国、欧盟 WHO GMP 均对自检进行了说明:自检范围、记录等内容 美国 FDA cGMP 中并没有针对自检进行规定

近年来,国际药政机构之间的交流与合作越来越频繁,相应的监管法规的集约化趋势也越来越明显。长远来看全球各国药政监管法规的趋同和融合以及各国药典标准的融合是必然发展趋势。

国内外法规指南在口服固体制剂领域的趋同点如下。

- 应用生命周期管理理念进行口服固体制剂项目的质量管控，保证GMP合规。
- 口服固体制剂项目更加关注污染和交叉污染的风险和管控措施。
- 遵循质量源于设计的原则，进行口服固体制剂项目厂房、设施布局和人流、物流等流向的设计。
- 质量风险管理在口服固体制剂项目中的应用。
- 口服固体制剂药品工艺的稳定性。

总之，在口服固体制剂生产企业提出需求或进行早期项目规划时，需要更全面考虑 GxP 法规适用性。近年来，全球药品管理机构颁布各种规范或指导原则的频率也越来越高，因此考虑到法规时效性的问题，就需要有一定的超前意识和思维，提前深入了解行业监管动态，尤其是长远规划的口服固体制剂项目，在初期就需要有非常清晰的需求定位，避免随着项目的推进，时间的推移，最后导致定位标准落后于当前监管要求以及行业通用技术要求的情况。

3 口服固体制剂生产用药用辅料概述

3.1 药用辅料作用

药用辅料的检验是根据产品所执行的标准进行的科学检测。药用辅料的检验技术是提高药用辅料产品质量，评判药用辅料质量优劣的基础。药用辅料的质量不仅影响了口服固体制剂在体外的溶出曲线，也影响了制剂在体内的崩解、溶出、吸收、分布、代谢和排泄，应建立口服固体制剂生产用药用辅料的相应检验项目，对药用辅料的质量和选择作出相应的评估。药用辅料功能性是评价药用辅料差异的重要方面，主要体现在：①药用辅料可以改变药物的给药方式和作用方式，例如许多缓释药品完全依赖于药用辅料的应用，如聚丙交酯乙交酯是缓控释微球的主要材料，而聚丙交酯乙交酯材料中丙交酯乙交酯的比例和分子量不同，药品的缓释时间就不同，如果用错型号，使得原本缓释的微球提前释放药物，就会引起患者血药浓度短时间内大幅度上升，从而导致药害事件；②药用辅料可以提高药物活性成分的稳定性、延长有效期，例如阿司匹林易吸湿水解，如果把它制成单甘氨酸乙酰水杨酸钙则可以解决上述缺点；③药用辅料可以改变主活性成分的理化性质，例如灰黄霉素，口服给药吸收差，血药浓度低，当用聚乙二醇6000制成固体分散体时，其在胃肠道中迅速溶解、吸收，提高了血药浓度；④药用辅料可以改变人体的生物因素，例如在栓剂、软膏剂等外用制剂中加入透皮促进剂，可以改变皮肤和黏膜的生理特性，提供更多的通道让药物通过皮肤，增强吸收；⑤药用辅料可以增强疗效，降低毒副作用，例如许多抗癌药物的全身毒性很大，用纤维素类大分子药用辅料和铁酸盐等辅料制成磁性微球，可以集中靶向释放药物。

3.1.1 固体制剂辅料概述

按照制剂的形态，辅料可以分为气体辅料、液体辅料、半固体辅料、固体辅料，固体辅料所占比例最大，按照在制剂中的作用，固体制剂的辅料主要可以分为以下几类。

3.1.1.1 填充剂（Filler）/稀释剂（Diluents）

口服固体制剂原料药单剂量通常很小，在几毫克到几百毫克之间，因此需要适当稀释后才方便生产、包装、运输以及使用。同时很多原料药的机械特性（流动性、可压性等）并不适合口服固体制剂的工艺流程，需要与各种药用辅料，包括填充剂混合或制粒后改进粉体整体的机械特性。常用填充剂有乳糖、微晶纤维素、磷酸氢钙等。

3.1.1.2 黏合剂（Binder）

黏合剂将固体制剂处方中的原辅料结合起来形成颗粒，或者在压力作用下，帮助原辅料进一步形成高强度的片剂。按照作用原理，又可大致分为湿法黏合剂与干法黏合剂。前者需要水分起作用，在湿法制粒工艺中把原辅料黏合在一起形成颗粒。后者在外来压力下起作用，在干法制粒和压片工艺中帮助颗粒和片剂的成形。

常用黏合剂有淀粉、聚乙烯吡咯烷酮、羟丙基纤维素、预胶化淀粉等。

3.1.1.3 崩解剂（Disintegrant）

崩解剂通常是一些遇水体积膨胀的高分子聚合物，使片剂或胶囊内容物在胃肠道中破裂成小碎块，然后进一步分散为粉末，最终使原料药溶解在胃肠道消化液中并被人体吸收利用。崩解剂按照使用方法可以分为颗粒间崩解剂和颗粒内崩解剂。前者在制粒后加入，帮助片剂崩解为颗粒；后者在湿法制粒或干法制粒时加入处方，帮助颗粒进一步崩解为粉末。

常用崩解剂有交联聚维酮、交联羧甲基纤维素钠、羟基乙酸淀粉钠等。

3.1.1.4 助流剂（Glidant）和润滑剂（Lubricant）

助流剂的作用是减少粉末颗粒之间的摩擦力和吸附力，从而辅助粉体的流动。润滑剂的作用是减少粉体和设备表面之间的摩擦力，从而帮助粉体在设备上的流动，使片剂从模具中顺利脱离出来。有的助流剂和润滑剂间的作用并没有明显的界限。例如：滑石粉兼有助流和润滑的作用。

常用的助流剂有滑石粉、微粉硅胶。最常用的润滑剂是硬脂酸镁。

3.1.1.5 包衣材料（Coating Materials）

此类材料用于给片剂或者颗粒、微丸等包衣。按照包衣的种类主要分为以下几类。

A. 糖衣　片剂包糖衣一般由隔离层、粉衣层与糖衣层组成。隔离层选用水不溶性的成膜材料如虫胶或邻苯二醋酸纤维素；粉衣层选用的是蔗糖糖浆和滑石粉交替包衣；糖衣层选用的是蔗糖糖浆。

B. 非功能性薄膜包衣　用于薄膜包衣的成膜材料有羟丙甲基纤维素（HPMC），配以增塑剂例如乙酰单酸甘油乙酯。现代薄膜包衣材料通常会使用辅料供应商预混的包衣配方材料（包括成膜材料、增塑剂、色素、溶剂等），如 Opadry 系列。

C. 功能性薄膜包衣　例如：肠溶衣以及缓控释包衣等。

3.1.1.6 药物释放调节辅料

上述的辅料类别为普通速释固体制剂处方的基本组成。如果要达到修饰药物释放速率和模式的目的，则需要用到各种不同的辅料的组合来影响药物溶出和释放。根据释放模式修饰的目的，这些辅料可以大致分为以下几大类。

A. 缓控释材料

　　a. 骨架材料

　　　● 疏水性骨架材料：此类材料由于其疏水性，减缓制剂被水浸湿渗透的速度，从而达到延缓药物溶出、释放速度的目的。此类辅料以蜡类和油脂类物质为主，例如：硬脂酸，蜂蜡，巴西棕榈蜡等。

　　　● 亲水性骨架材料：此类材料的分子链与水结合后，首先会膨胀并形成胶体结构。药物需要缓慢地在高黏度的胶体结构中扩散，才能够释放到周围的介质中。这是通过扩散机制达成的缓释效果。膨胀的胶体结构最终会缓慢地由外至内溶解在介质中，在此过程中释放困于其胶体网络结构中的药物成分。这是通过溶蚀机制（Erosion）达到的缓释效果。此类辅料有不同型号的羟丙甲基纤维素、羟丙基纤维素、卡波姆等。

　　b. 成膜材料：此类材料在制剂表面形成一层具有减缓药物释放速度作用的薄膜包衣。这层薄膜包衣不溶于水，但是允许外界的水通过渗透作用进入制剂内部，从而使药物缓慢溶解并渗透通过薄膜包衣进入外界介质。此类辅料有丙烯酸树脂，乙基纤维素等。

　　c. 渗透泵技术所需辅料：渗透泵技术可以达到零级释放的控释效果，其基本结构为覆盖一层对水半渗透薄膜包衣的片剂，薄膜包衣上有一机械或激光打出的小孔。片芯含有水溶性无机盐，产生薄膜包衣内外的渗透压。以此渗透压为动力驱使药物以较恒定的速率从包衣层的小孔中释放到介质。比较先进的渗透泵设计为双层片芯，一层为含药的无机盐产生渗透压从外界将水吸入片芯，另一层为不含药的高分子聚合物，遇水后膨胀将含药层以恒定速率通过包衣层小孔以物理推力释放到外界。

用于渗透泵的包衣材料为不溶于水的成膜材料，如丁酸纤维素和乙基纤维素，与可溶于水的致孔剂如聚乙二醇（PEG）和聚乙烯醇（PVA）等。在渗透泵片芯产生渗透压的无机盐包括氯化钠与氯化钾。在双层片芯中吸水膨胀起推动作用的聚合物，如聚环氧乙烷等。

B. 肠溶包衣辅料　肠溶包衣的材料在水中的溶解度由酸碱度控制。在酸性条件下此类物质不溶于水，因此保护片芯不崩解释放。在碱性条件下，此类物质溶于水，允许片芯正常崩解，药物成分得以释放并溶解在肠道消化液中，例如邻苯二甲酸醋酸纤维素（CAP）和聚醋酸乙烯邻苯二甲酸酯等。

C. 加快药物溶出释放的辅料　对于一些溶解度低或者在水中难溶的药物，需要使用制剂工艺提高其溶解度或增快其溶解速度，如改变原料药的盐型和晶型等，也可通过使用辅料，在处方中引入适当的表面活性剂，帮助疏水性药物在水中形成微胶粒。

3.1.1.7 空心胶囊

硬胶囊是胶囊剂的重要辅料。作为胶囊剂含药内容物的容器，胶囊壳的主要功能有给予单剂量制剂产品以确定的外形、尺寸，方便产品的包装、存贮和运输；胶囊壳光滑的表面也方便患者服用。胶囊壳还便于制成各种颜色，并印刷文字等。制作硬胶囊的原料主要是动物来源的明胶，非动物来源的材料有羟丙甲基纤维素（HPMC）。

3.1.2 药用辅料与制剂质量属性

传统上药用辅料被定义为"非活性成分"，但药用辅料在制剂中起到各种各样的作用，从保障制剂各组分间的均匀混合，到制剂工艺的顺利实施，以及决定药物的溶出特性等发挥重要作用。药用辅料在处方工艺中起到的各种作用被称作其功能性。药用辅料的功能性由其理化属性决定，并直接影响到工艺质量和制剂产品的质量。

依据质量源于设计的原则，制剂的质量属性（Quality Attributes，QAs）来自处方中物料的物料属性（Material Attributes，MAs）以及工艺流程的工艺参数（Process Parameters，PPs）。物料属性中可以影响制剂关键质量属性（Critical Quality Attributes，CQAs）的就是物料的关键物料属性（Critical Material Attributes，CMAs）。

由于制剂处方和工艺的多样性，难以对每一个药用辅料列出精准的通用关键物料属性，这需要基于企业在研发和生产中通过 QbD 原则进行研究与核实。在制剂的研发阶段，企业应该充分探究几者之间的关系，并合理地选择药用辅料。药品生产企业对自己的产品同样需要具备这方面的知识，才能够有效地管理和控制自己所用的原辅料质量，保证制剂质量的稳定和重现性。

《美国药典》和《欧洲药典》均对药用辅料的功能性给出了相应的指导。《美国药典》〈1059〉按照药用辅料几个大的类别，分别论述了它们的工作机制，并列出了可能影响这些机制的物料理化特性。《欧洲药典》则开始引入与功能性相关的物料特性（Functionality Related Characteristics，FRCs）的概念（非强制检测项）。这个概念指的是影响辅料功能性的物料理化特性。对辅料的质量控制除了需要满足传统意义上药典要求的检测项目外，也需要保证这些与功能性相关的物料特性达到要求并保持相对稳定。

表 3-1 提供了《欧洲药典》中涉及的相关代表性药用辅料及与其功能性相关的物料特性。

表 3-1 《欧洲药典》中规定辅料功能性及相关的物料特性

辅料功能类别	代表性辅料	《欧洲药典》中与功能性相关的物料特性
稀释剂	无水乳糖	粒度 / 粒度分布、堆 / 紧密度（流动性）、α 与 β 构型比例、干燥失重
	单水乳糖	粒度 / 粒度分布、堆 / 紧密度（流动性）
	微晶纤维素	粒度 / 粒度分布、堆 / 紧密度（流动性）
黏合剂	聚维酮	分子量（以 k 值衡量的黏度）
	羟丙基纤维素	黏度、取代度、流动性、粒度
	预胶化淀粉	冷水可溶物量、粒度分布、流动性
崩解剂	交联聚维酮	水合容量、粒度分布、流动性、沉淀体积（制备混悬液）
	交联羧甲基纤维素钠	沉淀体积、取代度、粒度分布、流动性
助流剂	微粉硅胶	比表面积
润滑剂	硬脂酸	粒度分布、比表面积
	硬脂酸镁	粒度分布、比表面积、热重分析结果

3.2 固体药用辅料相关检测技术

3.2.1 固体药用辅料粉体学检验技术

3.2.1.1 药用辅料粉体学检测方法原理

药用辅料的粉体特性是药用辅料的基本特性，研究药用辅料粒子的粉体学性能对制剂生产、加工、包装、运输、储存、应用等具有重要的实际意义，但药用辅料质量控制标准中很少关注粒子粉体学指标。药用辅料粉体特性测试仪的测试项目包括休止角、崩溃角、差角、平板角、分散度、堆密度、振实密度、压缩度、分散度、空隙率、凝集度、均齐度、流动性指数、喷流性指数等。

3.2.1.2 药用辅料粉体学检测项目

A. 休止角 在静平衡状态下，药用辅料粉体自然堆积斜面与水平面所夹锐角叫休止角，它是通过电磁振动方式使粉体自然下落到特定平台上形成的。休止角大小直接反映药用辅料粉体的流动性，休止角越小流动性越好，休止角越大流动性越差。休止角也称安息角或自然坡度角。药用辅料的休止角是辅料颗粒流动性的重要指标，对制剂工艺有很重要的影响。

B. 崩溃角 崩溃角是对测量休止角时堆积的药用辅料粉体以一定的外力冲击，这时堆积药用辅料粉体表面就可能产生崩塌，崩塌后粉体堆积斜面与水平面所夹锐角称为崩溃角。崩溃角越小，粉体的流动性越好。药用辅料的崩溃角也是辅料颗粒流动性的重要指标，对制剂工艺有很重要的影响。

C. 差角 休止角与崩溃角之差称为差角。差角越大，药用辅料粉体的飞溅性越强。

D. 平板角 将埋在自然堆积粉体中的平板垂直向上提起，药用辅料粉体在平板上的自由表面（斜面）和水平面之间的夹角与受到一定冲击后的夹角的平均值称为平板角。平板角越小，药用辅料粉体的流动性越好。一般地，平板角大于休止角。平板角也称为抹刀角。

E. 堆密度 堆密度是指药用辅料粉体在特定容器中处于自然充满状态后的密度。药用辅料的密度与颗粒的比表面积紧密相关。

F. 振实密度 振实密度是指一定质量（或体积）的药用辅料粉体在填满特定容器后，对容器进行一定强度、次数的振动，从而压缩颗粒间的空隙，使粉体处于紧密状态。这时的药用辅料粉体密度叫振实密度。

G. 压缩度 压缩度是指药用辅料粉体的振实密度与松装密度之差与振实密度之比。压缩度越小，药用辅料粉体的流动性越好。压缩度也称压缩率。药用辅料的压缩度影响到片剂的成型性。

H. 分散度 从一定高度投下一定量的粉体后，飘散到接料盘外的量占所投药用辅料粉体总量的百分比。分散度就是粉体在空气中的飘散程度。分散度与粉体的分散性、飘散性和飞溅性有关。如果分散度超过，说明该药用辅料具有很强的飘散倾向。

I. 空隙率　空隙率是指药用辅料粉体中的空隙占整个粉体体积的百分比。空隙率因粉体的颗粒粒度、形状、排列结构等因素的不同而变化。颗粒为球形时，粉体空隙率为左右；颗粒为超细或不规则形状时，粉体空隙率更高。

J. 均齐度　均齐度是药用辅料粒度分布之和的比值，药用辅料的均齐度影响到颗粒混匀。

K. 凝集度　在一定时间内，使用标准筛给粉体特定的振动后，称取筛上残留团聚粉的质量进行计算。凝集度越大，药用辅料粉体的流动性越差。凝集度适用于易团聚的细粉。

L. 流动性指数　流动性指数是休止角、压缩度、平板角、均齐度或凝集度等项指数的加权和，流动性指数表见表3-2。

表 3-2　流动性指数表

流动性评价	流动性指数	休止角		压缩度		平板角		均齐度		凝集度	
		角度(°)	指数	%	指数	角度(°)	指数		指数	%	指数
最良好	90~100	<26	25	<6	25	<26	25	1	25		
		26~29	24	6~9	23	26~30	24	2~4			
		30	22.5	10	22.5	31	22.5	5	23		
良好	80~89	31	22	11	22	32	22	6	22		
		32~34	21	12~14	21	33~37	21	7	21		
		35	20	15	20	38	20	8	20		
相当良好	70~79	36	19.5	16	19.5	39	19.5	9	19		
		37~39	18	17~19	18	40~44	18	10~11	18		
		40	17.5	20	17.5	43	17.5	12	17.5		
一般	60~69	41	17	21	17	46	17	13	17		
		42~44	16	22~24	16	47~56	16	14~16	16	<6	15
		45	15	25	15	60	15	17	15		
不大好	40~59	46	14.5	26	14.5	61	14.5	18	14.5	6~9	14.5
		47~54	12	27~30	12	62~74	12	19~21	12	10~29	12
		55	10	31	10	75	10	22	10	30	10
不良	20~39	56	9.5	32	9.5	76	9.5	23	9.5	30	9.5
		57~64	7	33~36	7	77~89	7	24~26	7	32~54	7
		65	5	37	5	90	5	27	5	55	5
非常差	0~19	66	4.5	38	4.5	91	4.5	28	4.5	56	4.5
		67~89	2	39~45	2	92~99	2	29~35	2	57~79	2
		90	0	>45	0	>99	0	>35	0	>79	0

M.喷流性指数　喷流性指数是流动性指数、崩溃角、差角、分散度等项指数的加权和。喷流性指数表见表3-3。

表 3-3　喷流性指数表

喷流性评价	喷流性指数	交叉密封防止措施	流动性		崩溃角		差角		分散度	
			角度（°）	指数	角度（°）	指数	角度（°）	指数	%	指数
非常强	80~100	需要交叉密封（RS）	＞59 59~56 55 54 53~50 49	25 24 22.5 22 21 20	＜11 11~19 20 21 22~24 25	25 24 22.5 22 21 20	＞29 29~28 27 26 25 24	25 24 22.5 22 21 20	＞49 49~44 43 42 41~36 35	25 24 22.5 22 21 20
相当强	60~79	需要交叉密封（RS）	48 47~45 44 43 42~40 39	19.5 18 17.5 17 16 15	26 27~29 30 31 32~39 40	19.5 18 17.5 17 16 15	23 22~20 19 18 17~16 15	19.5 18 17.5 17 16 15	34 33~29 28 27 26~21 20	19.5 18 17.5 17 16 15
有倾向	40~59	有时要求交叉密封	38 37~34 33	14.5 12 10	41 42~49 50	14.5 12 10	14 13~11 10	14.5 12 10	19 18~11 10	14.5 12 10
也许有	25~39	根据流动速度或投入状态判断	32 31~29 28	9.5 8 6.25	51 52~56 57	9.5 8 6.25	9 8 7	9.5 8 6.25	9 8 7	9.5 8 6.25
无	0~24	不需要	27 26~23 ＜23	6 3 0	58 59~64 ＞64	6 3 0	6 5~1 0	6 3 0	6 5~1 0	6 3 0

3.2.2 固体药用辅料分子量及其分布检测技术

固体药用辅料分子量及其分布表征已成为进一步研究固体药用辅料结构的必要手段之一。以往的表观黏度、凝胶渗透色谱等方法，因客观存在的方法误差，已不能全面满足质量控制的需要。利用光散射技术结合凝胶渗透色谱，无需任何对照品，不仅可获得准确地重均绝对分子量及分布、分散度等，同时可获得纳米粒子（分子尺寸）大小、分子构象、支化度及聚集态等反映大分子性能的重要参数。

3.2.2.1 多角度光散射技术基本理论

当一束激光照射到溶液中的样品分子上时，引起分子偶极矩的变化，从而发出与入射光波长一致的散射光。散射光强度与样品分子量及溶液浓度成正比，不同散射角度的光强度与分子尺寸有关，因此在样品池周围不同散射角位置设立多个检测器（分子量的测量精度与角度数目的平方根成正比）同时接收不同角度的散射光强度信号。

多角度激光光散射仪测定大分子绝对分子量的基本理论是经过 Maxwell、Einstein、Debye 以及 Zimm 等科学家不断总结与完善，而形成的一套比较完整的理论体系，即经典的静态光散射基本方程：

$$\frac{K^*c}{R(\theta)} = \frac{1}{MP(\theta)} + 2A_2c \qquad （3-1）$$

式中：$K^*=n_0$ 为溶剂的折光指数；NA 为阿伏伽德罗常数；λ_0 为入射光的波长；dn/dc 为溶剂折射率与浓度变化的比值，又叫折光指数增量，对于绝对分子量表征，必须在光散射测定的同时，在相同波长下检测样品的折光指数增量，是非常重要的参数。c 为溶质分子的浓度（g/mol）；M 为重均分子量；A_2 为第二维力系数；$P(\theta)$ 为光散射强度的函数；$R(\theta)$ 为单个角度的散射光（大于溶剂的散射光数量）除以入射光强度所得的分数即不同角度的过剩瑞利比。

由上述方程得知：光散射强度与分子量和溶液浓度成正比；散射光角度的变化与分子的尺寸大小有关。

将 $\dfrac{K^*c}{R\theta}$ 对 $\sin^2(\theta/2)+kc$ 作图，$K^* = \dfrac{4\pi^2 n_0^2}{N_A \lambda_0^4}\left(\dfrac{dn}{dc}\right)^2$ 可得到著名的 Zimm 曲线，如图 3-1 所示，其中 k 为调整横坐标的设定值。

当角度趋于零时，斜率即是 A_2；当浓度趋于零时，斜率是 Rg^2；当浓度、角度都趋近于零时，在纵坐标上交点的倒数即为 Mw。

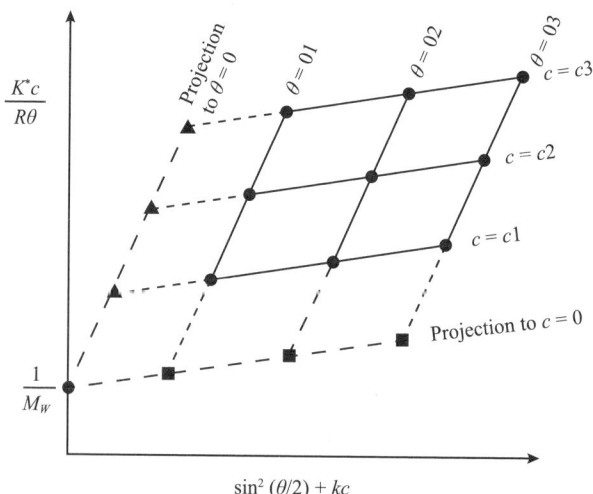

图 3-1　Zimm 图

3.2.2.2 多角度激光光散射凝胶渗透色谱联用技术

传统凝胶渗透色谱（GPC/SEC）技术是根据不同药用辅料分子具有不同的流体体积而进行分离，而不是根据分子的分子量大小。将一系列已知分子量标准品对色谱柱进行柱校正，从而建立洗脱体积与分子量的关系，再根据未知样品的洗脱体积去计算未知样品的分子量。但是该技术存在一定的局限性，其要求待测样品与标准品性质相似、构象相似、密度相似，与柱填料无任何相互作用。这通常是很难实现的。

多角度激光光散射仪（MALS）与凝胶渗透色谱（GPC/SEC）联用，不需要任何标准品和标准曲线。样品经过凝胶渗透色谱分离之后，依次流经多角度激光检测器、黏度检测器和示差折光检测器。软件同时检测出三个检测器的信号，可获得药用辅料大分子的绝对重均分子量、分子量分布及分散度、支化度、分子构象、聚集态及分子粒度大小等重要信息，同时可应用于反应动力学过程监测，如平衡常数 KD 等。其分析结果不受泵流速、保留时间，特别是不受样品特性的影响。目前所能检测的分子量范围是 200~1.0E+9 Dalton，均方旋转半径范围是 10~500nm，对于特定分子形状样品可以高至 1000nm（图 3-2）。

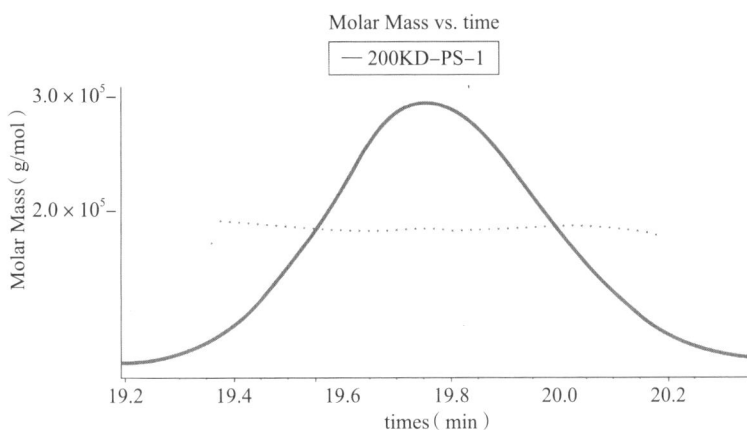

图 3-2　200KD PS 分子量分布图

示差折光检测器是通过连续检测样品流路与参比流路间液体折光指数的差值，从而测定样品的浓度，常用作浓度检测器。其采用 512 个光电二极管阵列，可准确测量折射光的强度，通过内置计算机的高强度运算，在光电二极管的任意处准确定位出光束位置，将超高灵敏度和宽量程完美结合，可与输液泵、色谱柱、进样器等组成凝胶渗透色谱仪或高效液相色谱仪系统。也可以配置适当的进样系统作为单独的浓度检测器，与多角度激光光散射仪联用，不必做任何假设，不需要任何标准品，即可得到大分子物质的绝对分子量、分子粒度和分子形状。对药用辅料、生物大分子蛋白质、多糖、DNA、病毒等，都能迅速而准确地提供可靠的绝对分子量等数据。此外，也可测定样品的 dn/dc，用作 DNDC 仪。

黏度检测器采用四桥式毛细管设计（图3-3），通过各个毛细管之间的压力差来计算样品的黏度，当黏度检测器与示差检测器联用时，可测定样品的特性黏度信息，当接入多角度激光光散射仪时，可测定样品特性黏度与分子量之间的关系，得到 Mark-Houwink 方程，根据方程中的 α 值去判断分子构象并测定样品的流体力学半径 R_h。

多角度激光光散射凝胶渗透色谱联用技术应用广泛，适用于多种人工聚合药用辅料，各种天然高分子以及合成高分子等。例如甲基纤维素、乙基纤维素、羟乙基纤维素、羧甲基纤维素、羟丙甲纤维素、聚乙二醇、聚丙烯醇等。通过多角度激光光散射凝胶渗透色谱联用技术，可以准确测定样品的分子量以及分子量分布，更直观地判断出不同批次、不同厂家样品的差异。此外，也可根据构象图判断出样品的构象，并可判断出

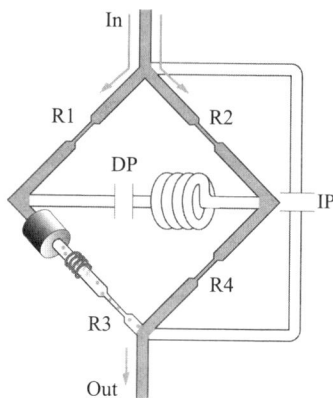

图3-3　四桥式毛细管设计

不同样品的长链支化和短链支化的信息，计算样品的支化度、支链单元等。

3.2.3　固体药用辅料比表面积及孔径分析检验检测技术

吸附剂、吸收剂、干燥剂是一大类特殊用途的固体药用辅料，这类药用辅料可使活性成分、杂质、细菌内毒素等被吸附物质附着在其颗粒表面，使液态微量被吸附物变为固态化合物，有利于实施均匀混合或者将其从溶液中过滤除去。是一种能够有效地从气体或液体中吸附特定成分的固体物质。这类固体药用辅料具有大的比表面积、适宜的孔结构及表面结构；对吸附质有强烈的吸附能力；一般不与吸附质和介质发生化学反应；制造方便、容易再生；有极好的吸附性和机械性特性。如活性炭（供注射用）、硅胶（包括胶态二氧化硅）、分子筛、氧化铝、硬脂酸镁等。在新型纳米辅料中，比表面积也是影响纳米制剂体内药效的重要影响因素，因此比表面积及孔径是药用辅料的重要功能指标。

3.2.3.1　比表面积及孔径分析测试原理

比表面积是单位质量物质的总表面积（m^2/g），孔径分布是指粉体表面存在的微细孔的容积随孔径尺寸的变化，二者都是超细粉体材料，特别是纳米材料最重要的物性之一。测定比表面和孔径分布的方法很多，其中氮吸附法是较常用、较可靠的方法，已经列入《中国药典》2020年版（通则0991）。

A. 氮吸附法测比表面积 任何粉体表面都有吸附气体分子的能力，在液氮温度下，在含氮的气氛中，粉体表面会对氮气产生物理吸附，在回到室温的过程中，吸附的氮气会全部脱附出来。当粉体表面吸附完整的一层氮分子时，粉体的比表面积（Sg）可由式 3-2 求出：

$$Sg= V_m N\sigma/22400W \qquad (3-2)$$

式中：V_m 为样品表面单层氮气饱和吸附量，ml；N 为阿伏伽德罗常数，6.024×10^{23}；σ 为每个氮分子所占的横截面积，$0.162nm^2$；W 为样品的重量 g。

（提示：在标准状态下，1mol 气体中的分子数为 6.024×10^{23} 个；1mol 气体在标准状态下的体积为 22.4L 或 22400ml）把 N 和 σ 的具体数据代入式 3-2，得到氮吸附比表面积的基本公式如下：

$$Sg=4.36V_m/W \qquad (3-3)$$

B. BET 比表面的测定（多层吸附理论） BET 比表面的测定方法遵循多层吸附理论。通过式 3-3 已知，用氮吸附法测定比表面时，必须知道粉体表面对氮气的单层饱和吸附量 V_m，而实际的吸附并非是单层吸附，而是多层吸附，通过对气体吸附过程的热力学与动力学分析，发现了实际的吸附量 V 与单层饱和吸附量 V_m 之间的关系，这就是著名的 BET 方程：

$$P/V(P_0-P) =1/V_m \cdot C+(C-1)P/V_m \cdot C \cdot P_0 \qquad (3-4)$$

式中：V 为单位重量样品表面氮气吸附量；V_m 为单位重量样品表面单分子层氮气饱和吸附量；P_0 为在液氮温度下氮气的饱和蒸气压；P 为氮气分压；C 为与材料吸附特性相关的常数。

BET 方程适用于氮气相对压力（P/P_0）在 0.05~0.35 的范围中，在这个范围中用 $P/V(P_0-P)$ 对（P/P_0）作图是一条直线，而且 1/（斜率＋截距）= V_m，因此，在 0.05~0.35 的范围中选择 4~5 个不同的（P/P_0），测出每一个氮分压下的氮气吸附量 V，并用 $P/V(P_0-P)$ 对（P/P_0）作图，由图中直线的斜率和截距求出 V_m，再由式 3-3 求出 BET 比表面，如图 3-4 所示。

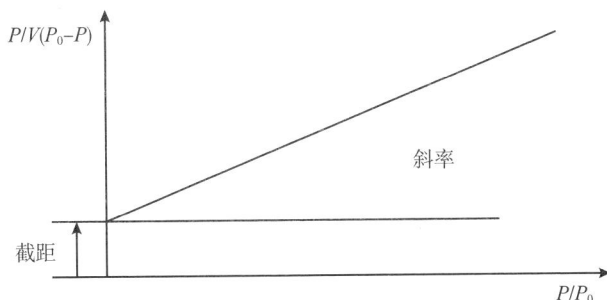

图 3-4 $P/V(P_0-P)-(P/P_0)$

在 BET 方程中，C 是反映材料吸附特性的常数，C 越大吸附能力越强。

把 BET 方程改写，可得到如下公式：

$$V/V_m = [P \cdot C/(P_0 - P)] / \{(1/C)[1-(P/P_0)]+C \cdot (P/P_0)\} \qquad (3-5)$$

V/V_m 即表示氮气在样品表面吸附的平均层数，它是由 C 和 (P/P_0) 决定的，C 值越大，吸附层数越多。用 BET 比表面的测定方法，不仅可以测出比表面，而且可以得到 C 值，增加了了解材料吸附特性的信息，因此具有更大的意义。

3.2.3.2 孔径分布的测定与计算方法

用氮吸附法测定孔径分布是比较成熟而广泛采用的方法，它是氮吸附法测定 BET 比表面的一种延伸，两者均是利用氮气的等温吸附特性。在液氮温度下，氮气在固体表面的吸附量取决于氮气的相对压力 (P/P_0)，当 P/P_0 在 0.05~0.35 范围内时，吸附量与 (P/P_0) 符合 BET 方程，这是测定 BET 比表面积的依据；当 $P/P_0 \geq 0.4$ 时，由于产生毛细凝聚现象，则成为测定孔径分布的依据。

所谓毛细凝聚现象是指，在一个毛细孔中，若能因吸附作用形成一个凹形的液氮面，与该液面成平衡的氮气压力 P 必小于同一温度下平液面的饱和蒸汽压力 P_0，当毛细孔直径越小时，凹液面的曲率半径越小，与其相平衡的氮气压力越低，换句话说，当毛细孔直径越小时，可在较低的氮气分压 (P/P_0) 下形成凝聚液，但随着孔尺寸增加，只有在高一些的 P/P_0 压力下形成凝聚液，显而易见，由于毛细凝聚现象的发生，将使得样品表面的氮气吸附量急剧增加，因为有一部分氮气被吸附进入微孔中并成液态，当固体表面全部孔中都被液态吸附质充满时，吸附量达到最大，而且相对压力 P/P_0 也达到最大值 1。相反的过程也是一样的，当吸附量达到最大饱和的固体样品，降低其表面相对压力时，首先大孔中的凝聚液被脱附出来，随着压力的逐渐降低，由大到小的孔中凝聚液分别被脱附出来。

假定粉体表面的毛细孔是圆柱形管状，把所有微孔按直径大小分为若干孔区，这些孔区按大到小的顺序排列，不同直径的孔产生毛细凝聚的压力条件不同，在脱附过程中相对压力从最高值 (P_0) 降低时，先是大孔再是小孔中的凝聚液逐一脱附出来，产生吸附凝聚现象或从凝聚态脱附出来的孔尺寸和吸附质的压力有一定的对应关系（凯尔文方程）：

$$r_k = -0.414 / \lg(P/P_0) \qquad (3-6)$$

r_k 为凯尔文半径，它完全取决于相对压力 P/P_0，它是在某一 P/P_0 下，开始产生凝聚现象的孔的半径，同时可以理解为当压力低于这一值时，半径为 r_k 的孔中的凝聚液将气化并脱附出来。进一步的分析表明，在发生凝聚现象之前，在毛细管臂上已经有了一层氮的吸附膜，其厚度（t）也与相对压力（P/P_0）相关，赫尔赛方程给出了这种关系：

$$t = 0.354 \left[-5 / \ln \left(P/P_0 \right) \right]^{1/3} \tag{3-7}$$

与 P/P_0 相对应的开始产生凝聚现象的孔的实际尺寸（r_p）应修正为：

$$r_p = r_k + t \tag{3-8}$$

显然，由凯尔文半径决定的凝聚液的体积是不包括原表面 t 厚度吸附层的孔心的体积，r_k 是不包括 t 的孔心的半径。

只要在不同的氮分压下，测出不同孔径的孔中脱附出的氮气量，最终便可推算出这种尺寸孔的容积。具体步骤如下。

第一步，氮气分压从 P_0 下降到 P_1，这时在尺寸从 r_0 到 r_1 孔中的孔心凝聚液被脱附出来，通过氮吸附仪求得压力从 P_0 降至 P_1 时样品脱附出来的氮气量，便可求得尺寸为 r_0 到 r_1 的孔的容积。

第二步，把氮气分压再由 P_1 降至 P_2，这时脱附出来的氮气包括了两个部分：第一部分是 r_1 到 r_2 孔区的孔心中脱附出来的氮气，第二部分是上一孔区（$r_0 \sim r_1$）的孔中残留吸附层的氮气由于层厚的减少所脱附出来的氮气，通过实验求得氮气的脱附量，便可计算得尺寸为 r_1 到 r_2 的孔的容积。

以此类推，第 i 个孔区的孔容积为：

$$\Delta V_{pi} = \left(\bar{r}_{pi} / \bar{r}_{ci} \right)^2 \left[\Delta V_{ci} - 2\Delta t_i \sum_{j=1}^{i-1} \Delta V_{pj} / \bar{r}_{pj} \right] \tag{3-9}$$

ΔV_{pi} 是第 i 个孔区，即孔半径从 $r_{p(i-1)}$ 到 r_{pi} 之间的孔的容积，ΔV_{ci} 是测出的相对压力从 $P_{(i-1)}$ 降至 P_i 时固体表面脱附出来的氮气量并折算成液氮的体积，最后一项是大于 r_{pi} 的孔中由 $\triangle t_i$ 引起的脱附氮气，它不属于第 i 孔区中脱出来的氮气，需从 ΔV_{ci} 中扣除；$\left(\bar{r}_{pi} / \bar{r}_{ci} \right)^2$ 是一个系数，它把半径为 $\bar{r}_c$ 的孔体积转换成 $\bar{r}_p$ 的孔体积。当孔径很小时，由 Δt 引起的气体脱附量（圆环状体积）不能用近似平面的方法计算，对此项加以适当校正后就是 BJH 方法。

3.2.3.3 比表面积及孔径分析仪应用介绍

吸附仪的作用在于测出粉体表面的氮吸附量，进而计算出比表面积。按照测量氮吸附量方法的不同，氮吸附仪可分为：连续流动色谱法、静态容量法、静态重量法三种，其中静态容量法是国际上最通用、最可靠的一种方法，静态容量法比表面积及孔径分布，是表征微纳米粉体材料表面物性及孔结构的重要参数之一。比表面及孔径分析仪，是一种自动控制程度高的高效率分析仪，能准确可靠地解决粉体材料比表面积及孔径分析问题，应用领域广泛。

3.2.4 药用辅料粒度及粒度分布检测技术

当药用辅料供试品通过分散系统均匀送到平行光束中时，颗粒将使激光发生散射现象，一部分光与光轴成一定的角度向外散射。假设颗粒为球形且粒度相同，则散射光能按爱里（Airy）图分布，即在富氏透镜焦平面上形成的图样是圆对称的，中心是亮圆斑，周围是强度迅速减弱的同心亮环及暗环。中心亮圆斑称为爱里斑，爱里斑直径与产生散射的颗粒粒度相关，粒度越小，散射角越大，爱里斑直径就越大；粒度越大，散射角就越小，爱里斑的直径就越小。当不同粒度的颗粒通过光束时，各自的散射光能发生叠加，在富氏透镜焦平面上的光能分布图中包含着丰富的粒度信息，简单的理解就是半径大的光环对应着较小粒度的颗粒信息，半径小的光环对应着较大粒度的颗粒信息，不同半径上光环的光能大小包含该粒度颗粒的含量信息。这样在焦平面上安装一系列光电接收器，将这些光环转换成电信号，并传输到计算机中，再根据米氏散射理论和反演计算，就可以得出粒度分布。药用辅料粒度及粒度分布检测项目如下。

A. 等效体积粒度　与实际颗粒具有相同体积的同物质球形颗粒的直径叫作等效体积粒度。

B. 等效沉速粒（Stokes）径　在相同环境下与实际颗粒具有相同沉降速度的同物质球形颗粒的直径叫等效沉速粒（Stokes）径。可用沉降法测得。

C. 等效筛分粒度　在相同的筛分条件下与实际颗粒通过相同筛孔的同物质球形颗粒的直径叫等效筛分粒度。可用筛分法测得。

D. 中位径（D_{50}）　指累积分布百分数达到 50% 时所对应的粒度值，它是反映粉体粒度特性的一个重要指标之一。如果一个样品的 D_{50} 为 5μm，说明大于 5μm 的颗粒的体积占总体积的 50%，小于 5μm 的也占 50%。

E. 频率分布和累积分布　粉体通常是由大量不同粒度的颗粒组成的，因此进行粒度测试时须分成大小若干粒度区间。每个粒度区间内颗粒占总量的百分数序列称为频率分布；将频率分布累加得到的小于（或大于）某粒度占总量的百分数称为累积分布。

4 口服固体制剂通用工艺与设备

本章就口服固体制剂的通用工艺及相关工艺设备进行介绍，包括称量、配料、粉碎、筛分、粉体的储存和传输、制粒、干燥、混合、压片、包衣、胶囊灌装、包装、设备的确认、工艺验证、包装工艺验证、清洁验证、运输验证等内容，对药品研发、工艺设计和制造生产有较强的指导和借鉴作用。

4.1 称量、配料

4.1.1 称量、配料概述

由于制药行业的产品批量相对较小、配料品种多、物料特性差异大等种种客观原因，称量配料工序中多为手工称量操作，虽然称量手工配料存在灵活性高等优点，但容易导致物料的混淆、差错以及交叉污染。以下主要介绍口服固体制剂在手工称量及配料操作流程中的注意要点；同时，对称量、配料工艺中通用的设备进行相关说明，并介绍在制药工业称量、配料工序的生产流程中引入的自动配料系统。

手工称量及配料的特点如下。

A. 称量及配料严格按照 GMP 要求执行，减少人为差错，避免交叉污染。

B. 条码标签扫描，以确认使用准确的物料。

C 称量设备连接打印机，自动打印称重报告。

D. 配料灵活性高、占地面积少。

E. 不同特性的物料均可配制。

自动称量及配料系统的特点如下。

A. 按照预先设定的产品生产配方自动进行配料。

B. 全过程密闭执行。

C. 电子记录配料过程数据。

D. 自动生成配料报告，并可实现物料追踪。

E. 配料一致性高、产量大、效率高。

4.1.2 称量、配料操作方法与设备

4.1.2.1 操作方法

4.1.2.1.1 手工称量及配料流程

手工称量及配料操作，依据产品批记录及配料单所述配方量的物料逐一进行配制并对配料过程进行双人复核。

手工称量及配料流程如图 4-1。

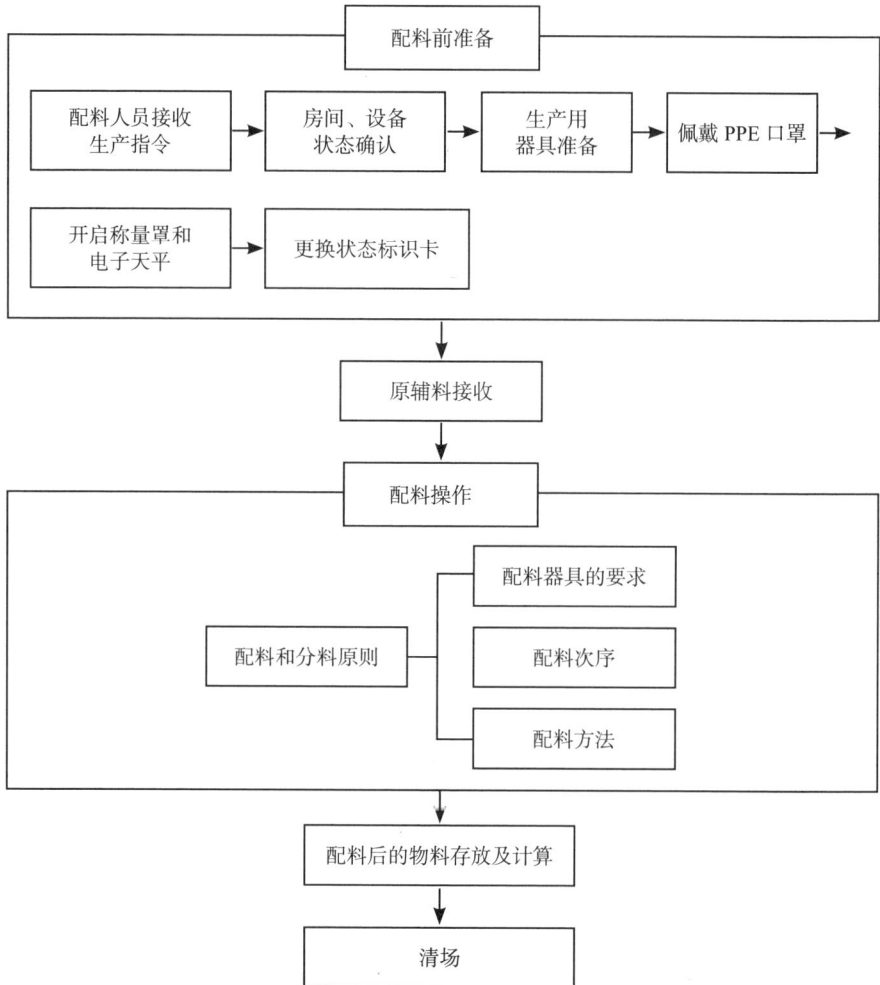

图 4-1 手工配料流程图

4.1.2.1.2 自动称量、配料

自动配料系统是对粉粒或液体物料进行称重，并按所选配方混合的工业过程进行实时监控管理的自动化系统，是针对一种或者多种物料按预先设定好的

值和误差进行加料和放料的过程；该系统配料方式无粉尘，可复核可追溯，并最大限度地降低粉体物料转运过程中污染、交叉污染以及混淆、差错的风险。

关于称量特性包括以下几个方面。

a. 准确度：准确度定义为测量结果与约定真值之间的一致程度（ISO 5725）。对于反复的测量，准确度要求既准（无系统误差）又精（无随机误差），电子秤的准确度（或性能）通过校准而定。

b. 准确度、准度与精度之间的关系见图4-2。对于反复测量，准确度需要既准又精的测量点；因此，一般来说，只有B1中的测量点才准确。

c. 重复性：重复性是一种在相同测量条件下重复称量同一物体时，可提供相同结果的测量能力。重复性对于实现始终如一的产品质量和灌装结果至关重要。高精度秤具有最佳的重复性（图4-3）。

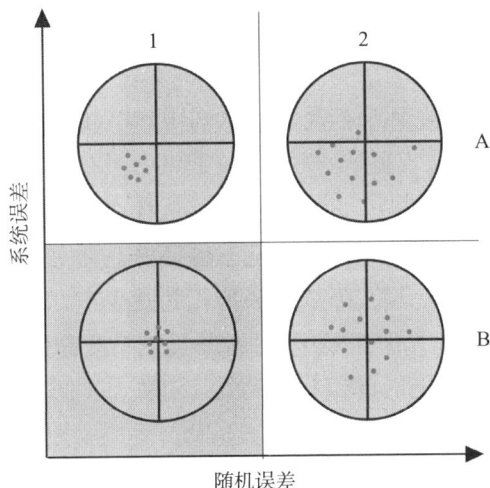

图4-2　准确度演示

A行显示具有系统误差（缺乏准度）的测量点。
B行显示无系统误差（有准度）的测量点。
1列显示几乎无分散的测量点（有精度）。
2列显示因随机误差造成分散的测量点（缺乏精度）

d. 偏载或角差：偏载表示载荷偏离中心产生的测量值偏差。如果将相同的载荷置于秤盘表面的不同部位，显示值应保持一致。读数的差异应视为角差或偏载误差（图4-4）。

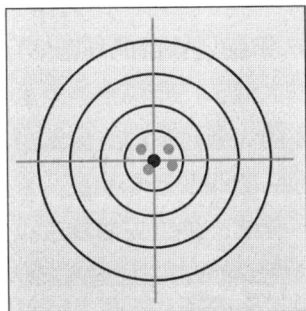

图4-3　重复性演示

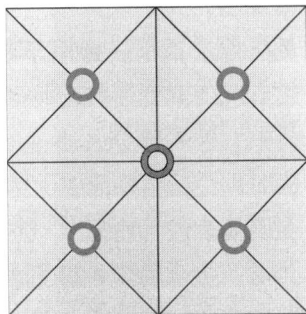

图4-4　偏载或角差演示

49

e. 示值误差（非线性）：示值误差是由非线性和灵敏度偏差合成的综合误差，是加载质量与指示重量之间的总偏差。假定称量特性曲线为零与最大载荷之间的直线。示值误差定义测量值和理想特性之间的偏差（图 4-5）。

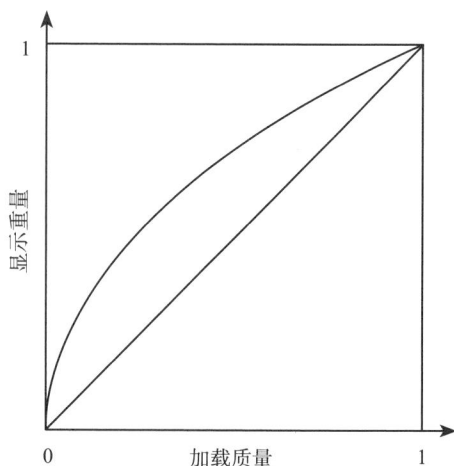

图 4-5　示值误差（非线性）演示

4.1.2.2 设备

4.1.2.2.1 称量设备

A. 电子秤　在许多行业中，准确的测量是法规要求，其依赖于电子秤设备，选择合适的电子秤有利于保证产品质量、降低物料消耗并减少产品浪费，因此准确度、精度高的电子秤是许多生产过程中的一个重要工具。

B. 称量罩

a. 法规要求：我国现行版 GMP（2010 年修订）。

第五十二条　制剂的原辅料称量通常应当在专门设计的称量室内进行。第五十三条　产尘操作间（如干燥物料或产品的取样、称量、混合、包装等操作间）应当保持相对负压或采取专门的措施，防止粉尘扩散、避免交叉污染并便于清洁。

b. 称量罩设备特点和用途：随着法规要求的不断提高，作为称量保护装置的负压称量罩在制药企业的取样间、车间称量配料间得到了大量使用。产品在负压称量罩内的称量过程中，往往处于暴露状态，因而其属于直接影响产品质量的直接影响系统，应予以充分重视。

负压称量罩是一种用于制药生产等领域专用的局部洁净设备，通过下沉降式低压气流均流于操作区域，产生一个洁净的局部环境，其中另外一部分风通过顶部侧面的高效过滤器，使罩内部微负压，从而避免粉尘外泄引起的不同药品之间的交叉污染。

在设备中进行粉末、试剂称量、分装，可以控制粉尘、试剂外溢、上扬，防止粉尘、试剂对人体的吸入伤害，还避免粉末、试剂的交叉污染，保护外界环境及室内人员的安全。

c. 称量罩结构特征和工作原理

- 设备组成：设备主要由变频控制系统、照明连锁保护装置、初效过滤器、中效过滤器、高效过滤器、循环风机等组成。采用可调风量的风机系统，通过调节风机的工况，使洁净工作区中的平均风速保持在额定的范围内。

- 工作原理：如图 4-6 所示，工作台是一种垂直单向流型局部空气净化设备；室内空气经初效过滤器进行预过滤，将气流中的大颗粒粉尘粒子处理掉。经过预处理后的空气，再经过中效过滤器进行二次过滤，以起到充分保护高效过滤器的作用。在离心风机提供的压力下，压入静压箱，再

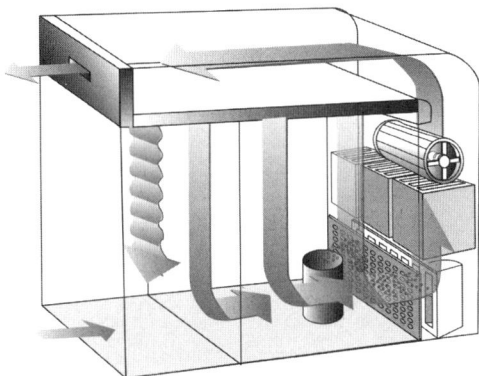

图 4-6　称量罩展示图

经高效空气过滤器过滤后从出风面吹出，使之达到洁净要求。洁净气流被送至送风箱体内，约 90% 通过均流送风网板，形成均匀的垂直送风气流，约 10% 则通过风量调节板，排出设备，所有气流均经过高效过滤器处理，排风均不带残余粉尘，避免交叉污染。由于在工作区域形成稳定的单向流，在此区域内产生的粉尘会在单向气流的影响下，随着气流而被初、中效过滤器所捕集。设备带有 10% 的排风，从而形成相对于外部环境的负压，从一定程度上保证了此区域内的粉尘不会扩散至室外，起到保护外部环境的作用。

d. 称量罩设备检查要求

- 高效过滤器检漏：高效过滤器安装后应进行检漏以保证安装效果，称量罩通常使用冷发烟的气溶胶发生器进行检漏测试。待上游产生的气溶胶浓度稳定在 20~30μg/L 之间，记录上游浓度，开始扫描过滤器下游，扫描速度以 3~5cm/s，距离过滤器面 2~4cm 为宜，扫描路线应涵盖所有过滤器面及边框区域，确保扫到每一区域。

    判断标准：高效过滤器下游不能检测到超过 0.01% 的泄漏率。

- 气流流型：气流流型测试时应将产品暴露位置、操作者工位、气流从洁净到脏污的流向综合考虑进去。确保产品接触的是未经污染的洁净空气，确保无气流涡流、反流或扩散到操作者呼吸区对操作者造成伤害。测试使用专用的水雾发生器，用摄像器材记录下气流流型。

  判断标准：气流呈单向流状态，无涡流、反流或扩散产生。

- 风速及均匀度：负压称量罩的保护作用依赖于一定风速的良好气流，只有均匀的送、回风才能形成良好的气流，且只有一定的风速才能达到遏制尘埃扩散的效果。

- 回风：使用经过校准的风速仪在离回风格栅 3~5cm 处测量回风速度。每个回风格栅取 5 点，并计算平均值。

  判断标准：每部分的平均速度在总平均值 10% 误差范围以内，并且任一个数据都没有超过其所在格栅风速均值的 12%。

- 排出风量比例：负压称量罩之所以形成负压，就是靠其顶部高效过滤器排出的风量造成送风面风量小于回风面风量，从而导致设备必须从其所处的操作室内吸取一部分风来弥补二者之差。排出风量的比例控制直接决定了负压保护的效果。使用风量罩测量排出风量，记录下数据，再根据风速及均匀度测试得出的送风量计算二者之间的比例。

  判断标准：排出风量应在总送风量的 5%~15%。

- 温度：因为称量罩内有风机在运行过程中产热，如没有降温措施，长时间运行会导致室内温度升高超标。通常，对于需长时间运行的称量罩可采取冷却盘管降温，对于运行时间不长的称量罩，可采取规定最长连续使用时间的方式来保证温度不超标，也可通过对所处房间单独降温的方式解决。由于称量罩有排出风，且是敞开设备，如果出现温度升高，其影响的是其所处操作间的整个的温度升高。

  根据面积分布取样点，离墙不少于 0.5m，均匀分布 5 点（应保证称量罩内部至少有一点），在工作面高度测量。使用经校准的温度计在称量罩开启前记录室内温度，并计算平均值。然后开启设备进行操作，在工作结束前，即最长运行时间时再次对室内温度进行测量，并计算平均值。

  判断标准：负压称量罩的运行不造成室内温度升高大于 2℃。

- 噪声 / 照度：因为操作室内有操作人员进行操作，一定的噪声和照度水平有利于工作人员的舒适度，从而降低出错概率。从EHS 角度来说，噪声也是应该控制的一个指标。

判断标准：噪声 75 分贝或双方协商；照度 500lx 或双方协商。

4.1.2.2.2 自动配料系统

自动配料系统由以下几个部分组成（图 4-7）。

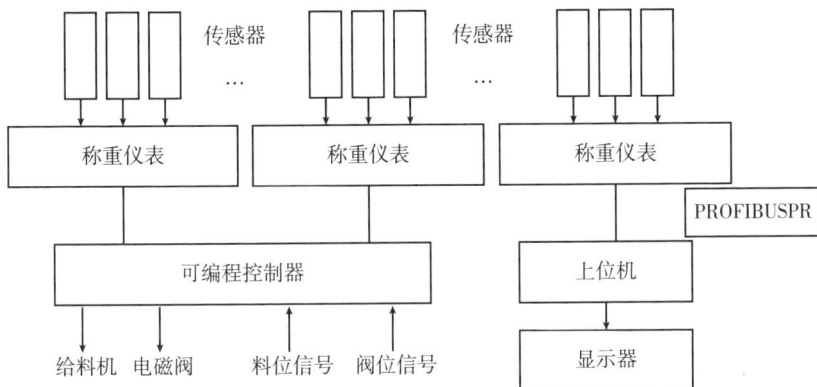

图 4-7　典型的配料控制系统示例

A. 给料部分　给料部分是从料仓（或储罐）向称重设备中加料的执行机构。根据物料的不同特性，选用不同的给料设备，如电磁振动给料机、螺旋给料机、单（双）速电磁阀等。

B. 称量部分　称量部分由传感器、标准连接件、接线盒和称量斗组成，与称量仪表一起进行物料的称重以及误差的检测。

C. 排料设备　排料可以是称重设备（减量法）或排放设备（增量法、零位法）。通常由排空阀门、电磁振动给料机、电（气）动阀门等组成。所有设备均应根据现场的工艺条件和物料的性质等进行设计和选择。

D. 控制系统　在配料称量装置的基础上采用计算机控制、监视和管理，现场控制信息通过总线通信方式与计算机连接，计算机将各种物料的种类、重量（或容积）、次数等参数进行记录和打印。由配料称量装置加上计算机控制、监视和管理组成了配料称量系统。一般工业配料称重系统都是由多台在线的定量配料称重装置组成，集中控制与管理。

E. 校称系统　配料系统传感器应定期进行调校，以保证系统配料精度。

4.1.3　称量、配料工艺设备与产品质量风险控制点

A. 关键质量属性（CQA）　鉴别、含量。

B. 关键工艺参数（CPP） 加入原辅料的顺序、重量。

C. 质量关键方面风险控制点

    a. 称量配料顺序：应先称配辅料，再称配原料。

    b. 识别不同物料的程序或措施（避免差错和混淆）。

    c. 采用的称量衡器有符合工艺要求的量程和精度，经过检定和校准，保证物料重量准确。

    d. 加料及出料要避免或减少系统震动以免影响称量结果和精度。

    e. 容器内部、进料和出料部件应光滑无死角，避免物料残留，便于清洁消毒。

    f. 可靠的数据记录、输出和存储功能。

D. 可能存在的质量风险 如果对天平的灵敏度、称重范围已做出适当的选择，经校准且操作正确，就工艺设备而言，原料药（API）和药用辅料的配料、称量不应对产品质量带来高风险。然而，API 和辅料对称重的环境（如光、热、湿度、氧气等）非常敏感，则应该采取适当措施避免风险。

E. 如何控制质量风险 首先需要知道被称量或配料的原料药及辅料的属性，然后采取适当的措施。对光敏感化合物，则选用紫外光过滤器；对高温敏感的物料，则降低操作室的温度；对高湿度敏感，则降低操作室的湿度；如易氧化，则可填充氮气等。

4.1.4 称量、配料质量评价关键点

a. 投料量：按指令投料，独立复核。

b. 原辅料外观质量：无异物、无结块。

c. 原辅料名称、检验单号：与指令一致。

4.2 粉碎和筛分

4.2.1 粉碎概述

在制药行业中，粉体的颗粒特性已成为口服固体制剂产品开发和质量控制中至关重要的因素之一。原料药的粒度分布（Particle Size Distribution，PSD）可能会对终产品的性能产生显著的影响，如溶解度、生物利用度、含量均匀度、稳定性等。此外，原料药和药用辅料的粒度分布也会影响药物的可生产性（如流动性、总混均匀度、可压性等），最终可能影响药物的安全性、有效性和质量。因此，在最终开发阶段确定了原料药和药用辅料粒度的

影响，就可以选择粉体的粒度分布，并确定合适的质量标准，达到控制产品质量的目的，保证生产的一致性。

药物生产中，粉碎是获得药物粉体的常用方法。粉碎后的药粉颗粒粗细不均，可用药筛将其按规定的粒度要求分离开来，以获得粒度较为均匀的药粉。然后再按一定的配料比混合均匀，即可加工制成各种剂型所需的原辅料。可见，粉碎、筛分均是药物生产中的基本单元操作。

4.2.2 粉碎的原理

粉碎是利用机械力将大块固体药物制成适宜粒度的碎块或细粉的操作过程，即用外力作用破坏分子间的内聚力来实现。目的是将物料或颗粒大小减少，使尺寸最终达到产品尺寸要求。

固体药物的粉碎对固体制剂过程有重要的意义。但必须注意，粉碎过程可能带来的不良作用，如多晶型药物的晶型转变，热敏性药物的分解，易氧化药物由于比表面积增大而加速氧化，黏附与凝聚性的增大、堆密度减少，粉末表面上吸附的空气对湿度的影响及粉尘污染和爆炸等。

根据粉碎物料的性质、产品的粒度要求以及粉碎机械性能的不同，粉碎有多种不同的方法。

A. 自由粉碎与缓冲粉碎　在粉碎过程中，若将达到规定粒度的细粉及时移出，则称为自由粉碎。反之，若细粉始终保持在粉碎系统中，则称为缓冲粉碎。在自由粉碎过程中，细粉的及时移出可使粗粒较充分地接受机械能，因而粉碎设备所提供的机械能可有效地作用于粉碎过程，故粉碎效率较高。而缓冲粉碎过程中，药物滞留量对粉碎效果影响很大，过度粉碎的能量消耗也很大，导致粉碎效率下降，同时产生大量的过细粉末。

B. 开路粉碎与循环粉碎　在粉碎过程中，若药物仅通过粉碎设备一次即获得所需的粉体产品，即为开路粉碎。若含有尚未被充分粉碎的药物时，一般经筛选后将过大药物返回进行二次粉碎，称为循环粉碎，见图 4-8。

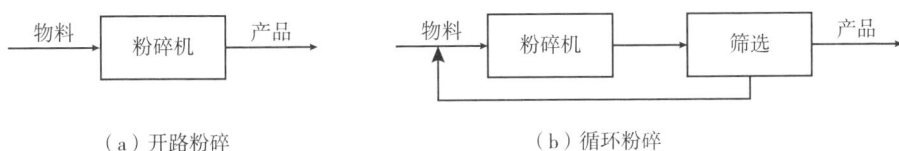

（a）开路粉碎　　　　　　　　（b）循环粉碎

图 4-8　开路粉碎与循环粉碎

C. 单独粉碎与混合粉碎　将配方中的单一物料，特别是中药制剂中一味物料单独进行粉碎的方法称为单独粉碎。单独粉碎既可按被粉碎药物的性质选取较为适宜的粉碎机械，又可避免粉碎过程中因药物损耗程度的不同而产生含量不准的现象。单独粉碎可有效减少损耗，并利于劳动保护。适用于价格昂贵、氧化性或还原性较强、剧毒的药物。

两种以上的药物同时混合并粉碎的操作方法称为混合粉碎。混合粉碎可减少粉末的重新聚结趋向，并可使粉碎与混合过程同时进行，因而生产效率较高。特别是黏性或油性药物，采用混合粉碎可适当降低这些药物单独粉碎时的难度。

D. 干法粉碎和湿法粉碎　干法粉碎是通过干燥处理使药物中的含水量降至一定限度后再进行粉碎的方法。

湿法粉碎是在固体药物中加入适量液体进行研磨粉碎的方法。中药传统的"水飞法"及化学药制备中的"加液研磨法"即是湿法粉碎，其目的均是借助液相分子的辅助作用使药物更易于粉碎及粉碎得更细腻。它的优点是不产生粉尘，可用于含刺激性较强或有毒成分的药物。

E. 低温粉碎　低温粉碎是利用物料在低温状态的脆性，借机械拉引力破碎的方法。该方法适用于熔点低、软化点低、热可塑性的药物，同时适用于因温度上升而失去结合水或由于氧化还原作用而变质的药物。

F. 超微粉碎　一般粉碎方法可将固体药物粉碎至颗粒直径 75μm 左右，而超微粉碎则可将固体药物粉碎至 1~5μm 以下。该方法也是近年来国际上发展非常迅速的一项新技术。

超微粉碎具有巨大的比表面、孔隙率和表面能，从而使物料具有高溶解性、高吸附性、高流动性等多方面的活性和物理化学新特性。

4.2.3 粉碎设备

根据 GD/T 28258—2012《制药机械产品分类及编码》，粉碎设备分类如表 4-1 所示。

表 4-1　粉碎设备分类

产品分类	产品名称
机械式粉碎机	齿式粉碎机
	锤式粉碎机
	刀式粉碎机
	涡轮式粉碎机

产品分类	产品名称
机械式粉碎机	压磨式粉碎机
	铣销式粉碎机
	碾压式粉碎机
	鄂式粉碎机
	其他机械式粉碎机
气流粉碎机械	粗粉气流粉碎机
	细粉气流粉碎机
	超细气流粉碎机
	超微气流粉碎机
	其他气流粉碎机
研磨机械	微粒研磨机
	球磨机
	乳体研磨机
	其他研磨机械
低温粉碎机	其他低温粉碎机

4.2.3.1 机械式粉碎机械

机械式粉碎设备种类繁多，不同的粉碎设备作用原理亦不相同。其基本的作用过程有剪切、挤压、研磨、撞击（包括锤击与捣碎）和劈裂，此外还有撕裂和铿削。每种施力方式都是针对特殊的材料，有其特殊的适用范围，应按照被粉碎药物的理化特点、粒度要求以及硬度与破裂性来选用合适的力场和粉碎设备。但是在很多情况下往往是多种施力方式同时起作用。机械式粉碎设备一般可以将物料粉碎至几十微米。下面重点介绍目前应用最广泛的齿式粉碎机和锤式粉碎机。

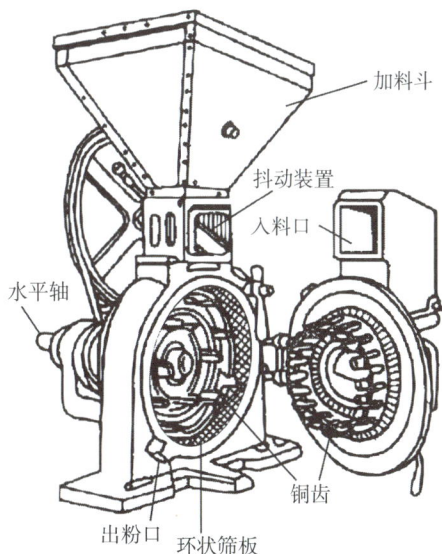

图 4-9　万能粉碎机

4.2.3.1.1　齿式粉碎机

A. 原理　齿式粉碎机又称万能粉碎机（图4-9），其工作原理如下。

　　a. 粉碎：物料从加料斗经抖动装置进入粉碎室，靠活动齿盘高速旋转产生的离心力由中心部位被甩向室壁，在活动齿盘与固定齿盘之间受钢齿的冲击、剪切、研磨及物料间的撞击作用而被粉碎。

　　b. 分级：物料到达转盘外壁环状空间，细粒经外形筛板由底部出料，粗粉在机内重复粉碎。

B. 工艺特点

　　a. 齿式粉碎机是小型粉碎设备，占地面积小，安装便利性适用于更多用户和生产场景。

　　b. 设备结构简单、坚固、运转平稳、粉碎效果良好，被粉碎物可直接由主机磨腔中排出，粒度大小可通过更换不同孔径的网筛获得，最小可以粉碎到几十微米。

4.2.3.1.2 锤式粉碎机

A. 原理

　　a. 粉碎：锤式粉碎机（图4-10）一般由高速旋转的锤头及外衬板组成。粉碎时药物由进料口进入锤头粉碎区，在高速旋转的锤头冲击作用下粉碎。

　　b. 分级：粉碎后较细的颗粒将在气流的携带下从粉碎机的出处排出。较粗的颗粒由衬板碰撞反弹，仍回到锤头粉碎区继续粉碎，直至达到要求后排出。

B. 工艺特点

　　a. 锤式粉碎机由于锤头是任意设计，而且是处于自由运动状态，使黏性药物不易粘贴于锤头，因此该设备具有结构简单、粉碎程度高、粉碎药物范围广等优点。

图4-10　锤式粉碎机

　　b. 该设备大多采用干式粉碎，其粉碎药物粒度可达几十微米，尤其适合脆性材料的粉碎，对于湿度大、高脂肪性的药物则易堵塞，不宜选择。

4.2.3.1.3 影响因素

A. 转子转速　在一定范围内（考虑能量利用率的情况下），转子转速提高，颗粒与冲击元件及颗粒与衬板之间的冲击力增加，产品的粒度降低，药物的粉碎效果较好。

B. 进料速度　进料速度过快，粉碎室内颗粒间的碰撞机会增多，使得颗粒与冲击元件之间的有效撞击作用减弱，同时药物在粉碎室内的滞留时间缩短，导致产品粒度增大。

4.2.3.1.4 机械式粉碎机的问题

A. 机械式粉碎机粉碎过程当中易造成相对严重的零件磨损，并由此产生不溶性微粒污染。

B. 机械式粉碎机粉碎过程中的发热现象难以避免，是高速运动的颗粒和碰撞靶相互冲击和挤压引起的，不适用于热敏性物料和低熔点物料的粉碎。

C. 从工艺要求出发，设备与物料直接接触的零件应该能拆洗和灭菌，方能满足无混批和其他污染现象，但大多机械式粉碎机结构当中与物料直接接触的部位难以拆卸，因此很难确保设备的彻底清洗和灭菌。

4.2.3.2 气流粉碎机械

4.2.3.2.1 原理

气流粉碎机又称（高压）气流磨或流能磨。

A. 粉碎　根据文丘里效应，压缩空气或惰性气体经喷管加速后，利用高速弹性流体（300~500m/s）或过热蒸汽（300~400℃）的能量，使颗粒与颗粒之间、气体与颗粒之间、颗粒与器壁及其他部件之间相互产生强烈的冲击、剪切、碰撞、摩擦等作用，达到超细粉碎的效果。

B. 分级　粒子在气流旋转离心力的作用下或与分级机联合使用，使粗细颗粒分级。

4.2.3.2.2 工艺特点

气流粉碎以气体为动能实现粉碎，其粉碎机制有别于其他机械粉碎设备，具有以下特点。

A. 在粉碎过程中由于受高精度分级机气流旋转离心力的作用，使粗细粒子自动分级，故粒度分布范围窄，产品平均粒度细，D_{50} 一般在 5~10μm。

B. 粉体趋于"球形"，粒子表面光滑、形状规整、分散性好；粉碎过程中机械磨损小，产品纯度高。

C. 气流粉碎机以压缩空气为动力，高速喷射气流产生焦耳－汤姆逊效应，气流在喷嘴处绝热碰撞，可降低粉碎系统温度，抵消药物碰撞和摩擦产生的热，使粉碎室内可形成零下数十摄氏度的低温环境，因而适合低熔点、热敏性药物的超细粉碎。

D. 密闭性好、产品收率高；粉碎在负压状态下进行，粉尘无泄露，对环境无污染，可在无菌状态下操作。

E. 粉碎过程连续，采用封闭循环系统技术及自动化控制技术，操作简便。

F. 可实现粉碎、混合、干燥联机操作；某些药物在粉碎的同时，喷入液体，进行粒子包覆和表面改性。

G. 气流粉碎的缺点在于，在粉碎过程中，能量由电能→压缩空气的势能→喷射气流的动能→颗粒运动的动能，作用到颗粒上进行粉碎。随着粉碎的进行，粒子越来越小，产生的动能也逐渐减少，粉碎过程越难进行，因此气流粉碎较球磨机和其他机械粉碎能量利用率低、能耗高、生产成本高，低附加值产品不宜使用。在粉碎过程中，其高速气流易将挥发性成分带走，造成药物有效成分的损失。另外，气流粉碎产量小，大部分气流粉碎机产量小于 50kg/h，最大不超过 200kg/h。

4.2.3.2.3 气流粉碎设备

气流粉碎机的结构复杂多样，结合药物结构特点及粉碎要求，下面重点介绍国内外生产较多、使用比较成熟和广泛的圆盘式气流粉碎机、循环管式气流粉碎机及流化床对撞式气流粉碎机。

A. 圆盘式气流粉碎机

a. 原理：圆盘式气流粉碎机由加料口、粉碎室、主气入口、喷嘴、喷射环、上盖、下盖及出料口等部件组成（图 4-11）。药物由于流体文丘里效应的存在，在喷嘴处被负压吸入并加速，以超音速导入粉碎室，高压气体通过研磨喷嘴时形成高速射流，气流入口与固定的喷射环管成一定角度，这样喷射气流所产生的旋转涡流使颗粒之间、颗粒与机体间产生强烈的冲击、碰撞、摩擦、剪切而粉碎，同时粗粉在离心力的作用下甩向粉碎室做循环粉碎，而超细粉体在离心气流带动下被导入粉碎机中心出口管进入旋风分离器加以捕集而达到分级。

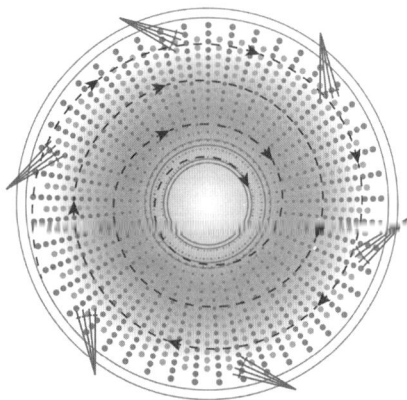

图 4-11 圆盘式气流粉碎机

另外喷嘴喷射出来的空气利用绝对膨胀的作用，使粉碎室在较低温度下作业。

b. 工艺特点：圆盘式气流粉碎机因其结构简单，装配、维修方便，主机体积小，生产连续等优点，目前在国内外广泛使用。

c. 影响因素

- 粉碎压力：粉碎压力的增加导致粉碎产品粒度的下降，这主要是由于粉碎工质压力的提高，在一定范围内提高喷嘴出口气流的速度，从而提高被粉碎物料的速度，颗粒获得的动能提高，从而使颗粒碰撞的能量增大，粉碎产品粒度变细。如果粉碎压力越大，那么产品的粒度就越细。但在实际生产中粉碎压力存在一个临界值，超过这个临界值，产品粒度不但不会减小，反而会增大。这是因为当粉碎压力超过一定的临界值时，打破了喷嘴前后的压力比，从而可能在粉碎室产生激波，气相穿过激波时速度下降，固相速度几乎不变，气固相的速度差导致固相撞击速度下降。造成粉碎工质压力虽然大，但是颗粒碰撞的速度却并没有随压力的增大线性提高多少，从而影响了粉碎效果。因此，在实际的生产过程中不能通过提高粉碎工质压力来提高粉碎效果。对于一定物性的材料要通过试验测试找到其临界压力值 P。只要确定 P 值，就可以在生产中优化选择粉碎工质压力。另外，从粒度分布的规律来看。试验产品的分级对粉碎工质压力有一定的要求，当粉碎工质压力较小时，分级的效果不好，产品的分布很不集中。但是，随着粉碎工质压力的增大，分级效果越来越明显，这是因为当粉碎工质压力较小的时候，进料压力克服了粉碎工质压力所形成的分级旋流，使粉碎室内的物料还没有被完全分级就已经被吹出了粉碎室。随着粉碎工质压力的增加，粉碎室内的分级旋流变得稳定且进料压力对其不利的影响变小，分级旋流对粉碎的物料控制的时间变长，因此便有了比较好的分级效果。但是并不是粉碎工质压力越高，分级效果就越好。在此实验系统中，粉碎工质压力必须小于进料压力。否则物料将不会被压入粉碎室，反而会造成物料的倒喷。所以为产生最好的分级效果，可以选择稍小于进料压力的粉碎工质压力。通过以上的分析可以得出：在实际生产中必须选择一个合理的粉碎工质压力值，既能达到较好的粉碎效果，也有良好的分级效果。

- 进料压力：进料压力的主要作用是用压力将要粉碎的物料压入粉碎室内进行颗粒之间的碰撞。进料压力对产品粒度和分布的影响同粉碎压力一样具有明显的非线性关系。随着进料压力的增大，进入粉碎旋流的颗粒数目也增大，使颗粒之间的碰撞概率增大。颗粒之间的碰撞越彻底，动能利用越充分，颗粒的粉碎效果越好。但随着进料压力的进一步增大，粉碎压力对于颗粒的作用远小于进料压力。这就造成颗粒在粉碎旋流中停留的时间减少，与粉碎室内壁的摩擦机会减少，颗粒无法得到充分的碰撞，所以粉碎效果就变差。对于粒度分布，受进料压力和粉碎压力的差值影响，差值越大，粒度分布就越宽。

- 加料速度：加料速度由两个因素决定，一个是进料压力，一个是加料振动器的振动频率。当粉碎压力和流量是定值时，产生的速度也是定值，即总的粉碎能量是一定值，这时候加料量的大小即决定粉碎室内的每个颗粒受到的能量的大小。加料量过小，粉碎室内存在的颗粒数目少，就使颗粒之间碰撞机会减少，影响粒度。当进料量比较适宜，颗粒的浓度接近优化，产品的粒度较小。随着进料量的增大，每个颗粒受到的能量减小，产品粒度变大。

- 反复粉碎：有些产品对于粒度和粒度分布有很高的要求。往往一次粉碎不能达到要求，需要对其进行多次粉碎。多次粉碎往往可以使粒度进一步减小和集中。但经验表明，粉碎次数并不是越多越好，存在一个最节约能耗的次数。这是因为在各种影响粉碎效果的主要因素的大小固定的情况下，粉碎的环境是不变的，变的只是粉碎的次数。这样，随着一次次的反复粉碎，产品的粉碎最终会达到一定的平衡状态，不会无限制地一直对产品进行粉碎。在这种平衡状态中，粉碎旋流和分级旋流是稳定不变的，它们对于产品的粉碎和分级作用不会有变化。在粉碎旋流中，气流的流速以及颗粒之间的碰撞概率没有大的变化，所以产品的粉碎效果在经历几次反复地粉碎之后，不会有大的变化；在分级旋流中，颗粒受到的气流排出作用力和离心力也是不变的。所以，这时的分级只能筛选出固定粒度的颗粒，不会随着反复的粉碎筛选出更细小的颗粒。只是每一次的粉碎都会筛选出更多数量的在某一固定粒度附近的颗粒。因此，在生产中想要通过反复粉碎来提高产品的粉碎效果是不经济的。实验证明，从经济和效率来看，产品的反复粉碎次数不应超过两次。

B. 循环管式气流粉碎机

　　a. 原理：又称为 O 形环气流粉碎机，循环管式气流粉碎机主要由进料装置、循环管道、粉碎区、进气喷嘴及排料、排气口等部件组成（图4-12）。药物经加料器进入循环管式粉碎区，高压气体经一组研磨喷嘴加速后高速射入不等径跑道形循环管式粉碎室，由于管道内外径不同，因此气流及物流在管道内的运动轨迹不同、运行速度不同，致使各层颗粒间产生摩擦、剪切、碰撞作用而粉碎。在离心场力的作用下，大颗粒靠外层运动，细颗粒靠内层运动，细颗粒到达一定细度后在射流绕环管道运动产生的向心力作用下向内层聚集，最后由配料口排出机外，而粗颗粒则继续沿外层运动，在管道内再次循环粉碎。

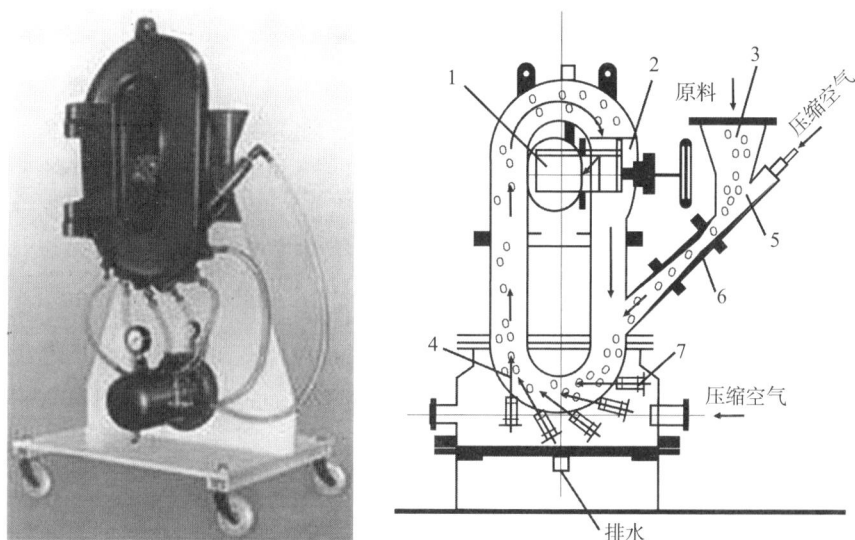

图4-12　循环管式气流粉碎机

1.出口；2.导叶（分级区）；3.进料；4.粉碎；5.堆料喷嘴；6.文丘里喷嘴；7.研磨喷嘴

b. 工艺特点：粉碎室内腔截面不是真正的圆形截面，循环管各处的截面面积也不相等，分级区和粉碎区的弧形部分曲率半径是变化的。这种特殊形状设计，使其具有加速颗粒运动和加大离心场力的功能，提高了粉碎和分级功能，使粉碎粒度可达0.2~3μm。

C. 流化床对撞式气流粉碎机

a. 原理：流化床对撞式气流粉碎机（图4-13）是将净化干燥的压缩空气导入特殊设计的喷管，形成超音速气流，并通过多个相向放置的喷嘴进入粉碎室。药物由料斗送至粉碎室经喷嘴出口的气流加速，并撞击到射流的交叉点上实现粉碎，粉碎室内形成了高速的两相流流化床，粉体相互碰撞，实现粉碎，然后经过涡流高速分级机，在离心力的作用下进行分级。分级机可按照设定的粒度范围准确分离，尾气进入除尘器排出，不合格产品返回到药物进口再次粉碎。

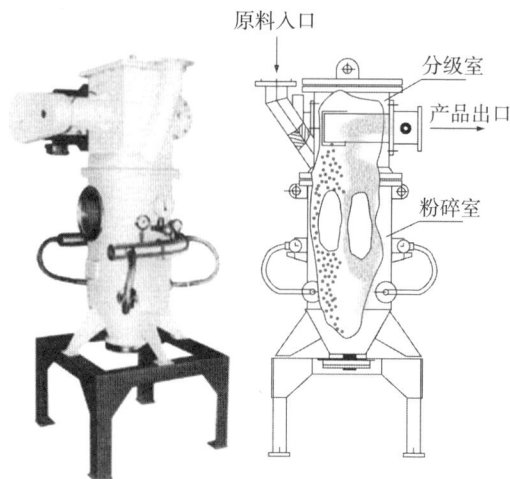

图 4-13　流化床对撞式气流粉碎机

b. 工艺特点：采用多向对撞气流，利用对撞气流合力大的特性使喷射动能得到较好利用；精确的超细气流分级系统大大降低了流化床对撞式气流粉碎机能量消耗，使其较圆盘式气流粉碎机能耗降低 30%~40%；通过喷嘴的介质只有空气且不与药物同路进入粉碎室，从而避免了粒子在途中产生的撞击、摩擦以及黏沉淀。机内安装有调整完全独立的超细分级机，可按照设定的粒度范围准确及时分级。流化床对撞式气流粉碎机对热敏性、纤维性材料表现出独特的粉碎效果。

4.2.3.3　球磨机

4.2.3.3.1　原理

球磨机是在不锈钢或陶瓷制成的圆形罐体内装有一定数量的钢球或瓷球构成。当罐体转动时，研磨体（钢球或瓷球）之间及研磨体与罐体之间产生相互摩擦作用，球体随罐壁上升一定高度后呈抛物线下落产生撞击作用，药料受球体的研磨和撞击作用而被粉碎。

4.2.3.3.2　工艺特点

球磨机要有适宜的转速才能获得良好的粉碎效果。当转速较低时，球石和物料随筒体内壁上升，当球石和物料的倾角等于或大于自然倾角时，沿斜面滑下，不能形成足够的落差，球石对物料的研磨作用很小，球磨机的效率低（图 4-14a）。如果筒体的转速很高，由于离心力的作用，致使物料和球石不再脱离筒壁，而随其一同旋转，这时球石对物料已无撞击作用，研磨效率则更低（图4-14b），当筒体的转速处于上述二者之间的某一转速时，球石被带到一定的高度后沿抛物线落下，对筒底物料的撞击作用最大，研磨效率最高，此时的转速称为最佳工作转速（图4-14c）。

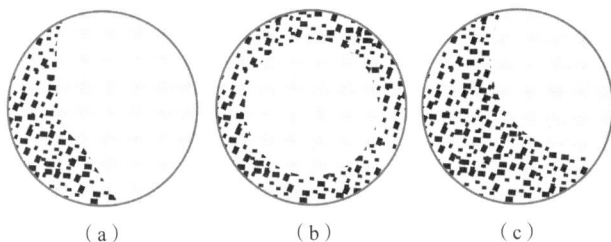

图 4-14 球磨机在不同转速下，圆球转动情况

a. 转速太慢；b. 转速太快；c. 转速适当

球体开始随罐体做整周旋转时的转速称为球磨机的临界转速，它与罐体直径的关系为

$$n_{临} = 42.3/\sqrt{D}$$

式中：$n_{临}$ 为罐体临界转速，0.765 r/min；D 为罐体最大内径，m。

4.2.3.3.3 影响因素

A. 圆筒的转速　适宜的转速为临界转速的 0.5~0.8 倍，此时粉碎主要靠撞击和研磨共同作用，粉碎效果最佳。

B. 圆球的大小与密度　圆球的直径越小、密度越大，粉碎的粒度越小。生产中，应根据药料的粉碎要求选择适宜大小和密度的圆球。一般来说，圆球的直径不应小于 65mm，应大于被粉碎药直径的 4~9 倍。

C. 圆球和药料的总装量　一般情况下，罐体内圆球的体积约占罐体总体积的 30%~35%，被粉碎的药料装量不超过罐体总容积的 50%。

4.2.4 粉体质量评价项目及评价方法

粉体质量评价项目见表4-2。

表 4-2 粉体质量评价项目

质量评价	考察项目
粒子表征	粒度大小和分布
粉体表征	粉体流动性
	粉体压制性

4.2.4.1 粒子表征

4.2.4.1.1 粒度大小及其分布对药物质量的影响及其大小确定依据

A. 原料药粒子大小不均一会影响片剂的含量均一性、溶出曲线或制备工艺（流动性、压力分布曲线和干法制粒性质等）。Rohrs 等证明，只要知道原料药剂量和几何标准偏差，就可以预估粒度要求，并以 99% 的概率通过《美国药典》第一卷"装量差异"标准，这有利于估计大致的粒度要求以及是否需要粉碎等。粒度和粒度分布的数据也有助于判断直接压片法和干法制粒是否可行。对 API 的测定也可以评价批量间和批量内的差异和趋势。如果批量间粒度分布存在差异，会显著影响处方的可加工性。

B. 粒度和粒度分布对于预测剂型在体内的行为（如口服制剂在体内的溶出速率）很重要。关于溶出的理论模型有很多。根据 Noyes Whitney 方程，Higuchi 和 Hiestand，以及 Hintz 和 JohnsonCIIJ 推导出了球形粒子溶出与时间的关系。多分散性粒子的溶出速率可以通过将各粒度范围的粒子溶出速率相加得到。利用此法，在漏槽条件下，要达到《美国药典》溶出仪中 30 分钟内溶出 80% 的标准，溶解度和粒度分布的函数（sigma 为对数正态分布的几何标准偏差）见图 4-15。利用这个信息，可以估计出能够满足溶出速率要求的合适的粒度和粒度分布。

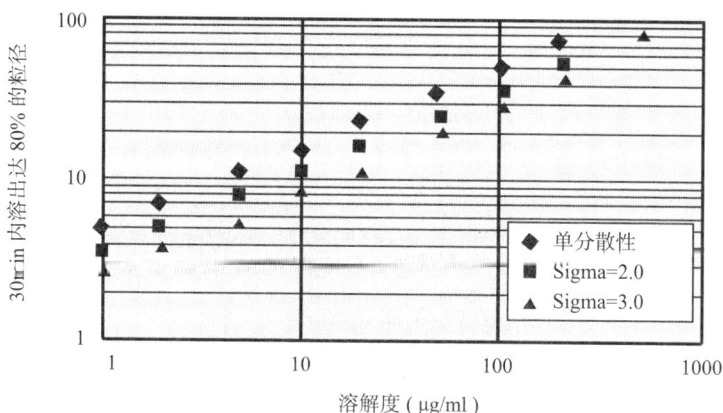

图 4-15　溶解度和粒度分布的函数

4.2.4.1.2 粒子大小和形态的测定方法

原料药由于粒度的限制和不规则的外形，一般不使用筛分法测定。激光衍射（LD）已经成为测定原料药粒子粒度分布的首选方法。LD 法优点很多，如分析时间短、方法建立所需样品少、重现性好且不需校正、测量范围宽等。光学和电子显微镜法测定粒度分布较为困难，一般和光衍射等其他技术配合使用，提供粒子组织结构等更多的信息，有助于解决团块和流动问题（表4-3）。

表4-3 粒子表征方法总结

方法	最小（μm）	最大（μm）	粒度分布	形状	结构	所需量（g）	结晶度
光衍射法							
激光 – 湿	4.02	2000	能	否	否	1~2	否
激光 – 干	4.02	2000	能	否	否	1~2	否
显微镜法							
光学	1	1000	能	能	能	< 0.1	否
偏振光	1	1000	能	能	能	< 0.1	能
扫描电子	4.02	1000	可能	能	能	< 0.1	否
动态影像分析	1	10000	能	能	否	2~5	否
其他							
筛分法	25~50	2000	能	否	否	3~5	否

4.2.4.1.3 评价方法

粉体是粒度为 D_1，D_2，D_3……D_n 的颗粒所组成的集合体。

频率分布和累积分布是粉体颗粒粒度分布常用的方法。频率分布表示各个粒度区间相对应的颗粒百分含量（微分型）；而累积分布表示小于（或大于）某粒度的颗粒百分含量与该粒度的关系（积分型）。大于某粒度颗粒的百分含量曲线称为上累积分布曲线；反之，小于某粒度颗粒的百分含量曲线称为下累积分布曲线。

颗粒分布的参量有众数粒度、中位粒度 D_{50} 和 D_{90}、D_{10} 及 ΔD_{50}。众数粒度是指颗粒出现最多的粒度值，即相对百分率曲线（频率曲线）的最高峰值；D_{50}、D_{90} 和 D_{10} 分别是指在累积百分率曲线上占颗粒总量为50%、90%和10% 所对应的颗粒直径，D_{50} 是将相对百分率曲线下的面积等分为二；ΔD_{50} 是指众数粒度即最高峰的半高宽。如图4-16所示。

批内产品粒度的分布可用标准偏差 σ 和分布宽度 SPAN 来评价。标准偏差 σ 和分布宽度 SPAN 的数值越大，表明粉体颗粒的粒度组成分布范围越宽。

$$\delta = \sqrt{\frac{\sum\left[n\left(D_i - D_{50}\right)^2\right]}{\sum n}}$$

$$\delta PAN = \frac{D_{90} - D_{50}}{D_{50}}$$

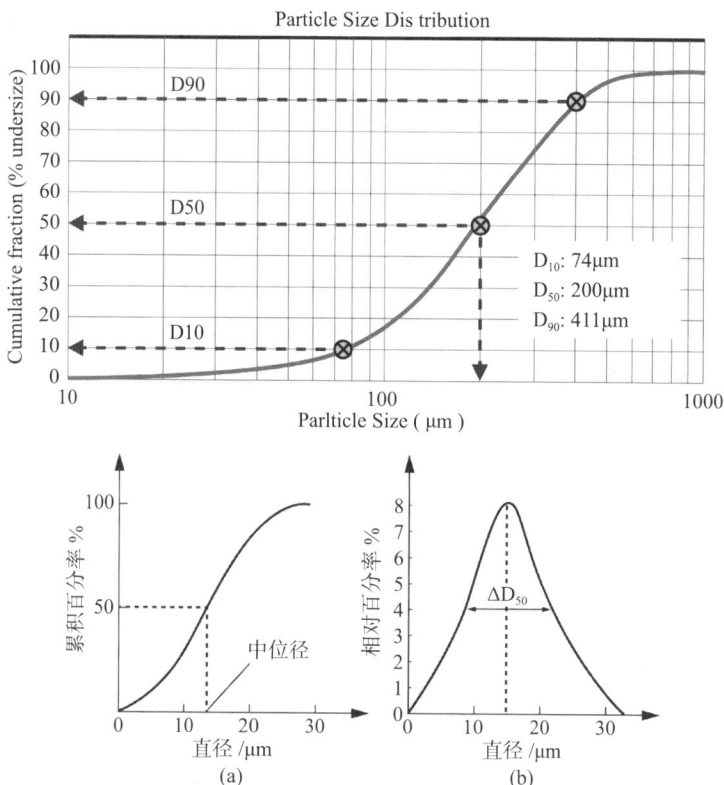

Particle Size Distribution

D_{10}: 74μm
D_{50}: 200μm
D_{90}: 411μm

图 4-16 粒度函数

a. 累积百分率曲线；b. 相对百分率（频率）曲线

批间产品粒度的分布可通过对 D_{10}、D_{50} 和 D_{90} 设置上限和下限来控制，如图 4-17 所示。

4.2.4.2 粉体表征

4.2.4.2.1 粉体流动性（物理性质）的表征

A. 流动性对产品质量的影响　测定 API 和辅料的流动性是固体剂型开发的一部分。进行流动性测定的目的是保证物料在流经工艺设备如滚轴压制机、储料槽或压片机等时具有良好的流动性。流动性差会给向旋转压片机的冲模槽中加料增加困难，也会造成片重差异。

B. 流动性的测定和评价方法　由于粉体流动的复杂性以及影响因素很多，目前尚没有一种单一的方法用来测定流动性。

a. 压缩系数和 Hausner 比：压缩系数（CI）反映粉体压实的难易程度，

即粒子间作用力的强弱。对于流动性好的粉体，粒子间作用力相对较弱，堆密度和振实密度很接近。而流动性差的物料，其粒子间的作用力一般较大，粒子间的桥键使松密度远远低于振实密度。粒子间的作用力可以通过 CI 来反映，CI 和流动性的关系见表 4-4。

表 4-4 不同流动状态对应的压缩系数和 Hausner 比

流动状态	压缩系数	Hausner 比
非常好	≤ 10	4.00~1.11
好	11~15	4.12~1.18
较好	16~20	4.19~1.25
一般	21~25	4.26~1.34
差	26~31	4.25~1.45
非常差	32~37	4.46~1.59
极差	> 38	> 1.60

b. 休止角和孔隙流动：休止角是表征固体粒子与粒子间摩擦力或运动阻力有关的一种特性。根据《美国药典》，休止角是待测物料堆积成类似圆锥形状而形成的三维立体角度，因此是一个常数。但实验条件对测量结果有很大影响，所以休止角并非是测定粉体流动性的可靠方法。孔隙流速是单位时间内从容器中流出的物料量（容器可以是量筒、漏斗、储料槽）。它比休止角或 Hausner 比更直接反映物料的流动性，因为它模拟了物料从工艺设备中流出的情形，如从压片机储料槽进入模具中。流动速率的测定结果很大程度上取决于测量装置（如流出孔）的尺寸。休止角和流动速率的测定都需要 5~70g 的物料，达不到省料的要求。

c. 剪切盒法：剪切盒法测定的结果比上述方法更可靠，可以评估密实载荷、时间和储料槽内物料相互作用对流动性的影响。剪切盒有很多种，包括转动式和平动式。虽然剪切盒法比上述方法费时，但试验可控性更高、重现性更好。

4.2.4.2.2 粉体压缩性（力学性质）的表征

A. 压缩性对产品质量的影响　力学性质是物料在一定载荷下才表现出来的性质，如弹性、塑性、黏弹性、键合以及脆性。它对固体剂型，尤其是片剂的开发和生产非常重要，这些性质综合表现为粉体体积减小的能力和片子的强度。粉体压缩使粉体系统的孔隙率减小，而且使粒子的相邻表面彼此紧密接近，最终形成具有一定孔隙率和强度的坚固样品。粉体压缩性的好坏直接决定了压片能否成功，以及片子的强度能否符合要求。其中，粒子尺寸是影响压缩性的关键因素。

B. 压缩性的测定和评价方法：目前用于认识粉体力学性质的方法有动态试验和传统的准静态工程试验，两者方法都有各自的局限性，常常同时补充使用。准静态试验能将各种物料力学性质"独立"地剖分和研究。如前所述，弹性、塑性、教弹性、坚硬、粗糙和易碎等力学性质。动态试验则综合考虑这些因素，直接通过最终粉末的压缩现象来说明粉体力学性质。

4.2.4.3 粒子表征的检测方法

激光衍射法测定粒度包括以下步骤：①粉末的抽样；②对抽样样品进行取样作为分析样品；③样品的制备或分散；④仪器设置和确认；⑤粒度测定；⑥数据分析和说明；⑦报告粒度结果。在这些阶段中，如何从粉体中获得少量能代表粒度分布的样品很关键。Allen 已经证明，选择合适的取样器将大大提高粒度测定的重现性。另外，对于粒度小或有黏性的颗粒，选择合适的样品分散方法也是至关重要的。样品分散的目的是尽可能地减弱样品分析中的颗粒聚集，同时避免过度使用分散力而造成颗粒损耗。通常来说，在粒度测定中出现的误差大多是由于取样或样品分散缺陷造成，而不是因为仪器问题产生的。下面重点对取样进行说明。

4.2.4.3.1 取样的"黄金法则"

A. 应使粉体处于一种流动的状态，然后再取样。

B. 应该多次取样，并使取样点均匀分布在粉体的整个流动过程当中。

4.2.4.3.2 大批量取样方法

总粉重量大于 25kg 时，需要大批量取样。根据粉体贮存容器的不同，大批量取样方法分为以下三类，如表 4-5 所示。

表 4-5　大批量取样方法

贮存容器	取样方法
集中于一个大容器（如专门的运输车）	在这种情况下，流动取样是不切实际的，可使用专门的取样筒进行静态取样
分散于多个小容器（如袋、桶等）	粉体从袋中取出时，推荐流动取样法。若粉体无需取出，则采用静态取样的方法，取样点在袋子顶部、中部、底部、前部和后部
粉末成堆	粉末成堆时由于粒子大小和流动性的不同，粒子分级非常明显。因此，取样前应该多次混匀，再倒成堆，并在成堆的过程中进行流动取样

4.2.4.3.3 分样取样方法

总粉重量 < 25kg，或所取粉体重量远大于测定方法所需量时，还需对样

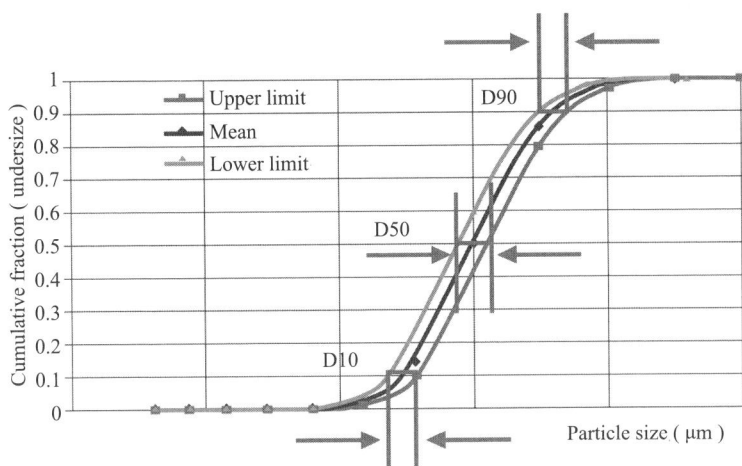

图 4-17 粒度分布上下限

品进行分样取样，常见的方法有以下五种。

圆锥四分取样法和勺取样法由于操作和设备简单，应用最为广泛，适用于混合均匀、流动性差的粉体。但其受人为因素的影响，会有较大的误差。一般作为其他方法的备选方法。表取样法、槽分裂法和旋转缩分法对粉体流动性要求较高，但人为的影响因素小。取样设备原理如图 4-18 所示。

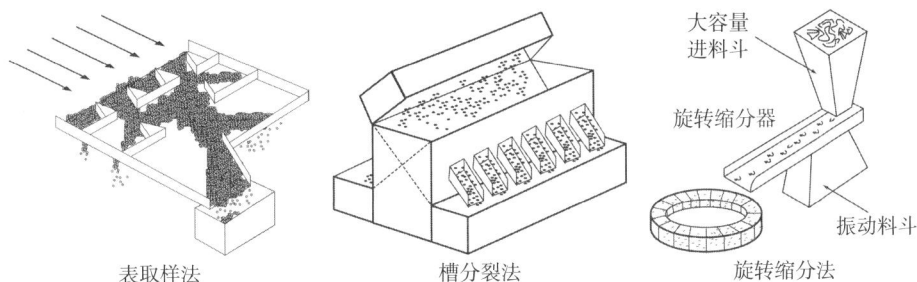

图 4-18　取样设备原理图

对五种方法进行比较，总结各自优缺点和测定相对标准偏差如表 4-6所示。

表 4-6　五种取样方法对比

取样方法	优点	缺点	相对标准偏差（%）
圆锥四分取样法	适用于流动性差的粉体	测定结果准确度依赖于人为操作	4.81
勺取样法	适用于混合均匀的难以流动粉体	操作当中粒子容易分级	4.14

取样方法	优点	缺点	相对标准偏差（%）
表取样法	可以处理样本量较大的粉体	测定结果准确度依赖于开始时人为的加料速度	4.09
槽分裂法	每操作一次可以将粉体样本量减小一半	测定结果准确度依赖于人为操作	4.01
旋转缩分法	适用于流动性较好的粉体	无法处理样本量较大的粉体	4.125

4.2.4.4 工艺设备与质控要点

A. 关键质量属性（CQA） 粒度、含量。

B. 关键工艺参数（CPP） 筛网目数、转速。

C. 质量关键方面风险控制点

　　a. 根据物料性质，选用目标粒度相对应的孔径的筛网 / 筛板。

　　b. 转速。

　　c. 粉碎室温度。

　　d. 进料量调节。

　　e. 防止粉尘外泄。

　　f. 防止粉尘进入和润滑油污染的主轴密封措施（润滑油 / 脂采用食品级）。

　　g. 容器内部、进料和出料部件应光滑无死角，减少物料残留和便于清洁消毒。

D. 可能存在的质量风险 细颗粒可在整粒、研磨和筛分过程中产生过多的细小颗粒，这会影响到粉末的流动以及导致分离，造成在胶囊灌装或制片的过程中的重量失控，进而影响到生产效率和质量。

粒度分布太宽会影响粉末流动性和含量均匀度，导致混合均匀性和含量均匀性较差。

E. 如何控制质量风险 在开发阶段应对筛网进行充分评估和建立明确指标。在批次主记录中，明确指定筛孔的规格。应注意筛孔的大小（目数）和筛的几何形状，并在生产过程中密切监控。

同时应对操作员进行培训以确保操作员了解关键工艺参数的重要性，并按照主批次上的指示进行操作。

4.2.5 筛分概述

药物粉碎后，粉末有粗有细，可以通过一种网孔性工具使粗粉与细粉分离，这种操作过程叫过筛或筛分，这种网孔性工具称为筛。

4.2.6 筛分原理

通过网孔性工具，将粗粉与细粉分离的过程称为过筛，这种网孔工具叫筛或箩。一般的机械粉碎粉末粗细不均匀，因此不能单用粉末粒度来表示，必须用粉末的粒度分布或粉末平均粒度来表示，所以过筛的目的，不仅能将粉碎好的粉末按大小区分，而且兼有混合作用，以保证物料的均一性，同时还能将合格的药粉筛出以降低消耗。

另外，筛分也可以将物料中不符合质量规范尺寸的粉粒或杂质从中去除。根据药典规定，药筛统一由标准药筛厂生产，药筛的性能和标准主要决定于筛网。

4.2.7 筛分设备

实验室小试或有些中试常采用标准药典筛手工操作来过筛，大生产常使用振动筛分机、离心筛分机或气流筛分机等。

4.2.7.1 旋振筛分机

旋振筛分机是一种特殊型、高精度细微粉筛分机。由进料口、防尘盖、筛筐、筛网、网架、托板、筛盘、弹簧、振动电机、固定螺栓、出料口等组成（图 4-19）。

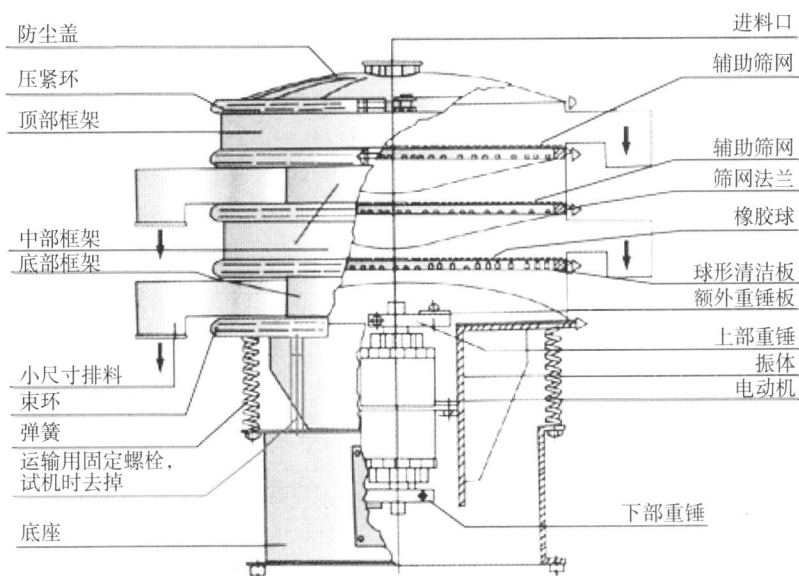

图 4-19　旋振筛分机结构图

该设备原理是利用偏心轮或凸轮的往复振动，物料在重力作用下通过筛孔进入底槽，由出料口排出，粗粉粒顺着筛移动，自筛出口排出收集。

该设备特点：①筛分过滤效率高、精度优、筛网不堵塞、换网快捷、筛网不易松动、使用寿命长，黏度大的物料便于清洗等特点。②密封好、噪音低、无粉尘污染和液体溢散。③设备体积小、重量轻、移动方便，出料口方向可任意选择，便于自动化作用。④保养简单、维修方便、配件购买方便。⑤分为干粉粒状型、液体型。

本设备可采用多筛层，通过合理匹配筛网，能达到一次同时筛选出多种不同规格的产品，且更换筛网工序简单、设备操作方便。主要应用于原料等行业中的干式粉状或粒状物料的筛分。

除了常见的旋振筛分机以外，还有直排式振动筛分机，主要适用于物料大处理量筛分、除杂等。设备安装单层筛网，将合格物料与不合格物料、杂质分离，通过振动筛电机产生激振力，物料迅速通过筛网，并通过筛机正下方成品料出口排出。

4.2.7.2 超声波筛分机

超声波筛分机是通过附加在筛网上的超声振动波（机械波），使超微细粉体接受巨大的超声加速度，从而抑制黏附、摩擦、平降、楔入等堵网因素，提高筛分效率和清网效率。解决了强吸附性、易团聚、高静电、高精细、高密度、轻比重等筛分难题。

4.2.7.3 摇摆筛分机

摇摆筛分机的设计是为了满足大产量、高精度筛分的需要而特殊设计的一种高效筛分机。从工作原理上来说，摇摆筛分机不同于旋振筛分机，摇摆筛分机是模仿人工筛分的低频高效振动筛，物料在筛面上做非线性的三维运动；而旋振筛分机是利用不平衡重锤使电机做水平、垂直、倾斜的三次元运动，从而改变物料的运动方向。所以，摇摆筛分机是轻微的椭圆摇摆运动，不存在高速振动，对物料影响很小，不会破坏物料形状，更适用于颗粒状结晶脆性物料，大大提高了物料的成品率。

4.2.7.4 离心式筛分机

离心式筛分机通过高速旋转的筛鼓，利用离心力的作用将物料向鼓壁甩出，从而达到松团均质化和筛分的目的。适用范围广，各种干、湿、有热敏性的物料均可使用。

该设备能够高效破除物料中的团块，并完成过筛。设备结构简单紧凑，密封效果好，让使用、清洁、维护更便捷。模块化的设计，使得离心式筛分机可以单机使用，也可根据工艺需要组合各种生产线，在固体制剂预处理过程中的应用越来越广泛。

特点：①结构紧凑，体积小巧，操作便捷，可用于不同受限空间；②较传统过筛方式，过筛速度快，更适用于易团聚物料或黏性物料的筛分；③基本上无温升，对于热敏性物料适用；④密闭性好；⑤可实现原位清洗。

4.2.7.5 筛网的构造和分级

按照制筛的方法不同，分为编织筛与冲制筛两种。药品生产中的编织筛网以不锈钢丝、尼龙丝、绢丝较为常见。编织筛在使用时筛线易位移，故常用金属筛线在交叉处压扁固定。冲制筛是在金属板上冲压出圆形或多角形的筛孔而制成，这种筛坚固耐用，孔径不易变动，但筛孔不能很细，多用于离心筛等设备。

以药筛筛孔内径来划分筛号是一种比较简单科学的方法，易于控制。目前制药行业常用目数来表示筛号和粉末的粗细，多以每英寸（1英寸 =0.0254m）长度的孔数来表示，例如：每英寸有20个孔的筛称为20目筛，能通过20目筛的粉末叫20目粉。

《中国药典》（2020年版）凡例部分的药筛标准是以筛孔的内径大小进行规定的，共有九种筛号。一号筛筛孔内径最大，九号筛的筛孔内径最小，每种筛号都标明相对应的目数。《中国药典》（2020年版）凡例部分对粉末规定如表4-7所示。

表4-7　现行《中国药典》筛号与筛孔尺寸关系表

筛孔内径（μm）	筛目	《中国药典》筛号	筛孔内径（μm）	筛目	《中国药典》筛号
2000 ± 70	10	1号筛	150 ± 6.6	100	6号筛
850 ± 29	24	2号筛	125 ± 5.8	120	7号筛
355 ± 13	50	3号筛	90 ± 4.6	150	8号筛
250 ± 9.9	65	4号筛	75 ± 4.1	200	9号筛
180 ± 7.6	80	5号筛	——		

A. 最粗粉　指能全部通过一号筛，但混有能通过三号筛不超过20%的粉末。

B. 粗粉　指能全部通过二号筛，但混有能通过四号筛不超过40%的粉末。

C. 中粉　指能全部通过四号筛，但混有能通过五号筛不超过60%的粉末。

D. 细粉　指能全部通过五号筛，但混有能通过六号筛不超过95%的粉末。

E. 最细粉　指能全部通过六号筛，但混有能通过七号筛不超过 95% 的粉末。

F. 极细粉　指能全部通过八号筛，但混有能通过三号筛不超过 95% 的粉末。

4.2.8 筛分检查及风险识别控制

4.2.8.1 生产工艺和质量参数控制要点

筛分过程中使用筛网的材料、目数要固定，筛网不能对产品造成污染。筛分操作前后应按照规定的方法检查筛网安装的密封性和完整性，并有记录，避免筛网破损导致的产品不合格。也可以根据物料特性、生产频次等实际情况规定筛网更换周期。

选择产能匹配的筛分设备至关重要。另外，过筛的速度和时间、筛网的安装方式都是此工序的关键控制点。

4.2.8.2 生产管理控制要点

过筛过程应有措施避免产尘和交叉污染，现行一般采用必要的密闭过筛处理和进出料过程，或利用负压及其他密闭手段实现投料→粉碎→过筛→出料联动线生产。

目前市面上的旋振筛分机、摇摆筛分机仍需离线清洁、消毒。清洁时需特别注意筛网、筛网与边框。

4.2.8.3 工艺设备与质量风险控制

A. 关键质量属性（CQA）　粒度。

B. 关键工艺参数（CPP）　筛网目数、振动频率、振动幅度。

C. 质量关键方面风险控制点

　　a. 筛网的材质应采用不锈钢或涤纶，坚固且耐疲劳。

　　b. 选择适当的振动频率和振动幅度，避免对颗粒造成破坏。

　　c. 垫圈的材质应符合食品级标准。

　　d. 接触物料的部分应结构简单、无死角，避免物料残留和便于清洁消毒。

D. 可能存在的质量风险　粒度分布太宽将会影响粉末流动性和含量均匀度，导致混合均匀性和含量均匀性较差。筛孔的大小（目数）会影响到颗粒粒度的大小、混粉体积和密度，进而影响到片剂的打片效率、崩解性和 API 的溶出度。

E. 如何控制质量风险　在批次主记录中，明确指定筛孔的规格。应注意的是筛孔的大小（目数）和筛的几何形状（如丝网线的编织是凸起或平滑都是关键的因素，应明确规定）。

应定期为操作员进行培训以确保操作员了解关键工艺参数的重要性，并按照主批次的指示进行操作。

4.2.9 质量评价关键点

A. 粉碎质量评价关键点　粒度、粒度分布；外观；含量。

B. 筛分的质量评价关键点　粒度、粒度分布；外观。

4.3 粉体的储存和传输

4.3.1 粉体的储存概述

粉体储存的方式一般为能存放大量松散固体物料的构筑物，这个构筑物通常称作料仓。固体制剂料仓的材质一般为不锈钢，与物料接触部分材料为 316L。根据储存物料的性质、储存量以及料仓的形状和种类分为筒仓、斗仓、储罐、IBC 料桶等。其中筒仓为大储量存谷类一般为粉粒体料仓。筒仓又分为深仓和浅仓，根据 H/D > 1.5 或 H/D < 1.5 进行判断，此处 D 是料仓的直径，H 是料仓圆桶部分的高度。斗仓是具有锥体部分的料仓，锥体部分可以是圆锥、角锥或者是方锥。具有锥体部分的料仓称为料斗，一般作为给料容器使用。IBC 料桶是结合筒仓和斗仓的一种容器，既可以储存物料又可以作为给料容器使用。本节将从料仓种类、结构、设计方法等方面阐述料仓。

4.3.2 粉体存储的方法和原理

4.3.2.1 料仓的一般特性

A. 料仓应能有效地集中分配和储存散装粉粒体的物料。

B. 一般为工业生产流程中的一环，当进行配料作业时，料仓（特别是斗仓）是给料装置的一部分；料仓有敞开式及密闭式两种。敞开式料仓只是以储存为目的，食品医药行业很少使用。密闭式料仓可以防止污染或其他异物侵入，常采用有顶盖的料仓，以方便安装下料用的机械设备；为了绝热和防止吸湿，料仓可用隔热和防湿的特殊材料进行建造。

料仓还有立式和卧式之分，但一般都采用立式，例如筒仓。立式料仓可以是单独的或几个料仓构成的群体。群仓的断面形状有圆形、矩形等，但单仓断面形状多为圆形，在结构设计上更有利。

4.3.2.2 料仓的使用要求

A. 散状物料不发生偏析和分离现象。

B. 没有物料附着，死区物料很少，具有很高的卸空率。

C. 装料容易、排料畅通，尽可能利用重力投料或卸料。

D. 当储存大量物料时，单位面积的存储量大。

E. 能保持一定的温度，可长时间保持存储物料的质量。

F. 装填系数要高，可方便对存储物料进行监测和显示。

G. 具有连续稳定的卸料特性。

H. 可防止仓内物料堵塞和架桥故障的发生。

I. 对溢流性很强的粉体物料可防止喷流。

J. 可防止仓内物料的啮合堵塞和附着性物料的结皮黏附。

K. 可防止外露污染和粉尘爆炸。

L. 当处理特殊的粉尘物料如脆性、附着性强、对温度等敏感的物料时有应对措施。

M. 应能向高压或真空输料。

N. 动力消耗小、维修简单、使用寿命长。

4.3.2.3 料仓的功能

料仓通常用于储存给料和中转散体物料。除了这些基本功能外，料仓还具有以下特殊功能：①反应器功能；②集尘料斗；③密封排料装置。

除了上述料仓的一些特殊功能外，料仓还具有一些技术过程中的重要作用，如物料的均化、储存物料的脱水。

4.3.2.4 料仓的设计原理

A. 整体流料仓的设计 Jenike 料仓设计法原则上适用于粉体物料，Jenike 认为只有细小颗粒的性质对流动性起决定作用，粗粒物料是被动因素，它们如果不被细粒物料黏合，就不存在屈服强度。一般把小于 0.84mm 的细粒物料剪切特性看作是斗仓设计的依据。

当要求先进先出或均匀流出时，粗粒物料料仓也应该按照整体流动的准则进行设计，当希望料仓中部颗粒的速度和仓壁附件的颗粒的速度差尽可能小时，应进行试验。

另外 Jenike 还对粉状物料的流动函 F_F 数进行了分类，即：$F_F < 2$ 非常黏结合不流动；$2 < F_F < 4$ 黏性及附着性物料；$4 < F_F < 10$ 较易流动性物料；$10 < F_F$ 自由流动物料。

当 $F_F < 2$ 时该种物料已不可能在重力作用下进行卸料，也就是说对于该种物料推荐不出经济合理的卸料口尺寸。

B. 料仓形状的确定　一般垂直料仓是由横断面一定的筒形上部和斗仓下部构成，料仓最常用的横断面是方形、矩形和圆形。在卸料方式方面有中心卸料、侧面卸料、角部卸料和条形卸料。对于料仓的性质设计，仍然应该以被处理物料的流动性为基础。例如斗仓方面除了通常形状外还有复式卸料口、双斗仓卸料口和双曲线卸料口都是为了卸料的通畅性，研究表明横断面形状对生产率没有影响。

斗仓改变了物料的流动方向，物料流向卸料口方向的收缩能力在很大程度上取决于斗仓的构造和形状，图 4-20 所示了各种斗仓的形状，通常的形状是和圆形料仓相结合的圆锥料斗仓，如果料仓倾斜角度不够，就有可能造成后进先出的漏斗流。如果卸料口直径加大，则斗仓有利于流动性较差的物料运动。因为要在较大卸料口的上方支持一个料拱，就需要较大的物料强度。对于难流动的物料，不管是圆形、方形还是矩形料仓，都常采用偏心斗仓，由于斗仓有一个仓壁是垂直的，且卸料口靠它很近，就不容易产生结拱。因为垂直仓壁的载荷大于其没有卸料口仓壁的载荷。要注意紧靠卸料口的仓壁是否因受力较大而变形或损坏。

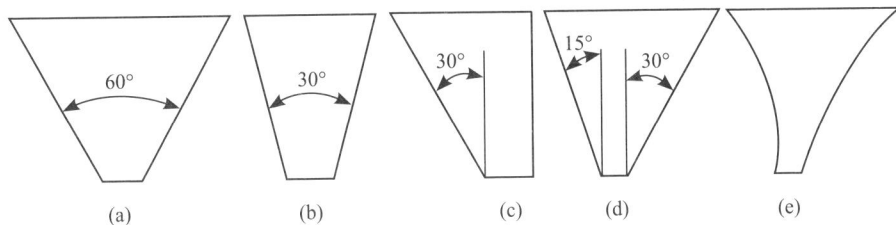

图 4-20　斗仓的形状

在图 4-20 中，附着粉体的排出顺序从易到难为 c > b > a > d > e

关于斗仓高度与生产率关系的研究工作表明，当物料高度超过料仓直径的 4 倍时，单位时间的排料量是常数，生产率发生变化是由储存物料的密度波动造成的，然而当料面低时，生产率的变化就很明显，另外料仓越陡生产率越高。

条形卸料口的圆形、方形和矩形斗仓的卸料口长度或对角线几乎与料仓直径相等，有利于排料。当矩形或方形料仓带有方锥状斗仓时，料仓仓壁交界处的棱角影响流动。

防止结拱的重要准则是横断面的相对变化，横断面接近卸料口时应当是恒定值，因此 Lee 提出了双曲线断面形状料仓。

由于斗仓的仓壁倾斜角度对仓内物料流动有重大影响，因此它的确定要相当慎重。一般来说，斗仓倾斜角度要大于等于储存物料的休止角，理论上斗仓的倾斜角应当与物料和仓壁间的摩擦角相等。

4.3.3 粉体输送概述

输送是粉体在各项单元操作如粉碎、分级、干燥、混合、造粒、输送、供料和分离等的优化生产组合。随着科学技术的飞速发展，人们对新材料、功能性粉体等的需求大大促进了粉体工程的进展，改善了作业环境，强化了质量管理，减轻了劳动强度。对粉体工程的最大困扰是系统在操作过程中出现故障和骤停。根据国际上对各项单元操作出现的最新统计资料表明：在粉体工程中的各项单元操作中以储存、供料、输送等单元操作所发生的故障频率最高。因此，本节主要阐述针对粉体特性，选择适合口服固体制剂生产传输过程的方法。

4.3.4 粉体输送影响因素

口服固体制剂生产输送过程的方法应根据粉体特性决定。

A. 吸湿性和潮解性　物料具有吸湿性就容易结块，会影响输送能力。如果物料不仅容易吸收水分并且还会潮解的话，情况就更严重。恰当的办法是采用干燥空气作为输送介质的栓流输送。

B. 摩擦角　摩擦角是表示粉粒料静止和运动的力学特性的物理量，与气力输送最有关的是物料与管壁之间的壁面摩擦角（即摩擦系数）和物料颗粒之间的内摩擦角。

　通常稀相输送时，由于料气比很低，颗粒彼此间的距离相对较大，因此内摩擦角可以忽略，与管壁的摩擦系数较小。但在密相输送时，颗粒密集成团或栓状，摩擦角就具有及其重要的作用。物料摩擦系数越大，输送压力要提高，但管道磨损和输送能耗随之增加，而且输送距离受到很大限制。对于脉冲栓流输送，要求物料内摩擦角必须大于壁面摩擦角，否则形成不了料栓。此外，物料内摩擦角越大，料栓可以较短，从而减少输送的压力损失。壁摩擦系数小，输送容易。

C. 脆性　物料的脆性影响到装置的选择。如果输送方式不当，颗粒速度太高，由于碰撞导致颗粒破碎，将使细粉增多，产品质量降级甚至报废。例如结晶状药品就不能使用高速气流的输送方式。为防止颗粒破碎时，只能使用低速密相输送，使破碎现象减少最小。

D. 磨削性　物料的磨削性也决定了采用装置形式、材质和结构。磨削性大的物料最好以低速密相输送。对于弯管、分离器、旋转部件等，都要采用或附加特殊耐磨材料。

E. 热敏感性　有些物料对温度很敏感。气力输送时颗粒因冲击和摩擦产生温度升高，使熔点低的颗粒出现表面融化现象，而冲击压力还会使颗粒接触面上发生熔点降低，使物料结块或者黏附在管壁，不但容易引起堵塞还会使物料变质降级。对这类物料首先测定其熔点，采用干燥冷却的空气或惰性气体为输送介质的低压密相输送方式。

F. 腐蚀性　通常，酸碱度可用来指明物料是酸性还是碱性，但最好还是要知道物料腐蚀各种金属的程度。对于强腐蚀性物料，要求装置结构和管道采用特殊的金属材料如耐腐蚀不锈钢制造。

G. 毒性、气味　对于毒性的物料适合采用吸送装置，吸送的最大特点是输送设备内部处于负压状态，任何部分漏气都是内向的，不会造成有毒粉尘外泄，当然终点排出需要严格过滤，最好采用湿法，排出也要消毒处理。

物料的气味有两种，一种对人体有妨碍的臭味、辛辣味或者其他怪味，应该去除。另一种是香味，应当保留以免产品降级。比较适宜的方法是采用管道气力输送，有关它的处理与有毒物料相同。

H. 卫生性　食品类物料必须严格保证其卫生要求。对因稀释和温度升高容易变质的物料，应采用干燥和冷却的空气甚至惰性气体为输送介质。如果物料因为吸湿而黏附于管壁，为了避免腐败变质，应利用高温空气和发送罐式的压送装置来输送。用于输送的空气必须无水无油，并且预先过滤以去除细菌。凡与食品物料接触的装置和部件，应由不锈钢制造，并要有容易拆开清洗的构造，输送管用不锈钢管或其他食品级软管。

4.3.5　粉体输送设备

目前粉体工程中的输送装置种类是多种多样的，将其归纳起来大致分为机械、流体和容器三种方式。下面分别就这三个方面适合固体制剂领域的输送方式展开叙述。在固体制剂输送中，其中机械输送中穿楼板式样垂直输送、流体输送方面的气力输送以及容器方面的 IBC 料桶输送较为常用。

A. 穿楼板式垂直输送　穿楼板式垂直输送又叫物理输送，顾名思义就是将不同平面的同一垂直面的各个工序利用提升设备连接起来的输送方式。对于升降高度较低的穿层可以选用提升机，提升机不仅可以上下垂直升降，而且还可以 360° 旋转，分为手动和自动两种，如图 4-21 所示。

对于层数较多或高度较大的层间提升，可以选用往复式层间升降机，如图 4-22 所示。

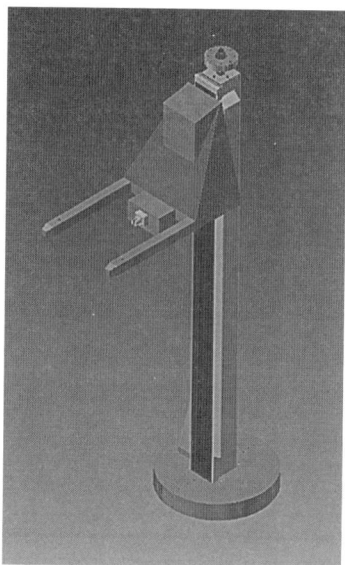

图 4-21　提升机

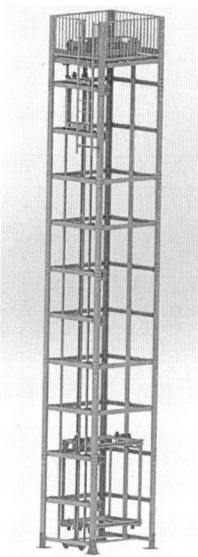

图 4-22　往复式层间升降机

B. IBC 料桶输送　IBC 料桶是固体制剂储存和运输方面最常用的设备。分为脚轮式人工转运和带插脚式机械转运，配合叉车、提升机和混合机使用可以做到转运、混合等自动化作业，使用方便、经济耐用（图 4-23）。

C. 气力输送　气力输送是比较新兴的技术，从 19 世纪后半叶才发展起来，它的具体应用始于成件货物的筒式气力输送装置。数十年后气力输送才正式用于卸送谷物、棉花和沙

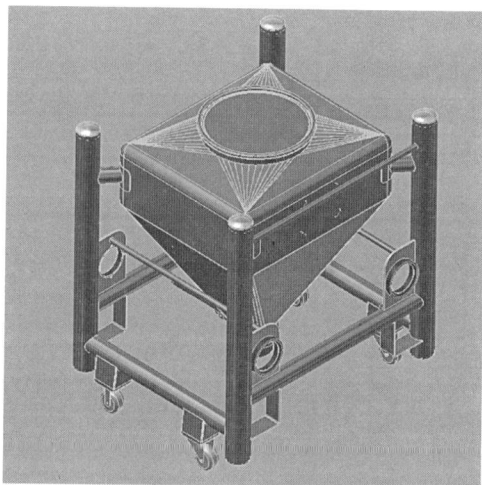

图 4-23　IBC 储存转运

等散料，于是出现了第一台浮式气力卸船装置，以及固定式吸粮设备。此后限于当时的技术和工艺水平，气力输送技术在较长一段时间几乎没有什么发展，装置几乎都是基于悬浮稀相输送原理设计的，直到 21 世纪初才将其应用范围扩展到工厂车间内部的散料运输中。近十几年来，移动式小型吸压混合气力输送机在国内得到了发展，目前

在固体制剂等各部门广泛应用。就稀相悬浮技术来说，其输送模型、流动状态分析、压力损失计算、组成系统的各主要部件结构以及操作使用管理，均有一定的研究深度和经验积累，近来世界各国围绕悬浮气力输送技术所做的努力集中在节能和提高输送效率，探讨装置的合理，优化设计防磨减磨措施，减少破碎，提高输送质量，有效解决了多种物料如何配比、计量输送的问题，彻底解决了物料在此生产过程中容易产生粉尘对环境，以及环境对物料的双重污染。

气力输送装置是在管道内利用气体作为承载介质，将物料从一处输送到另一处的输送设备。它的原理如下。

从物理学的落体定律我们知道，任何物体在静止空气中自由下落时，由于受到重力的作用，下落速度会逐渐增大，同时物体所受的阻力也会相应地增加，最后当空气的阻力等于该物体所受重力与浮力之差时，物体就以匀速自由下降，如果将物体置于向上的气流中，则有三种情况出现：气流速度小于物体下降速度时，物体仍然下降；气流速度等于物体下降速度时，物体将会在气流中呈现不上不下的悬浮状态，叫作该物体的悬浮速度；气流速度大于该物体的悬浮速度时，物体就会随着气流上升。

正是基于这种理论，人们得以利用这种压差，在管道中造成高速气流，一旦气流大于管道中的悬浮速度后，物料就在气流的推力作用下被带走。如图4-24所示，当真空泵1通过真空设备的分离容器产生真空，将物料从出料口3通过吸料软管和吸料口2吸入，在分离容器的过滤仓4内分离空气和物料，将物料收集在料仓中，在料仓充满物料时，真空泵自动关闭，输料设备内的压力达到平衡。放料阀开启，物料通过出料口5流出，直接落在容器6中。出料时过滤仓被反吹气囊自动清洁。其特制的振动器可以辅助下料，以提高输送黏稠物料的效率。

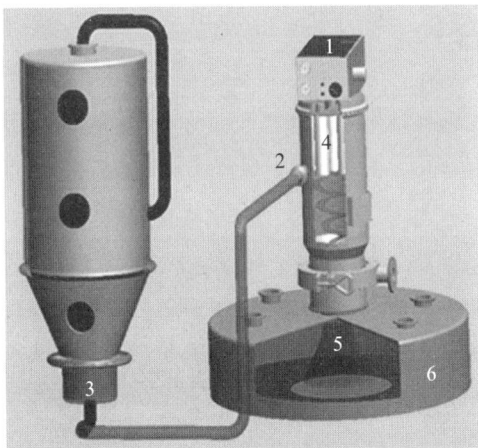

图4-24 气力输送示意图

1.真空泵；2.吸料口；3.出料口；
4.分离容器过滤仓；5.出料口；6.储料容器

气力输送的输送效率高，整个输送过程完全密闭，受气候环境影响较小。这不仅保证了操作的工作条件，而且被输送的物料不被吸湿、污损或混入其他杂质，从而保证了被输送物料的质量。在输送的同时可进行混合、分级、粉碎、烘干、选粒等制备工艺，也可进行某些化学反应，对不稳定的化学物品可用惰性气体输送，安全可靠、设备简单、结构紧凑、占地面积小、选择布线管线容易，易于对整个系统实现集中控制和程序自动化。

但气力输送与其他设备相比较，能耗较高，输送物料的粒度、黏度和湿度受一定限制。

气力输送一般以散装物料在管道中的状态分为以下三种方式：

    a. 稀相输送：物料相对气流较稀少的输送方式，管道内的空气大于物料的含量（图 4-25），物料气体比 10~30。它是利用低于 1kg/cm 的气体压力，采用正压（压送式）或负压（吸送式）并以较高的速度来推动或拉动物料使其通过整条输送线，因此该输送方式被

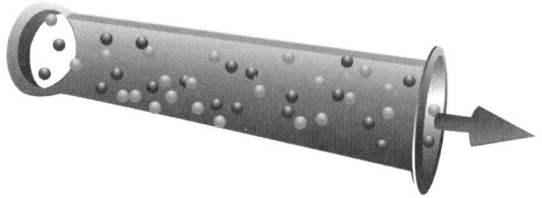

图 4-25　稀相输送物料在管道中的情况

称之为低压高速系统，它具有较高的气体 – 物料比。在该系统的开始端约有 600m/min 的加速度，在末端可达 1300m/min 的高速，因此气流速度较高。输送管线初端压力一般低于 0.1MPa，而末端则与大气压基本接近。稀相输送的介质一般采用空气或氮气，动力提供一般由真空泵提供。真空泵稀相输送时，物料在管道中呈悬浮状态，输送距离达百米。稀相负压的主要特点是可以从低处或散装处多点向高处一点或多点进行输送。正压输送的特点是输送量大，距离较长，流速较低，稳定。

    b. 密相输送：密相输送管道内的空气等于物料的含量（图 4-26）。该输送方式是利用高于 1kg/cm 的气体压力，使用正压来推动物料通过输送管线，因此常被称作为高压 – 低速系统。该系统的气体 – 物料比很低。此系统的初端速度约为 120m/min 的启动速度，在末端较高约为 1200m/min，输送管线的压力一

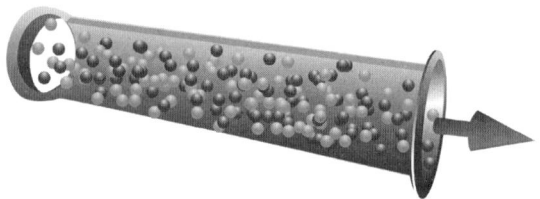

图 4-26　密相输送物料在管道中的情况

般为 3kg/cm，在系统末端则几乎为零。该系统采用空气压缩机作为动力源，它的显著特点是输送速度低，对于物料品质的影响较小，但由于正向高压容易引起粉料挤压堆积造成堵塞，所以一般在输送管道旁边安装一条压缩空气的傍管，每隔一定距离接入粉料管道对内吹气以清除堵塞。

c. 柱塞输送：物料空气比 10~100，管道内的空气与物料是一段一段的（图4-27），物料在管道中的多少通过出料口的肘型阀补气的多少决定。

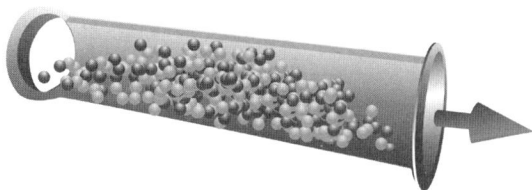

图 4-27　柱塞输送物料在管道中的情况

4.3.6 粉体的储存和传输应用

粉体的储存和传输中任何一种方式都不是万能的，这些储存和传输的方式根据自己的特点有其最适合的使用方式和范围，如图4-28为根据用户的实际情况，综合选用的从原料称配到成品包装的车间布置图。

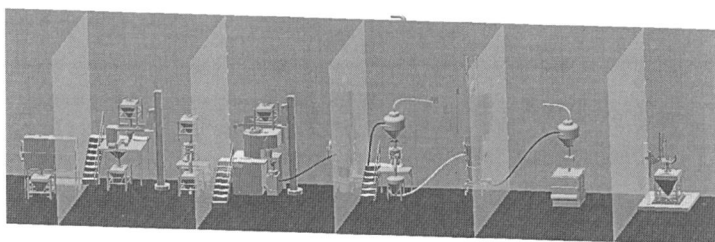

图 4-28　固体制剂颗粒包装工艺车间布置图

按照图4-29所示从左到右的工艺流程为：

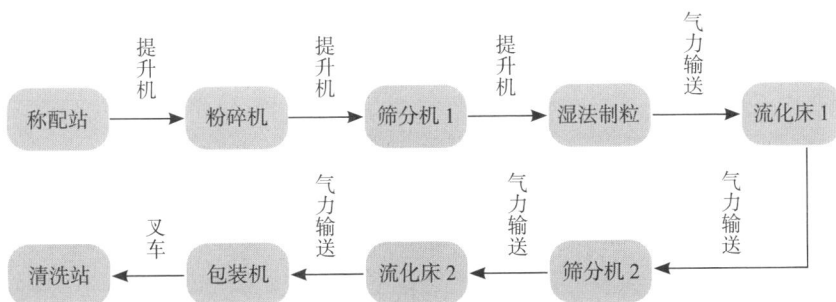

图 4-29　固体制剂颗粒包装工艺车间流程图

4.3.7 粉尘的爆炸和预防措施

4.3.7.1 粉尘爆炸的机制

粉尘爆炸指可燃粉尘在受限空间内与空气混合形成的悬浮云雾状粉尘，在点火源作用下，急剧氧化燃烧，并引起温度、压力急骤升高的现象。

4.3.7.2 最小点火能

最小点火能 E 是表达可燃粉尘对燃烧和爆炸的敏感程度，一般用静电感度测量。一般安全性粉体 $E \geqslant =10\text{mJ}$，不需要特殊防爆设计；易爆粉体：$E=3\sim10\text{mJ}$，一般防爆设计；非常易爆：$E < 3\text{mJ}$，需批量控制，每批控制 10kg 以内，并过滤导电；绝对易爆：$E < 1\text{mJ}$，应氮气保护。

4.3.7.3 粉尘防爆的预防措施

A. 减少或隔绝空气与物料的接触，将氧气含量控制在 6% 以下。

B. 杜绝火源　要从设计上保证电器部分不产生燃爆源。尽量避免电动部件在输送系统上运用，所有物料接触的导电部分要公共接地，软管材质要可导静电或衬导电金属丝。

C. 粉体自身摩擦会产生静电，因此要降低输送速度，使输送速度在 2~12m/min 或加氮气保护。

4.3.8 粉体质量控制考虑重点

对于粉体药物而言，粒度和晶型便是质量标准中重要的一环。

为了确保产品具有代表性，应采用随机取样。注意取样的代表性和均一性。取样量一般为一次全检量的 3 倍，其中中间产品为 100~300（ml）。对于设备上留有取样口的，取样工具一般为不锈钢勺；对于设备上自带取样工具或探子的则不需要另外准备。固体制剂一般取样袋作为盛装容器。无论是产品取样工具或者容器均应灭菌或消毒，标签注明已消毒字样，并在规定的时限内使用。不同产品配备的取样器和手套不得共用。

以下是粒度和晶型对药品质量的部分影响。

A. 粒度和晶型不同，其表面溶解度、溶出度和生物利用度可能会有较大差异。

B. 不同晶型会影响药品生产与制剂过程，进而影响药品质量。

C. 多晶可能有不同的理化特性，影响其物理稳定性和化学稳定性。由于具有较大自由能的晶体易转变成其他晶型，从而影响药品质量、有效性。

4.3.9 工艺设备与质控考虑要点

A. 关键质量属性（CQA）　粒度、粒度分布、微生物限度。

B. 关键工艺参数（CPP）　装载量、储存时间、输送距离、输送速度。

C. 质量关键方面风险控制点

    a. 料仓和输送装置内表面光洁、无死角，便于清洁。

    b. 控制输送速度，减少对粉体破碎和避免分层。

    c. 密闭，防止泄漏和空气湿度对物料产生影响。

    d. 在规定的储存时间内存储。

D. 可能存在的质量风险　黏性混粉在储存时可能产生结块，导致流动性不良。在运输或转移过程中，震动和引进空气会导致颗粒分离，影响到均匀性。长时间贮存还可促进微生物增长。

E. 如何控制质量风险　在配方/工艺开发阶段应评估混粉运输、储存的影响；建立有效的存储时间和条件；贮存后，在进行下一个步骤操作之前应进行混合旋转，以松动压实的混粉；可以考虑在储存之前把自由流动粉末包装在聚乙烯袋内，并用真空密封；设备装载程序和设备应进行优化，以尽量减少分层对质量的影响。

4.3.10 质量评价关键点

粉体储存和输送的质量评价关键点：主要包括但不限于微生物、粒度分布、流动性、压制性等项目。

4.4 制粒

4.4.1 制粒概述

制粒是将粉末、熔融液、水溶液等不同状态的物料加工制成具有一定形状与大小的颗粒状物的操作。对于固体制剂来说，制粒不仅可以改善物料的粉体学性质如流动性、可压性和堆密度，还可以改善含量均匀度和生物利用度等。

根据制粒目的的不同，对颗粒的要求有所不同，例如：对于颗粒剂来说，颗粒是最终产品，不仅流动性要好，而且要求外形美观、均匀；对于片剂来说，颗粒是中间体，不仅流动性要好，而且要保证较好的可压性，以保证后期压片顺利。

4.4.2 制粒原理

常见的制粒方法为湿法制粒和干法制粒两大类。

湿法制粒是在混合粉末（包含药物）中加入黏合剂，将颗粒表面润湿，靠黏合剂的架桥作用或黏结作用使粉末聚结在一起而制备颗粒的方法。湿法制成的颗粒具有流动性好、完整度高、外形美观、耐磨性较强、可压性好等优点，适合热稳定性好、遇水稳定的物料制粒。

干法制粒是混合各个原始配料（辅料和活性药物），在无外加液体黏合剂情况下，将干燥固体形成颗粒的工艺（ISPE定义）。在干法制粒中，预混后不会有其他的内相分散混合，相对于在湿法制粒中更加关键。干法制粒适用于对热敏感的物料和遇水不稳定的药物，干法制粒效率高、耗能少，且批产能受设备的影响较小。

制粒时粒子间存在着5种形式的作用力，分别是颗粒间不可流动液体膜间的附着力和凝聚力，颗粒间可流动液体膜的界面作用力，形成固体桥、固体颗粒间的引力、机械镶嵌。

A. 附着力和黏附力　不可流动液体包括高黏液体和固体表面少量不能流动的液体。不可流动液体的表面张力小，易吸附在固体颗粒表面，产生较大的附着力和黏附力。

B. 界面作用力　利用流动液体进行制粒时，粒子的结合力主要来自流动液体产生的界面张力和毛细管力，因此液体添加量对制粒产生较大影响。液体的添加量可以用饱和度 S 表示：在颗粒空隙中液体所占的体积与总空隙体积比。$S \leqslant 0.3$ 时，液体在固体粒空隙间的填充量少，液体以分散的液体桥连接颗粒，空气为连续相，称为钟摆状；当液体量增加到 $0.3 < S < 0.8$ 时，液体桥相连，液体成连续相，空气成为分散相，称为索带状；$S \geqslant 0.8$ 时，粉末成毛细管状，颗粒通过毛细管吸附相连，在颗粒表面山现气–液界面，但固体表面还没完全被液体润湿；当 $S \geqslant 1$ 时，液体充满颗粒内部和表面，形成的状态被称为混悬状，此时颗粒开始变为黏稠的浆糊状而不适合进行湿颗粒的筛分。

C. 固体桥　固体桥是黏合剂干燥或可溶性成分干燥后析晶形成的。固体桥产生的结合力主要影响粒子的强度和溶解度。

D. 引力　固体颗粒子间产生的引力主要指范德华力，当粒度 $< 50\mu m$ 时，这些引力更加显著，而且分子间引力随着粒子间距离增大、粒子增大而减小。

E. 机械镶嵌　指由于粒子形变导致的作用力，多产生于搅拌和压缩过程中。

4.4.3 制粒方法与设备

4.4.3.1 高速搅拌制粒

将药物粉末、辅料和黏合剂加入一个容器内，靠高速旋转的搅拌器的搅拌作用和切碎器的切割作用迅速完成混合并制成颗粒的方法。搅拌器的形状多种多样，其结构主要由容器、搅拌桨、切割刀组成。操作时先把药物和各种辅料倒入容器中，盖上盖，把物料搅拌混合均匀后加入黏合剂，搅拌颗粒。完成制粒后倾倒颗粒或打开安装位于底部的出料口自动放出湿颗粒，然后进行干燥。

A. 底驱型和顶驱型的区别　底驱型高剪切湿法制粒机应用最为广泛，具有制粒强度大、速度快、效率高的优点，使用广泛，是目前市场上的主流湿法制粒机设计形式，但是混合效果一般，操作窗口小；放大线性随搅拌桨的设计不同而不同。

　顶驱型高剪切湿法制粒机具有制粒柔和、混合效果好、放大线性好、操作窗口大的优点，但是搅拌速度较低、效率稍低。

B. 锅体形状　图 4-30a 是圆柱形容器的高剪切制粒机，图 4-30b 是圆锥形容器的高剪切制粒机。圆柱形容器通常用于黏性低的物料，圆锥形容器适用于黏性高的物料。

(A)　　　　　　　　　　　　　　　(B)

图 4-30　锅体形状

C. 搅拌桨、切割刀　搅拌桨是高剪切湿法制粒机最核心的部件，搅拌桨与锅底的夹角应在 $40° \sim 50°$，夹角越大，搅拌桨对物料施加的机械性能越大，制备的颗粒空隙率越低。物料的运动取决于搅拌桨的设计和速率，切割刀的目的只是将物料切成小块以利于黏合剂的分布。

D. 黏合剂加液方式　黏合剂的加入方式主要分为球阀直接倾倒、无气喷枪滴注和雾化喷枪喷入，其中无气喷枪主要靠液体自身的流速达到雾化的目的。

黏合剂通过雾化喷入可获得粒度分布范围更窄的颗粒，与高剪切制粒相比，在低剪切制粒中，雾滴的大小对颗粒的粒度分布影响更大。

黏合剂的雾化压力不能过大，雾滴应喷洒在物料表面，而不能喷在锅壁表面。

4.4.3.2 流化床制粒机

流化床制粒也称为一步制粒机，是使物料在自下向上的气流作用下保持悬浮的流化状态，再向流化状态的物料中喷入黏合剂液体，使物料粉末在黏合剂的架桥作用下相互聚结成颗粒的方法。流化床制粒机主要由容器、气体分布装置（如筛板）、喷嘴（雾化器）、气固分离装置（如过滤器）、空气送入和排出装置、物料进出装置等组成。其在工作时，空气由空气送入装置吸入，经过空气过滤器和加热器后，从容器的底部通过气体分布装置吹入容器内，再从容器的顶部通过空气排出装置排出容器，进入容器的热空气使容器内的物料呈流化状态并混合均匀，然后喷嘴将黏合剂或润湿剂均匀喷成雾状，散布在流化物料表面，物料聚结成粒，经过反复的喷雾和干燥，当颗粒大小符合要求且含水量符合标准时停止喷雾，制成的颗粒继续在容器内干燥，干燥后出料。气固分离装置阻止未与雾滴接触的物料随空气排出容器（图 4-31 至图 4-33）。

流化床制粒的喷雾方式通常可分为顶喷、底喷和切线喷三种工艺。顶喷工艺主要用于干燥、制粒；底喷工艺主要用于薄膜包衣、缓控释包衣、肠溶包衣等；切线喷工艺主要用于制丸、制粒及包敷。

流化床制粒可形成更多孔、密度更低的颗粒，这些特点有利于润湿和崩解。

4.4.3.3 摇摆制粒机

摇摆制粒机进料装置的下方设有按正、反方向旋转的转子，转子上沿轴向安装有若干个沿同一圆周均匀分布的棱柱，转子下方安装有弧形筛网，筛网包覆转子的下半部且与转子之间留有间隙。其工作时，湿润软材通过进料装置进入制粒机后，借助转子正、反方向旋转时棱柱对物料的挤压与剪切作用，使物料通过筛网成粒。

摇摆制粒机设备安装简便，但安全性欠佳、制粒时间长，制得的颗粒较为紧实。

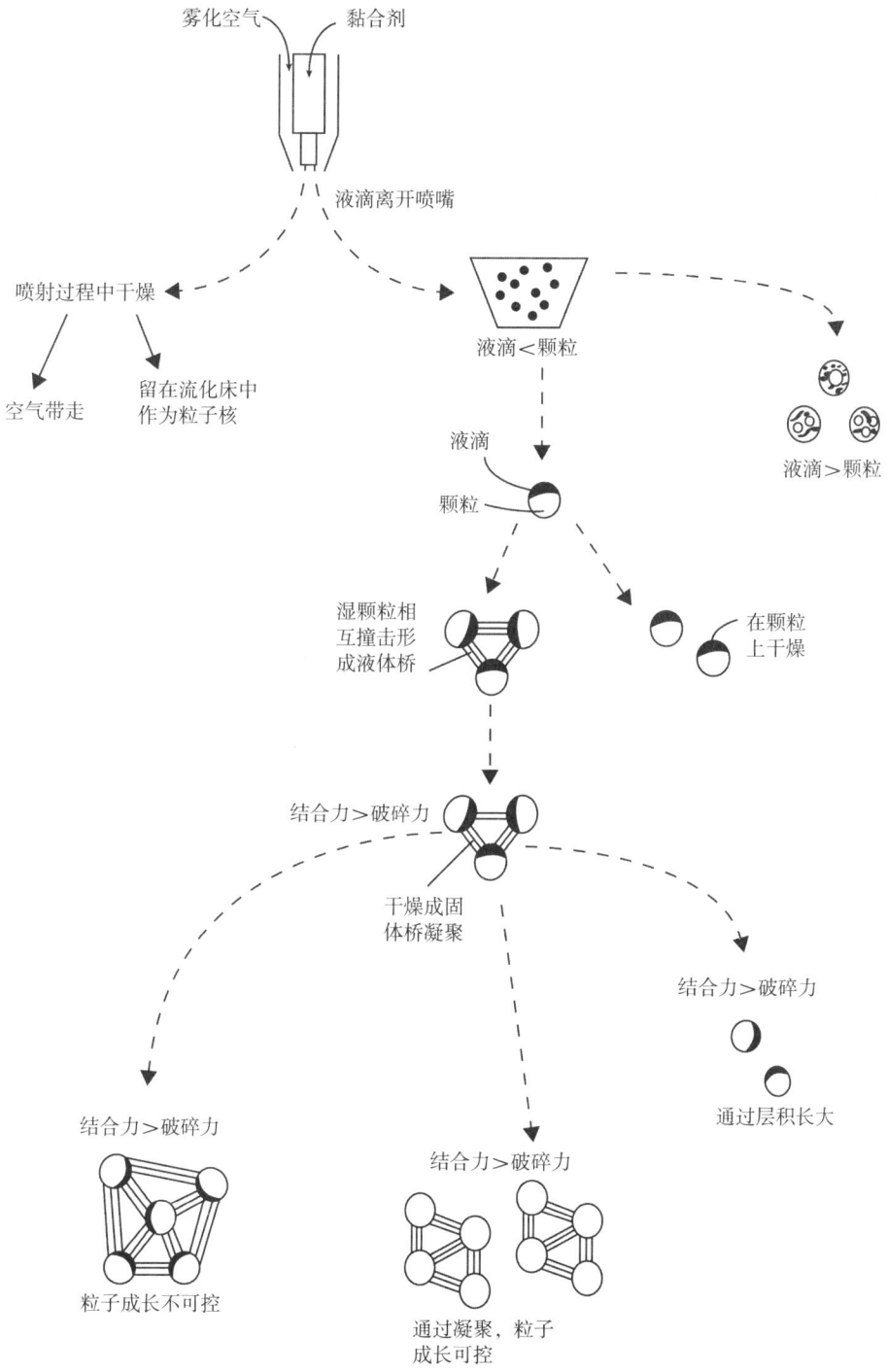

雾化空气　黏合剂

液滴离开喷嘴

喷射过程中干燥

空气带走　留在流化床中作为粒子核

液滴<颗粒

液滴>颗粒

液滴

颗粒

湿颗粒相互撞击形成液体桥

在颗粒上干燥

结合力>破碎力

干燥成固体桥凝聚

结合力>破碎力

结合力>破碎力

粒子成长不可控

结合力>破碎力

通过凝聚，粒子成长可控

通过层积长大

图 4-31　流化床制粒机制

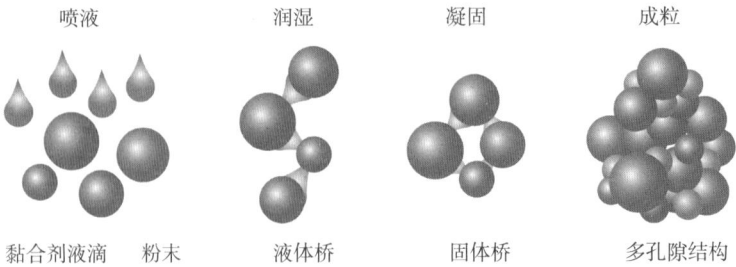

喷液　　　　　润湿　　　　　凝固　　　　　成粒

黏合剂液滴　粉末　　液体桥　　　固体桥　　　多孔隙结构

图 4-32　流化床制粒过程

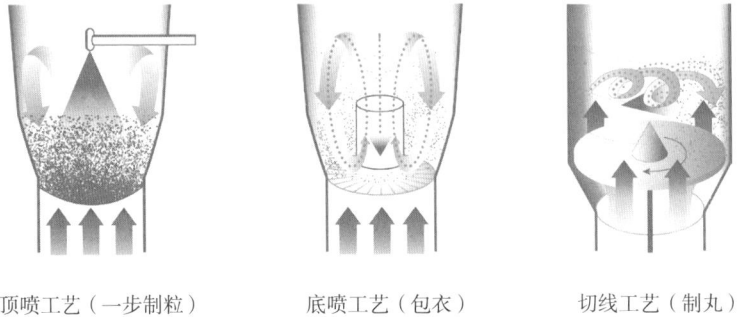

顶喷工艺（一步制粒）　　　底喷工艺（包衣）　　　切线工艺（制丸）

图 4-33　流化床制粒机的喷雾方式

4.4.3.4　干法辊压式制粒机

A. 原理和工艺特点　干法制粒是将原辅料的混合粉末用较大的滚压力制成较大的带状或片状物后，重新破碎成所需大小的颗粒。

干法制粒适用于热不稳定和对湿敏感的物料制粒，干法制粒还可以防止湿热导致的晶型转变。同时由于滚压造成颗粒的可压性、流动性比较差。

干法制粒颗粒形成黏合的驱动力包括：颗粒重排、颗粒变形、颗粒碎裂和颗粒黏合。

B. 干法制粒的四个阶段

a. 阶段 1：颗粒重排。在外力作用下，粉体移动开始填充空隙。空气离开粉体混合物的空隙，颗粒更紧密地靠拢在一起，使粉体混合物的密度增加。这一阶段，颗粒大小和形状是关键因素，由于初始堆积紧密，球形颗粒比其他形状颗粒移动少。

b. 阶段 2：颗粒变形。当压力增加时，颗粒变形。颗粒变形增加了颗粒间的接触点，黏合发生在此处，例如塑性变形。弹性变形和塑性变形可以同时发生，但其中一个产生主要影响。弹性变形：当解除颗粒上的压力时，发生变形的颗粒恢复至原来形状。塑性变形：当解除颗粒上的压力时，发生变形的颗粒不能完全恢复至原来形状。

c. 阶段 3：颗粒碎裂。颗粒在更高压力下形成碎片。颗粒碎裂形成多种新的表面位点、额外接触点和潜在的黏合位点。

d. 阶段 4：颗粒黏合。当发生塑性形变和颗粒破碎时，颗粒黏合。由于范德华力的作用，颗粒黏合发生在分子水平。

滚压式干法制粒主要由压紧、碾碎、分级等步骤组成。首先用滚压机将粉末压成薄片状、板状或硬条状，接着进行碾碎，然后用碾碎机碎成颗粒。因此，滚压制粒机由滚压机和碾碎机两部分组成，而从机械构造来看，滚

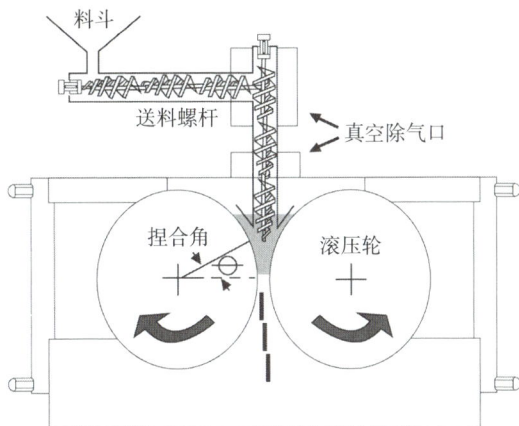

图 4-34 滚压干法制粒设备示意图——垂直进料

压制粒机是由进料漏斗、送料螺杆、滚压轮及用于提高产量和质量附加的真空除气系统和其他辅助设备组成（图 4-34 至图 4-36）。

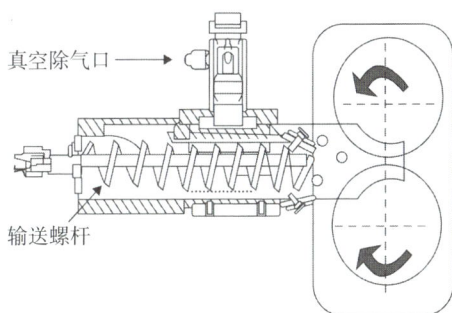

图 4-35 滚压干法制粒设备示意图
——水平进料

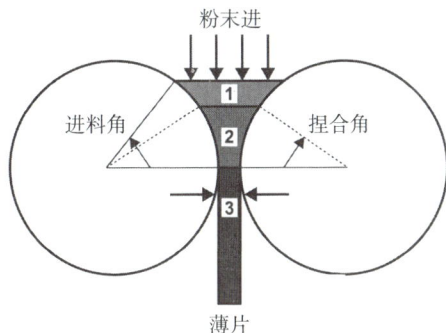

图 4-36 滚压区示意图
1. 进料区；2. 挤压区；3. 出料区

两滚压轮之间的区域按照滚压过程中的作用不同可分为三个部分：第一部分是进料区，该区域物料受到的压力较小，物料受到轻微的挤压而压缩，物料的压缩是由于粒子重新排列的结果；第二部分是挤压区，物料受到强有力的挤压，使粒子产生变形和破裂；

第三部分是挤出区，压制成形的物料薄片被挤出滚压机，在进料区和挤压区的转换区域称为折合角。

C. 设备组成

    a. 进料系统：滚压目的是聚集足够的力量以使粉末达到所需要的密度及制粒的需要，滚压制粒的关键技术在于不管进入滚压轮物料大小如何，施加于物料上的压力需在一定范围内保持恒定。从长期的实践来看，滚压过程是通过控制物料进入方式、单位时间进料量、滚压速度和两滚压轮之间缝隙大小等因素完成的。滚压轮之间的缝隙大小直接影响压制物的产量和质量，而在滚压轮缝隙大小一定的前提下，压制物的产量和质量主要取决于进料速度。因此，滚压操作过程中保持恒定的粉末进料速度非常重要，可通过特定的设备装置来控制进料速度。滚压过程是一个连续的过程，因此需要连续不断进料，进料速度的大小、连续性等对滚压制粒的质量和产量有影响，但进料速度、进料连续性状况与物料本身的性质有很大的关系，对于流动性很好的物料不需要外加设备来推动，根据自身重力就可连续传送至滚压轮，在滚压过程中很容易操作，在滚压前也不需要经预处理使物料密度增加以提高流动性，但对于流动性差、密度小的物料，则需用特殊装置和方式来进料，从而使物料具有良好的流动性，并保持恒定的进料速度。由此可见，进料系统在滚压制粒过程中具有重要作用，特别是在大规模的传送流动性差、密度小的物料时发挥着极为重要的作用。滚压制粒过程中所需能量包括两部分，即送料螺杆转动和滚压轮转动所需的能量，送料螺杆经电机驱动，再经一级皮带减速后，组成动力系统。送料螺杆的转动提供 0~100rpm 的转动力。送料螺杆不仅承担着从储料漏斗中传递粉末材料的任务，而且具有除去粉末中滞留气体的功能，并对粉末进入滚压轮之前进行预压。实际生产过程中，理想的滚压轮压力和送料螺杆的设计等需随被压制物料性质的变化而变化，粉末松密度和送料螺杆旋转速度的改变将影响滚压轮缝隙、压制压力和滚压物的质量等。

由于送料螺杆的转矩与预压力成正比，故只有保持一定的压力，才能保证压制物的质量，在螺杆预压压力与压制过程中，滚压轮压力的变化将直接影响送料螺杆的电机电流及滚压轮驱动力。实际上，压制的压力主要取决于送料螺杆中粉末制品进料的连贯性，一旦进料间断将直接影响送料螺杆的电机电流及滚压轮驱动力，送料的动力螺杆对物料具有一定的除气作用，从而减少后续滚压轮压力负载。研究表明，保持恒定的进料压力是有效控制压制薄片质量的前提。滚轮的挤压力与进入滚压轮缝隙的物料量直接相关，如果进料不连贯，则会影响压制效果。一般来说，动力螺杆在整个滚压制粒过程中除推动物料进入滚压轮外，还对物料的压实起着重要的作用。

垂直圆柱送料螺杆设计有利于固体粉末均匀分布在送料螺杆周围，但这种设计与常规滚压机的矩形送料螺杆设计不相符，其缺点是物料不能均匀地传递进行滚压，处于滚压轮中间的物料多。物料在滚压轮上的分布深度和广度都优于单个送料螺杆（水平或垂直送料螺杆），以便于更均匀地分配物料，使压制物强度和厚度都更均匀。

目前常用的螺杆为具有桨叶的锥形螺杆。螺旋桨叶的分布不同即上下螺距不同，越靠近螺杆顶端螺距越大，越靠近螺杆底端螺距越小，这样设计的目的在于大螺距施加于物料的作用力大，对物料进行初步挤压，起到预压、除气作用（图 4-37）。螺杆顶端对物料的作用力大，而螺杆底端由于螺距较小，对物料的作用力也较小，便于物料顺利进入滚压轮压制区域，如果上下螺距相同，则对物料作用力过大，而影响物料的流动性。

为了配合两级预压的作用，锥形螺杆顶端和底端的锥形角大小不同，螺杆顶端锥形角一般为 60°，螺杆底端锥形角一般为 20°。

图 4-37　送料螺杆示意图

相应的，送料锥形漏斗也分为两级，顶端锥形角为 60°，底端锥形角为 20°。

根据制备螺杆所用的材料不同可分为不锈钢螺杆和尼龙螺杆两类。由于送料螺杆的桨叶紧贴漏斗，因此不锈钢螺杆在送料时常引起摩擦而导致漏斗磨损，从而影响物料进料时的流动性，而尼龙螺杆对漏斗几乎不产生磨损，因此，目前尼龙螺杆已逐渐取代了不锈钢螺杆。

b. 滚压轮：滚压制粒机中有一对滚压轮，它们以相同的速度反方向转动,转动动力由减速器通过齿轮传动带动主动轴,再通过另一组齿轮传动带动从动轴,使两轴上的滚压轮作对挤转动。其中一个滚压轮在压制机中是固定的,不能作水平移动,但另一个滚压轮则作水平移动,液压施加于水平移动滚压轮两端的固定位置上。通过液压的调控,可控制滚压轮缝隙的大小。液压通过滚压轮传递至物料上,从而起到滚压物料的作用。物料通过这些方式被压实,厂家计了一整套计算两滚压轮间捏合角和压力分布的数学模型。这一模型总结出影响捏合角大小的两个主要因素:表面摩擦角和内摩擦角(物料间的摩擦)。实际上,可压性好的物料具有很大的捏合角(30°),而可压性较差的物料具有很小的捏合角(7°~10°),这是由于可压性好的物料其表面摩擦力和粒子间的内摩擦力均较大,因此产生较大的捏合角。另外,在滚压轮设计中,直径也是重要的影响因素。虽然滚压轮直径对捏合角的大小影响较小,但在滚压轮缝隙大小不变的条件下,随着直径的增加,物料受挤压的程度明显提高。因此,为了满足各种制粒生产速度的需要,有些设备生产企业推出滚压轮直径固定,但宽度有各种大小的滚压制粒设备,而另一些厂家推出滚压轮宽度固定,但直径有各种大小的滚压制粒设备。

压轮的表面结构对滚压过程以及压制物的质量具有重要的影响,通过对比研究滚压轮平滑表面与粗糙表面发现,粗糙表面滚轮在滚压过程中具有较多的优点。由于表面摩擦力的作用,表面粗糙滚压轮比平滑滚压轮具有更大的力量,使物料进入滚压轮狭缝区域,对于同种物料,表面粗糙的滚压轮比表面光滑的滚压轮具有更大的捏合角。因此,为了提高物料与滚压轮之间的摩擦力,使物料进入滚压轮狭缝区的量比较均匀,减少细粉的渗漏,目前滚压轮大多具有表面凹槽结构。滚压轮表面的凹槽一般是 V 形,V 形的夹角大小与深度对滚压产生很大的影响。一般 V 形的夹角弧度为 120°,深度常随着滚压轮的直径不同而不同。这种设计在一定程度上可增加滚压轮与物料之间的摩擦力。通过提高物料推动力以提高物料流动的均匀性,进而提高物料压制效果,但这种设计易使物料在夹角中黏结,特别是在生产过程中遇到黏性比较大的物料时,易影响物料的推动和挤压,开始运转不久就有物料压粘在滚压轮表面上,刮刀无法将其刮下,且越粘越多,越粘越牢,物料在凹槽中的过分滞留将影响滚压轮表面的粗糙度,从而降低了与物料的摩擦，影响生产效率和产品质量，同时在夹角黏结的物料不容易清洗。为了减少由夹角底部物料的黏结所造成的死角，往往将 V 形夹角底部做成具有一定的弧度或将 V 形的凹槽改成半圆形凹槽，滚压轮表面也可以是波浪形等凹槽结构，主要根据物料的性质来选用，以期达到较好效果。如图 4-38 为不同形式的滚压轮。

反之由于凹槽的选用不合适，严重时可导致生产无法连续进行，滚压轮表面凹槽结构影响物料受压情况，凹槽越深，施加于物料上的压力比例就越小，从而影响物料的挤压效果。因此，

图 4-38 不同形式的滚压轮

具有表面凹槽结构的滚压轮，一方面可增加与物料之间的摩擦力，提高物料的推动力，增加滚压轮狭缝的物料量，从而提高挤压效果；另一方面，由于表面凹槽结构，特别是具有较深的表面凹槽结构，在凹槽中的物料不能直接受到滚压轮的挤压作用，因此会影响挤压效果。从滚压全过程来看，设备产生的压缩力与物料的流动性、滚压轮直径大小、滚压轮间缝隙大小、滚压轮表面性质和进料压力等因素有关。滚压轮的表面经过氮化处理后硬度很高，能经受高压物的挤磨，滚压轮挤压时挤压力在 15T 左右，有时候也会出现挤压力波动而超过 15T。所以在设计各有关零配件时要有足够的强度，以防出现机件损坏。

在滚压制粒过程中应尽可能降低细粉量，因为细粉过多，导致颗粒筛粉时成品率低而影响生产效率。另外颗粒中掺杂过多的细粉将影响随后的片剂和胶囊剂的生产。漏粉现象主要是由于药粉进料以及药粉在滚压轮捏合角区和狭缝区不均匀分布造成的。表面粗糙的滚压轮，特别是表面具有凹凸结构的滚压轮比表面光滑的滚压轮可以明显减少药粉渗漏，这是由于滚压轮通过表面的凹凸结构能将药粉均匀地传送至滚压轮的狭缝区，在送料螺旋杆的尾部设计一个具有斜面的矩形送料装置，在一定程度上减少了药粉进入滚轮中间不均匀的现象。药粉不仅可以从滚压轮的中间渗漏，

而且可以从滚压轮的两端渗漏，两端漏粉与药粉在滚压轮之间的分布以及滚压压力分布的不均匀有关。由于药粉从滚压轮两端渗漏也是漏粉的一个重要原因，因此滚压轮两端设计也很重要，如果把滚压轮的边端制成凹边，与其对应的另一边端制成凸边，这样可以明显减少挤压时边缘渗漏现象。滚压轮两端凹边和凸边的深度、高度以及坡度对漏粉也有很大影响。在滚压乳糖时，滚压轮两端内壁坡度 65° 可产生 2.5%~3.0% 的细粉。而当滚压轮无边缘时（内壁坡度为 0°），细粉泄露量为 15%。总之，通过使用凹凸边缘形的滚轮，优化了滚压压力在整个滚轮上的均匀分布。一般认为，最好的滚轮设计有赖于药粉原材料的性质。通过研究也进一步证实滚压轮 65° 内壁斜坡设计的实用意义。因为在这种条件下，药粉与滚轮的接触面积最大，内壁高度与形状影响药粉进料与被挤压量，这种设计使边缘漏粉发生率降至最低。此外，为了进一步防止挤压过程中物料从滚压轮两端渗漏，常在滚压轮接触处的两侧各装一组密封板和小推动油缸，小油缸通过挤压密封板，使密封板紧贴滚压轮的外侧面，可有效防止边缘漏粉。

c. 液压系统：整个液压系统包括一台带有稳压筒的高压手摇泵（柱塞直径为 12mm，行程为 10mm，最高压力达 100MPa）、四套耐压 100MPa 的单向阀、两套直径为 130mm 的油缸活塞、两套直径为 30mm 的侧封推力油缸、一套油箱、一个分配器和一个压力保护器。整个系统不允许有渗漏现象（试压要求 100MPa，30 分钟内压力下降不超过 0.5MPa）。滚压轮上的挤压力与滚压轮侧面密封板上的推力，均由液压系统提供。在开机生产前需根据物料的性质来选择油缸的工作压力，打上一定油压后再开机生产。在实际操作中，应根据不同的物料对油压作适当调整，特别是黏性物料，滚压轮推动油缸的压力波动变化较大，液压系统有四套高压单向阀：一个控制滚压轮的推动油缸、一个控制侧封小油缸、一个卸压阀，另一个是空置的。外接小型油压工具（如油压千斤）供机器装卸用，在油泵上面直接连着一个稳压筒（稳压范围为 0~30MPa），当工作压力在 100MPa 以内时，稳压筒能吸收一部分压力波动，如果压力波动过大超过预先调好的压力保护器的预置压力，保护器启动，切断整机电路以免损坏机器。通常机器出厂时已将保护器调到 5.7MPa，即挤压力为 15T，在特殊情况下如果少量物料需要较高的压力挤压，可暂时将保护器调高（要采取安全措施）。

d. 真空除气系统：影响压制品产量和质量的一个关键因素是物料中的空气。物料在挤压过程中，如果没有有效去除物料中的空气，由于受压空气的膨胀作用使压制成型的薄片出现开裂和破碎，随之碎片及细粉量会大大增加。真空除气装置通过去除物料中含有的空气，可以有效解决这一问题，从而大大提高滚压机的产量和效率。由于真空除气装置的作用，纵向螺杆处的物料内含有的空气被强制抽出，以此提高预压程度。这一真空除气装置在大型滚压机中发挥的作用尤为显著。

其他一些有助于去除物料中空气的方法：调节进料速度、调节滚压轮转速、改善物料的空气渗透性、减少滚压轮的挤压力。某些情况下，真空除气装置可使滚压机的颗粒产量提高 4~5 倍，滚压效率提高 40%。因此真空除气装置的应用将减少对大型滚压机的需求，从而减少设备投资，减少对大型厂房的需求。

e. 冷却系统：干法滚压制粒机工作时，滚压轮与物料、物料与物料之间的挤压会产生很多热量，导致滚压轮和物料温度提高，一方面对活性药物稳定性不利，另一方面高温会引起物料黏性增加，导致物料在滚压轮表面黏结，从而影响产品质量和生产效率。为了降低滚压轮和物料的温度，可以在两组滚压轮中间通以冷却水，把挤压产生的热量带走，有些物料对温度敏感，要求在温度较低的情况下操作，应严格控制循环水的温度。

f. 粉碎系统：物料经滚压轮挤压成硬条片，再由置于机器内部的小型粉碎机将片条打碎成颗粒。一定规格的颗粒和细粉通过粉碎机下方的不锈钢筛网落入容器中。粉碎机动力由摆线减速器通过轴传递，增速到 0~153rpm，与主轴同步。开机前根据需要选择合适筛目的筛网，以生产出高密度的颗粒。一般情况下，粉碎前需检查滚压出的条片硬度，粉碎机打击条片的方式较多，横杆打刮式是其中一种，其特点是颗粒通过筛网的能力较强，但制备复杂，成本较高。

4.4.3.5 喷雾制粒

喷雾制粒是将药物溶液或混悬液用雾化器喷雾于干燥室内的热气流中，使水分迅速蒸发以直接制成球状干燥细颗粒的方法。该法在数秒钟内即完成原料液的浓缩、干燥、制粒的过程，原料液含水量可达 70%~80%。

喷雾制粒过程为原料液由储槽进入雾化器喷成液滴分散于热气流中，空气经蒸汽加热器及电加热器进入干燥室与液滴接触，液滴中的水分迅速蒸发，液滴经干燥后形成固体粉末落于器底，干品可连续或间歇出料，废气由干燥室下方的出口流入旋风分离器，进一步分离成固体粉末，然后经风机和袋滤器后排出。

4.4.4 制粒的检测及风险识别控制

4.4.4.1 颗粒性质的评价

A. 颗粒形状　颗粒为球形时，粉体空隙率为 40% 左右；颗粒为超细或不规则形状时，粉体空隙率为 70%~80% 或更高。

B. 颗粒水分　颗粒的水分含量会影响颗粒的后续加工和存储周期等，因此需要对颗粒的水分进行控制，对于水分不敏感的物料，颗粒水分一般控制在 1%~3%，为保证良好的可压性，有时甚至控制在 5% 以内，但水分越高，压片时粘冲的概率越大。

颗粒的水分测定方法主要有：费休氏法、烘干法、减压干燥法和甲苯法。常用的一般是费休氏法和烘干法（主要以快速水分测定仪代替），快速水分测定仪主要针对游离水的检测，而费休氏法针对全部的水，包括结晶水。

在干燥工序不仅要评价颗粒的水分含量还需要评价水分含量的均匀性。

C. 颗粒密度　粉体的密度通常可分为真密度、粒密度和堆密度。

D. 颗粒粒度分布　粉体由粒度不等的粒子群组成，粒度分布反映粉体中不同粒度大小的粒子的分布情况，可用频率分布和累积分布表示。

粉体粒度分布一般采用筛分法和激光衍射 / 散射法两种测试方法，激光衍射 / 散射法适用于检测粒度非常小的粉体粒度分布，颗粒粒度分布一般采用筛分法更准确。

E. 颗粒流动性评价　常用的评价粉体流动性的方法有休止角、流出速度、压缩度和豪斯系数比、剪切至法。

    a. 休止角：休止角是粉体堆积层的自由斜面与水平面形成的最大角，是粒子在粉体堆积层的自由斜面上滑动时所受的重力和粒子间摩擦力达到平衡而处于静止状态下测得的。常用的测定静态休止角的方法有固定漏斗法、固定圆锥底法。动态休止角是流动的粉体与水平面间形成的夹角，可以通过将粉体装入量筒中（一端为平面），然后以一定的速度旋转后测定（表 4-8）。

    休止角计算公式：$\tan\theta = $ 圆锥高度 h/ 圆盘半径 r。

表 4-8　粉体的流动性和相应的休止角

流动性质	休止角（°）	流动性质	休止角（°）
极好	25~30	不好	46~55
好	31~35	很不好	56~65
较好	36~40	非常不好	＞66
通过	41~45		

　　b. 流出速度（flow rate）：可用单位时间内从容器的小孔中流出粉体的量表示，SOTAX FT300 粉末流动性测试仪属于此类测试装置。

　　c. 压缩度和豪斯比（Hausner）：压缩度（又称卡尔系数，Carr index）和豪斯比（Hausner）是预测粉体流动性的简单便捷的方法，通过测量粉体的堆密度和振实密度即可计算得到压缩度和豪斯比（表4-9）。

压缩度 C=（振实密度—堆密度）/ 振实密度 ×100%

压缩度是粉体流动性的重要指标，其大小反映粉体的团聚性、松软状态。

豪斯比 HR= 振实密度 / 堆密度

表 4-9　压缩度、豪斯比与粉体流动性的分类

流动性质	压缩度	豪斯比
非常好	≤ 10	1.00~1.11
好	11~15	1.12~1.18
较好	16~20	1.19~1.25
尚可	21~25	1.26~1.34
差	26~31	1.35~1.45
非常差	32~37	1.36~1.59
极差	＞ 38	＞ 1.60

4.4.4.2　制粒的风险识别控制

　　物料的粒度大小、分布、形态、表面积以及在黏合液中的溶解度、制粒过程中表面被黏合剂润湿的程度都可能影响颗粒的工艺和颗粒的质量，进而影响产品的质量。合适的颗粒的粒度大小、粒度分布、颗粒的致密性、可压性、流动性、水分含量是制粒成功的关键参数。

　　而对于干法制粒来讲，鉴别和优化关键的工艺变量很重要，这基于各个重要的薄片和颗粒的属性和性质，最终形成对颗粒以及下游工艺（如压片、胶囊）效果的影响，进而对最终产品的崩解和溶出效果产生影响，如片剂或胶囊剂。

4.4.4.2.1 高速搅拌制粒

由于在制粒过程中，有很多复杂的难以控制的因素，如大量的操作参数，以及决定颗粒的质量的其他因素，如主料的含量、分散程度、颗粒大小、粒度分布、颗粒的致密程度、高速混合制粒过程。通常的做法是固定一些操作参数：如搅拌桨转速、黏合剂加入的速度、黏合液液滴的大小、干混的时间，同时允许有限的几个参数调整从而最终达到终点。例如：黏合液的加入量和湿混的时间可以不固定，只要搅拌桨的负荷达到一定的值就可以停止操作。颗粒的质量对后序工序如压片工艺的成功有重要的影响，应用 PAT 技术来控制制粒工艺是很有帮助的。

A. 湿颗粒液体饱和度（临界量）是影响颗粒性质的关键因素。

B. 关键物料因素

    a. 黏合剂的种类：黏合剂的种类和用量要根据物料的性质而定，粉末细、质地疏松、黏性差、在水中溶解度小的，选用黏性较强的黏合剂，且黏合剂的用量可以多点。在水中溶解度大，原辅料本身黏性较强，宜选用黏性较小的黏合剂，且黏合剂的用量相对要少些。

    b. 黏合剂溶液的配制：主要检查黏合剂的均匀性，关注黏合剂使用时的温度。

    c. 起始粉末的粒度，粒度越小，有利于制粒。

C. 关键工艺因素

    a. 批量大小：湿法制粒锅的装料水平越高，颗粒中的细粉比例越大；湿法制粒锅的常规装料水平为 50%~70%。

    装料过载将导致混合和制粒不充分，装料过低将影响设备对物料施加的机械性能，导致制粒不充分。

    b. 黏合剂加入量、加入速度：黏合剂通过雾化喷入可获得粒度分布范围更窄的颗粒，与高剪切制粒相比，在低剪切制粒中，雾滴的大小，对颗粒的粒度分布影响更大。

    应根据湿整粒前的湿颗粒性质评估黏合剂的加入量。

    c. 搅拌桨和切割刀转速：提高搅拌速率，会增加颗粒的粒度，但切碎速率对颗粒粒度分布无影响。

    在较高的搅拌速度下，得到具有较少细颗粒和较窄的粒度分布的均质颗粒，随着搅拌速率的增加，颗粒的空隙率降低。

    加黏合剂时，搅拌桨和切割刀应保持低速运行，防止局部过湿制粒。

d. 制粒时间：延长制粒时间，会增加颗粒的粒度，且制粒时间不宜过短，制粒时间最好能控制在 5~10 分钟内。

e. 制粒终点的判断方式：一般而言，可以通过制粒时间、搅拌桨扭矩和搅拌桨电流来判断，但是搅拌桨电流受外部因素影响较大，且制粒过程中变化不明显，因此推荐用制粒时间和搅拌桨扭矩来判断制粒终点。同时接近制粒终点时，制粒设备的电机会有一定的噪声。

应评估不同制粒终点的颗粒的可压性、粒度分布、溶出速率等。

D. 工艺放大

a. 关键工艺参数：如图 4-39 所示。

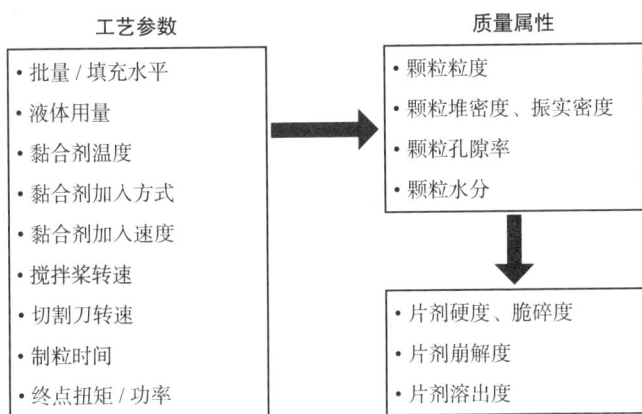

图 4-39　工艺参数与质量属性关系

b. 设计及控制策略

- 制粒设备形状和搅拌桨形状相似：几何相似原则。
- 小规模和放大规模的填充体积比相同：批量放大倍数 = 设备容积放大倍数。
- 黏合剂的加液时间相同：加液速度放大倍数 = 批量的放大倍数。
- 黏合剂（介质）的液体量：工艺放大中可能需要调整。
- 制粒时间（黏合剂加液后）：原则上工艺放大中保持不变。
  大生产制粒时间可以固定（适用于制粒终点窗口较宽的处方），也可以不固定（以扭矩或功耗确定制粒终点）
- 搅拌桨转速放大规则公式：$W_2/W_1 = [D_1/D_2]^n$
  式中：W 为角速度；D 为叶轮直径；1、2 代表不同的规模；$n=1$ 为对应于保持恒定的叶轮尖端线速度；$n=0.5$ 为对应于保持恒定的 Froude 常数；$n=0.8$ 为经验常数（不常用）。

4.4.4.2.2 流化床制粒

在流化床制粒中，药物粉末靠黏合剂的架桥作用相互聚结成粒。制粒时影响因素较多，除了黏合剂的选择、原料粒度的影响外，操作条件的影响较大。如空气的空塔速度影响物料的流化状态、粉粒的分散性、干燥的快慢；空气的温度影响物料表面的润湿与干燥；黏合剂的喷雾量影响粒度的大小（喷雾量增加、粒度变大）；喷雾速度影响粉体粒子间的结合速度及粒度的均匀性；喷雾的高度影响喷雾的均匀性和润湿程度。

A. 关键设备因素

a. 流化的动力形式大致分六种。

- 均匀垂直向上气流：这种技术物料的运动状态为"沸腾状"，特性为不规则运动，边制粒边干燥、流化速度的范围较宽，操作弹性较大。分布板的特性是均匀的开孔。

  操作要点：保证物料能流化，制粒时流化速度可低一些，能看到一个明显的流化分层，干燥时，流化速度要高一些；一般制粒时保持物料温度在 30℃左右。

- 旋转向上气流：这种技术物料的运动状态为"旋转沸腾状"，特性为粒子旋转向上运动加不规则运动，边制粒边干燥、平面流化速度比均匀垂直向上气流大、风速操作弹性也比较大。分布板的特性是层叠放射状的斜向上进风间隙。这类机型是沸腾状的改进型，粒子在床内除了沸腾运动，还有重要的旋转运动，粒子之间具有挤压作用，在制粒包衣方面具有相对的优越性。

  操作要点：保证足够的流化速度，让物料底层呈螺旋向上运动，相对而言，操作流速范围窄一些。制粒时喷雾有向下和切向两种，喷雾时床层温度低一些，所得颗粒紧实些。

- 向上气流和旋转盘共同作用：这种技术物料的运动状态为"麻花状"，特性也为旋转向上运动、侧重于先制粒后干燥、所需风量最小、保持物料不漏下就行。分布板的特性是一个圆形间隙。这类机型偏重于粒子的旋转和翻滚运动，粒子在床内作麻花形式的三维运动旋转，粒子之间具有更大的相互搓动、挤压作用，在颗粒的塑造和易产生静电而粘壁的物料制粒方面，具有相对的优越性。

  操作要点：制粒时保持最小化的环形间隙，较快的喷速，均匀的液滴，比较快的转盘转速，适当的进风温度。

- 不均匀垂直向上气流（即喷动气流）：这种技术物料的运动状态为"喷泉状"，特性也为局部物料向上喷动，整个物料层内物料呈现穿过导向管的环状循环运动，侧重于制粒包衣过程中的干燥效果，平面的流化速度最大，风量的操作弹性最小。这类机型是针对颗粒包衣开发的，粒子在床内除了沸腾运动，还有重要的环状循环运动。

- 向上气流和向下气流共同作用：根据下部进风分布板的不同，物料运动状态有两种：沸腾状和旋转向上运动。特性为不规则运动或旋转向上运动加不规则运动。边制粒边干燥、流化速度的范围较宽，操作弹性较大。床体上下面积比例根据不同物料不同要求变化很大。这类机型通过上部的雾化装置雾化料液，与上部进风接触、干燥，得到不干的颗粒，通过下部进风使其沸腾、团聚造粒、烘干，然后在下部出料。

- 滚筒和透过物料层气流：这种技术物料的运动状态为"翻滚状"，特性为滚动运动、边喷雾边干燥、风量操作弹性一般。气流分布板的特性是均匀开孔，高效包衣机就是典型的例子。

  操作要点：控制喷枪到物料层表面的距离，包衣液时应充分搅拌均匀，避免包衣液中卷入过多的空气，保持较好的雾化效果，保持物料层的良好滚动。

b. 气流分布底板：经过进风系统得到适宜温湿度的空气，从流化床进气腔经过空气分布板进入到盛装物料的产品锅。进风腔和空气分布板的设计需确保流化空气能均匀地吹入到产品锅内，否则会造成不均匀的流化状态。

为了使产品锅内的物料有效混合并形成合适的流化状态，应根据物料情况正确选择产品锅容积和空气分布板。通常物料的填装量不得少于腔体容积的 30%，但不能超过 90%。空气分布板通常由 316L 不锈钢制成并有 2%~30% 的开孔面积。空气分布板的选择依据是使气流在固体床两侧产生的压力差为 2000~3000Pa。

空气分布板上方通常覆盖一层 60~325 目的筛网，有利于物料的截留。使用筛网截留物料的方式在流化床设备中已沿用多年，但由于筛网与空气分布板之间无法拆卸，所以一直存在着夹层处不易彻底清洗的问题。目前很多流化床都采用"鱼鳞状"开孔的空气分布板，如图 4-40 所示，"鱼鳞状"开孔的空气分布板将空气分布板和筛网合为一体，同时起到物料截留和空气均布的双重功能，从而克服了上述设备清洗困难等问题。此外，"鱼鳞状"开孔的空气分布板还可以实现在线清洗、控制流化状态和自动侧出料等。

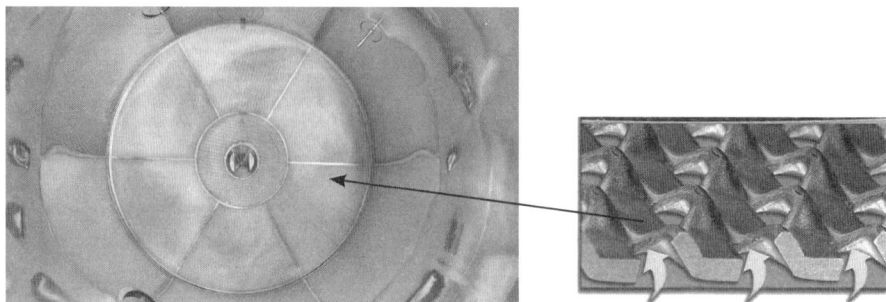

图 4-40 "鱼鳞状"空气分布板

　　c. 喷枪：喷枪位于流化室顶部，一般会设计多个不同高度的顶喷喷枪安装口，其高度影响颗粒的粒度分布。为使粒度分布尽可能窄，应尽量调整喷雾面积与湿床表面积一样大。喷枪位置越接近流化粉体，所得颗粒粒度越大，脆性下降，但流动性变化甚微，松密度变化也不大；但过近时，易产生与风量过大时相同的情况。若位置过高，则会使黏合剂喷到壁上，使颗粒中细粉增多。

喷嘴的口径大小一般对制粒效果没有太大的影响，溶液型黏合剂建议使用小口径喷嘴，混悬液和淀粉浆建议使用大孔径喷嘴。喷嘴的数量常见的有单喷嘴型、三喷嘴型和六喷嘴型三种，要注意多喷嘴型时每个喷嘴的喷液范围不可重叠，否则会造成黏合剂局部过量。一般单批装载量在约100kg以下的流化床采用单喷嘴喷枪，单批装载量在约100kg以上的流化床采用多喷嘴喷枪（如三喷嘴和六喷嘴）（图4-41）。

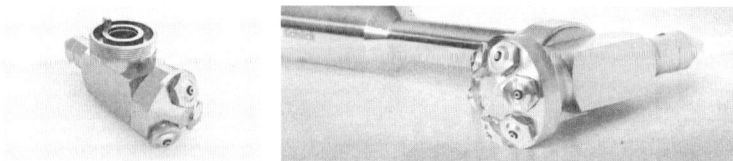

图 4-41 三喷嘴和六喷嘴喷枪

由于粉体的流化上升方向与喷液方向为逆向，顶喷喷嘴一直淹没在粉体云中。粉体可能会在喷枪杆上、喷嘴上聚集，并堵塞喷嘴。为了解决这个问题，一些设备厂商将喷枪设计安装在产品锅侧壁或空气分布板上，称为侧喷或切线喷（图4-42）。侧喷或切线喷一般都设计有第三路空气，即保护气，保护气在喷嘴周围形成一个隔离气泡，使喷嘴与粉体物料不直接接触。因而，解决了粉料聚集喷枪及喷嘴堵塞的问题。

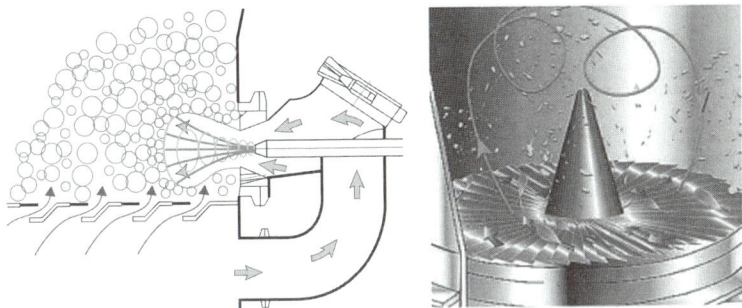

图 4-42　流化床侧喷示意图

一般而言，底喷喷枪的雾化角度应小于制粒喷枪的角度，底喷喷枪的雾化角度为 36°~45°。同时空气帽与喷嘴外缘的间隙对雾化角度有一定的影响，间隙越大，雾化角度越大（图 4-43、图 4-44）。

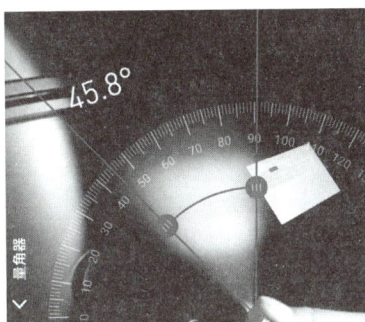

图 4-43　底喷喷枪的雾化角度　　图 4-44　顶喷喷枪的雾化角度

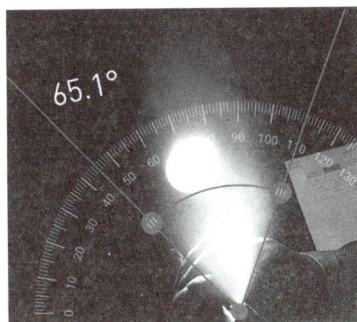

d. 过滤袋或金属过滤器：过滤袋一般采用聚酯材料，透过率一般为 20μm，最小为 3~5μm，目前也有金属过滤器，在制粒时通过压缩空气反吹上面的物料粉末，但其效果不如常规的抖袋（图 4-45）。

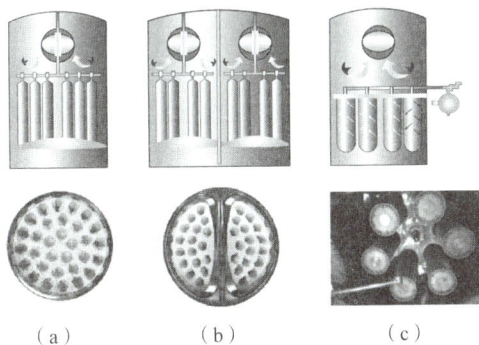

（a）　　　　（b）　　　　（c）

图 4-45　过滤袋或金属过滤器

a. 单抖袋系统；b. 双抖袋系统；c. 金属过滤筒

B. 关键工艺因素

　　a. 干燥效率

　　　● 进风温度：进风温度高，溶剂蒸发快，降低了黏合剂对粉末的润湿和渗透能力，所得颗粒粒度小、脆性大、松密度和流动性小；有些黏合剂雾滴在接触粉料前就已挥干，造成颗粒中细粉较多。若温度过高，还会使颗粒表面的溶剂蒸发过快，得到大量外干内湿、色深的大颗粒。此外，有些粉料高温下易软化，且黏性增大、流动性变差，易黏附在容器壁上，逐渐结成大的团块；甚至物料熔融、黏结在筛板上，堵塞网眼造成塌床。温度过低，则湿颗粒不能及时干燥，相互聚结成大的团块，也会造成塌床。

　　　● 进风风量：进风风量直接影响物料的沸腾状态。风量大，物料保持良好的沸腾状态，有利于制粒，且热交换快，颗粒干燥及时，但细粉也稍偏多。但若风量过大，物料沸腾高度过于接近喷枪，致使黏合剂雾化后还未分散就与物料接触，所得颗粒粒度不均匀。且捕集袋上也容易堆积大量粉尘，影响正常操作。风量小，物料沸腾状态差，湿颗粒干燥不及时，易造成塌床。

　　　● 进风湿度：空气的湿度对流化床的制粒效果会有显著的影响，不同的季节空气的湿度显著不同，如果没有加湿或除湿设备，会导致工艺的重现性差。露点温度并不是越低越好，低了物料容易产生静电影响最终收率，还会导致 LOD 偏低；太高会延长干燥时间，一般建议控制进风露点在 8~10℃，10℃露点温度相当于每 1kg 空气中含有 8g 水，对于细粉率极高的物料，推荐采用 15℃左右的露点温度，可以有效降低静电和保证流化状态。

　　b. 喷液速度：喷液速度大，形成的雾滴大，则黏合剂的润湿和渗透能力人，所得颗粒粒度大、脆性小。在雾化压力确定的条件下，喷液速度增加，颗粒的堆密度大。流速过大时，湿颗粒不能及时干燥会聚结成团块，造成塌床；较小时，颗粒粒度小，有时因雾滴较小而易失去溶剂造成颗粒中细粉多。

　　c. 雾化压力：雾化压力增大，易使黏合剂形成细雾，降低对粉末的湿润能力，所得颗粒粒度小、脆性大，而松密度和流动性则不受影响。雾化压力过高还会改变流化状态，使气流紊乱，粉粒在局部结块；压力较小则黏合剂雾滴大，颗粒粒度大。

　　d. 雾滴大小是否均匀。

4.4.4.2.3 摇摆制粒机

主要影响因素：筛网的质量、粒子的形状、粒度分布较窄。

尼龙丝筛网有弹性，不影响药物的稳定性。适用于"湿而不太黏但成粒好"的软材制颗粒。当软材较黏时，过筛慢，软材经反复搓、拌，制成的颗粒的硬度较大，尼龙筛网易断。

不锈钢筛网适用于较黏的软材制颗粒，但有金属屑带入颗粒内的风险。

C. 质控要点　粒度、黑点（油点）水分。一般选择24~30目的筛网制粒，保证每次安装筛网的松紧度适宜并一致，控制软材的水分（紧握成团，松开即散），保证设备轴密封良好，润滑系统的润滑油不会漏出。

4.4.4.2.4 干法制粒机

关键工艺因素：物料的黏性、粒子的形状、颗粒硬度。

可能影响薄片形成以及颗粒特性的关键的辊压参数有：辊压压力、进料速度、进料夹角等。

不稳定的进料速度导致泄露量超出范围，甚至影响颗粒分布与其堆密度和强度。

夹角的控制：一旦粉料被带进夹角内，粉与辊轮表面的摩擦力产生推力将其穿过辊压区。在辊压区内，粉料被高密度化，粉粒被挤压变形或者变碎，最后辊压缝最窄处形成薄片。此刻，可以通过控制压力、真空压力、物料流动的稳定性、薄片密度和强度来控制颗粒的各种特性。

碾磨和筛网控制了颗粒的粒度，其对后期的压片工艺有决定性的影响，应当选择符合压片工艺的合适的孔径。

4.4.4.2.5 喷雾干燥制粒机

喷雾造粒中，原料液在干燥室内喷雾成微小颗粒液滴是靠雾化器完成，因此雾化器是喷雾干燥制粒机的关键零件。

雾滴的干燥情况与热气流及雾滴的流向安排有关。流向的选择主要由物料的热敏性、所要求的粒度、粒密度等来考虑。

4.4.5　工艺设备与质量风险控制

4.4.5.1　关键质量属性（CQA）

粒度、水分、含量、含量均匀度。

4.4.5.2　关键工艺参数（CPP）

A. 高剪切制粒　原辅料装填顺序、混合速度、混合时间、黏合剂的添加速度和液滴大小、物料温度、制粒切刀速度、制粒时间、制粒终点判断。

B. 沸腾制粒　混合时间、喷液量、喷液速度、制粒时间、干燥时间、进风温度、湿度、风量、排风温度，产品温度、颗粒水分。

C. 干法制粒　轧辊压力、进料速度、薄片厚度、整粒转速、筛网目数。

4.4.5.3 质量关键方面风险控制点

A. 高剪切制粒　按工艺流程的投料顺序、搅拌速度、搅拌时间。黏合剂加热、保温、搅拌速度、搅拌时间。黏合剂的加入速度、液滴大小。制粒切刀速度，制粒时间。搅拌轴和制粒刀轴的防止粉尘进入和防止润滑油泄露的密封装置（润滑油/脂采用食品级）。容器内部、进料和出料部件应光滑无死角，避免物料残留和便于清洁消毒。制粒终点判断方式：电流法、扭矩法、PAT。

B. 沸腾制粒　喷液雾化角度、喷液速度、雾化液滴大小。黏合剂加热、保温、搅拌速度、搅拌时间。排风风量、风压。过滤袋压差、物料层压差。密封垫圈、视窗及视窗密封圈材质应符合食品级标准。密闭取样。进风温湿度和排风温度。干燥终点判断方法：水分测定、PAT。干燥时间。内部便于清洁，清洁用水排放要有空气隔断装置。

C. 干法制粒　连续可控的进料速度、脱气，轧辊压力、温度、速度，整粒速度，与工艺要求相当的筛网/筛板孔径，整粒刀和筛网/筛板间隙，与物料接触非金属部分材质选用食品级，防止粉尘进入轴和防止冷却液、润滑油泄露的密封措施（润滑油/脂采用食品级）并耐清洗消毒。

4.4.5.4 可能存在的质量风险

A. 高剪切制粒

a. 湿法造粒材质属性潜在的风险

- API：粒度分布至关重要，一般而言配料添加顺序不重要。大多数情况下，它可在制粒之前通过有效的混合来减少影响。
- 制粒液（granulation fluid）：在工艺和配方开发过程中应评估此关键因素。

b. 湿法制粒工艺属性潜在的风险

- 制粒液添加需要评估的因素有：用量、黏度（尤其是黏合剂先溶解在制粒液后再加入混粉）、流体温度、添加速度、搅拌速度[叶轮和斩波器（impeller and chopper）、混合温度控制等]。
- 弱颗粒会造成颗粒的物理性不稳定，结果在贮存、运输、装胶囊或制片过程中，颗粒的粒度大小和分布会发生变化。此外，批次与批次间的相异，会比较大。

- 过度制粒会影响颗粒的性质，影响崩解和溶出度。

B. 沸腾制粒　制粒液添加需要评估的因素有：用量、黏度、流体温度、添加速度。水分含量的要求是关键参数，检测方法为 LOD（干燥失重）或其他测量方法。干燥过程工艺的参数和效率是至关重要的，它会影响到颗粒的关键属性。如果需要更高的温度达到目标的 LOD，这可能会导致不良的降解产物，或对药物产品稳定性的影响。

C. 干法制粒　因设备磨损和设置不当可能造成的金属污染。在丝带或薄片形成过程中，所需的压缩性会失去。由于在制粒过程中不适当混合或混粉流动性不良，会造成较差质量的丝带或薄片。在辊压过程中，原料的损失，会导致低产量和原料药比例的变化。如果未将细粉再回收，这种影响则会更明显。

4.4.5.5 如何控制质量风险

A. 高剪切制粒

 a. 在开发阶段评估和优化 API 的粒度。

 b. 基于原料和配方的性质来决定此项的重要性。如果需要的话，则在润湿之前，加以干混，以增加均匀性。

 c. 了解原料和产品的属性，正确选择合适的设备和工艺。

 d. 在研发阶段需了解产品的属性，建立在制造过程中要监视的关键工艺参数。

 e. 用在线监测工具，如扭矩／功耗、温度传感器等，明确建立制粒终点并加以监测。

B. 沸腾制粒　在研发期一定要详细研究水含量及其对产品关键质量属性的影响，并确定含量范围需要确定。

- 干燥失重（LOD）是测量固体材料中高含量水分的常用方法。为了获得可重现的结果，应在 LOD 测量之前筛出样品以分散大的聚块。

- 过度干燥会造成细颗粒的产生，并附着在内壁上。这会影响粉末的流动、原料药含量偏差、含量均匀性、稳定性等问题。在干燥过程中，必须平衡风量和温度，以减少细小颗粒和不良粉末流动性。

C. 干法制粒　建立适当的处方，在制粒之后仍能具有良好的结合和压缩性能。正确的选择设备，对于干法制粒来说是很重要的。整粒过程会影响到颗粒的粒度，原料药的含量和均匀性。如果磨筛没有很好的维护、整粒的间隙没有正确设置，一些金属可能会脱落，而掺入混粉中。料斗、螺杆和搅拌器都可能影响颗粒的质量。应适当地培训操作者，以确保制粒可以正确执行，达到理想的颗粒。密切监控辊压力，如果需要的话，应作及时调整。建立一套实用的规范，来控制原料质量，保证颗粒的一致性。优化辊压力，形成高质量的丝带或薄片。

4.4.6 质量评价关键点

制粒的质量评价关键点：粒度、粒度分布、均匀度、异物、致密度、堆密度、可压性、含量、水分。

4.5 干燥

4.5.1 干燥概述

干燥是利用热能使物料中的湿分（水分或其他溶剂）汽化，并利用气流或真空带走汽化的湿分，从而获得干燥产品的操作。在固体制剂生产工艺中，干燥通常指用热空气、红外线等加热湿固体物料，使其中所含的水分或溶剂汽化而除去，是一种属于热质传递过程的单元操作。物料中被除去的湿分多数为水，带走湿分的气流一般为空气。

常规的加热方式有：热传导加热、对流加热、热辐射加热、介电加热等，而制药行业固体制剂生产中应用最多的则是对流加热干燥，简称对流干燥。20世纪60年代开始，干燥设备的科技含量凸显主导作用，远红外和微波干燥机在这个时代发展迅速。21世纪，干燥机的发展更趋向于向高品质、低能耗、环保型转变，使干燥机越来越符合可持续发展需要。

干燥单元的重要性不仅在于它对产品生产过程的效率和能耗有较大影响，还在于它是固体制剂生产工艺中的一环，操作的好坏直接影响产品质量。

干燥的目的是使物料便于贮存、转运和使用，或满足进一步加工的需要。但并不是说干燥后水分含量越低越好，如过分干燥容易产生静电，或压片时易产生裂片等，给生产过程带来麻烦，因此干燥技术应根据情况适当控制水分含量。

4.5.2 干燥原理

在一定温度下，任何含水的湿物料都有一定的蒸汽压，当此蒸汽压大于周围气体中的水汽分压时，水分将汽化。汽化所需热量，或来自周围热气体，或由其他热源通过辐射、热传导提供。含水物料的蒸汽压与水分在物料中存在的方式有关。物料所含的水分，通常分为非结合水和结合水。非结合水是附着在固体表面和孔隙中的水分，它的蒸汽压与纯水相同；结合水则与固体间存在某种物理的或化学的作用力有关，汽化时不但要克服水分子间的作用力，还需克服水分子与固体间结合的作用力，其蒸汽压低于纯水，且与水分含量有关。在一定温度下，物料的水分蒸汽压同物料含水量（每千克绝对干物料所含水分的千克数）间的关系曲线称为平衡蒸气压曲线，一般由实验测定。当湿物料与同温度的气流接触时，物料的含水量和蒸汽压下降，系统达到平衡时，物料所含的水分蒸汽压与气体中的水汽分压相等，相应的物料含水量称为平衡水分。平衡水分取决于物料性质、结构以及与之接触的气体的温度和湿度。胶体和细胞质物料的平衡水分一般较高，通过干燥操作能除去的水分，称为自由水分。

4.5.3 干燥方法与设备

4.5.3.1 干燥方法

由于制药工业中被干燥物料的性质各异，干燥方法也相应不同。常用的干燥方法按照加热方式分为以下四种。

A. 传导干燥　真空干燥器、滚筒干燥器、冷冻干燥器。

B. 对流干燥　流化床干燥器、喷雾干燥器、厢式干燥器、气流干燥器等。

C. 辐射干燥　红外线干燥器。

D. 介电加热干燥　微波干燥器。

4.5.3.2 干燥设备

A. 厢式干燥器　厢式干燥器是最老的干燥设备之一，结构如图4-46所示。物料用盘盛装，料盘摆在干燥箱内设置的多层支架上。空气经预热器加热后进入干燥室内，以水平方向通过物料表面进行干燥。为了使干燥均匀，干燥盘内

113

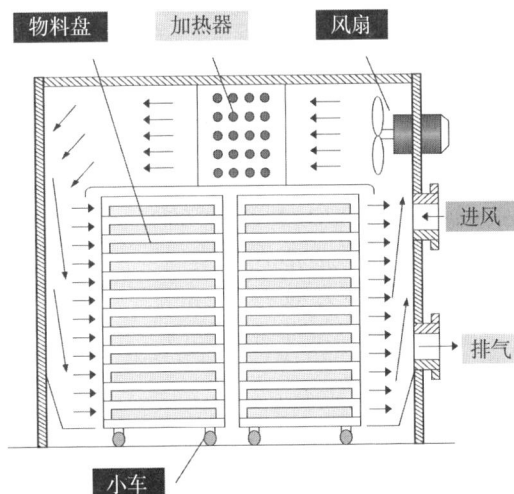

图4-46　厢式干燥器

的物料层不能过厚，必要时在干燥盘上开孔，或使用网状干燥盘以使空气透过物料层。

厢式干燥器多采用废弃循环法和中间加热法。废气循环法是将从干燥室排出的废气中的一部分与新鲜空气混合重新进入干燥室，不仅提高设备的热效率，同时可调节空气的湿度以防止物料发生龟裂与变形。中间加热法是在干燥室内装有加热器，使空气每通过一次物料盘得到再次加热，然后通过下一层物料，以保证干燥室内上下层干燥盘内物料干燥均匀。

厢式干燥器的设备简单、适应性强，在制剂生产中广泛应用于生产量少的物料的间歇式干燥，但存在劳动强度大、热能消耗大等缺点。

B. 流化床干燥器　流化床干燥器是一种高效干燥器，已广泛应用于颗粒干燥。干燥时热空气自下而上通过松散的粒状或粉状物料层形成"沸腾床"，因此也叫作沸腾干燥器，其结构如图 4-47 所示。将湿物料由加料器送入干燥器内多孔气体分布板上，经加热后的空气吹入流化床底部的分布板与物料接触，使物料呈悬浮状态作上下翻动的过程中得到干燥，干燥后的产品由卸料口排出。

流化干燥器构造简单、操作方便，操作时颗粒与气流间的相对运动激烈，接触面积大，强化了传热、传质，提高了干燥速率；物料的停留时间任意调节，适用于热敏性物料。流化床干燥器不适用于含水量高、易黏结成团的物料。

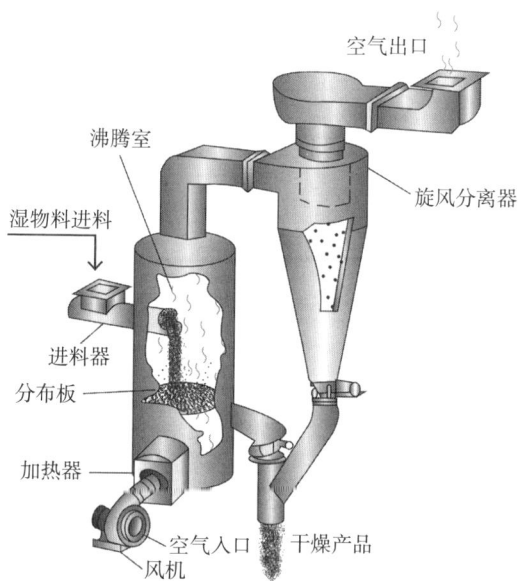

图 4-47　流化床干燥器

C. 喷雾干燥器　喷雾干燥器结构如图 4-48 所示，是由空气初滤后由加热器加热，产生的热空气经若干级过滤，然后进入干燥室内。料液通过雾化器，产生分散、微细的雾滴，雾滴与热空气接触，水分迅速蒸发，在极短的时间内物料得到干燥。将料液在干燥室内喷雾成微小

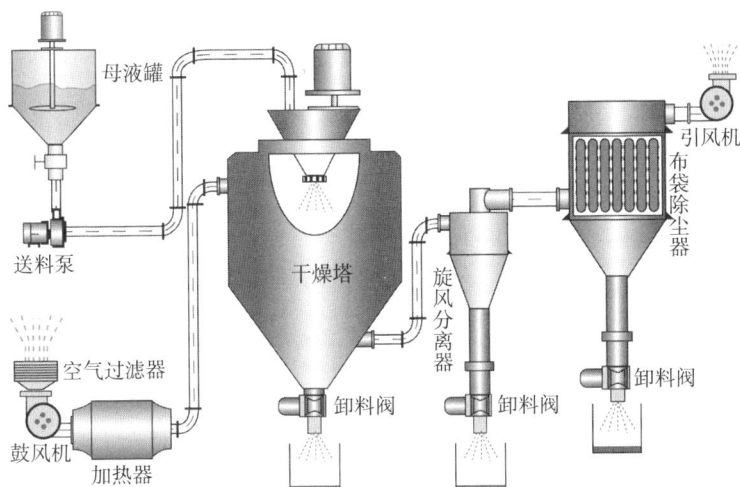

图 4-48　喷雾干燥器

液滴是靠雾化器来完成的，常用的雾化器有三种型式，即压力式雾化器、气流式雾化器、离心式雾化器。雾滴在干燥室内的干燥情况与热气流及雾滴的流向安排有关，流向的选择常用的有并流行、逆流型和混合流型三种，三种流向的区别在于物料于干燥室内停留时间的长短。

喷雾干燥器可使液体干燥直接得到粉状固体颗粒；热风温度高，但雾滴表面积大，干燥速度非常快，物料的受热时间短，干燥物料的温度相对低，在干燥过程中雾滴的温度大致等于空气的湿球温度，一般为50℃左右，适合于热敏性物料的处理；干燥制品多为松脆的空心颗粒，具有良好的溶解性、分散性和流动性。缺点是设备高大、汽化大量液体，因此设备费用高、能量消耗大、操作费用高；黏性较大的料液易粘壁，其使用受到限制；此设备适合于溶液、混悬液等流动性好的料液干燥。

D. 红外干燥器　红外干燥器是利用红外辐射元件所发出的红外线对物料直接照射加热的一种干燥方式。红外线是介于可见光和微波之间的电磁波，红外线辐射器所产生的电磁波以光的速度辐射至被干燥的物料，当红外线的发射频率与物料中分子运动的固有频率相匹配时引起物料分子的强烈振动和转动，在物料内部分子间发生剧烈的碰撞和摩擦而产生热，因而达到干燥的目的。

红外线干燥时，由于物料表面和内部的物料分子同时吸收红外线，故受热均匀、干燥快、质量好。缺点是电能消耗大。

E. 微波干燥器　微波干燥器属于介电加热干燥器。把物料置于高频交变电场内，从物料内部均匀加热、迅速干燥。

水分子是中性分子，但在强外加电场力的作用下极化，并趋向与外加电场方向一致的整齐排列，改变电场的方向，水分子又会按新的电场方向重新整齐排列。若外加电场不断改变方向，水分子就会随着电场方向不断地迅速移动，在此过程中水分子间产生剧烈的碰撞与摩擦，部分能量转化为热能。微波干燥器内是一种高频交变电场，能使湿物料中的水分子迅速获得热量而汽化，从而使湿物料得到干燥。

微波干燥器加热迅速、均匀、干燥速度快、热效率高；对含水物料的干燥特别有利；微波操作控制灵敏、操作方便。缺点是成本高，对有些物料的稳定性有影响。因此常用于避免物料表面温度过高或防止主药在干燥过程中的迁移时使用。

4.5.4　干燥的检测及风险识别控制

4.5.4.1　干燥水平检测方法

干燥的目的在于使物料便于加工、运输、贮藏和使用，保证药品的质量和提高药物的稳定性。原理是利用热能使湿物料中的湿分汽化，但并不是干燥后的水分含量越低越好，如果过分干燥容易产生静电，或压片时容易产生裂片等，给生产带来麻烦，因此物料的含湿量在制剂过程中为重要的参数之一，应根据情况适量控制水分含量。物料中的水分含量是一个可以直接反应干燥结果的，且可被检测的质量指标。

测定水分含量时，常用干燥失重测定法。该法的干燥常采用以下方法进行。

A. 保干器干燥法　常用干燥剂为无水氯化钙、硅胶或五氧化二磷。

B. 常压加热干燥法　在一定温度下用红外或其他合适热源干燥样品，测定一定量的样品在一定时间内失重量或单位时间的失重量。

C. 减压干燥法　减压干燥时除另有规定外，压力应在 3.67kPa 以下，恒重减压干燥器中常用的干燥剂为五氧化二磷。

精确测定微量水分含量时，必须采用卡尔费休氏法或甲苯法。卡尔费休氏法是根据碘和二氧化硫在吡啶和甲醇溶液中能与水起反应的原理测定水分。方法可按照《中国药典》（2020 年版）通则 0832 进行。

4.5.4.2　干燥过程风险识别控制

由于在生产中被干燥物料的性质、干燥程度、生产能力的大小不同，所采用的干燥方法和设备也不相同。下面根据干燥设备分类，按照危害分析和关键控制点（HACCP）进行风险分析。

A. 厢式干燥　见表4-10。

表4-10　厢式干燥风险分析对照表

关键控制点	危害	关键控制限度	风险监控	纠错行动	记录
装载量	水分超限	规定装载量范围 规定干燥盘摆放方式 规定物料堆叠厚度 规定干燥过程是否需要翻盘或翻盘次数	记录装载量确认在要求范围内 记录确认是否按要求摆放干燥盘 记录装载厚度并确认在规定范围内 记录确认翻盘时间	在规定范围内装载 按要求摆放物料盘 按要求厚度堆叠物料 按规定翻动物料	每批记录
入风控制	水分超限	规定入风温度、入风风量、入风湿度范围	实时记录入风温度、入风风量、入风湿度，并确认在规定范围内	及时调整参数在规定范围内	每批定时记录
干燥时间	水分超限	干燥时间应进行控制	干燥过程记录干燥时间	基于干燥时间和物料水分结果对产品质量进行评估	每批记录
烘箱温度分布均匀性	水分不均一	确认设备温度分布均匀，方可使用	定期进行设备温度均一性测试 烘箱内不同位置多点取样检测水分	重新进行温度均一性测试，并通过测试结果评估对产品质量的影响 重新取样测试	定期记录 每批记录

B. 流化床干燥　见表4-11。

表4-11　流化床干燥风险分析对照表

关键控制点	危害	关键控制限度	风险监控	纠错行动	记录
装载量	水分超限	规定装载量范围	记录装载量	在规定范围内装载	每批记录
进风控制	水分超限	规定进风温度、进风风量、进风湿度范围 规定进风过滤控制要求	干燥过程定时监测并记录进风温度、进风风量、进风湿度的实时数据，确认在规定范围内 安装初、中、高效过滤器，并定期清洁或检漏	及时调整参数在规定范围内 及时清洗或检漏，并评估对产品的影响	每批定时记录 记录过滤器清洗过程和检漏检测结果

关键控制点	危害	关键控制限度	风险监控	纠错行动	记录
干燥时间	水分超限	规定干燥时间要求	干燥过程记录干燥时间	基于干燥时间和物料水分结果对产品质量进行评估	每批记录
滤袋材质和致密度	影响产品质量	选择不掉纤维、不与物料发生化学变化的材质 致密度应根据产品特性进行规定	规定滤袋材质要求 每个产品规定滤袋孔径要求	更换规定材质滤袋，并对产品质量进行评估 更换规定孔径的滤袋	每批记录
干燥均匀性	水分不均一	多点取样检测水分应全部符合限度要求	物料不同位置多点取样检测水分	重新取样测试	每批记录

C. 喷雾干燥　见表 4-12。

表 4-12　喷雾干燥风险分析对照表

关键控制点	危害	关键控制限度	风险监控	纠错行动	记录
物料性质	不能形成溶液或混悬液，易堵塞喷嘴	不能形成溶液或混悬液的，不能使用喷雾干燥 规定溶液配制要求 可进行过筛处理	按要求配制溶液，并记录配制过程参数 按要求过筛	重新按要求配制溶液	每批记录
进风控制	水分超限	规定进风温度、进风风量、进风湿度范围 规定进风过滤控制要求	干燥过程定时监测并记录进风温度、进风风量、进风湿度的实时数据，确认在规定范围内 安装初、中、高效过滤器，并定期清洁或检漏	及时调整参数在规定范围内 及时清洗或检漏，并评估对产品的影响	每批定时记录 记录过滤器清洗过程和检漏检测结果
喷雾溶液量	干燥不充分	规定适合的喷液范围	记录实时喷液速率并确认在规定范围内	根据得到的粉末水分和粒度结果评估对产品质量的影响	每批定时记录
雾化	未形成分散的雾滴影响物料干燥	规定使用雾化器种类	喷液前检查雾化效果 喷液过程取样检查粉末外观	根据得到粉末粒度等评估对产品质量的影响	每批记录

D. 红外干燥　见表 4-13。

表 4-13　红外干燥风险分析对照表

关键控制点	危害	关键控制限度	风险监控	纠错行动	记录
红外辐射功率	水分超限	规定辐射功率范围	记录实时功率，确认在规定范围内	根据得到的物料水分继续干燥或评估产品质量	每批定时记录
装载量	水分超限	装载量应在规定范围内 规定物料厚度要求	记录装载量记录装载厚度并确认在规定范围内	在规定范围内装载干燥	每批记录
干燥时间	水分超限	规定干燥时间要求	干燥过程记录干燥时间	根据干燥时间和物料水分结果对产品质量进行评估	每批记录

E. 微波干燥　见表 4-14。

表 4-14　微波干燥风险分析对照表

关键控制点	危害	关键控制限度	风险监控	纠错行动	记录
物料性质	高温敏感的物料对产品质量的影响	明确规定物料的干燥方式	根据工艺要求进行干燥 采用真空降低水的蒸发温度	评估产品质量	每批记录
微波频率	水分超限	选择适合的微波频率	记录实时频率，确认在规定范围内	根据得到的物料水分继续干燥或评估产品质量	每批定时记录
干燥时间	水分超限	规定干燥时间要求	干燥过程记录干燥时间	根据干燥时间和物料水分结果对产品质量进行评估	每批记录

4.5.4.3 工艺设备与质量风险控制

A. 关键质量属性（CQA）　水分。

B. 关键工艺参数（CPP）　进风温度、湿度、风量、排风温度、物料温度、干燥时间、水分。

C. 质量关键方面风险控制点　以下针对厢式干燥器进行分析（沸腾干燥参考沸腾制粒）。

　　a. 进风过滤系统：如采用洁净区空气，应有拦截该区域颗粒物的空气过滤器，如采用洁净区外空气，应有过滤处理符合洁净空气标准。

　　b. 温度、循环风量、新风量、排风量的调节控制，保证温度均匀度。

　　c. 干燥时间控制。

d. 干燥室内与进风（循环风）空气接触的金属部位均应采用不锈钢材质，密封圈或密封胶符合食品级标准。

e. 干燥室内结构应简单避免死角，便于清洁。

f. 干燥终点的判断方法。

D. 可能存在的质量风险　水分含量的要求是关键参数。检测方法为LOD（干燥失重）或其他测量方法。干燥过程工艺的参数和效率是至关重要的。它会影响到颗粒的关键属性。如果需要更高的温度达到目标的 LOD，可能会导致不良的降解产物，或对药物产品稳定性的影响。

E. 如何控制质量风险　评估水含量及其对产品关键质量属性的影响在研发期一定要详细研究，最终水的含量范围需要确定。干燥失重（LOD）是测量固体材料中高含量水分的常用方法。为了获得可重现的结果，应在 LOD 测量之前筛出样品以分散大的聚块。

过度干燥会造成细颗粒的产生，并附着在干燥器具壁上。这会影响粉末的流动、原料药含量偏差、含量均匀性、稳定性等问题。在干燥过程中，必须平衡风量和温度，以减少细小颗粒和不良粉末流动性。

4.5.5 质量评价关键点

干燥的质量评价关键点：温度、水分、外观（结块、异物）。

4.6 混合

4.6.1 混合概述

混合是指两种或两种以上不同组分的物料在外力作用下发生运动速度和方向改变，使各组分颗粒得以均匀分布的操作过程。在口服固体制剂中，根据配方需要把不同性质的物料按不同的比例进行均匀混合，混合效果直接影响到制剂的外观及内在质量。

4.6.2 混合原理

物料的混合方式有三种，即对流混合、扩散混合、剪切混合。

物料在外力作用下产生类似流体的运动，所有颗粒在混合机内从一处向另一处作相对流动，位置发生转移，产生整体的流动，称为对流混合。

把分离的颗粒撒布在不断展现的新生料面上，颗粒在新生成的表面上做微弱的移动，使各组分的颗粒在局部范围扩散，达到均匀分布，称为扩散混合。

在物料团块内部，由于颗粒间的互相滑移和冲撞作用，如同薄层状流体运动，引起局部混合，称为剪切混合。

在各种混合机上，这三种混合方式都存在，只是某一种方式在起主导作用。比如高剪切混合机中，剪切混合起主导作用；IBC混合机中，扩散混合占主导作用。

混合过程如图4-49所示，混合初期阶段（Ⅰ）标准偏差值快速下降，然后阶段（Ⅱ）标准偏差值下降减缓，在某一有效时间处达到最小值。在此之后（Ⅲ），尽管再增加混合时间，标准偏差值也只是以 S_t 为中心作微弱的增加或减少，这时达到动态平衡，也即达到随机完全混合状态。在整个混合过程中，初期是以对流混合为主，显然这一阶段的混合速度较大；在第Ⅱ区域中，则以扩散混合为主；在全部混合过程中剪切混合都起作用。物料在混合机中，从最初的整体混合达到局部的混匀状态。在

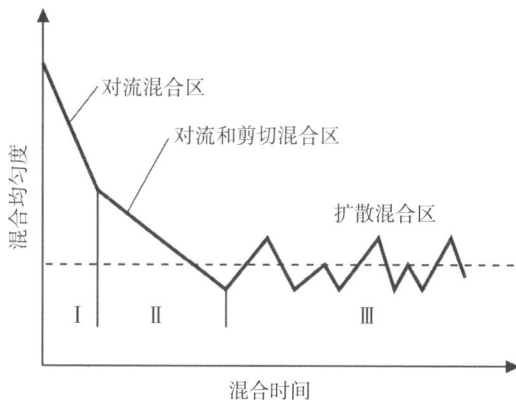

图 4-49　混合过程曲线

混合的前期，均化的速度较快，颗粒之间迅速地混合。达到最佳混合状态后，不但均化速度变慢，而且要向反方向变化，使混合状态变差，这种反混过程叫偏析或分料。当混合过程进行到一定程度，偏析和混合反复交替进行，直到达到平衡。此后，均匀度不会再提高，一般再也不能达到最初的最佳混合状态，这种反常现象，是由混合过程后期出现的反混合所造成的。实际的情况，往往是混合质量先达到一最高值，然后又下降而趋于平衡。平衡的建立基于一定的条件，适当地改变这些条件，就可以使平衡向着有利于均化的方向转化，从而改善混合操作。

4.6.3 混合方法与设备

4.6.3.1 混合方法

常用的混合方法有三种，分别是搅拌混合、过筛混合和研磨混合。

A. 搅拌混合　是将物料置于容器中通过搅拌进行混合的操作，多做初步混合之用。制剂生产中常用混合机进行混合。

B. 过筛混合　是将已初步混合的物料多次通过一定规格的筛网使之混匀

的操作。由于较细较重的粉末先通过筛网，故在过筛后加以适当的搅拌使混合效果更好。

C. 研磨混合　是将各组分物料置乳钵中进行研磨的混合操作，一般用作少量物料的混合。

在大批量生产中的混合过程，多采用使容器旋转或搅拌的方法使物料发生整体或局部的移动而达到混合目的。

4.6.3.2 混合设备

混合设备分为几个基本类别：容器回转式、机械搅拌式、气流式等。

A. 容器回转式混合机　容器回转式混合机的特点是依靠容器本身的回转作用带动物料上下运动而使物料混合。该混合机结构简单、混合速度慢、易清洁、广泛应用于物性差异小、流动性好的粉体间的混合。容器回转式混合机包括：V 型混合机、IBC 混合机、三维混合机、双锥混合机等。图 4-50 为 IBC 混合机。

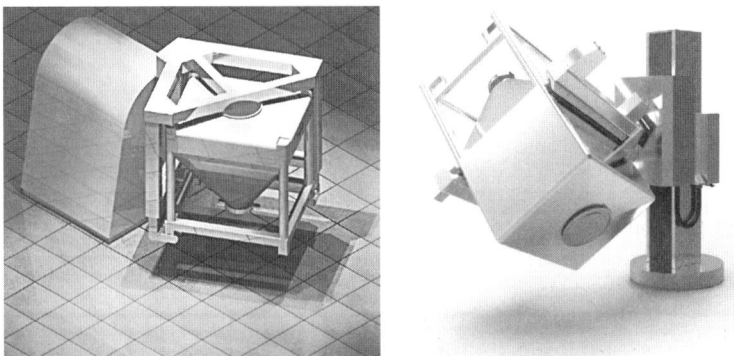

图 4-50　IBC 混合机

B. 机械搅拌式混合机　机械搅拌式混合机的特点是物料在容器内靠叶片、螺旋带等的搅拌作用而混合。该型混合机能处理黏附性强的粉体和糊状物料，对于物性差异大的物料也适用。机械搅拌式混合机主要有：槽式混合机、锥形螺旋混合机、犁铧式混合机、桨叶式混合机、高剪切混合机等（图 4-51）。

C. 气流式混合机　气流式混合机是利用气流的上升作用使粉体达到均匀混合的一种操作方法。适用于流动性好、物性差异小的粉体间混合。

4.6.3.3 混合设备的选择

影响混合机选择的两个主要因素是粒子强度和流动特性（如易分料、自由流动、易黏附或糊状物料）。图 4-52 显示了不同特性物料的混合设备的一般操作范围。

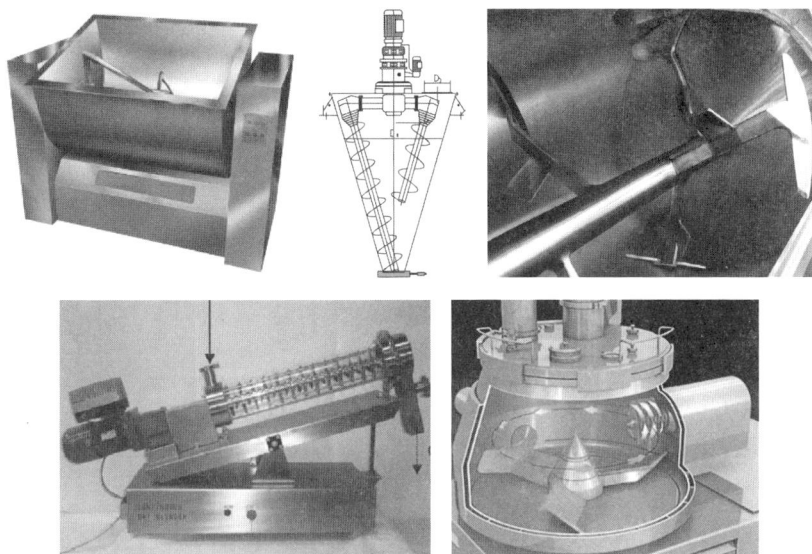

图 4-51　机械搅拌式混合机

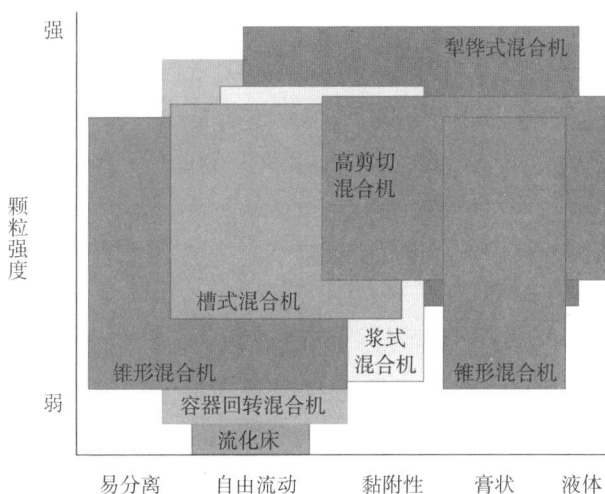

图 4-52　不同特性物料的混合设备的一般操作范围

　　一些混合机如流化床，可适用的物料范围很窄，而另一些如犁铧式混合机适用物料范围则比较广。螺旋混合机可以混合流动性好的物料和膏状物料，但是不能用于混合黏附性粉体。

　　混合机选择更系统的方法见图 4-53。根据工艺要求和流动特性的不同，需要做几个选择，每一个选择都会导致后续不同的工艺或设备。第一个选择是关于微量成分的百分比，这是由配方决定的；第二个选择与流量特性有关，待混合的粉体可否自由流动；其他的选择就是关于物料的替换或粉碎。

124

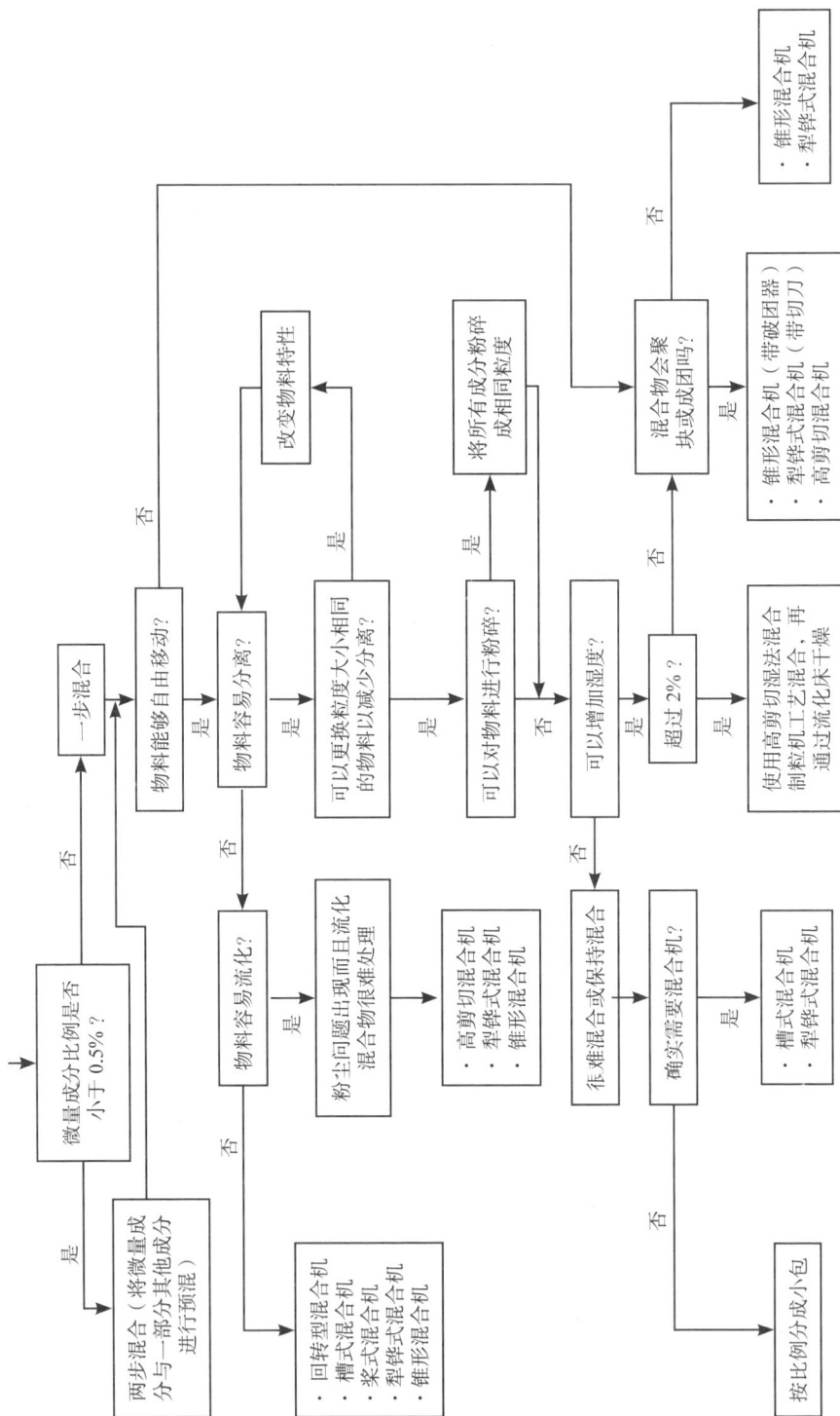

图 4-53 混合机选择流程图

每条路径的最后都是选择混合设备，这只是经过初步考虑做出的建议，并不能涵盖所有的可能性。

还可以进一步多方位考虑其他特殊物性对选择设备的影响。如流动性较差或液体添加较多的物料，可根据具体情况合理选用剪切混合作用较强的犁刀、飞刀、破碎辊等结构；磨损较快的结构要作耐磨处理或设计成可以调节和更换；因物料黏结而需要经常清理的设备应该设置自清装置和方便快捷的清理门；外形或颗粒状态不允许破坏的物料，则适宜采用容器回转式混合机等。主要依靠对流混合和扩散混合，并且混合过程比较柔和的设备。

4.6.3.4 影响混合的因素

影响粉体混合效果的因素比较复杂，主要有物料的物理性质、混合机的结构形式和操作条件等。

4.6.3.4.1 物料的物理性质对混合的影响

粉体的粒度、密度、形状、粗糙度、休止角等物理性质的差异均会引起分料，其中以粒度和密度差异影响较大。分料的作用有三个方面。

A. 堆积分料　有粒度差（或密度差）的混合料，在倾倒堆积时就会产生分料，细（或密度小）的颗粒集中在料堆中心部分，而粒度大（或密度大）的颗粒则在料堆外围。

B. 振动分料　具有粒度差和密度差的薄料层在受到振动时，也会产生分料。即使是埋在小密度细颗粒中的大密度粗颗粒，仍能上升到料层的表面，产生分料。

C. 搅拌分料　采用搅拌的方式搅拌具有粒度差的混合料，也会出现分料。

针对不同的情况，需选择不同的防止分料的措施。从混合作用来看，对流混合最少分料，而扩散混合则最易造成分料。因此，应选用以对流混合为主的混合机。

混合好的物料在运输过程中应尽量减少振动和落差，在工厂设计中，要尽量缩短混合物的输送距离。对于粒度差和密度差等因素引起的分料，除了控制各组分物料的平均粒度在工艺要求的范围内之外，应使密度相近的物料粒度相近；而对密度差较大的物料，则使其颗粒的质量相近，以避免各组分物料的分料。

对于粒度差较大混合料的混合过程，往往是混合质量先行达到一个最高值，经历过混合状态，然后又下降而趋于平衡。可以利用过混合现象，对混合的时间进行优选，以控制混合的时间来保证混合的质量。

如图 4-54 所示，当物料的粒度大小和比重相等时，混合均匀度最好（菱形标识曲线）；如果装料时重颗粒起始在轻颗粒之上，当混合时间超过 15 分钟时，均匀度反而突然下降（矩形标识曲线）；而如果轻颗粒在重颗粒之上时，混合均匀度会一直较差（三角形标识曲线），但随着时间增加，最后会和重颗粒在上的情况一样。

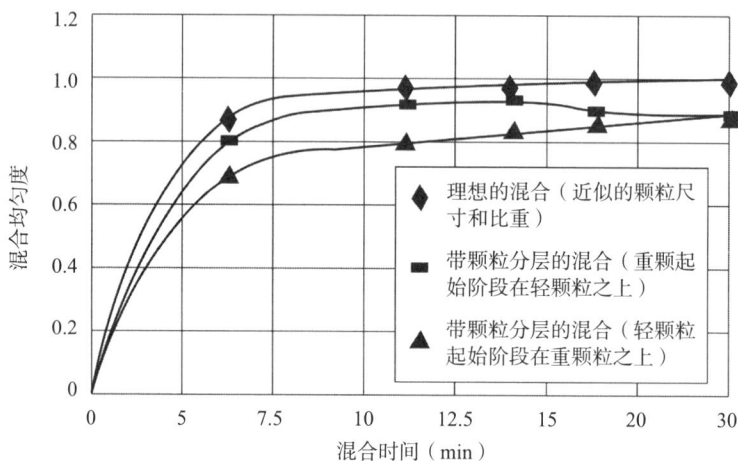

图 4-54　物料的比重对混合的影响

因此，物料的物理性质对最终混合均匀度有较大的影响，所需的混合时间也不同。如果物料比重特别明显，应当先加比重轻的物料，再加比重大的物料，使重物料在上面，并在 15 分钟内完成混合。

4.6.3.4.2　混合机结构形式对混合的影响

混合机机身的形状和尺寸，以及所用搅拌部件的几何形状、尺寸和间隙，结构材料及其表面加工质量，进料和卸料的设置形式等都会影响混合过程。设备的几何形状及尺寸影响物料颗粒的流动方向和速度，向混合机加料的落料点位置和机件表面加工情况也会影响颗粒在混合机内的运动。

容器回转型混合机的混合区是局部的（图 4-55），而且依靠重力的径向混合是主要的，轴向混合是次要的。因此，采用长径比 $L/D < 1$ 的鼓式混合机较有利于混合。

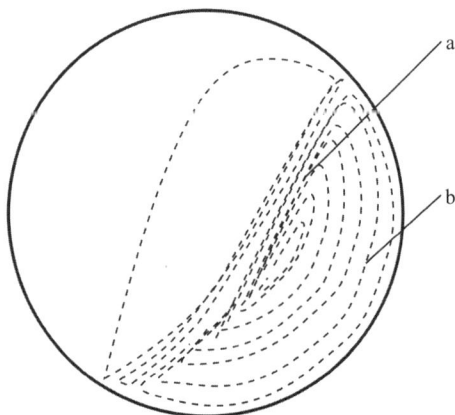

图 4-55　物料在回转筒中的径向运动

a. 混合区；b. 静聚区

对于方锥形料桶（IBC）混合机，在不增加导流板或挡板等部件的情况下，使用矩形桶的混合效果好于方形桶，而圆桶的混合效果最差。

4.6.3.4.3 混合机操作条件对混合的影响

混合机内各组分的数量及其占据混合机体积的比率，各组分进入混合机的方法、顺序和速率，搅拌部件或混合容器的旋转速度等，均对混合过程有影响。

A. 旋转速度对混合的影响　对于回转式容器混合机来说，物料在容器内受重力、惯性离心力、摩擦力作用产生流动而混合。当重力和惯性离心力平衡时，物料随容器以同样速度旋转，物料间失去相对流动而不发生混合，此时的回转速度为临界速度。惯性离心力与重力之比称为重力常数，用 F_r 表示。

$$F_r = \frac{\omega^2 R}{g}$$

式中：ω 为容器旋转角速度，rad/s；R 为容器最大回转半径，m；g 为重力加速度，m/s^2；由于该公式是由英国物理学家 William Froude 建立的，所以 F_r 也称作弗洛德数。在不同转速下，容器内物料形成的情况如图 4-56 所示。

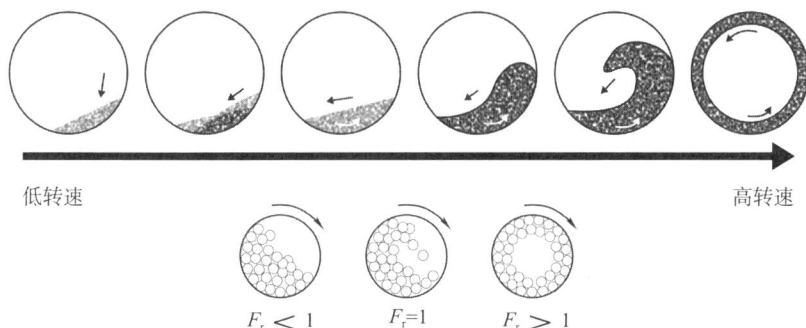

低转速　　　　　　　　　　　　　　　　　　　高转速

$F_r < 1$　　　　$F_r = 1$　　　　$F_r > 1$

图 4-56　不同转速下回转容器内物料的运动状态

开始时转速很低 $F_r < 1$，物料在容器内只是发生滑移；随着转速的增高，物料开始翻滚，形成小瀑布现象；转速继续增高，物料剧烈翻滚，形成大瀑布现象；当转速增高到 $F_r > 1$ 时，物料所受离心力大于重力，物料跟随容器以同样的速度旋转。很显然应控制转速使 F_r 小于 1。小瀑布和大瀑布的状态都能达到很好的混合效果，但大瀑布尽管也能混合很好，但是由于冲击力较大，对于易碎的物料混合应尽量避免。

对于固定容器型混合机，桨叶式混合机的桨叶直径 d 与速度 n 成反比关系：$nd=K$（K 为常数，单位 m/s）。实践表明，K 值一般取 2.6~3.2m/s 时，混合效果最佳。

B. 装料方式对混合的影响　如图 4-57 所示为 IBC 混合机中采用两种不同装料方式对混合速度的影响。上下装料方式依靠整体的流动进行混合，而两侧装料方式依靠局部的扩散混合。由于在混合机中各个方向上的混合速度不一致，显然要达到同样的混合均匀度的话，两种装料方式所用的时间相差很大。

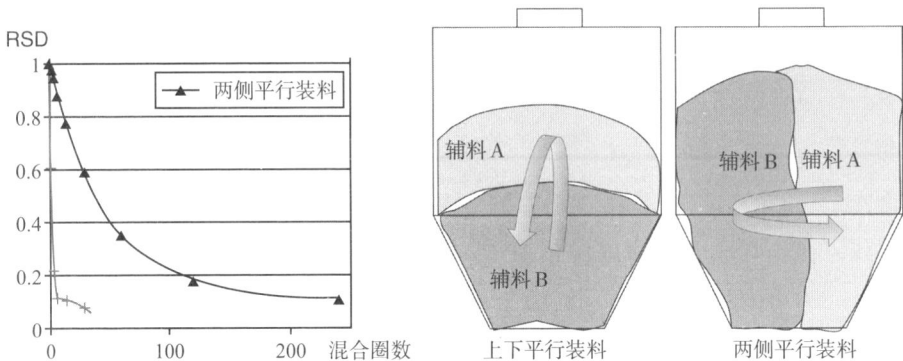

图 4-57　两种装料方式对混合速度的影响

C. 装料比对混合速度的影响　物料在容器中应尽可能得到较剧烈的流动，不应将物料装满容器。实验表明，对于容器回转型混合机，装料比（即装料体积与容器之比）Q/V 与混合速度系数的曲线有一个极大值。对于 V 型混合机来说最佳装料比为 50%，对于 IBC 混合机来说，最佳装料比为 60% 左右（图 4-58）。

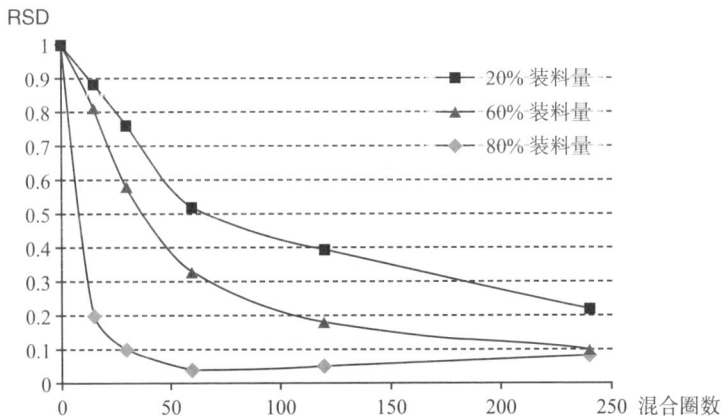

图 4-58　装料比对混合速度的影响

从图中可以看出，装料量越少，混合均匀度越高（相对偏差小），但装料量如果太低，会影响使用效率。另外，上述数据是在混合速度固定而且比较理想的情况下得到的，而装料量和允许的混合速度又有密切的关系。

D. 混合时间对混合的影响　人们经常会习惯性地认为混合时间越长混合效果越好，但事实并非总是如此。大多数总混操作都能很快地达到混合效果。对于流动性好的粉体，在回转容器混合机中混合 50 圈就能混合均匀；在带搅拌结构的固定式容器混合机中也只需 100 圈就能达到良好的混合效果。对于易脆碎的颗粒，混合时间太长会导致颗粒破碎。颗粒破碎后造成粉尘和粒度差异而引起分料。

4.6.4　混合的检测及风险识别控制

4.6.4.1　混合效果的检测方法

传统的混合过程检测方法是通过人工进行取样，然后按照质量规程进行检测以确定是否符合质量要求。这种人工取样离线检测的方法需要消耗较长的时间，不能实时反映混合过程瞬间变化趋势并及时有效地反馈至混合过程；取样过程的重复性难以得到保证，操作的人为因素也可能对结果会造成一定的影响；而且取样过程有可能使操作人员暴露于高活性或高毒性的 API 环境中。

2004 年，美国 FDA 颁布了《过程分析技术（PAT）工业指南》，鼓励制药工业采用新的过程分析工具，通过合理的过程设计、分析与控制，以增强对工艺过程的理解，降低过程不确定性和风险，并保证持续生产出满足质量要求的药品。在 PAT 指南的推动下，近红外（NIR）、拉曼、化学成像等在线分析技术已被应用于药物混合过程监控。

由于近红外（NIR）光谱技术具有实时快速、绿色无损、信息丰富、成本低廉，并能扩展远程分析等特点，目前在制药混合过程中的应用最为广泛。

4.6.4.2　混合过程风险识别控制

从混合设备的操作条件来讲，装载量、加料顺序、容器／搅拌装置转速、混合时间都会直接影响混合的最终效果，下面根据混合设备的分类，按照危害分析和关键控制点进行风险分析。

A. 容器回转式混合机　见表 4-15。

表 4-15　容器回转式混合机风险分析对照表

关键控制点	危害	关键控制限度	风险监控	纠错行动	记录
装载量	混合均匀度差	规定装载量范围	记录装载量，确定装载量在要求范围内	在规定范围内装载物料	每批记录
加料顺序	混合均匀度差	根据物料粒度大小和比重，规定加料顺序	记录确认是否按照加料顺序进行加料	按加料顺序要求添加物料	每批记录
容器转速	混合均匀度差	根据物料特性规定容器转速	记录容器转速，确定容器转速符合要求	确认容器转速，按要求调整容器转速	每批记录
混合时间	混合均匀度差	根据物料特性规定混合时间	记录混合时间，确定混合时间符合要求	确认混合时间，基于混合均匀度检测结果调整混合时间	每批记录

B. 机械搅拌式混合机　如表 4-16 所示。

表 4-16　机械搅拌式混合机风险分析对照表

关键控制点	危害	关键控制限度	风险监控	纠错行动	记录
装载量	混合均匀度差	规定装载量范围	记录装载量，确定装载量在要求范围内	在规定范围内装载物料	每批记录
加料顺序	混合均匀度差	根据物料粒度大小和比重，规定加料顺序	记录确认是否按照加料顺序进行加料	按加料顺序要求添加物料	每批记录
搅拌装置转速	混合均匀度差	根据物料特性规定搅拌装置转速	记录搅拌装置转速，确定搅拌装置转速符合要求	确认搅拌装置转速，按要求调整搅拌装置转速	每批记录
混合时间	混合均匀度差	根据物料特性规定混合时间	记录混合时间，确定混合时间符合要求	确认混合时间，基于混合均匀度检测结果调整混合时间	每批记录

C. 气流式混合机　如表 4-17 所示。

表 4-17　气流式混合机风险分析对照表

关键控制点	危害	关键控制限度	风险监控	纠错行动	记录
装载量	混合均匀度差	规定装载量范围	记录装载量，确定装载量在要求范围内	在规定范围内装载物料	每批记录
加料顺序	混合均匀度差	根据物料粒度大小和比重，规定加料顺序	记录确认是否按照加料顺序进行加料	按加料顺序要求添加物料	每批记录

关键控制点	危害	关键控制限度	风险监控	纠错行动	记录
气流压力、气流流量、气流脉冲持续时间、气流脉冲频率	混合均匀度差	根据物料特性规定气流压力、气流流量、气流脉冲持续时间、气流脉冲频率	记录气流压力、气流流量、气流脉冲持续时间、气流脉冲频率，确定上述参数符合要求	确认气流压力、气流流量、气流脉冲持续时间、气流脉冲频率，基于混合均匀度检测结果调整上述参数	每批记录
混合时间	混合均匀度差	根据物料特性规定混合时间	记录混合时间，确定混合时间符合要求	确认混合时间，基于混合均匀度检测结果调整混合时间	每批记录

4.5.4.3 工艺设备与质量风险控制

A. 关键质量属性（CQA） 混合均匀度。

B. 关键工艺参数（CPP） 混合速度、混合时间。

C. 质量关键方面风险控制点

　　a. 根据物料性质，选择合适的混合机。

　　b. 转速。

　　c. 混合时间。

　　d. 容器回转式混合机：加料方式、有效容积、装量系数和卸料方式。

　　e. 机械搅拌式混合机：内部轴密封的防止粉尘进入和防止润滑油泄露的装置（润滑油 / 脂采用食品级），搅拌装置应光滑无死角，便于卸料和清洗消毒。

D. 可能存在的质量风险

　　a. 低效混合原因：容器几何形状、混合模式 / 设计、旋转 / 旋转速度的次数。

　　b. 混粉的分层原因：粒度分布或密度的差异；较大的颗粒度差异或粒子密度差异，会造成较大的混粉分离；药物剂量对混合均匀性的影响；低剂量药物剂量的混合料（例如低于 1%）对均匀度具有挑战性的影响。

　　c. 混合器的负载量影响混合效率：高混合器的负载将减少粒子在混合过程中可活动的空间，并可能形成混合盲区。

E. 如何控制质量风险

　　a. 增加混合效率

　　　● 一些搅拌机类型具有不对称的几何形状，而有较大的混合能力。

　　　● 通过摇晃混合容器，速率可以显著增加。

- 可以通过放置挡板来诱发不对称性而增强混合力。
- 更改加载的顺序。
- 对于自由流动的粉末，旋转的次数是一个主要关键参数，但转动速率则不很重要。对于黏性粉末，混合取决于剪切速率。轮换率是非常重要的。

b. 降低混粉的分层

- 保持颗粒材料粒度分布尽可能窄，这对干混相尤为重要。
- 在配方中加入更多的黏结剂成分，并降低混粉配制后的后续处理手续（如搬运、摇摆和震动等）。
- 减小整粒筛网的口径。
- 尽量增加药物剂量；如果不可能，则使用递加稀释法或加于重复多次的筛分和混合，可以提高混合均匀性。
- 将原料药磨成小直径，增加黏性。利用其小粒子与其他辅料间的亲合力，来增加其扩散力。

c. 降低混合器的负载量可以提高混合速度。虽然从生产效率的角度来看，这种策略可能不是最佳的，但降低混合器的负载量可以减少混合死区形成的概率。通常混合器的负载量的工作体积应在50%~70%。

4.6.5 质量评价关键点

混合的质量评价关键点：均匀度、异物（对机械搅拌式混合机）

4.7 压片

4.7.1 压片概述

片剂系指原料药与适宜辅料制成的圆形或异形的片状固体制剂。片剂的亚分类一般为普通片、含片、舌下片、咀嚼片、口腔贴片、分散片、泡腾片、缓释片、控释片、口崩片等。片剂是国内外使用最广泛的剂型，80% 以上上市品种均为固体制剂，具有生物药剂学（可速效、可控释、可靶向等）、市场品牌认知度（可压制 LOGO、染色、包衣等）、生产成本低廉（成本低、速度快）和使用方便（携带、服用等）等优点。

将药粉压制固体形式可以追溯到几千年前，直到 19 世纪压片才实现自动化，手动轮被皮带轮和蒸汽驱动力杆替代。早期的单冲压片机平均每分钟100 片，但随之旋转式压片机取而代之。19 世纪中叶，旋转式压片机问世，每分钟压制 640 片，而如今的高速压片机每分钟可以压到 24000 片。

4.7.2 压片原理

压制工艺包括两个过程，压缩与成型。在压缩过程中，原始的粒子以更有效的方式重排，通过排除粉体间的空气来增加物料的密度；成型是一个由于粒子间相互作用而粉末机械强度不断增加的过程，最终的压制强度由粉体的性质决定，包括颗粒、强度、对外加应力的耐受及转变特性（包括缓和参数和推片力参数），同时，冲模内粒子间的重排也会影响硬度、光滑度、溶解性等片剂性质。

压制的粉体应具有流动性，流动性通常用压缩系数 /Hausner、休止角和孔隙流速等来表征。同时，粉体应具有压缩特性，应具有可压制性、可压片性、压缩性和可制造性，一般用键合指数、固相分数、抗张强度、屈服应力等表征。

4.7.2.1 颗粒 / 粉末表征

4.7.2.1.1 流动性

A. 压缩系数和 Hausner　压缩系数反映颗粒 / 粉体压实的难易程度，流动性好的粉体，粒子间作用力相对较弱，松密度和振实密度很接近；而流动性较差的粉体，其粒子间的作用力较大，粒子间的桥键使松密度远低于振实密度。

B. 休止角和孔隙流速　休止角常用来表征固体粒子流动性，是粒子间摩擦力或运动阻力相关的一个特性。根据 USP 规定，休止角是待测物料堆积成类似圆锥形状而形成的三维立体角度，为一个常数，但试验条件对测定结果有很大的误差。根据工业生产经验值，休止角 < 35°，流动性很好；休止角 < 40°，可接受；休止角 < 45° 勉强接受（需添加助流剂）；休止角 > 46°，粉体不具有流动性。

　　孔隙流速是单位时间内从容器中流出的物料量（容器可以是量筒、漏斗、容器槽），由于模拟了物料从工艺设备中流出的情形，更能反映物料流动特性，其测定结果很大程度上取决于测量装置（如流出孔）。

C. 剪切盒法　剪切盒法可以评估密实载荷、时间和储料槽物料相互作用对流动性的影响，也可以认为物料的屈服轨迹测定法。剪切盒法有很多种，包括转动式和平动式。该方法更可靠，目前在工业上应用广泛，近几年来更加趋于自动化。

4.7.2.1.2 可压性

A. 弹性形变　在弹性极限内，粉体受到外力作用产生形变，当外力取消后，材料变形即可消失并能完全恢复原来形状的性质称为弹性，这种可恢复的形变称为弹性形变。弹性形变的重要特征是其可逆性，这反映了弹性形变决定于原子间结合力这一本质现象。原子处于平衡位置时，其原子间距为 r，势能 U 处于最低位置，相互作用力为零，这是最稳定的状态。当原子受力后将偏离其平衡位置，原子间距增大时将产生引力；原子间距减小时将产生斥力。这样，外力去除后，原子都会回到其原来的位置，所产生的变形便会消失，这就是弹性形变。

一般来说，形变的初始阶段都是弹性可复原的，即一旦将外力撤出，物体就会回到原来状态，弹性形变中物料的应力–应变关系可以用胡克定律描述：

$$\sigma = E\varepsilon$$

式中：E 为杨氏度量；σ 为所加应力；ε 为应变力系数，$\varepsilon = (1-l_0)/l_0$。

B. 塑性形变　是粉体在一定的条件下，在外力的作用下产生不可逆形变，当施加的外力撤除或消失后该物体不能恢复原状的一种物理现象。在应力–应变曲线（图4-59）上，开始出现弯曲就表示出现了塑性形变。塑性形变的重要意义在于压制时可以产生真实接触面积并在解除应力后保持，从而保证生产出一定硬度和强度的片剂。

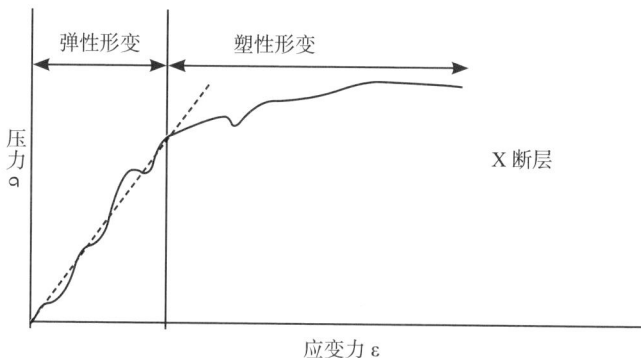

图4-59　应力–应变曲线

塑性形变的机制可能是晶格缺陷决定，如脱位、晶界、晶体滑面等。压痕试验可以用来测定塑性形变，具有塑形变的辅料如淀粉、微晶纤维素、羟丙基纤维素等。塑性也可用屈服应力来表征，屈服应力越小，塑性越好。测定不同压力下片剂的相对密度，通过 Heckel 方程求斜率，可以得到该物料的屈服应力。

C. 脆性形变　物料在外力作用下产生脆性和延性断裂，脆性断裂是由裂痕迅速传播而产生，而延性断裂是随着大面积形变的产生而产生的断裂。脆性形变的断裂会产生粒度变小，生成大量新表面，空隙体积变小，获得满意的压实度。常见具有脆性形变的辅料有蔗糖、磷酸氢钙等。

D. 黏弹性形变　黏弹性是指物料具有弹性和塑性形变的特性，主要取决于物料受压时间的长短和应力的大小，应力超过弹性形变范围内、作用时间更长，分子或原子会发生重排，使片剂强度增加。因此，应力－应变关系取决于试验时间的长短，要使片剂达到理想的硬度，压片速度与压力要达到合适配比，即成反比关系。

所有药物及辅料均具有不同程度的黏弹性。压实过程中键形成和摩擦效应会导致温度的升高，这是药片离开机器后温度较高的原因，这也使物料更易发生塑性形变。黏弹性形变在压力解除后，粉体保持形变状态，但会随着时间推移而缓慢膨胀。

4.7.2.1.3 压片指数

压片指数可以影响物料压制工艺的性质，是反映压片行为的指数。

A. 固相分数（SF）与抗张强度（σ）

固相分数又称相对密度（D），是片剂密度（$\rho_{片}$）与物料真密度（ρ_t，可用比重法测得）的比值，即 $SF/D=\rho_{片}/\rho_t$。固相分数与孔隙率（ε）的关系：$\varepsilon=1-D$。固相分数对片剂力学性质影响较大，固相分数改变 0.01，可导致力学性质发生 10%~20%，因此比较物料可压性的前提是保证两种物料具有相同的固相分数。一般有机物的参比固相分数为 0.85，无机物固相分数常在 0.6~0.75。

抗张强度指片剂单位面积的破碎力：$\sigma=2F/\pi DL$。其中 F 表示片剂的径向破碎力，D 表示片剂的直径，L 表示片剂的厚度。片剂的抗张强度是反映物料的结合力和片剂质量评价的一个重要指标，比硬度指标更具有实际意义，广泛用于片剂的质量评价和处方设计中。

抗张强度与孔隙率有关，Ryshkewitch 研究认为抗张强度的对数与孔隙率成反比。抗张强度的不同是因为不同孔隙率造成的。Hancock 等发现当两种片剂的固相分数相当时，其片剂强度和崩解时限相当，而与压片机的型号、原理无关。对于大多数药物辅料，在较大压片速度范围内，片剂的固相分数是决定其强度的主要因素。

B. 键合指数（BI）　键合指数用来估计解压时片剂中残余的强度：

$$BI=\sigma T/H$$

式中：σT 为特定固相分数（通常为 0.85~0.9）下的抗张强度；H 为在相同固相分数条件下不可逆形变压力。

键合指数反映物料在解压时对压片所产生的键合的保留能力，可用来表征物料压片后保持完整性的趋势，不易键合的物料压制得到的片剂较碎，通常要求键合指数超过 0.01（一般在 0.01~0.06）。这个指数也可以用于描述片剂顶裂和分层的可能性。

C. 脆性断裂指数　脆性断裂指数（BFI）用于描述物料的脆性，反映通过塑性形变减轻缺陷周围应力的能力。通过比较完整片剂和中间有一小洞（压力集中点）的片剂抗张强度，可以计算出脆性断裂指数。理论上如果物料易碎，则中间有孔的片剂是无孔片剂的 1/3。规定 BFI 值为 1，无脆性片剂接近 0，如 BFI 小于 0.3，则认为相对无脆性物料。BFI 可以用下式计算：

$$BFI = 0.5 \times \left(\sigma T / \sigma T_0 - 1 \right)$$

式中：σT 为完整片的抗张强度；σT_0 为中间有孔片剂抗张强度。

D. 黏弹性指数　黏弹性指数可由动态键合指数和准静态键合指数的比值计算而得，反映的是物料的黏弹性能，也可用钟摆装置测定压痕硬度，计算动态和准静态压痕硬度之比。

4.7.2.1.4 动态试验

动态试验是研究动态条件下固体力学性质，常用到偏心式（单点压片机、旋转式压片机、压片模拟器、压片仿真机等）设备。通过动态试验，可以得到压制功、解压回复功、克服冲模摩擦功等压制过程中的有用信息。物料压缩特性有可压制性、可压片性、压缩性和可制造性几个方面，代表性曲线分别见图 4-60 至图 4-62。前三者组成的三维立体曲线图见图 4-63，下面一一论述。

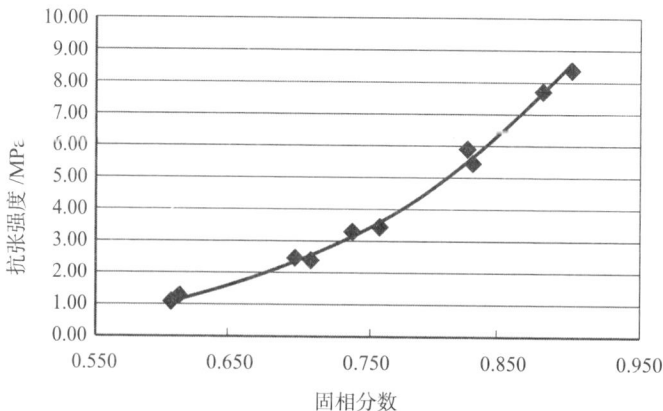

图 4-60　用压片模拟器测得的压制性曲线

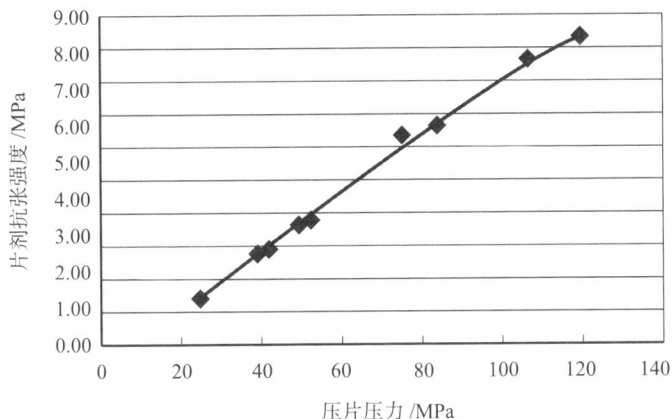

图 4-61　用压片模拟器测得的可压性曲线

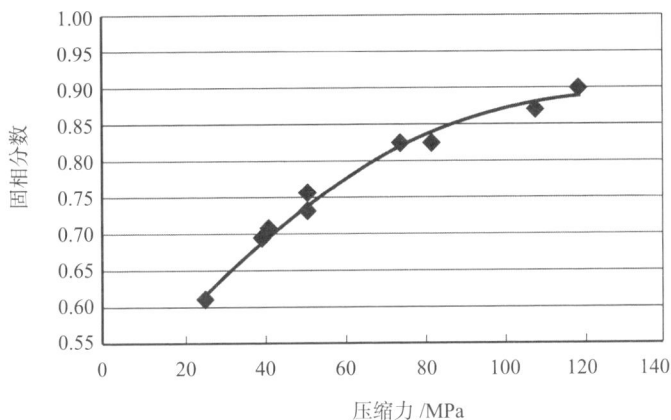

图 4-62　用压片模拟器测得的压缩性曲线

A. 可压制性　粉体压制成一定强度片剂的能力，由抗张强度和固相分数曲线来表示。压制性是最有价值的，因为反映了施加压力带来的两种最重要的效应：抗张强度和固相分数。如果压片时抗张强度和固相分数均在可接受范围，则可获得满意的片剂，压制曲线通常不受压片设备的影响。如果处方相同压实曲线应该一致。

B. 可压片性　指粉体在压片机的压力作用下压制成一定强度片剂的能力，用抗张强度 - 压力曲线表示。可压片性描述了施压后片剂抗张强度增加的效应，表示起因（压力）和结果（抗张强度）之间的关系。较高压力压制出的片剂抗张强度也更大，但压片速度会受影响。

C. 压缩性　物料受到压力后体积缩减的性质。反映粉体压缩后体积缩减的难易程度，其曲线表示随着压力的增加，孔隙率减少（固相分数增加）。通常用 Heckel 方程来描述物料的压缩性。

D. 可制造性　表示片剂的压碎力（和抗张强度相关）和压制力（和压片压力有关）之间的关系，反映的是制造过程中被"监测"的剂型力学性质（图 4-63）。

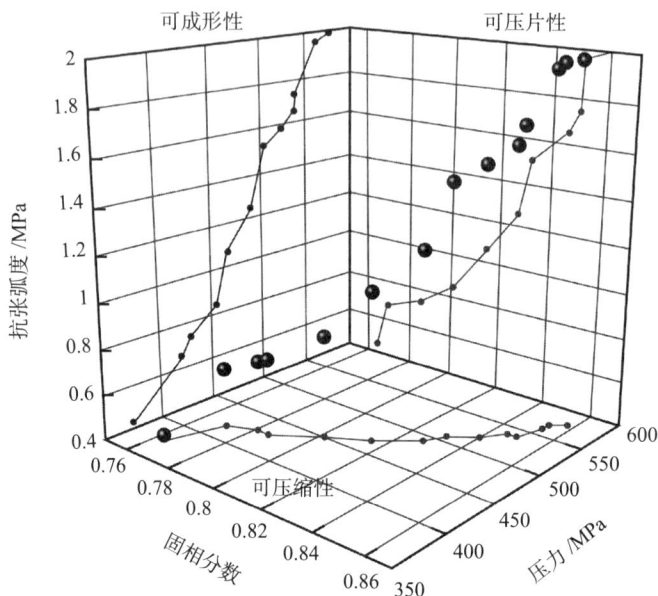

图 4-63　抗张强度、固相分数和压力组成的三维立体图

　　表征上述四个性质可以为压制过程提供宝贵的信息，一个科学的处方应该是允许在调整压力达到合适的抗张强度的同时，还能维持合适范围内的固相分数。因为在讨论影响物料压制成片的时候，不能仅考虑压制可良好地进行（如具有良好抗张强度、较小屈服应力），还应考虑保持合适的固相分数，固相分数与孔隙率相关，一定的孔隙率是确保片剂崩解或溶出的重要条件（图 4-64）。

4.7.2.2　片剂成型一般理论

A. 应力形变　物料/颗粒在压力作用下，首先发生相对位移和滑动，从而排列更加合理，然后颗粒被迫发生弹性形变、塑性形变，或发生脆性断裂及延性断裂等，体积缩小或变形。实际生产中应考虑以下因素对形变的影响。

a. 弹性形变：大多数原料药物为弹性形变较大的粉体，如大多数解热镇痛药类药物、难溶性药物等。粉体粒度越大、越规则（球形、片状），其弹性复原性越高，通常用弹性复原率来表征（应力下的片剂高度与解压后片剂高度差值的相对百分数）。基于此，应从以

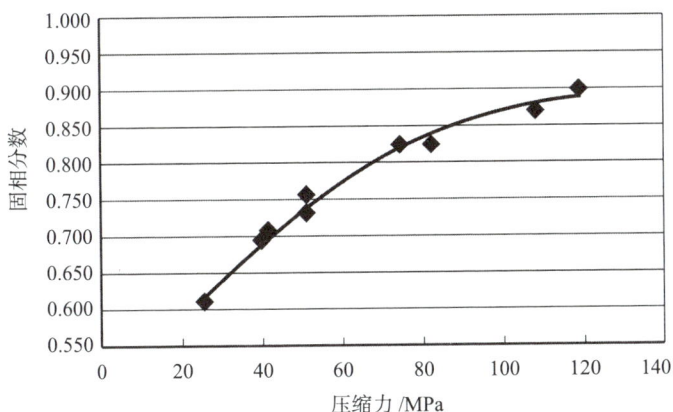

图 4-64 用压片模拟器测得的可制造性曲线

下几方面解决成型问题。

- 加入塑性较好的辅料，如微晶纤维素、羟丙基纤维素、预胶化淀粉等，使压缩过程中发生塑性形变，颗粒间接触面积增大，形成氢键、晶体界面力等，利于抗张强度增加和成型。

- 改变原料的粒度、形态，如通过磨粉、气流粉碎、剪切粉碎等，使粉体粒子变小、粉体比表面积增大，粒子重排空间更大，同时通过粉碎改变粒子形态，最终在压缩过程中可以相互嵌合、聚集，比表面积增大也会转化为较大的机械结合力，从而利于成型。

- 降低或减少疏水性辅料（一般都是塑性差的辅料），避免其在粉体粒子之间覆盖（如混合时间过长、用量过多）而降低粒子之间的结合力。

- 对于弹性形变，应延长压制时间，比如二次压缩，排除粉体间的空气，降低弹性复原率；同时也可以从压片设备上来解决，比如在推片的冲模（中模）楔形设计，利于片剂逐步弹性复原，降低裂片风险。去除压力后会启动弹性复原或黏弹性复原，所以不应过度压片。

b. 塑性形变：塑性形变是晶格缺陷来决定的，如脱位、晶界和晶体滑面。塑性形变是维持药片性状的主要因素。当粉体施加应力大于粉体弹性形变的限度后会发生不可逆形变。对于大多数原料药、药用辅料来讲，均具有不同程度的黏弹性，所以受压时间和压力对塑性形变的产生较关键。实际生产过程中，压片速度不能过快，施加压力不能过小。因此，具有两个大压轮（可以施加 100kN）

139

的压片设备很受欢迎，对片剂成型具有非常良好的作用。

    c. 脆性形变：脆性形变是施加的应力导致物料发生不可逆破坏，粒度变小，生成大量新表面，空隙体积变小，可获得满意的压实。典型的脆性形变辅料磷酸氢钙二水合物，流动性好，可直接压片，变形机制不依赖于机器速度，对硬脂酸镁的过度混合不易受影响。易脆的颗粒/粉体在压制过程产生大量新鲜的破碎颗粒表面，具有巨大的表面积和表面自由能，具有较强的结合力和静电引力，利于成型。

B. 键合力作用　粉体粒子在压缩后距离很近，产生静电力、磁力、氢键、库仑力、范德华力等。在压制过程中，粉体粒子相互吸引，粉体重排、聚集，在这些力的综合作用下，聚集成型。如大多数纤维素辅料，具有较多氢键结构，非常利于压制成型。这种作用力在粒度 < 50μm 时非常显著，而且随粒子间距离的减少而增大，这种力在干法制粒中意义更大。

C. 形成固体桥　粉体在压制过程中产生高温，导致低熔点的物质熔融，形成大量固体桥，利于成型。例如低熔点 PEG 6000，熔程为 55~63℃，在压缩过程中由于颗粒摩擦力产热，使部分 PEG 6000 熔融，解除压力后重新固化而在颗粒间形成固体桥。对乙酰氨基酚与异丙安替比林具有低共熔现象，解除压力后形成固体桥。具有固体桥作用的粉体一般仅需要较小的压力即可达到较好的抗张强度。包括布洛芬、盐酸苯海拉明等低熔点原料药也具有此性质。同理，结晶析出架桥剂溶液中的溶剂蒸发后析出的结晶起架桥作用；黏合剂固化液体状态的黏合剂干燥固化而形成的固体架桥；烧结和化学反应产生固体桥等。

D. 水分　适量的水分在压制过程中被挤到颗粒的表面形成薄膜，使颗粒易于互相靠近，易于成型；同时，颗粒中水分受挤压到粒子表面溶解可溶性成分，待压力解除后，其重新析晶使相邻粒子间产生固体桥，或者挤压到粒子表面的水分增强粒子间表面黏合剂的架桥作用，使粒子间较牢固结合。适当的水分还会产生黏结力，利于增加抗张强度。一般水分在 3%~5% 为宜，水分过多容易粘冲，甚至硬度降低。

E. 粒子间机械镶嵌和结晶形态　机械镶嵌发生在成型较好或树枝状的晶体间。立方晶系的结晶对称性好、表面积大，压缩时易于成形；鳞片状或针状结晶容易形成层状排列，所以压缩后的药片容易裂片；树枝状结晶易发生变形而且相互嵌接，可压性较好，易于成形，但缺点是流动性极差。

4.7.3 压片方法与设备

4.7.3.1 压片设备分类

压片机是将干性颗粒状或粉状物料通过模具压制成片剂的机械，根据工作原理，可分为单冲压片机和旋转式压片机。

单冲压片机是通过偏心轮（或凸轮）连杆机构，使上、下冲产生相对运动而压制药片。单冲式并不一定只有一副冲模工作，也可以有两副或更多，但多副冲模同时冲压，对结构的稳定性及可靠性要求严格，结构复杂，不多采用。单冲压片机是间歇式生产，间歇加料、间歇出片，生产效率较低，仅适用于试验室压制小试样品（图 4-65）。

旋转式压片机是将冲模安装于圆形工作转盘上，各上、下冲在导轨和转塔的共同作用下，进行升降运动。当上、下冲随工作转盘同步旋转时，又受导轨控制做升降运动，从而完成压片过程。旋转式压片机现已得到广泛使用（图 4-66）。

图 4-65　单冲压片机　　　　图 4-66　旋转式压片机

4.7.3.2 模具设计

压片机模具的设计须结合市场的要求、产品的要求、压片设备的属性等进行设计。

A. 市场的要求　模具直接决定了片剂的形状，从历史来看，圆形片是最常见的、简单的，也易于安装和保养；异形片是有别于圆形的片剂，包括胶囊形、椭圆形、正方形、三角形等。奇特形状片剂较圆形片或异形片更加独特，包括动物形状、心形，以及其他包含内半径或内角度的异形片。异形片形可使片剂具有更好的识别作用，有助于维持消费者的兴趣和忠诚度。因此片形的设计应结合市场需求进行考虑。

B. 产品的要求 片剂形状应结合片剂单片的重量，待压片颗粒或粉末的性质，片剂物理指标以及溶出度、溶出曲线的要求进行设计。

产品对模具的要求也影响模具材料的选择，模具按材料分有合金钢冲模、硬质合金冲模、陶瓷冲模、镀铬、镀钛冲模；国产冲模最常见的合金钢材料为：GCr15，Cr12MoV，CrWuMn，9Mn2V，9CrSi 等；进口冲模最常见的材料为：A2、O1、S1、S7 等。总之，不管采用哪种材料，模具均应具备耐磨损、抗冲击两大特点。

C. 压片设备的属性 压片模具按标准的不同，可分为：美标（TSM）和欧标（EU），冲头类型有 B 型和 D 型，两个标准的主要差异为模具头部的差异。B 型常规冲杆直径是 0.750″（19mm），有两种不同的冲模直径，［较大的冲模直径 1.1875″（30.16mm）、较小 BB 型 0.945″（24mm）］。D 型较大的冲头杆直径和冲模 1″［25.4，冲模直径 1.500″（38.10mm）］。国外新型压片机可以冲模底部推出片子，还有厂家使用没有冲模的非特模具段，更利于产量（可装更多冲头）。目前大多数厂家的转塔可更换，可以适应不同的冲头要求和常量需求。具体冲头大小见图 4-67 和图 4-68。

两个标准的冲模所对应的压片机转塔导轨也按照这两种标准进行分类。模具按冲头型号可分为 B 型，BB 型，BBS 型，D 型等。国内压片模具冲头简单的区分就是 B 型冲和 D 型冲，B 和 D 冲主要是冲杆直径不一样，B 型冲较小，而同样大小的冲盘可以装更多数量的冲，那么产量就更高；缺点是冲杆细，能够承受的压力比较小，不适合压直径稍大的片子；而 D 型冲的特性与 B 型冲刚好相反。每个冲头都有最低工作压力（刻在上面），例如 5.5mm，11.4kN；8mm，24.6kN。

根据产品特性，冲模表面可以进行特殊材料的镀层，以实现抗磨损冲模设计，抗粘冲镀层设计，抗腐蚀镀层设计。根据片型大小与产能需求，冲模厂家可以提供多头冲设计，满足小药片生产效率的成倍增加。

4.7.3.3 高速压片机

目前市场上主流的压片机均为高转速、双出料通道的旋转式压片机，一般具有出料、剔废、取样三通道。通过重力提升上料，辅之良好的除尘捕集系统，符合 GMP 无尘化、自动化、参数化要求。

B- 模具头部

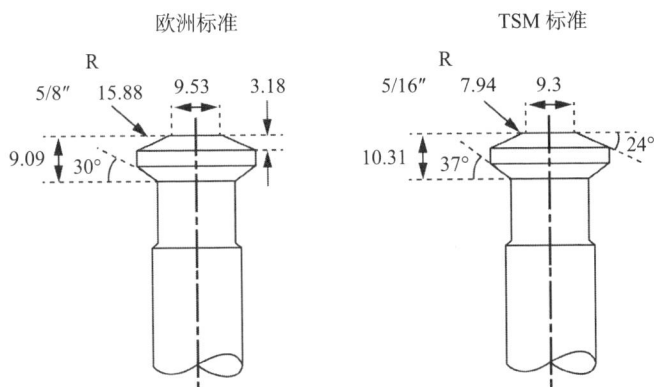

D- 模具头部

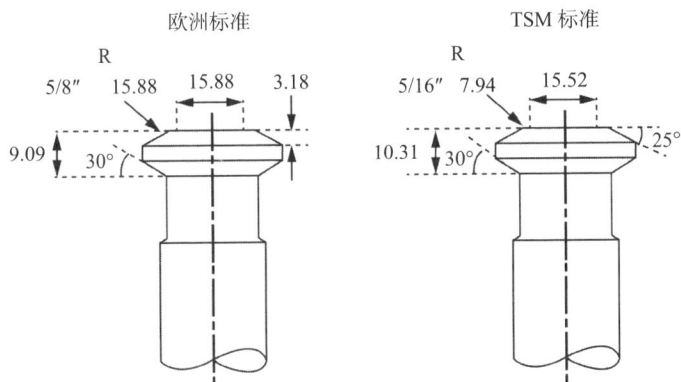

图 4-67　B 型和 D 型冲尺寸 a

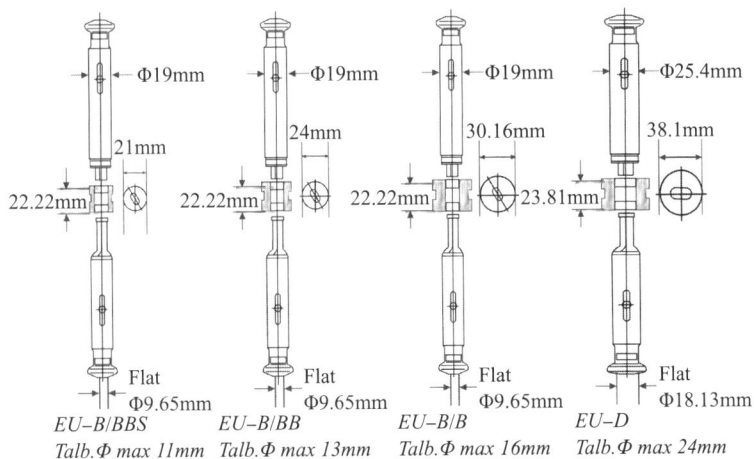

图 4-68　B 型和 D 型冲尺寸 b

现有的各种旋转压片机的传动结构大致相同，均由加料结构、工作转塔、填充机构、导轨、压力机构、冲模等组成，都是利用一个旋转的工作转塔，由工作转塔拖带着上、下冲，经过加料填充、压片、出片等动作机构，并靠上、下冲的导轨和压轮控制冲模作上下往复动作，从而压制出各种形状及大小的片剂药物。其工作原理如图4-69、图4-70所示。

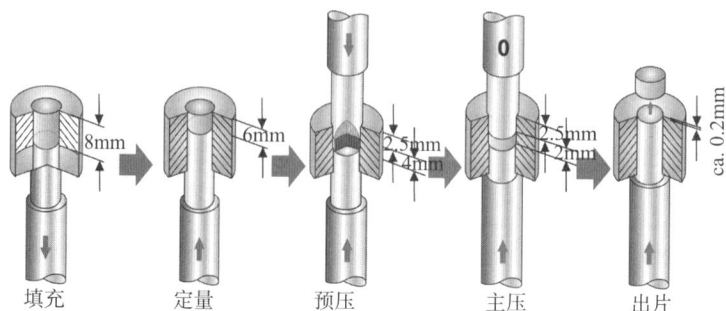

填充　　　　定量　　　　预压　　　　主压　　　　出片

图4-69　压片工艺原理

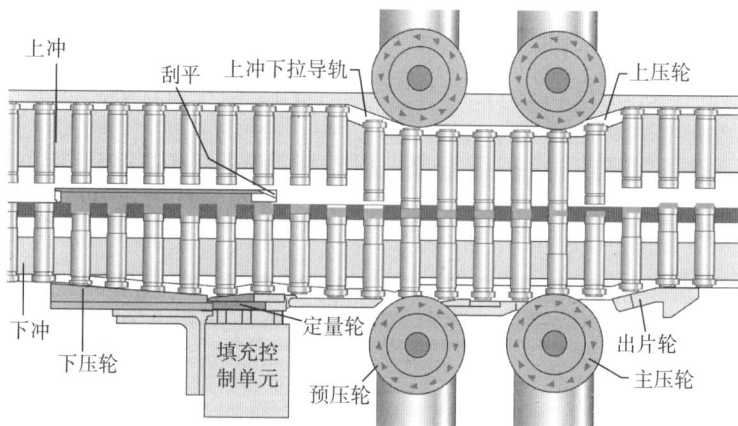

图4-70　高速压片工艺原理

A. 压片机的工作过程

a. 下冲的冲头部位（其工作位置朝上）由中模孔下端伸入中模孔中，封住中模孔底。

b. 利用加料器向中模孔中填充药物。

c. 上冲的冲头部位（其工作位置朝下）自中模孔上端落入中模孔，并下行一定行程，经过导轨、预压压轮及主压压轮的作用，将药粉压制成片。

d. 上冲提升出孔，下冲上升将药片顶出中模孔，完成一次压片过程。

e. 下冲降到原位，准备下一次填充。

B. 压片机类型　旋转式压片机根据设备结构来分，有单通道压片机、双通道压片机、双层片压片机，以及多层片压片机。目前市场上的单层片双通道压片机的最大设计速度已经超过每小时 100 万片。

双层片压片机上、下导轨的设计基本等同双压双出料旋转式压片机，而且还要制作某些特别的导轨，主要工作包括第一层物料填充定量、预压，第二层物料填充、定量、主压、出片等。上、下冲模由转台带动，分别沿上、下导轨运动，当冲头运动到第一层填充段时，药粉颗粒经过加料器填入中模孔空腔内，通过计量导轨保证了每一中模孔内的物料填充量一致，此后上冲向下运动，下冲向下运动同时经过一侧压轮完成第一层物料的预压。然后，上冲向上运动绕过第二层物料的加料器，同时下冲水平运动，第一层物料预压制成片剂上面至中模上平面的空腔将通过第二层物料加料器向空腔填充，经计量轨定量另一侧压轮主压成型通过出片轨顶出双层片。双层压片机两种物料的加料器要保证相互不能流入，需要一定的密封性。

C. 压片机技术要点

a. 预压和主压：高速压片机具有预压和主压，其预压与主压轮直径可以相同，也可以不同，其提供的压力也不一样。预压主要预排气、受力较小；主压提供压制成型力，受力较大，一般最大预压 25kN，最大主压 100kN。

目前预压和主压直径保持一致已成为主流趋势，一般均为 250mm，国外有些厂家压轮直径可达到 300mm。在压椭圆形或深凹型药片时，较大的预压力保证了药片在最终成型前的良好排气，大大减少了药片的破损概率；而对容易破损的产品采用较大的预压力，将压片的速度提高约 50%。同时，生产中如不慎将主压轮损坏，可以将主、预压轮互换使用，而不必停止生产。

b. 压力传感器：压力的准确测定是实时监测片重变化、确保准确剔废的基础，一般推荐重力传感器直接测出，利于片重精确控制；由于压力传感器控制调节压力，不能监测冲头实时片重情况，因此不推荐使用。

c. 强迫加料器：自然加料系统是利用物料在重力作用下的自然流动，经格栅式加料器填充到转台中模孔内。强迫加料器是利用减速电机带动强制加料器拨料叶轮的逆向转动，强制性地将物料填充到转台中模孔内，具有保持物料原始状态、料斗流量合理控制、双层叶轮布料更均匀等特点，与物料流动性、机速相关。

要注意崩解延长现象：叶轮在密闭料腔中的转动改变了物料的原始状态，使物料中的细粉增多，最终导致崩解度的不同，细粉越多，崩解度越长，细粉越少，崩解度越短。

强迫加料器底面紧贴转台平面而磨损，调节加料器位置，使加料器底面与转台工作面之间的间隙 0.05~0.1mm

d. 润滑系统：应注意对高速压片机各零部件的润滑部位供给润滑油，以保证机器的正常运转。设计时应考虑完善的润滑系统，机器开动后油路畅通，润滑油沿管路流经各润滑点。机器首次启用时应空转 1 小时，让油路充分流畅，然后再装冲模等部件，进行正常操作。

采用间歇式微流量定量自动压力润滑系统，配以高精度中心润滑泵及微量分配阀，既保证了冲头、导轨的充分润滑，同时解决了甩油污染药片的问题。润滑系统的良好设计与压片最大速度息息相关，实际生产的压片速度一般为机器理论产量的 60%~80%，原因就是机速过快，容易摩擦产生黑点。

e. 压片停留时间（保留时间）：停留时间为冲头保持与压轮的垂直位置的时间。接触时间（固化时间 + 停留时间）与压轮直径、冲头数目、冲头几何学（圆头停留为 0）、供料槽长度等有关。这与工艺放大息息相关。一般两台压片机具有相同的停留时间则具有相同的压片属性，如崩解性能、溶出性能等相似。

由于料粉在被挤压的过程中会有"反抗"挤压力的表现，如果该力超过了粉粒之间的结合力，当上冲头抬起离开成型的药片时，则药片易出现裂片的情况。如果料粉被挤压成型后的一段时间内，如果能够继续受力，那么产生松片、裂片的可能性呈现抛物线形式大幅下降，这就使得片剂压制成型后在其上停留的时间变得非常重要。因此要求压片时降低压片速度，或者加大压轮直径。

4.7.4 压片的检测及风险识别控制

4.7.4.1 顶裂 / 腰裂

裂片系指片剂发生裂开的现象，根据裂开的位置不同，习惯称为顶裂或腰裂。如果裂开的位置发生在药片的上部，称为顶裂；如果裂开的位置发生在药片的中部，称为腰裂。

以下从工艺及处方两方面讨论产生裂片的原因。

4.7.4.1.1 处方因素

A. 物料细粉率占比大，导致压缩成型时空气不能及时排除，压力解除后，空气体积膨胀导致裂片。良好的粒度分布范围为 40~80 目（400~180μm）细粉率＞80%，＞80 目的细粉率＜20%。颗粒粗细不均一也会导致裂片。

B. 处方中含有易脆碎物料及易弹性形变物料，造成颗粒的塑性差、结合力差，出现裂片、碎片。

C. 物料水分太低（一般推荐 3%~5%），导致颗粒间结合力降低，出现裂片。

D. 处方中油类物料占比较多，导致颗粒间结合力下降，出现裂片。

E. API 结晶形态不利于成型，例如片状、鳞片状、针状结晶易裂片、分层。

F. 润滑剂加入过多　疏水性润滑剂覆盖在新鲜颗粒表面，降低颗粒结合力而产生裂片。

4.7.4.1.2 工艺因素

A. 压片参数偏移　压片速度过快，物料间的空气来不及排除而导致裂片；压片压力过大，过度压片，解除压力后会马上弹性复原和黏弹性恢复，产生裂片。

B. 预压力过大　预压力的作用是排除粉体间的空气，过大的预压力会导致弹性复原增加，产生裂片。预压应当小于主压，为 0.1~0.2 倍主压较好。

C. 成型次数　一次压缩成型比多次压缩成型（一般 2 次）易出现裂片，现代压片机均具有预压和主压功能，二次成型可较好地排除粉体间的空气，利于成型。

D. 包衣裂片　黏弹性恢复会在一定时间内发生，所以不应在压片后立即包衣，应放置一段时间让片子黏弹性复原发生完全。

E. 设备原因　冲模粗糙、冲头卷边、冲头长短不一等。

F. 混合时间过长　总混时间过长，润滑剂过润滑，硬度降低，甚至裂片。

4.7.4.2 粘冲

片剂表面被冲头粘去一薄层或一小部分，造成片面粗糙不平或有凹痕的现象称为粘冲。造成片剂粘冲的主要原因如下。

A. 颗粒水分较高，导致黏性物料附着在冲头上。

B. 物料吸湿　操作间环境相对湿度较高，在物料临界相对湿度以上，物料急剧吸收水分而导致压片粘冲。

C. 润滑剂 / 抗黏剂不够或选择不当　润滑剂 / 抗黏剂能防止颗粒黏附在冲头表面，可使片面光洁，用量不足或选择不当会导致粘冲。

D. 熔化 / 低共熔现象　对熔点较低（如布洛芬）或低共熔（对乙酰氨基酚和安替比林）的原料药，熔化的原料易发生粘冲，解决的办法是低共熔物料隔离、低熔点物料降低压片环境温度，同时在处方中增加如滑石粉易吸附的物料予以克服。

E. 设备原因　冲头表面清洁不彻底、粗糙不光滑、表面锈蚀。

F. 冲模涂层　国外冲模使用涂层，如 TiN（氮化钛）、DLC（类金刚石）、CrN（氮化铬）。

G. 冲头刻字太深凹度大　冲头刻字最佳角度 35°~40°，再包衣也不易发生粘连。

4.7.4.3 片重差异超限

《中国药典》（2020 年版）根据片剂规格规定了不同的片重差异限度，造成片重差异不合格的主要原因如下。

A. 粉体 / 颗粒流动性不好，导致充填不均一。

B. 颗粒粗细不均一，特别是细粉过多，在压片过程振动造成分层。

C. 料斗颗粒料位时多时少，导致充填室堆密度差异较大。

D. 压片速度过快，充填时间不足。

E. 润滑剂 / 助流剂不足，易造成颗粒架桥。

4.7.4.4 塞冲

系指下冲模在下拉过程中，未到达最低位置，造成位置不均一，导致充填到中模的物料多少不一，重差不稳定。当前普遍使用的高速压片机均具有强制下拉轨道，可以有效避免塞冲的发生。造成片剂塞冲的主要原因如下。

A. 颗粒细粉率占比太高，出现漏粉，容易塞冲 / 腻冲。

B. 润滑剂不够。

C. 冲头油垢，颗粒粘黏。

D. 颗粒出现熔融。

E. 颗粒水分过高。

4.7.4.5 花斑

花斑系指片剂表面有色泽深浅不一的斑点，造成片剂外观性状不合格。造成片剂花斑的主要原因如下。

A. 颗粒粒度差异较大，有色颗粒混合不均一。

B. 含有挥发油成分的颗粒，处方无吸附剂，混合不均匀，出现油浸暗斑。

C. 压片压力过大，导致片面色泽不均一。

D. 颗粒硬度过大，粗细不均一，导致压片后硬性颗粒产生颜色较深浸班。

4.7.4.6 松片／泡片

松片／泡片系指片剂硬度不够，稍加触动即散碎的现象。形成松片的主要原因如下。

A. 物料受压力不足，压制形变未产生或不足，例如某些黏弹性物料必须要一定的压力才会发生不可逆的塑性形变。

B. 料斗中的颗粒料位太低。

C. 颗粒流动性不好，造成装量不足。

D. 冲头的尺寸偏差较大，造成长短不一。

E. 压片速度过快，强制加料器供料速度不匹配，造成颗粒装量不足。

F. 颗粒间的黏合力不足，如细粉率过高、水分较低、颗粒过硬等。

4.7.4.7 毛边／飞边

毛边系指片剂边缘不光滑，飞边是片剂边缘有凸起的棱角。

A. 毛边的主要原因　中模内表面粗糙，出现锈蚀现象；上、下模磨损较厉害；颗粒水分较高；压力过小；细粉过多；润滑剂选择不当。

B. 飞边的主要原因　中模中心孔变大，中模磨损成喇叭口；冲尖磨损严重；颗粒吸潮，颗粒水分高；挥发油过多等。

4.7.4.8 崩解时限不合格

A. 处方设计不合理　良好的处方设计不仅应考虑压制可良好地进行，而且还应考虑保持合适的固相分数。固相分数与孔隙率相关，一定的孔隙率是确保片剂崩解或溶出的重要条件。

B. 压片的压缩力过大，造成片剂孔隙率太低，溶液介质不能较好地通过毛细管作用进入片芯。此种机制对于亲水性原料药尤为重要，增大孔隙率（可以用 20% 的糊精浆制粒，增大颗粒强度和压制过程保持较多孔隙）可较好地解决崩解问题，而通过加入崩解剂、调整颗粒形态等均不能解决。

C. 崩解剂吸潮　目前使用较多的超级崩解剂如交联羧甲纤维素钠、交联 PVP 等的吸湿性非常强，吸湿后的崩解剂加入片剂中会造成吸水膨胀能力下降。

D. 混合时间过长　硬脂酸镁等疏水性辅料长时间混合，覆盖在亲水性颗粒表面，润湿角增大，崩解性降低。

4.7.4.9 脆碎度不合格

脆碎度不合格系指现行版《中国药典》规定检查片剂（非包衣片）脆碎情况时，减失重量超过规定值。导致脆碎度不合格的主要原因如下。

A. 压力过小，硬度偏低，不耐撞击。

B. 物料塑性或成膜性较差，导致片子边缘容易破损，例如以具有成膜性的羟丙基纤维素为黏合剂或填充剂，片面具有光洁成膜性，抗碎力强。

C. 原料晶体影响　片状、层状晶体可压性较差，需要通过磨粉处理降低粒度分布、改变晶体特性。

D. 物料具有弹性或黏弹性形变。只有调整处方组成，增加塑性或脆性形变的药用辅料来改善片子耐磨性。

E. 颗粒中细粉的占比较大，颗粒的水分太低，造成粉体结合力下降。

4.7.4.10 含量均匀度不合格

导致含量均匀度不合格的主要原因如下。

A. API 占比过低，与辅料粒度差异大，在混合过程中不易分散均匀。对于 API 可以通过微粉化处理降低粒度，加入疏松多孔的辅料混合，API 由于黏附在辅料孔隙中更容易混合均匀。

B. 颗粒流动性不好、填充不均匀。

C. 颗粒内的细粉太多或者颗粒的粒度分布较宽，导致分层。

D. 混合工艺不合理　几种物料粒度差异较大，混合过程中容易分层和不均匀。

E. 其他与重量差异相关的情况也会导致含量均匀度不合格。

4.7.5 片剂质控要点

片剂的质量属性一般包括硬度、重量差异、崩解时限、脆碎度、溶出度/释放度、含量、含量均匀度。影响片剂质量的压片因素主要是压片速度和压力，其中压力是主导因素，此外还有加压时间等。

片剂需要有适宜的硬度和脆碎度，以满足包装、运输等过程中不会破碎或磨损的要求，保证剂量的准确性。而有些产品的硬度也会影响其崩解和溶出性质，一般硬度越大，崩解和溶出越慢。包衣片也要求产品有一定的硬度和脆碎度，避免包衣过程中的磨损。很多研究表明，压力增加，抗张强度（硬度）也会增加，随后达到一个平台，甚至降低。一般情况下，在一定的压力范围内，压力愈大，片剂孔隙率愈小，粒子间的距离更近，脆碎度、崩解时限以及溶出会受影响，但压力过大会导致裂片和顶裂。

另一方面，压片速度增加，片剂孔隙率随之增加，崩解和溶出变快，但也会加大裂片的可能性，压片机的预压功能从一定程度上可能改善这种情况，主要是通过排出片剂颗粒孔隙中的空气得以实现。而抗张强度（硬度）随压片速度的增加而降低，因为加压时间变短，易发生弹性复原造成的裂片倾向，特别是塑性和黏弹性物质，例如淀粉、乳糖、微晶纤维素等。压片速度过快，如发生物料填充跟不上或成分分离等不良现象，则对片重差异、含量均匀度和含量的控制就提出了更大的挑战，尤其是对于主药占比低的产品风险更大。

此外，加压时间也会影响某些产品的硬度，在压力和物料相同的情况下，一般加压时间越长，硬度越大。加压时间与压轮的直径有关，直径大的压轮可提供较长的接触时间，硬度也更大，同时影响脆碎度、崩解时限以及溶出等。

4.7.6 压片放大影响因素

压片过程中的主要影响因素为压力和压片速度，而压片速度和保压时间是目前唯一已知的典型放大参数。停留时间（T_p）是指压轮与冲头平坦部分接触的时间。当料粉被挤压成型后如果能够继续受力，那么产生松片、裂片的可能性大幅下降，因此上、下冲头保持压片时间越长越好。

停留时间在放大中和不同压片机间的变化均很大。在较小的压片机中，停留时间在 0.08~0.5 秒范围内。而典型的大生产压片机，停留时间可低至0.005 秒。停留时间的区别影响压缩活动的峰高。较长的停留时间会导致较短的峰高，反之亦然。峰高在放大过程中起重要作用。较高峰的压力可以影响高速生产，压轮随着压力的增加运行得更快。降低保压时间和增加压力一样会引起顶裂、分层、粘冲等问题。大多数放大生产中的问题与速度有关，比如顶裂、裂片、龟裂、斑点、硪边。在高速压片下，弹性能量增加，从而发生顶裂，而塑性能量只有较少的增加。压力、预压力、冲头深度和片剂厚度的增加也会产生顶裂和裂片的可能性。

4.7.7 工艺设备与质量风险控制

4.7.7.1 关键质量属性（CQA）

片剂关键质量属性主要包括外观、片重、片重差异、片厚、水分、脆碎度（如包衣）、硬度（如包衣）、溶出度、崩解度、含量均匀度、微生物限度等。

4.7.7.2 关键工艺参数（CPP）

转速、预压力、主压力、装量、加料器转速。

4.7.7.3 质量关键方面风险控制点

供料结构中轴密封的防止粉尘进入和防止润滑油泄露的措施（润滑油/脂采用食品级）、加料器转速、装量、转速、预压压力、主压压力、使用前冲模正确和完好性检查、冲模润滑油采用食品级、药片除尘装置。

4.7.7.4 可能存在的质量风险

A. 重量控制差　物料流动不良、凸轮选择不当、碎片、裂片。

B. 片剂外观不良　粘冲、刻字粘冲、边缘缺陷。

C. 片剂不符合预期的崩解度和溶出度　崩解和溶出速度太快、崩解和溶出速度太慢。

4.7.7.5 质量风险控制要点

A. 素片重量由可用于填充模腔内的容积决定。混合料具有良好的流动性，而能流进或被推进填充模具时，素片才能达到预期的重量。由此，粉末的良好流动是重要的关键。当正确体积的混合料填入模具时，还需要有良好的压缩能力和润滑性，以成为一个良好的裸片。

对于稍缺理想特性的混合粉，可通过正确选择制片机器和安装、调整设备，补救和缓解短缺。例如调整冲头穿透力、降低压片速度和增加压片时间、压力，凸轮、冲头选择等。也可使用带有自动反馈的过程控制的压片机。应注意评估在造粒、干燥过程中是否产生过多的细颗粒。

B. 润滑剂不足、冲头设计不当、应用预压。

C. 如果片剂太软则增加片剂硬度，或研究造粒过程，增加压缩度的空间。如果溶出度太慢，且无法通过降低片剂硬度来解决问题，则应检查制粒过程是否过度而影响到溶出度，润滑的过程是否过度。应密切监测片剂含水量。

4.8 包衣

4.8.1 包衣概述

包衣是指在特定的设备中按特定的工艺将辅料或其他能成膜的材料涂覆在药物固体制剂的外表面，使其干燥后成为紧密黏附在表面的一层或数层不同厚薄、不同弹性的多功能均匀保护层。它是药物制剂生产中的重要操作单元之一。

包衣作为药剂学中最常用的技术之一，近几十年来，随着新材料、新技术、新机械的不断产生，包衣技术发展迅速，形成较为完整的理论和操作经验，在药剂学中占有重要地位。包衣一般应用于固体形态制剂，根据包衣物料不同可分为粉末包衣、微丸包衣、颗粒包衣、片剂包衣、胶囊包衣；根据包衣材料不同分为糖包衣、半薄膜包衣、薄膜包衣（以种类繁多的高分子材料为基础，包括肠溶包衣）、特殊材料包衣（如硬脂酸、石蜡、多聚糖）；根据包衣技术不同分为喷雾包衣、浸蘸包衣、干压包衣、静电包衣、层压包衣，其中以喷雾包衣应用最为广泛，其原理是将包衣液喷成雾状液滴覆盖在物料（粉末、颗粒、片剂）表面，并迅速干燥形成衣层；根据包衣目的不同分为水溶性包衣、胃溶性包衣、不溶性包衣、缓释包衣、肠溶包衣。

给药物制剂包衣，最早可以追溯到我国古代，古人之所以对药物进行包衣，主要是根据药物治疗疾病的需要而进行的，有的为了引药入经，有的是为了减缓药物毒性，有的是为了改善药物制剂的外观，有的是为了对药物制剂起到保护作用，有的同时兼有几种作用。

现代对药物制剂进行包衣的目的：①改善药物的味觉：让良药不苦口，改善患者用药的顺应性；②提高药物的稳定性：防潮、避光、隔绝空气、阻断易挥发性药物成分挥发散失；③改善药物的外观：使其外观更美观且方便患者识别；④有的药物活性成分带有颜色且易迁移，包衣可避免迁移、黏附、污染患者的手和衣物；⑤可以隔离两种不能相容的物质，克服配伍禁忌；⑥有的药片进行包衣可增加片子硬度，减少片子的破碎，提高药品生产得率；⑦包制功能性衣膜能起到调节药物释放规律的作用，如肠溶衣、胃溶衣、缓释衣、控释衣、靶向定位衣和渗透泵衣等。

4.8.2 包衣原理

包衣的种类一般分为糖衣包衣和薄膜衣包衣两大类。

4.8.2.1 糖衣包衣

包糖衣技术起源于制糖果工艺，糖包衣系指以蔗糖、胶浆、滑石粉等为主要材料裹包素片的包衣方式。作为最早应用的一种包衣形式，糖包衣制剂因外形美观，具优良的掩味效果而广为消费者接受。得益于工艺和设备的改进，现代包糖衣时间有较大的缩短。目前在国内的固体制剂，尤其是中成药制剂包衣中，糖包衣仍占有一定的比例。

包糖衣片外观光洁艳丽，这是有色糖衣层和蜡层的作用，其内另有隔离层、粉衣层、糖衣层，即素片之外整个糖衣自内而外由隔离层、粉衣层、糖衣层，有色糖衣层和蜡层组成，工艺较为冗长。糖包衣对片型有一定要求，

153

片型宜为深弧度片，即片面弧形，边缘薄或棱边厚度小，这样可减少粉衣层厚度。糖衣有一定防潮、隔绝空气的作用，可掩盖不良气味，改善外观并易于吞服，而且糖衣溶解迅速，对崩解影响不大。

4.8.2.2 薄膜衣包衣

薄膜包衣技术是药剂学中最常用的技术之一，除了药剂学外，它还涉及高分子材料学、物理化学、化学工程学等学科。

早期的薄膜包衣使用有机溶剂溶液，为获得合适的生产时间，考虑溶剂成本，环境污染和操作安全，薄膜包衣已经从有机溶剂逐步转变为水性体系。

薄膜包衣技术是使聚合物在固体剂型外形成薄膜的技术。通常是指把适当的药用辅料均匀的包裹在片剂、丸剂、颗粒剂及胶囊剂等固体制剂的表面形成薄膜衣层的技术。所用的药用辅料统称为薄膜包衣材料，现在基本上使用薄膜包衣预混剂，简称薄膜包衣粉。将薄膜包衣材料加入到溶媒中，一般为水或不同浓度的乙醇，形成分散均匀的混悬液，经喷雾后，在片芯等底物表面形成 8~100μm 厚的塑性薄膜层包被于底物上，具有良好的保护作用。薄膜包衣的优势如下。

A. 性能好　由于成膜材料和多数辅助添加剂都是理化性能优良的高分子材料，使得薄膜包衣片不但能防潮、避光、掩味、耐磨，而且不易霉变、容易崩解，大大提高了药物的溶出度、生物利用度和药物的有效期，扩大了制剂的销售地域和周期，促进了制剂出口，特别是中成药。

B. 增重少　薄膜衣质量轻，一般增重只占片芯重量的 3%~5%，薄膜衣不但节约药用辅料、减少药用辅料对药物的影响，而且在包装、贮存、运输、服用等方面都很方便。

C. 速度快　由于干燥成膜快，包衣操作周期短，一般仅需 2~3 小时，工作效率高。特别是很多药物对高温都有不同程度的敏感，包衣时受热时间短，有利于保证药芯质量。

D. 形象美　片型美观，色彩鲜艳，标志清新，形象生动。片芯可以采用各种平曲造型，颜色可以采用各种鲜艳色彩，企业的商标、标志可直接压在片芯上，包好薄膜衣后仍清晰明显，可提高企业形象。

E. 功能多　现在成膜材料和药用辅料很多，经过精心设计可以制成各种不同特点的薄膜衣，以改变片芯的释药位置和药物的释放特性，如胃溶衣、肠溶衣、口溶衣（含片）、缓释衣、控释衣、复合衣，以及最新型的多层衣膜、微孔衣膜、渗透泵衣膜、靶向给药衣膜等。成膜材料中不含糖，扩大了中成药片剂的用药人群和市场。

F. 应用广　现在薄膜包衣不但已广泛用于片剂、丸剂，而且也用于小片剂、小丸剂、颗粒剂、软硬胶囊甚至药物粉末、食品糖果、保健品等。成膜材料还可直接用于膜剂、混悬剂以及疏水药物分散剂等。

G. 溶剂多　包衣材料一般用水作溶剂以配制包衣液，这不但降低了成本，而且也使操作环境较为舒适、安全，但对某些吸水快或遇水易分解、变质的药物则只能用非水溶剂，这方面也有很多种类可供选择。

H. 标准化　薄膜衣片的设计、工艺、材料、质量都可以标准化或数控化，进而计算机程序化，适合现代工业生产发展的要求或管理，这对于 GMP 管理和在国际上销售尤其重要。

4.8.3　包衣方法与设备

4.8.3.1　糖衣包衣方法

糖衣包衣通常采用滚转包衣法，即依靠片芯和包衣材料在包衣锅中的滚转运动，使片芯包覆衣层。

4.8.3.1.1　糖衣的一般生产

A. 包衣物料

　　a. 糖浆：采用干燥粒状蔗糖制成，浓度为 65%~75%（W/W），用作粉衣层的黏结与糖衣层。本品宜新鲜配制、保温使用。需要包有色糖时，则在糖浆中加入可溶性食用色素，配成有色糖浆。食用色素的用量一般为 0.03% 左右。

　　b. 胶浆：常用作黏接剂。如 15% 明胶浆、35% 阿拉伯胶浆、4% 白芨胶浆及 35% 桃胶浆等。多用于包隔离层，对含有酸性、易溶或吸潮成分的片芯起到保护作用，但防潮性能不理想，隔离层用玉米朊、苯二甲酸醋酸纤维素（CAP）防潮性能较好，但 CAP 要控制衣层厚度，过厚胃中不溶。其他一些胃溶性薄膜衣材料，如丙烯酸树脂，也可用于包隔离层。

　　c. 滑石粉：包衣用的滑石粉应为白色或微黄色的细粉，用前通过 6 号筛，在滑石粉中加入碳酸钙、碳酸镁（酸性药物不能用）或适量的淀粉可增加片剂的洁白度和对油类的吸收。

　　d. 白蜡：一般是指四川产的白色米心蜡，又称虫蜡，用前预先处理，即以 80~100℃ 加热，通过 6 号筛以除去悬浮杂质，并混入约 2% 的二甲硅油，冷却后备用，使用时粉碎通过 5 号筛，用于包衣打光使片面光亮，减缓片衣吸潮，其他如蜂蜡、巴西棕榈蜡等也可应用。

B. 包衣工序　包糖衣工序一般分 5 步，依次为：隔离层→粉衣层→糖衣层→有色糖衣层→打光。根据具体品种的需要，有的工序可以省略或合并。具体工序和生产技术如下。

　　a. 隔离层：一般片剂不包隔离层，若素片具有酸性、易吸湿变质或易溶则需要隔离层把片芯与糖衣层隔离，同时胶状的隔离层还能增加片剂硬度。待素片置包衣锅中滚装升温，加入少量胶浆使均匀黏附于片芯上，吹风，加入少量滑石粉至恰好不粘连为止，重复数次至达到规定厚度，一般 4~5 层可将药片包牢。酸性药物第一层即包隔离层，如只为防潮或增厚效果，可先包 4~5 层粉衣层（方法同下），再包隔离层。另外玉米朊、CAP 醇溶液包隔离层时应注意防爆防火。操作时要注意层层干燥，干燥温度 30~50℃，每层干燥时间约 30 分钟，以有坚硬感和不易刮下为准。

　　b. 粉衣层：为消除片剂的棱角，在隔离层的外面包上一层较厚的粉衣层，主要材料是糖浆和滑石粉。操作时洒一次浆、撒一次粉，然后热风干燥 20~30 分钟（40~55℃），重复以上操作 15~18 次，直到片剂的棱角消失。为了增加糖浆的黏度，也可在糖浆中加入 10% 的明胶或阿拉伯胶。

　　　操作时应注意以下几点；①层层干燥；②初始片面较不平整，糖浆和滑石粉用量较大。到基本包平时，糖浆用量相对固定，滑石粉用量大幅减少；③开始几层待糖浆加入搅匀后，应立即加入滑石粉以减少水分的渗入。

　　c. 糖衣层：粉衣层的片子表面比较粗糙、疏松，因此再包糖衣层使其表面光滑平整、细腻坚实。操作要点是加入稍稀的糖浆，逐次减少用量（湿润片面即可），在低温（40℃）下缓缓吹风干燥或待表面略干后吹风，一般约包制 10~15 层。

　　d. 有色糖衣层：包有色糖衣层与上述包糖衣层的工艺相似，只是糖浆中添加了食用色素，主要目的是为了便于识别与美观。见光易分解破坏的药物包深色糖衣层起到保护作用。一般约需包制 8~15 层，该过程中温度应逐渐下降至室温。

　　e. 打光：是在片子表面擦上极薄的一层蜡，增加片剂的光泽和表面的疏水性。操作在室温下进行，最后一层有色糖浆快要干燥时，停止包衣锅转动并把锅密闭，翻转数次使剩余水分慢慢挥发，析出微晶而尽量使糖衣面平整，然后开锅把 2/3 的蜡粉撒入片中，转动摩擦即形成光滑表面，再慢慢加入剩余蜡粉，此为"闷锅打光"。

生产中亦有酌情不闷锅直接打光的。蜡粉用量一般每一万片 3~5g 为宜。

4.8.3.1.2 改良的包糖衣工艺

A. 混浆包衣法　混浆包衣法主要指采用以单糖浆与滑石粉为主混合的混合浆包粉衣层，单糖浆与滑石粉重量比例一般为 2:1~3:1。该法有以下优点：①减少粉尘飞扬，降低辅料损耗，降低劳动强度，有利于工作人员身体健康；②固定的混浆配比、用量、干燥温度、时间等工艺参数减小了批间差异，固定的操作方法减少人员操作偏差；③混浆有助于片面拉平，提高了糖衣片合格率。

B. 高效包衣机包糖衣　传统包糖衣的设备主要为荸荠式糖衣锅，传统包糖衣工艺耗时长、劳动强度大，一般为 12~16 小时，糖衣片质量依赖操作者的经验控制。相比于传统的荸荠式包衣锅，高效包衣机热交换速率大，同样的方法包糖衣可缩短 1~2 小时，相关工艺参数可由程序控制，易于实现操作自动化。但素片在高效包衣机内运动较剧烈，对素片的硬度有较高要求；有孔包衣机打光存在一定困难。

4.8.3.2 薄膜衣包衣方法

薄膜包衣一般应用于固体形态制剂，可采用的包衣方法较多，如滚转包衣法、流化包衣法、压制包衣法等，其中滚转包衣法和流化包衣法较为常见，滚转包衣法参见糖衣包衣方法中的介绍；流化包衣法与流化喷雾制粒相似，即将片芯置于流化床中，通入气流，使片芯处于流化（沸腾）状态，再将包衣材料的溶液或混悬液雾化，喷至片芯表面，干燥后形成衣膜。

4.8.3.2.1 薄膜衣包衣材料

A. 包衣材料的成膜机制

a. 有机溶剂包衣材料的成膜机制：采用聚合物的有机溶液包衣时，开始随着有机溶剂的蒸发，覆盖在底物上的聚合物溶液浓度增加，黏度升高并在某些点上胶凝，使原来在溶剂中伸展的聚合物链不流动并发生卷曲，相互紧密连接，发生交叉或互相缠绕覆盖。随着残留溶剂的进一步蒸发，稠厚的胶凝状聚合物溶液则形成三维空间的网状结构干胶，一层连续的包衣薄膜。

b. 水性包衣材料的成膜机制：聚合物粒子从不连续膜到连续膜经历四个阶段：①第一阶段：失水；②第二阶段：聚合物粒子集聚，粒子周围水膜的毛细管作用极大地加速了这个过程；③第三阶段：粒子变形；④第四阶段：微粒物质扩散，完全凝聚形成薄膜。

B. 成膜材料

    a. 成膜材料聚合物：成膜材料通常为高分子聚合物，在包衣材料中最为重要，是形成衣膜的主要成分。按照功能不同又分为胃溶性、肠溶性、不溶性屏障膜等，其共同要求是良好的成膜性，良好的机械性质，防潮性好而透气性小等，除此之外，还应有如下要求。

- 无毒、化学惰性，在热、光、水分、空气中稳定，不与药物发生反应。
- 能溶解或能均匀分散于分散介质中。
- 能形成连续、牢固、光滑的衣层，有抗裂性并具良好的隔湿、遮光、氧气屏障作用。
- 同时具有以上特点的一种材料不多见，故有倾向使用混合成膜材料，使得成膜材料性质互补。如纤维素醚类：包括羟丙基甲基纤维素（HPMC）、甲基纤维素（MC）、聚乙烯醇（PVA）；丙烯酸树脂（Eudragit E）：Eudragit E 是阳离子型的甲基丙烯酸二甲氨基乙酯和其他两种中性甲基丙烯酸酯的共聚物，其在胃液及弱酸性缓冲液（pH 值约为 5）中溶解。

    b. 增塑剂：增塑剂是指能增加成膜材料可塑性的材料。一些成膜材料在温度降低以后，物理性质发生变化，其大分子的可动性变小，使衣层硬而脆，缺乏必要的柔韧性，因而容易破碎。加入增塑剂的目的是降低玻璃化转变温度（T_g），增加衣层柔韧性。

    常用的增塑剂分为三类：多醇类、有机酯类和油类/甘油类。增塑剂的用量根据成膜材料的刚性而定，刚性大，增塑剂用量应多，反之则少。①多醇类：主要包括甘油（Glycerol）、丙二醇（Propylene Glycol）、聚乙二醇（PEG）。②有机酯类：主要有大豆卵磷脂、邻苯二甲酸二乙酯、枸橼酸三乙酯、三醋汀。③油类/甘油类：蓖麻油、甘油单醋酸酯、精制椰子油。

    c. 抗黏剂：由于高分子材料具有一定的黏性，而包衣过程需要对包衣溶液的黏度进行控制。一般来说，水分散体包衣溶液的黏度应控制在 500mPa·s 以下。降低溶液的黏度，一方面可以降低聚合物浓度，但浓度过低会导致生产周期延长；另一方面可以添加适当的抗黏剂。滑石粉是最常用的抗黏剂，物理化学性质稳定。

    d. 着色剂：为使片剂呈现良好的外观，在包衣材料中可加入着色剂，有研究表明，不同颜色的片剂对患者的心理影响是不同的。

    着色剂的分类：天然色素、可溶性染料、水不溶性色素铝色淀、遮光剂。其中遮光剂有：二氧化钛、氧化铁类，目前常用的有红氧化铁、黄氧化铁、黑氧化铁、棕氧化铁等。

e. 溶剂/介质：自 20 世纪 70 年代以来，包衣介质已逐渐由最初的有机溶剂向水性溶剂转移。自新型丙烯酸酯水分散体问世以来，用水性介质处理这些物料已成为可能。常用的纤维素类聚合物（EC 除外）具有良好的水溶性，理论上适用于水性包衣工艺应用。在 20 世纪 70 年代初期，包衣设备干燥能力效率较低，因此尽可能使用低沸点的溶剂。另外，纤维素衍生物尽管是水溶性的，但市售品用水溶液并不理想，因为其在水中黏度过高，其溶液难于雾化。

为此目的创新的包衣设备和低黏度纤维素类聚合物的出现使得用水性包衣工艺成为现实。水性包衣并不意味包衣过程漫长或严重的稳定性问题。一般来讲，只有非常少数的几种片剂处方不能进行水性薄膜包衣。对调节释放速度的包衣层来说，虽然习惯上用水不溶性聚合物包衣，但特殊的水分散体也已被厂商开发出来。

4.8.3.2.2 薄膜包衣液溶液的性质和雾化

薄膜包衣过程包括五个重要阶段：①包衣溶液或混悬液的制备；②雾滴的产生；③雾滴从喷枪向基片床的移动（所谓基片床对于被包片剂来说是滚动床，对于被包颗粒应是流化床）；④雾滴在片芯表面或颗粒表面上撞击、浸润、铺展以及聚结；⑤干燥胶凝及黏附成膜（图 4–71）。

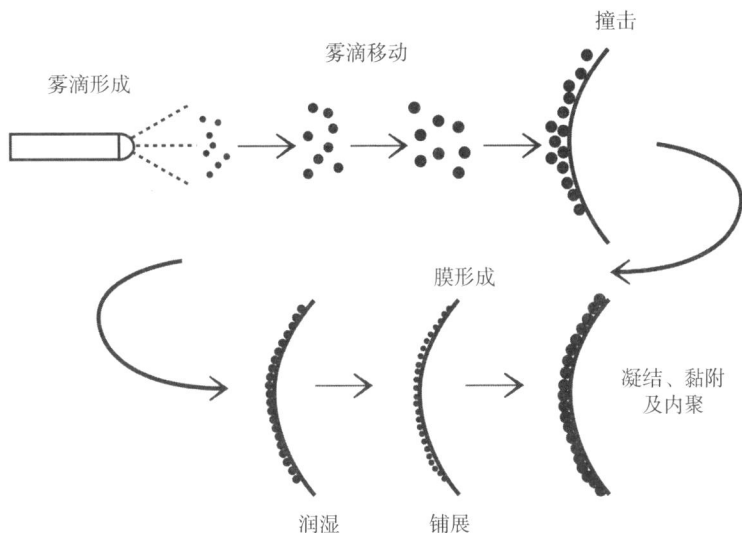

图 4–71 薄膜包衣喷雾阶段示意图

在薄膜包衣过程中，包衣溶液被喷枪雾化这一工艺对薄膜包衣的结构和性质有很大影响，而包衣溶液的性质和包衣液雾化条件是影响这一工艺的重要因素。

A. 溶液的性质　包衣液的物理性质对薄膜包衣过程中的各个阶段都会产生影响。这些阶段包括：雾滴在雾化设备中的形成及传递，雾滴向片芯或颗粒表面的移动，以及在被包物料表面的撞击、铺展、渗透、蒸发和黏附等。

包衣液的物理性质是非常重要的，这样就可以预测及评价它对最终形成的薄膜衣的外观及各种性质的影响。在溶液的物理性质中，密度、表面张力、黏度这些性质对薄膜包衣液处方的喷雾的影响比较显著。

B. 雾滴大小的测定　上述溶液的性质会显著地影响到雾化过程所产生的雾滴的粒度及粒度分布，进而决定雾滴最终得到的薄膜衣质量，因此，探究雾滴的粒度分布情况是很有必要的。

  a. 测定方法：在大量的雾滴粒度分布测定方法中，俘获法、照相法、激光散射法最为常用。

  b. 雾滴粒度分布及平均粒度：要想了解薄膜包衣中各因素对包衣过程及最终衣层质量的影响情况，首先需掌握雾化过程的雾滴粒度分布情况。测定某一特定粒度下或特定粒度范围内雾滴的重量或体积百分率是很有必要的，但是由于不同的雾化器中的雾化条件不同，如果要用这种方式来描述雾滴的粒度就需要大量的数据。因此，通常用"平均粒度"代替粒度分布来描述雾滴的粒度。

C. 包衣液处方及雾化条件下对雾滴大小的影响　包衣过程就是将液体破碎成由小液滴组成的雾，有效地将聚合物包衣材料包被颗粒、小丸、小球或片芯表面。在薄膜包衣中，要求雾滴在到达片芯表面后均匀散布，并形成一层厚度均匀、光滑连续的薄膜。雾化过程中的许多因素都会影响雾滴到达片芯表面后的分布。因此，若对雾化过程不加以适当的控制，就容易造成最终形成的薄膜衣的缺陷，比如粘连、结块或过于粗糙等。其中雾化的方法、包衣液的浓度、雾化气压、包衣液的流量、片床 – 喷枪的距离、喷枪的设计、液雾的形状、液体喷嘴直径、雾化空气流速都对形成雾滴大小有显著影响。

4.8.3.2.3 薄膜包衣过程的表面效应

包衣液所形成的雾滴到达片芯表面后，经过一定的变化过程，最终形成一层牢固黏附于片芯表面的干燥的薄膜衣，这一变化过程大致可分为润湿、铺展及穿透、黏附等阶段。这些阶段涉及"液 – 气""固 – 液""固 – 气"界面的表面效应。

A. 润湿　接触角大小可反映出液体在固体表面上的润湿情况，如图 4-72 所示，接触角的大小与液体表面张力和固体对液体的亲附力有关，液体表面张力越小，亲附力越大，接触角越小。研究指出喷枪喷出的包衣液雾滴越小，其表面张力增大，但在雾滴到达片面的过程中，雾滴中溶剂适当的蒸发又使雾滴表面张力下降，亲附力增大。因此在实际操作中适当的雾化情况，良好的通风和适宜的温度有利于雾滴的浸润黏附成膜。

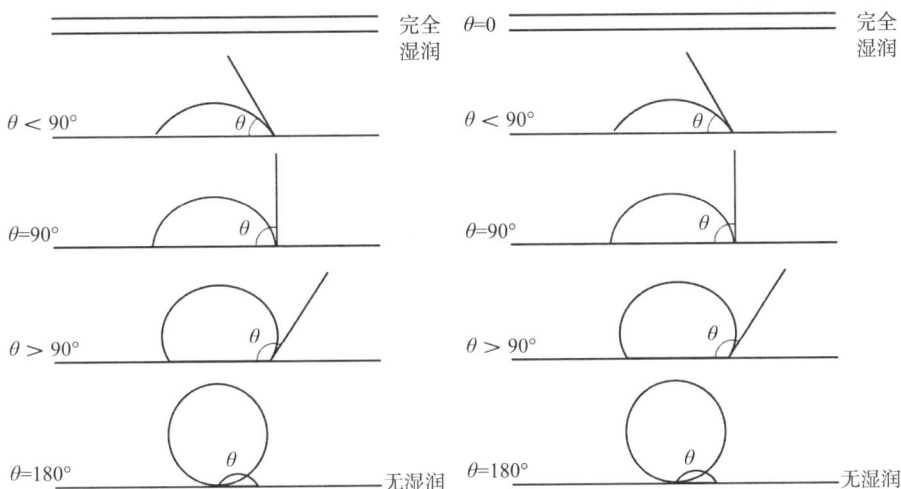

图 4-72　接触角示图

B. 穿透　在片芯表面有大量孔隙结构，雾滴与之接触后因毛细作用发生穿透过程，该过程有助于衣膜"扎根"于这些孔隙中，从而增加衣膜与片面间的黏附力。渗入片芯的液体体积等于孔隙体积，而渗入的速率取决于包衣液的黏度、表面张力与固体表面的相互作用。

C. 铺展　与前述阶段不同，雾滴铺展前后自由能增加，即雾滴的铺展并非自发的，其铺展的能量主要来自于雾滴的动能。雾滴的黏度低时，雾滴的动能或动量通常足以令其在表面铺展。高黏度雾滴的铺展程度因动能低而显著降低，使其在片芯表面形成非常小的铺展，所以，铺展取决于雾滴表面张力与基片之间的相互作用及干燥时间。由于包衣液的铺展性太差而造成的薄膜衣缺陷被称为"桔皮"，即外观就像桔子皮一样。

D. 黏附　包衣膜对片芯的黏附作用在避免包衣缺陷中至关重要。黏附作用的大小取决于片芯及包衣液处方的性质。所以，选择薄膜包衣剂处方的重要指标之一是薄膜衣对产品表面要具有较强的黏附作用。另外，在实际使用中，一是要注意配好包衣液；二是包衣时在润湿后，固体和聚合物材料的化学基团之间应具有良好的结合力，并且要保持最大的接触面积。片芯辅料也是影响衣层黏附力的重要因素之一，主要是受片芯性质影响和受片剂表面性的影响。所以，选择合适的辅料也是解决衣层黏附性的重要工作内容。如：微晶纤维素制得的片剂表现出很高的黏附力；片剂润滑剂选择硬脂酸黏附力也明显增强。显然，衣层应具有较强的黏附力，不良的黏附力可造成薄膜包衣缺陷，如凹陷、架桥等。

4.8.3.2.4 薄膜包衣过程

A. 配液过程

a. 包衣粉用量计算：用胃溶型包衣剂进行包衣，包衣增重（用量）通常为片重的 2%~4%（中药片底色较重时，用量须适当增加1%~2%）；用肠溶型包衣剂进行包衣，包衣增重通常在 8%~10%。确定包衣增重后，包衣粉用量即可计算：

$$包衣粉用量 = 片芯重量 \times 片芯增重率$$

b. 包衣液配制计算：选择适当溶剂将包衣粉配制成一定比例（固含量）的溶液，即包衣液的配制。计算方法：

$$全液重量 = 包衣粉量 / 固含量$$
$$溶剂重量 = 全液重量 - 溶质重量（包衣粉量）$$

配制醇水型包衣粉：

$$乙醇用量 = 溶剂重量 \times 溶剂浓度$$
$$水重量 = 溶剂重量 - 乙醇重量$$

包衣液配制计算过程注意事项：

- 选择适当固含量对包衣操作效果有一定的调节作用，尤其是全水溶型包衣液的操作，当选择高固含量配液时，由于包衣液的浓度高，在包衣操作中成膜快，操作时间短，但成膜的均匀性（着色的均匀性及片面细腻程度）略有下降。另外，随着配液固含量的提高，雾化压力也要适当提高，以保证雾化充分。

- 如果片芯脆碎度较大或对溶剂敏感（破损），宜选择高固含量配液。

- 常规包衣的操作中，片床温度维持在 40℃ 左右，如果仍发生粘片情况，宜适当降低喷液速度。同时调整进风温度以保持片床温度的稳定。特殊制剂对热敏感的根据制剂需要调整片芯温度。

- 如片芯质量非常好，为追求良好片面效果，可适当降低配液固含量。
- 当使用醇水溶型包衣液时，选择适当乙醇浓度对包衣操作效果具有一定的调节作用。因为乙醇的作用有两方面：一是增加溶剂的蒸发效率；二是降低包衣液黏度，利于雾化。另外，常规操作不主张首选高浓度乙醇溶剂。
- 正常操作条件下，发生粘片可适当提高乙醇的浓度。
- 片芯对水敏感（破损）可适当提高乙醇的浓度。
- 雾化效果差致片面不细腻，可适当提高乙醇的浓度。

c. 包衣液的配制操作

- 在配液容器中加入计算好的溶剂，溶剂的液面高度最好与容器的直径大致相同。
- 将搅拌器伸入液面下 2/3 处，理想的搅拌桨直径应为容器直径的 1/3。搅拌桨头最好选择 2~3 片的螺旋桨。
- 启动搅拌器，搅拌速度应使容器中的液体完全被搅动，液面刚好形成旋涡为宜。
- 将包衣剂粉末以平稳的速度不断撒在旋涡液面上，加入速度应以粉末迅速被搅入旋涡为宜，加料过程应在数分钟内完成。
- 加料完毕后，将搅拌速度放慢使液面旋涡刚刚消失，持续搅拌40~50 分钟至包衣剂完全溶散。
- 包衣液配制完成，可根据需要直接从容器中泵出。在喷液过程中，保持连续微弱的搅拌状态。

d. 配液操作关键点

- 粉末的加入要保持匀速，随着溶液黏度的不断增加，需要提高搅拌速度，以保持原有旋涡。
- 包衣加料过程一般在 5 分钟内完成，时间过长会影响粉末的溶散效果。
- 加料完毕后应保持搅拌，控制搅拌速度以免卷入过量的空气形成泡沫。
- 尽量避免包衣液存放时间超过 24 小时。

B. 喷枪调试　喷枪系统是高效薄膜包衣机重要组成部分之一，它的功能就是将薄膜包衣的料液尽可能均匀地分布到每一颗需要包衣的片芯表面，好的喷枪系统不仅可以使包衣片面细腻美观，而且能提高包衣效率，减少片芯的磨损。因此选用良好的喷枪系统，并在包衣前对喷枪进行调试是包衣生产成功的重要保证。

a. 喷枪条件的优化：在包衣开始前，必须检查喷枪的气、液连接管是否有漏的现象，枪针的运动是否灵活，枪针是否处于喷嘴的中心等，这些条件都会影响包衣效率和包衣质量。检查枪针在喷嘴的位置，当枪针偏离喷嘴中心位置时，在喷嘴处包衣料液和高压雾化气的比例将会发生变化，从而影响到喷雾的形状和雾化效果，甚至还会出现喷雾脉冲的现象。此外，枪针偏离喷嘴中心还会出现关枪不严、包衣液滴落导致粘片的事故。

b. 喷枪位置：通常喷枪喷雾的位置应位于片芯流动时片床的上 1/3 处，喷雾的方向尽量平行于进风的风向，并垂直于流动的片床，喷枪与片床的距离应根据不同包衣系统的要求来确定，如有机溶剂包衣液的距离较短，大约 20~25cm，水性包衣液的距离较长，大约 25~30cm。

c. 喷枪雾化压力设定：包衣效果取决于包衣液被雾化的程度。雾滴的粒度大，则对片芯的伸展、聚结作用及干燥速度相对减小，造成雾滴伸展不好或相互凝结，这样虽然有利于减少边缘衣膜开裂的发生率，但是会使衣膜粗糙程度、架桥现象和"桔皮膜"出现的概率增加。若雾滴中所含过多的水分在片芯翻滚至片床最低处之前仍不能被蒸发，片芯表面就会过湿，片子一旦堆积，将导致片与片之间以及片与锅之间的粘连（特别是平面及凹面片）现象增加。雾滴粒度小，雾滴能更好地铺展，有利于降低衣膜表面的粗糙程度，使光泽性增加，架桥发生的概率大大减少。雾滴伸展性强，也增加了雾滴在片芯表面的干燥速度，从而降低衣膜的粘连现象。但是，当雾化压力过大或喷雾速度过小时，小粒度的单个雾滴可能在未到达片芯表面前被干燥，产生雾化干燥现象，如果此时片床温度又较高，则出现"喷霜"的程度将大大增加。雾化压力一般控制在 $4.5kg/cm^2$ 左右，$3.5~5.5kg/cm^2$ 之间为宜，但实际上具体如何控制应根据具体包衣设备、片芯质量及包衣液黏度而定。

d. 喷枪喷雾扇面　当喷雾扇面较窄时，喷液所覆盖到的片床面积也相应较小，单位时间内包衣的均匀性较差；当喷雾扇面较宽时，喷液所覆盖到的片床面积相应较大，在喷枪喷量和其他包衣条件相同的情况下，单位时间内包衣液能够尽可能地分散到更多的片芯上去，因此可增加包衣和颜色的均匀性，相对减少包衣材料的用量。双气路喷枪的喷雾扇面可以通过喷枪上的扇面气调节螺丝来调节，单气路喷枪只能通过喷枪与片床的距离来调节。正确的喷雾扇面能提高包衣效率，改善包衣的均匀度，减少粘片。目前高效包衣锅都配备了多把喷枪，过宽喷雾扇面也会造成喷雾的相互重叠，造成局部料液过分集中从而引起粘片，因此在尽可能调节喷雾扇面宽度的同时，也需考虑喷枪间喷雾的重叠情况。如多把喷枪的雾化散面都较大，可考虑将喷枪距离较平时调低一些，以减少喷雾干燥挥发和重叠情况。

e. 包衣前喷枪调试简要过程参考

- 调试前检查气管、液管是否正常。
- 将喷枪支架从包衣锅内取出，再将枪帽依次取下、清洗。
- 设置合适的雾化压力和包衣液流量参数。
- 将准备好的容器放置每把喷枪嘴正下方。
- 开启喷液喷射开关。
- 调节喷枪的流量调节螺丝，至正侧面观察多把喷枪嘴流出的包衣液呈连续流体状，且连续流开始分散点在同一垂直线上，关闭喷射开关。
- 擦洗枪嘴后，依次将清洗好的枪帽装好。
- 将先前放置枪嘴正下方的接液容器撤走，重新设置合适雾化压力，开启喷射。调解喷枪扇面调节螺丝，至喷出溶液的范围及浓度呈均一性，关闭喷射开关。
- 调整喷枪嘴与片床距离至所需位置，再调整喷雾方向垂直于片床。

C. 包衣过程

a. 片剂包衣过程

①包衣操作过程（高效包衣机）：

- 检查包衣机是否正常。
- 领取素片并核对素片品名、规格、批号、检验单号、数量。
- 接通电源、气源、蒸汽源。
- 开启包衣机，检查喷枪雾化效果，待包衣锅内产生负压后，加入素片，打开进回风给素片预热 5~10 分钟。点动转锅即可，让片芯预热到操作温度。
- 移进喷枪，调整喷嘴与片床的距离（有机溶剂包衣液 20~25cm，水性包衣液 25~30cm），关好锅门。
- 按包衣参考操作条件控制工艺参数。
- 在包衣过程中注意观察片面，并根据片面情况及时调整流量、喷枪位置，使包衣液上色均匀同时让包衣液在喷液过程中持续搅拌。

- 待包衣液喷射完毕后，关闭热风，降低锅的转速保持 5~10 分钟，让包衣片充分干燥和降温后出料，用料桶接好包衣片。
- 经检验合格的包衣片挂上状态标识，注明品名、规格、批号、检验单号、数量、日期并签名。
- 规范操作要求：每锅生产结束后，用气枪将喷枪、桨叶上的包衣粉末吹干净，再将锅内残余包衣片及包衣粉末用工具铲出，清洁包衣机。清洗方法：用纯化水通过蠕动泵清洗包衣液输液管和喷枪，应将包衣液输液管清洗干净，防止输液管内有包衣粉末沉淀影响流量。堵住锅体清洗槽漏水口，引入纯化水，淹没锅体底部，转动锅体，待锅壁上残留膜溶解脱落，打开漏槽口将水放干，继续引入纯化水冲洗干净，烘干。如果是肠溶材料，建议采用 5%~10% 的碳酸氢钠水溶液浸泡清洗。将气管、料管绑好，远离喷雾散面，防止影响散面。清洗完锅时，出风口处不能有积水残留，应用清洁布抹干。定期清理包衣机出风口处的粉尘，以确保排风效果。

②包衣操作关键点

- 包衣操作原则为"在保持一定片床温度下，设备的蒸发效率与喷液量相一致"。
- 操作过程中应将片床温度恒定在规定范围内，合理的片床温度是包衣操作的关键。
- 包衣液应得到充分雾化，以保证衣膜的光滑细腻。
- 多喷枪系统应注意喷量均衡，即对喷枪之间流量差异性进行比较，采用常用喷量，关闭雾化压力，收集每只喷枪单位时间的流量，计算平均值及差异，一般差异在 ±10% 可以接受。
- 包衣过程中，喷嘴有堵塞时，先关喷液，用毛刷刷掉枪嘴上的黏附物，防止完全堵塞枪嘴造成其他喷嘴流量不稳定，导致粘片，处理完毕后恢复喷射。
- 喷液流量与干燥的三个因素（进风温度、进风量和出风量）需保持平衡，即喷液流量、锅体负压、进风量和进风温度、出风温度等应是相匹配的，以保证这种平衡，而片床温度的稳定性是这种平衡关系的最好体现。
- 正常包衣状态下，对于应保持的适宜负压，如设备无负压显示，经验判断方法是，将锅门打开 3~5cm，手松开锅门，锅门能迅速被吸回关闭状态。如果锅门很难打开或吸力大到立即被吸回，表示负压过大，如果锅门停滞不动或继续打开，表示负压很小或没有负压。

③包衣过程异常处理

- 包衣机锅体内无负压：排风量不够，开大排风阀或调高排风风机频率；排风的捕集袋堵塞或排风管道堵塞造成排风量小，需要清洁捕集袋或清理排风管道；如果是新安装的设备，考虑排风风管是否太长或太高，造成排风风机的功率不够。
- 喷枪堵塞、滴枪：停止包衣，取出喷枪清洗。
- 突然停蒸汽，压缩空气等异常情况：应立即停止包衣。
- 突然停电：应立即将喷枪取出，防止滴枪。
- 出现粘片（蒸发效率不足）、桔皮（蒸发效率过大）、麻面（片芯质量不好或锅速过快）、边缘破损（锅速较快或挡板不合理）、成膜差（温度过高、雾化过度、排风过大）等问题可通过调节操作参数解决。

b. 微丸包衣过程

①包衣操作过程

- 开机检查包衣机是否正常。
- 领取药丸，并核对品名、规格、批号、检验单号、数量是否无误。
- 取药丸置包衣机料仓中，调节挡板和喷枪位置及角度，如为离心包衣机，则挡板的位置应使物料在离心包衣机内呈涡旋状回转运动，使喷枪雾化扇面达到最大。
- 预热药丸至所需温度后，喷入薄膜包衣液。
- 按包衣参考条件控制工艺参数。包衣过程中根据锅内的干湿度情况进行参数调整。初始阶段保持较低的喷液流速，使包衣液在药丸表面及时干燥形成一层包衣膜，保护药丸，避免破碎，喷液一段时间后即可提高喷液流速至包衣结束。
- 如有筛分需求，将包衣微丸进行筛分，筛分后的细粉和粘连微丸作废料处理。

②包衣操作关键点

- 喷液速度开始时不宜太快，应由小流速逐渐提高至稳定速度。
- 开机过程中应关注喷枪的喷液情况，及时疏通喷枪或喷嘴。

- 在微丸包衣过程中，必须将温度控制在工艺要求范围内。
- 进风温度应合理控制。温度过高则一些雾化后的液滴还未与药丸发生接触便已处于完全干燥的状态，影响到最终包膜层的形成。温度过低则导致流化不畅甚至微丸结块。
- 进风湿度需要进行严格控制。若进风湿度相对较大，此时包衣机干燥效率太低，对微丸的载药素丸、隔离层或功能性包衣层等结构密实程度造成影响，可能导致溶出过快。若进风湿度相对较小，此时包衣机干燥效率较高，易引发喷雾干燥现象而降低收率。
- 物料在包衣过程中会出现重量不断增大的情况，在操作的过程中要注意及时对气流予以调整。在包衣的起始状态，可以将流化气流调整在较小状态，以免因气流量过大，导致丸芯出现磨损、碎裂等。进入操作的后期阶段，床重不断增加，此时需要适当的增加气流量，以免影响到干燥效率。
- 注意充分考虑到外界空气的湿度。如果制备过程中周围空气湿度较低，则极易导致较强静电力的出现，不同的丸芯会因此发生相互粘连，或者在器壁上发生黏附，进而对包衣状态产生严重的影响，不利于包衣的顺利开展。

③包衣过程异常处理

- 静电：可能由颗粒太干引起，应提高进风相对湿度；降低进风温度，适当增大包衣液流量；启动增湿装置。
- 粘连：可由喷液太快或枪嘴堵塞造成。喷液太快：停止喷液，继续流化，促使粘连微丸解离，然后减少喷液量继续包衣；枪嘴堵塞：立即停机，解除粘连微丸，找出原因并采取措施，然后才能继续包衣。
- 颗粒流动不畅：太干产生静电或者太湿以致颗粒表面黏滞：应增加或减少喷液速率。
- 堵枪：停机疏通喷嘴，包衣液要过80目筛，含滑石粉之类不溶性固体的包衣液应在包衣过程中持续搅拌，或使用超细滑石粉以减少堵塞。

c. 颗粒包衣过程

①包衣操作过程

- 检查包衣机是否正常。
- 领取颗粒并核对颗粒品名、规格、批号、检验单号、数量。

- 预热包衣锅，将符合质量要求的颗粒至包衣锅中，将颗粒预热至 50~60℃。
- 开启蠕动泵，流量参考 100ml/min，使包衣液均匀喷入颗粒表面，以 50~60℃热风干燥。
- 在颗粒不粘连的情况下连续操作，直至包衣液喷完。

②颗粒包衣过程关键点

- 待包衣颗粒粒度应大小均匀，一般控制在 16~20 目为佳，可避免因颗粒大小悬殊造成小颗粒包衣不全的情况。
- 包衣前颗粒水分控制在 2% 以下。
- 为防止包衣液水分渗透到颗粒中，启喷前必须将颗粒预热到 50~60℃。
- 喷液量开始可稍大些，使颗粒表面全部润湿，吹热风干燥后继续喷涂，喷速掌握在颗粒"手握略有黏感而不成团"为宜。

D. 物料平衡及包衣材料利用率

a. 物料平衡：在药品生产过程中的物料平衡系指同批产品的产量和数量所应保持的平衡程度。如在生产过程中发现物料平衡超出已制定物料平衡范围，就应该针对这一情况进行详细调查，查明引起物料平衡不正常的原因。确定异常原因不会对产品质量造成影响的，方可按照正常事故进行放行处理或者其他方面处理。

$$收率 = B/\left[A \times (1 + X)\right] \times 100\%$$

$$物料平衡 = (B+C+D)/\left[A \times (1 + X)\right] \times 100\%$$

式中：A 为包衣前药品重量；B 为包衣后药品重量；C 为取样量；D 为废料重量；X 为包衣粉增重。

物料平衡范围：98%~100%

b. 包衣材料利用率：薄膜包衣生产通常以理论增重（即根据工艺要求喷完规定量的包衣液，表面光亮美观无缺陷为标准）或以包衣片实际增重（即在包衣过程中控制、称量包衣片实际重量达到工艺要求为准）进行质量考核。但从工艺控制角度，应关注包衣后有多少包衣材料形成薄膜，又有多少包衣材料干燥成粉末被排风负压带走。经过对片剂包衣大生产多批号的监控和统计，通过数据分析发现包衣片的增重量有多有少，多的为理论增重量的 75% 以上，少的仅为理论增重量的 50%（剔除包衣片芯水分影响），当包衣操作条件发生改变时对包衣的实际增重有很大影响，从而影响包衣片质量。应及时优化包衣操作参数，保证包衣质量的一致性。

    c. 包衣材料利用率概念：包衣材料利用率即包衣材料形成薄膜的量与包衣材料加入量的比值。比值越大，包衣材料利用率越高。衡量包衣膜厚度的方法有显微图像测量法、近红外光谱快速测定法、增重法等，前两法需要特定仪器，不适合大生产。增重法是目前较常用的衡量包衣膜厚度的方法，但对于薄膜包衣，增重法较难准确测定，特别在喷流和干燥同时进行时，由于片芯水分的蒸发和气流带走细粉，包衣后重量会减少。为了弥补增重法的缺陷，通过测定包衣后包衣片失去部分水分的损耗率，然后依据药片包衣前后的重量，算出包衣材料利用率。

包衣材料利用率 = [（包衣后重量 − 包衣前重量）+ 包衣前重量 × 水分损耗率] /（包衣前重量 × 理论增重量 %）。

包衣材料利用率作为薄膜包衣的考核指标，引导包衣操作，有针对性地调整工艺参数。温度、负压、流量是包衣材料利用率的主要影响因素，因此提高包衣材料利用率，必须找到温度、负压、流量三者之间的最佳参数。使包衣材料溶液喷射量和干燥能力达成动态平衡。通过提高包衣过程的包衣材料利用率，不但可减少包衣材料的浪费，更重要的是可保证包衣片的质量。

E. 包衣生产效率的提高　包衣生产效率和包衣设备及操作密切相关。在设备无法改变的前提下，如想提高包衣生产效率，则依赖于操作员工对包衣过程中喷枪及包衣参数的调节。

喷枪的位置对于达到较好的包衣效率尤其重要，特别是使用多把喷枪的包衣系统时，要随时注意包衣过程片床高度的变化（一般随着包衣的进行，片床高度会不断下降至一个稳定的高度），随之调整喷枪与片床之间的距离，防止喷枪距离片床表面太近或太远。

为了提高包衣生产操作的效率，必须在包衣喷液量与干燥的三个参数（进风温度、进风量和出风量）之间建立良好的平衡。较好的平衡点可由片床温度或出风温度来表示，然后用调整喷液量与三个干燥参数的方法来保持这个平衡。

4.8.3.3 包衣设备

包衣常用设备依据包衣机的主机类型可分为：传统包衣锅、高效包衣机、顶喷 / 侧喷 / 底喷的流化床、离心制粒包衣机等。

4.8.3.3.1 传统包衣锅

传统包衣锅起初是为包糖衣设计的，为适应薄膜包衣应用。在传统包衣锅的基础上进行简单的改良，如在锅壁上增加挡板、锅内安装进风管和排风管等。锅轴与水平面的夹角为30°~50°，在适宜转速下，使物料既能随锅的转动方向滚动，又能沿轴的方向运动，作均匀而有效的翻转，以实现薄膜包衣工艺。图4-73是改良的传统包衣锅。

图4-73　改良的传统包衣锅

大幅度的传统包衣锅改良是在物料层内插进喷头和进气管入口，称埋管包衣锅。这种包衣方法使包衣液的喷雾在物料层内进行，热气通过物料层，不仅能防止喷液的飞扬和损失，而且可加快物料的运动速度，但干燥速度受溶剂挥发能力影响，水性薄膜包衣配方使用受限。

由于传统包衣锅内空气流动方向有局限，热交换效率低，干燥效率低下，气路不能密闭，有机溶剂污染环境等众多不利因素影响其广泛应用，不适合工业化大生产。实验室进行少量片芯包衣时，仍可使用。

4.8.3.3.2 高效包衣机

高效包衣机目前应用最广泛，按生产能力分生产型与实验型两种。最新实验型高效包衣机，通过安装不同尺寸的可替换锅体，已实现在同一台主机上可包衣0.5~15kg的生产能力，大大提高包衣机应用于研究的实用性。常见生产型高效包衣机的生产能力有每锅75kg、150kg、350kg、700kg等规格，最新生产型包衣机已实现连续包衣，生产能力可达每小时800~2000kg。

高效包衣机的配置有主机、高效过滤热风机、除尘排风机、压缩空气雾化系统、微处理器可编程控制系统等部件组成。如图4-74、图4-75所示，需要一系列的加热进风、排风空气处理，尾气中粉尘收集处理，以及其他相关的辅助设备才能实施薄膜包衣工艺。

根据锅体结构的不同，高效包衣机可分为无孔包衣机和有孔包衣机，无孔包衣机和有孔包衣机实际上都有打孔，这些孔主要是用于空气交换以实现干燥效果，只是打孔的位置不同。无孔包衣机的气孔一般位于进/排风浆叶，有孔包衣机的气孔一般位于锅壁。有孔包衣机又名侧排风型有孔包衣机，按照锅内壁上打孔的比例分为全打孔和部分打孔包衣机。

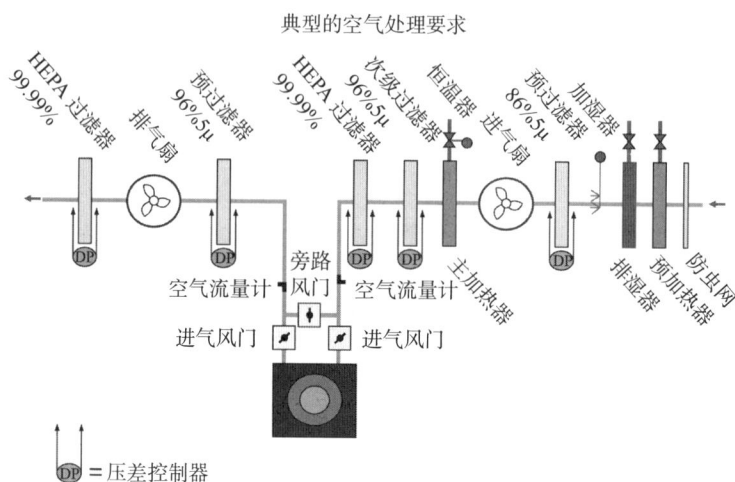

图 4-74 高效包衣机进风、排风系统

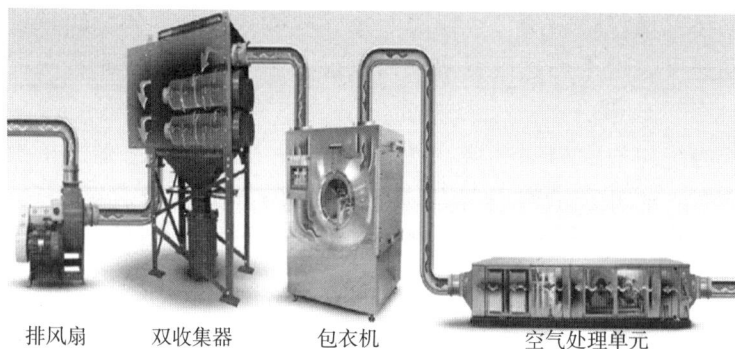

图 4-75 高效包衣机进风、排风及粉尘处理系统

高效包衣机主要优点是包衣工艺过程在密闭的包衣腔内进行，符合 GMP 要求，实现高效的热交换和干燥效率，可适应各种不同的制药工艺需要。

A. 无孔包衣机 主要用于片剂、微型片的薄膜包衣、糖包衣、微丸上药及包衣。主要特点是空气流量较低，工艺过程偏慢，但能量利用率高。由于包衣锅壁无孔，尤其适合糖包衣和微丸包衣。糖包衣的工作原理基本上与传统包衣锅相似。图 4-76 为无孔包衣机主机结构图。

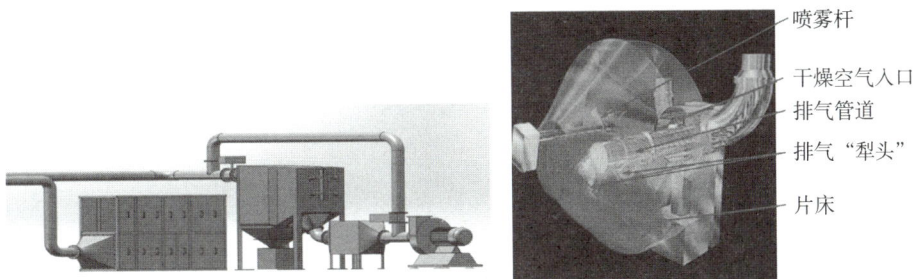

喷雾杆
干燥空气入口
排气管道
排气"犁头"
片床

图4-76 无孔包衣机主机、进风、排风系统内部结构示意图

一般片剂包衣时，干燥空气进风是从锅壁后背中心位置进入，保证了所有的气体经过片床，然后通过两个浸入到片床内部的排风桨叶"犁头"上的孔排出，锅体内呈负压状态，避免了涡流和气流紊乱。而且这两个浸入到片、丸床内部的排风桨叶还可以作为挡板使用，起到搅拌混合的效果。但锅壁无孔且排风口浸入片床的设计，致使包衣腔内的粉尘不易排出而容易黏附到片剂表面，造成薄膜衣片外观不佳。当微丸包衣时，可以改变风向，即将主机外部的进风管和排风管的软接头互换位置后使用，进风就换成是从"犁头"进入，排风换成锅壁后背中心位置，互换进风、排风方向后，可以避免前种气流方式下微丸可能吸附在"犁头"的气孔上的情况，同时也提高了混合效果。根据锅内载料量可选择不同尺寸的桨叶，一方面保证运动中的片床能完全覆盖住桨叶上全部气孔，另一方面保证灵活度。桨叶上打孔的数量和形状可根据需要订制或改制。

B. 全打孔包衣机 在包衣机整体锅壁上打孔以圆形冲孔为主，其具有制备简易、抗压性强、通风效率最佳，容易清洗等优点。也有其他形状，如长圆孔、长方形。圆形冲孔开孔率一般低于40%。

圆形冲孔在板材上通常有直排和错排两种排列方法，错排具有较高的开孔率，并能保证冲孔板各方向强度一致（图4-77）。

工作原理如图4-78所示，最具代表性的全

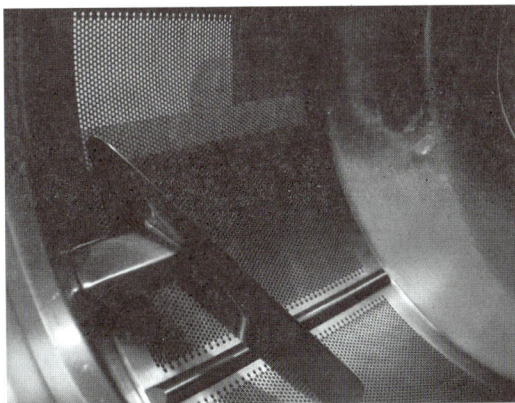

图4-77 全打孔包衣机的打孔部位

打孔高效包衣机一般为侧通风型，锅内的片芯随锅体转筒运动被带动上升到一定高度后由于重力作用在物料层斜面上形成连续瀑流而滑下，喷枪安装于片床斜面上部约1/3处，喷枪与片床保持一定距离，使

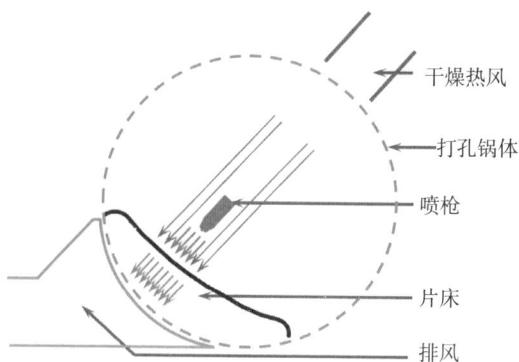

图4-78 全打孔侧排风高效包衣机主机原理示意图

到达片芯表面的包衣液雾滴均匀细小。空气流动的方向与喷雾的方向基本上一致。干燥热风通过打孔的不锈钢锅体，穿透片床与片芯进行充分热交换，锅体内保持负压状态，热交换后的尾气和包衣液溶剂从片芯底部排出，提高衣膜的干燥效率。锅体内壁上装有各种类型的挡板，协助带动片芯向上运动，提高了混合效率及包衣膜的均匀性。全打孔包衣机具有以下特点。

- 空气流量高，工艺过程快；机电一体化控制系统；适用于片剂、微丸的薄膜包衣和糖衣。
- 片芯运动不依赖空气流的运动，因而适合于片剂和较大颗粒的包衣。
- 片芯的运动比较稳定，适合易磨损的的片芯。
- 装置可密闭，洁净、安全、可靠。
- 缺点：能耗较大，片型不合适的片芯衣易粘连。

C. 部分打孔包衣机 与全打孔方式比较，部分打孔包衣机打孔的分布区域不同，非整体锅壁打孔（图4-79），所以称为部分打孔。主要特点：同全打孔包衣机相似，空气流量高，工艺过程快；机电一体化控制系统；适用于片剂、微丸的薄膜包衣。

图4-79 部分打孔包衣机的打孔部位

部分打孔包衣机还具有以下特点：

● 控制干燥进风空气和调转气流，对易碎片芯有利。

● 包衣机锅壁的通气孔结构可以根据包衣物形状进行调整。

● 进风和排风的方向可互换；互换后，从锅底部进风，对包衣产品处理比较柔和。

● 可以应用于上药，提高上药得率，还用于后期抛光。

● 缺点：锅壁部分的排气管道清洁有困难。

部分打孔包衣工作原理与全打孔包衣机基本相似，这种部分打孔的设计确保进入锅所有的进风空气是有益的用于干燥包衣液，但空气流动顺畅度不足（图4-80）。

D. 连续包衣机 连续包衣机的工作原理：采用延长的小直径包衣筒，增加喷枪数量，使片床深度变浅，产品处于喷雾区的次数增多，包衣液分布更均匀，这样片芯在包衣机内的驻留时间大幅缩短，对片芯的磨损也减少。

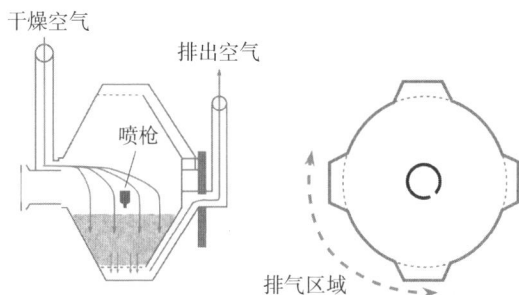

图4-80 部分打孔包衣机主机示意图

包衣转筒内部没有挡板，锅体从进料口到出料口有一个轻微的倾斜度，片芯在包衣转筒内的运动受控于片芯进料速度和出料端的堰板的角度和高度位置（图4-81）。

图4-81 连续包衣机包衣转筒、外形

带有称重功能的皮带饲料机定量输送片芯或软胶囊到包衣机进料口，待定量片芯全部进入包衣筒后，进片暂停，包衣初期，一边恒定速度输入片芯，一边由软件控制喷枪开启，实现全部片芯达到等量包衣增重后开始出片，同时开启进料，由软件控制喷枪开关，进入完全连续包衣模式。输送包衣液的方式也改进由精密的多叶回转泵完成。

 a. 主要优点：与常见的全打孔包衣机比较，连续包衣机实现了连续进料，连续喷雾，连续出包衣片的无间断连贯工艺。空气流量高，工艺过程快，可编程控制系统，适用于片剂、软胶囊、微丸的薄膜包衣。包衣增重不高，一般低于 4%。

 b. 主要缺点：适合生产品种较单一，不适合频繁更换品种，更换品种需要验证大量关键的包衣参数。

4.8.3.3.3 流化床

对于微丸、颗粒、迷你片等多剂量给药系统的制剂，通常采用流化床和离心旋转包衣机进行包衣。

流化床主机装置分为顶喷、底喷和侧喷（切线喷）。如图 4-82、图 4-83 所示，设备外形构造以及操作与流化制粒设备基本相同，微丸的运动主要依靠气流运动。底喷是应用最广泛的流化包衣方式，主要是采用隔离圈、导流筒，如图 4-84 引导微丸运动。

图 4-82　流化床设备主机

A. 顶喷型流化床特点

 ● 微丸作无序自由运动，无法避免微丸粘连。

 ● 包衣液滴的飞行距离长。

 ● 包衣液蒸发快，衣膜不完整。

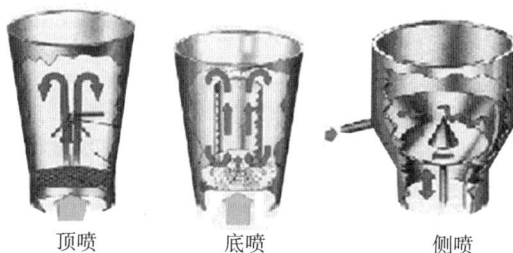

顶喷　　　底喷　　　侧喷

图 4-83　流化床工作原理

 ● 不适合有机溶液包衣和肠溶、控释等包衣。

 ● 可用低黏度的乳液或水溶液包衣，及着色、掩味等目的的包衣。

B. 底喷型流化床特点

 ● 喷嘴在流化床底部空气分配板中央。

 ● 微丸通过气流的作用在乌斯特柱内与扩展腔之间作定向回路运动。

- 包衣液液滴的飞行距离短，包衣液蒸发少。
- 衣膜连续而完整。
- 适合水性、有机溶液包衣，及肠溶、控释等包衣。

C. 侧喷型流化床特点

- 可用于高剂量微丸的药粉涂裹。
- 微丸作螺旋状圆周运动。
- 喷雾在微丸运动的切线方向，喷雾方向与微丸运动方向一致。
- 包衣液液滴的飞行距离短，包衣液蒸发少。
- 衣膜连续而完整。
- 适合水、有机溶液包衣，肠溶、控释等包衣。

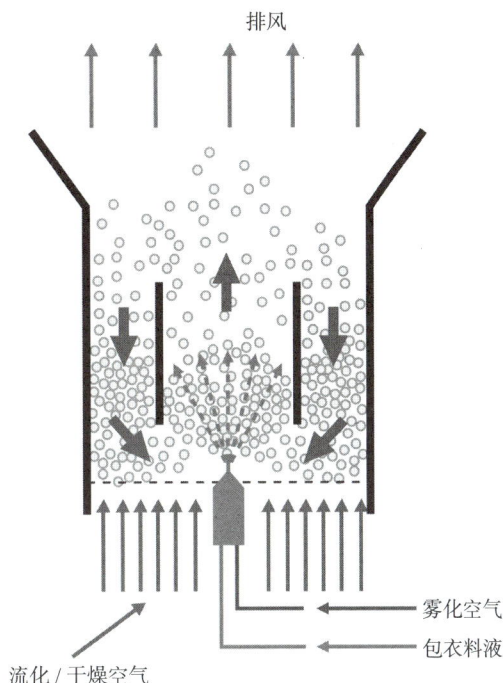

排风

雾化空气

包衣料液

流化／干燥空气

图 4-84　底喷流化床内空气及微丸的运动方向

4.8.3.3.4　离心造粒包衣机

离心造粒包衣机，又称旋转包衣机，是在离心造粒机的基础上发展起来的包衣装置（图 4-85）。将微丸加到旋转的圆盘上，圆盘旋转时微丸受离心力与旋转力的作用而在圆盘上做圆周旋转运动，同时受圆盘外缘缝隙中上升气流的作用沿壁面垂直上升，微丸层上部粒子靠重力作用和挡板作用往下滑动进入圆盘中心，落下的颗粒在圆盘中重新受到离心力和旋转力的作用向外侧转动。这样微丸层在旋转过程中形成螺旋样旋涡状环流。喷雾装置安装于微丸层斜面上部，将包衣

图 4-85　离心造粒包衣机

液或黏合剂向微丸层表面定量喷雾，并由自动粉末撒布器撒布主药粉末或辅料粉末，微丸运动实现液体的表面均匀润湿和粉末的表面均匀黏附，从而防止微丸间的粘连，保证多层包衣（图4-86）。离心造粒包衣机主要特点如下。

- 微丸呈螺旋状离心运动。
- 微丸需要一定的质量或密度，才能实现离心运动。
- 从夹缝中提供的进风量很小，排风能力也很小，干燥能力弱。
- 载药量变化范围较大。
- 一台机器即可实现离心造粒制备丸芯，溶液、混悬液或粉末上药，有机溶相或水相多层包衣等完整工序。

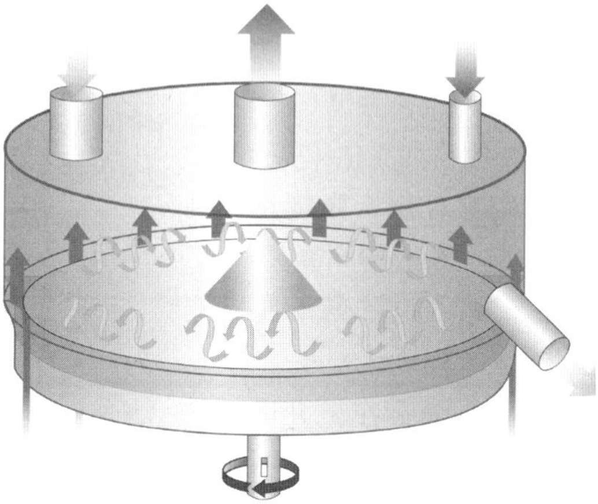

图4-86 离心造粒包衣机原理示意图

4.8.3.4 常见包衣设备的辅助设备

各种类型包衣机的主机不同，则成套体系中的其他硬件装置和软件系统也存在差异。

4.8.3.4.1 进风系统

主要由风机、初效过滤器、中效过滤器、高效过滤器、热交换器等组成，外层需要防虫网。

热交换方式主要有电加热和蒸汽加热两种。加热的空气保证了包衣腔内的干燥，依靠加大进风量和加大进风温度，可以提高干燥效率。进风热量受进风电机功率和加热器面积影响。

4.8.3.4.2 排风系统

主要由排风机、捕尘器、除尘器等装置组成。

排风可以实现包衣腔内外的负压，使包衣材料干燥，同时也将尾气和粉尘及时排出。因为包衣正常运转时，喷枪中有大量的压缩空气进入到包衣腔内，因此排风量应高于进风量，才能保持合适的微弱负压。

粉尘捕集装置有很多种，主要有机械除尘、过滤除尘、洗涤除尘、静电除尘等。机械除尘主要是旋风分离器，依靠机械力将尘粒从气流中除去，其结构简单，设备费和运行费均较低，但除尘效率不高。

过滤除尘是目前高效包衣机应用广泛的方式。布袋除尘器是一种干式高效除尘器，利用纤维编织物制作的袋式过滤元件来捕集含尘气体中固体颗粒物的除尘装置。布袋干式除尘装置，适用于捕集细小、干燥、非纤维性粉尘。含尘尾气经过除尘器时，粉尘被捕集在滤袋的外表面，而干净气体通过滤料进入滤袋内部。滤袋内部的笼架用来支撑滤袋，防止滤袋塌陷，同时它有助于尘饼的清除和重新分布。按照清灰方式不同分为脉冲式除尘滤袋、振打式除尘布袋、反吹式除尘布袋。

洗涤除尘，通常又称为水幕除尘，使含尘气体经过水幕或进入一定容积的水体，使粉尘滞留或溶解在水中，而达到清洁尾气的功能。

4.8.3.4.3 配液装置

一般根据片芯重量、包衣理论增重、包衣液固含量等计算出所需溶剂重量，选择体积比溶剂体积大得多的容器，防止配液时体积增加可能导致的液体溢出。推荐选择标准是：溶剂在容器中的液面高度与容器的底直径相等或接近，搅拌桨的直径小于容器底直径的 1/3。搅拌桨选择具有剪切力的不锈钢材质的固定桨，以三叶或两叶片为宜。

先将定量的纯水或乙醇等溶剂置于合适容积的容器中，开启搅拌桨使液体产生以桨为中心的旋涡，将薄膜包衣预混剂快速均匀地加入到液体流动速度较快的部位，加料结束后保持搅拌 45 分钟后备用。搅拌桨有电动和气动两种方式。

4.8.3.4.4 送液装置

配置好的包衣液输送通常靠蠕动泵的驱动完成，该装置由三个部分组成：驱动器、泵头、泵管（图 4-87）。蠕动泵通过对泵的弹性输送软管交替进行挤压和释放来泵送流体。可蠕动泵在两个转辊子之间的一段泵管形成脉冲流体。脉冲体积取决于泵管的内径和转子的几何特征。流量取决于泵头的转速与软管受转子挤压的尺寸体积。

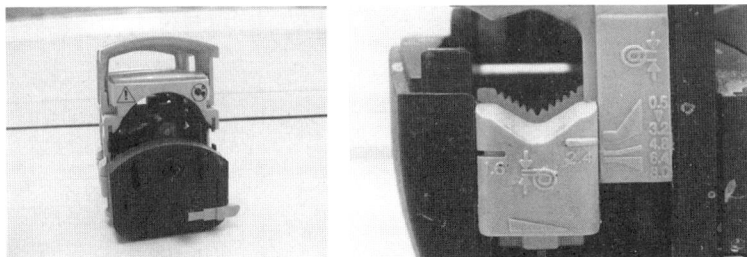

图 4-87　蠕动泵泵头正面、侧面图

蠕动泵采用微电机及减速器，无级调速，调速线性好且稳定，安装拆卸快捷，清洗简便，一般一个泵头对应一把喷枪，可保证每把喷枪流量一致从

179

而保证包衣层的一致。

4.8.3.4.5 导流板或挡板

挡板形状有筒式、兔耳式、犁头式、鲨鳍式等。不同形状的挡板对药片所起的混合作用不同，其中筒式挡板的混合效果较好较快，但对片芯的破坏力也最大。鲨鳍式挡板对药片所起的保护作用较好，但其混合效果较差。

上述形状挡板在包衣锅壁上呈间断式排布，挡板间存在空白区不利于药片混合，有包衣机厂家将两片长条挡板设计成一高一低以双螺旋形式环列于锅内壁上的方式，使锅内药片实现三维层流运动，保证药片有良好的混合效果，同时带弧度的导流挡板对药片处理平和（图4-88）。

不同形状的片芯结合已选定的挡板，可以调整包衣机滚筒转速来实现良好的混合和保护作用。

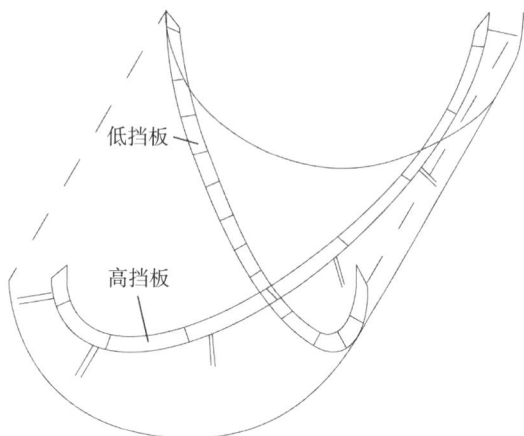

图4-88 双螺旋导流板简图

4.8.3.4.6 进出料装置

进料装置一般与提升机联用，出料装置一般是固定挂件，在包衣结束后，停机，将挂件固定到包衣机上，开启低转速，包衣片被挡板提升到一定高度后因重力作用掉入出料斗，从而实现包衣片的出料过程（图4-89）。带螺旋导流板的包衣锅可通过"锅体反转"的操作将包衣片以螺旋传送的方式倒出包衣锅，无需安装出料斗，且速度较快。

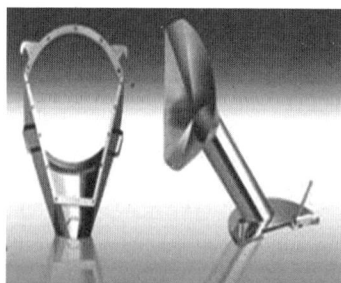

进料及提升机   出料器

图4-89 进出粒装置

4.8.3.4.7 关键配件

A. 喷枪 现多用气喷枪，气喷枪由二通路、三通路、四通路压缩空气控制，常用喷枪一般采用独立的三通路压缩空气控制，如图 4-90 所示，工作空气控制枪的开关，可调雾化空气控制包衣液的雾化程度，可调支路雾化空气控制雾化扇形宽度的大小，通过合理的调节三路气的大小使各种包衣液达到理想的雾化效果及扇形，以实现优化的包衣效果。喷枪一般配备 3 种不同孔径的喷嘴（直径 0.8mm/1.0mm/1.2mm）以适应不同组分的包衣液和不同大小的流量。

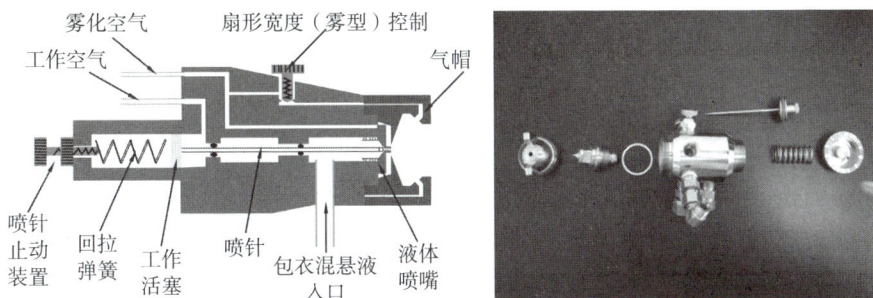

图 4-90　典型的三通气型喷枪结构示意

喷枪距离片床一般设定为 25~30cm，主要是根据包衣液的性质和流量来调整。一般水相包衣液枪距远；有机相包衣液枪距近。

B. 电气控制系统　可编程逻辑控制器（PLC），又称为可编程控制器件。它采用一类可编程的存储器，用于其内部存储程序，执行逻辑运算、顺序控制、定时、计数与算术操作等面向用户的指令，并通过数字或模拟式输入 / 输出控制各种类型的机械或生产过程。

C. 隔离圈、空气分配板等　隔离圈、空气分配板等主要是应用于流化床的专用关键配件。

4.8.4　包衣的检测及风险识别控制

4.8.4.1　包衣质量的检测方法

包衣的目的在于增加药物的稳定性、改善药物的外观质量、掩盖药物的不良嗅味、隔离药物的配伍禁忌、改变药物的释放部位及速度等。包衣的质量直接影响药物的药效和用药安全，因此在药物包衣完成后，应对药物的质量进行检查，经检查合格后方可提供临床使用。包衣质量的检查关注点主要包括外观、硬度、重量差异、崩解时限、溶出度与释放度等方面，具体的检测方法可参见现行版《中国药典》制剂通则相应片剂项下有关规定。

4.8.4.2　包衣过程风险识别控制

在生产过程中，由于不同药物的包衣要求不尽相同，所采用的包衣方法和包衣设备也不相同。下面针对常用的几种包衣设备，按照危害分析和关键控制点进行风险分析。

A. 传统包衣机　如表 4-19 所示。

表 4-19　传统包衣机的风险分析对照表

关键控制点	危害	关键控制限度	风险监控	纠错行动	记录
片芯质量	包衣片破裂、边缘磨损	确认片芯完好、规定片芯硬度、规定片芯脆碎度	记录片芯完好程度、记录片芯硬度和脆碎度并确认片芯硬度和脆碎度符合要求	片芯硬度和脆碎度控制	每批记录
包衣液配制	释放度改变、包衣片表面细度不均、色差、衣膜剥落	规定溶解温度范围、搅拌时间范围、过滤筛网目数	记录溶解温度、搅拌时间、过滤筛网目数，并确认溶解温度、搅拌时间、过滤筛网目数符合要求	控制溶解温度、搅拌时间，按要求选择过滤筛网	每批记录
包衣液存放条件	释放度改变	规定存放时间和存放温度范围	记录存放时间和存放温度并确认存放时间和存放温度符合要求	控制存放时间和存放温度	每批记录
装载量	释放度改变、边缘磨损、色差	规定装载量范围	记录装载量，确认装载量在要求范围内	在规定范围内装载物料	每批记录
包衣液搅拌	释放度改变、片面针孔	规定搅拌速度	记录搅拌速度，确认搅拌速度符合要求	控制搅拌速度	每批记录
喷枪	释放度改变、局部过湿、表面细度不均、色差	规定喷枪类型、数量、喷射距离和角度	记录喷枪类型、数量、喷射距离和角度，确认喷枪类型、数量、喷射距离和角度符合要求	调整喷枪类型、数量、喷射距离和角度	每批记录
包衣时间	释放度改变、粘片	规定包衣时间	记录包衣时间，确认包衣时间符合要求	控制包衣时间，基于包衣片检测结果调整包衣时间	每批记录
风量和温度	释放度改变、粘片、起泡、表面细度不均、色差、衣膜裂纹、桔皮	规定进风量、进出风温度、片床温度范围	记录进风量、进出风温度、片床温度，确认进风量、锅内负压、进出风温度、片床温度符合要求	控制进风量、进出风温度、片床温度	每批定时记录
喷液	释放度改变、粘片、起泡、麻面、桔皮、孪生片	规定喷液速度、片芯增重范围	记录喷液速度、片芯增重，确认喷液速度和片芯增重符合要求	控制喷液速度和片芯增重	每批记录
雾化压力	片面桔皮、孪生片	规定雾化压力范围	记录雾化压力，确认雾化压力符合要求	控制并调整雾化压力	每批定时记录

关键控制点	危害	关键控制限度	风险监控	纠错行动	记录
锅体转速	粘片、边缘磨损、衣膜裂纹、剥落、孪生片、色差	规定锅体转速范围	记录锅体转速，确认锅体转速符合要求	控制并调整锅体转速	每批记录
锅体倾斜角度	色差、花斑、片剂表面包衣不完全	固定锅体倾斜角度范围	记录锅体倾斜角度，确认锅体倾斜角度符合要求	控制并调整锅体倾斜角度	每批记录

B. 高效包衣机　如表 4-20 所示。

表 4-20　高效包衣机的风险分析对照表

关键控制点	危害	关键控制限度	风险监控	纠错行动	记录
片芯质量	包衣片破裂、边缘磨损	确认片芯完好、规定片芯硬度、规定片芯脆碎度	记录片芯完好程度、记录片芯硬度和脆碎度并确认片芯硬度和脆碎度符合要求	片芯硬度和脆碎度控制	每批记录
包衣液配制	释放度改变、包衣片表面细度不均、色差、衣膜剥落	规定溶解温度范围、搅拌时间范围、过滤筛网目数	记录溶解温度、搅拌时间、过滤筛网目数，并确认溶解温度、搅拌时间、过滤筛网目数符合要求	控制溶解温度、搅拌时间，按要求选择过滤筛网	每批记录
包衣液存放条件	释放度改变	规定存放时间和存放温度范围	记录存放时间和存放温度并确认存放时间和存放温度符合要求	控制存放时间和存放温度	每批记录
装载量	释放度改变、边缘磨损、色差	规定装载量范围	记录装载量，确认装载量在要求范围内	在规定范围内装载物料	每批记录
包衣液搅拌	释放度改变、片面针孔	规定搅拌速度	记录搅拌速度，确认搅拌速度符合要求	控制搅拌速度	每批记录
喷枪	释放度改变、局部过湿、表面细度不均、色差	规定喷枪类型、数量、喷射距离和角度	记录喷枪类型、数量、喷射距离和角度，确认喷枪类型、数量、喷射距离和角度符合要求	调整喷枪类型、数量、喷射距离和角度	每批记录
包衣时间	释放度改变、粘片	规定包衣时间	记录包衣时间，确认包衣时间符合要求	控制包衣时间，基于包衣片检测结果调整包衣时间	每批记录
风量和温度	释放度改变、粘片、起泡、表面细度不均、色差、衣膜裂纹、桔皮	规定进风量、锅内负压、进出风温度、片床温度范围	记录进风量、锅内负压、进出风温度、片床温度，确认进风量、锅内负压、进出风温度、片床温度符合要求	控制进风量、锅内负压、进出风温度、片床温度	每批定时记录

关键控制点	危害	关键控制限度	风险监控	纠错行动	记录
喷液	释放度改变、粘片、起泡、麻面、桔皮、孪生片	规定喷液速度、片芯增重范围	记录喷液速度、片芯增重，确认喷液速度和片芯增重符合要求	控制喷液速度和片芯增重	每批记录
雾化压力	片面桔皮、孪生片	规定雾化压力范围	记录雾化压力，确认雾化压力符合要求	控制并调整雾化压力	每批定时记录
锅体转速	粘片、边缘磨损、衣膜裂纹、剥落、孪生片、色差	规定锅体转速范围	记录锅体转速，确认锅体转速符合要求	控制并调整锅体转速	每批记录

C. 流化床　如表 4-21 所示。

表 4-21　流化床的风险分析对照表

关键控制点	危害	关键控制限度	风险监控	纠错行动	记录
物料性质	静电、物料流动不畅	物料湿度	记录物料湿度并确认物料湿度符合要求	控制并调整物料湿度	每批记录
装载量	物料流动不畅	规定装载量范围	记录装载量，确认装载量在要求范围内	在规定范围内装载物料	每批记录
喷枪	物料黏附导流筒内壁、孪生片	规定喷枪喷射距离和角度	记录喷枪喷射距离和角度，确认喷枪喷射距离和角度符合要求	调整喷枪喷射距离和角度	每批记录
进风量	物料流动不畅、粘连、细粉多、物料磨损、塌床、干燥效率、包衣均匀性	规定进风量范围	记录进风量，确认进风量符合要求	控制并调整进风量	每批定时记录
进风温度	衣膜表面过湿、衣膜表面裂纹、静电	规定进风温度范围	记录进风温度，确认进风温度符合要求	控制并调整进风温度	每批定时记录
进风湿度	静电	规定进风湿度范围	记录进风湿度，确认进风湿度符合要求	控制并调整进风湿度	每批定时记录
喷液速度	物料粘连、黏附导流筒内壁、物料流动不畅、静电	规定喷液速度	记录喷液速度，确认喷液速度符合要求	控制并调整喷液速度	每批记录
雾化压力	物料粘连、黏附导流筒内壁、影响收率	规定雾化压力范围	记录雾化压力，确认雾化压力符合要求	控制并调整雾化压力	每批定时记录

4.8.4.3 工艺设备与质量风险控制

4.8.4.3.1 关键质量属性（CQA）

外观、包衣增重、水分、溶出度 / 崩解度、释放度。

4.8.4.3.2 关键工艺参数（CPP）

A. 预加热　片床温度、锅内负压、进风温度、排风温度、锅体转速、加热时间。

B. 喷液　进风温度、进风量、浆液温度、雾化压力、雾化角度、喷液流量、片床温度、锅体转速。

C. 干燥　进风温度、锅内负压、片床温度、排风温度、锅体转速、干燥时间。

D. 冷却　进风温度、锅内负压、片床温度、排风温度、锅体转速。

4.8.4.3.3 质量关键方面风险控制点

包衣液浆配制搅拌速度。喷枪位置、喷液速度、喷液角度、液滴大小、喷枪到片床的距离。进风温度、风量，风压。排风风量、风压。片床温度。锅内压差。锅体转速。出料方式应彻底无残留产品。洁净压缩空气质量。与物料接触部位及进排风系统易清洁，清洁用水排放要有空气隔断装置。

4.8.4.3.4 可能存在的质量风险

A. 包衣溶液的制备　包衣材料的浓度会影响包衣的效率。包衣溶液的黏度会影响喷雾操作和结果。黏度太高容易有气泡，气泡和难溶的辅料颗粒会影响包衣后的外观。

B. 喷雾前片剂的温度和水分含量会影响到包衣重量的准确控制。素片的性能，如孔隙度、硬度和含水量都和包衣的质量息息相关。素片太脆，容易造成片剂边缘受损。

C. 素片的物理稳定性　有些片剂有很长的弛豫时间，不适合在压片之后就进行正包衣。

D. 包衣滚筒的装载（即片剂体积与包衣滚筒容积的比值）会影响包衣的质量。

E. 喷雾设备　喷雾枪可能会堵塞或失灵。在某一区涂雾材料太多或太少。枪喷嘴的大小应选择适宜。喷枪喷嘴必须保持清洁和无产品的积累。

F. 包衣喷雾溶液的干燥和包衣喷雾溶液的进料没有达到平衡，使片剂的水分含量有所改变。

G. 喷雾材料没有及时干燥，可能造成孪生片、片剂表面的侵蚀、粘接等。

4.8.4.3.5 如何控制质量风险

A. 注意包衣溶液搅拌的速度和溶液温度。选择有效率的叶轮搅拌机，同时尽量减少引入气泡。建立包衣溶液的贮存时间和条件，避免包衣材料的沉淀和微生物的生长。

包衣溶液的黏度可以通过使用最优化的包衣浓度和（或）包衣液里聚合物的分子量进行调整，以达到最有效率的包衣。

B. 正确设置温度侦测器的位置，并了解实际侦测到的温度。素片表面温度对涂层是至关重要的。了解初始素片的含水量（LOD），对了解整个包衣过程十分有必要。

素片的孔隙度和表面特性会影响包衣材料与裸片的相互作用。这些特点主要建立在产品开发过程中。片剂制造时冲头使用的压力和冲头表面的特性，只对涂层的结果提供些微的影响。

对于高脆性的素片，应选择合适的包衣机、水平旋转的包衣滚筒的转速和挡板的高度，以尽量减少对素片着陆到滚筒表面的影响。应在开始使用较高的喷雾率来建立一个"保护"层。然后，进气的体积、温度和片剂的温度与含水量也应进行评估，以便能够使用高喷雾率。

C. 对有很长的释放时间的片剂，只有等片剂达到稳定之后才能进行包衣。

D. 如果批量大小不能改变，包衣滚筒转动速度、挡板设计、喷枪设计、喷枪数量和片剂的距离、喷雾速率等参数均可优化以达到良好的包衣效果。

E. 正确组装喷枪 喷枪必须清洗，免于受喷枪的缺陷或异物堵塞，而造成包衣的不顺利。喷枪喷嘴必须保持清洁和无产品积累，在涂层过程中应经常检查喷嘴。喷枪支数、喷枪与喷枪之间相的排列和距离，从喷枪到滚筒最深处的空间，都是重要参数。确定管和喷枪的连接是紧密的。校准喷雾的速率，调整喷枪和片剂床的角度和距离，以达到喷涂前所需的喷雾模式。准确记录设备的装置，可以提高涂层的重现性。

Г. 优化的包衣工艺能使包衣喷雾的干燥率和包衣喷雾的进料率达到平衡，如此可使片剂的水分含量应保持不变。

进气温度会影响包衣的干燥效率（水蒸发）和包衣的均匀性。高进气温度提高了水相包衣工艺的干燥效率，降低了片芯的渗透率，降低了包衣片素片的穿透力、减低包衣膜的强度。过量的空气量和高温度增加了喷雾剂在喷雾过程中过早干燥，进而降低了涂层的效率和包衣片表面的平滑。

G. 降低喷雾速率、增加包衣舱温度或提高包衣滚筒转动速度。

4.8.5 质量评价关键点

增重；溶出度／崩解度；外观。

4.9 胶囊灌装

4.9.1 胶囊剂概述

4.9.1.1 胶囊剂

胶囊剂是指将原料药物或与适宜辅料充填于空心胶囊或密封于软质囊材中制成的固体制剂。胶囊剂具有以下特点。

A. 提高药物的生物利用度　胶囊中的药物是以粉末或颗粒状态直接填装于空胶囊中，空胶囊溶解后药物在胃肠道中迅速分散、溶出和吸收，生物利用度高于丸剂、片剂等剂型。

B. 提高药物的稳定性　药物填装在空胶囊中与外界隔离，避免了水分、空气、光线的影响，对不稳定的药物有一定程度的遮蔽、保护与稳定作用。

C. 药物形态可调适性　药物可以粉末、颗粒的状态，也可以小丸或小片填装于空胶囊中，还可以两种状态的混合形式填装于空胶囊中，以适应临床不同的要求。液态药物或含油量高的药物难以制成片剂、丸剂时可制成胶囊剂。剂量小、难溶于水、在消化道中不易吸收的药物，也可将其溶于适当的油中制成胶囊剂，有利于吸收。

D. 延缓药物释放　药物制成颗粒或小丸后，用不同性质的高分子材料包衣，使之有不同的释放速度，再按不同比例混合装入胶囊壳中，可起到缓释、控释、肠溶等作用。

E. 临床使用顺应性好　药物装于空胶囊内，可以掩盖药物不适宜嗅味，并且外形整洁、美观，于空胶囊上印字或使用不同颜色便于识别，携带、使用方便。

但是，不是所有药物都可制成胶囊剂，不能制备胶囊剂的药物及介质如下。

A. 易溶性药物　如氯化物、溴化物、碘化物等以及小剂量的刺激性药物，这些药物在胃中溶解后可形成局部高浓度，对胃黏膜有刺激性。

B. 易风化药物　药物风化后释出的水分可使胶囊壁变软。

C. 吸湿性药物　吸湿性药物可夺取胶囊壁的水分使其干燥变脆，加入少量惰性油与吸湿性药物混合，可延缓或预防胶囊壁变脆。

D. 水或稀酸作为药物介质　水或稀酸会使明胶胶囊壁溶解。

4.9.1.2 胶囊剂分类

根据胶囊剂的理化特性，胶囊剂可分为硬胶囊、软胶囊（胶丸）、缓释胶囊、控释胶囊和肠溶胶囊，主要供口服用。

A. 硬胶囊剂　指采用适宜的制剂技术，将药物（填充物料）制成粉末、颗粒、小片、小丸、半固体或液体等，充填于空胶囊中制成的胶囊剂。

B. 软胶囊剂　指将液体药物直接包封，或将药物与适宜辅料制成溶液、混悬液、半固体或固体，密封于软质囊材中制成的胶囊剂。可用滴制法或压制法制备。软质囊材是由胶囊用明胶、甘油或其他适宜的药用材料单独或混合制成。

C. 缓释胶囊剂　是指在水中或规定的释放介质中缓慢的非恒速释放药物的胶囊剂。比如将药物制成小丸，然后分别在外面包上溶解速率不同的薄膜，然后按照比例装在空胶囊壳中，在消化道中这些溶解速率不同的薄膜逐渐溶解从而达到缓释效果。缓释制剂可延缓药物在体内的释放、吸收、分布、代谢和排泄过程，以达到延长药物作用的目的。缓释胶囊剂应符合控释制剂的有关要求并应进行释放度检查。

D. 控释胶囊　是指在规定的释放介质中缓慢地恒速释放药物的胶囊剂。控释胶囊剂应符合控释制剂的有关要求并应进行释放度检查。

E. 肠溶胶囊　系指将硬胶囊或软胶囊用适宜的肠溶材料制备而得，或用经肠溶材料包衣的颗粒或小丸填充于空胶囊而制成的胶囊剂。

4.9.2 胶囊灌装方法和设备

4.9.2.1 硬胶囊剂生产制备工艺

硬胶囊剂制作工艺一般分为空心胶囊的制作和填充物料的制作、填充、封口（囊帽套合）、胶囊抛光等工艺过程（图 4-91）；其中以动物组织为原料的空心胶囊应符合国家药品监管机构相关管理要求及现行版《中国药典》空心胶囊的相关质量标准要求。

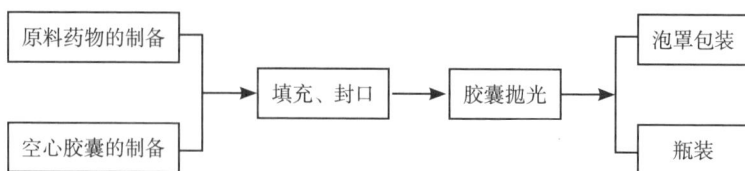

图 4-91　硬胶囊剂的生产制备工艺

4.9.2.1.1 硬胶囊剂用空心胶囊

空心胶囊主要由明胶、增塑剂和水组成，根据需要还可以加入其他成分，如色素、抑菌剂、遮光剂等。明胶是空心胶囊的主要成囊材料，是由猪、牛等动物的骨、皮水解而成。以骨骼为原料制成的骨明胶质地坚硬，性脆且透明度差；以猪皮为原料制成的猪皮明胶可塑性、透明度好。为兼顾囊壳的轻度和塑性，采用骨、皮混合胶较为理想。另外，由于动物明胶胶囊易失水硬化、吸潮软化、遇醛类物质发生交联反应，并对贮存环境的温度、湿度和包装材料的依赖性强。为解决此类问题，出现了采用植物来源的多糖和膳食纤维素等物质制备的植物空心胶囊，如淀粉胶囊、甲基纤维素胶囊、羟丙甲纤维素胶囊等。

空胶囊的质量与规格均有明确规定，空心胶囊共有 8 种规格：000 号、00 号、0 号、1 号、2 号、3 号、4 号、5 号。但常用的为 0~5 号，随着号数由小到大，容积由大到小（表 4-22 ）。

表 4-22　空心胶囊规格和容积

空心胶囊号数	0	1	2	3	4	5
容积（ml）	4.65	4.45	4.30	4.20	4.25	4.15

空心胶囊的制备一般由自动化生产线完成，通常采用胶囊膜法，即将不锈钢制成的胶囊模浸入胶液中从而形成空心胶囊。空心胶囊的制备工艺条件要求较高，空心胶囊的生产环境洁净度应至少达到 C 级，温度 10~25℃，相对湿度 35%~45%。为便于识别，空心胶囊还可用食用油墨印字。

对于空心胶囊的选择，则应根据药物的填充量选择空心胶囊的规格。首先按药物的规定剂量所占的容积来选择最小的空心胶囊，可根据经验试装后决定。还有常用方法是先测定待填充物料的堆密度，然后根据装填剂量计算该物料的容积，以确定应选胶囊的号数。

4.9.2.1.2 硬胶囊剂填充物料的制备以及填充、套合及封口

硬胶囊剂的填充物大概有 3 种，粉末、微丸和片剂。每一种填充物都有特定的生产工艺并必须符合 GMP 的要求。一般来说，如果将纯药物粉碎至适宜的粒度就能满足硬胶囊剂的填充要求，则可以直接填充，但多数药物由于流动性差等方面的原因，均需加一定的稀释剂、润滑剂等辅料。一般可加入蔗糖、乳糖、微晶纤维素、改性淀粉、二氧化硅、硬脂酸镁、滑石粉等改善流动性或避免分层。也可加入辅料制成颗粒后进行填充。

A. 小丸灌装　通常情况下灌装在硬囊壳中的为小丸或球状体。与粉末灌装不同的是，小丸灌装产品是可以随意流动的，无需稠化或填塞，有

潜在小丸断裂或对于肠溶包衣导致包衣破坏的风险。

  B. 片剂灌装 可将普通压好的片子和小型胶囊装填到硬胶囊中。受限于胶囊的直径，内容物的尺寸有一定的限制，测量允差为 ±0.1mm。对于球形内容物，其直径应在 0.4~0.5mm，需要小于装填的胶囊内径。

  C. 多组分灌装 很多装囊机可灌装一种或多种组分到胶囊中。每个组分需要有独立的灌装站。

  硬胶囊剂的填充、囊帽套合及封口有两种方式，手工填充和使用自动硬胶囊填充机进行。将物料装填于空胶囊体后进行套合胶囊帽，目前多使用锁口式胶囊（图 4-92），其密闭性良好，不必封口，而对于装填液体物料的硬胶囊可能需要进行封口。封口材料常使用不同浓度的明胶液，在囊体和囊帽套合处封上一条胶液，烘干即可。

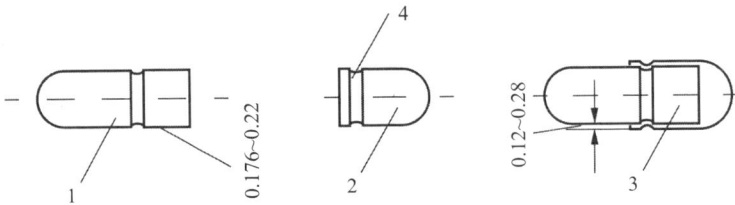

图 4-92 锁口式胶囊

1. 胶囊体；2. 胶囊帽；3. 闭合胶囊；4. 锁口

4.9.2.1.3 包装与储存

  包装材料与储存环境如湿度、温度和贮藏时间对胶囊剂的质量都有明显的影响。一般来说，高温、高湿（相对湿度＞60%）对胶囊剂可产生不良的影响，不仅会使胶囊吸湿、软化、变黏、膨胀、内容物结团，而且会造成微生物滋生。因此，必须选择适当的包装容器与贮藏条件。一般应选用密封性能良好的玻璃容器、透湿系数小的塑料容器和泡罩式包装，在＜25℃、相对湿度＜60% 的干燥阴凉处密闭贮藏。

4.9.2.2 软胶囊剂生产制备工艺（图 4-93）

4.9.2.2.1 化胶

  A. 概述 以动物组织为原料制备的囊壳的主要成分为胶料、增塑剂、附加剂和水等四大类。最常用的胶料是明胶。目前，有许多天然、半合成及合成物质被用来代替明胶制备软胶囊的囊壳，其中有天然的树胶或聚合物（阿拉伯树胶、黄蓍胶、琼脂等）、半合成的树胶或聚合物及合成的树脂或聚合物（聚甲基丙烯酸树脂、PVP、泊洛沙姆等）。增塑剂一般为甘油、山梨醇、丙二醇中的一种或几种的混合物。附加剂主要包括着色剂、遮光剂、矫味剂（香料等）和抑菌剂等。软胶囊的弹性大小取决于囊壳中干明胶、增塑剂及水三者之间的重量比。而明胶与增塑剂的重量比决定软囊壳的硬度。若软胶囊壳过软，胶囊就容易粘连在一起，并在软胶囊表面形成污斑。通常较适宜的重量比为增塑剂∶干明胶 = 0.4~0.8∶1.0，而水与干明胶之比为 0.8~1.3∶1.0。囊壳处方中各种物料的配比是根据药物的性质和要求来确定的，在选择增塑剂时亦应考虑药物本身的性质。

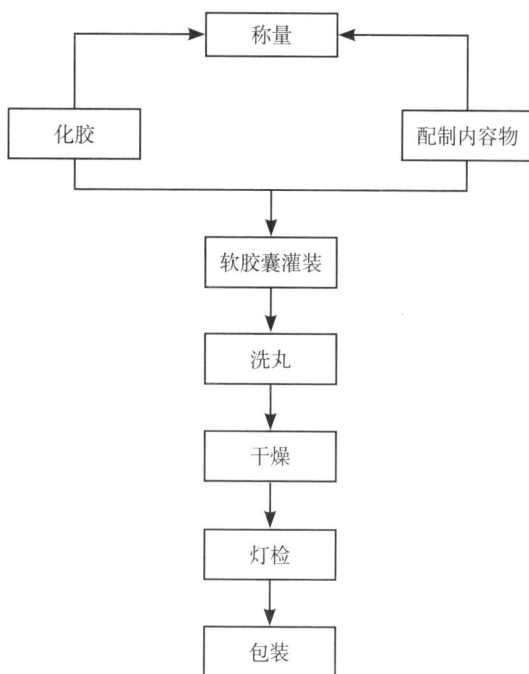

图 4-93　胶囊剂生产工艺流程图

B. 原理　通过真空将纯化水、增塑剂（如甘油、山梨糖醇等）及其他辅料加入密闭罐体内，搅拌混合，加热至一定温度后，通过真空上料将明胶颗粒加入密闭罐体内，搅拌，真空脱泡，使其成为均匀的胶液。整个过程在一密闭容器内进行，操作简单、快速，减少了污染风险。

C. 设备　主要由带有上料、出料开口、高效快速反转搅拌器、在位清洁循环系统的密闭罐体，以及提供辅助动力（包括真空、热水、压缩空气、蒸汽等）的辅助单元两大部分组成，与产品直接接触的部分均为不锈钢材质。

D. 设备关键工艺参数　真空度、脱泡时间、溶胶温度。脱泡时设备内的真空度直接决定了脱泡时间的长短，从而会影响抽出水分的多少，进而影响胶液的黏稠度。溶胶温度则会影响胶液动力，溶胶温度过高会破坏明胶动力，导致明胶动力下降。

4.9.2.2.2 内容物配制

A. 内容物性质概述　软胶囊剂中可以填充各种油类或对明胶无溶解作用的液体药物或混悬液，以及具有一定流动性的膏剂。填充的药液可分为药物与水不溶性的植物油、脂肪酸及脂肪酸甘油酯等制成澄明溶液三类。药物与水溶性、不挥发性的液体如聚乙二醇和非离子表面活性剂等制成澄明液体。药物与植物油、植物油加非离子表面活性剂，或聚乙二醇加表面活性剂制成混悬液。

a. 油质药液配方设计：软胶囊油质药液的成分组成为脂溶性药物、油类（植物油或脂肪酸）、助溶剂、表面活性剂、抑菌剂。油质填充药液的物理性质：黏度不能太高，要保证药液在35℃时易于流动（生产时易泵出）；含水量不能过高，最佳为2%~4%；密度，用于脱气控制的指标；pH范围应在2.5~7.5；药物的均匀性。

b. 混悬药液的配方设计：对有些药物可制成混悬剂后再装入软胶囊。混悬液所用液体基质为植物油、脂肪、矿物油、蜡、硅油、乙氧基化的植物油和蜡、非离子表活剂、水溶性糖溶液、聚乙二醇（PEG）、三醋酸甘油酯、醋酸丙烯、具有1~6个碳的脂肪醇、多元醇、PVP溶液和多糖溶液。常用的助悬剂为：可可油、辛酸丙二醇酯、辛酸甘油酯、聚乙二醇400、聚乙二醇600、聚乙二醇3350、聚乙二醇8000、PVP、丙二醇、卡波姆934、氢化棕榈油、氢化蓖麻油、羟甲纤维素、75%麦芽糖浆、聚山梨酯-80、羧甲基纤维素。润湿剂：对于乙二醇和非离子型基质，很少需要加润湿剂，但对植物油基质，不加润湿剂就不能使药物固体完全润湿，油中含2%~3%大豆磷脂是最理想的润湿剂。配方设计时，还应考虑加入混悬稳定剂，以防止混悬固体沉淀并保持其均匀。常用的混悬稳定剂为蜂蜡、固体蜂蜡、混合蜡、单硬脂酸铝、乙基纤维素。对于难溶于水、非常亲油的药物采用油性基质的混悬剂型。检查混悬液的生产适用性。可采用10ml的注射器针筒抽吸一定量的混悬液，针头号相当于混悬液中药物颗粒的2~10倍，在推出混悬液时，观察针头有无堵塞。

c. 配方设计注意事项：通常药物可能吸水，往往会引起软囊壳中水分发生改变，若药物是亲水性的，应使药物水分含量保持在5%。油类一般作为药物的溶媒或混悬液的介质，填充油的软胶囊虽然没有水分，但是湿气或囊壳中的水分可透过囊壁而进入其中。如果药物是亲水性的，亦应保留3%水分。

药液中含水分超过20%或含低分子量与水互相混溶的溶剂如丙二醇、甘油、乙醇、丙酮、胺、酸及酯类等，均能使软胶囊软化或溶解，因此药液若含有大量的以上溶剂时，则不宜制成软胶囊剂。

药液的 pH 值应控制在 2.5~7.5，否则软胶囊在贮存期间可因明胶的酸水解而泄漏。弱碱性可使明胶变性而影响软胶囊的溶解性。

在使用聚乙二醇作为药物溶媒时，由于聚乙二醇吸收软胶囊壳中的水分而使软胶囊变硬。但在聚乙二醇溶液中加入 5%~10% 的甘油或丙二醇可使聚乙二醇对胶囊壳的吸水作用得到改善。

难溶于水的药物用油溶解后，加入表面活性剂制成软胶囊。其中的药物是以分组状态溶于油中，在体内油相因表面活性剂的作用，自发形成乳剂，经淋巴进入血液，不受首过效应的影响，因而产生较高的生物利用度。

药物可做成混悬液后再制成软胶囊，但药物粉末至少过 80 目筛。混悬液的分散介质常用植物油或聚乙二醇 400，还应加入助悬剂。

d. 内容物配制的几种方法

● 药物本身是油类的，只需加入适量抑菌剂，或再添加一定数量的油（或聚乙二醇 400 等），混匀即得。

● 药物若是固态，首先将其粉碎过 100~200 目筛，再与油混合，经胶体磨或研匀，或用低速搅拌加玻璃砂研匀，使药物以极细腻的质点形式均匀悬浮于油中。

B. 配液原理　配液罐对不同的填充物料液进行研磨、均质化、溶解、分散、乳化、加热、冷却和脱气处理。利用高效率射流混合器和锚式搅拌器确保混合均匀。再循环管路系统可以有效粉碎固体物质（如粉末或者蜡状物），增加溶液分散性。可以进行油类 / 油溶液、混合物，含有油类、蜡状助悬剂、乳化剂等辅料的膏剂 / 悬浮液，含有液体聚乙二醇、固体聚乙二醇的料液，以及自乳化填充药料等的制备。

C. 配液设备　具有乳化器的密闭罐体、冷水和热水系统、真空脱气系统和在位清洁系统。有不同的容量，可用于油质液体、混悬液和膏剂的生产（图 4-94）。

D. 设备关键工艺参数　药液均质及混合时间、脱气时间、上料顺序等。

药液制备步骤：使用前用制备药液的油脂漂洗混合罐，然后按生产程序逐步加入油脂、助溶剂和药物，用油脂冲洗药物容器，并将冲洗液加入混合罐，在充氮气条件下不断搅拌，直到药物全部溶解，在负压下过滤充氮气的药液。

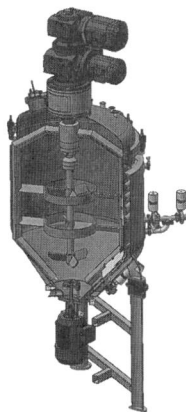

图 4-94　配液罐

a. 填充液的混合时间：药液填充液的混合效率可通过控制混合时间和搅拌速度来达到。混合的标准、液槽的大小、形状和搅拌叶轮的位置均应恒定。

b. 改善抗氧化剂的溶解度：可用 1% 的无水乙醇来溶解醇溶性的抗氧化剂。通常先将所有与醇相溶的物质与乙醇做成预混液，然后将醇预混液与油脂相混。

c. 容器的冲洗：当药物或辅料的量很小时，对容器的冲洗非常重要，至少要用油脂冲洗容器 3 次，以避免药物的损失。

d. 破碎团粒：可用研磨器或匀浆机破碎溶液中的大颗粒，尤其是当制备混悬液和糊剂时，用机械方法可使药物的粒度减少。

e. 脱气：混合药液可用真空脱气，也可将混合药液放置 3~4 天缓慢自动脱气。

4.9.2.3 硬胶囊灌装设备

目前最常用的硬胶囊药品的生产方式都是采用全自动硬胶囊填充机进行，其填充方式大多数以定量填塞式计量盘板为主，其填充量大小由计量盘板的厚度来确定，还与填充物料的松密度有关。

4.9.2.3.1 全自动硬胶囊填充机

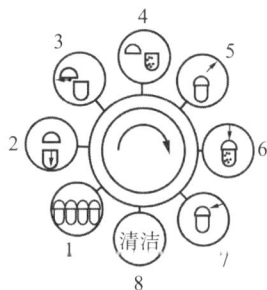

图 4-95 为全自动硬胶囊填充机外观照片及工作工位介绍。

- 排列工位：经过定向排列装置，使胶囊都排列成胶囊帽在上的状态，落入到主工作盘上的囊板孔中。

- 拔囊工位：利用囊板上各孔径的微小差异和真空抽力，使胶囊帽留在上囊板，而胶囊体落入下囊板孔中。

图 4-95　全自动硬胶囊填充机外观照片及工作工位介绍
1. 排列；2. 拔囊；3. 帽体错位；4. 计量填充；5. 剔除废囊；
6. 闭合；8. 清洁

- 帽体错位工位：上囊板连同胶囊帽移开，使胶囊体上口置于计量填充装置的下方，以便于填充药物。

- 计量填充工位：采用插管式或计量盘计量方式将待填充药物填充到下

囊板的胶囊体中。

- 剔除废囊工位：将未拔开的空胶囊由上囊板中剔除，使其不与装药物的胶囊混合。
- 闭合工位：使上下囊板孔轴线对位，利用外加压力将胶囊帽与装药物后的胶囊体闭合。
- 出料工位：将闭合后的胶囊从上下囊板孔中顶出，进入后道工序，如抛光或包装。
- 清洁工位：利用吸尘系统将上下囊板孔中的残余填充物、碎胶囊皮等清除。

4.9.2.3.2 计量填充原理（定量填塞式计量盘板）

图 4-96 中，*a~f* 代表各组冲杆，在冲杆上升后的间歇时间内，药粉盒间歇回转一个角度，故计量模孔中的药粉就会依次被各组冲杆压实一次，当冲杆自模孔抬起时，粉盒转动，模板上边的药粉会自动将模孔中剩余的空间填满。如此填充一次、压实一次，直到第 *f* 次时，模板下方的托板在此处有一半圆缺口，第 *f* 组冲杆的位置最低，它将模孔中的药粉柱捅出计量盘板，并使其落入刚好停在下边的空胶囊体内，即完成一次填充工作。利用刮粉器与计量模板之间的相对运动，将模板表面上的多余药粉刮除，保证药粉柱的计量要求。为满足不同的填充量，可以通过改变定量计量盘板的厚度来实现所需的填充量。计量盘板是胶囊填充机重要的模具及尺寸件之一，其厚度要通过实验室测试并由专业的设备制造商根据填充物的性状和目标装量，通过机械加工而成。

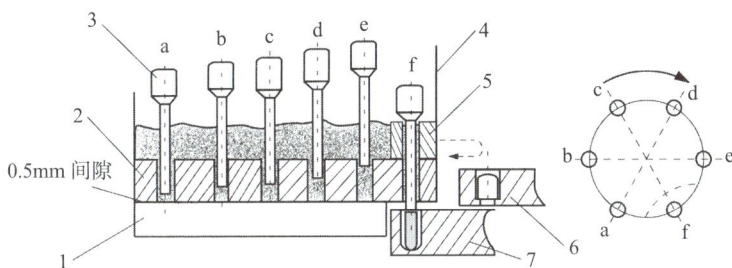

图 4-96　计量盘式填充计量原理

1. 托板；2. 计量模板；3. 冲杆；4. 药粉盒；5. 刮粉器；6. 上囊板；7. 下囊板

4.9.2.3.3 填充过程中产生装量差异的原因分析

在不考虑操作存在异常的情况下，硬胶囊填充过程中出现装量差异过大，可能是由设备、药粉及环境温湿度引起。

A. 设备原因

a. 设备使用时间长，老化及精密部件有磨损，达不到初始阶段的精密水平。

    b. 铜环与计量盘板的间隙调节不适当。

    c. 弓形件（刮粉器）与计量盘板的间隙安装不适当。

    d. 药粉感应器深度调节不适当。

    e. 计量填充杆深度调节不当。

    f. 计量填充杆磨损或填充杆抛光度不好。

    g. 上、下囊板安装不适当。

B. 药粉原因　可能是由药粉流动性差、水分偏高、黏性或油性过大、吸湿性强，以及药粉太粗或细粉太多、热稳定性差造成。

C. 环境温湿度原因　可由于温度过高或湿度过高引起装量差异过大。

针对以上因素进行调试并逐项排除，一般调试顺序如下。

A. 确保环境温湿度　通过读取操作间温湿度计数值确保温湿度达到规定要求。如未达到要求，可通过空调系统及除湿机进行调整。生产过程应规定确认环境温湿度的时间，确保不会因温湿度突然异常而引起装量不稳定。

B. 确保设备各部件安装及各工位调节符合要求。

    a. 设备老化磨损引起的精密度问题暂时不在调试的范围内。如是填充杆内的弹簧老化损伤可进行更换。

    b. 铜环与计量盘板的间隙的调试：间隙过小易引起铜环与计量盘板摩擦造成损坏，间隙过大除易造成药粉损耗过大外，还有可能引起药粉漏出囊模孔导致装量差异甚至装量不合格。两者之间的间隙通过药粉的粗细进行调节，一般间隙调为 0.03~0.08mm。

    c. 弓形件（刮粉器）与计量盘板的间隙安装不适当：弓形件的作用是将 0（6）号工位的粉柱刮平，一般要求粉柱高 0.04~0.1mm，过高易引起装量不稳定（计量盘板在转动的过程中会把高出的粉柱甩掉而造成粉柱不平）。

    d. 药粉感应器深度不适当：感应器太深会引起药粉太薄不均匀，感应器太浅药粉太厚不利填充从而引起装量不稳定。

    e. 填充杆深度调节不当：一般由 1 号工位到 5 号工位填充杆按阶梯式调节，如 50%、30%、20%、10%、1% 或压力按 2 的倍数进行递减，调节过程中可让 1~2 根填充杆不起作用，当所有工位调节好后，进行装量调节时一般不调 1 号杆及 5 号杆。0（6）号工位填充杆深度太浅，则无法完全将囊模孔内的药粉压进胶囊内从而引起装量差异，太深则冲模无法伸出囊模孔造成冲模与计量盘板撞车损毁部件。0（6）号工位填充杆下边缘离开下囊模块上边缘0.1mm左右回转盘开始转动最为合适。

　　f. 每次填充生产前都应对所有的计量填充杆进行检查，可使用放大镜在一定的光照度下看是否有磨损、磕伤、损坏等；并定期对填充杆头进行适当抛光。

　C. 确认温湿度及设备对装量稳定性无影响后对药粉进行调整。

　　a. 药粉流动性差：除经验判断外，可通过测定药粉的休止角确定药粉流动性。改善流动性可通过适当增加助流剂解决，如硬脂酸镁、微粉硅胶、滑石粉等。

　　b. 水分偏高：需重新干燥，一般来说，药粉的水分最好控制在3%以下。

　　c. 黏性或油性过大：药粉黏性及油性过大会造成粘冲引起装量不稳定，如是水分引起黏性过大可进行干燥，确认不是水分引起则可适当添加辅料，如磷酸氢钙等。以上原因排除后，而黏性依然大，可将填充杆内的弹簧更换为系数更大的弹簧进行填充，看是否能解决装量不稳定的问题。

　　d. 吸湿性强：调整合适的环境温湿度。

　　e. 药粉太粗或细粉太多：选择合适的制粒筛网。

　　f. 热稳定性差：随着填充时间加长设备发热有可能导致药粉粘冲引起装量不稳定。可通过降低设备运转速度，或加装冷却单元。

4.9.2.3.4 全自动硬胶囊智能填充中心

　　全自动硬胶囊智能填充中心，基于模块化智能设计，包括并集成了密闭式待填充物料及空心胶囊自动供应系统、密闭式自动除尘系统、全自动胶囊抛光、金属检测、智能重量在线监测控制系统，以及全自动原位清洗（WIP）功能，最大程度上保证了胶囊产品的GMP生产环境，为生产人员提供了更加洁净健康的工作环境，同时减轻了人工劳动、提高了生产效率（图4-97）。

4.9.2.4 软胶囊剂灌装

4.9.2.4.1 软胶囊灌装概述

　　软胶囊有滴制法和压制法两种制法，压制法又分平模压

图4-97　全自动硬胶囊智能填充中心

197

制和滚模压制两种。

A. 滴制法　将明胶溶液与油状药物通过滴丸机的喷头使夹层内的两种液体按不同速度喷出，外层明胶将一定量的内层油状液包裹后，滴入另一种不相溶的冷却液中（常用液状石蜡），明胶液在冷却液中因表面张力作用而形成球形，并逐渐凝固成软胶囊剂。

a. 原理：将油料加入料斗中，明胶液加入胶液斗中，并保持一定温度。装有软胶囊器中放入冷却液，冷却液必须安全无害，和明胶不相混溶，一般为液体石蜡、植物油、硅油等。根据每一胶丸内含药量多少，调节好出料口和出胶口，胶浆、油料先后以不同的速度从同心管出口滴出，明胶在外层，药液从中心管滴出，明胶浆先滴到液体石蜡上面并展开，油料立即滴在刚刚展开的明胶表面上，由于重力加速度，胶皮继续下降，至胶皮完全封口，油料便被包裹在胶皮里面，再加上表面张力作用，使胶皮成为圆球形，由于温度不断地下降，逐渐凝固成软胶囊，将制得的胶丸在室温（20~30℃）冷风干燥，用石油醚洗涤 2 次，再经95% 乙醇洗涤后于 30~35℃烘干，直至水分合格后为止，即得软胶囊。

制备过程中必须控制药液、明胶和冷却液三者的密度以保证胶囊有一定的沉降速度，同时有足够的时间冷却。滴制法设备简单，投资少，生产过程中几乎不产生废胶（装量调节、速度调节时易产生不合格品），产品成本低。

b. 设备组成：药物调剂供应系统、动态滴制收集系统、循环制冷系统、电气控制系统等。

B. 压制法　是将明胶与甘油、水等溶解后制成胶板（或胶带），再将药物置于两块胶板之间，用钢模压制而成。目前最常用的是自动旋转滚模法压制软胶囊。

a. 原理：胶液分别由软胶囊机两边的胶液展布箱流出并铺到转动的胶液定型冷却转鼓上形成胶带。自动制出的两条胶带，由设备左右两侧分别穿过各自的油辊，然后经胶带传送导杆和传送辊，从主机上部对应送入两平行对应吻合转动的一对圆柱形模辊之间，使两条对合的胶带一部分先受到楔形注液器加热与模压作用而黏合，此时内容物料液泵同步随即将内容物料液定量输出，通过料液管到楔形注液器，经喷射孔喷出，充入两胶带间所形成的由模腔包托着的囊腔内。因模辊不断地转动，使进液完毕后的囊腔旋即模压黏合而完全封闭，形成软胶囊。填充药液和软胶囊模的形成是同时协调进行的。

b. 设备组成：滚模式软胶囊机主要有主机、内容物供应系统、胶液供应系统、胶皮冷却系统、润滑油供应系统、胶囊输送带、定型干燥转笼和电气控制系统等组成，辅助工具有天平、网胶装运及处理用具等，另外配有空调净化系统、压缩空气、冷水、清洁热水等辅助动力（图4-98）。

c. 关键工艺参数：设备转速、模具同步、各温度控制部件的温度（如冷却转鼓的温度、喷体的温度、冷风的温度等）、胶皮厚度、润滑油量、药液泵同步、药液温度等。

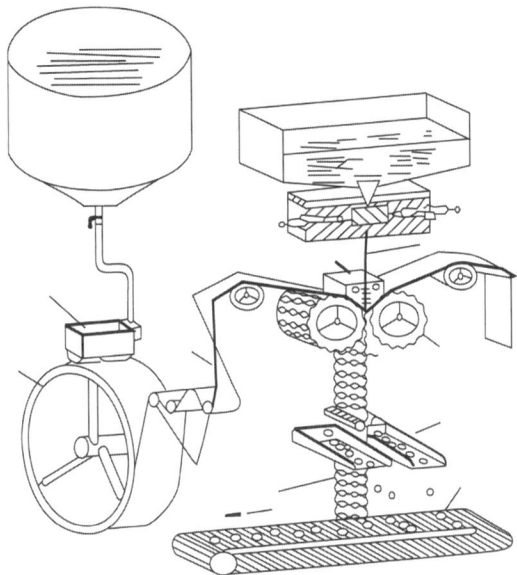

图4-98　滚模式软胶囊机

4.9.2.4.2　洗丸

A. 概述　传统的洗丸方式是通过乙醇、异丙醇等清洗溶剂将胶囊表层的油脂去除，可采用人工或设备进行清洗。

洗丸最原始的方式是放在盆中或类似水斗的洗涤槽内，加入一定量的清洗溶剂，手工反复搅拌若干时间后，捞出软胶囊摊开到晾丸台上，让清洗溶剂彻底挥发干净若干时间后，转入下一工序。

目前比较先进的洗丸方式是采用设备进行清洗，其原理应用主要部件上分滚笼式和履带式，洗涤形式主要分冲淋式和浸泡式，包括超声波技术应用（图4-99）。

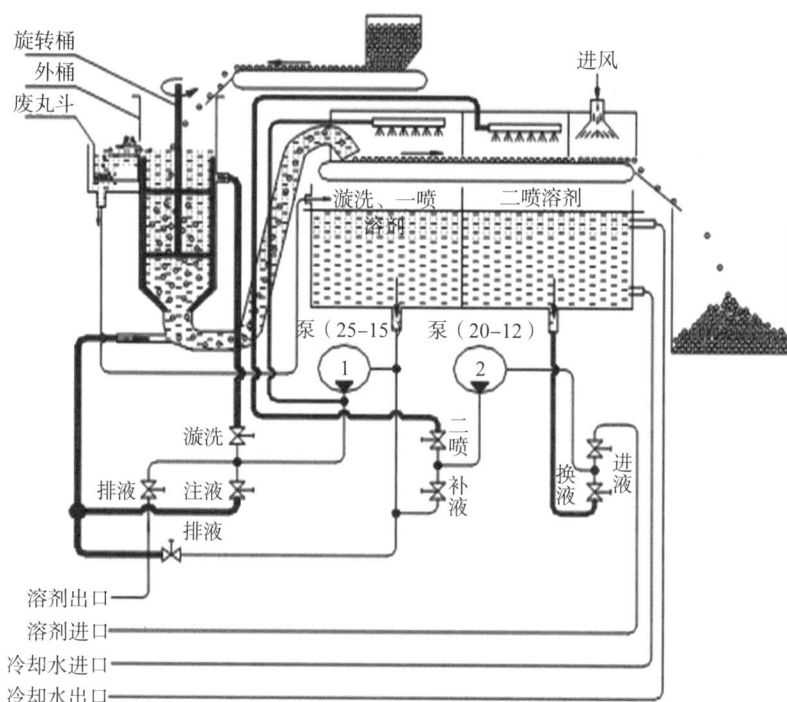

图 4-99 洗丸设备示意图

B. 清洗流程 如图 4-100 所示。

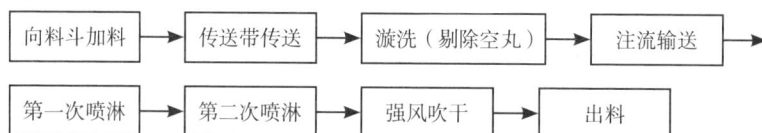

图 4-100 清洗流程图

在现阶段的压丸过程中，由于压丸机的换代升级，压丸过程中使用的润滑油量比之前减少很多（即微油润滑）。在此情况下，在干燥转笼中加入数块丝光毛巾，即可达到传统洗丸方式产生的效果。

4.9.2.4.3 干燥

A. 概述 为了除去胶囊壳中的水分，通常先用一级滚动干燥，该过程要求热空气的湿度要低，干燥时间为 1.5~3 小时。然后将软胶囊铺平放入平盘中，在 21~24℃、20%~30%RH 条件下进行二级干燥。

B. 原理 压制后的胶囊通过传送带送入预干转笼内，通过转笼旋转和风机吹风使胶囊囊壳的水分快速散失达到定型的目的，经预干后的胶囊放在托盘内放于低温低湿环境中进行自然风干。

胶囊过猛干燥反而欲速而不达,甚至对丸形有害,严重的会造成外观质量不合格和崩解度差的后果,因此在预干一定时间后采用自然风干。

C. 设备 将胶囊放于托盘内,然后放于干燥隧道或干燥间内通过空调系统除湿干燥。如图 4-101、图 4-102 所示。

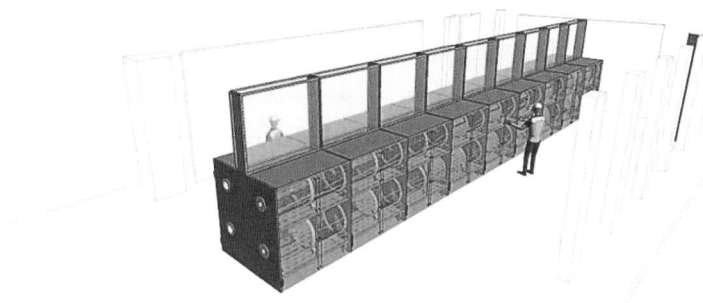

图 4-101 定型及干燥转笼

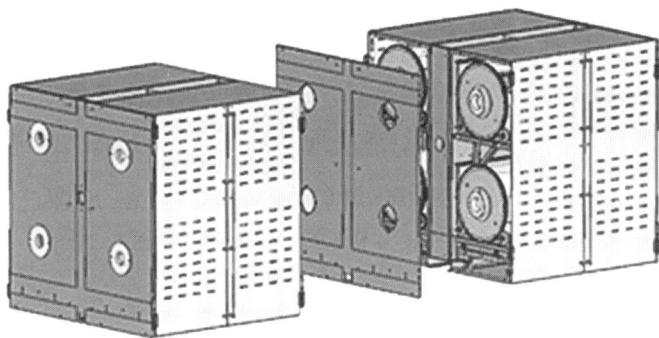

图 4-102 隧道干燥

D. 关键技术参数 胶囊干燥关键在于环境温湿度的控制,因此在生产过程中要严格控制环境的温湿度。通常控制干燥环境温湿度为在 21~24℃及 20%~30%RH。

4.9.2.4.4 灯检

A. 概述 干燥后,应对胶囊进行检查,挑出变形、破裂和粘连的不合格胶囊。首先,在加料斗中加入待拣产品,通过振荡器向直径分拣区加料,在此区域将粘连的软胶囊剔除;接着通过倾角可以调节的胶囊分配单元分别引导软胶囊进入厚度分拣区的转辊轨道,两个转辊轨道之间形成梯形缝隙,由上到下逐渐加宽,利用设定的界定值将该梯形缝隙分为三个区域，然后通过转辊的运转，输送软胶囊分别进入相应的区域。

B. 工作原理　拣丸设备利用振动原理进行分拣。以椭圆形软胶囊中间切面的直径为基准，通过振荡器、分拣孔板和转辊的旋转对产品进行分拣。在分拣转辊之下，是两条材料为聚亚胺酯的出料传送带，这两条传送带反向传送，出口分别装在设备的两侧，以便分拣出的软胶囊按照不同的厚度标准分别进入 3 个相应的接料筐，即偏大的产品、偏小的产品、合格的产品；在分拣转辊单元上方有一个有机玻璃护罩，带有一个安全开关，从而保证操作人员的安全。能够检测并剔除规格和形状不正常的胶囊，如香蕉丸、膨胀丸、破损或畸形胶囊以及其他人工不易发现问题的软胶囊。

C. 设备组成　由控制面板、直径分拣单元、厚度分拣组件、震荡料斗组成（图 4-103）。

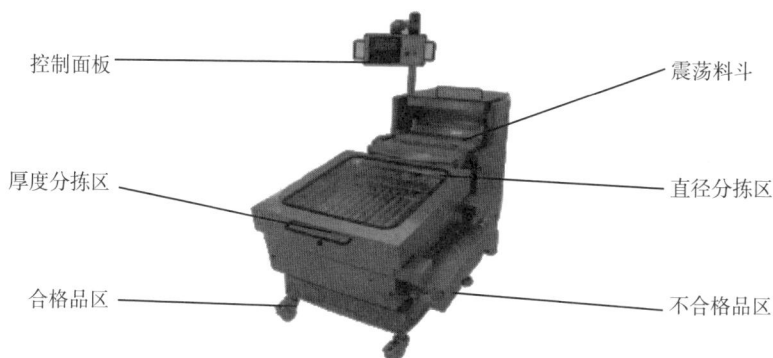

控制面板　　　　　　　　　　　　　　　　震荡料斗

厚度分拣区　　　　　　　　　　　　　　　　直径分拣区

合格品区　　　　　　　　　　　　　　　　不合格品区

图 4-103　拣丸机

D. 灯检机设备组成　由 PLC 控制、带有直径分拣单元的料斗振荡器、带有摄像机的转动单元等组成（图 4-104）。

E. 灯检机工作原理　使用摄像机快速的发现、剔除有缺陷的胶囊和异物胶囊，软胶囊 360° 旋转，进行全方位检测，包括：尺寸检测：基于几何形状检查，对软胶囊的外部轮廓进行检测；颜色和软胶囊表面检测：检测胶囊表面是否有污垢或斑点，检查胶囊是否有不同或不正确的颜色，检查胶囊接缝部分打开的胶囊。

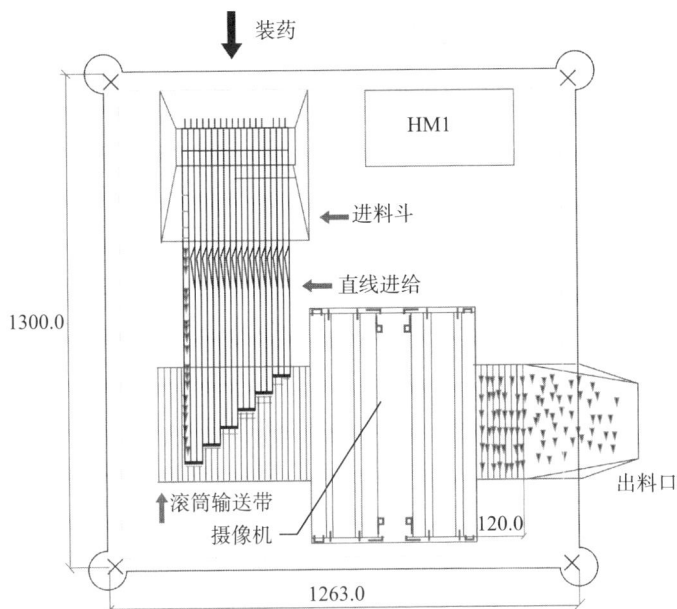

装药

HM1

进料斗

直线进给

1300.0

滚筒输送带
摄像机

120.0

出料口

1263.0

图 4-104　灯检机

4.9.3 胶囊的检测与风险识别控制

4.9.3.1 质量检查

胶囊剂的质量应符合现行版《中国药典》制剂通则中对胶囊剂的相关要求，以及药典相应品种项下有关规定。如外观、装量差异、崩解时限、溶出度或释放度等。

4.9.3.2 胶囊挑选和重量检查

由于胶囊灌装过程的限制，胶囊挑选和重量检查是胶囊灌装过程的关键步骤。

胶囊挑选是用于剔除半囊、空囊及由于胶囊裂口而带来粉末的过程。胶囊挑选通过给胶囊传送带通空气，重量轻的组分（残次品）就会被空气带走，合格的胶囊则被保留在传送带上。剔除的可能含主料残次品，会被粉末收集系统安全收集。

胶囊的重量检查过程往往慢于胶囊灌装过程，所以历史上是离线进行。但是目前有与胶囊灌装速度匹配的在线检重和挑选设备可供选择，大大提高了胶囊的重量检查速度。

4.9.3.3 质量控制关键点

胶囊剂易受温度和湿度的影响，高湿度（＞65％相对湿度，室温）易使包装不良的胶囊剂变软、发黏、膨胀，并有利于微生物的滋长。若超过室温，相对湿度大于65%时，会产生更快更明显的影响，直至胶囊溶化。因水分会使胶囊壳本身原有的结构变化，若长期贮藏于高湿度中，崩解时间明显延长，溶出速度也有较大的变化。

囊重差异是胶囊剂生产过程中的质量关键控制点，可以进行离线检测，也可选择在线监控设备。囊重差异试验需要有批准的实验方法，并且取样时需要考虑到样本能够代表每个工位填充状况。

胶囊剂中间过程质量控制检测主要包括颗粒水分、囊重差异、崩解时限。

4.9.3.4 软胶囊剂风险识别控制

A. 化胶 胶液质量能够影响所形成胶皮的完整性和强度、软胶囊接缝的切割和强度、软胶囊干燥时间、软胶囊硬度和脆度、氧气和挥发性溶质的渗透性、物理和化学稳定性。主要是由原料胶的质量、配比、溶胶正确操作，以及胶液的黏度、冻力、水分、黏度下降率、胶液的保温时间及保温温度等诸多参数综合控制（表4-23）。

表4-23 化胶风险分析对照表

检查项	关键控制点	关键控制限度	风险监控
明胶液黏度	明胶型号选择 明胶液处方配比 抽真空时间 单位小时真空量	限度8000~120000mPa·s	化胶过程监测并记录胶液温度、单位小时真空量、抽真空时间、抽水量，确认在规定范围内
有无气泡	抽真空时间 单位小时真空量	目测无气泡	化胶过程监测并记录胶液温度、单位小时真空量、抽真空时间，确认在规定范围内
色泽均匀度	着色时间	目测色泽均匀	化胶过程监测并记录着色时间，确认在规定范围内

B. 内容物 理化特性、黏稠度、细度、分布均匀情况、流态和沉降度等均可对灌装软胶囊的过程产生影响（表4-24）。

表4-24 内容物风险分析对照表

检查项	关键控制点	关键控制限度	风险监控
内容物黏度	内容物辅料选择 内容物配比 混合工艺	视产品而定	内容物配方设计合理、辅料质量稳定、搅拌时间、搅拌转速、加料顺序
沉降体积比 （混悬液检查项）	内容物辅料选择 内容物配比	不低于0.90	内容物配方设计合理、辅料质量稳定

检查项	关键控制点	关键控制限度	风险监控
含量均匀度	加料顺序 混合时间 混合转速	视产品而定	控制搅拌时间、搅拌转速、加料顺序
含量	加料顺序 混合时间 混合转速	视产品而定	内容物配方设计合理、辅料质量稳定、搅拌时间、搅拌转速、加料顺序
有无气泡	抽真空时间 真空度	目测无气泡	单位小时真空量 抽真空时间

C. 压丸　如表 4-25 所示。

表 4-25　压丸风险分析对照表

检查项	关键控制点	关键控制限度	风险监控
外观	胶带温度，胶皮厚度，喷体温度，设备转速等	无异形胶丸	控制设备各参数在规定范围内
囊壳重量	胶皮厚度	不高于 8.0%	出胶量恒定、胶液黏度适中
接缝厚度	胶带温度，胶皮厚度，喷体温度	不低于 50%	胶液黏度适中、喷体温度稳定
内容物重量	内容物黏度及是否脱气处理 内容物均一性	灌装重量 > 0.3g，装量差异 ±5.0%；灌装重量 ≤ 0.3g，装量差异 ±7.5%；	控制内容物含量均一性、保证计量泵稳定性

D. 干燥　如表 4-26 所示。

表 4-26　干燥风险分析对照表

检查项	关键控制点	关键控制限度	风险监控
囊壳水分	干燥环境温湿度、干燥时间、进风量	视产品而定	干燥温湿度

4.9.4 工艺设备与质量风险评价

A. 关键质量属性（CQA）　装量、装量差异、水分、崩解时限、溶出度或释放度、含量均匀度。

B. 关键工艺参数（CPP）　转速、供料速度、充填杆（转移针）及计量盘尺寸、装量。

C. 质量关键方面风险控制点　供料装置中螺旋推进器非金属材质，应为食品级。装量调节；转速；使用前充填杆（转移针）及计量盘完好性

205

检查；空胶囊及残损胶囊的剔除，空胶囊分解单元；药粉充填单元；胶囊锁合单元；剔废单元及成品输出单元应有可靠的轴承密封结构，防止粉尘进入和防止润滑油泄露的措施（润滑油／脂采用食品级）；如使用公用真空系统，应有防止倒灌的装置；易于拆装清洗、除尘的装置。

D. 可能存在的质量风险

    a. 装量不一致：混粉的流动性不良，颗粒粒度的差异太大造成分层，混粉聚成团，流动特性较差，料斗中的混粉不足，太多静电，装量不足，含量均匀不足。

    b. 胶囊体长太短或太长，胶囊体出现凹痕。

    c. 胶囊有裂痕或有针孔并导致混粉渗漏。

    d. 过多细粉尘导致胶囊关闭或充填不良。

    e. 溶出度在稳定性评价中显著降低。胶囊形成交联键。

C. 如何控制质量风险

    a. 改善装量不一致的方法：改善混粉的流动性；经整粒的过程径来减少颗粒粒度的差异；减少黏结，增大颗粒大小，增加颗粒硬度；将容器接地，减少细颗粒；增加混粉的黏合性。降低填充速度。

    b. 调整胶囊闭合的装置：胶囊闭合装置没对准；胶囊闭合不足。

    c. 在大多数情况下，胶囊的细针孔或胶囊圆顶有裂痕，有可能是由于在分离空胶囊的过程中使用的真空度过高。应降低真空度，减低分开胶囊的吸力。

    d. 在混粉中有太多的细粉，应用真空除尘或增加颗粒的粒度或较硬的颗粒。

    e. 将酶添加到溶解介质中。

4.9.5 质量评价关键点

胶囊剂质量评价关键点有外观，装量、装量差异，崩解时限（凡规定检查溶出度或释放度的胶囊剂，可不进行崩解时限检查），溶出度或释放度，水分。

4.10 包装

4.10.1 药品包装概述

药品包装是药品制造行业不可分割的一部分，是指用适当的材料或容器、利用包装技术对药物制剂的半成品或成品进行分（灌）、封、装、贴

（签）等操作，为药品提供品质保证、鉴定商标与说明的一种加工过程的总称。

与药品直接接触的包装材料必须考虑与药物的相容性，以及药品整个货架期内包材对药物的稳定性的影响。目前新药在申报的同时，就必须提出药品的包装形式，药物与药包材的相容性评估试验报告、药包材的质量标准、药包材供应商的相关资质证明性文件等。

与药品直接接触的药包材必须遵循《药品管理法》及国内外的相关政策法规，由于医药产品具有药品和商品的双重属性，所以除了要带给患者用药安全信息的同时，还要具备达成消费者心理认可，如先进的药品包装为老人及儿童的用药安全设计有安全盖，为口服液配备了计量准确、使用方便的量杯，在包装上醒目提示"将药物放在儿童不能触及的地方"等。

4.10.1.1 药品包装材料简介

药包材是指药品生产企业生产所使用的直接与药品接触的包装材料和容器。作为药品的一部分，药包材本身的质量、安全性、使用性能，以及药包材与药物之间的相容性均对药品质量有着十分重要的影响。合格的药包材应满足如下条件。

- 不受环境因素影响（如光照、气体、湿度、溶剂挥发）。
- 使用安全（无毒，不影响药品的味道和气味）。
- 相容性好，不与药品发生反应；能够适用常规的高速包装设备。
- 方便运输，经济实用，不污染环境。

4.10.1.2 药品包装的分类

A. 按与药品接触方式分类　可分为直接使用（如固体药用聚烯烃塑料瓶等）、需清洗后再使用（如安瓿等）、间接使用或非直接接触药品（如药用玻璃管、抗生素瓶铝盖等）等。

B. 按包装材料组成分类　主要有玻璃、橡胶、金属及塑料等几类。

C. 按包装类型分类　主要有容器（滴眼剂用塑料容器等）、片/袋（药用聚氯乙烯硬片、药品包装用复合袋等）、塞（丁基橡胶输液瓶塞等）、盖（口服液瓶撕拉铝盖等）等。

4.10.2 固体制剂药品包装原理

传统口服固体制剂的包装常用玻璃瓶或塑料瓶。为避免药物的光解，容器壁常为琥珀色或完全不透明。有效的密封包装应具备适宜的阻隔作用（对胶囊尤其重要，因为过多的水分会引起胶囊壳的软化），同时易于启开和可重复性关闭。

随着药品的高速全自动机械化包装的发展，泡罩包装技术（PTP）已经成为我国固体制剂包装的主流。

泡罩包装技术（PTP），也称为"通过压力进行包装"，是将塑料薄片加热软化并置于模具内，通过抽真空吸塑、压缩空气吹塑或模压成型的方法使其成型为泡罩，之后将药品置入泡罩内，再将涂有黏合剂的药用覆盖材料在一定的温度、压力条件下进行热封，从而形成泡罩包装。该技术适用于片剂、胶囊、栓剂、丸剂等固体制剂药品的机械化包装。同时，泡罩包装技术也逐步用于安瓿、西林瓶及注射器等的包装。另外，采用泡罩包装的药品，内容物清晰可见，覆盖材料表面可以印上设计新颖独特且容易辨认的图案、商标、说明文字等，同时包装材料有一定阻隔性能、重量轻、有一定的强度，使用时稍加压力便可将其压破，因而取药便利、携带方便，因此这种包装形式在医药领域得到了广泛的应用。

4.10.3 包装的方法与设备

4.10.3.1 药品全自动化泡罩包装工艺

如图 4-105 所示为最常见的 PVC/PVDC 复合硬片 PTP 铝塑泡罩工艺的示意图，各步骤的作用及特点如下。

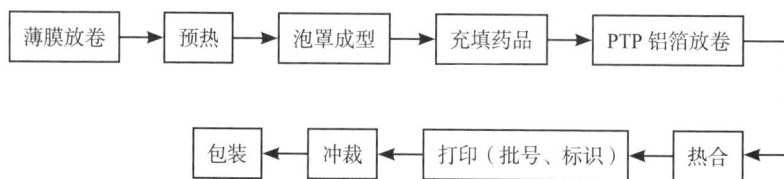

图 4-105　全自动化泡罩包装工艺流程

A. 薄膜、铝箔放卷/输送　其作用是输送薄膜并使其通过上述各工位，完成泡罩包装工艺。传统的泡罩包装机采用的输送机构有槽轮机构、凸轮-摇杆机构、凸轮分度机构、棘轮机构等，目前大多数包装机采用了伺服电机和电子凸轮等更加先进的控制机构，使得薄膜的输送位置更加准确、速度更快，并可根据包装材料的特性进行快速调整。

B. 预热　将薄膜加热到能够进行热成型加工的温度，这个温度是根据选用的包装材料确定的。加热方式有辐射加热和传导加热。由于大多数热塑性包装材料吸收 $3.0\sim3.5\mu m$ 波长红外线发射出的能量，因此最好采用辐射加热方法。

C. 泡罩成型　泡罩成型是整个包装过程的重要工序，成型方法可分为以下 4 种。

　　a. 吸塑成型（负压成型）：利用抽真空将加热软化的薄膜吸入成型模的泡罩窝内，形成一定几何形状完成泡罩成型。吸塑成型一般采用辊式模具，成型泡罩尺寸较小，形状简单，泡罩拉伸不均匀，顶部较薄。

　　b. 吹塑成型（正压成型）：利用压缩空气将加热软化的薄膜吹入成型模的泡罩窝内，形成需要的几何形状的泡罩。吹塑成型多用于板式模具，成型泡罩壁厚比较均匀，形状挺括，可成型较大尺寸泡罩。

　　c. 冲头辅助吹塑成型：借助冲头将加热软化的薄膜压入模腔内，当冲头完全压入时，通入压缩空气使薄膜紧贴模腔内壁完成成型加工工艺。冲头辅助成型多用于平板式泡罩包装，通过合理设计可获得均匀、尺寸较大、形状复杂的泡罩。

　　d. 凸凹模冷冲压成型：当采用包装材料的刚性较大（如复合冷铝），热成型方法显然不能适用，而是采用凸凹模冷冲压成型方法，对膜片进行成型加工，其中的空气由成型模内的排气孔排出。

D. 充填药品　泡罩包装机配有自动充填装置，将物料送入已成型的泡罩内。物料充填区必须有足够长度，以便于操作人员操作和在线检查。

E. 热合、热封　成型膜泡罩内充填好物料，覆盖膜即覆盖其上然后将两者封合。其基本原理是使覆盖膜内表面加热，然后加压使其与泡罩材料紧密接触形成完全焊合。热封板（辊）的表面用化学铣切法或机械滚压法制成点状或网状的网纹，以提高封合强度和包装成品外观质量。热封有 2 种形式：辊压式和板压式。

　　a. 辊压式：将准备封合的材料通过转动的两辊之间使其连续封合。由于包装材料通过转动的两辊之间，并在压力作用下停留的时间极短，若想得到良好的热封，必须使辊的速度非常慢或者包装材料在通过热封辊前进行充分预热。

　　b. 板压式：当准备封合的材料到达封合工位时，通过加热的热封板和下模板与封合表面接触并将其紧密压在一起进行焊合，然后迅速分开完成一个热封工艺循环。板式模具热封包装成品比较平整、封合所需压力大。

F. 打印（批号标识）　药品泡罩包装机的行业标准中明确要求包装机必须有打批号装置。包装机一般采用凸模模压法印出生产日期和批号等信息，也有采用激光或喷码的方式进行相关信息及标识的打印。打批号可在单独工位进行，也可以与热封、压撕断线同工位进行。

G. 冲裁 / 冲切　冲切是泡罩包装工艺的最后一道工序，是将热封好的膜片冲切成规定尺寸的板块成品。

药品泡罩包装之所以迅猛发展，是因为这种包装形式具有十分明显的优势。

a. 药品稳定可靠：泡罩包装使得药品与药品之间互相隔离，减少药品在服用和携带过程中造成的污染。在运输过程中，药品之间也不会发生碰撞，使药品受到很好的保护，且稳定可靠。

b. 密封性好、储存期长：泡罩包装材料的性能使得药品在包装后的密封性和保质性优越，延长了药品的保质期。

c. 携带和使用方便：药品泡罩包装板块尺寸小、携带方便。

d. 工艺先进、高速高效、安全卫生：全自动泡罩包装联动机可实现泡罩的成型、药品填充、封合、批号打印、板块冲裁、包装纸盒成型、说明书折叠与插入、泡罩板入盒以及纸盒的封合等，药品泡罩包装全过程一次完成，既缩短了生产周期，又减少了环境及人为因素对药品可能造成的污染，减少了对药品生产过程的影响，最大限度地保证了药品及包装的安全性，符合 GMP 要求。

4.10.3.2 药品泡罩包装的材料

A. 泡罩包装的成泡基材　泡罩包装成泡基材最常见的是以聚氯乙烯（PVC）硬片为基材，涂覆或复合其他功能性高分子材料或金属材料而成的系列复合片。目前的成泡基材向高阻隔、无毒、环保、抗菌等方向发展，如聚偏二氯乙烯（PVDC）、聚乙烯（PE）、聚丙烯（PP）、聚酯（PET）、三氟氯乙烯均聚物（ACLAR）及其复合材料等。

泡罩包装成泡基材的主要质量问题集中在机械强度不够、透水透气过量、卫生性能及异常毒性不符合要求等方面。因此设计的常规检测项目有：厚度 / 宽度、拉伸强度、落球冲击破碎率、加热收缩率、剥离力、水蒸气透过量、氧气透过量、涂布量、卫生性能、微生物检查、异常毒性检查等。表 4-27 为常用的成泡基材阻隔性能参数；表 4-28 为相关的标准。

表 4-27　泡罩包装成泡基材的技术性能

产品分类　　　性能	水蒸气透过率（g/m² · 24h）	氧气透过率（cm³/m² · pa · 24h）	基本用途
PVC	3.0~3.5	20×10^{-5}	一般用途药品包装
PVDC（40g/m²）	0.8	20×10^{-5}	较易潮解、氧化的药品包装

性能 产品分类	水蒸气透过率 （g/m² · 24h）	氧气透过率 （cm³/m² · pa · 24h）	基本用途
PVDC（60g/m²）	0.6	20×10^{-5}	易潮解、氧化的药品包装
PVDC（90g/m²）	0.3	1×10^{-5}	特别易潮解、氧化的药品包装
PVDC（120g/m²）	0.2	1×10^{-5}	特别易潮解、氧化的药品包装
PA/AL/PVC	0.01	1×10^{-5}	须避光，易潮解、氧化的药品包装
ACLAR	0.2~0.8	26×10^{-5}	特别易潮解的药品包装
COC	0.3~0.8	30×10^{-5}	易潮解的药品包装
PP	0.4~0.6	300×10^{-5}	易潮解的药品包装
PET	3.0~3.5	15×10^{-5}	一般用途药品包装

表 4-28　泡罩包装成泡基材的技术标准

标准	氧气透过量 cm³/ （m² · 24h · 0.1MPa）		水蒸气透过量 / [g/ (m² · 24h)]	
药品包装用铝箔（YBB 00152002）				≤ 0.5
聚酯 / 铝 / 聚乙烯药品包装用复合膜、袋（YBB 00172002）	≤ 0.5			≤ 0.5
聚酯 / 低密度聚乙烯药品包装用复合膜、袋（YBB 00182002）	≤ 1500			≤ 5.5
双向拉伸聚丙烯 / 低密度聚乙烯药品包装用复合膜、袋（YBB 00192002）	≤ 1500			≤ 5.5
聚氯乙烯 / 聚乙烯 / 聚偏二氯乙烯固体药用复合硬片（YBB 00202005） 聚乙烯 / 聚偏二氯乙烯固体药用复合硬片（YBB 00222005）	涂布量 40g/m²	≤ 3.0	涂布量 40g/m²	≤ 0.8
	涂布量 60g/m²	≤ 3.0	涂布量 60g/m²	≤ 0.6
	涂布量 90g/m²	≤ 3.0	涂布量 90g/m²	≤ 0.4
聚氯乙烯固体药用硬片（YBB 00212005）	≤ 30			≤ 2.5
聚氯乙烯 / 低密度聚乙烯固体药用复合硬片（YBB 00232005）	≤ 20			≤ 2.8
聚酰胺 / 铝 / 聚氯乙烯冷冲压成型固体药用复合硬片（YBB 00242002） 聚乙烯 / 铝 / 聚乙烯复合药用软膏管（YBB 00252002） 铅 / 聚乙烯冷成型固体药用复合硬片（YBB 00182004） 玻璃纸 / 铝 / 聚丙烯药品包装用复合膜、袋（YBB 00202004）（电解法）	≤ 0.5			≤ 0.5
多层输液用膜、袋通则（YBB 00342002、YBB 00102005、YBB 00112005）	氧气透过量 ≤ 1200， 氮气透过量 ≤ 600			≤ 5.0
双向拉伸聚丙烯 / 真空镀铝流延聚丙烯药品包装用复合膜、袋（YBB 00192004）	≤ 10			≤ 2.0（电解法）

B. 泡罩包装的覆盖材料 药品泡罩包装的覆盖材料（也称封口材料）基本都是铝箔，也称为药品泡罩包装用铝箔，亦称为 PTP 铝箔，要求具有无毒、耐腐蚀、不渗透、阻热、防潮、阻光及可高温灭菌的性能。目前泡罩包装的覆盖材料正向使用多元化、功能多样化、环保、特殊防护及防伪等方向发展。

4.10.3.3 药品全自动化泡罩包装设备

目前药品包装机械的发展方向为自动化、高效节能、多元化和智能化等，随着药品生产对泡罩包装机在速度和精度方面的要求进一步提高，全世界的药品包装厂商都在要求包装设备向自动化系统、集成控制和可编程自动控制方向发展。铝塑（铝铝）泡罩包装机是典型的常用药品包装设备。图4-106 为高速药品泡罩包装中心。

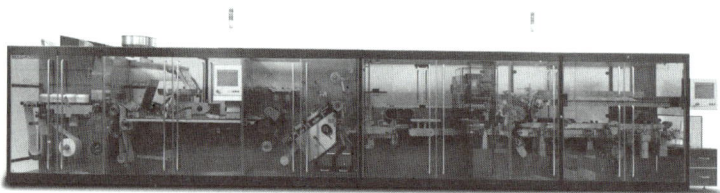

图 4-106　全自动高速泡罩包装中心

A. 大多数高速泡罩包装设备都是基于连续运行的概念，通过电脑辅助使每个工作格式设置存储在计算机中，其工作组采用模块化分离设计，以实现最大限度的灵活性，操作方便，从而使产品转换快、效率高，适应各种包装材料。而高速的设备运行、快速的生产转换和清洁则是提高生产效率的保证，为尽可能提高生产速度，缩短辅助时间，使用快速释放工具更换尺寸件，甚至无需工具即可更换尺寸件，从而大大缩短产品切换和清洁时间。

B. 视觉检测系统的广泛应用。随着科学技术及药品质量要求的不断提高，包装设备不仅可以提供更高的产量，还增加了许多新特性，如远程维护及远程诊断、与公司 ERP 系统进行集成、对生产数据的评估、故障自动诊断和自动恢复自动化技术（AT）与信息技术（IT）之间建立起通讯等，而全自动在线视觉检测及控制技术就是其中一个最常见的应用。图 4-107 为泡罩包装线上的药品在线视觉检测的实例之一。

该视觉系统是通过机器视觉产品将被摄取目标转换成图像信号，传送给专用的图像处理系统，根据像素分布、亮度和颜色等信息，转变成数字化信号，它能保证药品包装的精度和质量，可为药品生产的每一个关键阶段如材料成型、加料、密封，以及装盒、标签甚至裹包等，提供全过程100%的质量控制。

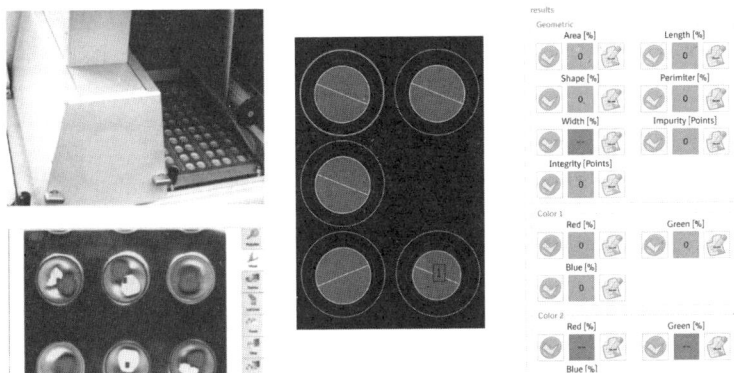

图 4-107　泡罩包装线全自动在线视觉检测系统

4.10.3.4 特殊的包装设计要求

通常情况下，当为一个产品选择适宜的包装时应充分考虑以下因素：药品和包装的成分，药品的使用方式，药品的稳定性，是否需要保护药品不受某些环境因素的影响，药品与药包材的相容性，药包材对患者顺应性，包装过程，监管、法律和质量等。如下重点介绍几种特殊的包装设计要求。

A. 儿童安全包装　一些药品的外观会诱使儿童服用，而导致潜在的风险。制药行业通常的做法是使用儿童不能打开的闭合包装系统，其安全性包装的标准是85%以上的儿童不能打开，而90%以上的成人可以打开。其缺点是一些患者例如患有严重关节炎的患者也不能打开这类包装。

B. 老人易开包装　这是适合老人容易开启和重新密封的包装，包装设计时应从包装材料盒、包装结构等方面入手改进开启方式，如可在包装的外形适当地增加撕启齿孔的数目，减少密封胶的用量以及减轻开启时使用的力气，使用质地优良的拉伸薄膜等。

C. 防篡改包装　药品包装中，防篡改是所需考虑的主要问题之一。美国FDA对防篡改包装的定义为：具有指示作用或打开障碍，如果违反或丢失，可以合理地预计并向消费者提供可视化证据，提示消费者篡改发生。防篡改包装可能涉及密封体系或第二道包装箱或其组合，目的是在生产、分销和零售期间提供关于包装完整性的可视化指示。

4.10.4 药品包装检测及风险识别控制

包装是药品生产企业的最后一道工序，这也是质量控制最后一道关，所以药品包装生产中的 GMP 要求及操作人员的规范化操作显得尤为重要。

4.10.4.1 药品包装生产的基本流程

A. 药品包装生产及质量控制流程　如图 4-108 所示。

B. 操作现场的检查

  a. 生产区域的检查：每批生产前，按照批记录中的生产前清场检查内容进行清场检查，整个生产区域及生产设备应符合清场要求，不得留有与本批次生产无关的任何产品、材料和文件。

  b. 生产周期的第一批在安装模具前，需确认所有的包装用模具是否适用于所生产产品，并需确认其在清洁有效期内。

  c. 按批记录要求确认操作环境是否符合相关的质量要求，如房间温度、湿度、绝对湿度和压差等并进行记录。

C. 半成品和药包材的领用　应按照批记录和配料单进行半成品和药包材的使用前检查，并确认其质量状态。

D. 关键设备和工艺参数确认　每批生产前需检查生产设备是否正常，各项参数的设置是否在批包装记录的范围内，并在批包装记录当前设置值并双人复核。若在生产过程中，参数设置发生变化，则需重新记录并双人复核。

E. 批号信息的检查和留样　核对所有的印字信息如批号、生产日期、有效期至、GS1 码（如有）等是否正确、清晰并符合相关标准。留样包材需附在批记录中。

F. 检重仪控制范围设定（如有）　检重仪用于每一盒药品的称重控制。

G. 首检　由有资质的人对生产现场的状态、半成品和药包材状态、产品外观、印字信息等进行包装前的最后一次确认，首检确认合格后方可继续生产。

H. 挑战性测试　挑战性测试是对包装设备的所有自动控制功能进行的一项人为缺陷测试，以确保其功能始终正常。如药品、说明书条码等的在线视觉检测功能以及泡罩包装药板的密封性测试等。

I. 过程控制检查　通常需要考虑检查频率、检查数量、取样方式、检查内容等。

J. 生产剔废品的处理　包装过程中产生的剔除品及废品应按照 GMP 及质量的要求进行集中处理，并做到有据可查。

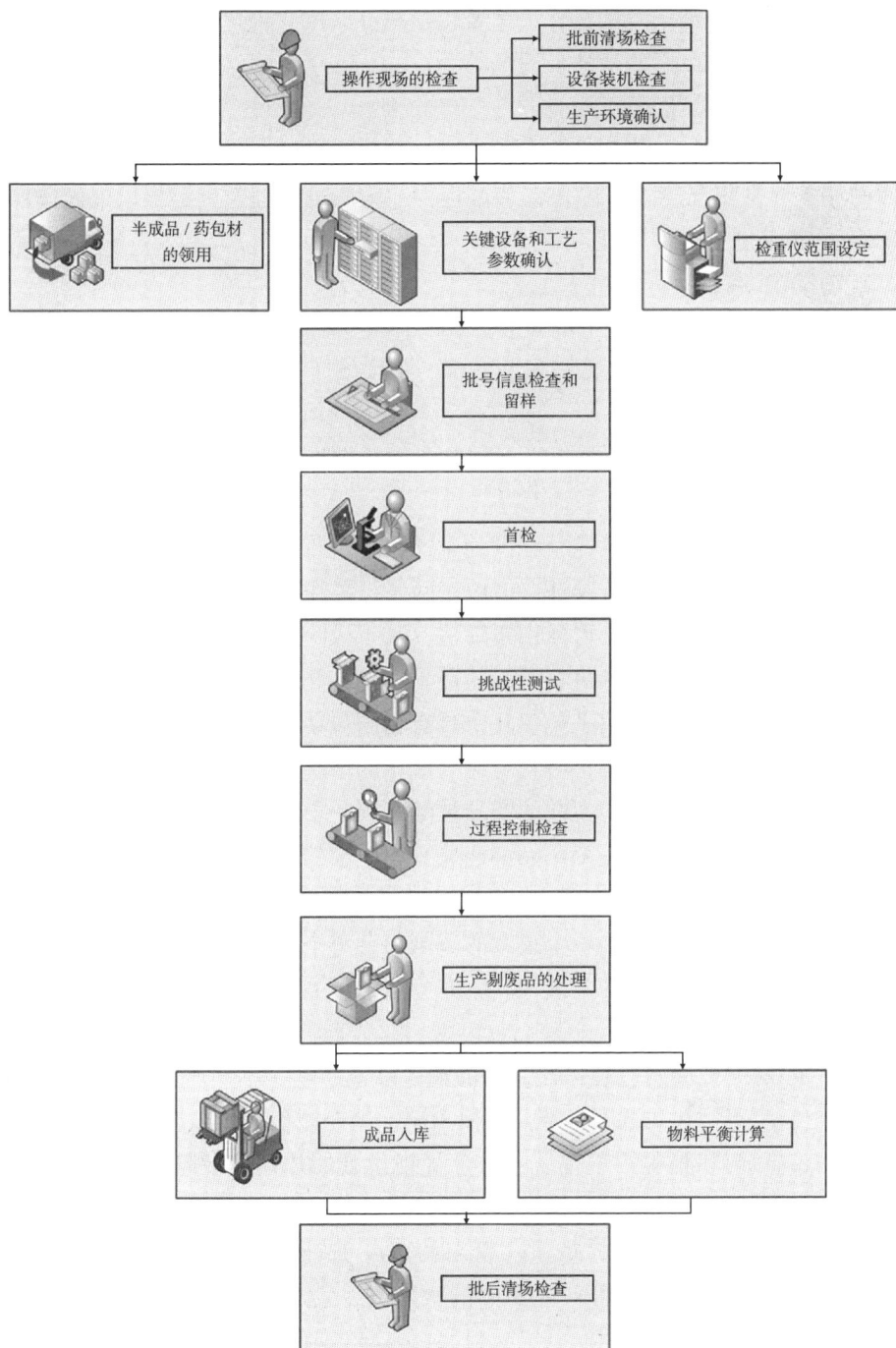

图 4-108　药品包装生产及质量控制流程图

K. 包装生产结束时的操作　主要包括成品入库、批包装记录的最终核对和包装结束后的清洁、清场等。

4.10.4.2　异常情况处理机制

包装生产操作过程中的任何与人员、设备、物料、环境、包装工艺等方面的相关异常情况应立即停止包装过程，并向质量管理人员汇报，以便按照 GMP 的要求进行合理处理。

4.10.4.3　包装验证的基本要求

对自动化包装生产线上的包装产品，应在连线状态下进行包装验证。对手工包装的产品，不要求进行包装验证，但应对手工包装线的设备完成设备确认。

原则上应对每条自动包装线上的每个产品进行包装验证，但以下情况可以考虑减少包装验证。

A. 当同一产品在几条完全相同的生产线上进行包装，可只进行该产品一条包装线上的包装验证，但应对两条包装线分别完成设备性能确认。

B. 矩阵法　包装验证可使用矩阵法，基于风险评估，考虑最差状态，对某个或某几个产品进行包装验证。如果有几个不同的包装规格，或者几条包装线，被用来包装几个具有相同包装形式的产品，那么可以基于风险评估的结果，并且考虑到最坏的情况，为包装验证建立一个矩阵图。假如，三个不同的产品被灌装到一个相同的容器，由于其不同的产品特性，每一个产品都建立一个单独的灌装验证。那么在接下来对这个容器的包装过程，可以只进行一个验证即覆盖到所有的产品。由于产品的剂型是一个很大的范围，且每个产品都有其特殊性，为了确定矩阵法运用的合理性，应充分考虑产品和包装的特性。以下因素应被考虑。

 a. 液体玻璃瓶包装：尺寸和面积；玻璃质量；不同产品盖子的设计；填塞物和儿童安全特性；扭力矩；填充体积；光和热的敏感度。

 b. 片剂和胶囊铝塑包装：每个规格包装的片剂或者胶囊的大小和尺寸；成型泡罩的尺寸和面积；药片的硬度和脆碎度；胶囊填充的质量（填充的重量、粉末的密度）；胶囊的封口形式；包装材料；水分敏感度；光和热的敏感度，空气氧化的敏感度；标签的类型。

C. 验证要求至少有连续包装的三个批次。

D. 包装验证应与日常的操作保持一致。

E. 在包装过程中，剥片后返回包装线（自动检测仪）的操作是日常操作的一部分，那么在验证方案中应包括额外的相关测试，如额外的稳定性监测、完整性检查或者是关键质量属性的检查，以证明这些额外的操作步骤不会对产品质量产生影响。

F. 包装验证的实施条件

- 所有使用设备、公用设施、生产环境及计算机系统必须是完全合格，并已按要求经过验证。
- 包装工艺中使用的所有关键仪器经过校验并在有效期内。
- 采用的新的分析方法已按规定经过方法学验证，《中国药典》收载检测方法应用前按规定经过方法学确认。
- 所有待包装半成品和药包材按照相关程序和标准经过了检验并且确认已被放行允许使用。
- 建立包装线的清洁程序。
- 操作人员已经进行了培训，具有上岗资质，对验证方案中要求的额外的取样和测试操作也应进行培训。
- 建立和批准用于验证批的批包装记录。
- 定义并在包装验证方案中描述清楚包装过程的每个步骤（如铝塑包装的成型、填充、照相检测、密封等步骤）。
- 定义关键的包装工艺参数，包括它们的限度或范围，并在验证期间被监控，包括收率。
- 建立可能影响包装验证的支持性程序，如设备操作程序、清洗程序。
- 建立用于审核关键工艺参数符合性的取样计划。

G. 应验证包装过程中的重要步骤，重要项目。

H. 在设备性能确认阶段或包装工艺研究阶段（若有）确定工艺参数及范围。

I. 包装验证方案中应根据前期的设备确认或包装工艺研究结果定义关键工艺参数的范围。包装验证应在被定义的参数范围内进行，监测关键工艺参数符合要求。同时应对关键参数的极端情况进行验证，如最低、最高速度，热封成型和密封温度范围等。

J. 包装的收率作为关键的工艺参数，应定义其范围，并在包装验证中考察。但方案中限度设定可取较大的范围，在验证结束，累计生产一定批数后，根据实际情况调整限度范围。与质量无关的参数，如耗能、设备故障率、设备利用率等在包装验证中可不被考察，或不设标准，只作为数据记录。

K. 包装验证过程中的抽样方法，数量和频率应结合包装工艺的特点，基于风险而被确定，但抽样数量的总量应不低于 GB/T 2828 规定的相关要求。

L. 验证的原始数据必须记录在预先批准的受控表格内，并附在验证报告中。

M. 包装验证应在验证方案批准后开始实施，在验证报告批准后验证结束。

N. 验证报告必须包括但不限于以下内容：填写验证方案中所有需填写的操作过程、实验数据；比较所有验证数据是否符合可接受标准，给每一验证项目下结论；任何与方案不一致的偏差记录及采取的相应措施。验证总结论及建议：对验证出具总结论，验证是否通过，该工艺规程及标准操作规程是否可行，如果结果与标准有显著差异，说明差异对成品的潜在影响，并提出改正的建议。

4.10.4.4 泡罩包装渗漏测试法

4.10.4.4.1 快速干式渗漏测试法

A. 快速干式渗漏测试原理　根据连通器中压力平衡原理（图 4-109），当容器被抽真空时形成负压，在此状态下：如果包装密封性好的，包装内外有压差，在整个抽漏过程中包装密封铝箔应向外凸出。如果包装密封性不好，封口铝箔没有明显凸出。如此即可判断包装密封性的好坏。

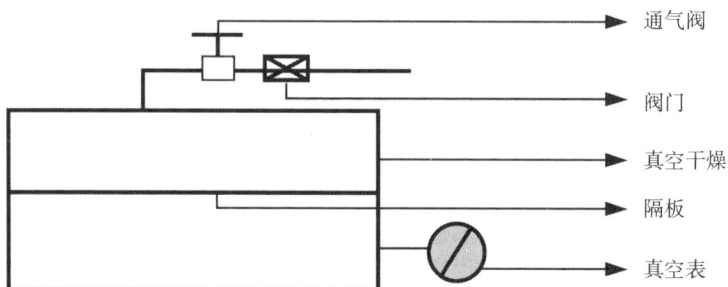

图 4-109　快速干式渗漏测试仪器结构图

B. 测试步骤及判别方法

　　a. 取一个密封周期的样品量，将试样品铝塑面朝上正放在容器中。盖上密封盖，关闭通气阀。开启真空泵，将真空度保持在 0.06~0.07MPa，不少于一分钟。

　　b. 观察供试品铝箔面铝箔的变化，观察铝箔是否一直向外凸出。如果是，则表明密封性是好的（图 4-110），如果铝箔并不明显凸出（图 4-111），则说明该试样品漏气。

c. 达到规定时间后关闭真空泵，打开通气阀，恢复常压。等真空表指针为"0"时，打开密封盖。

d. 如果测试过程中发现任何平坦或下凹现象，应立即停机并确定上一次合格的密封性测试的时间点，同时对包装机进行检查并排查原因。

e. 测试产品的处理：所有经过测试的泡罩板，均建议按废料进行处理。

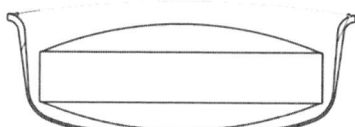
成功的案例

图 4-110　渗漏测试合格

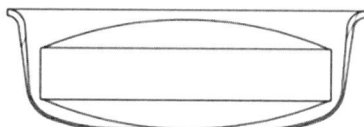
失败的案例

图 4-111　渗漏测试不合格

4.10.4.4.2 湿法渗漏测试法

通过对真空室抽真空图（图 4-112），使浸在带颜色水中的试样产生内外压差，在此状态下，如果包装密封性好的，在整个抽漏过程中有色水不会进入铝塑板网纹及泡眼中。如果包装密封性不好，则有色水会进入铝塑板网纹及泡眼中。如此即可判断包装密封性的好坏。

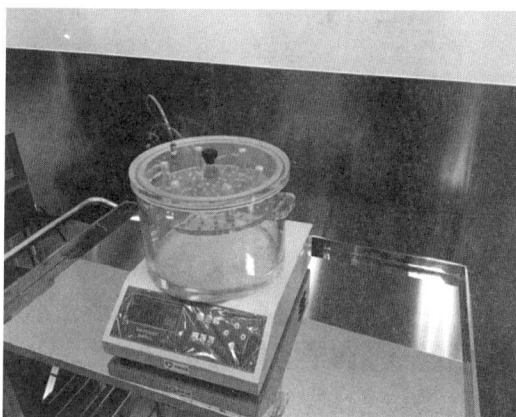

图 4-112　湿法渗漏测试仪器

A. 取一个密封周期的样品量，将试样品的密封面朝上浸在带颜色的水中容器中，盖上密封盖。

B. 根据要求对测试设备进行相应的参数设置并进行复核确认。

C. 开启真空装置，启动测试设备，将负压保持在 60~70kPa，保压时间不少于一分钟。

D. 测试结束后，去除并擦干试样品表面的有色水渍（可用纯化水进行润洗），然后打开试样品观察内填充物表面是否沾有带颜色的水渍。如果有，则表明密封性不合格，反之则表示合格。

E. 如果测试过程中发现任何异常，应立即停机并确定上一次合格的密封性测试的时间点，同时对包装机进行检查并排查原因。

F. 测试产品的处理　所有经过测试的试样品，均需按废料进行处理。

4.10.4.5　工艺设备与质量风险控制

A. 关键质量属性（CQA）　微生物限度、外观。

B. 关键工艺参数（CPP）　成型温度、封合温度、包装速度、打印内容、检测与剔除。

C. 质量关键方面风险控制点　成型温度、封合温度、运行速度、停机产品保护措施、批号、有效期等打印内容独立复核、不合格品检测与剔除功能、更换包材时段的剔除和防止污染的措施。

4.11　设备的确认

4.11.1　生命周期概述

设备确认是指确认设备能符合 GMP 要求、预期用途和药品生产质量要求的一系列确认和验证活动。

确认活动始于系统或产品的需求和设计阶段，涵盖系统或产品的设计、采购、建造、测试、使用维护，直至系统退役或产品的终止，确认生命周期应伴随着系统或产品的整个生命周期。确认生命周期模型如图 4-113 所示。

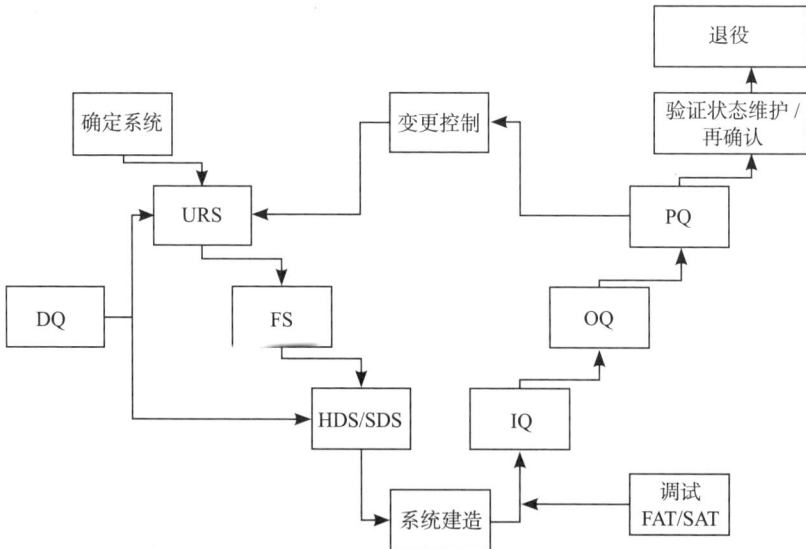

图 4-113　确认生命周期模型

4.11.1.1　确定系统

可采用系统影响性评估的方法将系统对产品质量的影响进行分类（直接影响、间接影响或者无影响），并记录评估根据。

对直接影响系统将进行 GAMP 软件分类（分为 3、4 或 5 类）和美国 FDA 21 CFR Part 11 适用性和适用范围评估。

系统影响性评估之后，针对直接影响系统 / 设备进行部件关键性评估和风险评估活动，确认其在整个系统中的风险，并提供适当的控制措施，如确认测试。

4.11.1.2 用户需求说明

用户需求说明（URS）是产品质量和患者安全相关的需求被识别，并且用于生产系统将来的规范、设计与确证阶段的活动中，描述系统预期的目的和意图的技术说明。URS 采用基于科学和风险的原则，一方面需要对产品和工艺有充分的理解，另一方面则需要结合生产过程风险考量以及实际的知识与经验积累。用户需求的提出应该基于产品知识、工艺知识、法规政策需求、公司质量需求四个方面。

ISPE 良好实践指南《基于风险的调试和确认》中将用户需求分为以下两个类别。

A. 工艺用户需求（PUR）：需求与产品 / 工艺的输出质量和（或）GMP 法规符合性相关。PUR 需要确认、识别每一个设计存在的和运行的，并记录在质量单位批准的文件中。

B. 一般用户需求（GUR）：需求与产品质量和 GMP 并不相关。它应关注操作人员潜在的安全风险，和（或）非 GMP 法规的符合性［例如与环境保护、职业健康及安全生产相关的法令条例、规则、章程等法定文件（EHS）］，并使用工程质量管理规范（GEP）证实。GUR 较简单，不用包含在制药质量体系中，因此其并不是确认或质量批准变更控制的范围。

案例如表 4-29 所示。

表 4-29　用户需求案例

工艺用户需求案例	一般用户需求案例
系统必须支持的关键工艺参数	商务需求（例如：一台包装设备的每小时的最小生产能力）
系统需要传递或维持的关键质量属性或产品放行标准	安全要求（例如：锁定的能力）
工艺 / 产品特定法规需求（例如：产品文件或注册需求）	环境要求（例如：排放限度）
药典要求（例如：现行版《中国药典》中纯化水的标准）	用户设定（例如：基于用户经验一个仪器的指定品牌和适用的备件）

需要注意的是，需求内容应充分而且具体，可满足生产或其他用途需求，并且需求应该是清晰的、准确的、可实现、可测量的。每个需求之间应

没有影响及冲突。

4.11.1.3 设计和设计确认

设计包含了功能说明（FS）和设计说明（DS）两部分内容。

FS 是对 URS 的回应，描述了如何来实现 URS 中所描述的要求和目标，明确说明了设备、系统预期的实现方式。FS 通常由供应商来完成，但是需要用户审核、批准该文件。

DS 描述了实现设备、系统功能的手段，需要详细和准确，通过设计说明，使用者能够知道设备的正确安装、测试和维护。其通常由供应商来完成，但是需要用户审核、批准该文件。

对一些简单的设备或已经详细了解设计方案的设备，功能说明可以和设计说明合并成一个文件，即功能设计说明（FDS）。

硬件设计说明（HDS）是在 FS 定义出具体功能要求后，依据要求如何配置硬件、配置哪些硬件以及这些硬件如何去满足功能要求的设计文件。它是工厂验收测试（FAT）和安装确认（IQ）中关于硬件测试的基础。内容一般包括：硬件（计算机系统部件、输入装置、输出装置、其他设备、网络连接设备、控制室和控制柜、输入输出及通讯）、公用工程、环境、备件等。

软件设计说明（SDS）是在功能说明定义出具体功能要求后，依据要求如何配置软件、配置哪些软件以及这些软件如何去满足功能要求的设计文件，它是工厂验收测试及安装运行确认中关于软件测试的基础。对于软件类别属于 GAMP 的第 5 类的软件系统，还应包括软件模块说明（SMS）。内容一般包括软件分类及描述、软件模块名称、模块功能、模块界面、模块错误处理、模块配置／管理环境、模块参数和设置等。

设计确认（DQ）是通过有文件记录的方式证明所提出的厂房、系统和设备设计适用于其预期用途和 GMP 的要求，以科学的理论和实际的数据证明其设计结果满足用户需求说明。新建或改造的口服固体制剂设施、系统、设备均应进行 DQ 工作。完善的 DQ 是保证用户需求以及设备发挥功效的基础，经过批准的设计确认报告是后续一系列确认活动的基础。

设计确认执行完成之后，需要对设计确认文件进行批准，从而正式授权相关的设计文件得以批准并发布，以用于口服固体制剂设施、系统、设备的制造。

4.11.1.4 调试

为了保证口服固体制剂设施、系统、设备符合用户要求，需对系统的设计、制造、安装阶段进行遵循工程质量管理规范（GEP）要求的调试工作。

调试是应用良好、有计划、有文件和有管理的工程方法，去启用厂房设备、系统和设备，以保证其符合设计要求和客户期望的安全性和功能性。

依据系统的复杂性和新颖性，口服固体制剂设施、系统、设备需要进行的调试工作包含了工厂验收测试、现场调试以及现场验收测试（SAT）三个阶段。

4.11.1.4.1 工厂验收测试

当口服固体制剂设施、系统、设备依据批准的设计文件完成生产制造，发货前在用户见证下，由供应商在设备制造场地对待交付的设备进行工厂验收测试，该测试旨在保证设备已经按照要求完成了组装调试。

工厂验收测试将由口服固体制剂设施、系统、设备供应商检查并测试每个系统的文件、安装和功能的正确性，以在不能满足技术说明要求时可以及时、有效地进行改进或补救，以避免系统到达用户现场之后才发现问题而延迟工期。

工厂验收测试应在口服固体制剂系统及设备的制造商、用户或其委托有资质的第三方的见证下进行，完成测试后签字确认，各项指标符合用户验收要求，可以安排交货。

工厂验收测试可能包括安装确认、运行确认所包含的一些测试内容。任何不受运输或安装所影响的测试内容，如果其已有合适的执行、复核和记录，在以后的确认中可以不需重复进行。

口服固体制剂系统、设备的装运将在用户批准工厂验收测试报告之后进行。

4.11.1.4.2 现场调试

现场调试工作将由口服固体制剂设施、系统、设备供应商进行，并由用户指定的人员进行协调、批准和见证。

调试方案将由口服固体制剂设施、系统、设备的供应商进行编写，并在开始测试之前由用户审核、批准。从调试结果中挑选出的符合 GMP 文件要求的数据，以用于支持口服固体制剂设施、系统、设备验证，在进行验证时不需要重复测试。

4.11.1.4.3 现场验收测试

当口服固体制剂系统、设备到达使用场所后，就要进行现场验收测试（SAT）工作。现场验收测试是为了促进调试工作并进一步提高验证成功的可能性，其可以与现场调试一起进行。

现场验收测试方案一般由口服固体制剂设施、系统、设备供应商进行编写，并在测试开始前由用户审核、批准。每一项现场验收测试工作将用文件记录下来。从现场验收测试结果中选出的符合 GMP 文件要求的数据可以用于支持口服固体制剂设施、系统、设备验证，在进行验证时不需要重复测试。

4.11.1.5 安装确认

安装确认（IQ）是对供应商所供技术资料的核查，对设备、备品备件的检查验收以及设备的安装检查，以确证其是否符合GMP、制造商的标准及企业特定技术要求的一系列活动。

安装确认执行完成后，需要形成安装确认报告并进行批准，确认口服固体制剂设施、系统、设备的安装确认已完成，可以进行运行确认。

4.11.1.6 运行确认

运行确认（OQ）是通过检查、检测等测试方式，用文件的形式证明口服固体制剂设施、系统、设备的运行状况符合设备出厂技术参数，能满足用户需求说明和设计确认中的功能技术指标，是证明各项技术参数能否达到设定要求的一系列活动。

运行确认的关键点是口服固体制剂设施、系统、设备的功能测试，在测试过程中将关注影响产品质量的关键参数，测试应证实其功能满足预定的运行范围。

运行确认完成后需要确定口服固体制剂设施、系统、设备的操作规程、清洁规程和预防性维护规程，并确认操作人员进行了上述项目的培训。

运行确认执行完成后，需要形成运行确认报告并进行批准，确认口服固体制剂设施、系统、设备的运行确认已完成，可以进行性能确认。

可以根据口服固体制剂设施、系统、设备的实际情况，将安装确认和运行确认合并成安装/运行确认（IOQ）执行。

4.11.1.7 性能确认

性能确认（PQ）应在安装确认和运行确认成功完成之后执行。就口服固体制剂设施、系统、设备而言，性能确认是通过实际负载生产或是模拟替代物生产的方法，考察口服固体制剂设施、系统、设备运行的可靠性、关键工艺参数的稳定性和生产产品的质量均一性、重现性的一系列活动。

性能确认执行完成后，需要形成性能确认报告并进行批准，确认口服固体制剂设施、系统、设备的性能确认已完成，可以进行后续验证工作。

4.11.1.8 持续确认与再确认

中国GMP(2010年修订)附录《确认与验证》提到了"验证状态的维护"，以及"质量风险管理""回顾审核"等支持维护验证状态的方法。重点在于定期评估、评价制药质量管理体系的关键质量因素，以判断其控制状态，可采取预防性维护保养，维护仪器仪表的校准状态，变更控制，不符合项报告和偏差，生产过程控制，验证回顾报告，产品年度质量回顾，再确认（对口服固体制剂设施、系统、设备可根据风险评估的原则制定再确认周期）等方法。

4.11.1.9 退役

系统退役前应进行风险评估，并按照相应的标准操作规程确认退役前的口服固体制剂设备仍处于受控状态，在该系统生产的产品或中间产品能够满足用户要求，检查仪表是否仍在校准有效期内。必要时退役前应对口服固体制剂设备进行再确认，当确认结果合格后，按照预定程序退役。如果确认结果有不符合项，应根据不符合项的具体情况进行评估。

4.11.2 工艺设备的确认与验证

4.11.2.1 工艺设备概述

口服固体制剂占国内外药典收载品种数的 60% 以上，根据口服固体剂型的不同，主要包括片剂、胶囊剂、颗粒剂、散剂、干混悬剂、膜剂、丸剂等。其中，片剂因剂量准确、携带方便、质量稳定等优点，得到了最为广泛的应用。以下以片剂生产工艺中各工序所涉及的主要设备进行介绍。

片剂主要的工艺步骤包括：原辅料预处理（包括粉碎、过筛、称量等）、制粒（干法制粒、湿法制粒）、湿法整粒、干燥、干法整粒、混合、压片、包衣、泡罩包装以及瓶装，其中每一道工序可能用到一种或多种工艺设备（图 4−114）。

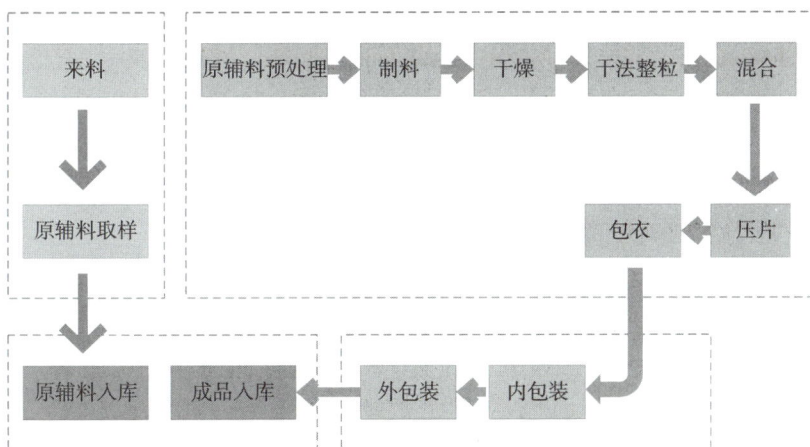

图 4−114　口服固体制剂生产流程块状图

由原料粉末转化为最终口服剂型可能涉及很多工艺操作，并需要大量的工艺设备。当设计和选择用于实现转换的工艺和设备时，应考虑以下两点。

● 加工原料应使原料在最严格标准范围内，以保证最终产品质量。
● 密封：考虑对操作人员（避免暴露）及产品保护（避免交叉污染）。

下面结合 ISPE 基准指南《口服固体制剂》有关口服固体制剂的工艺设

225

备进行介绍。

4.11.2.2 工艺设备验证过程的风险评估

4.11.2.2.1 系统影响性评估

A. 第一阶段 – 系统影响性评估（SIA） 以压片系统为例，对 SIA 的各个问题 / 依据进行分析，如表 4-30 所示。

表 4-30　系统影响性评估

序号	问题 / 依据	示例分析（压片系统）	结论判定
1	系统是否直接影响关键工艺参数或关键质量属性	压片机的预压、主压、填充深度等工艺参数将直接影响药片的片重、片重差异等关键质量属性	Y
2	系统是否与产品或工艺流直接接触，并对最终产品质量有潜在影响或给患者带来风险	压片机的进料料斗、强制下料器、冲模装置、转台以及出料轨道等均与物料直接接触，其材质及抛光度的对最终产品质量有潜在的影响	Y
3	系统是否提供辅料或用于生产某一成分或溶剂，而这些物质的质量（或其缺失）可能对最终产品质量有潜在影响或给患者带来风险	压片机未提供生产所需的成分或溶剂，该条不适用	N
4	系统是否用于清洁、消毒或灭菌，并且系统故障可能导致清洁、消毒或灭菌的失败，从而给患者带来风险	压片机不是用于清洁、消毒或灭菌的设备，该条不适用	N
5	系统是否提供一个合适的环境（如氮气保护、温湿度的维护，且这些参数为产品 CPP 的一部分时）来控制与患者相关的风险	压片机不是用于提供合适环境的设备，该条不适用	N
6	系统是否产生、处理或存储用于产品放行或拒收的数据，关键工艺参数，或美国 21 CFR Part 11 和 EU GMP 第四部分附件 11 中相关的电子记录	若压片机生成的电子记录数据未作为主数据，则该条不适用	N
7	系统是否提供容器密封或产品保护，如失败将会给患者带来风险或导致产品质量下降	压片机不是用于提供容器密封或产品保护的设备，该条不适用	N
8	系统是否提供产品识别信息（如批号、有效期、防伪标志）	对于印字药片，通常会通过压片机在药片上印有公司或药品信息（可以为名称或规格）	Y（如适用）
9	系统是否对产品质量没有直接影响，但是支持直接影响系统	经判断，压片机对产品质量有影响	N

所列 1~8 个问题中任何一个的答案为 "Y"，系统即必须被评估为具有直接影响的系统。若所列 1~8 个问题的答案均为 "N"，第 9 个问题为 "Y"，则系统被评估为间接影响系统。若所有问题的答案均为 "N"，则系统被评估为无影响系统。

因表 4–31 所列的 1~8 个问题中，第 1、2 个问题的答案为"是"，所以，系统必须被评估为具有直接影响的系统。压片系统需在常规的 GEP 调试后，需要进行 GMP 范畴的确认活动。

B. 第二阶段 – 软件分类　以压片系统为例，对软件分类的各个问题 / 依据进行分析，如表 4–31 所示。

表 4–31　软件分类

软件类别	问题 / 依据	示例分析（压片系统）	结论判定
1 类 – 基础设施软件	分层式软件；用于管理操作环境的软件	N/A	N
3 类 – 不可配置软件	可以输入并储存运行参数，但是并不能对软件进行配置以适合业务流程	结合压片机的实际配置及可实现的功能，用户只可以使用默认配置的模块，不能通过配置以适应具体业务流程，故为 3 类软件	Y
4 类 – 可配置软件	这种软件通常非常复杂，可以由用户来进行配置以满足用户具体业务流程的特殊要求。这种软件的编码不能更改	N/A	N
5– 定制软件	定制设计和编码以适于业务流程的软件	N/A	N

结合 ISPE 基准指南《调试与确认》对计算机化系统验证的建议：对于整合系统（计算机化系统集成于设备或系统中）。再考虑到压片系统为 3 类软件，故压片系统的计算机化部分可同设备一并确认。

C. 第三阶段 – 软件分类　以压片系统为例，对 21 CFR Part 11 适用性的各个问题 / 依据进行分析，如表 4–32 所示。

表 4–32　21 CFR Part 11 适用性

序号	问题 / 依据		示例分析（压片系统）	结论判定
1	系统是否按照法规要求（例如：21 CFR Part 210，211 等）以电子版格式（例如：在 SQL 数据库中存储信息）替代纸质版格式来保存记录	a. 对是否为电子记录进行判定　b. 以与纸质版等同的电子版格式（例如 PDF）保存的永久性记录副本并不被认为是电子记录	N/A	N
2	系统是否按照法规要求除了纸质版格式外，还可以以电子版格式保存记录并依照记录进行法规要求的活动	a. 对是否为电子记录进行判定　b. 如果系统生成纸质版记录，而这种记录是用于进行法规要求活动的唯一记录，那么此项描述不适用	药企以压片岗位纸质批生产记录进行关键信息的记录，且为主数据；同时，压片机亦可生成电子版生产数据	Y

序号	问题 / 依据		示例分析（压片系统）	结论判定
3	系统是否按照法规要求保存用于以电子版形式提交给用户或监管机构的记录	a. 对电子记录的用途及范围进行判定，即是否用于 GMP 监管 b. 备注：在进行递交时用到了某个记录，该记录并能推论适用于 21 CFR Part 11	N/A	N
4	系统是否支持电子签名旨在使其等同于手写签名，首字母签名及法规要求的其他通用的签字形式	对是否具有电子签名功能，及是否使用了电子签名形式	无该功能或具有该功能但未启用	N

如果对第 1~2 个问题，至少有一个回答是"是"，且第 3、4 个问题的回答是"是"，那么该系统既适用于电子记录，也适用于电子签名。21 CFR Part 11 所有条款被监管。其余判定的回答，其结果均不适用于 21 CFR Part 11，不被 21 CFR Part 11 条款监管。

故压片系统的电子记录可参考 21 CFR Part 11 电子记录部分的要求，但不适用于 21 CFR Part 11 的所有条款。

D. 汇总　以压片系统为例，对各阶段评估汇总成评估表，如表 4-33 所示。

表 4-33　评估表

序号	系统名称	系统影响性评估									系统影响性	软件分类				Part 11 适用性			
		1	2	3	4	5	6	7	8	9		1类	3类	4类	5类	1	2	3	4
1	压片系统	Y	Y	N	N	N	N	N	N	N	Y	–	Y	–	–	–	Y	–	–

口服固体制剂因其工艺特点，设备多与物料、产品直接接触，根据系统影响性评估，多为直接影响系统，如：粉碎机、制粒机、压片机、包衣机。

间接影响系统不直接影响产品质量，但对直接影响系统提供支持，如：器具烘箱。

无影响系统不影响产品质量，多数为外包装工艺设备，如：热收缩机、捆扎机、裹包机。

值得注意的是，以上工艺设备影响性的判断并不针对所有的项目，需要根据产品特点和工艺特点进行影响性评估。

4.11.2.2.2 部件关键性评估

A. 第一阶段 – 部件关键性评估　通过系统影响性评估，确定了压片系统为直接影响系统，需要进行确认活动。接下来，需要通过部件关键性评估，确定压片系统的确认程度。

根据 ISPE 基准指南《调试和确认》的原始问题／依据，以及 ISPE 良好实践指南《基于风险分析的调试和确认》对原始问题／依据的深入剖析，总结出表 4-34 所示的 7 个判定依据。

表 4-34　部件关键性评估问题

序号	问题
1	部件是否用于证明符合所注册工艺的规定
2	功能／部件是否用于控制一个关键工艺参数
3	功能／部件的正常操作或控制对产品质量或功效是否具有直接的影响
4	从功能／部件获取的信息被记录为批记录、批放行数据或其他 GMP 相关文件的一部分
5	部件是否与产品、产品成分或产品内包材直接接触
6	功能／部件是否用于获得、维护或测量／控制可以影响产品质量的关键工艺参数，而对控制系统性能无独立的验证
7	功能／部件是否用于创建或保持某种系统的关键状态

表 4-34 中所列的 7 个问题中，只要有 1 个问题的答案是"是"，就将该功能／部件归类为关键的功能／部件。

以压片系统为例，对部件关键性评估的各个问题／依据进行分析，见表 4-35。

表 4-35　部件关键性评估（示例）

序号	部件／功能	说明／任务	1	2	3	4	5	6	7	是否关键?
进料系统										
1	进料料斗	物料暂存	N	N	N	N	Y	N	N	Y
2	填料伺服电机	调节填料凸轮控制填料深度	N	Y	Y	N	N	N	N	Y
冲压系统										
1	冲模	冲压物料	N	N	N	N	Y	N	N	Y
2	压力调节装置	预／主压调节	N	Y	Y	Y	N	N	N	Y
出料系统										
1	药片刮板	引导药片	N	N	N	N	Y	N	N	Y
2	单片剔废装置	剔除不合格药片	N	Y	N	N	N	N	N	Y
软件系统										
1	操作系统	应用程序的运行平台	N	N	N	N	N	Y	N	Y
2	应用系统	设备控制及数据处理	N	N	N	N	N	Y	N	Y

序号	部件 / 功能	说明 / 任务	问题							是否关键?
			1	2	3	4	5	6	7	
		功能流程								
1	权限功能	权限控制和管理	N	N	N	N	N	Y	Y	Y
2	参数设置功能	设备参数设置及保存	N	Y	N	N	N	Y	N	Y

B. 第二阶段 – 关键部件的风险评估 以压片系统为例，对评估出的关键性部件，继续进行风险评估，采用 FMEA 工具，如表 4–36 所示。

C. 总结 根据不同的风险优先性类型（H/M/L），需要采取不同的降低风险的措施，包括但并不限于进行确认、设计变更、建立 SOP、增加技术规格的详细信息等。采取措施之后再次对该风险进行评价，是否可接受。

根据风险评估的结果，可以确定验证工作的重点，为验证中的测试项目提供了科学、合理的依据。

4.11.2.3 工艺设备验证

口服固体制剂工艺复杂，包括多个操作单元，每个操作单元对应不同的设备，且品种繁多，决定了口服固体制剂的工艺设备存在类型多，且很多为自行设计的特点。本节将从口服固体制剂工艺设备用户需求说明、设计确认、安装确认、运行确认、性能确认五个方面分别对验证执行特点进行简要阐述。

4.11.2.3.1 用户需求说明

固体制剂工艺设备能否正确设计和选购，应通过提出设备用户需求说明来实现，应根据生产品种的具体工艺针对性地制定用户需求说明，一般应考虑法规要求、技术要求、服务要求等几个方面。

口服固体制剂因其工艺特点，生产过程中会产生大量粉尘，导致交叉污染和粉尘暴露的风险，设备选型多采取密闭操作形式或加装除尘设施，使产品暴露程度降至最低。口服固体制剂设备多为与物料直接接触的设备，设备材质要求：不与物料发生反应、吸附药品或向药品中释放有影响物质的材质。口服固体制剂设备工艺复杂，品种繁多，设备各项控制参数的精度应能满足产品生产工艺所要求控制的精度范围。大型的设备应考虑提供自动化物料处理系统，不同的工艺步骤之间考虑采用重力自流进料。

以压片系统为例，对口服固体工艺设备用户需求说明特点进行举例说明，见表 4–37。

表 4-36 关键性部件的风险评估（示例）

序号	部件/功能	说明/任务	失效事件	最差影响情况	S	P	D	风险优先性	建议采取措施	S	P	D	风险优先性	评论
1	进料料斗	物料暂存	表面抛光度及材质不合格	脱落杂质或滋生微生物	M	L	L	M	IQ中检查材质和表面抛光度证明	M	L	M	L	风险可控
2	填料伺服电机	调节填料凸轮控制填料深度	损坏或转速不准确	装量不稳、片重差异不合格	M	M	L	H	OQ中进行功能确认	M	M	H	L	风险可控
3	冲模	冲压物料	表面抛光度及材质不合格	脱落杂质或滋生微生物	M	M	L	M	IQ中检查材质和表面抛光度证明	M	L	M	L	风险可控
4	压力调节装置	预/主压调节	损坏或调节失准	片厚及硬度不合格	M	M	L	H	OQ中进行功能确认	M	M	H	L	风险可控
5	药片刮板	引导药片	表面抛光度及材质不合格	脱落杂质或滋生微生物	M	L	L	M	IQ中检查材质和表面抛光度证明	M	L	M	L	风险可控
6	单片剔废装置	剔除不合格药片	剔除功能失效	不合格药片混入产品	M	M	L	M	OQ中进行功能确认	M	M	H	L	风险可控
7	操作系统	其他程序的运行平台	软件出错或被破坏	控制系统无法正常工作，导致影响正常的生产工艺	H	L	M	M	在IQ时检查软件正确安装及版本信息	H	L	H	L	风险可控
8	应用系统	用于系统整体的运行控制	程序出错或者被破坏	控制系统无法正常工作，导致影响正常的生产工艺	H	M	M	M	在IQ时检查软件正确安装及版本信息	H	L	H	L	风险可控
9	权限功能	权限控制和管理	口令失效	非授权人员自进行系统操作，无限制或不可追溯	M	M	L	H	在OQ时进行系统访问功能测试；制定SOP，对系统的访问进行权限规范	M	M	H	M	风险可控
10	参数设置功能	设置设备及保存	参数设置功能不能实现或者设置参数范围不符合预定要求	控制系统无法正常工作，影响正常的生产工艺	M	M	L	H	OQ时对系统设置功能进行测试确认	M	M	H	L	风险可控

表 4-37 用户需求说明（示例）

URS 参考号	设备功能	需求说明
001	工艺控制要求	普通圆片：稳定运行速度大于 x 万片 / 小时。异型片：稳定运行速度大于 x 万片 / 小时
002		预压轮最大压力可达到 x kN。主压轮最大压力能达到 x kN
003		最大片厚 x mm
004		产品物料损失率：小于 x %（以可压淀粉为例）
005		片重差异：片重小于 0.3g 的控制在 ±5% 以内，片重大于等于 0.3g 的控制在 ±3% 以内
006	密闭要求	必须自带除尘装置，不能产生对环境有污染的物质
007		料斗进料口要进行密封，保证设备运行过程无粉尘泄漏
008	过程控制要求	采用强迫加料系统，加大药粉的填充能力。可独立控制加料器速度
009		待压物料经过下料斗传送到强迫加料器，物料完成填充后，经过预压、主压过程，压制成型
010		片重调节控制系统应具有自动重量控制系统，该系统具有统计分析和生产管理报告的功能，可通过该装置自动调节片剂重量
011		压力传感器：对压片过程每个冲头的压力进行监测，超出一定值时则报警停机
012		可以单片剔废
013	制造材料要求	任何与物料接触的工作部分必须采用 316L 不锈钢或 GMP 其他认可的材质，其余部分采用符合要求的其他材料制成，并提供相关材质证明。且其内表面抛光度应小于 0.4μm。设备支架表面必须耐腐蚀、易清洁，外表面进行拉丝处理。设备外罩金属部分采用 304 不锈钢制造
014		任何与物料接触的部位所用垫圈、密封圈和"O"形圈只能用制药级聚合材料，例如聚四氟乙烯
015		所有的焊接口进行抛光处理。整机内壁无死角
016	润滑剂要求	可能与药品接触的部件使用的润滑油应为食品级，无毒性。需提供润滑油的材质证明
017	计算机化要求	断电后保障 PLC 或 PC 数据不丢失，保证程序完整
018		系统配置有三级权限管理
019		需要配置主要工艺参数的数据采集和储存追溯系统

4.11.2.3.2 设计确认

设计确认通常指对设备的设计方案，包括功能说明、参数配置、平面布局、部件选型等是否符合 GMP 以及企业产品、生产工艺、维修保养、清洗、消毒等方面的要求。

设计确认是项目及验证的关键要素，因为设计的失误往往会造成设备或系统的先天性缺陷，最终可能造成企业工程进度延误和成本的浪费。

设计确认应重点审核设计中对产品质量、患者安全和数据完整性存在潜在影响的部分，主要包括：设备选型与功能完整性，性能参数和结构设计的合理性、先进性，操作方便和安全性，非正常情况的报警和保护措施等（表4-38）。下面对设计确认的要素进行概述。

A. 目的　以文件形式记录所确认的系统/设备在设计方面符合相关法规和客户的要求。

B. 确认内容　该阶段是针对企业拟购买的设备，为保证此购买计划能如期执行，所购买设备能符合预期的用途而拟定的考核方案，并根据方案进行确认的一系列过程。主要考核内容包括（但不限于）：设备使用材质（符合药用要求）；设备结构（便于操作、清洁、维护）；设备零件、计量仪表的通用性和标准化程度（利于维护）；需要的性能参数及需达到要求的产能。表4-38展示了压片系统设计确认的主要操作形式。

C. 确认步骤　明确采购目的；确认需进行设计确认的内容范围，接收标准的确定，设计确认方案批准。

表4-38　设计确认（示例）

序号	URS参考号	URS描述	设计文件描述	设计文件参考号	符合性
001	普通圆片：稳定运行速度大于 x 万片/小时。异型片：稳定运行速度大于 x 万片/小时	按照规格为普通圆片，设备的稳定运行速度设计值为 x 万片/小时。按照规格为异型片，设备的稳定运行速度设计值为 x 万片/小时	FS-1.1	□是 □否
......	......	......	......	□是 □否

4.11.2.3.3 安装确认

安装确认是对供应商所提供技术资料的核查，对设备、备品备件的检查、验收以及设备的安装检查，以证明其是否符合GMP、厂商的标准及企业特定技术要求的一系列活动。

原则上，安装确认包括两方面工作：一方面是核对供应商所提供的技术资料是否齐全，如设备、仪表、材料的合格证书、设备总图、零部件图纸、操作手册、安装说明书、备品备件清单等，并根据所提供资料与设备核对，检查到货与清单是否相符，是否与订货合同一致；另一方面是根据工艺流程、安装图纸检查设备的安装情况，如设备的安装位置是否合适，管路焊接是否光洁，所配备的仪表精度是否符合规定要求，安装是否符合供货商提出的安装条件等。应在安装确认的实施过程中做好各种检查记录，收集有关的资料及数据，制订设备或系统标准操作规程的草案。

由于口服固体制剂生产工艺多数为产尘岗位，从 GMP 防止污染和交叉污染、人员防护角度出发，要求口服固体制剂工艺设备在安装确认时着重对设备密封件、使用部件材质、润滑剂进行确认。下面对安装确认的要素进行概述。

A. 目的

    a. 检查和证明系统 / 设备是按照相应设计文件设计，并按照生产商 / 供应商提供的安装手册要求进行安装，各部件安装正确，能够满足用户和法规的要求。

    b. 确定支持文件、质量文件存在。

    c. 仪器仪表已经过校准。

B. 确认内容　必须具备的书面资料；设备所需公用工程系统的条件；主要部件的性能规格及材质；设备仪表的校准；润滑剂检查；安全措施或装置安装检查。

C. 确认步骤　对安装确认范围进行说明；对确认的系统进行说明；明确进行安装确认参考的法规和指南；明确公司各部门在确认中的职责；明确安装确认测试计划；规定确认的具体执行方法；执行方案；偏差处理；报告总结。

4.11.2.3.4 运行确认

运行确认是证明设备或系统各项技术参数能否达到设定要求的一系列活动，是确认设备所有可能影响产品质量的各个方面都在预期的范围之内运行。所有关键部件必须根据预先审批的确认方案进行测试，测试的方法和范围将根据设备的类型和复杂程度，以及设备的关键程度而定。按照设备的操作 SOP，对设备的运行情况进行考察，观察其技术指标以及运行中的噪声、震动、控制系统等，各项控制参数的精度应能满足生产工艺所要求控制的精度范围，应在运行确认中确认参数稳定，可以精确控制，以确保设备运行能达到设备设计要求。

运行确认要求至少满足：根据设施、设备的设计标准制定运行测试项目；试验 / 测试应在一种或一组运行条件之下进行，包括设备运行的上下限，必要时选择"最差条件"。

运行确认完成后，应当建立必要的操作、清洁、校准和预防性维护保养的操作规程，并对相关人员培训。下面对运行确认的要素进行概述。

A. 目的

    a. 运行确认应是在完成安装确认的基础上进行。

b. 安装确认中若有遗留偏差，需评估其不会影响运行确认的实施效果。

c. 运行确认通过记录在案的测试，确定系统所有关键组件按照设计在已定的限度和容许范围内能够正常的使用，且稳定可靠，能够满足用户及法规的要求。

B. 确认内容（通用测试项目不仅限于） 先决条件确认；人员确认；文件确认；培训确认；仪器仪表校准确认。

C. 对于自控的设备/系统，OQ 还应包括但不限于以下测试项目：输入输出测试；权限登陆确认；界面导航确认；审计跟踪确认；报警联锁测试；断电恢复确认；时钟准确度确认。

D. 表 4-39 展示了口服固体制剂主要工艺设备的关键运行确认项目。

表 4-39　运行确认项目

序号	工序	系统	设备	关键确认项目	测试使用主要仪器
1	原辅料预处理	粉碎称量系统	无尘投料站	物料转移量确认	电子秤
2			真空上料机	物料运输效率确认	秒表
3			粉碎机	粉碎桨转速及旋转方向确认	转速计
4			振荡筛分机	振荡频率可调性确认	目视观察
5			自动称量站	秤体准确性确认	砝码
6	制粒	湿法制粒线	湿法制粒机	喷液系统确认	电子秤
7				搅拌桨转速及转向确认	转速计
8				制粒桨转速及旋转方向确认	转速计
9				整粒机转速及旋转方向确认	转速计
10				喷淋球覆盖范围确认	核黄素、紫外灯
11				WIP 程序运行确认	目视观察
12			流化干燥床	高效检漏测试	发烟机、光度计
13				风量及温度系统确认	风速计、温湿度计
14				悬浮粒子数确认	粒子计数器
15				浮游菌确认	浮游菌采样仪
16				喷淋球覆盖范围确认	核黄素、紫外灯
17				WIP 程序运行确认	目视观察
18			干法整粒机	整粒机转速及旋转方向确认	转速计
19				喷淋球覆盖范围确认	核黄素、紫外灯
20				WIP 程序运行确认	目视观察
21	总混	总混系统	总混机	料斗转速及旋转方向确认	转速计

序号	工序	系统	设备	关键确认项目	测试使用主要仪器
22	压片	压片系统	压片机	转台转速确认	转速计
23				强制下料器转速确认	转速计
24				预压／主压调节确认	目视观察
25				剔废确认（待空白物料时）	目视观察
26			筛片机	振荡频率可调性确认	目视观察
27			金检机	金属剔除确认	含有规定质量的不锈钢、铁等测试片
28	包衣	包衣系统	包衣机	包衣锅转速确认	转速计
29				喷液系统确认	电子秤
30				高效检漏测试	发烟机、光度计
31				风量及温度系统确认	风速计、温湿度计
32				悬浮粒子数确认	粒子计数器
33				浮游菌确认	浮游菌采样仪
34				喷淋球覆盖范围确认	核黄素、紫外灯
35				WIP 程序运行确认	目视观察
36	内包线	铝塑包装系统	铝塑包装机	成型工位运行确认	目视观察
37				供料工位运行确认	目视观察
38				加热站和密封站温度测试	片式温度计
39				包材打印功能确认（如有）	目视观察
40				剔废系统确认（含成像系统）	人为设置缺粒、1/2 残粒、1/3 残粒
41				冲裁工位运行确认	目视观察
42				密封性测试（空白药板）	密封性检测仪、亚甲基蓝
43		瓶装系统	理瓶机	理瓶工位运行确认	目视观察
44			数粒机	数粒工位运行确认	目视观察
45				剔废功能确认	人为设置倒瓶；缺粒
46			上盖机	上盖工位运行确认	目视观察
47			旋盖机	旋盖工位运行确认	目视观察
48			电磁封口机	封口效果确认	目视观察
49	外包线	装盒机 检重秤 电子监管码系统	贴签机	贴签效果确认	目视观察
50				药盒外观确认	目视观察
51				欠重、超重剔除确认	电子天平
52				数据读取、关联及打印确认	目视观察

E. 确认步骤　对运行确认范围进行说明；对确认的系统进行说明；明确

进行运行确认参考的法规和指南；明确公司各部门在确认中的职责；明确运行确认测试计划；规定确认的具体执行方法；执行方案；偏差处理；报告总结。

4.11.2.3.5 性能确认

性能确认是为了证明设备、系统是否达到设计标准和 GMP 有关要求而进行的系统性检查和试验。

就口服固体制剂生产设备而言，性能确认系指通过设备整体运行的方法，考察设备运行的可靠性、主要运行参数的稳定性和运行结果重现性的一系列活动。应当根据已有的生产工艺、设施和设备的相关知识制定性能确认方案，使用生产物料、适当的替代品或者模拟产品来进行试验/测试。验证使用的物料必须符合规定的质量要求，生产操作过程必须执行制定的 SOP。应当评估测试过程中所需的取样频率。对于比较简单、运行较为稳定、人员具备同类设备实际运行经验或风险级别较低的生产线，可将性能确认与产品的工艺验证结合来进行。

A. 目的　性能确认的目的是提供文件证据证明生产产品所需的系统，能基于批准的工艺方法和产品标准，作为组合或分别进行有效的重复的运行。

B. 确认内容（以普通系统压片机为例，不仅限于）　先决条件确认；人员确认；培训确认；SOP 确认；压片性能确认。

C. 表 4-40 展示了口服固体制剂主要工艺设备的关键性能确认项目。

237

表 4-40　性能确认项目

序号	工序	系统	设备	关键确认项目	测试使用主要仪器
1	原辅料预处理	粉碎称量系统	无尘投料站	N/A	N/A
2			真空上料机	N/A	N/A
3			粉碎机	粒度分布	激光粒度分布仪
4			振荡筛分机	粒度分布	激光粒度分布仪
5			自动称量站	N/A	N/A
6	制粒	湿法制粒线	湿法制粒机	混合均匀度（预混）	HPLC；可采用 PAT 技术（过程控制技术）进行在线监测
7				混合均匀度（制粒后）	HPLC；可采用 PAT 技术（过程控制技术）进行在线监测
8			流化干燥床	水分	水分测定仪
9			干法整粒机	粒度分布	激光粒度分布仪
10	总混	总混系统	总混机	混合均匀度（制粒后）	HPLC；可采用 PAT 技术（过程控制技术）进行在线监测

序号	工序	系统	设备	关键确认项目	测试使用主要仪器
11	压片	压片系统	压片机	片重 / 片重差异	电子天平
12				脆碎度	脆碎度仪
13				硬度	硬度仪
14				片厚	游标卡尺
15			筛片机	外观	目视观察
16			金检机	N/A	N/A
17	包衣	包衣系统	包衣机	外观	目视观察
18				包衣增重	电子天平
19				溶出度 / 崩解度	溶出仪 / 崩解仪
20	内包线	铝塑包装系统	铝塑包装机	批号效期信息	目视观察
21				密封性	密封性检测仪
22				生产速度	秒表
23				合格品率	目视观察
24		瓶装系统	理瓶机	N/A	N/A
25			数粒机	药粒准确性	目视观察
26			上盖机	N/A	N/A
27			旋盖机	旋盖外观（必要时扭力测试）	目视观察（必要时扭力计）
28			电磁封口机	封口效果确认（必要时密封性检测）	目视观察（必要时密封性检测仪）
29	外包线 装盒机 检重秤 电子监管码系统			贴签机 贴签效果确认	目视观察
30				药盒外观确认 目视观察	
31				生产速度	秒表
32				合格品率	目视观察
33				欠重、超重剔除确认	电子天平
34				数据读取、关联及打印确认	目视观察

D. 确认步骤　对性能确认的目的进行说明；对性能确认范围进行说明；明确进行性能确认参考的法规和指南；明确公司各部门在确认中的职责；明确性能确认测试计划（包括使用物料、取样、检测等）；执行方案；偏差处理；报告总结。

性能确认中应特别注意流量、压力和温度等监测仪器必须经过校准并在校准期内；制订详细的取样计划，并得到相关部门的批准；分析方法已经过验证。性能确认时空白批记录应已编制，按照设备 SOP 和方案的要求进行操作、取样并记录运行参数。

4.12 工艺验证

4.12.1 工艺验证概述

工艺验证一般分为三个阶段：工艺设计、工艺确认和持续工艺确认。

4.12.1.1 第一阶段 – 工艺设计

在工艺设计阶段应该开发工艺和产品知识，建立控制策略。开发过程可集中使用风险评估与管理。工艺与产品知识随着药品研发计划的深入而发展。开发早期阶段，需为使用生命周期方法进行的工艺验证设计一个全面、有效的方案。早期策划可促使第一阶段数据的收集，有利于第二阶段商业化工艺确认的高效与成功，同时也为第三阶段的持续工艺确证奠定了基础（图4-115）。

工艺验证生命周期第一阶段的可用知识来源，包括：

A. 先前类似的工艺经验。

B. 对产品与工艺的理解（来自临床及预临床活动）。

C. 出版物及代表文献。

D. 工程研究 / 批次。

E. 临床药品生产。

F. 工艺开发与特征研究。

第一阶段工艺验证可交付成果：

A. 目标产品质量档案（QTPP） 第一阶段开始前完成。

B. 与关键风险评估和所需置信度相对应的关键质量属性（CQA）。

C. 制造工艺设计 描述包括工艺输入、输出、收率、过程中间检验与控制，以及每一单元操作的工艺参数，工艺溶液处方、原料、标准，来自实验室或中试生产的批记录及生产数据。

D. 分析方法（产品、中间体、原料）。

E. 质量风险评估 在工艺特征前，基于风险的初始参数分类。

F. 关键性与风险评估 识别与关键性和风险分析相对应的工艺参数。

G. 工艺特征 工艺特征计划与方案，研究数据报告。

H. 工艺控制策略 放行标准。

```
第一阶段    工艺开发              建立目标产品档案与质量目标产品档案

                              识别关键质量属性（CQA）

                              定义生产工艺

           工艺特征描述         实施质量风险评估初始参数分类
           放大，技术转移，
           设计空间（优化），
           设置                实施工艺特征实验，如实验设计

                              以关键性为基础，对参数进行最终分类并建立控制策略

第二阶段    商业化工艺确认        实施工艺控制策略

                              实施、公用工程、设备确认

                              工艺性能确认

第三阶段                       持续工艺确认
```

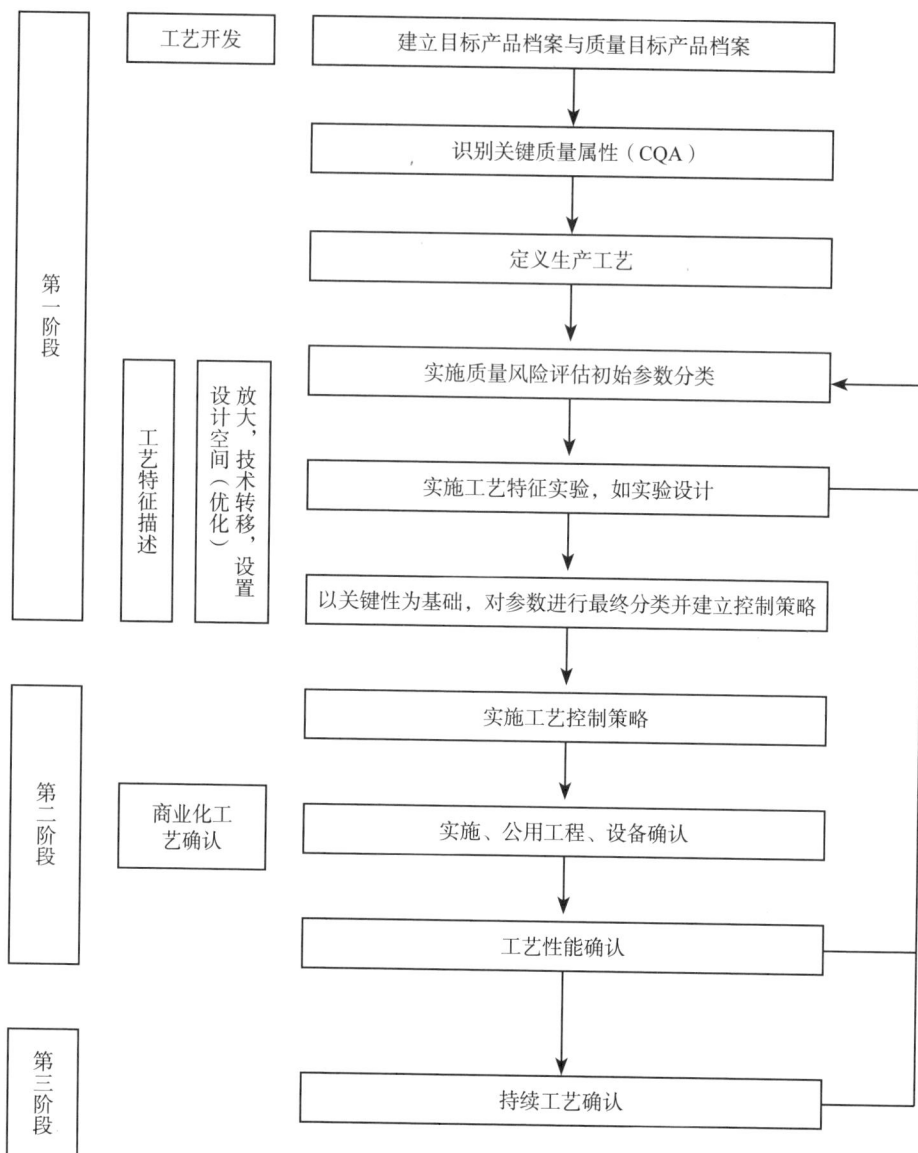

图 4-115 工艺验证活动全过程

I. 过程中间控制与限度。

J. 工艺参数设置点与范围。

K. 日常监测要求（包括过程中间控制的取样与检验）。

L. 中间体、工艺溶液的储存与时间限度，及工艺步骤。

M. 原料／成分质量标准。

N. 设计空间（如适用）。

O. 工艺分析技术的应用。

P. 产品特征检验计划。

Q. 生产技术　生产设备能力及工艺兼容性评估。

R. 放大 / 缩小试验方法。

S. 研发文件　工艺设计报告。

T. 工艺验证主计划。

4.12.1.2 第二阶段 – 工艺确认

在工艺验证的工艺确认（PQ）阶段，对工艺设计进行评估以确认在此阶段工艺是否具备可重现的商品化生产能力。该阶段具有两个因素：①厂房设施设计以及设备和公用设施确认；②工艺性能确认（PPQ）。在第二阶段，必须遵照 cGMP 的程序。进入商业化流通前，第二阶段必须完成。在此阶段生产的产品，审核通过后可以放行流通。

4.12.1.2.1 厂房设施设计以及公用设施与设备确认

为保证适用的厂房设施设计和试运行而进行的活动应先于工艺性能确认（PPQ）。公用设施和设备确认一般包括下述活动。

A. 选择公用设施和设备建筑材料、操作原则，以及性能特性是否已适用于其特定用途为基础。

B. 核实公用设施体系和设备遵照设计规范建造与安装。例如，使用适当材料、产能和功能，按照设计建造，并正确连接和校准。

C. 按照工艺要求操作，在所有预见的运行范围内，核实公用设施系统和设备。应包括在可与日常生产预期相比的负荷下考验设备或系统功能。还应包括预期的日常生产条件的干预、停止和启动性能。运行范围应显示能够保持与日常生产需要相一致，甚至更长（图 4-116）。

公用设施与设备确认可被个别计划覆盖，或作为一项整体项目计划的部分。计划应考虑使用需要，并融入风险管理，使某些活动得以优先进行，并从确认活动表现和文件记录两方面确认投入水平。计划应确定：使用的研究或检测；适用于评价结果的标准；确认活动的时机；相关部门和质量部门的责任；文件记录和批准确认程序。

项目计划应包括公司对变更评价的要求。确认活动应用文件记录，并用突出计划标准结论的报告加以总结。质量控制部门必须审核和批准确认计划和报告。

4.12.1.2.2 工艺性能确认

工艺性能确认（PPQ）是第二阶段工艺确认的第二个因素。工艺性能确认（PPQ）结合实际设施、公用设施、设备以及在商品化制造工艺、控制程序和生产商品批次组分方面接受过训练的人员。成功的工艺性能确认应可显

转移第一阶段工艺设计的工艺设计要求与关键工艺参数信息

工程 —设计→ 实施设计确认/审核来证实系统设计符合工艺要求

实施系统风险或影响评估来判断对产品质量有关影响的系统或系统组分

安装 —建造、装配、安装→ 实施工厂验收测试与现场验收测试来证实系统符合设计规范

运行 —试运行→ 实施工程与试运行研究来证实系统处于可靠工作状态

根据工艺要求和系统能力开发的确认方案，应包括测试功能可接受标准

系统确认/确证 —测试→ 评价试运行期间获取的信息以判断确认的影响

实施系统确认研究来确保系统符合工艺要求

评价确认结果并放行工艺性能确认系统

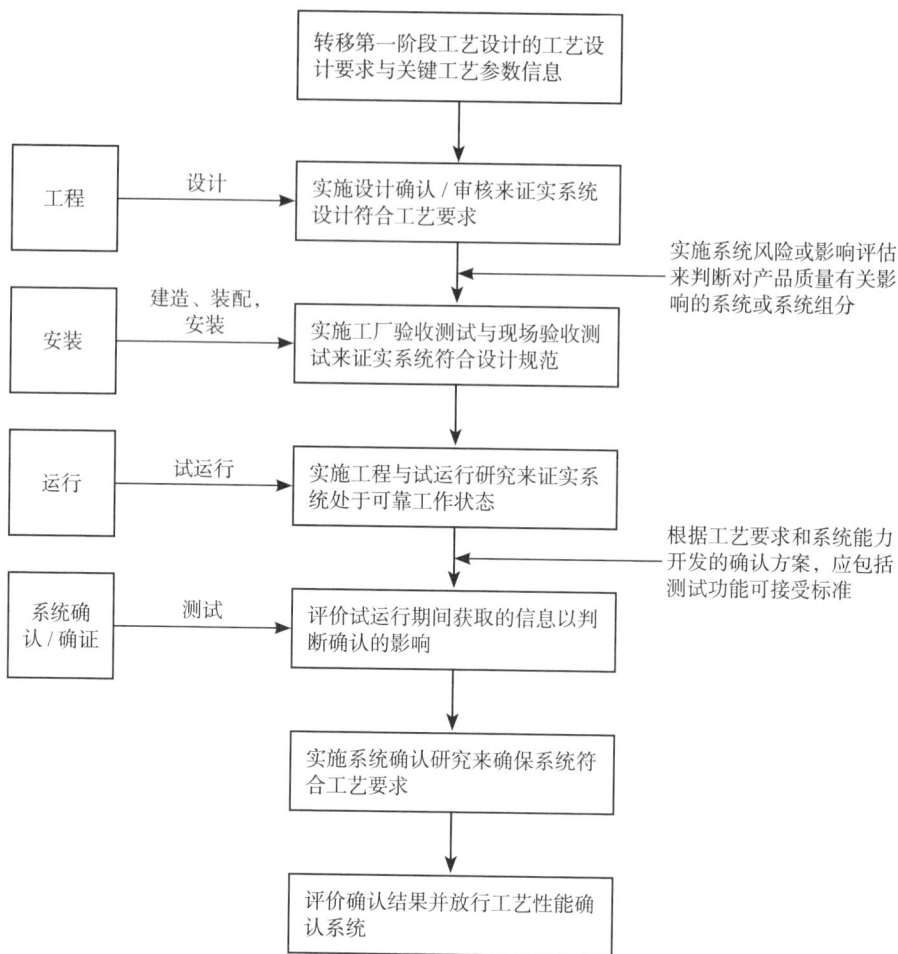

图 4-116 标准系统确认顺序

示商品化制造工艺性与预期一样。

此阶段的成功是产品生命周期中的重要里程碑。生产商着手药品商业流通之前，必须成功完成工艺性能确认（PPQ）。开始商业流通的决策应有来自于商品化大生产批次的数据支持。来自于实验室小试和中试研究的数据有助于设计商品化制造工艺。

工艺性能确认的方法应基于可靠的科学、生产商对产品和工艺的理解以及可验证并控制的总体水平。来自所有相关研究的累积数据，例如，经过设计的实验、实验室小试、中试以及商品批次，应用于在工艺性能确认中建立生产条件。为充分理解商品化工艺，生产商需考虑规模效应。如果有工艺设计数据提供保证，通常不需要在商品化大规模生产探索整个运行范围。

在绝大多数情况下，与典型的常规商品化生产相比，工艺性能确认将拥

有较高的取样和额外的检测水平，以及更仔细的工艺性能详查。监测和检测水平应足以在整个批次内确认产品质量的一致性。在适当的情况下，审查、检测和取样程度增加应持续贯穿工艺核实阶段，以建立常规取样和对特定产品及工艺的监测水平和频率。考虑加强取样期限和监测期可能包括，但不限于产量、工艺复杂性、工艺理解水平和类似产品及工艺的经验。

使用过程分析技术（PAT）的生产工艺可能需要不同的工艺性能确认方法。过程分析技术工艺可用来实时检测一种在加工材料的多种属性，并在随后通过实验时控制环路工艺进行调整，以使工艺保持产出材料质量。工艺设计阶段和工艺确认阶段应集中于待检测属性的检测系统和控制环路。无论如何，验证任何生产工艺的目的只有一个：为工艺可重现和始终如一的产出优质产品建立科学证据。

4.12.1.2.3 工艺性能确认方案

规定了生产条件、控制、检测和预期结果的书面方案对质量验证的过程至关重要。建议方案讨论下述要素。

A. 生产条件　包括运行参数、工艺限度和组分（如：原料药、药用辅料）输入。

B. 待收集数据以及何时和如何对其进行评估。

C. 每一重要工艺步骤需展开的检测（过程、放行、鉴定）以及可接受标准。

D. 取样方案　包括每一单元操作及属性的取样点、样品数和取样频率。样品数应该对批内和批间质量均足以提供统计学置信度。选定的置信水平应可以对样品的特殊属性提供相关的风险分析。此阶段取样应比日常生产中的典型取样更多。

E. 产品的一致性基于科学和风险的决策标准和工艺性能指标。这些标准应包括：用于分析所有收集数据的统计学方法描述，例如：定义批内及批间变异的统计度量；强调期望条件与非一致性数据处理偏差的规定。就工艺性能确认而言，如果没有文件证明和基于科学的正当理由，则数据不应被排除。

F. 厂房设施设计和公用设施及设备确认、人员培训与确认，以及材料来源核实（组分和容器/密闭材料）。

G. 用于工艺、在加工材料和产品测定的分析方法验证状态。

H. 相应部门及质量部门对方案的审核和批准。

4.12.1.2.4 工艺性能确认执行与报告

在相应部门对方案已经审核和做出批准后，方可执行工艺性能确认方案。对方案的任何偏离，必须按照方案中已建立的程序或规定做出。这种偏离在实施前必须由所有相应部门和质量部门证明合理和批准。

工艺性能确认批次应在正常条件下，由日常要求进行工艺中负责该单元操作的人员生产。正常操作条件应包括公用设施系统（如空气处理和纯化水）、物料、人员、环境和制造工序。

方案完成之后，应编写报告，用文件记录和评价遵守书面工艺性能确认方案情况。该报告应包括如下部分。

A. 讨论并相互参照方案的所有方面。

B. 按照方案规定，总结所收集的数据和对数据进行分析。

C. 对任何意外的观察和方案中没有规定的额外数据进行评估。

D. 总结和讨论所有生产中的不符合项，例如偏差、异常检测结果或与工艺有效性有关的其他信息。

E. 充分详细的说明应该对现行程序与控制采取的任何整改措施或变更。

F. 对数据是否显示工艺符合方案建立的条件，和公式是否被认为处于受控状态，详述明确结论。该结论应基于对工艺批准，以及从设计阶段到工艺确认阶段获得的所有知识和信息汇编条件下，放行按照该工艺生产批次进入市场的有文件证明的正当理由。

G. 包括所有相应部门和质量部门审核和批准。

4.12.1.2.5 混合均匀性验证

2003 年，美国 FDA 发布的《干粉混合和制剂成品 – 中控剂量分层取样和评估草案中》，建议在生产工艺验证批过程中，独立评估粉末混料、中间产品和成品的均匀性。建议在生产验证批之前，确定取样点和验收标准。

A. 在混合机中确定至少 10 个能够代表混合最差情况的取样点。如：在倾斜的混合机中（如 V 型混合机、双圆锥型或鼓式混合机），至少从混合机轴心线两个深度选择取样点。对于对流混合机（如带式混合机），应特别注意取样应包括拐角处和出料口，取样体积应一致（建议至少 20 个取样点以充分验证对流混合机）。

B. 每个取样点至少重复取样 3 个，样品应符合以下标准。

- 每个取样点检验 1 个样品（样品数 $n \geq 10$）（对于带式混合机 $n=20$）。
- 所有结果的 RSD ≤ 5.0%。
- 所有结果均在平均值的 10.0%（绝对值）以内。

如果样品不符合以上标准，建议根据图 4-117 的流程调查失败原因。同时也建议在达到以上标准之前不要进一步进行任何文中所述的方法。

从混合的物料中取样，至少 10 个取样点，每个取样点至少重复取样 3 次

↓

每个取样点测定一个样品

↓

样品混合标准：RSD ≤ 5.0% 并且所有样品在平均值（绝对值）的 ±10% 以内

↓

是否符合标准？

NO → 测定每个取样点的第 2 个和第 3 个样品

Yes → 制剂：灌装或压片过程中，每个取样点取样 7 个剂量单位，至少 20 个剂量单位

测定每个取样点的第 2 个和第 3 个样品

↓

调查初次"不合格"原因

↓

混合是否有问题？

NO → 调查混合取样点差错或其他原因

Yes → 混合不均匀

调查混合取样点差错或其他原因

↓

每个取样点至少测定 7 个样品，精密稳定

制剂：灌装或压片过程中，每个取样点取样 7 个剂量单位，至少 20 个剂量单位

↓

每个取样点至少测定 3 个样品，精密称定

↓

剂量单位已经通过标准：所有样品 RSD ≤ 4.0%，每个取样点平均值在标准的 90.0%~110.0%，并且所有样品在标准的 75.0%~125.0%

↓

是否符合标准？

NO → 测定每个取样点的另外几个样品，精密称定

Yes → 粉末混合均匀

测定每个取样点的另外几个样品，精密称定

↓

剂量单位临界通过标准：所有样品 RSD ≤ 6.0%，每个取样点平均值在标准的 90.0%~110.0%，并且所有样品在标准的 75.0%~125.0%

↓

是否符合标准？

NO → 混合不均匀，或快速的混合导致偏差

Yes → 粉末混合均匀

混合不均匀，或快速的混合导致偏差 → 返回研发

混合不均匀 → 返回研发

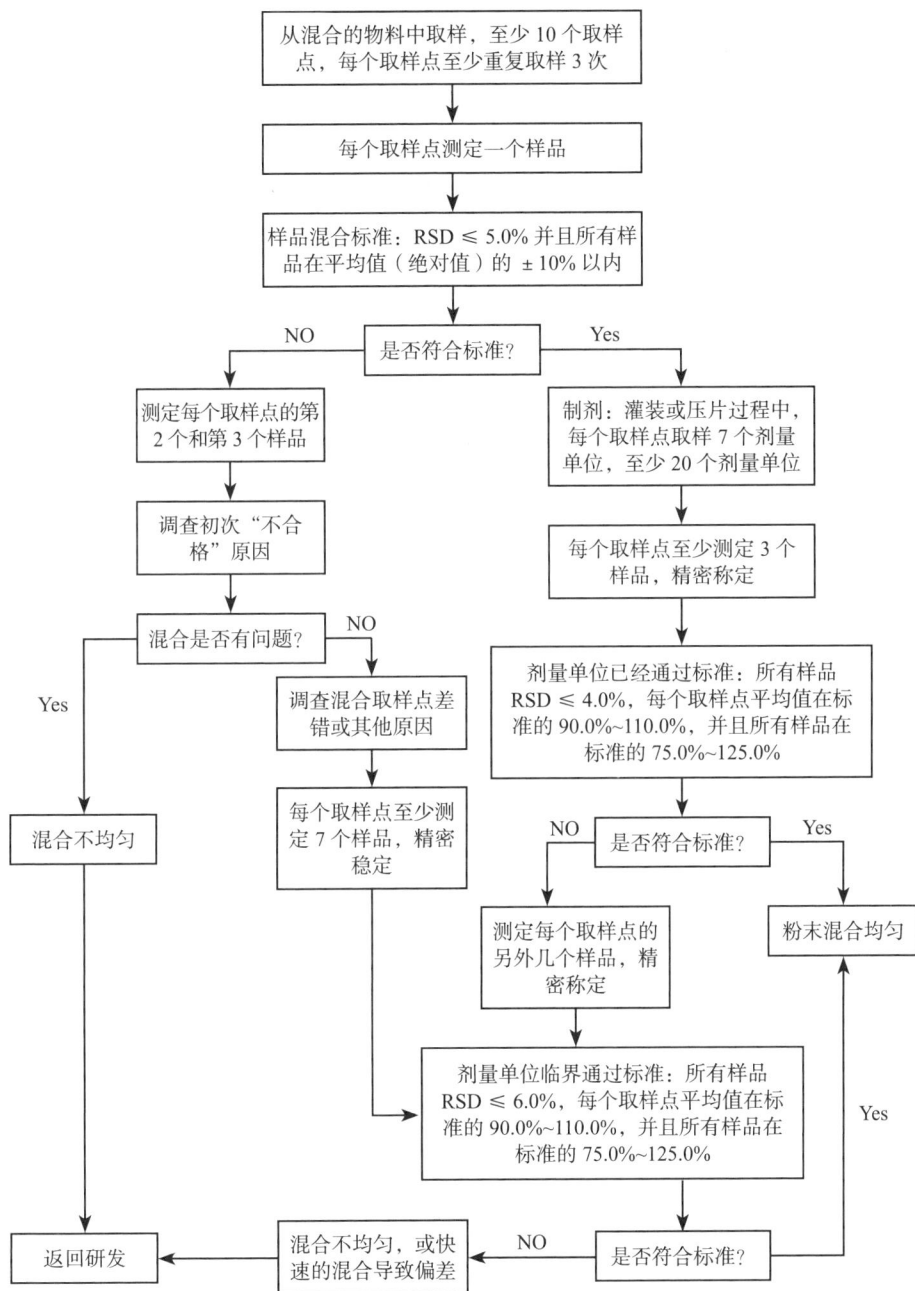

图 4-117　生产标准确认

　　取样错误会出现在某些粉末混合、取样器具和技术，导致只凭借混合数据评价混合均匀性不切实际。在这种情况下，建议结合中控制剂数据与混合样品数据来评价混合均匀性。

某些粉末混料直接取样时会出现不可接受的安全风险。此种安全风险一旦发现，应证明替代取样规程的合法性。在这种情况下，工艺经验和间接取样数据与增加的中控制剂数据结合，可证明粉末混合的充分性。证明此替代规程应用的检验数据应有总结报告，并保存在生产车间。

4.12.1.2.6 生产标准确认

建立标准和常规生产控制之前，应先完成粉末混料均匀性评估和中间产品分层取样纠正改进过程。建议根据修正的中间产品分层取样和检验结果评估分布状态确定 RSD。RSD 值应用来区分检验结果：已经通过（RSD ≤ 4.0%）、临界通过（RSD ≤ 6.0%），或不能够证明批混合均匀（RSD > 6.0%）。

A. 中间产品取样和检验　推荐步骤如下。

　　a. 从压片或灌装操作全过程，谨慎选择中间产品取样点。取样点应包括重大工艺事件，如料斗变更、灌装或设备故障和压片或灌装操作开始和结束。取样点应至少 20 个，每个取样点至少取 7 个样，总取样数至少为 140 个。以上包括循环取样点和重大事件取样点。

　　b. 每个取样点至少取样 7 个中间产品剂量。

　　c. 此 7 个样品至少检验 3 个，每个结果重量纠正（对于给定的产品和工艺应规定样品数量，并且经过验证）。

　　d. 采用剂量单位分层取样数据分析，证明此批活性成分呈正态分布。出现趋势、双峰分布或其他非正态分布的分布形式迹象，都应进行调查。如发生此种现象，严重影响批混合均匀性，应进行校正。

　　e. 对这些分析进行总结。总结中应包括可能的调查结果与批状态分布描述。

作为批状态分析的增加，建议根据以下程序对试验结果分类为已经通过或临界通过。

B. 符合已经通过等级的标准　如果检验结果不符合已经通过等级标准，应检验其他样品（每个取样点的所有 7 个剂量样品），与以下标准比较检验结果。

　　a. 对于所有单独的结果（每批 $n \geq 60$），RSD ≤ 4.0%。

　　b. 每个取样点平均值在规定浓度的 90.0%~110.0%。

　　c. 所有结果在规定浓度的 75.0%~125.0%。

如果检验结果符合以上标准，可分类为已经通过，可以开始美国 FDA《干粉混合和制剂成品 – 中控剂量分层取样和评估草案》Ⅶ部分所述使用标准化验证方法（SVM）的常规批检验。如果检验结果不符合以上标准，建议与下述临界通过标准比较。

C. 符合临界通过等级的标准　对于每个单独批，与以下标准比较检验结果。

  a. 所有结果（每批 $n \geq 140$），RSD $\leq 6.0\%$。

  b. 每个取样点的平均值在规定浓度的 90.0%~110.0%。

  c. 所有单个结果在规定浓度的 75.0%~125.0%。

如果检验结果符合以上标准，可分类为临界通过。如果检验结果不符合以上标准，建议调查失败原因，找出正当的非偶然原因，纠正缺陷，重复粉末混料均匀性评估，中控剂量取样纠正，和初始标准建立程序。

D. 常规生产的取样点　建议对粉末混料评估分析数据到分层样品检验数据做一个总结。从这些分析数据中，建立常规生产的分层取样点，考虑重大工艺事件及其对中间产品和成品质量的影响。在胶囊灌装或制片过程中，应至少选择 10 个能够代表整个批生产过程的取样点。

4.12.1.2.7 常规批生产检验方法

建议在完成上述粉末混料混合充分性和成品含量均匀性评估之后，对照以下标准评估常规批生产。

常规生产批检验方法包括标准条件方法（SCM）和临界条件方法（MCM）。SCM 包括两个阶段，两个阶段接受/拒绝标准相同。建议第二阶段使用更大的取样量以符合标准。MCM 的接受/拒绝标准与 SCM 的不同。

如果批数据不符合 SCM 标准，建议连续取样和检验，已达到强化标准（MSM）。验证方法和从一个方法转换到另一个方法的程序，在下文和图 4-118 常规批生产检验流程图中详述。

在使用图 4-118 证明常规生产过程中混合充分和含量均匀性之前，先进行粉末混合评估、分层取样纠正和建立初始标准。在灌装或压片过程中，至少确定 10 个代表整批的取样点。每个取样点取样 3 个或更多。

A. 标准条件方法（SCM）　当符合以下条件之一时，使用 SCM 验证方法。

  a. 建立初始标准结果为已经通过等级标准。

  b. MCM 检验结果达到转化为 SCM 标准。SCM 应与下文所述使用其他不同数量的样品检验结果符合相同的标准。

  要进行第一阶段检验，建议：①从每个取样点至少收集 3 个剂量单位样品；②每个取样点检验 1 个样品；③结果进行重量纠正；④结果与以下标准比较。

所有结果的 RSD（$n \geqslant 10$）$\leqslant 5.0\%$

所有结果平均值在规定浓度的 90.0%~110.0% 范围内。

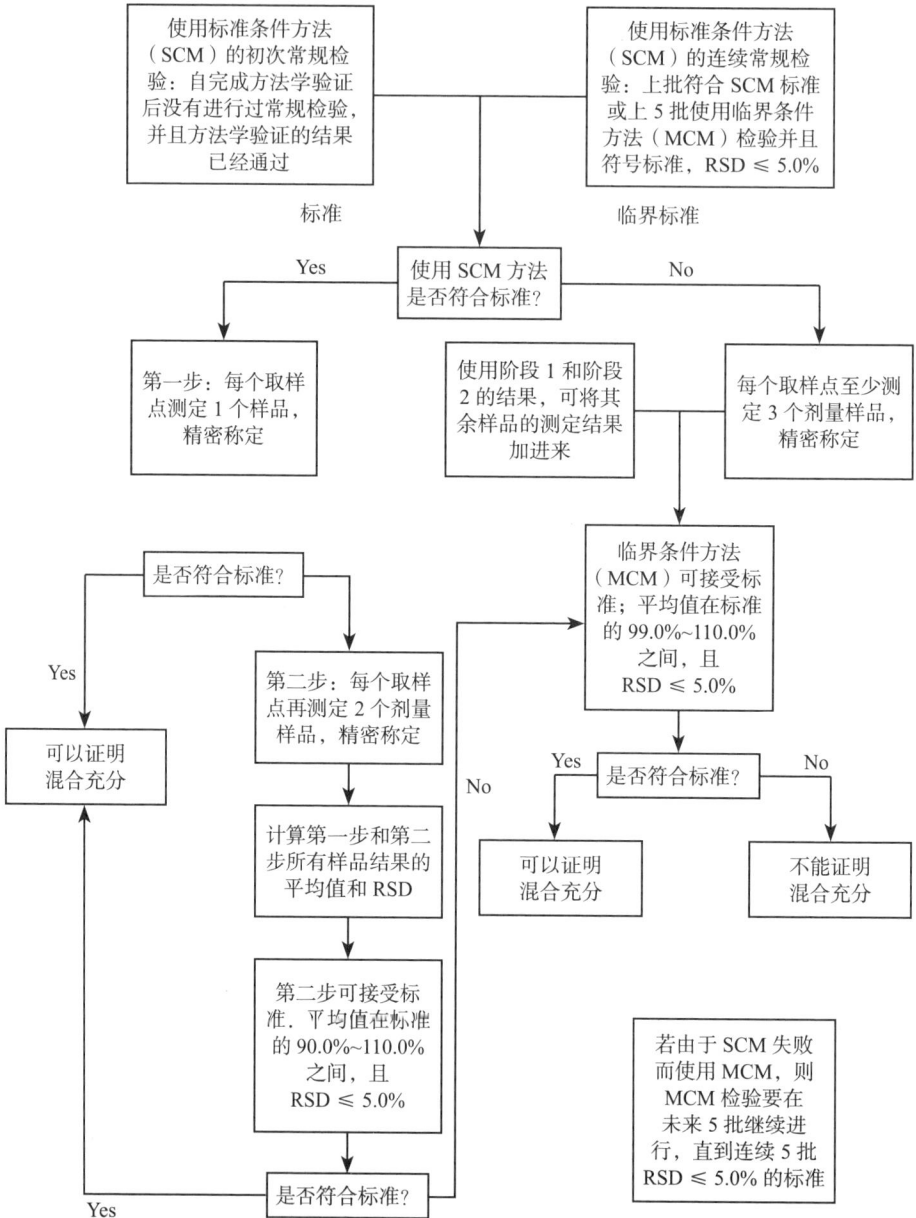

使用标准条件方法（SCM）的初次常规检验：自完成方法学验证后没有进行过常规检验，并且方法学验证的结果已经通过

使用标准条件方法（SCM）的连续常规检验：上批符合 SCM 标准或上 5 批使用临界条件方法（MCM）检验并且符号标准，RSD $\leqslant 5.0\%$

标准　　　　　　临界标准

使用 SCM 方法是否符合标准？

Yes　　　　　　No

第一步：每个取样点测定 1 个样品，精密称定

使用阶段 1 和阶段 2 的结果，可将其余样品的测定结果加进来

每个取样点至少测定 3 个剂量样品，精密称定

临界条件方法（MCM）可接受标准；平均值在标准的 99.0%~110.0% 之间，且 RSD $\leqslant 5.0\%$

是否符合标准？

Yes

可以证明混合充分

第二步：每个取样点再测定 2 个剂量样品，精密称定

计算第一步和第二步所有样品结果的平均值和 RSD

第二步可接受标准．平均值在标准的 90.0%~110.0% 之间，且 RSD $\leqslant 5.0\%$

是否符合标准？

Yes　　　　　　No

可以证明混合充分

不能证明混合充分

若由于 SCM 失败而使用 MCM，则 MCM 检验要在未来 5 批继续进行，直到连续 5 批 RSD $\leqslant 5.0\%$ 的标准

No

Yes

是否符合标准？

图 4-118　常规批生产检验

若结果符合以上标准，并且本批所用混料混合充分性和剂量含量均匀性都合适，下批可以使用 SCM。如果检验结果不符合第一阶段标准，应扩大检验至第二阶段可接受标准。

要进行第二阶段检验，建议检验第一阶段检验每个取样点剩余的 2 个剂量的样品，计算两个阶段所得所有数据的平均值和 RSD。结果与以下标准比较。

所有结果（$n \geqslant 30$），RSD ≤ 5.0%

所有结果平均值在规定浓度的 90.0%~110.0% 范围内。

若结果符合以上标准，并且本批所用混料混合充分性和剂量含量均匀性都合适，下批可以使用 SCM 的第一阶段。如果检验结果不符合标准，使用下一部分所述 MCM。

B. 临界条件方法（MCM） 粉末混料评估、中控剂量分层取样纠正和初始标准建立之后，应当符合下面任一条件时，建议使用 MCM。

a. 初始标准建立的结果为临界通过标准。

b. 初始标准建立的结果为已经通过标准或一批根据 SCM 检验且检验结果不符合第一阶段和第二阶段的标准。

建议使用 SCM 第二阶段的重量纠正结果，并且与下述 MCM 标准比较。

所有结果（$n \geqslant 30$），RSD ≤ 6.0%

所有结果平均值在理论值的 90.0%~110.0% 范围内。

建议所有剩余取样点分析得到的所有结果与 SCM 第二阶段数据一起计算。分析中不得删除任何检验数据。如果检验结果符合以上标准，本批混合充分并且含量均匀性适当。建议继续使用 MCM 进行常规批生产检验。

如果检验结果不符合以上标准，不应使用验证检验方法来保证混合充分或含量均匀性，直到调查失败（参考 21 CFR 211.192），确定出正当的非偶然原因，采取必要的纠正措施并且重复粉末混合评估、分层取样纠正和初始标准建立程序。

C. 从临界检验方法转换到标准检验方法 当符合以下标准时，可以转换为 SCM。

连续 5 批通过 MCM 标准，且 RSD ≤ 5.0。

美国 FDA 拟撤销上文所述混合均匀性的检测方法，要求用统计学方法确保产品含量均匀度能通过 USP < 905 >。ISPE 也提出应使用统计学方法来决定混合均匀度（BU）和过程剂量均匀度（IPCU）。

4.12.1.3 第三阶段 – 持续工艺确认

4.12.1.3.1 目的与策略

持续工艺确认计划为确保工艺确认阶段成功后仍处于受控状态提供一种

手段。第一阶段和第二阶段期间所收集的信息与数据为日常生产的有效控制策略及有意义的持续工艺确认提供了基础。

对工艺变量的持续监测可调整持续工艺确认计划范围内的输入，其弥补了工艺的变异性，确保输出始终如一。因为不可能对所有潜在变异来源进行预期并在第一阶段与第二阶段中定义，意外事件或从持续工艺确认中辨识的趋势可表明工艺控制中的问题和（或）突出显示工艺改进的机遇。开发阶段，科学及基于风险的工具有助于对高水平工艺的理解，随后结合产品生命各阶段的知识管理，促进了持续监测的措施。

4.12.1.3.2 持续工艺确认程序的文件编制

持续工艺确认计划开始于商业规模控制策略（第一阶段）制定时期，高级别的质量体系方针/文件概述了各部门的互动及信息的编辑与审核，以确保验证状态的维持。根据方针文件及工艺验证主计划，某产品特定的持续工艺确认计划应包括如下因素。

A. 各职能小组的角色与职责。

B. 取样及测试策略。

C. 数据分析方法（如，统计工艺控制方法）。

D. 可接受标准。

E. 超趋势（OOT）与超标准（OOS）结果处理策略。

F. 确定哪些工艺变更/趋势要求追溯至第一阶段和（或）第二阶段的机制。

G. 重新评价持续工艺确证测试计划的时间。

4.12.1.3.3 老产品与持续工艺确认

原有工艺经良好检测和控制，无需过多行动。但决策前应进行大量历史工艺、监控数据的评价，并对工艺变异性能行评估，以此为基础进行决策。使用历史数据确定当前工艺的控制状态，工艺评估应考虑工艺能力测量及其他统计学方法。除工艺性能评估外，对用于监测工艺性能的参数来说，还应对其充分性进行评价。评估当前工艺控制策略的适当性，部分是为判断已上市产品持续工艺确认中应增加何种取样/监测提供基础。强化取样的这一期间有助于生成重大变异性估量，其可为日常取样与监测水平与频率的建立提供基础，应予以考虑。

考虑已上市产品取样计划是否充分时，应使用统计学方法判断。但根据数据的数量与类型，也可能产生取样计划无需统计学证明亦可做出判断的情况。这种判断应构成历史数据与监测方法初步评估的一部分。虽然可不需要统计学模型，但取样计划应科学健全，并可代表工艺及所取样来源的每个批次。

4.12.1.3.4 持续工艺确认的监测方案

日常取样会为持续工艺确认提供一些数据，但也应对非日常取样进行考量。从第二阶段转移到第三阶段的取样／测试方案应该是动态的，需要进行更新与定期评审。强化取样计划（可能包括离线与在线分析）可确保收集适当的数据集。因为工艺性能确认方案已指定了这些须维持在特定范围内的工艺参数及属性（输入和输出）以产出符合预定质量属性要求的产品，所以工艺性能确认取样计划构成了持续工艺确认取样计划的逻辑基础。工艺性能确认可提供充分的保证，确保某些参数在商业规模期间良好受控，且不需转到持续工艺确证计划中。当历史数据有限，或数据显示出高变异性的情况下，第二阶段后期可做测试和趋势要求，以确保特定杂质控制的高水平。这应在个案基础上，通过风险评估和（或）对历史数据进行统计评估加以确定。

前瞻性持续工艺确认计划应提供实施限度分析并积累足够数据点后产生中断处理的明确指示，以确定对工艺的控制，第三阶段强化取样计划中，应说明取样的批数及每批中的取样频次。根据生成的数据，所收集和分析的样品仅作信息参考，应有指定终端。如不能确认特定批数，可使用一个更加开放式的方法来处理数据趋势与结果。

4.12.1.3.5 数据分析与趋势

持续工艺确认计划应明确说明如何分析所收集的数据。某些情况下，将其与预先定义的可接受标准相比较，尤其是那些受到严格控制的数据。数据可用统计学方法进行评估，以评价工艺趋势。在这种情况下，应在持续工艺确认计划中明确用于持续工艺监控的统计方法以及规则。通常用控制图来评价工艺控制进程，其既适用于评价统计工艺控制，也适用于检测工艺趋势。

建立预期标准，确保工艺的受控状态。对于公司定义的"失控"结果（如：超趋势、超控制、超标准、超行动限）应按照质量体系操作（如：调查、验证状态的影响评估）执行。具体行动因事件不同而存在差异，但持续工艺确认计划应指定行动的类型。

作为持续工艺确认整体评估的一部分，高风险潜在变异源应进行风险降低，同时评估并证明其受控。如，关键原料纯度趋势，可能表明供应商之间的细微差别。供应商发起的变更，即使看起来无害，也可能会引起超趋势或超标准事件。应根据整体工艺一致性与产品质量对其进行评价。

4.12.2 工艺验证中风险管理的应用

质量风险管理系统是一个工具，正确应用将为产品生命周期及其他系统增加支持性要素。风险管理基本原则与方法的应用有助于工艺验证生命周期中的有效决策。风险评估应在生命周期早期进行，应进行适当控制及有效沟通。风险管理增加了产品与工艺知识，并将其转化，使其可更好地控制产品与工艺变异性，降低患者的残余风险。

4.12.2.1 第一阶段－工艺设计的风险管理

第一阶段－工艺设计所执行的风险评估为变量控制和监测奠定了基础。其确定了日常生产中保证受控状态的持续监测程度。这始于关键性分析：初始设定产品质量属性，并评估其相对重要性。关键性分析的输入包括：质量目标产品文件（QTPP）、受评价产品所有相关的知识。关键性分析的输出是：初始关键质量属性清单、关键质量属性初始相对严重性清单。

所评估的产品关键性属性是一个连续体（表4–41）。其风险评估分析通常使用"严重性与不确定性"，而不是通常的"严重性与发生可能性"。该过程是重复性的，基于产品与工艺知识的结构。严重性水平基于对患者的潜在影响，而不确定性水平则基于用于确定特定属性潜在严重性水平的可获取信息量的多少。对部分评估结果进一步研究，以减少高风险属性不确定性的数量。

表4–41　产品属性关键性风险评估举例

		不确定性		
		低（大量内部知识、大量文献知识）	中（若干内部知识与科学文献）	高（没有/很少内部知识、科学文献中信息十分有限）
严重性	高（对患者产生灾难性影响）	关键	关键	关键
	中（对患者产生中度影响）	潜在	潜在	潜在
	低（对患者产生边缘性影响）	非关键	非关键	潜在

4.12.2.2 第二阶段－工艺确认的风险管理

工艺验证生命周期第二阶段－工艺确认阶段的风险管理有很多策略可供选择，评估有助于确定测试地点和水平。还可用于微调工艺控制策略阶段起草的控制策略。

风险管理通常用于第二阶段中设施、公用设施和设备的确认过程。对性能标准进行审核以助计划确认活动。高风险项目需高水平性能输出，而低风险项目则使用试运行活动所采取的风险审核与控制即可。风险评估输出评级可用于标准规范以创建计划（表4–42）。

表 4-42　基于风险的确认计划

风险评估输出评级	确认计划
高	确认期间进行的测试可满足验证要求，对文件与取样要求高
中	确认与试运行活动中的混合可满足验证要求。如有适当的控制与风险审核，取样要求可定为中等
低	试运行阶段进行的测试可满足验证要求，应有适当控制与风险审核

第二阶段实施的风险评估不仅有助于优先安排确认活动，还有助于持续进行知识收集与统计学取样策划。一般情况下，对严重性、发生可能性、可检测性三个因素进行评价，以确定特定失败模式的相对风险。每个因素对验证计划的贡献方式各不相同。

A. 严重性　确定第二阶段所要求的测试水平。特定属性严重性评级越高，所需要的统计置信度越高。

B. 发生可能性　发生可能性评级直接与变异性相联。高发生率可能会要求做进一步测试，或开发来减少变异性并提高工艺的知识。此阶段的测试减少了第三阶段额外与高成本的测试。实际发生率未知时，可要求额外开发或工程研究。测试完成时，失败模式的发生可能性评级与总体风险评级可用新的工艺知识更新。

C. 可检测性　如果评估的控制水平为零，可能需要对控制策略进行更新或创立新的控制。

4.12.2.3 第三阶段 – 持续工艺确认的风险管理

持续工艺确认阶段是工艺验证生命周期中最长的阶段。它始于工艺能力评估，并持续贯穿于工艺特征输出、工艺性能确认，及历史数据的审核。在商业生产开始时可能会进行强化取样，其水平可用工艺性能确认数据统计学审核来确定。工艺能力有助于确定某个属性的强化取样水平及在此水平上取样持续的时间长度。统计的工艺能力与风险评估的发生可能性评级直接相关。工艺越耐用、潜在失败的发生率越低，总体风险越低。风险水平也可以确定某些产品和工艺属性的审核周期。

4.12.3 工艺验证中常用的统计分析工具

4.12.3.1 实验设计（DoE）

统计实验设计（DoE）经常在第一阶段工艺设计期间使用。实验设计的目的是：确定对输出质量属性有重大影响的工艺输入参数；帮助确定输入参数的"设计空间"水平，此参数可输出可被接受的质量属性结果；优化质量属性的输出,如产量及可接受杂质水平;确定工艺输入的参数水平,可降低参数变异的敏感性,保持工艺的耐用性。

实验设计不同于传统的实验方法(仅一个参数变化,其他保持不变),其他参数水平不同,一个参数对质量属性的影响也不同,在此情况下,这种"单因素"的实验类型不能确定工艺参数间的相互作用。实验设计的基本步骤归纳如下。

A. 确定所研究的输入参数与输出的质量属性

    a. 组织团队来识别潜在关键工艺参数和质量属性。

    b. 如果有大量输入参数,可使用诸如 Plackett–Burman 设计等初步筛选设计。筛选试验的目的是辨识对质量属性有最大统计影响的关键参数。由于筛选设计不能总是清楚的辨识相互作用,通过筛选试验减少参数的辨识数目将列入进一步试验中。

    c. 若对现有工艺进行变更,通常用现有工艺数据构建多元变量图或统计过程控制图。多元变量图可用于辨识变异的最大来源:批内变异、批间变异,或是潜在变异。也可用数据计算方差分量来确定变异的最大分量。后续实验会辨识并计算可引起最大变异来源的工艺参数。

B. 通过实验来确定对质量属性有重大或交互影响的参数

    a. 通常对 2~4 个参数进行完全析因设计。在一个两水平完全析因设计中,每个因素各有低(−)与高(+)水平选择,每个处理是各因素各水平的一种组合。对于两个参数,处理组为 $2^2=4$ 个;三个参数,处理组为 $2^3=8$ 个;因为需要许多实验,完全析因设计很少用于 4 个以上参数。部分析因设计实验,只使用一半或四分之一组合,常用于 4~6 个参数。

    b. 如可行,应在实验设计中包括参数低(−)与高(+)水平之间的标称中点(0),并对其进行控制模拟。在析因实验开始与结束时进行控制模拟,理想情况下,在析因实验过程中也应进行,以探测在实验期间的任何工艺漂移。若控制模拟在开头与结尾处给出不相似结果,则表明存在不受控的另一变量。在标称值处重复控制模拟也可提供固有工艺变异(称为实验误差)的正确估算。

C. 采用反应曲面实验优化并确定设计空间

    a. 如对工艺科学理解良好,可跳过筛查及两水平析因实验,并启动响应表面实验。如从两水平析因研究中获得了足够信息,无需额外试验,可跳过此步骤。然而,从早期析因实验中辨识的最为重要的因素，常需要进行 3 至 5 水平的更为广泛的实验。

    b. 反应曲面实验的目标是开发一个精确的等式模型，模拟输入参数与输出质量属性的关系。然后在输出质量属性符合标准的情况下，将此等式用于确定输入参数设计空间区域。

D. 确认实验设计结果　一旦导致符合标准的质量属性输入参数的设计空间区域得到确定，即可用额外的实验来证实预期实验设计结果。可由不同参数组合下运行少量实验构成，以确证实验设计方程可充分预测结果。某些情况下，实验设计置信度高时，可以使用第二阶段的工艺性能确认结果。

4.12.3.2　统计过程控制与工艺能力

统计过程控制图用来判断工艺是否稳定并处于统计控制下，或是否在工艺中存在特殊原因变异。统计过程控制图（SPC）用于评估工艺稳定性，其基本规程如下。

A. 按时间顺序收集工艺数据　理想情况下，至少应收集 20 组数据，初始范围所用数据可能会少一些，但随着可用数据的增加应对其进行更新。对于初始采集数据量，可详见美国试验与材料协会 E2587。按时间顺序对每个小组进行统计概述，如平均值、标准偏差或不合格百分比。

B. 在所绘的统计总平均值处绘制中心线。

C. 计算标绘统计数的标准误差，并在中心线的每一侧三倍标准误差绘制控制限。这些限度称为"3σ"控制限。

在控制范围外的值表明可能存在特殊原因变异，应对这些超出的原因进行调查。除了超出 3σ 限的单个数值外，还有其他许多可用于检查工艺稳定性的原则。其中，最常用的是：连续 8 个点在平均值上或下侧；连续 3 点中有 2 点超出 2σ 限；连续 5 点中有 4 点超出 1σ 限；连续 6 个点呈递增或递减趋势。

4.12.3.3　工艺分析技术（PAT）

A. 工艺分析技术的工艺确认考量　工艺确认阶段的信息开发，用以证实监测、测量与工艺控制或系统调整的适用性、胜任性、准确性及可靠性。有效工艺分析技术工艺控制的关键便是仪器与设备的可靠运行。实施方面，应组织执行与验证团队，根据所应用或预期使用的工艺分析技术系统与方法，对验证要求进行分类并为每个单元操作建议可接受标准。这些要求与标准最终纳入验证方案，并在验证报告中进行描述。可接受标准应符合预期标准规范、方案要求、开发经验与生产实践。

应对工艺分析技术系统中所使用的设备与仪器的功能与运行进行确

认、确保其能准确、可靠的监测与控制工艺参数。应对在工艺中所使用的设备与仪器进行确认，以确证其适用于过程中间使用，包括与工艺物料以及条件的相容性、准确度、灵敏度、安全性和可靠性。

B. 工艺分析技术的持续工艺确证考量　持续工艺确证阶段获取的信息，用以证实商业化制造过程中工艺分析技术系统处于可接受水平。其还用来确定产品与过程中间质量属性或工艺参数超出预期范围的情况；并对其进行辨识、调查原因，以及展开处理。

根据定义，工艺分析技术提供了连续工艺与产品属性的确证。因此，第三阶段的活动应侧重于控制方法的准确性与可靠性、工艺控制的可能性改进，以及工艺开发与确认阶段工艺变异的遗失。对工艺分析技术，过程中间数据的评价应构成质量体系与审核过程的一部分。当数据趋势分析显示与预期的监测结果相漂移时，应进行漂移原因分析，以确定是否需要变更控制系统，或辨识出工艺改进的机会。若发现未对变异进行充分的监测，需对监测方法进行变更。应对所有对工艺和产品属性有影响的变更进行评价，并执行措施，确保剩余风险不对工艺性能或产品质量产生不良影响。措施可包括对已变更工艺与设备进行确认的步骤。

4.13 包装工艺验证

4.13.1 生命周期方法的包装验证概述

口服固体制剂的包装工艺验证，应证明在标准的操作及生产程序下，能够持续稳定地生产出符合产品既定质量标准和要求的产品。相关的产品质量要求应包括但不限于：避免产品因理化原因造成的降解；避免产品污染及交叉污染；保证产品的密封性及完整性，避免泄漏；提供产品的信息识别，提供可追溯性。

包装验证根据风险评估的结果，对关键工艺参数和关键质量属性采取取样检验或挑战测试，以获得足够的信息支持验证结论，证明包装工艺过程的可靠性和重现性。通常情况下，口服固体包装验证可与产品工艺验证同时进行，具体用于产品包装的工艺设备关键工艺参数应是在设备 OPQ 时确定的范围值或固定值。

4.13.2 典型包装验证设计与执行

在开展口服固体制剂包装工艺验证之前，应先确认需要满足的先决条件，应包括但不限于：

A. 包装工艺相关的 SOP 及工艺规程已批准且为现行版本。

B. 用于测试执行的相关 QC 设备及分析方法已经经过验证。

C. 参与验证实施的人员已经接受相关 SOP 及验证方案的培训，培训效果合格。

D. 设备自身的关键仪表及用于测试执行的仪器仪表已经过校准且在校准周期内。

E. 车间内公用系统及相关包装设备已经过验证且没有对于包装验证实施产生影响的未关闭偏差。

F. 用于包装工艺的内包材的材质应选用符合 GMP 要求或者能提供相关证明文件（如相容性测试报告等）证明与产品不发生化学反应的材料。

4.13.2.1 铝塑（双铝）包装相关标准及测试方法

铝塑包装产品验证的执行过程中应执行的确认内容包括：产品的外观、密封性能、稳定性考察、剔废功能等。

A. 产品的外观　铝塑包装的产品外观的标准如表 4-42 所示。

表 4-42　铝塑包装的产品外观的标准

项目	要求
塑料影片与铝箔复合处	严密、平整、网纹清晰、不得起皱
网纹压穿现象	不允许
边角处铝箔与塑料影片分离	不允许
塑料泡罩	完整、光洁、挺括
缺片（粒）、碎片（粒）、污片（粒）	不允许
产品信息	拓印清晰，明确 信息必须包括生产厂家、批号、药品名称等信息

B. 密封性能　对于泡罩（双铝）产品，常规的测试方法如图 4-119 所示。密封容器应能承受 1 个大气压以上，配有 2.5 级的真空表。容器应有带阀门的与真空泵相接的抽气管和与大气相通的通气管，并装有通水源的水管。

将试样放入容器中，盖紧密封盖，关闭气阀开始抽真空，将真空度维持在 80kPa ± 13kPa 30 秒钟后注入着色水，水面应高于试样至少 25mm。恢复常压并检查是否有液体渗入泡罩中。

C. 稳定性考察　包装后的产品应进行稳定性考察，确保产品在规定温、湿度及保存时间的情况下，仍符合标准要求。

D. 剔废功能确认　对于带有成像剔废系统的铝塑包装设备，还应进行剔废功能的检查和确认。选用已包装好的铝塑药板，依次从各位置的气泡眼中取出已包装的胶囊或者片剂，再将该药板放置在运行中的设备上并经过成像系统检测，如所有缺粒药板均能被检出并剔除，则证明该测试结果合格。

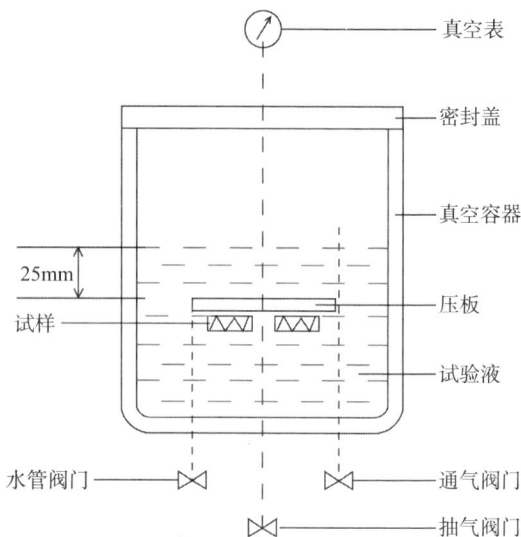

图 4-119　密封性能测试

4.13.2.2 瓶装产品相关标准及测试方法

瓶装口服固体制剂的验证过程中应执行的确认内容至少应包括：外观检测、瓶盖扭力测试及药瓶密封性测试等。

A. 外观检测　瓶装产品的外观应满足边角齐整无刺突，表面平滑且相关信息清晰、明确。

B. 瓶盖扭力测试　应选用经过校准的扭力扳手对包装好的瓶装产品进行扭力测试，规格小于 38mm 的瓶盖扭力应为 0.6~2.2N·m，规格小于 38mm 且高度不大于 12mm 的瓶盖扭力应为 0.4~2.2N·m 之间，规格 38mm 的瓶盖扭力应为 0.6~2.9N·m。

C. 密封性测试　将包装好的药瓶置于带抽气装置的密封容器中，用水浸没，抽真空全真空度为 27kPa，维持 2 分钟，瓶内不得有水浸入或者冒泡现象。

4.13.2.3 取样计划

在包装验证的过程中应制定合理的取样计划，既要保证尽可能代表总体样本的情况，也不必取样过多增添不必要的工作量。

对于口服固体制剂的包装工艺步骤，一般可按接受质量限（AQL）检索的逐批检验抽样计划确定取样计划。AQL 是指当一个连续系列批被提交验收时可运行的最差过程平均质量水平。AQL 值一般由使用部门进行确定（一般医药领域 AQL 值范围为 0.01~0.1）。

检验水平与检验量相对应，分为检验水平Ⅰ、Ⅱ、Ⅲ3个等级，一般情况下均选用水平Ⅱ；此外还有4个特殊检验水平S-1、S-2、S-3和S-4用于相对小的样本量且允许较大抽样风险的情形。

开始制定取样计划的时候，首先根据确定AQL值和样本量，检索样本量字码表如图4-120所示。

批量	特殊检验水平				一般检验水平		
	S-1	S-2	S-3	S-4	Ⅰ	Ⅱ	Ⅲ
2~8	A	A	A	A	A	A	B
9~15	A	A	A	A	A	B	C
16~25	A	A	B	B	B	C	D
26~50	A	B	B	C	C	D	E
51~90	B	B	C	C	C	E	F
91~150	B	B	C	D	D	F	G
151~280	B	C	D	D	E	G	H
281~500	B	C	D	E	F	H	J
501~1 200	C	C	E	F	G	J	K
1 201~3 200	C	D	E	G	H	K	L
3 201~10 000	C	D	F	G	J	L	M
10 001~35 000	C	D	F	H	K	M	N
35 001~150 000	D	E	G	J	L	N	P
150 001~500 000	D	E	G	J	M	P	Q
500 001 及以上	D	E	H	K	N	Q	R

图4-120 字码表

抽检方案分为正常、加严和放宽检验，对于口服固体包装验证来说一般选用加严检验的方案。故可根据检索到的样本量字码再确定取样方法（图4-121）。

样本量字码	样本量	接收质量限（AQL）Ac Re
A	2	（对应AQL各列的接收数Ac与拒收数Re）… 0 1 … 1 2 … 2 3 … 3 4 … 5 6 … 8 9 … 12 13 … 18 19 … 27 28
B	3	… 0 1 … 1 2 … 2 3 … 3 4 … 5 6 … 8 9 … 12 13 … 18 19 … 27 28 … 41 42
C	5	… 0 1 … 1 2 … 2 3 … 3 4 … 5 6 … 8 9 … 12 13 … 18 19 … 27 28 … 41 42
D	8	… 0 1 … 1 2 … 2 3 … 3 4 … 5 6 … 8 9 … 12 13 … 18 19 … 27 28 … 41 42
E	13	… 0 1 … 1 2 … 2 3 … 3 4 … 5 6 … 8 9 … 12 13 … 18 19 … 27 28 … 41 42
F	20	… 0 1 … 1 2 … 2 3 … 3 4 … 5 6 … 8 9 … 12 13 … 18 19
G	32	… 0 1 … 1 2 … 2 3 … 3 4 … 5 6 … 8 9 … 12 13 … 18 19
H	50	… 0 1 … 1 2 … 2 3 … 3 4 … 5 6 … 8 9 … 12 13 … 18 19
J	80	… 0 1 … 1 2 … 2 3 … 3 4 … 5 6 … 8 9 … 12 13 … 18 19
K	125	… 0 1 … 1 2 … 2 3 … 3 4 … 5 6 … 8 9 … 12 13 … 18 19
L	200	… 0 1 … 1 2 … 2 3 … 3 4 … 5 6 … 8 9 … 12 13 … 18 19
M	315	… 0 1 … 1 2 … 2 3 … 3 4 … 5 6 … 8 9 … 12 13 … 18 19
N	500	… 0 1 … 1 2 … 2 3 … 3 4 … 5 6 … 8 9 … 12 13 … 18 19
P	800	… 0 1 … 1 2 … 2 3 … 3 4 … 5 6 … 8 9 … 12 13 … 18 19
Q	1 250	… 0 1 … 1 2 … 2 3 … 3 4 … 5 6 … 8 9 … 12 13 … 18 19
R	2 000	0 1 … 1 2 … 2 3 … 3 4 … 5 6 … 8 9 … 12 13 … 18 19
S	3 150	1 2 …

图4-121 抽样方案示意图

特别地，对于纯手工的包装可能要额外增加人工检查的数量。

用科学的方法对包装工艺验证结果进行分析和评价，通过充足的数据评估，形象化的图标分析，建立产品质量变化的趋势范围，并将分析与评价结果记录到验证报告中。

在包装生产线发生对于产品质量产生影响的变更，或者是相关包装设备已达到再验证周期期限，或是经过长期监测发现相关的关键质量属性发生了偏移，均需对包装工艺进行再验证。

4.14 清洁验证

4.14.1 清洁验证概述

设备的清洁验证在制药企业中占据了很重要的位置，各国 GMP 法规也已经认识到，在保证产品质量方面，从最初的原料药到最后的制剂生产，设备的清洗均是关键的影响因素。

在药品生产的每道工序完成后，对制药设备进行清洗是防止药品污染和交叉污染的必要手段。产品生产后，总会残留若干原辅料和微生物。微生物在适当的温湿度下以残留物中的有机物为营养大量繁殖，产生各种代谢物，从而大大增加残留物的复杂性和危害程度。一旦这些残留的原辅料、微生物及其代谢产物进入下批生产过程，必然会对下批产品产生不良影响。因此，必须通过清洗将这些污染源从药品生产的循环中去除。

严格地讲，绝对意义上的、不含任何残留物的清洁状态是不存在的。在制药工业中，清洁的概念就是指设备中各种残留物（包括微生物及其代谢产物）的总量低至不影响下批产品的安全性、有效性和产品质量。由于有效的清洗除去了微生物繁殖需要的有机物，创造了不利于微生物繁殖的客观条件，便于将设备中的微生物负载控制在一定水平。

设备的清洁程度，取决于残留物的性质、设备的结构、材质和清洗的方法。对于确定的设备和产品，清洁效果取决于清洗的方法。书面的、确定的清洗方法即所谓的清洁规程，应包括清洗方法及影响清洁效果的各项具体规定，如清洗前设备的拆卸，清洁剂的种类、浓度，温度，清洗的次序和各种参数，清洗后的检查或清洁效果的确认，以及生产结束后等待清洗的最长时间及清洗后至下次生产的最长存放时间等。由此可见，设备的清洗必须按照清洁规程进行。GMP 规定必须对清洁规程进行验证。清洁验证就是通过科学的方法采集足够的数据，以证明按规定方法清洁后的设备，能始终如一地达到预定的清洁标准。验证结论的准确性与完整性，是验证的核心。验证的方法学是保证验证结论完整可靠的关键。从方法学上考虑，科学、完整的清洁验证一般可按以下几个工作阶段依次进行（图 4-122）。

4.14.2 清洁工艺的设计与开发

制药企业在执行清洁工艺之前需要进行设计和开发，以确保清洁工艺和设备符合使用要求。

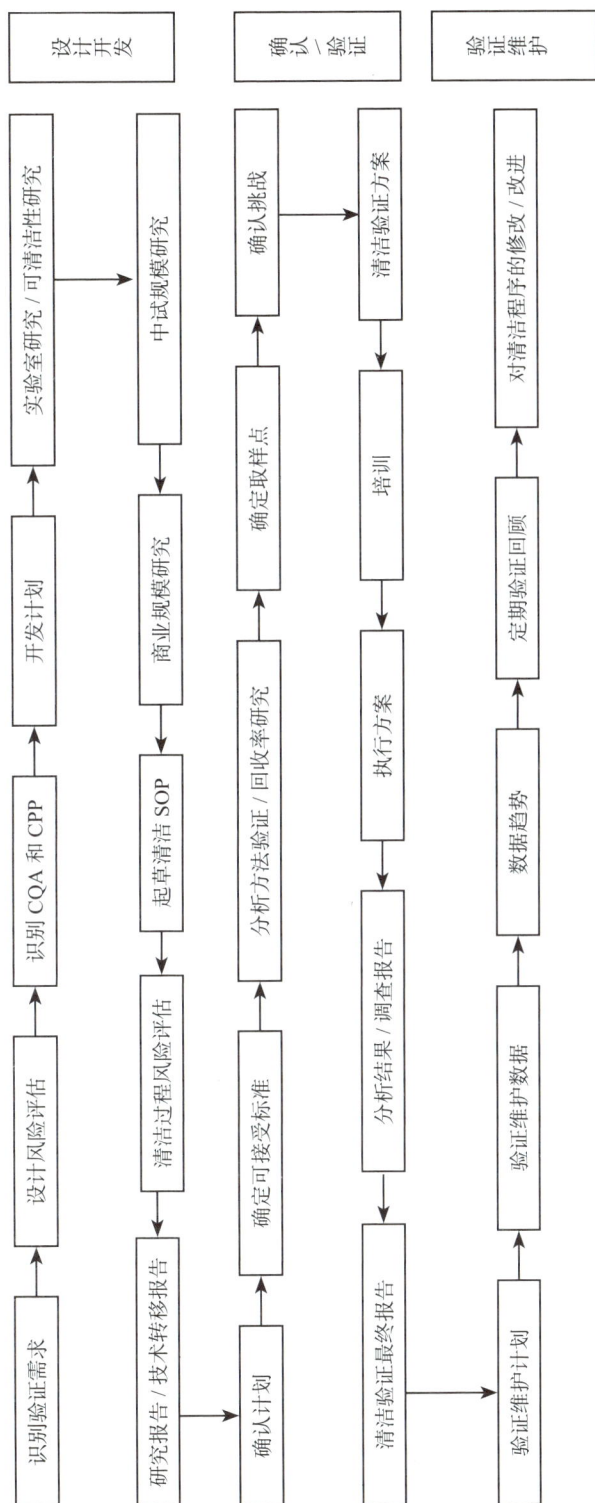

图 4-122　清洗验证流程图

A. 描述清洁工艺的运行参数 清洁剂、浓度、接触时间、温度。

B. 影响清洁工艺的因素 产品性质、产品条件。

C. 清洁设备的相关特性 自动化的清洗方法、手工或自动化清洁步骤的顺序、每步清洁的流速。

这些运行参数应在执行前确定。一般来说，建立可接受的清洁工艺（或确认可接受的工艺是否适用于新引入的产品）遵循标准的过程，始于控制变量的识别，到清洁效果测量，最后与标准进行对比。清洁工艺的摸索可以在实验室模拟进行，初步确定清洁方法后再应用于生产工艺。

4.14.2.1 清洁工艺的设计

清洁工艺的设计始于对清洁系统关键工艺参数（CPPs）和关键质量属性（CQAs）的考虑。表 4-44 列举了适用于清洁工艺的有代表性的 CPPs 和 CQAs。

表 4-44　对清洁工艺有潜在风险影响的 CPPs 和 CQAs

关键工艺参数	关键质量属性
工艺温度工艺压力	目视检测或限度
工艺流量	清洁剂残留
工艺时间	产品残留
清洁剂浓度	微生物残留限度
脏设备保存时间（污染条件）	排水能力 / 干燥
干净设备保存时间	电导率

表 4-45 描述了清洁谱所包含的因素。对于每个因素，行业内使用的范围存在操作差异。具体工艺的开发应该考虑清洁工艺相关问题的多少和复杂程度，以及使用的各种设施、产品、设备。

表 4-45　清洁谱

自动化清洁	手工清洁
在线清洁	离线清洁
专用设备	非专用设备
间接的产品接触表面	产品接触表面
低风险区域	高风险区域
次要设备	重要设备
低风险药物	高风险药物
液体制剂	固体制剂
易清洁产品	难清洁产品
表面光滑、无孔材料	多孔材料
单一产品厂房	多产品共用厂房
非阶段性生产	阶段性生产

清洁谱帮助企业建立每个清洁工艺的关键因素，从而使他们设置优先

级，开发分组的基本原理和建立科学依据，并形成清洁计划。清洁谱可用于确定清洁验证计划的初始阶段或用于新产品清洁工艺开发过程。清洁谱包括清洁标准、设备特性、设备设计的质量属性，制剂产品属性，以及制造工艺属性。清洁谱中的所有因素直接影响清洁能力。但是，它们的相对重要性和关键性在不同的情况下可能会有所不同。

4.14.2.1.1 清洗机制

选择合适的清洁剂和合理的清洗工艺参数是清洁验证的关键前提条件并可极大地简化清洁验证过程。

工艺清洁剂可能包括一种成分（例如：一种有机溶媒）到多种成分的配方，可采用多种清洗机制，例如：溶解能力、增溶作用、润湿、乳化作用、分散作用、水解作用、氧化作用和物理作用。

最重要的清洗参数是清洗时间、冲洗强度、清洗液浓度和温度，其他影响清洗性能的参数可能包括：基质的性质、表面抛光、污染物情况、清洗之前的污染程度、混合程度、水质和漂洗。可通过实验室评定，并经过现场确认来选择适当的清洁剂和清洗参数，需要了解基质和设计限制条件，残留量限度，期望的清洗目的和各种参数对性能的影响。

中国 GMP（2010 年修订）第 143 条规定：清洁方法应当经过验证，证实其清洁的效果，以有效防止污染和交叉污染。对于生产多种产品的工厂来说，这可能是一个非常耗时的过程。然而选择合适的清洁剂和适当的清洗参数，对于清洁验证来说属于关键的先决条件。另外，由于这些清洁剂和清洗参数一旦经过验证之后就难以更改，而且对操作步骤及生产成本都有重要的影响，因此在起始阶段对各种选项进行了解和评价是十分重要的。以下介绍常用的几种清洗机制。

A. 溶解能力　一种物质在另一种物质中的溶解能力通常定义为在特定的温度和压力下可以溶解（呈分子或离子状态均匀的分散开）的最大量。溶媒可以为极性的（水、乙醇）或非极性的（己烷）；根据基础化学的相似相溶原理，溶解能力对溶媒溶解溶质的能力提供了有用的信息，但没有提到动力学方面的问题和将溶质从产品接触表面除掉所需花费的时间。污物被分解成小块时并由此增加接触面积，有助于加快溶解过程。但是，通过范德华力，静电效应和机械黏附的综合作用，制药产品的污物将会附着在表面上，使清洗过程变得更加复杂。

B. 增溶作用　这是在将一种通常属于不溶性的物质转变为可溶性的物质时用到的一个术语。在清洁剂配方中加入表面活性剂就可以实现增溶作用，pH 值的变化有助于实现这种过程。

C. 润湿作用　在对表面进行清洗时，基质和液体的表面能以及界面能很重要。它决定了清洗液能够很好地润湿并扩散到污物和表面内，又可以决定它取代微粒，并渗透到污物中的能力，可提供较大的表面积，便于提高其他机制的应用，例如：增溶作用和扩散。合成清洁剂系统的润湿剂可以大大降低溶液的表面能。

D. 乳化作用　可以应用到过程清洗中，是将水不溶性的液体（油），悬浮在一种水溶液中的过程，并防止再沉积。"亲脂性"或"脂溶性"的表面活性剂可能吸附到污物上，使"亲水性"物质暴露在水中，因此完全覆盖污物的表面，并将它转换为一种"微团"或一种容易去除的液滴。如果污物不能溶解在水溶液中，乳化作用可能属于一种可以将系统中的污物除掉的更简便和更迅速的方式，而没有再沉积现象。

E. 分散作用　合成清洁剂中的分散剂用于防止微粒结块，有助于随着清洗液被输送。该机制有助于防止在冲洗碱性清洗液时，硬水垢沉积在表面。

F. 水解作用　该过程采用酸或碱来"溶解"或断开化学键，因此更容易生成溶剂化合物的较小的分子。当采用这种机制时，分析方法能够针对分解产物做出检测。

G. 氧化作用　可被用于分解通过其他机制不能清洗掉的蛋白质和其他有机化合物。由于这些氧化剂也可以作用于基质，因此只有在采用其他机制不能满足要求时，才被用于工艺清洗过程。

H. 物理作用　分散和对流机制有助于将污物分子从表面转移走，而使刚刚配制的清洗液与污物相结合。但是活性成分通常属于一些大分子，具有较低的扩散性，因此，需要通过对流将它们转移走。

4.14.2.1.2　清洁剂的选择

随着环境保护标准的日益提高，还应要求清洁剂对环境尽量无害或可被无害化处理。满足以上要求的前提下应尽量廉价。根据这些标准，对于水溶性残留物，水是首选的清洁剂。

从验证的角度，不同批号的清洁剂应当有足够的质量稳定性。因此不提倡采用一般家用清洁剂，因其成分复杂、生产过程中对微生物污染不加控制、质量波动较大且供应商不公布详细组成。使用这类清洁剂后，还会带来另一个问题，即如何证明清洁剂的残留达到了标准。

应尽量选择组成简单、成分确切的清洁剂。根据残留物和设备的性质，企业还可自行配制成分简单效果确切的清洁剂，如一定浓度的酸、碱溶液等。企业应有足够灵敏的方法检测清洁剂的残留情况，并有能力回收或对废液进行无害化处理。

广义上来说，采用三种类型的清洁剂用于 GMP 工艺，即有机溶媒，酸和碱以及合成清洁剂。

A. 有机溶媒　有机溶媒主要用于原料药制造业，它们主要依靠溶解能力来去除残留物，使用有机溶媒具有以下优点。

    a. 如果溶媒与下一批生产过程中所采用的生产溶媒相同，就不会再引入外部的污染物；

    b. 溶媒通常是一种单一成分的清洁剂，可以简化分析方法；

    c. 与水溶液清洁剂不同，溶媒在蒸发和回流时，也具有一些清洗作用。

    主要缺点是在安全、环境、处理和费用方面存在问题，这也是生产厂家为什么尽可能选用水溶性清洁剂的原因。

B. 碱和酸　碱的水溶液（例如：氢氧化钠或氢氧化钾）和酸类物质（例如：磷酸或枸橼酸）采用溶剂化作用和水解清洗机制，通常用于过程清洗。其优点是容易获得、成分单一、相对来说价格便宜。酸碱水溶液单就氢氧化钠来说，它属于一种非常常用的清洁剂，但具有下列缺点，例如：硬水沉降、油悬浮能力有限、润湿性差，不能够充分渗透到污物中去。碱通常难以清洗，因此常常需要伴随酸洗。

C. 合成清洁剂　合成清洁剂采用上述几种清洗机制。配方中的表面活性剂根据其化学性质和浓度不同，可提供更好的润湿性，以及更好的表面作用和乳化作用。多种清洗机制可对范围更广泛的污物提供更迅速和更有效的清洗。因为，制药残留物可能属于化学性质不同的复合制剂，其中包括活性剂和辅料。在经过一段时间后，可能产生一些其他的污染物，例如水中形成水垢或基质上形成的氧化铁。借助于综合性策略使用单一清洁剂清除各种污物，可以简化验证步骤。采用合成清洁剂的缺点是，它们通常属于专利配方，来源十分有限。

4.14.2.1.3 清洁方法

设备可以在其安装的位置清洁，也可以被拆卸并移动到一个清洁间进行清洁。

A. 原位清洁（CIP）　在线清洁通常是自动化系统，该系统使用罐和管道输送清洁液至待清洁的设备，一般情况，也可能会有一个预淋洗罐和一个最终淋洗罐。该 CIP 系统利用喷洒装置将清洁液覆盖工艺设备表面并通过物理冲击出去污物。喷淋球可以是静止的或运动的（例如：

旋转、摆动）。这些系统通常被用来清洁大型设备。如配制罐、混合机、流化床、反应器和发酵罐等。CIP 系统可以是一个循环系统，也可以是一个直排式系统。

B. 溶剂回流清洁法　对于一些经有机合成制造的小分子 API，可以在反应罐中煮沸一些挥发性溶剂（例如：甲醇）。这是一种在线操作的过程（不是 CIP 系统），当溶剂的蒸汽上升至设备的其他部分，并在设备上冷凝，这些凝结的溶剂可以溶解设备表面的残留物，把残留物带回反应罐底部的溶剂中。这种操作过程称为溶剂回流清洁法。使用这种方法的关键是：确保选用的溶剂能溶解相关残留物，溶剂的蒸汽能接触并凝结于所有目标的表面。该清洁方法还应对装有煮沸溶剂的反应罐进行有效的冲洗。

C. 安慰剂清洁法　对于一些黏性非常高的软膏或其他产品，可以采用安慰剂批次清洁设备，其需选用一种不会对设备的下批产品质量造成不利影响的安慰剂。安慰剂在设备中流动时，会将上批产品的药物残留或工艺残留物清除。这种方法的好处是安慰剂在设备中加工过程与实际生产的产品一样。该方法缺点是成本高，而且难以证明清洁的有效性。

D. 离线清洁　对于安装后较难清洁的设备小部件以及便携式工艺设备，通常拆卸后转移到一个指定清洗间进行自动或手工清洁。这种方法涉及设备的运输转移，要确保设备在运输过程中不会造成交叉污染。因为离线清洁涉及运输和转移操作，使得离线清洁验证比在线清洁更为复杂。需要特别注意未清洁设备进入清洗间的路径和方法、已清洁设备离开清洗间的路径和方法以及已清洁设备的储存。同时亦要确保清洁剂能充分接触 / 冲洗到设备的所有部位，例如内腔和软管。手工操作是离线清洁中不可或缺的一环，一般需要在文件中进行详细描述，并进行适当培训。

4.14.2.1.4 清洁工艺

对清洁工艺有以下三种广泛的定义，即手工清洁、半自动清洁、自动清洁。

A. 手工清洁　由经培训的操作员直接用手工操作的工具和清洁剂清洗设备。虽然有些清洁参数可以用仪表测量，但这些参数的实际控制还是由操作员负责。

重要的手工清洁参数包括：清洁剂的体积，淋洗水的体积，清洗和淋洗溶液的温度，浸泡、清洗、淋洗的次序和时间（接触时间），擦洗动作，水压，洗涤剂的浓度。

为了确保清洁程序的重现性，需要建立文件规定设备的拆卸程度。操作员的培训、充分的监控、清晰的书面清洁程序有助于确保手动清洁的一致性。

B. 半自动清洁　半自动清洁涉及不同程度的自动化控制。以一个极端例子来说，这包括在对罐类进行 CIP 自动清洗前，进行一些简单的垫圈/配件拆除，进行手动清洁；或放入自动 CIP 系统进行清洁前，将泵或过滤器外壳拆下。再以另一个极端例子来说，操作员在使用高压水枪进行清洁。半自动清洁是全自动和手工清洁中间的一种清洁方式。

C. 自动清洁　自动清洁通常不涉及人员介入（除选择清洁程序、开始或结束运行时）。清洗系统通常可对不同清洗程序进行编程。采用自动清洁方式可对自动清洗程序和参数（如时间、流速、压力、清洁剂浓度、温度）进行持续的监控。

使用自动清洁时重要的清洁参数包括：清洁剂体积、淋洗水体积、清洗和淋洗溶液的流速和温度、清洗和淋洗的时间、溶液压力、操作范围、清洁剂浓度。自动清洗可能仍需要进行部件拆卸，以达到完全清洗的目的，或将专用部件分开清洗。在自动清洁系统，清洗程序可以由继电器逻辑控制器、计算机或可编程控制器（PLC）来控制。这些控制系统是整个清洁工艺的关键部分。

4.14.2.1.5 污染物的评估和分类

A. 污物分类　生产药品时接触工艺设备表面的物料有很多，它们包括生产物、降解物、工艺助剂、溶剂、清洁剂。设计清洁工艺和进行清洁验证时需要考虑这些不同的潜在污物。在清洁工艺开发和验证过程中，可通过将污物分类并选择有代表性的污物进行测试和追溯，以简化工作。

在生产线中选择具有代表性的污物需要基于污物的理化性质相似性。多数情况下，可以分组分类，进一步降低工艺开发使用的代表性污物数量。

B. 污物的去除　残留物可由物理和（或）化学方法移除。物理方法可采用高压喷淋，高流速的水流、手动擦洗、真空吸尘等污物从设备上去除。使用物理方法时需考虑污物的溶解性、数量及其在设备表面的黏附程度。

清洁除受清洗机制的影响外，还会受以下因素影响：设备表面几何结构、污物类型和污染程度。当使用上文提到的清洁机制清洗残留物时，将残留物带离设备表面的难易度，决定了该污物的可清洁性。选择清洁剂和清洁条件时，应考虑污物对待特定机制的反应。表面污物可以通过范德华引力，静电作用或其他力组合而成。污物附着在设备表面的时间同样会影响清洗的难易度。

4.14.2.1.6 清洁验证中产品和设备方面的考虑

A. 专用/非专用生产设备　专用设备仅用于生产一个产品，或单一产品线（即拥有相同 API 的产品）。对于这些设备，产品间交叉污染的风险降低。但必须要考虑清洁剂的残留、降解物、微生物负载和内毒素。

当一个设备用于生产不同处方产品（即非专用设备），则清洁工艺的重点是避免 API 在产品间转移。对于非专用设备，在开发清洁工艺时，应考虑是否需对每种产品使用不同的清洁工艺，还是对所有产品（或一组类别的产品）使用一种清洁工艺。

B. 非产品接触部位/产品接触部位　清洁验证针对产品直接接触的部位。但是，清洁验证计划中也可以包括非接触产品的部位（邻近产品暴露的非产品接触表面），如：冻干机搁板、地面、墙等，一般风险比较低，而且按照 GMP 要求进行控制，所以不在清洁验证计划范围内。地面和墙的清洁可以作为整个交叉污染控制计划的一部分，尤其是对于一些高风险活性成分。

C. 低风险/高风险区域　风险是由危害的识别、危害的可检测性以及危害对产品质量和患者安全的影响所决定的。会使单剂量药物受到残留物严重污染的位置都属于高风险区域，如灌装针头和压片机冲头。一些难清洗位置的风险也较高，如接口、排水口、挡板、搅拌叶的底部等。这些高风险位置可能需要特别拆卸和清洗，和重点检查。对于其他较易清洗，并将残留物均匀的带到下批产品的位置，一般风险较低。

D. 产品相关考虑　在建立特定产品的清洁程序时应考虑产品的物理和化学性质。如活性成分和辅料的溶解度、浓度、物理性质、可能出现的降解物、清洁剂效果，产品与其接触表面之间的相互作用也是关键因素。

对于高危险性活性成分（例如高致敏性、细胞毒素、致突变性的药物），残留的限度更严格，应设计可靠的清洁程序。如果经过适当的风险分析和清洁验证，高危险性产品可以在非专用的设备上生产。有些药厂会直接使用专用厂房，或设备生产这些高危险性的产品。对于这种高危险性的产品，另一种方法是可以在清洁过程中加入一个去活性或降解的工序，使残留物不再具有高危险性。

4.14.2.2 清洁工艺的开发

实验室测试通常包括对污物和相关工艺表面组合进行筛选，采用代表性污物和相关表面材质试样测试残留的可清洁度。采用相关表面材质试样模拟实际清洗状况，可以评估产品与表面间的相互作用。根据工艺具体情况，应选择适当表面处理的材料进行实验室规模的清洁试验。为了减少实验的次数，可选取最难清洁的表面进行试验。试样表面应具有代表性或表面处理比实际设备差，且应可代表大部分生产设备的表面。因此试验中建议使用非电抛光的不锈钢试样进行实验室评估。

4.14.2.2.1 污物的选择

进行实验室评估选择清洁剂时，应慎重选择污物和污物的性质。使用的污物应能代表生产中设备上的污物，包括污物的化学和物理性质。

在测试清洁剂清洁能力前，试验用污物溶液或混悬剂一般应覆盖在材质试样表面并干燥，以模拟工艺设备上污物状况。代表性污物的数量应根据企业的经验，以及对成分的了解、不同工艺步骤的可清洁性来决定。

4.14.2.2.2 参数选择

有很多参数可以影响清洁效果，包括：产品与设备表面间相互作用的性质和强度、污物与清洁剂相互作用的性质、时间（脏设备保存时间和干净设备保存时间）、清洁剂及其浓度、温度、清洗动作［流动特性（静止、层流、湍流）和压力］、清洁溶液性质。以上各种因素，除清洗动作外，均与设备无关。应根据具体情况选择参数进行实验研究。需要评估的参数越多，便应进行更多实验来测试这些参数的影响及其相互作用。另一方面，如果没有挑出关键的参数，可能得到识别重要操作参数及其范围的错误结论，忽视了关键参数的重要作用。

4.14.2.2.3 实验室的评估

使用 DOE 实验有助于找出不同参数对于可清洁性造成的影响，以及找出它们的相互作用。可以使用一些统计工具来确定参数间的关系和相互作用，例如清洁溶液的温度和浓度。可以利用 DOE 来建立一个多参数的清洁设计空间，确定达到可接受清洁效果的操作参数范围。

4.14.2.2.4 标准操作程序

清洁工艺设计和开发的输出是 SOP，该 SOP 应该足够详细，确保清洁工艺的一致性。SOP 中应该详细考虑下列问题。

A. 每一个设备在下列情况下允许的最大保留时间：使用后、清洁前，以及清洁后，再次使用、消毒或灭菌前。

B. 设备拆卸的步骤，设备拆卸应使所有组件均能被有效清洁。

C. 关键性部位或难清洁的区域，可能需要重点清洁或特定检查。

D. 清洁工艺参数。

E. 设备清洁操作职责的分配。

F. 清洁操作的日程表，以及必要时消毒的日程表。

G. 清除前一批的标识。

H. 日常清洁所进行的取样和测试。

I. 因存放和后续使用而重新组装设备（如必要）所采取的步骤。

J. 目视检查设备磨损、产品残留或异物。

K. 保护已清洁后的设备在使用前免受污染。

L. 合适的清洁批记录，对于完全自动化工艺，批记录的信息可能被收集和储存作为控制系统的一部分、对于完全手工的工艺，批记录的详细程度将取决于清洁工艺的复杂性。

4.14.3 清洁确认

确认是清洁验证的一部分，它包括常见的设备确认和工艺确认。在清洁验证中，为确保验证达到预期目的，设备确认主要是对清洁工艺中使用的设备进行确认，例如 CIP 模块和自动清洗机。对于刷洗、擦洗等全手工清洗操作，则不需要进行设备确认。

4.14.3.1 方案中验证批次的数量

传统的清洁验证要求评价连续三次清洗活动。基于验证生命周期方法以及其他几个法规，如 2011 年美国 FDA 颁布工艺验证指南，提出一种新的验证方法，基于对清洁工艺的充分理解、设计和开发阶段记录和足够相似清洗工艺的数据，该方法提供了确定需要完成的验证次数的依据。清洁验证次数可以少于三次，也可能多于三次。应该认识到，虽然美国 FDA 新的工艺验证指南并不涵盖清洁验证，但是指南中的一些原则可适用于清洁工艺的验证。

4.14.3.2 模拟污染

通常情况下，清洁验证需要在产品商业规模生产时进行。还有种方法是在启动清洁工艺时采用"模拟污染"或者"人为污染"模拟所生产产品在商业生产设备上的特性和状态。使用这种方法时，必须提供"模拟污染"的依据，并说明它如何模拟"实际"生产状态。常见的原因是采取模拟污染的方式可以完成三次连续的清洁验证活动，而无需生产三批次商业规模产品。应将"模拟污染"（一个过程）同"模拟污物"（也称作污物替代物）区分开来，模拟污物是一个产品，用来模拟生产中真实污物的理化性质。

4.14.3.3 最差条件的选择

在设计传统的清洁验证方案时已经考虑到需在最差工艺条件下完成三次验证，评价最差工艺条件的原则包含或引用在验证方案中。例如，最差工艺条件可包括最长的脏设备保存时间、阶段性生产中最大批量或者最长运行时间、最短的手工清洗时间、最低的手工清洗用水温度和最差的 CIP 程序。

由于自动清洁工艺中温度、清洁剂浓度、流速和工艺步骤运行时间等参数一般控制在狭窄的范围内，所以采用参数的上下限进行清洁工艺挑战验证是不合适的。清洁工艺开发研究时，可以通过挑战规定范围内极限值或者超出范围的参数来证明所建立清洁工艺的耐用性。

4.14.3.4 分组 / 分类方法

分组法是综合考虑所有产品 / 设备后对其进行分组，选取组内代表性的产品 / 设备来替代整组进行验证的策略。用来作为代表的产品或者设备通常是组内最难清洗的。分组法也称为矩阵法，它是一种运用风险分析的方法在清洁验证中选择合理的验证目标的方法。分组的原则是划分为一组的产品和设备必须采用同一清洁工艺。运用产品和设备分组的方法可以在简化清洁验证程序的同时又获得足够有效的数据来支持所验证的程序、工艺步骤和设备预期。

4.14.3.4.1 产品分组

可以将在同一设备或者等同设备上生产，同时清洁工艺又相同的产品定义为一组。辅料和（或）降解产物的特性都会影响相对可清洁性。例如可选择 API 在清洁溶液中最难溶解的产品，进行相对可清洁性的评估。在使用溶剂清洗合成的小分子 API 或者清洗水溶性配方的制剂时，这种方法比较适用。

采用代表性产品（最差条件产品）进行确认。最差条件产品的最低可接受残留限值可作为组内所有产品最严格的可接受标准。代表性产品清洁验证的成功同样意味着组内其他产品的清洁工艺已验证合格，但基于风险评估（包括质量风险和商业风险），一种方法是组内的其他产品都进行一批次清洁确认；另一种方法是同时选择组内最难清洁产品和允许残留值最低的产品进行验证。

4.14.3.4.2 设备分组

设备分组要求组内设备相似，并且清洁工艺相同。在清洁验证中，设备分组是一种将需清洁验证的设备合理分组，避免多余测试的有效方法。分组策略是以设备设计、操作模式和可清洁性的"等同"或"相似"为基础的。判断设备是否"等同"或"相似",需要对设备确认进行评估,如果设备确认的差异不影响清洁工艺,可判定两个设备在清洁方面是等同的。

一旦将设备划分到指定组,就可以对这个组的验证要求进行定义。当组内设备均等同时,组内等同设备的任意组合进行验证。假如有足够的证据证明组内设备等同,就没有必要对组内每个设备进行验证。当组内设备相似时,可以选择最难清洁或者通过括号方法选择。例如大小相同,但内部挡板数量较多,结构复杂的罐子就是最难清洁的设备;大小不同的设备,最大和最小(两个极端)均为最难清洁的设备(除非最大和最小中有一个可以作为最差条件)。

4.14.3.4.3 组内引入新产品或设备的说明

向已验证过的组内引入新产品,需使用与最初确定的最难清洁产品相同的科学风险评估过程进行评估,例如评估产品在清洁溶液内的溶解性、进行实验室材质试样研究和(或)其他的清洁工艺研究。假如每新增一个产品进行实验室测试应采用适当的对照,如前最差条件产品进行研究。通过比较新产品和组内产品的相对可清洁性确定引入新产品的验证需求。而新产品与前最差条件产品的相对可清洁性,以及组内产品最低允许残留限值的变化都决定着验证要求。基于书面的风险评估,组内新增较容易清洁产品一般只需要在实验室和(或)中试规范研究时确认其容易清洁或进行一批次清洁确认即可,组内引入更难清洁品种则需要对新最差条件品种进行清洁验证。

基于风险的考虑,组内新增等同的设备时,可确认新旧设备的等效性,或是额外进行一个批次清洁确认即可。当组内引入相似的生产设备,需要评价新设备是否形成最差条件,如果不是,则应特别注意新设备第一次商业生产后的清洁效果确认,应确认清洁工艺有效;如果形成新的最差条件,新设备需按照原最差条件重新进行清洁验证。

4.14.4 残留和限度

根据对清洁过程的理解,可以确定清洁后设备表面存在残留物,残留物包括活性成分、辅料、工艺助剂、清洁剂、微生物负载、内毒素和降解产物。应确定超出允许限度并可能使下一批产品污染或掺入杂质的残留物。根据风险评估,选择在清洁验证方案中测量的残留物,并建立可接受限度。对于非无菌生产过程,通常包括活性成分、清洁剂和微生物负载;对于无菌生产过程,还应包括内毒素。根据风险分析结果,也可增加其他可能存在的残留物。基于对工艺的理解和风险评估结果,也可以不设定可能存在的残留限度。例如，对于非无菌生产过程，清洁后最终用70%异丙醇等消毒剂擦拭或冲洗设备表面，假如有科学依据和（或）实验室研究数据支持，可不必在方案中设定限度并测量微生物负载。

4.14.4.1 残留限度开发的要点

设备上残留物可转移至后续生产的产品中，因此了解可能存在的残留物以及可能被污染的产品非常重要。一旦考虑这些方面，就可以得到清洁工艺的认识，再通过风险评估对限度进行适当的评价。后续产品的相关信息包括：产品的性质（制剂、原料药或中间体）、处方、质量标准、剂量、给药途径、批量、公用设备。产品质量标准很重要，如建立生物负载限度。已清洁产品相关信息包括：处方、剂量、毒性、给药途径。清洁工艺相关信息包括：清洁剂、清洁方法、各清洁参数。

4.14.4.2 传统的残留限度计算方法

4.14.4.2.1 10ppm 计算方法

对液体制剂如溶液、乳剂等残留物浓度一般限定为 10ppm 以下。其要求是规定由上一批产品残留在设备中的物质全部溶解到下一批产品中所致的浓度不得高于 10ppm。对液体制剂而言，这就是进入下批各瓶产品的残留物浓度。一般说来，除非是高活性、高敏感性的药品，该限度是足够安全的，因此，药品生产企业可进一步将其简化成最终淋洗水样品中残留物的浓度限度为 10ppm。验证时一般采用收集清洁程序最后一步淋洗结束时的水样，或淋洗完成后在设备中加入一定量的水（小于最小生产批次量），使其在系统内循环后取样，测定相关物质的浓度。实验室通常配备的仪器如 HPLC、紫外 – 可见分光光度计、薄层色谱等，灵敏度一般都能达到 10ppm 以上，因此该限度标准不难被检验。从残留物浓度限度可推导出设备内表面的单位面积残留物限度（表面残留物限度），单位为 $\mu g/cm^2$。计算前需假设残留物均匀分布在设备内表面上，在下批生产时全部溶解在产品中。

设下批产品的生产批量为 B（kg），因残留物浓度最高为 10ppm，即 10mg/kg，则残留物总量最大为 $B \times 10 \times 10^{-6} = 10B$（mg）；单位面积残留物的限度为残留物总量除以总内表面积，设设备总内表面积为 SA（cm^2），则表面残留物限度 L 为 $10B/SA$（mg/cm^2）。

为确保安全，一般应除以安全因子 F，即得 $L = 10B/(SA \cdot F)$（mg/cm^2）；

如取安全因子 $F = 10$，则 $L = B/SA$（mg/cm^2）$= 10^3 B/SA$（$\mu g/cm^2$）。

对于确定的设备，内表面积是定值，批量值应取最小批量，以获取最差情况下的表面残留物限度。

根据上述推算过程得到的表面残留物限度的前提是残留物溶解到下批产

品后均匀分配到各瓶 / 片产品中。实际生产中确实可能存在某些特殊表面，如灌封头，残留物溶解后并不均匀分散到整个批中，而是全部进入一瓶产品中。在这种情况下，上述限度就不适用了，必须为这些特殊部位制定特殊的限度。制定特殊表面限度的依据就是以最低日治疗剂量为基础的生物学活性的限度。

4.14.4.2.2 1/1000 治疗剂量计算方法

依据药物的生物学活性数据——最低日治疗剂量（minimum treatment daily dosage，MTDD）确定残留物限度是制药企业普遍采用的方法。从确保安全的角度出发，一般取最低日治疗剂量的 1/1000 为残留物限度的计算出发点（表 4-46）。其依据是任何药物上市前都必须通过临床试验取得使用剂量的数据，上市后也必须不断跟踪其使用效果和临床副作用，从而确定对大多数人适用的发挥预期治疗作用的剂量范围。在该剂量范围的下限（即最低日治疗剂量）以下，还会产生一些生理活性。特别是对某些特别敏感的病人，产生活性或副作用的剂量可能低于 MTDD 很多倍。不同药物、不同人群的个体差异是不同的。根据临床药理学、毒理学和临床应用的观察统计，极少或基本未见药物个体差异达到 1000 倍的报道，也就是说，对于非常敏感的病人，如果服用了 MTDD 的 1/1000，也不会由此产生药理反应。这样就符合了 GMP 足够安全的理念。因此高生物活性药物宜使用本法来确定残留物限度。

表 4-46　最低日治疗剂量（MTDD）的 1/1000 概念表解

A 产品	B 产品	备 注
每日使用 1~5 片 每片 5mg 最低日治疗剂量： 5mg×1 片 =5mg	每日使用 2~6 片 每片重 0.5g 每日最多使用制剂数为 6 片，即 3g	最低日剂量 1/1000 计算： 5mg/ 片 ×1 片 ×1/1000 = 5μg
A 产品为先加工产品，5μg 是成品中主药的含量	B 产品为后续加工产品	应控制的限度： 5μg（A）/3g（B）= 1.7μg（A）/g（B）

清洁的目的是保证在使用产品 B 时，不出现 A 产品的药理作用。B 产品每天服用数量多，安全性下降，因此，上述最低日治疗剂量的 1/1000，系指 B 产品最多日使用制剂数中允许 A 产品残存的量，不超过因服用 B 产品而带入体内的 A 产品的最低日治疗剂量的 1/1000。最低日治疗剂量数据可根据药品标签和使用说明书上的有关数据进行计算：

MTDD = 每次给药片（粒）数 × 每片有效成分含量 × 每日最少给药次数

药品标签和使用说明书基于药品研发过程进行的动物试验与各期临床的统计资料，并经过政府主管部门批准，是生产企业必备的资料，因而 MTDD 的应用非常方便。根据 MTDD 计算单位面积残留物限度的过程如下。

A. 将相关设备生产的所有产品列表，在表中相应位置填写 MTDD（mg），最小生产批量 B（kg），单个制剂的质量 U_w（g）和每日最多使用制剂数 D_d。

B. 计算设备内表面积 SA（cm^2）。

C. 确定特殊部位面积 SSA（cm^2）。

D. 取最小批量 B 为计算参数。

E. 取上述 D 中对应产品的单位制剂质量 U_w 和日最大使用成品（制剂数）D_d 为计算参数。

F. 计算该批产品理论成品数 U：$U = 1000B/U_w$。

G. 计算一般表面残留物限度 L_d

L_d = 允许残留物总量 / 总表面积

允许残留物总量 = MTDD/1000 × U × 1/D_d

= MTDD/1000 × 1000B/U_w × 1/D_d

则 L_d = MTDD/1000 × 1000B/U_w × 1/D_d × 1/S_A × 1000（$μg/cm^2$）

= MTDD × B/U_w × 1/D_d × 1/SA × 1000（$μg/cm^2$）

可根据具体情况决定是否再除以安全因子以确保安全。

H. 计算特殊表面残留物限度　表面残留物限度计算表见表 4-47。

L_d = MTDD/1000 × 1/D_d × 1/SSA × 1000（$μg/cm^2$）

= MTDD/D_d × 1/SSA（$μg/cm^2$）

同样，可根据具体情况决定是否再除以安全因子以确保安全。

表 4-47　表面残留物限度计算

产品	MTDD/mg	最小生产批量 B/kg	单位制剂的质量 U_w/g	日最多使用制剂数 D_d
产品甲	10	150	1	2
产品乙	5	120	4.4	3
产品丙	20	200	4.4	2
产品丁	40	200	4.2	3
产品戊	100	300	4.4	3

也有文献建议采用最低生物活性量为出发点计算残留物限度，其原理与实际计算过程与上述 MTDD 法基本相同。但由于最低生物活性量数据不易获取，也缺乏法定依据，因此不如 MTDD 方便可靠。

4.14.4.3 法规指南新增计算方法

4.14.4.3.1 基于药品活性剂量的 ARL 计算方法

对于制剂中的活性成分，一般定为已清洁产品活性成分最小日剂量占下一产品最大日剂量的千分之一。对于非专用设备生产的非高毒性活性成分，该方法是可接受日暴露量法之外的另一种选择。以下方公式表示：

$$ARL=（MDD \times SF）/LDD$$

式中，ARL 为下一产品活性成分的残留水平；MDD 为已清洁产品活性成分的最小日剂量；SF 为安全系数，通常为 0.001；LDD 为同一设备中生产的下一制剂的最大日剂量。

4.14.4.3.2 基于 ISPE'S Risk-Mapp 的 ADE 计算方法

本方法中的安全日剂量称作可接受日暴露量（ADE）。首先通过评估化学品毒性反应来建立该化学品的无可见损害作用水平（NOAEL）（通常通过动物试验或人体数据获得）。ADE 由有资质的毒理学家按照体重和不同因子估算。公式如下：

$$ADE=（NOAEL \times BW）/（UFC \times MF \times PK）$$

式中，NOAEL 为无可见不良反应水平；BW 为服用下一产品患者体重；UFC 为综合不确定度，由种间差异、种内差异、亚慢性到慢性的推断、最低可见损害作用水平到无可见损害作用水平的推断和数据库完整性等因素确定；MF 为基于毒理学家判断的因子；PK 为与给药途径相关的药代动力学因子。

4.14.4.3.3 PDE 的计算方法

每日允许暴露量（PDE）代表一个物质——特定剂量，如果一次性或在生命周期内每天暴露在该剂量下或低于该剂量，不会造成不良影响。

NOAEL No-observed-adverse-effect level 无可见不良反应水平

F1 在 2 到 12 之间选择。主要根据通过不同动物进行试验而得到的 NOAEL 值，在进行 PDE 计算时给定的安全因子。

F2 通常为 10，主要考虑人个体间的差异

F3 通常为 10，主要考虑短期重复给药的毒性研究，少于 4 周

F4 通常为 1~10，指可能产生严重毒性的情况

F5 系数可到 10，一般用于未建立 NOAEL 时可变因子

4.14.4.3.4 生物负载限度

对于非无菌生产，首先是确定下一产品的 ARL，该 ARL 值是下一产品的生物负载标准。由于除了已清洁设备，生物负载还有其他来源（如，来自于下一产品的原料），常采用安全因子对产品标准进行调整，以降低生物负载 ARL。这些残留物计算可能高于 $10cfu/cm^2$，或冲淋样品溶液限度远高于

100cfu/ml。需要进行风险评估以确认这些数值是否可接受，包括下一产品的特性。允许的生物负载水平还应考虑在清洁有效期内对生物负载的增值有影响的因素，通常采用相对保守的生物负载限度，如对于表面擦拭取样采用 $1\sim 2cfu/cm^2$，对于冲淋样品，则通常采用 100cfu/ml。

4.14.4.3.5 目视洁净标准

对生产表面的目检是确认残留去除的直观方法。通常，目检在清洁验证方案中作为擦拭法或冲淋水法检测残留的一种补充。如果没有擦拭或冲淋水取样，仅使用目视检查，则需要量化指定表面上残留的目检限度，并说明具体观察条件。如果目检作为擦拭或冲淋水取样的补充，则确定目检限度可以明确限制目视清洁的具体定义。通常文献中的目检限度为 $1\sim 4\mu g/cm^2$，该限度受许多因素或条件影响，如残留特性、表面特性、灯光、观测的距离、观测角度以及观测人员的视力情况。

4.14.5 取样方法

为了评估清洁效果，有必要对设备的产品接触表面进行取样并确定存在的残留量。适当的取样方法是一个清洁验证计划的基本要素。

取样方法的选择取决于设备、待检测残留物的性质，残留物限度以及所需的分析方法。这里讨论的取样方法包括：直接表面取样、冲淋取样、擦拭法。

4.14.5.1 直接取样方法

直接取样法包括仪器以及目检法，应该注意直接表面取样法包括了取样以及分析方法。

4.14.5.2 目检

一个清洁过程应从生产设备表面去除可见残留物。目检存在局限性，如一些设备的表面（如管路）无法直接观察，一些光学设备如镜子或者内窥镜，连同辅助照明一起有助于进行目检。一般来说，需要目检的表面应干燥，因为这代表目检的最差条件。

管道镜、纤维内窥镜以及光纤视镜可以检查到视线难以抵达的区域。管道镜可以用来检测管路内部以及罐体焊缝。这些视镜的优点是它们可以适用于操作人员无法进入的限制性空间。它们通常易于操作，带有额外的照明，以及可能带有放大或缩小功能。这些视镜的主要缺点就是很难使用、控制灯光 / 亮度，以及仍然需要操作人员判断观察区域是否目视洁净。

4.14.5.3 仪器法

仪器法通常采用通过光纤电缆连接至分析仪器的表面探针，例如通过光纤电缆连接至傅里叶红外光谱仪的衰减全反射探针。这种取样法的优势是不需要像擦拭法和冲淋法那样从表面取残留物进行分析。因此也不需要单独的取样回收率研究。主要缺点是光线探头的长度有限以及被取样表面需相对平坦。

4.14.5.4 冲淋取样方法

冲淋法取样是指在相关设备表面采用流动的溶剂去除残留物，然后再检测冲淋液中残留量。冲淋样品的采集应考虑溶解度、位置、冲淋时间以及冲淋体积。冲淋取样的一种方法是在最终淋洗过程中"抓取"冲淋溶液的最后一部分作为样品。另一种冲淋取样方法是在冲淋过程结束后，单独进行冲淋取样，向设备中加入一定体积的溶剂，搅拌使冲淋液中残留物的分布均匀。然后取出冲淋溶液样品进行分析。这个单独的冲淋样品可以是一个单独的CIP冲淋取样，涉及单程冲淋取样或循环冲洗取样。对于单程的冲淋取样，必须收集全部体积的冲淋溶液，搅拌至均匀，然后进行分析，对于循环的独立冲淋取样，冲淋样均匀性通常可以通过循环过程实现。

4.14.5.5 擦拭取样方法

拭子以及擦拭取样都采用纤维材料擦拭表面。擦拭过程中，表面残留会被转移至纤维材料上，然后再将纤维材料置于溶剂中，将残留物转移至溶剂中。然后用经过验证的合适的方法分析溶剂中的残留物。多数情况下，表面取样要用溶剂润湿拭子，选择的溶剂应有助于溶解残留物并同分析方法兼容。例如，对于高效液相色谱分析，溶剂应当选择流动相。对于有机碳和电导率分析，溶剂一般选择水。为了得到更高的表面残留物回收率，可选择采用多个拭子对同一表面进行取样，在这种情况下，其他的拭子可以是干燥的或用同一溶剂润湿。

4.14.6 分析方法

4.14.6.1 专属性检测方法

特定的分析方法是指在不受干扰的情况下能够精确的测定某一残留物，分析方法的选择依靠清洗工艺中残留物的性质。例如，蛋白质在清洗工艺中不存在降解成分，那么可以选择一个特定的蛋白质测定方法。特定的分析方法对于制药行业比较常用，比如口服制剂、无菌粉针剂等，只要能够精确产品的残留物，就可以选择特定的分析方法，如果不确定残留物，可以适当选择其他方法进行，比如总有机碳（TOC）、电导率等。

4.14.6.2 非特定的分析方法

非特定的分析方法一般包括 TOC、电导率和目视检查等。以下对几种方法进行介绍。

4.14.6.2.1 总有机碳

TOC 检测方法一般用于生物制药的清洁验证，TOC 可以在很高的灵敏度条件下检测总有机碳。但是，这个灵敏度对于高活性的物质并不适用。TOC分析仪可以检测所有的有机残留，包括培养基和清洗工艺中的降解物质。由于 TOC 检测的是所有有机成分，所以很难区分检测的物质是产品有机残留还是其他有机混合物。所以，TOC 方法代表的是"最差情况"，另一方面，在取样和测试的过程中也有可能会引入污染物质，所以所有的取样人员必须经过严格的培训并掌握清洗的取样技术，尤其要注意取样工具不要对检测结果带来干扰。

4.14.6.2.2 电导率

电导率检测是比较灵敏的方法，用于检测冲淋水样中的离子，一般用于检测清洁剂的残留和控制自动清洗工艺。电导率受温度的影响很大，所以在检测时要严格规定检测温度。与 TOC 检测对比，电导率一般仅用于水样测试，电导率通常不适用于检测产品的残留。

4.14.6.2.3 目视检查

目视检查是确定设备表面洁净度的定性方法，也是评估设备表面洁净度的比较简单而有效的方法。目视检查存在很多的缺点，它需要有效的培训和详细的程序确保"目视洁净"在不同人员之间的差异。一些设备的表面（如：管道）不易进行目视检查，需要引入外来的工具辅助执行。

生物制药清洁工艺主要考虑活性成分是否在清洁程序（热、水、碱、清洁溶液）中降解，清洁程序后，残留物应以活性成分降解产物的形式存在。因此，检测活性成分的分析方法对判定清洁工艺是否有效并不适用，生物制药清洁验证最为通用的分析方法是 TOC。对于清洗溶剂残留测定方法常用化学滴定法、电导率法和 TOC 法。

表 4-48 是对特定的分析方法和非特定的分析方法的优缺点的对比，同时对残留物的一些检测方法给出建议（表 4-49）。

表 4-48　特定与非特定方法的优缺点比较

类别	优点	缺点
特定方法	灵敏度高 能够经常在相关化合物中使用	·不能检查更大范围的化合物 ·研究成本高 ·可能受残留物干扰
非特定方法	灵敏度高 对多成分化合物有效	·缺乏识别具体分析物的专属性 ·受其他残留物的干扰 ·证明使用的方法的适用性比较困难

表 4-49　残留物及建议的检测方法示例

残留物	测定方法
蛋白质	酶联免疫、TOC、HPLC 测定方法
有机化合物	TOC、HPLC、紫外 – 可见分光光度法
无机化合物	电导率、pH 值、原子吸收、电感耦合等离子体法

4.14.6.3 清洁检验方法验证

4.14.6.3.1 专属性

专属性系指在其他成分可能存在的情况下，采用的分析方法能够准确测定被测物的特性的能力。对于清洁验证来说，应当证明对被测物的检出不会受到其他组分的干扰。通常评价空白溶剂、提取溶剂、分析系统、降解产物、取样棉签、取样模板、辅料、清洁剂单独及共同存在时是否对测定产生干扰。

4.14.6.3.2 系统适用性

定量检查测定时，应制备 2 份对照品，对照品一致性检查应为不超过 5%；对照品的 RSD 不应超过 10%。

4.14.6.3.3 精密度

精密度系指在规定的测试条件下，同一均质样品经多次取样检测所得结果之间的接近程度。精密度分为重复性、中间精密度和重现性。精密度一般以相对百分标准偏差（%）表示。

- A. 重复性　系指在规定的条件下，从同一个均匀样品中，经多次取样测定所得结果之间的接近程度。验证方式：重复操作 6 次。化学分析 RSD < 5%，生物分析 RS 应 < 20%。

- B. 中间精密度　系指在同一实验室改变其内部条件所测得的测定结果的精密度。一般情况下，清洁验证持续的时间不长，能够保证测试条件的固定，此时不必做中间精密度。如果在清洁验证期间样品的测试条件尤法固定，则需要做中间精密度。可以考虑不同的分析仪器和不同色谱柱，色谱柱最好是不同的批号甚至是不同供应商。对于擦拭取样，需要考察不同来源或不同批号的棉签。

- C. 重现性　不同实验室之间不同分析人员测定结果的精密度，有可能在清洁分析方法转移时采用。

4.14.6.3.4 准确度和回收率

准确度系指该方法测定的结果与真实值或认可的参考值之间接近的程度，有时也称为真实度，一般以回收率（%）表示。对于清洁验证来说，回收率需要尽可能地接近 100%，但是有的情况下，回收率低至 50% 也是可以接受的。

回收率验证方式：将杂质、辅料、清洁剂与被测物一起制成溶液，模拟成最终淋洗水样，取样后证明被测物的分析结果与理论量接近。验证浓度范围一般是被测物的残留限度的 50%~150% 的。验证至少要测定三个浓度，每个浓度制备 3 份溶液进行测试，并以最低的回收率作为计算验证时的校正因子。化学分析的接受标准为：平均回收率 ≥ 50%，平均回收率的 RSD < 20%。

对于擦拭法要考虑棉签将被测物从设备表面去除的能力，被测物从棉签中被回收的能力，以及杂质、辅料、清洁剂以及棉签材料本身可能造成的干扰。

如果回收率低于理想值，则应确定回收率低的主要因素。常用的方式是将受试溶液直接滴到棉签上，全部吸收后再浸入提取溶剂中，如果回收率仍低，那么应换用更强的提取溶剂或换用不同材料的擦拭棉签。如果回收率可以接受，应换用不同材料的棉签，换用更强的擦拭溶剂，或者改变擦拭方式（如多支棉签、或干或湿、更用力地擦拭等），观察回收率是否提高。被测物的挥发性也可能会造成回收率偏低，特别是当挥发步骤中有使用加热的或抽真空的烘箱。

4.14.6.3.5 线性

线性系指在设计的范围内，检测结果与试样中被测物的浓度（量）直接呈线性比例关系的能力。范围系指能够达到一定的准确度、精密度和线性，测试方法适用的试样中被测物的高、低限浓度或量。

清洁验证的分析范围一般应从定量限到残留物限度的 200%。如果范围的下限即为残留物的限度，那么过程监控就失去了早期报警的能力。线性的合格标准应该在方法验证以前予以确定。不同的分析方法，要求不同。通常杂质线性的可接受值可适用于清洁验证，为 R2 大于 0.98。线性实验应该至少有 5 个浓度水平。每个浓度水平至少平行做 2 次，一般 3 次。截距是反映偏差的指标。如果截距为 0，则没有偏差。如果截距为 0 或者很小，那么化验时就可以成功地运用单点校正。

第二种方法确定线性和范围的原理是：被测物在线性范围内的响应应该相对稳定。可将各响应值与其浓度的比值对浓度作图，理想的曲线是一条平行于 X 轴的直线。有两条线分别代表 95% 和 105% 的响应度比，超出 105% 的或者低于 95% 的点就被认为是不在线性范围内。

4.14.6.3.6 范围

范围系指能达到一定精密度、准确度和线性，测试方法适用的高低限浓度或量的区间验证方式：通过对最低和最高浓度的准确性，重复性和线性关系的验证及符合规范的结果，核实检测物范围；浓度范围应达到残留物限度的 50%~150%。

4.14.6.3.7 检测限和定量限

在常规的原料药或者制剂的分析中，被测物的量一般要远远大于检测限和定量限。但清洁验证的分析目的就是要确定痕量的残留物，所以这两个值是清洁验证非常关心的。

检测限和定量限的验证方法通常包括：直观评价法、信噪比法、根据响应值的标准偏差和斜率法。

信噪比法通过比较测得的已知低浓度的样品信号和空白样品的信号，建立能够监测的被测物的最低浓度。信噪比在 3:1 或 2:1 之间通常被认为可接受的作为检测限的评价。

基于空白的响应值标准偏差的方法通过分析适当数量的空白样品并计算所得响应值的标准偏差来测量分析背景响应值的大小。检测限度 =3.3SD/S，定量限度 = 10SD/S。

需要关注的是 LOQ（Limit of quantization，LOQ），限度和取样的关联性：确保限度适合于分析方法的 LOQ；确保取样充分涵盖表面区域，从而检测样品是否符合限度；确保取样方法不会稀释样品，从而超过分析方法的灵敏度；LOQ 应低于清洁限度。

4.14.6.3.8 稳定性

化学物质可能在进行分析前发生降解，比如，在制备样品溶液、提取、净化、相转移或样品瓶的贮存（在冰箱或在自动进样器里）过程中可能发生降解。在这些情况下，方法开发时应考察被分析物和标准物质的稳定性。使用同一份溶液，测定其在预先选定的时间间隔里（例如，每小时测定一次，直到 46 小时）产生的结果偏差，以此来测定稳定性。

应评价室温下至少存放 6 小时的药品和内标贮备液的稳定性。在经过一段预期时间的贮存后，通过比较该溶液与新鲜制备溶液的仪器响应值来检测稳定性。通过样品溶液的重复分析，并计算响应值的 RSD 来确定系统稳定性。当 RSD 不超过短期系统精密度响应值的 20% 时，认为该系统的稳定性是适宜的。

4.14.6.3.9 耐用性

耐用性指测试条件发生微小变化时测试方法不受影响的程度。耐用性研究可以确定关键参数的合适限度来确定正常使用时的可靠性。

耐用性测试是在特意改变若干项分析方法的条件参数，检验其方法的可容性。比如，HPLC 法的流动相 pH 值，柱温、流动相比例改变等，通过实验结果确定方法关键参数及可允许改变的条件范围。此外对于取样规程中样品提取时间、提取溶剂浓度等的耐用性也应作考虑。

耐用性完成后将结果列表，并定出方法关键参数及可允许改变的条件范围。

4.14.7 文件

4.14.7.1 清洁验证计划

所有的验证活动都应该有计划地进行，清洁验证计划将描述执行清洁验证的方法、原理及其具体要求。将提供高水平清洁验证活动的方针和策略，详细的清洁验证执行程序将在清洁验证方案中进行描述。

验证计划中应该规定清洁验证项目中的每个重要因素，这些因素应该根据特定的产品及其使用设备的相关清洗方面的设计和清洗程序等来编写。清洁验证计划中的相关内容包括但不限于以下内容：

清洁验证计划的目的、清洁验证计划的范围、职责、设备清单、定义和缩略语、清洁验证的先决条件、清洗类型的描述、清洁剂和机制、清洗方法、污染物评估、清洗工艺的最差条件、清洁验证相关的分析方法、取样方法的培训和确认、取样时间表、参考文件、附录。

4.14.7.2 清洁验证风险评估

清洗和清洁验证可以从相关的工艺系统知识、污染物和设备清洗辅助系统（例如：化学和机械特性）中进行风险评估、确认。这些系统要进行设计审核，然后根据相关的可接受标准确认，证明已经达到系统的相关要求。在清洁验证执行的过程中，有很多影响清洁验证不成功的因素，每个因素都存在着不同的潜在风险，必须对每个因素进行充分的分析、评估，确保清洁验证顺利地进行，图 4-123 用鱼骨图表示所有的影响因素。

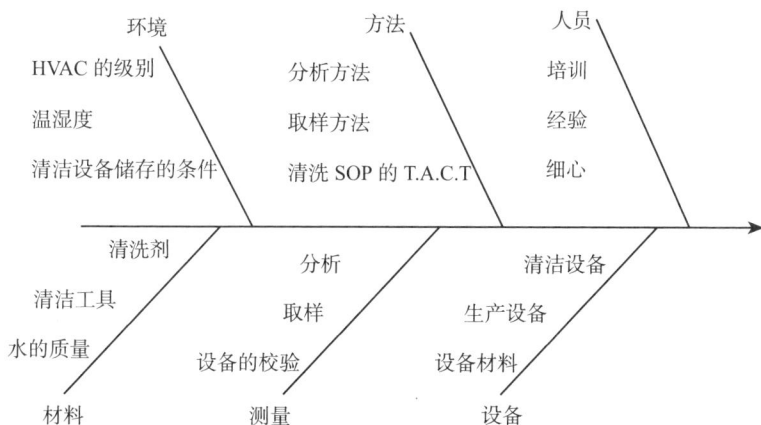

图 4-123　清洁验证影响因素

4.14.7.2.1 环境

环境因素对清洁验证的影响至关重要，一个良好的环境能够保证清洁验证的顺利进行。环境因素严重影响清洁验证过程中的微生物残留项目，不同级别的环境有不同的微生物和悬浮粒子要求，在进行清洁验证之前，必须确保 HVAC 系统的 PQ 已经完成，环境的温湿度已经符合工艺要求。特别是清洗后的设备必须储存在干燥的环境中，必要时增加外来的覆盖物。清洁验证执行的过程中，需要进行干净设备保留时间（Clean equipment hold time，CEHT）和脏设备保留时间（Dirty equipment hold time，DEHT）的验证，而这两个时间的验证主要是针对微生物残留限度，因为环境因素如不能有效地控制，必定导致清洁验证的失败。

4.14.7.2.2 方法

清洁验证执行之前，必须完成与清洁验证相关的分析方法和取样方法验证以及所有相关设备的清洗 SOP。在设备清洁 SOP 中必须清楚的描述 T.A.C.T（Temperature，Action，Concentration，Time）参数，确保清洁规程的可操作性。

4.14.7.2.3 人员

对于参与清洁验证的相关人员，特别是与清洁验证相关设备清洁的操作人员，必须对相关的清洗规程进行严格的培训，保证设备清洗的一致性，必要时在清洁验证过程中，可以采用不同的班组人员对设备进行清洗，从而证明清洗 SOP 的耐用性。执行清洁验证的人员必须通过清洁验证方案的培训。

4.14.7.2.4 材料

为了使设备的清洗达到一定的洁净度，设备的清洗必须严格的选用清洁剂和清洁工具，清洁剂不能采用大宗芳香型，必须采用成分单一和制药行业允许的清洁剂，而且在清洁验证执行的过程中要测定清洁剂残留；清洁工具应选择没有任何脱落物质的清洁工具，重要清洁工具的变更可能导致重新验证清洗程序。设备清洗用水影响最终可接受标准的制定，不同的水质清洗代表着不同洁净要求，比如：注射用水清洗一般都是在无菌制药厂房中进行，而纯化水对设备的清洗一般都在非无菌制药厂房中进行。所以，最终清洗用水的质量决定清洁验证微生物限度的制订。

药品生产过程中，每个企业的每个车间都会有很多品种和剂型药品，由于在清洁验证要耗费大量的人力和物力，不可能针对每个品种都进行单独的清洁验证，为了降低成本和将复杂的清洁验证简单化，可对车间所有的品种和剂型进行分组分类，从中选择最差条件的产品进行清洁验证。

4.14.7.2.5 测量

清洁验证过程中涉及的所有设备的仪器仪表必须进行校验，确保获得数据的准确性。考虑不同人员操作的差异性，取样操作人员应经过严格培训并能严格遵守规程，同时为保证样品具有较好的重现性，取样操作应由完成回收率实验的人员进行操作。棉签使用前用取样溶剂（水）预先清洗，以防止纤维残留在取样表面。不同材质的回收率实验在此方案进行前必须完成，应由同一个人至少进行 3 次操作，应大于或等于 50%，三次结果的 RSD 应不大于 20%，为确保产品的安全性，在计算残留量时应以最低的回收值代入，即算得最大可能残留量。对于不同材质的回收率结果进行对比，为最大程度的降低污染的风险，采取回收率最低的材质作为最终回收率。

4.14.7.2.6 设备

制药生产中，不同的剂型使用的设备也各不相同。在清洁验证的执行过程中，不可能对每个产品的设备链进行验证，如果一个药品生产企业某剂型的产品非常多，那么清洁验证的周期会很长，耗费大量的人力和物力资源。所以可根据产品使用的设备链和产品的相似性对设备链进行分组验证，对于同一类别的设备链，只需选择最差条件的设备进行验证，大大减轻清洁验证的负担。

制药生产过程中，由于设备的种类非常多，每个设备都有不同的几何形状，所以设备取样点的选定是非常重要的，所选择的取样点必须有很强的代表性，最终取样点结果的合格证明该设备的清洗程序是适用的。

在清洁验证过程中主要的目的是证明上批产品的活性成分对下批产品没有造成污染，所以对于没有接触到活性成分的设备，应制定适当的测试项目，并不是所有设备的测试项目都必须一致。

4.14.7.3 清洁验证方案

4.14.7.3.1 验证方案

清洁验证方案将描述要清洗的设备、程序、物料、可接受的清洗水平、监测和控制的参数以及分析方法。方案中也将指出取样的类型、怎样收集和标记样品。验证方案将主要包括：清洁验证中的具体的清洗方法/设备；污染物的监测，例如：化学残留、微生物、清洗剂残留、内毒素等；执行验证的职责；使用的测试方法；取样的方法、位置、类型、大小和数量等；验证执行的次数（通常要求运行三次）；活性成分残留、微生物负载和产品工艺残留的可接受水平，例如：清洗剂和内毒素。

验证报告将主要包括：设备取样点单独的测试程序；通过棉签擦拭和冲淋结果评估总的污染物残留；清洗方法的可接受声明；验证过程中的偏差及其汇总；再验证的相关建议。

4.14.7.3.2 清洁验证报告

当验证方案获得批准，所有准备工作进行完毕后，即进入验证实施阶段。验证实施应严格按照批准的方案执行。本阶段的关键在于清洁规程的执行和数据的采集，即取样与化验。验证实施后写出验证报告。应及时、准确地填写清洁规程执行记录，保证清洁过程完全按照规程进行。执行规程的人员应当是将来进行正式操作的人员，而不应由方案设计人员或其他技术人员代替，有关技术人员可在旁观察规程的执行情况，以便及时发现偏差并予以纠正。取样应由经过专门培训并通过取样验证的人员进行，样品标签可在取样前贴好，根据标签的指示取样，也可在取样后立即贴上标签。无论采取何种方式，应以方案规定为准。检验应按照预先开发并验证的方法进行。所用的试剂、对照品、仪器等都应符合预定要求。检验机构出具的化验报告及其原始记录应作为验证报告的内容或附件。

验证过程中出现的偏差均应记录在案，并由专门人员讨论并判断偏差的性质，确定是否对验证结果产生实质影响。一般如检验结果超出限度，并经证明并非化验误差所致时，该偏差应作为关键偏差，应进行原因调查，确定原因并采取必要措施后重新进行验证试验。验证结论应在审核所有清洁作业记录、检验原始记录、化验报告、偏差记录后做出。其结果只有合格或不合格两种，不可模棱两可。

验证报告至少包括：清洁规程的执行情况描述，附原始清洁作业记录；检验结果及其评价，附检验原始记录和化验报告；偏差说明，附偏差记录与调查；验证结论。

4.14.8 验证状态的维护

4.14.8.1 日常监控

清洁验证报告一经批准，清洁验证即告完成，该清洁方法即可正式投入使用。同药品生产工艺过程一样，经验证后，清洁方法即进入了监控与再验证阶段，应当结合实际生产运行的结果进一步考核清洁规程的科学性和合理性。

在日常生产过程中对清洁方法进行监控的目的是进一步考察清洁程序的可靠性。验证过程中进行的试验往往是有限的，未能充分涵盖实际生产中各种可能的特殊情况，监控则正好弥补这方面的不足。对手工清洗规程来说，监控尤其重要，因为其重现性很大程度上取决于对人员的培训和实施清洁人的工作态度。

监控的方法一般为肉眼观察是否有可见残留物，必要时可定期取淋洗水或擦拭取样进行化验。由于对指定残留物的定量分析通常比较繁琐，可开发某些有足够灵敏度且快速的非专属性检验方法，如测定总有机碳（TOC）。《美国药典》《欧洲药典》已将 TOC 指标确立为注射用水和纯水的法定项目，以反映水中有机物的污染情况。由于该方法的高灵敏性和自动化，且绝大多数残留物是有机物，发达国家或技术水平较高的制药企业越来越多地将其作为清洁作业的日常监控方法。如果日常样品的 TOC 值低且波动较小，则证明清洁效果满意，清洁规程得到了良好的遵守。一旦出现异常，则提示可能出现了问题，此时再采用专门的分析方法对污染物定性定量。通过对日常监控数据的回顾，以确定是否需要再验证或确定再验证的周期。

4.14.8.2 变更管理

对已验证设备、清洁规程的任何变更以及诸如改变产品处方、增加新产品等可能导致清洁规程或设备的变更，应有专门人员如验证工程师、生产经理、QA 经理等审核变更申请后决定是否需要进行再验证。企业应有变更管理 SOP 统一规范所有变更行为。在发生下列情形之一时，须进行清洁规程的再验证：清洁剂改变或清洁程序作重要变更；增加生产相对更难清洁的产品；设备有重大变更；清洁规程有定期再验证的要求。

4.14.8.3 清洁方法的优化

在实际生产中，一台（组）设备用于多种产品的生产是普遍现象。有时各种产品的物理、化学性质有很大差异，但为一台（组）设备制定多个清洁规程并不可取。这不仅是因为针对每个规程进行验证的工作量过于庞大，更主要的是对操作者来说要在多个规程中选择适当的清洁方法很容易造成差错。比较可行的方法是在所有涉及的产品中，选择最难清洁的产品为参照产品，以所有产品/原料中允许残留量最低的限度为标准（最差条件），优化设计足以清除该产品/原料以达到残留量限度的清洁程序。验证就以该程序为对象，只要证明其能达到预定的要求，则该程序能适用于所有产品的清洁。从环保和节约费用的角度考虑，如果实践证明该清洁程序对大多数产品而言过于浪费，也可再选择一个典型的产品进行上述规程制定和验证工作。规程中必须非常明确地规定该方法适用于哪些产品，还须明确为防止选择时发生错误需要采取的必要措施。

4.15 运输验证

4.15.1 生命周期方法的运输验证概述

随着市场上温度受控药品的数量和种类越来越多，药品分销环节越来越复杂，如何将药品在质量受控情况下由药品生产企业配送至最终患者手中变得至关重要，这也是确认药品安全有效的重要环节。运输验证的目的即是确认药品分销转运过程中所有保证药品质量的措施、步骤能够发挥作用并且满足预定的需求。

4.15.1.1 温度受控药品管理流程

对于温度受控药品的管理流程，主要为需求识别、验证确认以及措施实施（图 4-124）。

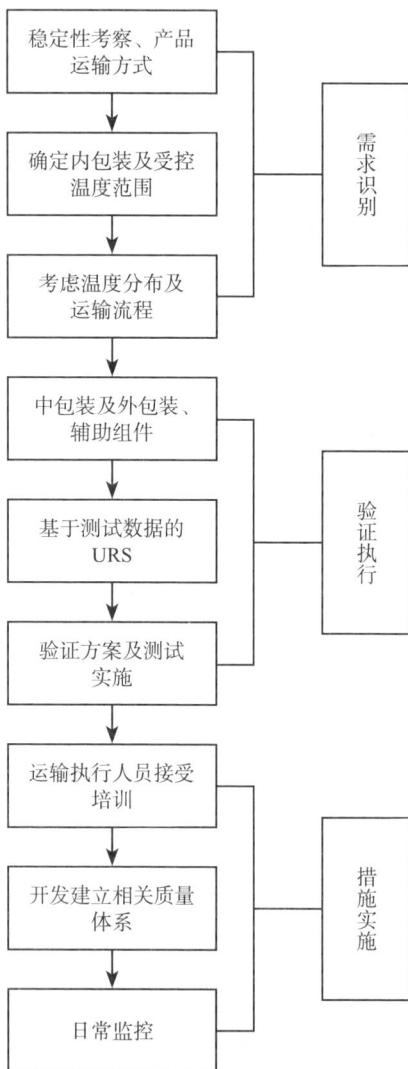

图 4-124　生命周期方法的运输验证

4.15.1.1.1 需求识别

对于温度受控药品，首先应通过稳定性试验来确定可接受的转运储存条件，包括受控温度范围以及内包装形式。产品的运输过程受控温度可不同于药品的长期储存规定条件，只要有产品质量没有被影响的稳定性数据或证据即可。建议的产品稳定性原则：产品应以内包装形式进行长期和加速的稳定性考察；应参照具体的运输过程、预期环境温度变化及时间进行稳定性考察。

4.15.1.1.2 验证确认

基于稳定性试验的结果来明确验证实施过程中的可接受标准。验证过程应包括方案编写、验证实施及验证报告编制。

4.15.1.1.3 措施实施

已经确认的过程会随时间的推移发生变化，因此要开发并建立相应的质量管理体系来确保运输过程一直处于受控的状态下。定期和适当的监控是必需的，监控的频次和方法要依据具体的配送过程而定。

4.15.1.2 运输系统

具体用于药品运输的系统主要分为两类，主动系统和被动系统。

4.15.1.2.1 主动系统

带有主动温度控制的运输系统，如冷藏车。该类系统均需要提供外部动力。

4.15.1.2.2 被动系统

无主动温度控制的运输系统，如带有或者没有保温剂的保温箱、冷藏箱等。该系统一般使用非机械冷源或者热源。

对于不同运输系统，在进行验证的过程中应区别对待，应根据其不同的特点和运输形式进行方案的编写和测试执行。

不管是主动系统还是被动系统，均须与外界环境完全隔离。常用的隔热材料有：膨胀聚乙烯、真空隔热板、聚氨酯等。国际易腐食品运输协定及此类运输所用特殊设备协会（ATP）法规中规定，对于冷冻车厢的隔热能力，其热传导系数 K 应不大于 $0.4W/m^2K$，对于低温运输则应不大于 $0.7W/m^2K$。因此建议新购药品运输系统的热传导系数 K 最好应不大于 $0.4W/m^2K$。

4.15.1.3 运输路线概况

运输验证的具体条件应涵盖药品在运输过程中可能经受的极端条件，包括无法预见的事故及天气等因素。具体的考虑情况，应包括但不限于：整个运输路线的温度条件；季节性的气候（包括冬季与夏季）；运输路线和方式（陆路运输、海路运输、空路运输）；运输过程持续的时间；运输路线沿途各中转停留点的产品处理；运输路线沿途各中转停留点的持续时间、温度和地点。

至少以下 4 类情况应作为最差条件进行相应的测试：最热温度条件下使

用最多装载进行测试；最热温度条件下使用最少装载进行测试；最冷温度条件下使用最多装载进行测试；最冷温度条件下使用最少装载进行测试。

具体的运输验证过程中，所选择的路线应能反映典型的最差情形。最好是实际运输过程中实施测试，以便收集最准确的数据。如无法以实际运输线路进行测试，则应选择具有代表性的路线，最差情形通常包括多点卸货，此时门会反复开关，而且在卸货点之间行程最短。此外还应考虑停车时停止供电的情况。

4.15.1.4 持续监控

在运输验证 PQ 完成后，在验证中确定的"最差点"应在按规定时间间隔进行风险评估和监管评估的基础上结合考虑季节变更因素的前提下持续监控。自动温度监控系统应可实时采集、显示、记录、传送温度数据，并具有远程及就地实时报警功能，可通过计算机读取和存储记录的数据。

应定期评估监控数据，以促进最差情况标准的扩延及可疑运输路线的识别。协助评估各种变更对系统性能的劣变造成的累积影响。

4.15.2 口服固体制剂典型运输验证设计与执行

运输系统的验证应重点考虑药品的稳定性数据、运输系统及配送的相关信息以及所选的运输路径的信息。

应根据验证的结果修订运输规程、标准操作规程、装箱标准及发运流程等内容。

任何产品特性、内外包装、运输路径、气候条件等的改变，均需通过变更控制进行再验证。

设施设备、最差运输路径等应定期进行再评估和再验证，确保其能够达到预期的效果。

4.15.2.1 用户需求说明（URS）

对于口服固体制剂运输系统的用户需求说明，不仅仅要明确对于温度受控的运输系统关于药品质量保证方面的要求，还应明确说明对于产品转运分销过程中产品保护的内容。

对于运输系统的 URS，应至少包含：产品的存储环境要求；产品的运输路线要求；交付现场的要求；运输工具的要求；产品包装的要求；存储环境温度控制探头的布置与要求；运输时间的要求；运输设施的清洁与维护要求。

4.15.2.2 风险评估（RA）

对于运输系统的风险评估，首先要确定运输的环境要求、运输的路径选择以及运输过程的具体操作规程，分析其中可能对产品质量产生危害的因素。只有最大化评估危害的范围，才能最大限度地保证运输过程中的产品质量。

4.15.2.3 设计确认（DQ）

通过设计文件进行初步认证，从而对硬件设备、设施技术指标的适用性进行审查以及对供应商进行确认。一般情况下，DQ只是通过检查供应商文件来确认设备的各功能、参数符合URS的规定。

对于运输系统，主要从以下几个方面进行确认：产品数据的稳定性（确定的受控温度范围、持续时间、制冷剂或空调的摆放位置、探头位置等）；药品的包装信息；产品的装载数量、日期；产品的图片；风险评估；安全；定点监管；交货现场；运输路线；关键部件；季节（夏季、冬季、全年）。

4.15.2.4 安装确认（IQ）

对运输系统的各部件进行评估之后，需要对关键部件进行安装确认，确定其安装是否符合GMP要求。

对于运输系统，应主要对于运输系统（主动系统或被动系统）、包装材质以及关键仪表的校准状态进行确认。

4.15.2.5 运行确认（OQ）

运输系统的OQ测试一般在实验室内完成。OQ应能够保证包装和运输方案能够维持产品所处的内部环境。测试应包括冷点和热点的确认、震荡测试、耐压测试等，一般包括：确认IQ已完成，OQ方案已批准；温度曲线图（包括夏季与冬季）；时间-物流曲线图；确认产品的最大最小装载；重复测试（每次测试重复3次，包括最大、最小装载以及季节性包装）；热电偶/温度监控位置；供应商支持的相关数据；偏差管理。

OQ测试的持续时间应比预测的运输时间长，以确保实际运输过程中不可预期的延迟。可通过温度受控的储存间模拟最差情况。一般情况下，外部静态夏季/冬季可视为温度最差条件，可由此确定并理解这些情况发生变化时对产品造成的影响。

对于主动系统，应确认报警及设定点的功能。

4.15.2.6 性能确认（PQ）

PQ应在实际运输条件下进行，并在冬季、夏季执行，以确保在实际运输期间且最差情况下，其运输方案、制冷剂类型选择、装货程序及方式能满足要求。PQ执行时考虑的因素为：OQ已完成且PQ方案已批准；不同日期进行3次连续测试；测试人员经过相关方案及SOP培训；装载形式应经过确认（在冷藏车厢内，药品与箱内前板距离不小于10cm，与后板、侧板、底板间距不小于5cm，药品码放高度不得超过制冷机组出风口下沿，确保气流正常循环和温度分布均匀）；运输路线、运输类型、运输季节及时间等条件应与实际情况相同；运输 / 分销应从实际的商业运输地址出发或以这些地址为目的地；偏差管理。

4.15.2.7 主动系统的验证

主动系统的验证项目应包括：车厢内温度分布特性的测试与分析，确定适宜药品存放的安全位置及区域；温控设施运行参数及使用状况测试；监测系统配置的测试点终端参数及安装位置；开门作业对车厢温度分布及变化的影响；故障或断电情况下，保温性能的变化及趋势分析；本地区高、低温极端外部环境条件下，分别进行保温效果评估；冷藏车等初次使用前或改造后进行空载及满载测试；年度定期进行满载条件下的再验证。

4.15.2.8 被动系统的验证

被动系统（冷藏箱或保温箱）的验证应包含：温度分布，分析箱体内温度变化及趋势；蓄冷剂配备使用的条件测试；温度自动监测设备放置位置确认；开箱作业对温度分布及变化的影响；高、低温极端条件下保温效果评价；运输最长时限确认。

4.15.2.9 温度分布布点及数据采集原则

在正式执行验证之前应进行温度分布预确认，明确温度最差点位置，具体的验证布点原则为：一次性同步布点；均匀性布点（特殊位置专门布点）；冷藏车布点不少于 9 个，每增加 $20m^3$ 容积需增加 9 个测试点，不足 $20m^3$ 按 $20m^3$ 计算；冷藏箱或保温箱内测试点不少于 5 个；冷藏车达到规定的温度并稳定运行后，数据采集时间不少于 5 小时；冷藏箱、保温箱经过预热或预冷至规定温度并满载装箱后按最长配送时间连续采集数据；验证数据采集的时间间隔不超过于 5 分钟。

5 口服固体制剂厂房与设施

5.1 基本原则

口服固体制剂的药品生产企业生产厂房、设施主要包括：厂房建筑物实体（含门、窗）、道路、绿化草坪、围护结构；生产厂房附属公用设施（如洁净空调和除尘装置，照明，消防喷淋，上、下水管网），洁净公用工程（如纯化水，洁净气体的产生及其管网等）。以上生产厂房、设施应符合中国GMP（2010 年修订）相关要求，是药品质量的根本保障。GMP 的核心就是防止药品生产中的混淆、污染和交叉污染。洁净室正是为响应污染控制的需求而产生和发展起来的。

5.1.1 防止混淆和污染

5.1.1.1 厂房

厂房与设备的选址、设计、建造、改造及维护必须适用于所实施的操作。为避免交叉污染、积灰以及对产品质量产生不良影响，厂房和设备的设计和布局必须能最大限度降低发生差错的风险，便于有效清洁和维护。

应当根据厂房及制造保护措施综合考虑选址问题，厂房所处的环境应能使物料或产品遭受污染的风险最小。制药工厂应远离铁路、码头、机场、交通要道以及散发大量粉尘和有害气体等严重空气污染、水污染、振动或噪声干扰的区域。当不能远离空气污染源时，应位于最大频率风向上风侧，或全年最小频率风向下风侧。

厂房的设计与装备应能最大程度防止昆虫或其他动物的进入。

应当采取适当措施，防止未经批准的人员进入。生产、贮存和质量控制区不应当作为非本区工作人员的通道。

5.1.1.2 生产区

所有的产品应当通过恰当的设计与操作来避免交叉污染。预防交叉污染的措施应当与风险一致，应当使用质量风险管理基本原则来评估与控制风险。根据风险的水平，可采用专用厂房和设备来生产或包装，以控制某些药品所具有的风险。

当药品呈现下列风险，制造需要用专用设施。

● 该风险不能通过操作来控制。

● 毒理学科学数据无法提供能够对风险进行控制的依据。（例如 β- 内酰胺这类的高效致敏药物）

● 通过毒理学评估所获得的相关残留限度不能采用经过验证的分析方法检测得到满意的结果。

厂房应当最好按生产工艺流程及相应洁净级别要求合理布局。

工作区和中间物料存贮区应有足够的空间，以有序地存放设备和物料，避免不同药品或组分混淆，避免交叉污染，避免制造或质量控制操作发生遗漏或差错。

起始物料、与药品直接接触的内包装材料、中间体或半成品暴露于环境的内表面（墙壁、地面、天棚）应当平整光滑、无裂缝、接口严密、无颗粒物脱落，便于有效清洁和必要时进行消毒。

管道、照明设施、送风口和其他公用设施的设计和安装应避免出现难以清洁的凹陷部位。应尽可能做到在制造区外部对它们进行维护。

在产尘区域（如取样、称量、混合与加工、干燥产品包装 ），应采取专门的措施避免交叉污染并便于清洁。

用于药品包装的厂房应专门设计和布局，以避免混淆或交叉污染。

在生产区域内可进行中间控制，但不得给生产带来风险。

5.1.1.3 储存区

储存区应有足够的空间，以便有序地存放各类物料和产品：起始物料、包装材料、中间体、半成品与成品，以及待验、合格、不合格、退回或召回的产品等。

当用隔离区域保证待检状态，其应有醒目标识，且只限于经批准的人员出入。如果采用其他方法替代物理待检，应具有同等的安全性。

通常应有隔离的起始物料取样区。如在储存区取样，则应以能防止污染或交叉污染的方式进行。

不合格、退回或召回的物料或产品应隔离存放。

印刷好的包装材料是确保药品标识正确的关键，应特别注意安全贮存。

5.1.1.4 质量控制区

实验室设计应确保其适用于预期的操作。实验室应有足够的空间以避免混淆和交叉污染，同时应有足够的适合样品和记录保存的空间。

5.1.1.5 辅助区

休息室（餐饮室）应与其他区域分开。

更衣室、盥洗室与卫生间应方便人员出入，并与使用人数相适应。卫生间不得与生产区或储存区直接相连。

维修间应尽可能与生产区分开。存放在生产区内的维修用备件与工具，应放置在专门的房间或上锁的工具柜中。

动物房应与其他区域严格分开，并设有专门（动物）的通道以及空气处理设施。

5.1.2 人流、物流布局

5.1.2.1 物流规划

物流是指物料货物获取、加工和处理以及在指定区域内分配所有相关业务的联动。具体包括：加工、处理、运输、检测、暂存和储存等。除了经济上的考虑外，物流对 GMP 来说具有重要意义，例如对物流合理设计能够有效消除混淆、提高与其他房间内的其他生产程序的兼容性。

人流和物流的规划应综合考虑建筑内和建筑外的合理分布，并同步按生产工艺考虑。在物流规划中，关键设计原则如下。

- 综合考虑物流路线合理性，使之更有逻辑性，更顺畅，避免最大程度交叉污染。
- 缩短物料处理工艺步骤和缩短物料运输距离。
- 采取合适的保护措施，避免污染和交叉污染。
- 进入有空气洁净度要求区域的原辅料、与药品直接接触的包装材料等应有清洁措施，在缓冲区域宜外包装做脱包处理。
- 分别设置人员和物料进出生产区域的通道，极易造成污染的物料（如部分原辅料、生产中废弃物等），必要时可设置专用出入口。
- 生产操作区内应只设置必要的工艺设备和设施通道。用于生产、贮存的区域不得用作非本区域内工作人员的通道。
- 输送人和物料的电梯应分开。电梯不宜设在洁净操作区内。必须设置时，电梯前应设置气锁间或采取其他确保洁净区空气洁净度的措施。
- 洁净区域内的清洁工具、洗涤用品以及存放支架宜存放在同等级区的房间内。
- 避免已清洁的设备部件、模具和未清洁的设备部件、模具共用同一储存区域。模具应有专用的存储装置，并有专人保管，确保模具不被损坏、遗失。

- 设有大小和功能齐全的清洗间，能够清洗各类生产设备、设备部件、容器、筛网、滤袋、软管、器具等。排水装置应合理布置，且具有防异味功能。
- 清洗后的设备、物品以及工、器具等应在合理的时间内完成干燥并在适宜的环境下保存；对于与物料接触的非金属软管，应编号管理。
- 在物料运输中充分考虑人机工程设计，如提升机规格、合适的走道宽度和门洞尺寸。

5.1.2.2 人流规划

人流规划主要关注人员对产品、产品对人员及生产环境的风险。涉及的人员包括：一般员工、生产人员、参观人员、维修人员、管理人员等。

从保护产品的角度来讲，人流规划措施如下。

- 医药洁净厂房要配备人员进入的控制系统，如门禁系统。
- 医药洁净厂房应设置人员净化用室（区）。
- 人员净化用室（区）通常包括换鞋区、存外衣区、盥洗区、更换洁净工作服间、气锁间、洁净工衣清洗室等。
- 通常人员在换鞋区、存外衣区、盥洗区内的活动可视为非洁净的操作活动，可设置一个房间内分区依次操作，不必设置多个房间。
- 更换洁净工作服间和气锁间，视产品风险和生产方式等，可分别单独设置，亦可合并在一起。合适的气流组织和压差控制是必要的。
- 人流与物流应合理分布。
- 对控制区域与非控制区域的缓冲间，应设置连锁控制加指示灯的装置。

5.2 厂房与设施的技术要求

现代药品生产企业，除了依托先进的生产设备及合理、稳定的工艺流程之外，适宜的厂址和洁净的生产环境同样不可或缺。厂址选择、厂区规划与布局对产品质量、质量管理有非常重要的影响。中国、美国、欧盟的 GMP 均对厂房的选址、规划、布局等做出了明确规定。

5.2.1 选址与外部环境

厂房的选址是药品生产企业实施好 GMP 的基础。GMP 及其实施指南均对厂址选择做出了明确规定，旨在能够最大限度地避免污染、交叉污染、混淆和差错，便于清洁、操作和维护。企业根据已明确的发展战略规划，来确定生产范围，并提出生产详细需求，以此作为选址的基础。企业选址时应考虑以下因素。

5.2.1.1 地理位置选择

企业在选址时，面临的第一个选择是厂区地理位置的选择。地理位置选择应考虑以下因素。

与物料供应商及销售客户的地理关联性。主要包括原料供应商、销售客户、产品运输方式（陆运、水运与空运）。作为制造业，物料的运输应尽量避免折返迂回。作为企业，可结合销售区域辐射面积、产品物流运输，确定厂址位置，降低物流成本。

选址地的社会联系，主要包括人员（劳动力）、当地服务设施（银行、商业与专业服务、治安、消防、垃圾处理）、政府（区域规划、法规限制）。

药品生产企业明确上述需求后，可以先考虑地区，其次是县、乡，最后才是具体的场址。选择过程中，越接近具体的场址，需求的提出越要求详细。企业初步研究后，可排除缺乏运输路线或缺乏劳动力的地区。企业进行地理位置选择分析时，应避免以下情况发生。

A. 调查不完善，低估了迁移运输费用或过多关注土地价格，而没有综合考虑性价比。

B. 没注意新址地区已经或即将处于过度工业化状态，忽略市场、运输方法、原料及其他影响生产成本变化的因素。

C. 以工资标准来决定潜在劳动力来源，而忽略了生产效率、工作标准提升。

5.2.1.2 自然环境选择

药品生产企业确定地理位置后，应对厂址所处的自然环境进行考察，厂址的选择应确保厂房所处的外部自然环境具备良好的大气条件、纯净的水源、无污染的土地，使环境符合 GMP 要求，以最大限度地避免污染、交叉污染，降低产品污染的风险。

A. 空气、土壤、水源　厂址应选在空气质量良好的地区，远离含二氧化硫、氮氧化物、碳氢化合物等废气多的钢铁厂、化工厂区域，避免靠近扬尘大的铁路或公路。企业可依据 2016 年实施的新《环境空气质量标准》（GB 3095–2012）二类区（工业区属于二类区）各项污染物浓度限值、监测方法和频次（月平均、季平均、年平均），统计、评价厂房所处的自然环境是否符合要求。企业在选址时还应考察当地主导风向，为厂房规划布局提供参考。

厂址选择时考虑土壤的底土及地下结构、土壤质量情况。土壤质量评价指标主要包括物理性、化学性和生物性三类。药品生产企业的地面与路面要不起尘、不发尘，还要具备一定的自净能力。同时，企业所选地址的水源符合《生活饮用水卫生标准》（GB 5749-2006）。水质的优劣则直接影响纯化水的质量。纯化水制备系统一般只能除去饮用水中的物理颗粒，化学颗粒的纯化效果不仅受纯化水制备系统的制约，还取决于水源中化学颗粒（离子）的浓度。

B. 虫害和鼠害　厂址的选择应避免设置在周围虫害和鼠害严重的地区，防止仓鼠进入仓库，蚊虫等通过新风口进入空气净化系统，或通过人流物流口进入洁净区，使产品受到污染。

5.2.1.3 非自然环境选择

非自然环境是指除自然环境以外的其他因素，包括供水、供电、供气的能力，周围交通情况，上下游企业，环境保护与安全生产等。医药工厂厂址应远离铁路、码头、机场、交通要道以及散发大量粉尘和有害气体的工厂、贮仓、堆场等严重空气污染、水质污染、振动或噪声干扰的区域。医药工业洁净厂房和新风口与市政交通干道近基地侧道路红线之间距离不宜小于50m。

A. 供水、供电、供气　厂址应选择在水、电、气供给充足、切换便利的区域，以确保生产动力来源。此外，企业还应关注厂址现有公用线路或管线的迁移对厂房建筑、药品生产工艺和产品质量的影响。

B. 周边企业与安全生产　厂址选择时应考察周围企业的"三废"（废气、废水、废渣）排放的种类与数量，避免上游企业的"三废"对生产和产品质量的影响。药品生产企业还应按国家相关规定，与相邻企业、居民区或其他设施保持一定安全距离，如防火、防爆要求距离，卫生要求距离等。此外，厂址选择时应考察所处环境发生自然灾害的频次，如洪涝灾害、滑坡泥石流、地震等。

C. 环境保护　厂址选择时除避开空气污染的区域，还应远离霉菌源和花粉传播源。厂区内应多植草种树，尽量不种花卉，以减少花粉对产品污染与交叉污染。同时，药品生产企业还应考虑自身所产生的"三废"对周围环境的影响。药品生产企业，尤其是化学药、原料药生产企业，在选址与规划时，应确保"三废"处理的渠道和空间，以满足国家对环境保护的标准。

5.2.2 厂区规划与布局

5.2.2.1 法规要求

GMP 规范要求企业应当有整洁的生产环境；厂区的地面、路面及运输等不应当对药品的生产造成污染；生产、行政、生活和辅助区的总体布局应当合理，不得互相妨碍；厂区和厂房内的人流、物流走向应当合理。药品生产企业在总体设计规划厂区布局时，还应符合国家有关工业企业总体设计规范，如《工业企业总平面设计规范》（GB 50187-2012）《洁净厂房设计规范》（GB 50073-2013）《建筑设计防火规范》（GB 50016-2014），并符合环保节能相关法规的要求，如《中国环境保护法》《中国节约能源法》等。

5.2.2.2 新厂设计的要素

在厂址确定后，企业应根据厂址所处环境的风向、地形地貌等做厂区总体设计。厂区设计时，一般以生产车间为主体中心，再对辅助区、行政区、生活区进行分区布置。在新厂设计时应重点考虑以下要素。

A. 与生产工艺相匹配　厂区设计在建筑面积、平面形状、柱距（8m 以上）、跨度、剖面形式、厂房高度、结构和构造等方面必须满足生产工艺的要求，如不同类别生产车间对环境的洁净要求不同，洁净车间应布置在上风向区或平行风向区，并与污染源保持较大距离。应充分考虑物流及人流的高效、合理。

B. 技术先进性　厂区进行总体设计时，要尽量采用先进技术和先进材料，满足坚固、轻便、通风、采光、节能等方面的建筑参数要求。在厂区建设前，应做好充分的调研与考察，掌握新技术及高效率智能化的发展趋势，应做到新厂在技术上至少十年不落后。

C. 绿色环保　药品生产企业在进行厂区设计时，应有切实有效、符合相关要求的空气净化、降温保暖、有害物质隔离、消声隔声、防火防爆防毒措施，为员工提供安全、卫生、舒适的工作环境，承担起社会责任。

D. 满足经济实用和可持续发展需要　厂区设计时，各分区应做到总体紧凑、集中布置，以节约用地。同时，药品生产企业应充分利用建筑空间，尽量采用联合厂房和多层厂房（一般四层厂房的单位面积造价最省），在合理留有扩建余地的前提下提高空间利用率，降低材料消耗和造价。企业在总体设计时，还应紧密结合企业发展规划和产品的变化，在追求最佳投资回报率的同时，还应考虑总体设计是否能满足企业可持续发展的需求，为企业的壮大发展留空间。

E. 厂区内应留有适合消防使用的通道。

5.2.2.3 厂区规划与布局

A. 厂区规划的构成及技术要点　企业对厂区进行规划前，应根据产品特点和生产工艺，确定厂区的构成单元，即功能区。药品生产厂区一般分为行政区、生产区、辅助区、生活区。各功能区及设计技术要点如下。

生产区：应考虑产能的匹配及预留扩产的可能性，设置合理的人流和物流，采用先进的工艺技术保证不落后，尽可能采取自动化、智能化管理，功能面积足够，能防止污染与交叉污染的发生。生产特殊性质的药品，如高致敏性药品（如青霉素类）或生物制品（如卡介苗或其他用活性微生物制备而成的药品），必须采用专用和独立的厂房、生产设施和设备。

质检区：功能间满足需要，与生产区、仓储区较近，充分考虑通风（可请专业实验室供应商参与设计），保证检测环境和有效节能，应设置书写区，减少办公室，持续稳定性考察宜采用专用房间代替考察箱，用密集柜方式留样以节省空间。

仓储区：包括阴凉库、常温库、冷库方式，还有原料库、成品库、五金库、不合格品区、标签区等专区，接发货区（含雨棚、司机专用接待区）设有消防及通风、防鼠防虫等设施，应充分考虑与生产区的物流方式和技术。

办公及生活区：生活区应与生产区分开，办公区有行政办公区、会议区、培训室、接待区、资料区；生活区包括配餐区、宿舍区、活动区等。

公用设施区：包括机修间（含闲置设备库）、电力间（高低压、配电柜）、制水间（管路需钝化）、热力间、空调间、空压间、除尘间、更衣间等。

危险品库：应考虑酒精、油类、化学试剂等易燃易爆危险物料的安全存放，应设置在厂区较偏僻的地方，且在整个厂区空调新风口的下风处。控制人员进出，保持避光、通风、监控状态，并与周边设施保持一定的安全距离。

锅炉房及污水站：应设置在厂区常年风向的下风向，与生产厂房保持一定距离，其烟尘或气味不能对生产车间产生不良影响。污水站布置时，还须考虑地势高度的影响，宜设置在相对低洼处。

人流、物流：厂区须设置独立的人流和物流出口，物流口宜与厂区仓储区相靠近；人流与物流不得交叉，生产区设置参观通道时，应考虑员工通道与参观通道不相互干扰，参观通道设计时，要考虑避免走回头路。

室外管网：室外管网包括雨水管、污水管、电线（缆）、通讯线（弱电）、蒸汽管、水管等，其布置方式好坏直接影响厂区的美观，较好的方式有：地埋管道沟和高架管道桥。两种方式都应达到方便检修和美观的目的。在实际设计与施工时，尤其要注意雨水管和污水管不可以交叉混流。

B. 厂区规划的模式　确定厂区构成单元后，企业可以根据自身生产规模和发展规划，选择最优的规划模式。

a. 相互独立规划模式（图 5-1）：模式特点：每个单体均集成原辅料库、生产车间、成品库；各单体互不发生人流、物流联系。一般一层布置库房(原辅料、包材、成品)、公用工程、总更衣间等，二、三层布置车间，辅助设施相对分散。

常用范围：适用于药品物性特殊，消防要求严格，物流强度较低，产品工艺差别较大，各品种建筑空间需求差别较大，以及物流自动化程度需求不高的情况。

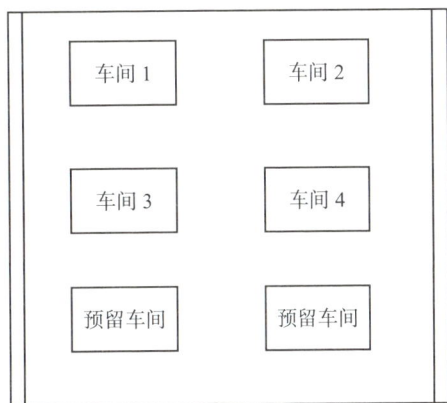

图 5-1　相互独立规划模式示意图

b. 整体集成模式（图5-2）：模式特点：厂区通过建筑空间的整合，连廊等设计，将不同功能区规划为整体空间，形成一体化厂房。生产扩建一般设置为贴邻扩建式或场地预留式。公用工程大部分集中，部分分散。物流距离

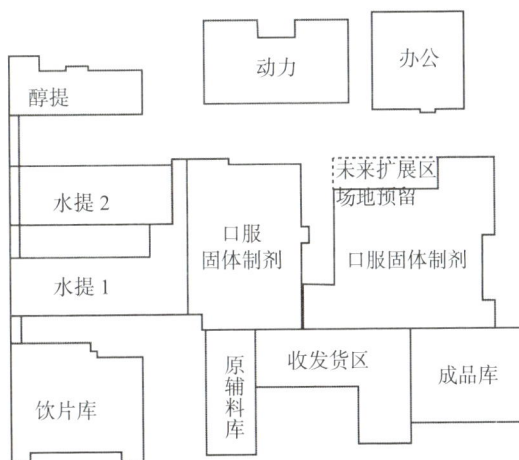

图 5-2　整体集成模式示意图

缩短，便于规划。

常用范围：在厂区占地不大的情况，适用大部分医药企业，药品物性无独立建筑物要求，使用效率高。

c. 拼搭组合模式（图5-3）：模式特点：厂区建筑物外观形状不一。生产扩建一般设置为贴邻扩建方式，做好场地预留。整体规划主物流走廊，解决厂区整体物流联系。公用工程相对集中。

常用范围：厂区功能需求较确定。追求功能优先原则，建筑空间根据功能需求确定，便于扩建厂房。

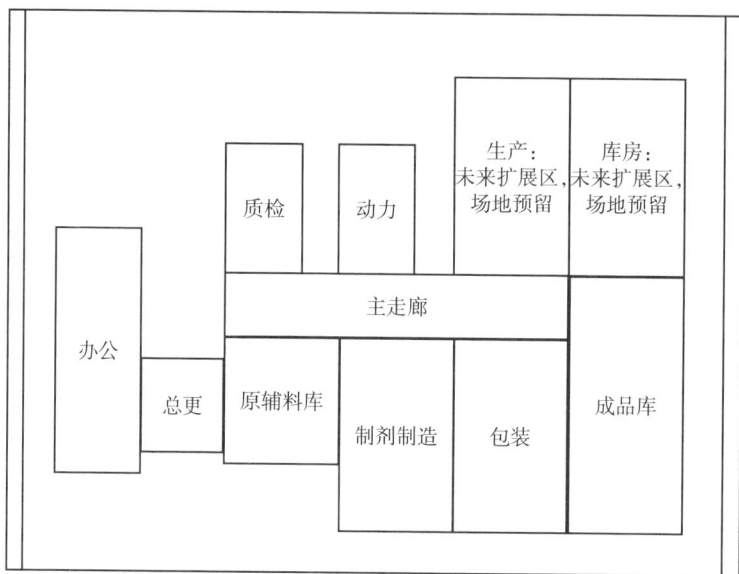

图5-3 拼搭组合模式示意图

5.2.2.4 厂房的布置

企业确定厂区总体设计规划、布局后，应结合产品生产规模及工艺需要来布置生产厂房。在规划生产厂房时，应合理布置生产车间、公用设施及辅助设备，应做到以生产工艺流程为核心；人流与物流流向无交叉、易于分开；辅助公用工程靠近生产线的负荷中心，以利于管线的合理布置和废能的综合利用；不同的功能区根据主流风向合理布局，明显分隔；体现以人为本的设计思想。

A. 厂房总图设计原则 先进、适用、美观、安全、环保、节能和经济。突出体现专业化、国际化、现代化、标准化、智能化和高效率及多功能。合理采用新理念、新工艺和新技术，充分考虑高效率智能化。总体规划，统筹考虑，保证项目整体规划合理。结合地块特性，合理布置各功能单元。按功能分区，各区功能集中，特性明确，位置合理，既相对独立又有机联系，充分规划物流方式。按工艺及生产组织要求，理顺各功能单元相互关系，合理安排各功能单元相对位置，防止混淆、污染与交叉污染。远期与近期结合，充分考虑分期实施的条件、时机及各期工程间的联系，同时兼顾各功能区扩展扩建要求，保证项目有机可持续发展。满足规范及生产要求，兼顾环保及人文等要求。通道间距能满足运输和管线布置的条件，并符合防火、抗震、安全、卫生环保、噪声等规范和中国GMP（2010年修订）的要求。各类管线布置应顺而短，减少损失，节省能源。建筑形体要整齐，以节约用地，并充分考虑外立面设计。总平面布置要注意建筑形体与群体建筑的协调和整洁，并满足药品生产的环境要求，在充分利用土地的同时，重视厂区绿化美化工作。

B. 厂房建筑面积的分布　一般来说，厂房各功能区建筑面积的分布如下：生产车间占总建筑面积的30%，库房占总建筑面积的30%，公用厂房占总建筑面积的15%，管理及服务部门占总建筑面积的15%，其他占总建筑面积的10%。

C. 厂房布置的模式介绍

a. 一头三尾的布局模式（图5-4）：一头指将粉碎、称量、配料等备料工序、制粒总混、压片、包衣、胶囊填充等集中布局，三尾指颗粒包装、铝塑包装、塑瓶包装分开布局，"一头三尾"均设在同一洁净生产区。本模式可以解决不同产品同时生产可能带来的混药问题，同时做到小量生产时只用一个模块，避免大马拉小车，便于生产上的调度和节约能源。

这种模式的布局方式为生产线同层布置。辅机房与生产线同层，物料运行使用水平运行模式，可通过采用周转桶、

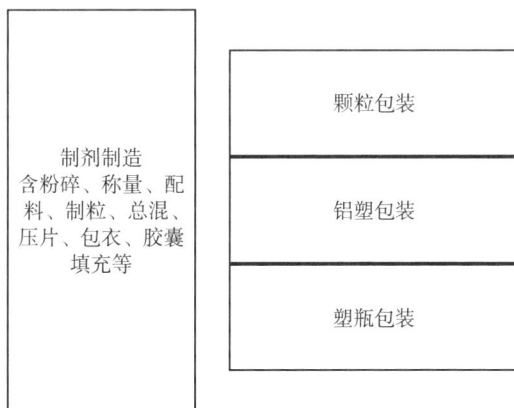

图5-4　一头三尾模式示意图

提升上料方式来实现无尘生产。现国内大多数中小型企业均采用这种适合中小规模生产的规划模式。

b. 大平面布局模式（图5-5）：该模式采用由模块单元组合模式，即备料中心模块、制粒总混模块、压片包衣铝塑包装模块、颗粒包装模块、胶囊填充与铝塑包装模块、外包装模块。

企业可采用水平运行的物料运行模式，除湿法制粒到沸腾干燥采用真空抽料之外，其余采用周转桶提升上料方式来实现无尘生产。大平面布局模式适用于大规模、生产品种少的生产模式。

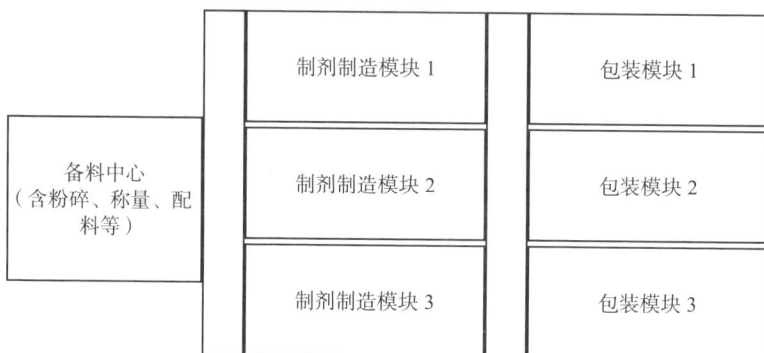

备料中心 （含粉碎、称量、配料等）	制剂制造模块1	包装模块1
	制剂制造模块2	包装模块2
	制剂制造模块3	包装模块3

图5-5　大平面布局模式示意图

c. 多层厂房大平面布局模式（图5-6）：该模式的特点为将备料单元、制粒单元、总混单元、压片包衣单元、胶囊填充单元设置在二层；将铝塑包装、瓶装、外包放在一层；二层生产区与上述生产区设置完全独立的生产线。其布局方式为二层需要许多工艺设备的辅机房放在屋面就近位置，以节省建筑面积，同时空调机房放在屋顶。这种模式的物料由二层往一层运送，采用电梯完成物料运输，通过周转桶、提升上料方式来实现无尘。

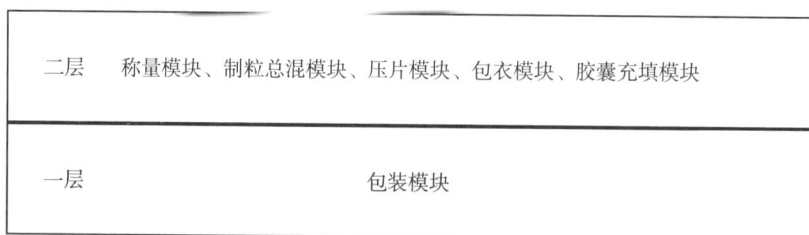

| 二层 | 称量模块、制粒总混模块、压片模块、包衣模块、胶囊充填模块 |
| 一层 | 包装模块 |

图5-6　多层厂房大平面布局模式

D. 某药品生产企业先进厂房设计举例　某口服固体制剂药品生产企业在生产厂房设计时，采用了以下设计。

a. 一种立体双"U"形制药厂房设计（图 5-7）：物料从 1 脱外包间（U 形的进口）脱包进入，经过 2 缓冲，3 暂存后，进入 4 制粒，通过 5 总混，6 压片，在 7 包衣（U 形底部）后，转头进入 8 中间站，9 内包装，从 10 外包装（U 形的出口）生产结束。物料、成品从车间同一侧进出，物料工艺运输路线最短，而且这种布局为集中设计车间外部物流通道创造了条件，进而又实现仓储与车间物流路径的最短；人员从车间物流进出口的另一端进入车间，实现人流与物流的隔离。

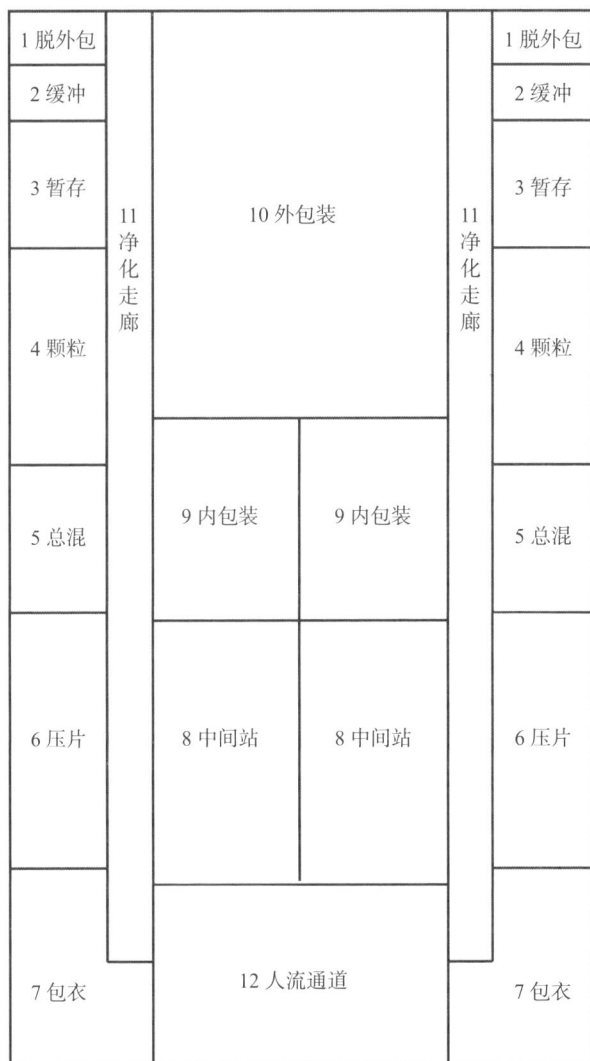

1 脱外包			1 脱外包
2 缓冲			2 缓冲
3 暂存	11 净化走廊	10 外包装	3 暂存
4 颗粒			4 颗粒
5 总混		9 内包装 / 9 内包装	5 总混
6 压片		8 中间站 / 8 中间站	6 压片
7 包衣		12 人流通道	7 包衣

图 5-7　"U"形生产工艺示意图

生产工艺设备与公用设施上下"U"形连接（图5-8）：在生产工艺设备的垂直上方配套公用及辅助设施，形成另一种设备"U"形连接，使管道及设施连接路线最短，降低能耗，便于维护。

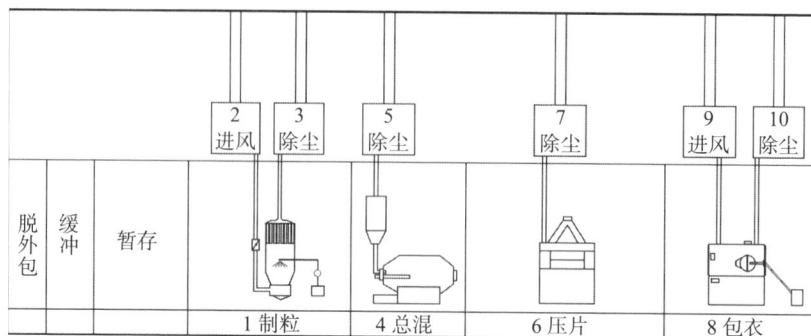

图5-8 工艺设备与公用设施上下"U"形连接示意图

通过采用制药生产线平面"U"形设计，工艺设备与公用设施采用上下"U"形连接，形成的双"U"形建筑设计（图5-9）使各相邻工序紧密连接，工艺更优化，生产线内部的物流、人流距离最短，布局紧凑，物流路线顺畅，方便物料运输和生产操作，最大程度地避免人流、物流交叉，提高了生产效率，公用管线最短，设备维修方便，降低公用工程的能耗，降低运行成本。这种设计将生产用房、辅助用房、公用工程用房等有机地组合在一起，而形成大体量、多功能

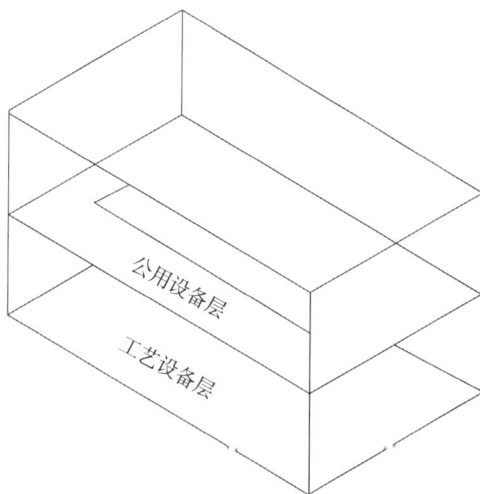

图5-9 立体双"U"形制药厂房设计立体示意图

的设计，保证了生产的流畅性和设备维护的便利性，使得工艺更加优化，节能高效，成本低。

b. 大平面模块组合式布置：企业设置集中式备料清洗中心。所有生产线的物料在备料中心配方完成后再发放到各自的生产线，避免在生产线上配料的随意性，防止差错；备料中心也体现了生产的集约性，节约了在各自生产线配料需要的面积和设备；便于配方的管理和保密；清洗中心采用规定的 SOP 对各个生产岗位的大容器进行洗涤、消毒、存放，便于管理，使生产非常流畅。

制剂车间采用先进的大平面布置方案（图 5-10）。生产线工艺设备布置在一层，各相邻工序紧密连接，距离最短，布局紧凑，方便物料运输和生产操作。对应的二层楼面布置配电、空调机组、除尘、通风、加热、过滤、冷却等公用及辅助设备，实现了生产线连续、布局紧凑、物料运输方便。动力能耗负荷布置在厂房中心，公用

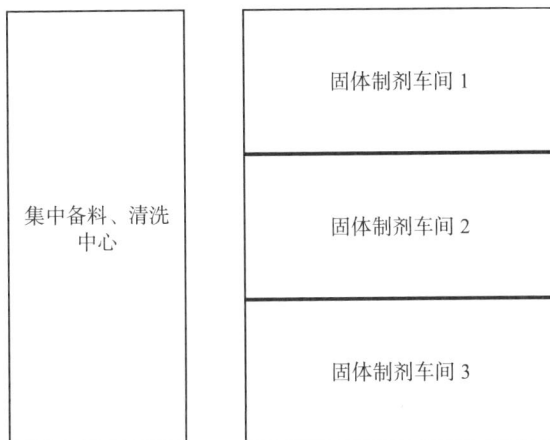

图 5-10　大平面模块组合式布置例图

管线最短，更进一步降低了公用工程的能耗，降低了运行成本。车间人员从前部进入，物流从后部进入，人流、物流不交叉。通过专有参观通道设计，使参观人员对片剂生产的各个工序都能参观，又不影响生产的净化要求，强化了参观者对生产的印象，取得很好的参观效果。

这种布局虽然土建投资有所增加，但生产的流畅性、设备维护的便利性、运行成本的优势性能够使投资得到回报。

5.2.3 净化厂房的设计

5.2.3.1 各种固体制剂的工艺特点及工艺流程

A. 固体制剂工艺特点概述　固体制剂以片剂、颗粒剂、胶囊剂、散剂等为主。在所有固体制剂的生产过程中，其前处理经历相同的单元操作，即首先将物料进行粉碎与过筛然后经过制粒工序后混合，也可以直接混合以保证药物的均匀混合与剂量准确，最后根据不同的成型或分装工艺加工成各种剂型。固体制剂的共性特点决定了物料的混合度、流动性、充填性非常重要，如粉碎、过筛、混合是保证药物含量

均匀度的主要操作单元，几乎是所有固体制剂的必经工序。固体物料的良好流动性、充填性可以保证产品的准确剂量，制粒或助流剂的加入是改善流动性、充填性的主要措施之一。

由于固体制剂在生产过程中需要转运大量的粉体或颗粒状物料，生产过程中容易产生大量的粉尘等问题，因此在固体制剂车间设计中，需要将生产设备布置、人流和物流走向、物料的转运储存和粉尘控制等系列问题作为重点关注对象。

B. 固体制剂制备工艺及生产环境控制

a. 如将制备的颗粒压缩成形，对压制成的片子包衣或直接进行内包装（铝塑包装、瓶装），即制成了片剂，其工艺流程及生产环境的控制图见图 5-11。

图 5-11　片剂工艺流程图

b. 将备料混合均匀的物料进行造粒（湿法造粒、沸腾造粒）、干燥后分装，即可得到颗粒剂，其工艺流程及生产环境的控制图见图 5-12。

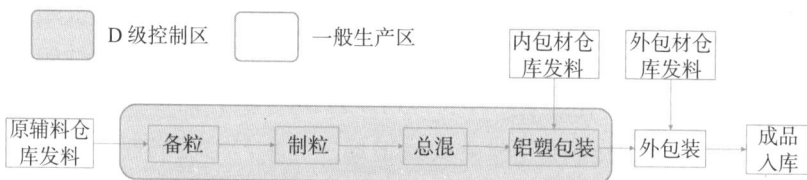

图 5-12　颗粒剂工艺流程图

c. 将混合的粉末或颗粒分装入胶囊中，或者颗粒包衣后充填制备成胶囊剂等，其工艺流程及生产环境的控制图见图 5-13。

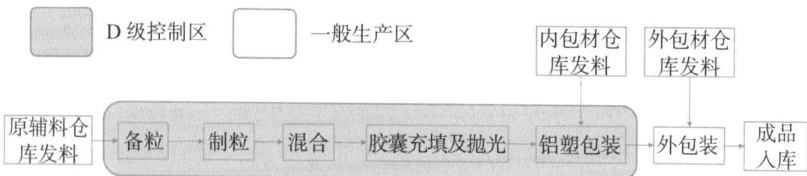

图 5-13　胶囊剂工艺流程图

5.2.3.2 产能规划

A. 产能规划计算　以某片剂车间规划年产 100 亿片为例。

 a. 年产量：100 亿片 / 年，片剂：标示片重为每片 0.5g。

 b. 年工作日：一般按 250 个工作日计算出一天的产量为 0.4 亿片。

 c. 日工作时间：各个企业可以根据自身的情况进行设计，有 1 班制、2 班制、3 班制，一般按 2 班制进行计算，每班产量为 0.2 亿片。
各工序设备配套产能计算：根据设备设计产能、工艺周期时间计算出一班完成 0.2 亿片所需要的设备台数，计算时设备产能一般按设备厂家提供的设计产能代入，关键是工艺周期时间，比如完成一锅制粒的时间、包衣的时间等等。这些数据与产品的具体工艺直接相关，没有通用的标准，最终计算过程所有工序还应当考虑设备完好率或开动率，一般按 75% 进行计算。

B. 产能规划与厂房平面布置　在进行产能规划的时候一定要结合厂房的平面布置规划来进行。

 a. 单层厂房平面布置：该类厂房占地面积大但厂房建筑成本低，这类厂房设计时一般选用国产设备较多，其特点是建设期投入小，但后期运行费用高（单位产品），适合中小企业、中等规模以下品种的厂房设计规划选择。

 b. 多层立体厂房（含立体工艺布置和平面 U 形工艺布置）：该类厂房建筑成本相对较高，这类厂房选用进口或国产一线品牌的高速设备以满足大品种的生产需求，一般大型制药企业的大品种生产适合采用这种设计，其特点的是前期投入大，后期运行费用低（单位产品）。

5.2.3.3 设备选型

A. 设备选型原则　没备选型时，应当选择处理能力与实际产量相当的设备，如果处理能力太小，显然不符合产量要求，不能达到预期的生产规模和经济效益；而如果设备的处理能力太大，则不但会造成能源的浪费，加快设备的损耗，而且于经济上也是不可取的。因此，在进行设备选型时要尽量使二者相适应。总之，设备选型是否合理，对产品的质量及以后厂家的长远发展起着重要的作用。设备选型应根据产品的生产工艺、公司的承受能力，尽量选用国内外先进、成熟、高效、节能、适用性强、自动化程度高、劳动强度小的密闭设备。再根据所得工艺流程和物料衡算、热量衡算的结果选择合适的设备并确定型号。

B. 设备选型技术要求

    a. 设备传动结构应尽可能简单。

    b. 设备接触药品表面应光洁、平整、无死角、易清洗。

    c. 接触药品的材料应采用不与其发生反应、吸附，或向药品中释放有影响的物质，筒体部件、支架等宜选用奥氏体不锈钢、聚四氟乙烯、聚丙烯、硅橡胶等材料。禁止使用石棉制品。

    d. 设备的润滑和冷却部位应可靠密封，防止润滑油脂、冷却液泄露对药品或直接接触药物的包装材料造成污染，对有药品污染风险的部位应使用食品级润滑油脂和冷却液，并提供相关证明文件。

    e. 对生产过程中释放大量粉尘的设备，应局部封闭并有吸尘或除尘装置，并经过过滤后排放至房外，设备的出风口应有防止空气倒灌的装置。

    f. 易发生差错的部位应安装相适应的检测装置，并有报警和自动剔除功能。

C. 设备选型与厂房设计

    a. 备料称量：称量需具备数据自动记录及输出功能，以满足 MES 系统数据接口及数据完整性的需求，且量程与准确度应当与处方用量（或单次称量最大量）相适用；针对固体制剂所使用的原辅料大都容易产生粉尘的情况，称量室空调系统一般设计为全排，对称量活性炭等难以清洗的物质，需要配备专用的称量操作台。

    b. 粉碎设备要考虑的是工艺的通用性要求及产品的特殊性要求，然后在技术上尽量选择密闭的粉碎系统，如选用带除尘辅机的设备，厂房平面布局应当考虑设置专用的除尘功能间。

    c. 按现代化生产及中国 GMP（2010 年修订）的要求，混合设备配备自动清洗机对料斗或混合设备进行在线清洗是现在的发展趋势，随着 PAT 技术的成熟及应用，配备在线混合均匀度检测装置将更加有利于产品质量的控制。

    d. 可结合 PAT 技术在线控制制粒的粒度分布、有效成分含量及干燥过程的水分。运用粉体真空输送技术，劳动强度小，现场粉尘少。

    e. 对制粒设备选择，除了满足工艺的基本要求，还应当从提升自动化、无尘化的角度以及不同制粒设备对厂房的不同要求进行考虑，在进行厂房设计的时候尽可能采用大空间布局，以符合不同类型制粒机对厂房层高的要求，如沸腾制粒机（一步制粒机）一般需高于其他操作间，500kg 以上制粒机需要 5.5m 以上的净空高度。

从而实现制粒、整粒、混合等工序近距离无尘化传输和生产操作。

f. 对制粒、包衣等工艺中使用高浓度乙醇等易燃易爆溶剂时，在设计厂房的时候应考虑到防爆要求，可在设备选型的时候选择符合闷爆要求的设备，这一点比较适合已经建成的老厂房由于先天条件限制无法进行防爆改造或防爆改造成本高等情况。

g. 压片设备除了满足工艺、速度的要求之外，还应当考虑压片工艺环节的密闭性及人流、物流的隔离，在线清洗（CIP）与清洁部位的可拆卸性以及自动控制的有关要求。配备提升上料设备的情况下要考虑操作间的层高要求。

h. 当然，为满足设备远程监测和远程诊断功能的要求，在厂房设计阶段应该考虑设计有线及无线网络布局，且配套的网络系统，必须符合《工业控制信息系统安全标准》，并进行《工业控制系统的安全风险评估》。

i. 在选择包衣设备的时候应当考虑送风系统的路径最短、操作间设置成负压以防止包衣粉尘的污染。

5.2.3.4 工艺布局

为使药品在生产过程中达到质量要求，在设计方面应进行合理布局，以确保环境的适宜。首先应根据工艺流程和生产要求对整个车间进行分区，区域划分应保证合理、紧凑，避免人流、物流混杂。无论是新建厂房还是旧厂改造，平面布局都应符合下列要求。

A. 按工艺流程顺向布置，减少生产流程的迂回、往返。

B. 洁净厂房中人员和物料的出入通道必须分别设置，原辅料和成品的出入通道宜分开，防止原材料、中间体和半成品间的交叉污染。布置上要避免无关人员或物流通过生产区域。

C. 生产区（含包装区）与原材料、成品存放区的距离要尽量缩短，避免药品因往返运输而污染；对于极易造成污染的物料和废弃物，必要时可设置专用出入口。

D. 人员和物料进入洁净室要有各自的净化用室和设施，净化用室的设置要求与洁净室的洁净级别相适应。人员和物料使用的电梯宜分开，且电梯尽量避免设在洁净区内，必须设置时，电梯前应设置气闸室。

E. 空气洁净度高的房间或区域宜布置在人员最少到达的地方，尽量靠近空调机房。不同洁净级别的房间或区域宜按空气洁净度的高低由里及外布置；洁净度相同的房间或区域的布置则宜相对集中。洁净度不同的房间之间相互联系时，要有防止交叉污染的措施，如气闸室、空气吹淋室、缓冲间或传递窗（柜）等。

F. 宜尽量减少洁净室的面积，洁净室内只应放置必要的工艺设备和设施，室内工作人数应控制在最低限度。同时，还应考虑到使原材料、半成品和成品存放区面积与生产规模相适应。

G. 根据需要合理布置辅助房间。例如：称量室宜靠近原辅料库，其洁净级别应与配料室相同；清洁工具洗涤室、存放室均不宜设在洁净室内；洁净工作服的洗涤、干燥室的洁净等级可低于生产区一个级别，而无菌服装的灭菌室，其洁净级别应与生产区相同。

5.2.3.4.1 人流与物流设计

人流入口与物流入口分别设置在车间两侧，必须单独设置。

A. 人流设计　人流从厂房门厅进入，经集中换鞋、总更后，外包装区工作人员进入相应区域，生产区、内包装区工作人员经缓冲、二更、气闸进入洁净生产区各功能间。

    a. 一更（总更衣室）：为限制个人杂物带入生产区和更换一般工作服，在与换鞋间相邻处设置总更衣室，通过总更衣室进入生产区走廊，并保持生产区走廊与外界相对独立，不受外来尘粒污染。有条件的药厂可以配备舒适性空调，让员工在总更衣室脱掉外衣。一更更衣柜数量按定员设置，可采用不锈钢、铝合金、塑料等材质制作单层或双层更衣柜，并设置通风系统。柜门采用指纹、密码锁等方式，避免员工携带钥匙进入车间；同时，为方便员工更衣、沐浴及上班期间正常解大小便，在一更相连的房间设置浴室和厕所，并配备排湿、排臭的装置（全排风设计）。

    b. 二更（洁净更衣室）：按进入车间方向依次设置缓冲前室、洁净鞋柜、洗手、洁净衣柜、手消毒等设施，有条件的药厂设置自动饮用水龙头，所有洗手、消毒设备均为非接触式，避免污染。二更洁净衣柜敞开无门或无锁设计，避免员工把私人物品带入二更的可能；二更缓冲间对外与进入更鞋间的门应建立门禁互锁系统，有条件的药厂可以设置人脸或指纹识别，对进出车间的人员进行控制。

B. 物流设计　物流是指在指定的区域内，所有操作的互相联结，涉及物料来源、加工、处理，也包括物料的分发等。具体包括：加工、处理、运输、检测、中间储存和储存。

物料从仓库发货厅进入车间，外包材进入外包装区域暂存，原辅料、内包材等经过物料缓冲间后进入洁净区，暂存在相应区域，使用时，物料按照工艺流程在车间内流动。最终成品或半成品运至物料出口运出，进入仓库。生产中的废弃物可以从物料出口运出，如果是极易造成污染的废弃物，则需要设置单独的出口。在车间内部，物流实现单向流并且与工艺流程布局完全吻合。

a. 物料输送方式：物料输送是其中的一个重要环节，将物料从一个岗位传送到下一个岗位。一般来说，物料传送可分为两类：间接传送及直接传送。

- 间接物料输送：传统的方法是使用敞开或者有盖子的容器进行配料及物料传送。当选择物料桶时，主要考虑物料桶的大小（容量）、输送（确保传送中没有泄露）、装料（卸料），以及对容器中物料的影响。

- 直接物料输送：通过固定的连接，如管道、软管、旋管等将设备连接起来，产品通过这些连接从一个设备传送到另一个设备，中间不需要物料桶运输。间接物料输送包括：重力输送、气流输送、柔性螺旋输送机输送。

b. 物流通道自动化物流设计

- 脱皮间、缓冲间物流门采用门禁互锁系统。

- 采用 AGV 自动配送的车间物流门采用自动门禁识别系统。

- 建立工厂内物流追溯系统，实现原辅料仓库、车间生产工序、成品仓库物流全过程的物流追溯。

- 车间内暂存间物料纳入物料状态及数据管理纳入 MES 系统，并与 WMS、ERP 共享现场库存数据。

c. 中间半成品容器系统和真空输送系统

- 中间半成品容器（Intermediate Bulk Container，IBC）系统：IBC 系统是目前在制药企业比较常见的密闭输送系统。以片剂生产为例，物料首先从三层中转料仓通过自动称量装置控制，定量的输送到一层的料仓，然后运送到三层混合机处进行混合，混合后的物料运送到压片机的上方，通过落料装置对压片机进行上料，压好的药片经过筛片机处理直接输送到一层的料仓中，又从一层运送到三层包衣机上方，对包衣机进行加料，经过包衣的成品药片通过管道输送到一层的料仓，再从一层运送到三层，落到二层的泡罩线进行最后的包装，整个生产结束后，所有中转料仓送到清洗室进行清洗。整个生产过程中，物料最大限度的避免了与外界的接触，有效地避免了物料转运过程中可能出现的污染。

- 真空输送系统：药品生产中另一种常用的输送系统是真空输送系统。同样以片剂为例，物料首先由真空输送器输送到自动称量装置，称量后的物料运送到混合机处进行混合，混合后的物料运送到压片间，将中转料仓与真空输送器对接，实现压片机的自动上料，压好的药片经过筛片机处理后储存在中转料桶中，运送到包衣车间，将中转料桶与包衣机的真空输送器对接，实现对包衣机的自动上料，经过包衣的成品药片也通过中转料桶运送到包装线，通过包装线的真空输送器，实现包装线的自动运行。整个生产过程物料完全密闭输送。

上述两种输送系统都能够很好的实现生产过程中的密闭输送，但是在实现方式上存在着很大的差异，下面我们对这两种输送方式进行对比。

- 物料的输送原理上，IBC 系统是靠物料的重力进行输送，真空输送系统是靠负压产生的"吸力"进行输送。
- 对生产环境的要求上，IBC 系统由于靠的是重力输送，必须要采用多层结构的生产车间，来形成供料点和目标设备的落差。真空输送采用的负压吸送，对车间结构没有过多要求，并且输送器的体积相对料仓要小得多，对车间的层高也没有过多的限制。
- 在系统的灵活性上，IBC 系统在生产过程中，对设备的位置、对接点、物流通道有严格的限制，这就使得 IBC 系统的改造成本异常昂贵。真空输送系统采用的是管道输送，输送管道布置灵活，充分利用生产现场的空间，相对于 IBC 系统来说，真空输送系统由于其突出的适应性，改造成本要低得多。

5.2.3.4.2 室内装修

洁净室与外围控制区的建筑装修应便于清洗、维护，表面要平整，不应有颗粒性物质脱落。根据规范要求，室内装修一般应满足下列基本要求。

A. 洁净室的围护结构和室内装修材料宜选用气密性良好，同时在温度、湿度等变化时本身变形小的材料；墙壁和顶棚表面应光洁平整、不起灰、不落尘、耐腐蚀、耐冲击、易清洗。为了使洁净室的建筑表面尽量少积灰、易清扫，应在建筑构造上避免或减少凹凸面，墙面与地面、墙面与顶棚、墙面与墙面的连接处宜做成半径大于或等于 50mm 的圆角。壁面涂层的色彩要和谐、雅淡、素淡，以便于发现壁面上的污染物。同样，地面也应平整、无缝隙、耐磨、耐腐蚀、耐冲击、不积聚静电，易除尘清洗。

B. 为了避免技术夹层内的微粒、微生物污染洁净室，应对其墙面和顶棚进行抹灰处理。如果需要在技术夹层内更换高效过滤器，夹层内的墙面、顶棚还应刷上涂料罩面。送风道、回风道、回风地沟的表面装修应与整个送风、回风系统相适应，并易于清扫消毒。

C. 门窗与内墙面宜平整，尽量不留窗台。外窗的层数和门窗的构造要根据室外空气的污染程度，室内外设计温度、湿度，室内外压差，以及房间的洁净度等因素综合考虑，务求其构造能对空气和水蒸气起到密封作用，使污染物不易从外部侵入洁净室，并能避免内表面结露。为了防止洁净室内部的交叉污染，各洁净房间之间的内门、内窗以及隔断处等的缝隙均宜密封。门窗造型要简单，不得设置门槛，以便清扫。不同洁净级别洁净室之间的联系门要密闭、平整、造型简单，且门应向级别高的方向开启。

D. 排水系统应根据排出废水的性质、浓度及水量进行设计，洁净室内与回水管道相连的设备、卫生器具和排水设备的排出口以下部位必须设水封装置。A/B级洁净室内不宜设置地漏，地漏所用材质应不易腐蚀，内表面光洁，不易结垢，在构造上应设密封盖，且开启方便，能防止废水废气倒灌，必要时还应能根据产品工艺要求进行消毒灭菌。

E. 在设计及选用药厂洁净室的电气设备时，必须遵循不产生灰尘、不积存灰尘、不带入灰尘的三个原则。同时应保证其材料适于进行灭菌、消毒、熏蒸等处理。

在中国GMP（2010年修订）中，虽然未对照度做出具体规定，但在第五十五条提出了"生产区应当有适度的照明，目视操作区域的照明应当满足操作要求"的规定。照明装置除了应满足照度要求外，为了获得满意的照明效果，还应满足以下几点要求。

A. 照明应无影、均匀。

B. 顶棚照明装置宜与吊顶装平并密封，以防空气渗漏。

C. 照明装置应具易清洁的表面。

D. 照明装置应防止蒸汽、水及清洗剂的渗透。

E. 照明装置必须是封闭的。

F. 照明装置的材料必须防止表面剥落、破碎、生锈及其他形式的损坏。

G. 必须设置紧急照明装置。

由于洁净室的特殊性，其照明灯具的结构必须便于清洁和检修。照明灯具外壳与主体之间的缝隙和安装缝隙都应采取可靠的密封措施，防止顶棚内非洁净空气渗入室内污染环境。洁净室常用的照明灯具有吸顶式和嵌入式两种形式。

A. 吸顶式照明灯具具有不破坏顶板原有强度、安装简易等优点，但吸顶式灯具的内部清洁和检修需在洁净室内进行，检修人员多次进出洁净室的行为加重了洁净环境的负担，同时在检修过程中，由于打开了照明灯具外壳，可能会造成洁净室的环境污染。

B. 与此相比，嵌入式照明灯具需要在顶板上开孔安装，施工较为复杂，而且开孔会影响顶板的原有强度，需要辅助加固措施来保证顶板的承重能力。但由此带来的好处就是照明灯具可在技术夹层内进行内部清洁和维修，减少了对洁净室污染的概率。

5.2.3.5 功能间设置与平面布置

A. 功能间布置　固体制剂车间功能间设计应当包括但不限于以下功能间。

生产工序模块：D 级控制区有与设备产能配套的备料、制粒、总混、压片、胶囊充填、铝塑、内包装等工序，一般生产区主要有外包装。

在布局固体制剂生产车间时，除了生产工序模块外，还需要设置人流及物流通道、中间站、清洗站、工作衣鞋清洗消毒区、更衣区等辅助工序，以及车间管理室、现场 QA 管理室等管理相关的功能区。中间站用于中间产品的存储，包括制粒工序制备好的颗粒、总混后的待验颗粒、制备成型的片剂、胶囊剂等。清洗区用于固体制剂设备、转运桶等的清洗。现阶段，IBC 越来越多地应用于固体制剂的生产。因此，清洗模块需要考虑 IBC 清洗系统的设置以及清洗前后 IBC 暂存区的隔离设置。

生产区内设置休息区宜有单独的房间，除需考虑不对洁净区造成不良影响外，还应考虑安全、职业健康的问题，不得对员工造成危害。维修间及洁净区内的维修备件和工具应"专间或专柜"存放。

为了更好地控制生产区的洁净环境，应将产尘量大的称量、粉碎等功能房间集中设置为单独区域，并且为了缩短原辅料进入厂房后的运输距离，一般将此区域布置在紧接本厂房的物流入口处；考虑到工艺流线顺畅性，将制粒、微丸、总混、压片、包衣等主要功能间依次布置，使物料呈 U 字形或 L 字形等方式流动，如有防爆需求，则需沿厂房的外墙布置；内包装区域则近产品出口处，便于产品运出；人员的更衣则布置在紧接本厂房的人流入口处；清洗中心则靠近物流入口，方便外部物品进入厂房后进行清洗；中间站布置在车间的中央位置，保证物品运输距离最短；出口通常与物料入口相邻或设置为同一个货厅。

B. 几种不同的固体制剂净化厂房平面布置

    a. 一层独立平面布置：平面布置指车间生产操作功能间（含 D 级控制区和一般生产区）、辅助功能间、辅机房（空调、除尘、制水、空压等）全部在同一楼层平面进行布置，见图 5-14，钢结构单层设计的厂房适合采用这种工艺布局。采用这种布局方法存在以下几个问题：辅机房间设置分散、无法做到集中管理；部分操作功能间的空调、水、电、气、汽输送管道偏长，同一车间相差好几倍，对有压力要求的公用工程末端方面的使用效果受影响较大。该方法的最大好处就是节省建筑成本。

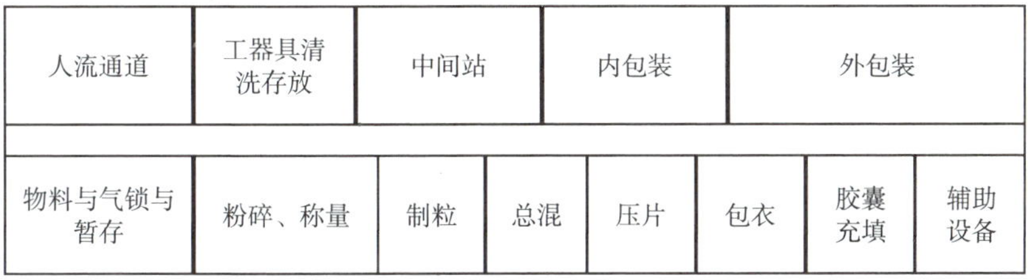

人流通道	工器具清洗存放	中间站		内包装		外包装	
物料与气锁与暂存	粉碎、称量	制粒	总混	压片	包衣	胶囊充填	辅助设备

图 5-14　一层独立平面布置

    b. 二层布置：二层布置是一种模块化的设计理念，将公用设施布置在二层，工艺设备布置在一层，工艺布局连贯、紧凑，物流路径清晰，功能分区清晰，便于管理。

    工艺生产线采用平面布置，使各相邻工序紧密连接，工艺更优化，生产线内部的物流、人流距离最短，布局紧凑，物流路线顺畅，方便物料运输和生产操作，最大程度地避免人流、物流交叉，提高了生产效率，公用管线最短、输送距离相对均衡，动力处于中心、负荷小，设备维修方便，降低公用工程的能耗，降低运行成本。这种设计将生产用房、辅助用房、公用工程用房等有机地组合在一起，而形成大体量、多功能的设计，保证了生产的流畅性和设备维护的便利性，使得工艺更加优化，节能高效，运行成本低。

    c. 立体工艺布置（图 5-15）：立体工艺布置理念最早由 W. Lhoest 博士提出，主要特点包括"封闭系统、标准化容器、重力流动系统、人货分流、生产区域独立、自动化区域、自动化原材料运输、信息系统、计算机控制生产系统"九大要素。

    该车间采用三层建筑，以重力流跨层密闭转运为主要物流形式，所有物料和产品均在标准化设计的容器和管道中流转，减少洁净生产区面积和人工搬运；同时采用计算机系统如仓储管理系统WMS、制造执行系统 MES 等对物料和生产流程进行全过程控制，最大限度地减少交叉污染和人为差错。

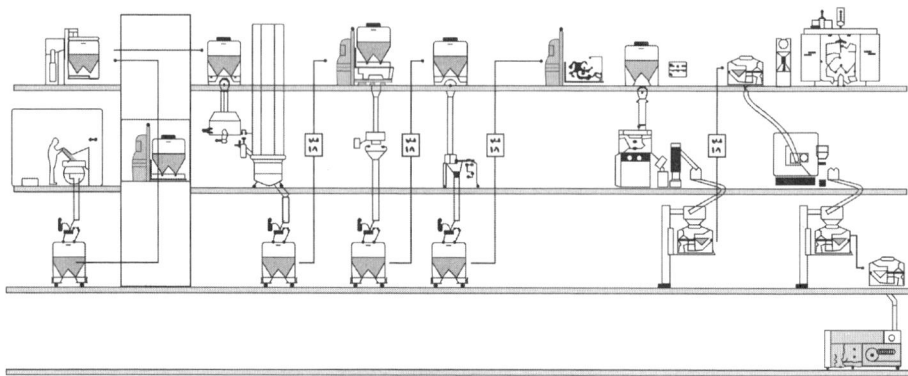

图 5-15　立体工艺布置图

d. 固体制剂多剂型车间的设计与布局：固体制剂多剂型车间是指固体制剂常见剂型片剂、颗粒剂、胶囊剂的生产工艺集成在一个车间，满足多剂型、多品种的生产需求，这种设计充分利用固体制剂部分工序相同，部分工序相近、主要区别在内包装工艺和形式上的特点，其工艺流程及区域划分图及平面布置图见图 5-16。

固体制剂工艺流程及区域划分

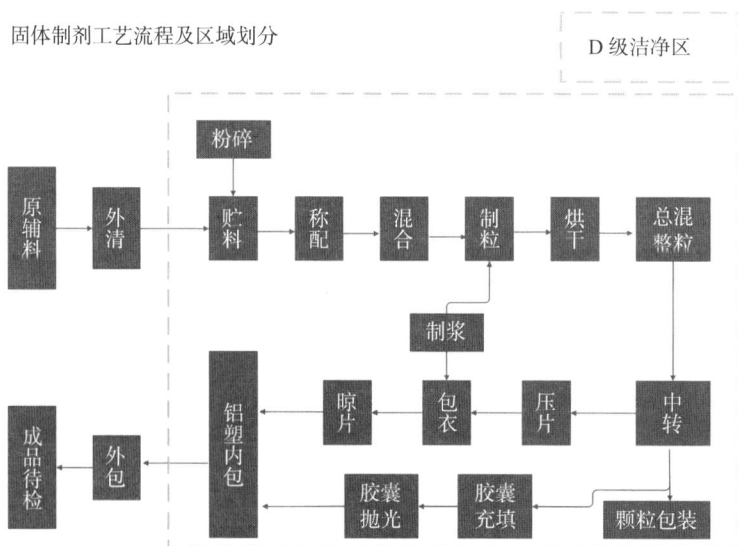

图 5-16　固体制剂多剂型工艺流程图

5.2.4 厂房设施的设计

厂房设施是制药工厂的外形与血液，厂房设施设计的合理、科学，是药品生产质量的必要保障。口服固体制剂主要公用设施为空调系统、压缩空气系统、配电系统、蒸汽热力系统、纯化水系统、环保设施、消防设施等。

5.2.4.1 空调系统设计要点

固体制剂空调系统设计必须依据中国 GMP（2010 年修订）及 GB 50073-2013 洁净厂房设计规范和国家关于建筑、消防、环保、能源等方面的规范。还需特别注意空调系统一些要点。

A. 为避免外来因素对药品产生污染，洁净生产区只设置与生产有关的设备、设施和物料存放间。空压站、除尘间、空调系统、纯水机组、配电、设备热风柜、真空泵等公用辅助设施，均应布置在一般生产区。不但可以避免交叉污染，还能很好地降低空调能耗。如车间在工艺布局设计上，一层洁净区只放置生产主机或主机操作面，如热风柜、配电柜、除尘柜、空压机、纯水机组、真空泵、工艺管道等辅助设备设施均设置在二层一般辅助区。这样极大地节约了洁净区面积，减少了辅助设施散热对洁净区的影响，也避免了辅助设施易藏灰尘难清洁的弊端。

B. 随着自动化连线生产，对于铝塑内包装与外包装连线生产设备跨越问题，需注意设计过渡区防交叉污染。即在洁净传送带与非洁净传送带连接处设施一个小隔离区，隔离区保持一定的风速风压，确保非洁净区传送带带来的微粒能被阻隔进入洁净区。

C. 铝塑间的送风量设计需考虑自动化设备连线穿越内、外包部分，窗口通风面积过大造成内、外包压差难以建立问题。

D. 从实际应用空调机组箱体墙板强度设计及维护方便性来看，单台空调送风量设计不宜大于 60000m³/h，超过 60000m³/h 送风量的洁净区宜增加空调台数。

E. 针对如粉碎、过筛、称量、制粒、总混、压片、包衣等设备发热量大，粉尘大特点，除需考虑采用物料密闭操作设备外，还需全面评估考虑设计必要的捕尘、除尘装置，还必须设置前室进行隔离，防止粉尘进入其余区域或公用走廊产生污染。对于容器清洗、烘房、配浆等散热散湿量大的工序，也应该设置全排及前室，防止散热和散湿量大面积地影响相邻洁净室的操作及洁净空调参数。

F. 空调风机柜内表面及冷凝水接触部分必须采用不锈钢耐腐蚀材料。

G. 空调风管应用新型聚氨酯复合保温一体板代替镀锌铁皮风管加橡塑保温风管，提高风管的保温系数及使用寿命，消除橡塑保温层易脱落、吸潮保温系数下降的弊端，见图 5-17。

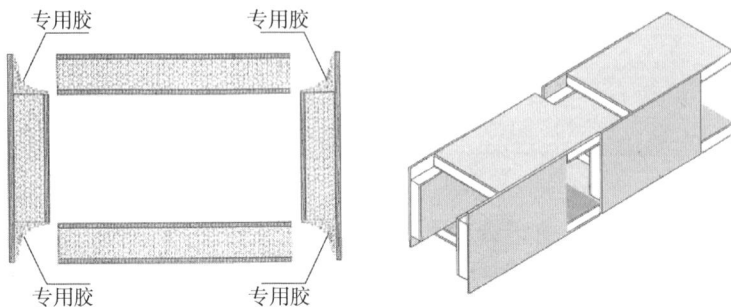

图 5-17　新型复合板材风管

H. 空调系统设置自控系统，能够依据设定点自动实现温度、湿度、压差的控制，同时自控系统应具有系统崩溃一键恢复功能，还需保持能够手动开启空调功能，防止自控系统故障，保障空调手动开启应急措施。

I. 空调冷冻站易设置在厂房的中部，减少冷冻水管道的损失，若厂房较大，冷量负荷较多，宜将洁净区冷水机组与一般生产区冷水机组系统分别设计，满足不同区域不同制冷需求。

J. 空调系统新技术应用

a. 空调热管节能技术：洁净区空调系统，空调大部分功耗用于除湿，除湿需要将空气温度下降到空气露点以下，而除湿后又需要将空气进行再热除湿（相对湿度）。两者都需要外来能源，而且一个需要降温（冷），一个需要加热（热），需消耗大量能源；利用热管超导环流循环、温差动力循环技术，组成能量闭式循环系统，不需要任何外部运转功耗，实现预冷与加热循环，并且换热效率高，当温差有 1℃ 的情况下即可实现节能目标。极大地减少了洁净空调除湿热能消耗，节能效果相当显著。如下图 5-18 所示，空调风机设计时在表冷器前后增加热管节能装置，基本可以无需蒸汽（热源）再热除湿，也解决了假期停产无热源时洁净区的湿度控制问题。

b. 磁悬浮冷水机组技术：磁悬浮冷水机组技术应用主要是在压缩机采用磁悬浮技术，使压缩机运转悬浮在空气中，无轴承承载摩擦损耗，与普通常规制冷压缩机采用轴承承载运动部件相比极具优

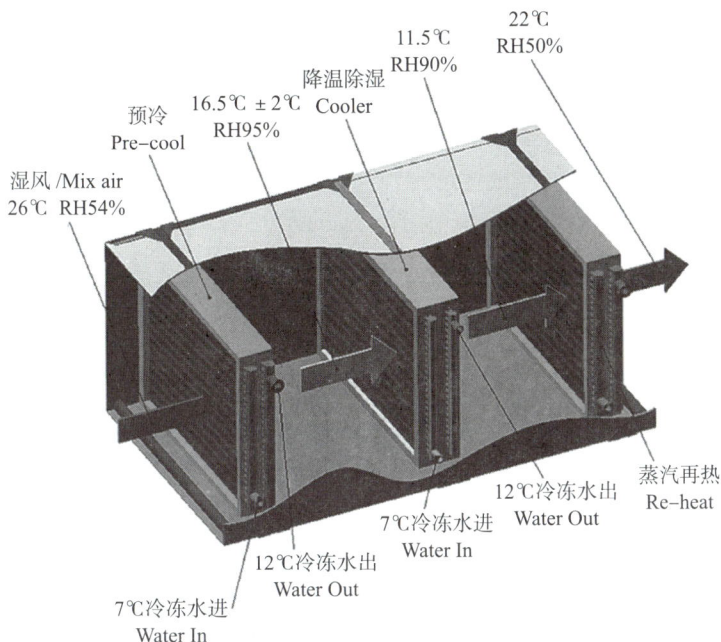

湿风 /Mix air
26℃ RH54%

预冷
Pre-cool

16.5℃±2℃
RH95%

降温除湿
Cooler

11.5℃
RH90%

22℃
RH50%

7℃冷冻水进
Water In

12℃冷冻水出
Water Out

12℃冷冻水出
Water Out

7℃冷冻水进
Water In

12℃冷冻水出
Water Out

蒸汽再热
Re-heat

图 5-18　空调风机图

越性，且整个制冷系统不需要润滑油，减少了制冷系统因定期更换
润滑油而产生的维护费用以及润滑油膜影响换热效率的问题。同时
因采用离心式变频调速启动，具有启动电流小仅 2A、运行噪声小
等优点，迅速得到广泛应用。通过磁悬浮电机技术提高电机效率、
无润滑油提高换热效率、无极调速负载匹配高能效比的技术特点同
比普通冷水机组节能 20% 左右。磁悬浮原理见图 5-19、图 5-20。

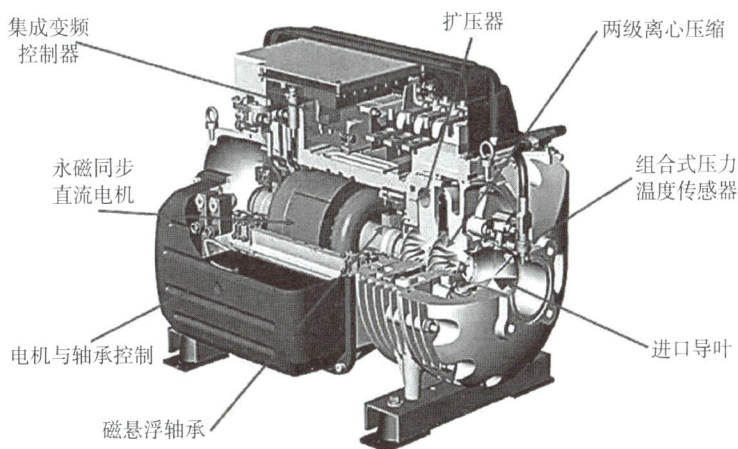

集成变频
控制器

扩压器

两级离心压缩

永磁同步
直流电机

组合式压力
温度传感器

电机与轴承控制

进口导叶

磁悬浮轴承

图 5-19　磁悬浮原理图

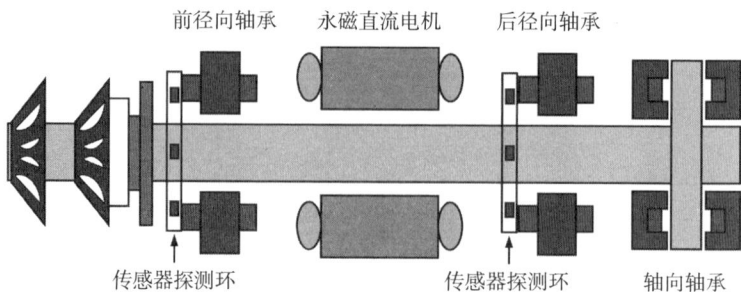

图 5-20　磁悬浮原理图

5.2.4.2 除尘设施设计要点

固体制剂生产如粉碎、制粒、总混、压片、包衣等均会产生大量粉尘，因此必须设置除尘系统，粉尘过滤处理达到符合国家环保法规标准后才能排入大气。

除尘排放口宜远离空调新风口及上风向，避免粉尘又进入空调系统。

A. 生产工艺设备除尘

　　a. 固体制剂工艺生产虽经过设备本身过滤装置进行物料隔离，防止物料损失，但工艺设备排出的引风仍然含有大量的粉尘，不处理直接排入大气将污染环境，直接影响厂区环境。一般采用过滤设备作为除尘首选方式，设计时需考虑过滤器对风压及设备工艺参数的影响，也要考虑除尘器能够方便快速的清理粉尘，满足除尘器的连续工作特性。

　　b. 如果一级除尘达不到法规要求，可以采用多级除尘如过滤除尘柜加水膜除尘柜方式。

　　c. 除尘设备过滤器应具有反吹或震动等方式清除捕集袋和过滤桶上的粉尘，实现可连续除尘。

　　d. 除尘过滤器应能够拆换清洗重复使用，减少使用成本。

　　e. 除尘器设置在一般生产辅助区域，避免除尘器对洁净区的二次污染。

　　f. 因工艺粉尘量大，工艺除尘设备风机与过滤器应分离安装，避免粉尘对电机运行产生影响。

B. 空调系统除尘

　　a. 空调系统除尘兼具除尘及保持产尘间的负压功能。原产尘间常规设计均采用全排设计，在停产阶段停止外排风机，易造成产尘间正压，且换气次数不足，新设计可考虑均设置回风与排风，风量相同，工序产尘时开启除尘外排系统，不产尘时开回风，关闭除尘系统，这样可保持产尘间的负压及冷量损失，保持产尘间非生产时的换气次数。

b. 除尘外排风机控制必须与空调自动联动，风机启动正常后，除尘风机再启动，反之除尘风机先停止后，空调风机再停运，这样可保持洁净区相对室外正压，防止非净化空气进入洁净区。

c. 滤筒能够拆卸清洗重复使用。

d. 除尘风管道需采用可拆卸安装，特别是转弯及平段，能够实现定期拆开清洁内部粉尘。

e. 除尘管道需做保温，防止夏季风管凝露。

5.2.4.3 压缩空气系统设计特点及需求要点

压缩空气在固体制剂车间中主要应用于制粒、包衣雾化、铝塑成型、物料输送、干燥、仪表、设备自动控制等等。很多情况下，压缩空气与药品直接接触。因此对压缩空气的品质及设计有严格的要求。制药工厂压缩空气的品质主要是控制其含水量、含油量、含尘粒量和含微生物（生物粒子）量，同时还要求压缩空气无气味。

含有油分的压缩空气直接与药物接触会污染药物。含有液态水滴的压缩空气会使管道阀门和设备产生锈蚀，水滴锈渍同样也会污染药物，同时水分易滋生微生物，影响药品质量。

A. 药用压缩空气质量标准设计　目前，对于制药用压缩空气还没有相关的质量标准，等效采用的国际标准 ISO 8573/1、GB/T 13277。多数文献资料中仅有定性的一般要求，缺少具体的控制指标。

对于固体粒子，目前医药工业生物洁净室最高等级为 0.5μm、100 级，故与之相适应，压缩空气的洁净等级应定为小于 0.5μm、100 级。在设计中一般采用 GB/T 13277 中的 1 级，即颗粒尺寸为 0.1μm，颗粒含量为 $0.1mg/m^3$。

对于压缩空气中的水汽含量，通常以压力露点或常压露点表示。为了防止系统中有凝结水存在，露点温度一般取干燥后的压缩空气管线和用气设备，可能遇到的最低温度再加 $-5\sim-10℃$。一般取压力露点 $-20℃$标准。

对于含油量主要是控制压缩空气中的油滴、悬浮油雾和油蒸汽。一般控制最大含油量为 $0.01mg/m^3$。

对于微生物，比照采用 D 级洁净室微生物的控制指标，达到小于等于 0.5 小时培养 10cfu/ 皿。

B. 压缩空气站设计

a. 压缩空气站的工艺流程如下：吸气过滤器——空压机——后冷却

器——储气罐——前置过滤器——干燥装置——精密过滤器——除味过滤器——输气管网——除菌过滤器。

以上工艺流程根据制药工厂的不同规模，空压机的不同类型及对压缩空气品质的不同要求等而有不同的取舍，设计时应仔细研究和分析用气指标要求及用气特点，然后制定出合理的压缩空气站工艺系统。

b. 空压机类型的确定：固体制剂采用空压机一般有两种即活塞式与螺杆式。活塞式空压机虽然价格较低，但机组结构尺寸大，需牢固的混凝土基础，易损件多，特别是容易积碳，活塞易磨损，维修工作量大，噪声和震动也较大且自动化水平较低，故近年来制药工厂已较少采用。螺杆式空压机结构尺寸小，仅需轻型基础，无脉冲气流，震动噪声低，维修量小自控水平高，现一般均采用螺杆式空压机。

因压缩空气除油是个难点，对除油过滤器性能要求较高，并且需采取多级处理，才能达到满意的效果。随着科技发展进步，无油螺杆空压机已广泛用于制药领域。他的最大优点就是压缩空气不用油冷却，因此压缩空气不会存在油分的问题，从根本上解决压缩空气带油问题。

c. 干燥装置的选择：压缩空气的干燥方式，一般可分为冷冻式和吸附式二种。在压缩空气的压力露点要求大于等于 3℃时，则采用吸附式干燥机或冷冻式＋吸附式组合干燥装置。

此外还应注意，在选择干燥装置时不能只根据铭牌数据选用设备，而应考虑设备入口压缩空气温度、压力及环境温度对干燥器出力的影响。

在设计多台空压机时，应一一对应干燥机，并且干燥机并联联通，通过阀门可切换，保障干燥机及不同空压机故障能够互换联通使用，如图5-21所示。

d. 过滤器的选择：常用过滤器的分类、工作原理、结构和在净化系统中的作

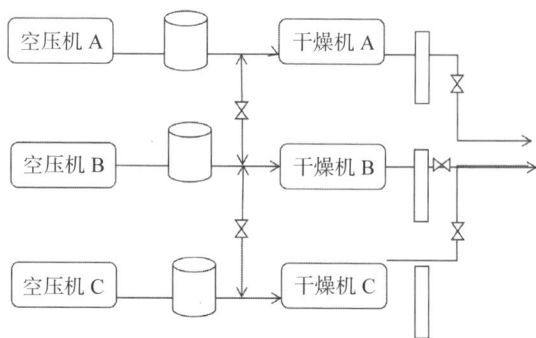

图 5-21　干燥机设置示意图

用见表 5-1。

表 5-1 压缩空气过滤器分类、原理、结构和作用

分类	基本原理与结构	作用
前置过滤器	惯性碰撞为主，中效纤维，烧结材料	滤除 1μm 以上颗粒
精密过滤器	扩散拦截效应为主，超细纤维组合	滤除 0.01~1μm 以上微粒
超精密过滤器	扩散效应为主，超细纤维组合	滤除 0.01μm 以上微粒
活性炭过滤器	两级活性炭吸附＋超细纤维过滤	滤除油蒸汽、臭味
除菌过滤器	扩散效应为主，超高效、耐湿热材料	滤除细菌、噬菌类

选用过滤器应根据其不同的作用、性能和精度进行组合，同时还应根据压缩空气的温度、压力对其处理气量进行修正。

特别提醒，精密过滤器筒体材质通常采用 316L 不锈钢，防止生锈污染发生。

C. 空压站系统及站房设计　在空压站的工艺系统设计和站房布置上，应考虑以下几个问题。

a. 采用冷冻式干燥机时，前置过滤器应布置在冷干机的上游，从而避免压缩空气中含有大量液态水、粒度不等的固体粉尘及油污、油蒸汽等杂质直接进入冷干机，将使冷干机工作状态恶化。

b. 如果采用微油空压机作为气源，后续采用吸附式干燥机时，其上游应设除油过滤器，滤除压缩空气中的油污，防止干燥剂"中毒"失效。下游应布置后置精密过滤器，用于滤除干燥剂、粉尘等污染。

c. 作为风险防控措施，固体制剂压缩空气净化干燥。

D. 车间及厂区压缩空气管网的设计　制药工厂车间压缩空气管道一般采用架空铺设，且其主要干管和支管均铺设在技术夹层内。在无菌洁净区，明管、立管和阀门应尽可能减少。厂区管道可采用架空或直埋铺设，直埋铺设应根据土壤的腐蚀性采取防腐措施。

管道及其阀门附件均采用 304 及以上不锈钢材料，必要时可对管道进行内、外抛光处理。

对于压缩空气直接接触药品的管道末端，设置不锈钢除菌滤器。

提醒：通常情况下不建议将压缩空气用于蒸汽冷凝水回收泵用动力气。如不可避免，应充分考虑，当压缩空气压力小于蒸汽压力时，发生蒸汽进入压缩空气管路系统的风险，避免冷凝水进入设备气路，损

坏自动控制电器元件、启动元件等，造成巨大损失。

E. 压缩空气干燥新技术　膜芯干燥技术使用吸附式干燥机原理，将吸附式干燥剂制成体积小巧的膜芯，可解决原老式吸附干燥填料易结板形成孔洞从而缩小了吸附干燥能力的问题，并且具有更换方便、自动化程度高等优点。（图 5-22）

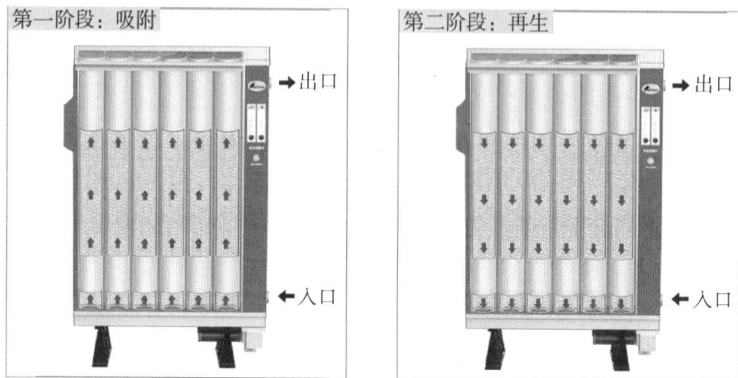

图 5-22　吸附式干燥机原理示意图

5.2.4.4　空调送风

按照气流的利用方式，空调系统可划分为以下几种类型。

A. 直流型空调系统。即将经过处理的、能满足洁净空间要求的室外空气送入室内，然后又将这些空气全部排出，也称全新风空调系统。

B. 再循环型空调系统。即洁净室送风由部分经处理的室外新风与部分从洁净室空间的回风混合而成。根据回风利用比例和利用方式的不同，再循环型空调系统又分为一次回风空调系统和一、二次回风空调系统。

按照气流处理方式的不同，又有两类空调系统值得关注。

A. 新风集中处理式空调系统。即利用一台空气处理机组对新风进行集中预处理，再分配到其他空调系统中加以利用的联合式空调系统，除新风处理机组外，其他空调系统中的空调机组将不再单设新风预处理功能。

B. 嵌套独立空气处理单元的空调系统。即空调系统对气流的处理功能将不集中在送风空调机组内部，而是分散于洁净室各处，根据需求单独设置空气处理功能段的空调系统。

  a. 全新风空调系统在生产过程中，由于人员操作、设备运转、原辅料、中间体、成品以及工艺本身等因素，总会或多或少的对室内空气造成污染。防止生产过程所产生、发散的粉尘或其他有害物污染室内空气最有效的方法是在有害物产生地点直接将其捕集起来，经过必要的净化处理后排至室外，即局部排风。如果由于生产条件限制、有害物发生源不固定等原因，不能采用局部排风，或采用局部排风后，室内污染物浓度仍超过允许值时，在此情况下，需考虑全面通风的手段，即全新风空调系统，如图5-23所示。

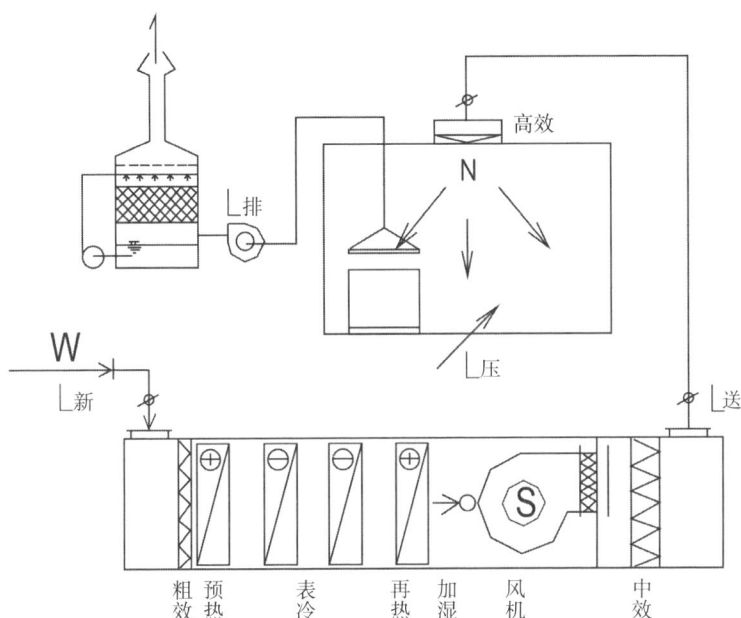

图5-23 全新风空调系统

全新风空调系统适用于如下区域：

● 高污染区域，如生产过程中大量产尘的区域等。

● 生物安全区域，如三、四级生物安全实验室，存在二类以上支原体菌株的生产区域等。

● 特殊要求区域，如工艺生产类别为甲、乙类火灾危险等级的区域以及工艺过程产生有剧毒等有害物质的区域等。

● 其他经局部排风仍不能控制污染的区域。全新风空调系统的优点在于可以对控制区域内的污染环境进行最大程度的置换或稀释，而缺点同样明显，那就是能源损耗巨大。一般来说，洁净室的洁净级别越高，温、湿度控制要求越严格，能源损耗也就越大。

b. 一次回风空调系统在制药行业的空调净化系统中，室外空气经净化过滤以及温、湿度调节后进入洁净室，在此过程中，能源损耗巨大，而将已经处理过的合格空气直接排放，又会造成能源的二次浪费。在空调系统的节能研究中，把洁净室（区）内已处理的合格空气通过回风系统再次接入到空调系统中进行循环再利用将显得尤为重要。该系统多用在洁净室内的发热量或产湿量很大，消除室内余热或余湿的送风量大于或等于净化送风量的低洁净度等级的非单向流洁净室中。

系统回风再次引入到空调净化系统中的接入点取决于系统回风空气的质量参数。

- 如系统回风空气的质量已完全符合洁净室的要求，可将系统回风直接接入到送风风机段前端，与经过处理的新风混合，经过终端过滤后再次进入洁净室（区）内。
- 如系统回风空气虽然已被轻微污染或有温度偏差，但和经处理过的新风混合，并再次经终端过滤后可达到洁净室的要求，也可将系统回风接入到送风风机段前端。
- 如系统回风空气中含较大的粉尘颗粒，不经过滤处理而直接利用可能会对终端过滤器造成负面影响，应将系统回风接入到新风过滤段之前和新风混合，再次过滤后循环利用。
- 如系统回风空气温度已偏离洁净室的控制标准，经与处理过的新风混合仍不能达到洁净室的需求，应将系统回风接入到温度处理段之前和新风混合，再次温度处理后循环利用。

综上所述，当系统回风在系统中只有一个接入点的时候，此空调净化系统称为一次回风空调系统，如图 5-24 所示。

c. 为了节能、消除空气热湿处理过程中的冷热相互抵消，在洁净室净化送风量大于消除余热、余湿的空调送风量时，最好采用一、二次回风方案，将二次混合点设计在系统送风点上，该方案是最节能、最经济的送风方案。

一、二次回风空调系统与一次回风空调系统对应，当系统回风在系统中存在两个接入点的时候，此空调系统称为一、二次回风空调系统，如图 5-25 所示。

一、二次回风空调系统的运行特点：

- 系统回风部分接入到送风风机段前端，直接循环利用，部分接入到新风过滤段，对新风温度进行中和，从而有效降低新风处理所需的能源消耗。

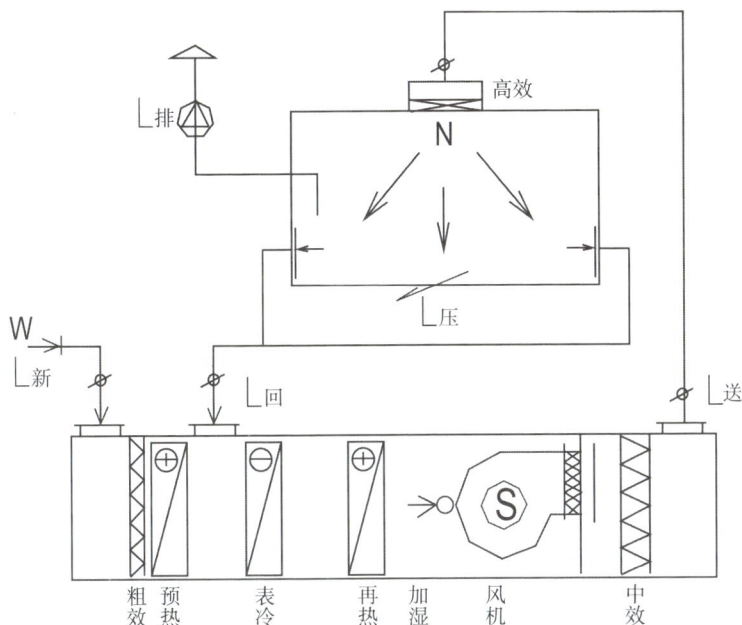

图 5-24 一次回风空调系统

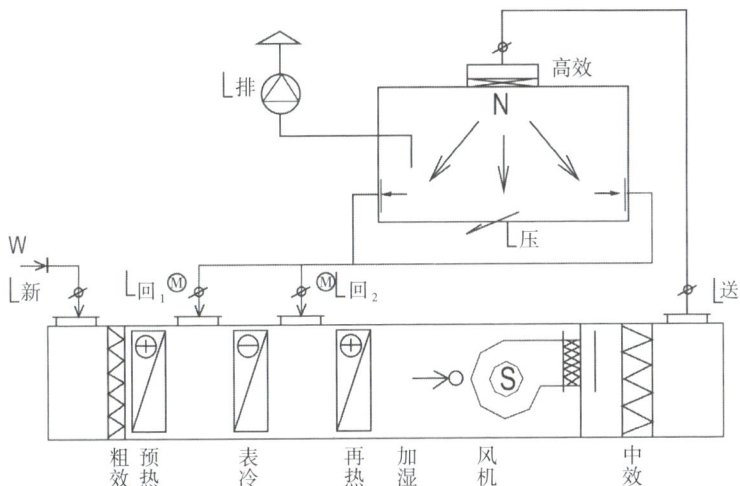

图 5-25 一、二次回风空调系统

- 与一次回风空调系统相比，一、二次回风空调系统对节能降耗的原则利用更加灵活，而且当洁净室内的空气指标发生变化时，一、二次回风空调系统可以通过风阀的调整转化成一次回风空调系统。

d. 当新风集中处理式空调系统有多个空调净化系统时，可以采用新风集中预处理后，再分别供给各个空调净化系统的方式（图 5-26）。

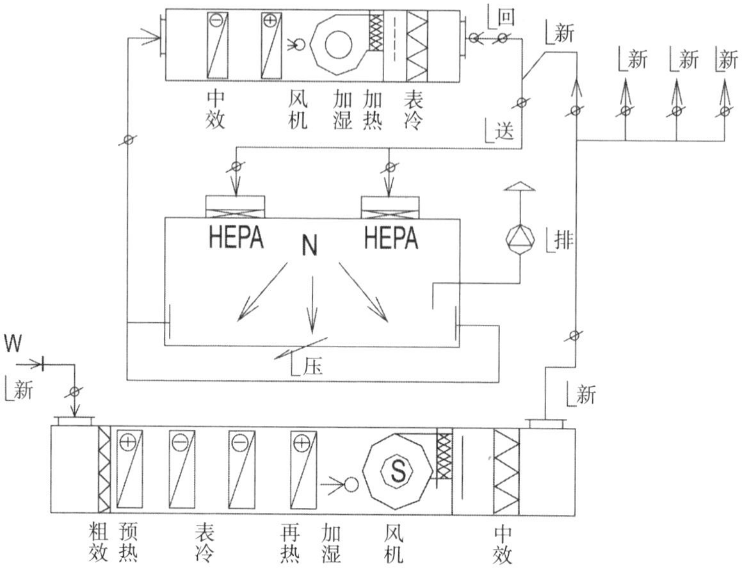

图 5-26 新风集中处理式空调系统

在某些条件下，此方式有其可取之处。如冬季室外气温较低的北方地区，新风需预热，不然与一次回风混合时可能有冷凝水产生，而冬季处理过程往往还需要加湿空气，因此增大了加湿负荷。夏季新风含湿量较高，某些对相对湿度要求较严的车间，往往新风宜予预处理使其降温、去湿。再循环空调系统一般新风比不会很高，每个空调净化系统各设新风预处理段，就不如集中预处理，这样更节省设备投资和少占建筑面积和空间。

虽然新风集中处理的空调系统优点是节能降耗，但此方法亦有不可避免的缺点。新风预处理机组和各空调净化系统都完成调试平衡后，整体系统的运行模式将被固定下来。一旦某一台空调机组或某一个子空调系统的运行模式发生改变，可能会对整体系统的运行产生一系列的连锁影响。所以，此类空调系统，应结合企业的生产模式和工艺特点加以选用。

e. 嵌套独立空气处理单元的空调系统 对洁净环境中的不同房间（空间）来说，虽然经过过滤处理和温、湿度调节后送入房间的空气参数是一致的，但由于生产工艺需求或实际生产中产生的负面影响，使得同一空调系统中各房间内实际生产环境的控制结果并不相同，为了改善这一状况，同时也为了满足生产工艺需求，应在适宜的部位设置独立功能的空气处理装置（图 5-27）。

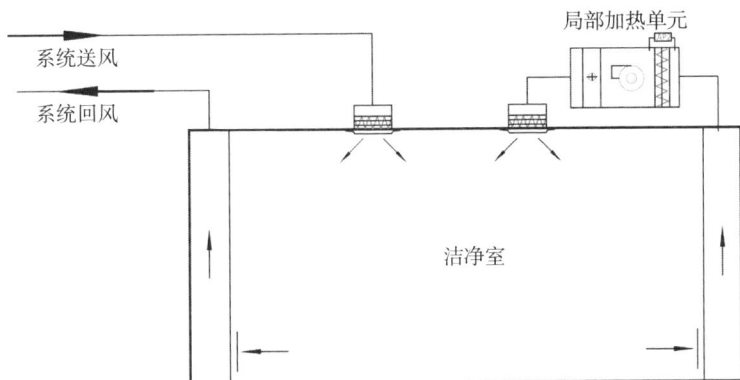

图 5-27　嵌套独立空气处理单元的空调系统

常见独立功能的空气处理装置为：

- 局部洁净等级控制设备。例如，存在局部 A 级环境。
- 局部温度控制。例如，冰箱间因产热较大，需独立设置循环降温单元。
- 局部湿度控制。例如，注射用无菌粉末分装房间需控制低湿度，需独立设置除湿机。

5.2.4.5　蒸汽系统设计特点及需求要点

A. 锅炉

a. 依据当地环保法规及资源，对于环保要求严格，选用天然气锅炉；对于不在大气环境保护区域内的，优先选用燃煤锅炉，并做好锅炉烟气脱硫除尘，减少锅炉产汽成本。

b. 对于厂房分散厂区，使用天然气锅炉的，宜就近设置天然气锅炉，减少蒸汽长距离输送管道造成管道损耗。

c. 锅炉房宜单独设置，燃气锅炉房需设立泄爆墙；并设置燃气泄漏报警设施。

d. 燃煤锅炉及辅机故障率高，需设置一用一备，避免锅炉及辅机故障影响供汽。

e. 燃气锅炉宜根据夏冬季蒸汽负荷变化情况设置两台或以上，这样可提高锅炉的热效率及备用率，避免单台锅炉一出故障全面停产的弊端。

B. 输送管道

a. 各用汽车间及设备均应独立设置蒸汽阀门，方便调节检修。

b. 各用汽压力不同区域设置减压阀分别调整。

c. 蒸汽流量计宜依据使用压力、流量选择合理量程，需避免依据蒸汽管道管径选择流量计，避免因量程选择不当造成计量不准的缺陷。

 d. 管道疏水阀宜采用热动力式，加热设备宜采用吊桶或浮球式疏水阀。

 e. 蒸汽冷凝水宜回用于锅炉循环利用，可减少锅炉蒸汽的热损失。

 f. 蒸汽冷凝水管道宜采用不锈钢材质，避免碳钢管易腐蚀的缺陷。

5.2.4.6 纯化水系统设计特点及需求要点

纯化水系统设计基本点就是要防止制水及输送过程再污染、防止微生物滋生。

A. 纯水机组

 a. 固体制剂使用纯水一般采用两级反渗透工艺，设备自动化程度高且水质稳定可靠。

 b. 纯水机组所有管道、罐体、阀门、水泵及机架均采用不锈钢材质，避免锈蚀发生；储罐及管道内表面需抛光处理。

 c. 对于南方采用地表水水源，前处理一般采用多介质加活性炭即可；对于北方采用地下水，水硬度较大可在前处理增加一级树脂软化工艺，降低膜前进水硬度。

 d. 一、二级反渗透膜（RO）增压泵采用变频调速，方便调整进水压力及流量，并可去除中间水罐，减少一个风险点。

 e. 纯水储罐必须安装呼吸阀，呼吸阀滤芯采用疏水性除菌滤器。

 f. 机组控制系统能够实现自动运行监测，实现不合格水返回上一级，确保不合格水不流入下级制水系统。

 g. 纯水机组及分配系统均采用巴氏消毒，并设置消毒换热装置。

B. 输送分配系统

 a. 输送分配系统应能满足生产最大用水需求，保障管道流速＞1.5m/s，可防止微生物附着管壁滋生。

 b. 输送泵采用卫生泵，依据末端流速进行变频调速控制，保障管道流量。

 c. 输送管道内表面粗糙度 Ra < 0.5u，采用氩弧自动焊接；输送管道采用循环回路布置，保持水循环流动；必须尽量缩小盲端，盲端符合 3D 原则。

 d. 纯水间设置在一楼，输送分配系统阀门均采用隔膜阀，平段输送管道必须依据千分之三至五设置坡度，坡度最低点宜设置排水阀门，方便假期能够放净管道内余水。

e. 消毒采用巴氏消毒，纯水输送管道必须设置保温，蒸汽换热应能满足所有管道消毒需求。

5.2.4.7 环保设施设计特点及需求要点

A. 污水处理站

a. 污水处理工艺按照其作用可分为物理法、生物法和化学法三种。

物理法：主要利用物理作用分离污水中的非溶解性物质，在处理过程中不改变化学性质。常用的有重力分离、离心分离、反渗透、气浮等。物理法处理构筑物较简单、经济，用于村镇水体容量大、自净能力强、污水处理程度要求不高的情况。

生物法：利用微生物的新陈代谢功能，将污水中呈溶解或胶体状态的有机物分解氧化为稳定的无机物质，使污水得到净化。常用的有活性污泥法和生物膜法。生物法处理程度比物理法要高。

化学法：是利用化学反应作用来处理或回收污水的溶解物质或胶体物质的方法，多用于工业废水。常用的有混凝法、中和法、氧化还原法、离子交换法等。化学处理法处理效果好、费用高，多用作生化处理后的出水，做进一步的处理，提高出水水质。

b. 污水处理工艺选择，依据工厂总废水的可生化性来确定采用生物处理还是化学处理工艺，用 BOD/COD（以下简写为 B/C）的比值来判断：B/C > 0.58 完全可生物降解，采用纯生物处理工艺；B/C=0.45~0.58 生物降解良好，采用生物工艺加药剂辅助；B/C=0.30~0.45 可生物降解，采用生物 + 化学处理工艺；B/C < 0.3 难生物降解，采用化学处理 + 物理处理工艺。

c. 污水处理站处理量按日处理能力计算。需考虑瞬间最大排水量设计缓冲池。

d. 必须设计能够存储 0.5~1 天污水量的应急事故池，确保突发故障及突发停电污水的储存不外溢。

e. 集水井及事故池污水必须能够自流进入，避免突发停电污水外溢事故。

f. 超高浓度废水或有毒废水等特殊废水要单独设计预处理，达到设计进水指标后再汇总处理，有利于维护系统稳定性。

B. 锅炉烟气处理

a. 燃煤锅炉烟气必须进行除尘、脱硫、脱硝处理。工艺采用先除尘后再脱硫脱硝。

b. 烟气脱硫除尘必须前置，在源头治理，从原煤必须控制燃煤含硫量及灰分，燃煤含硫量必须控制在 1% 以下，否则脱硫难以满足新法规排放标准。

c. 燃煤脱硫预处理工艺，采用粉煤浆燃烧技术，达到充分燃烧，锅炉烟气二氧化硫排放标准可达到 20mg/m³。

5.2.4.8 消防设施设计特点及需求要点

A. 室外消防栓　根据规范要求，整个厂区同一时间内火灾次数按一次考虑，火灾持续时间按 3 小时，室外消防栓设计用水量按最大的制剂综合楼确定，在厂区内铺设环状消防管网。室外消防栓布置在主要道路两边，间隔 80~120m。

B. 室内消防栓　室内消防栓的布置必须满足室内任何部位均有两支水枪同时达到。消防箱布置在走廊或车间内位置明显、易于取用的地方，由于车间内许多场所有洁净要求，消防箱如布置在洁净区域内，消防箱及立管暗藏铺设在墙体内，箱门达到洁净墙体要求。

C. 自动喷淋灭火系统　制剂车间为洁净厂房，为了达到洁净要求，房间内不宜有太多外露部件，以免积尘，因此车间内不设自动喷水灭火系统。仓库火灾危险性较大，根据规范要求在仓库内设置自动喷水灭火系统，按仓库危险等级一级设计，需设计自动喷淋灭火系统。所有建筑均必须设计火灾自动报警系统。

D. 灭火器　一般配置二氧化碳灭火器及干粉灭火器。对于重要电气设备及库房，可以配置手推车式灭火器。

5.2.5 洁净室概述

洁净室及受控环境的四大要素为：

- 严格的空气过滤
- 足够的换气次数
- 适当的房间压力
- 合理的气流组织

5.2.5.1 严格的空气过滤

空气过滤是洁净室非常重要的一项，影响输送至使用点的空气的洁净度。

Ⅰ级过滤：位于空气处理单元新风段处，是预过滤中效率最低的过滤等级，其目的是捕集较大（3μm 以上）颗粒（昆虫、植物），这些颗粒常常被室外空气带进空气处理单元中。它也用于作为Ⅱ级过滤的预过滤器以延长Ⅱ级过滤器的使用寿命，推荐使用 G4 效率的过滤器。

Ⅱ级过滤：常常直接位于Ⅰ级过滤器的下游以捕集更小（0.3μm以下）的颗粒，以保护空气处理单元中的盘管和风机、管道系统、人员，推荐使用F7/F8效率等级过滤器。

Ⅲ级过滤：此过滤位于空气处理单元下游的出风口部分，在Ⅰ&Ⅱ级过滤器，风机（盘管）之后，推荐使用F7/F8效率等级过滤器。

终端过滤器：位于室内周边区域（天花板和墙），用于向室内提供最洁净的空气和捕集由空气处理单元以及回风管道带来的空气颗粒。

5.2.5.2 足够的换气次数

为维持室内所需求的洁净度，需要送入足够量的、经过滤处理的清洁空气，以排除、稀释洁净室内的污染物。所需送风量的多少取决于室内污染物的发生量、室外新风量及所含同种污染物质的浓度、空气再循环比例、空气净化设备的过滤效率以及洁净区的人员数量和活动特点等因素。

虽然通过以上分析，可以确定影响送风量的各个因素，而且针对各因素均有明确的计算公式和设计思路，但实际应用于工程设计时，送风量的计算仍是一个难题。根据几十年来国内外在对制药行业设计工作中经验的总结，衡量一个洁净室（区）是否被送入了充足的风量时，常常会用到另外一个关键参数——换气次数。相对于复杂的送风量计算来说，换气次数的应用起到了化繁为简的效果。

换气次数和送风量通常使用如下公式进行换算：

换气次数 = 房间总送风量（m^3/h）/ 房间体积（m^3）

在实际中，为满足洁净度的要求通常会采用如下换气次数：

a. D级区域：每小时15~20次。

b. C级区域：每小时20~40次。

当然，换气次数也只是一个最基本的结果，并非最终设计数值，应当结合洁净室和工艺特点对此结果进行适当修正。如洁净室层高较高时，换气次数应适当增加，以保证洁净室下层有适宜的风速可带走房间内的污染空气；如房间产热、产湿或操作人员较多时，为确保送风可带走房间内的热气、湿气，同时保证操作人员的舒适性，也应适当提高换气次数。

所以一些公司自行拟定换气次数，这种做法是不可取的。设计人员在参考了大量因素的基础上才能确定换气次数。

5.2.5.3 适当的房间压力

为避免洁净室的洁净度受邻室的污染，或污染邻室，洁净室与一般房间（非洁净室）之间、洁净度不同的洁净室之间或同等级别但污染程度不同的房间之间要保持适当的静压差。总的来说，高级别区域、高风险区域的压差

335

应高于低级别区域、低风险区域，才能保证"脏"空气不会污染"干净"空气，才能有效减少对产品的潜在污染。压差梯度为设计者提供了使用和可计量的设计工具，以及可测量的具体目标值。当通过压差来建立梯度时，必须考虑下列因素。

A. GMP 中规定的最低值。

B. 现场能够测量得到的压差。

C. 当气锁门打开时可接受的压差变化。

D. 室内压力。

E. 打开或关闭门的能力。

F. 来自洁净区的漏风量（沿门缝渗漏）。

G. 跨越不同区域的设备对压差的影响。

H. 门打开或关闭的可能延续时间（即压差短暂损失）。

I. 对压差失效报警的响应程序。

一般情况下为了保证洁净室压差持续符合中国 GMP（2010 年修订）要求同时使系统更加经济的运行，洁净区与非洁净区之间、不同洁净级别房间之间按 12.5Pa 的压差设计和调试。（图 5-28）

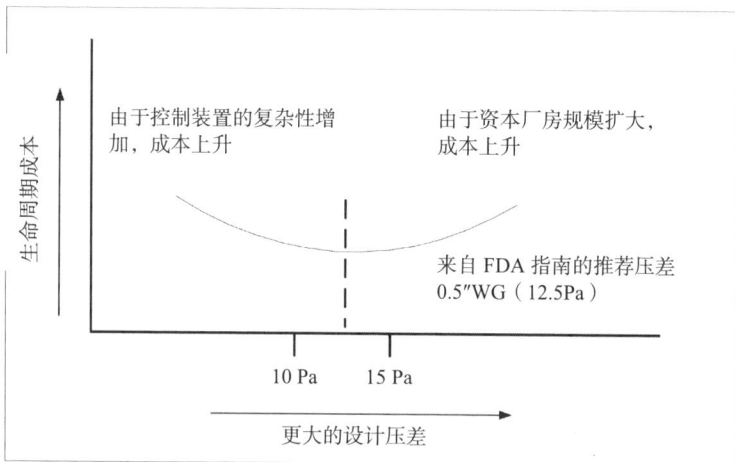

图 5-28 压差示例

5.2.5.4 合理的气流组织

虽然可将洁净室内的换气次数作为维持洁净环境的关键决定因素，但是成功的洁净室设计应归功于恰当的过滤和良好的气流形式（几何形状、进出空气布局等）。洁净室内的气流形式通常设计为单向流、非单向流以及混合流 3 种形式。单向流对环境污染控制原理主要是使用洁净空气置换受污染空气，而非单向流更倾向于向房间（空间）内注入一定量的洁净空气，从而不断稀释该房间（空间）的污染物浓度。对比来说，整体性单向流设计及运行成本会大大超出非单向流，而非单向流对环境维持效果又远远低于单向流，混合流的出现则大大改善了这一状况。

制药行业中对非单向流的设计一般为顶送下侧回的方式，室内送风口和排风口相对于污染源以及气流障碍物的位置对于污染控制十分重要，可通过调整末端送风口和排风口位置，使产品和操作人员得到防护。过高的风速可能会在操作人员附近产生漩涡或涡流，增加了在有害物质下暴露的风险。利用适当的流速和方法置换气流（例如单向流罩、局部排放口）比利用稀释通风能够更快地清除污染物，为防止洁净室内出现局部高微粒浓度的情况，在污染源附近设置局部送风和排风的做法是最为有效的。（图 5-29、图 5-30）

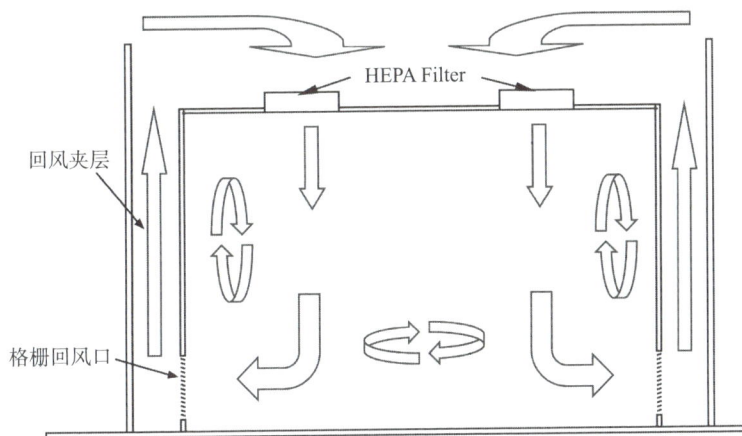

图 5-29　非单向流

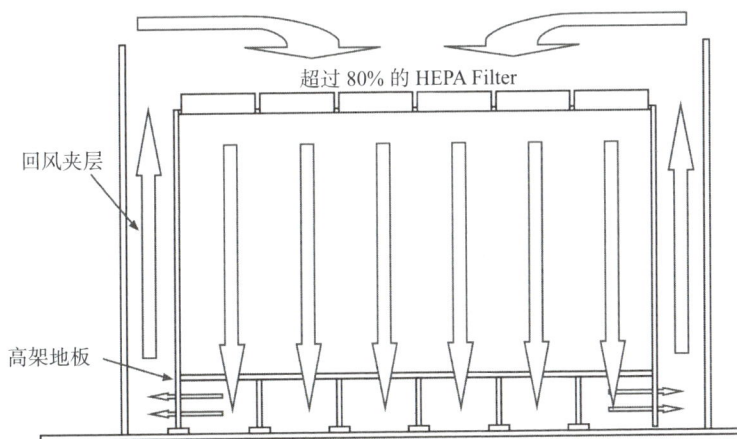

图 5-30　单向流

5.2.6 混合流（图 5-31）

5.2.6.1 洁净级别

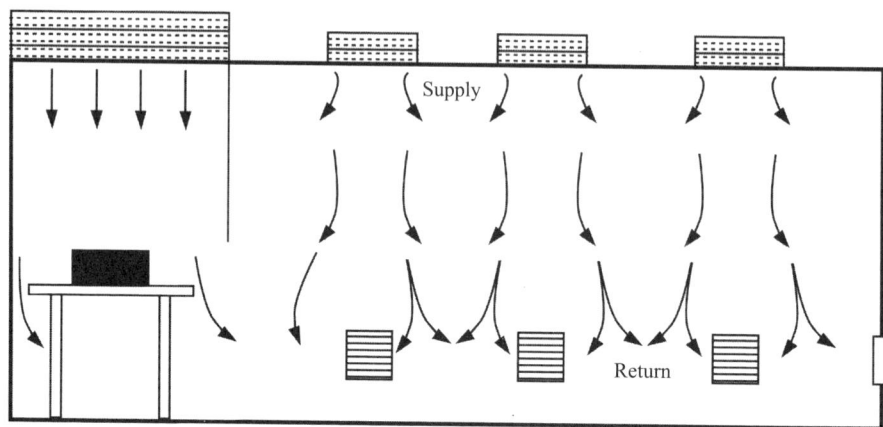

图 5-31　混合流

洁净级别分类

ISO 14644-1《洁净室及相关受控环境——第一部分：空气洁净度的分级》根据空气中悬浮粒子浓度对洁净室及相关受控环境进行分级。在该文件中，洁净室及相关受控环境共分为 9 级，详见表 5-2。

表 5-2　ISO 悬浮粒子浓度对应的洁净度级别

ISO 等级序数（N）	大于或等于被考虑的粒度最大允许浓度（颗 /m³），见下表 ª					
	0.1μm	0.2μm	0.3μm	0.5μm	1μm	5μm
1	10ᵇ	ᵈ	ᵈ	ᵈ	ᵈ	ᵉ
2	100	24ᵇ	10ᵇ	ᵈ	ᵈ	ᵉ
3	1000	237	102	35ᵇ	ᵈ	ᵉ
4	10000	2370	1020	352	83ᵇ	ᵉ
5	100000	23700	10200	3520	832	d, e, f
6	1000000	237000	102000	35200	8320	293
7	ᶜ	ᶜ	ᶜ	352000	83200	2930

ISO 等级序数（N）	大于或等于被考虑的粒度最大允许浓度（颗/m³），见下表 [a]					
	0.1μm	0.2μm	0.3μm	0.5μm	1μm	5μm
8	c	c	c	3520000	832000	29300
9[g]	c	c	c	35200000	8320000	293000

a. 表中的所有浓度是累积的，比如 ISO Class5，0.3μm 对应的数量 10200 包括了所有大于等于该粒度的粒子浓度

b. 该浓度将导致用于分级的空气取样量太大，连续的取样程序可能被应用

c. 由于粒子浓度太高，浓度限值不适用于该区域

d. 低浓度的粒子取样和统计学限度不宜进行分级

e. 由于取样系统中潜在的粒子丢失，低浓度且粒子尺寸大于 1μm 的样品收集限度使得对不宜对该粒度的粒子进行分级

f. 为了说明该粒度与 ISO Class 5 的联系，大粒子用 M 描述符 * 可能更适合并用于配合至少一种其他粒度。M 描述符 * 为测得或规定的每立方米空气中大粒子的浓度，以作为所用测试方法特性的当量直径来表示。M 描述符可认为是采样点平均值的上限（或置信上限，取决于用于确定洁净室或洁净区特性的采样点数目），不能用 M 描述符来定义悬浮粒子洁净度等级，但可以单独引用或与悬浮粒子洁净度等级一起引用

g. 分级仅适用于动态状态

该分级中适用于制药行业的分类通常为 ISO Class 4.8/5、Class 7 及 Class 8，分别对应于中国 GMP（2010 年修订）中定义的 A/B、C、D 级。其中，口服固体制剂通常在分类中的 D 级洁净区（ISO Class 8）和一般区（CNC）进行生产。

5.2.6.2 等级级别确定

空气中悬浮粒子洁净度以等级序数 N 命名。各种被考虑粒度 D 的粒子 C_n 的最大允许浓度用下述公式确定：

$$C_n = 10^N \times \left(\frac{0.1}{D}\right)^{2.08}$$

式中，

C_n 为大于或等于被考虑粒度的粒子最大允许浓度（pc/m³ 空气）。C_n 以有效数字 3 位四舍五入到最靠近的整数。

N 为 ISO 等级级别，最大不超过 9。ISO 等级级别 N 之间的中间数可以按 0.1 为最小允许递增值进行规定。

D 为以微米（μm）计的被选粒度。

0.1 为一常数，表示以微米（μm）计的量纲。

5.2.7 气流方向和压差

按指定方向沿着建筑物缝隙（门缝、墙体贯穿处、导管等）的气流可以减少有害微粒的流通，如不存在较强干扰气流情况下，0.5~1.0m/s 流速能够控制较轻的粉尘和生物粒子。

A. 洁净室（区）与周围的空间必须维持一定的压差，并应按工艺要求维持正压值或负压值。

B. 洁净区与非洁净区之间、不同级别洁净区之间的压差应当不低于10Pa。必要时，相同洁净度级别的不同功能区域（操作间）之间也应当保持适当的压差梯度。

C. 洁净室维持不同的压差值所需的压差风量，根据洁净室特点，宜采用缝隙法或换气次数法确定。

在确定压差的情况下，缝隙法的计算方法如下：

$$V_{\mathrm{p}} = (\frac{Q}{110A})^2$$

式中，

110 为换算因子。

A 为开孔面积，平方米（m²）。

Q 为空气流量，立方米³/分（m³/min）。

换气次数的计算方法如下：

$$AC = \frac{Q}{V}$$

式中，

AC（Air Change）为换气次数，次/小时。

Q 为单位时间送风量，立方米/小时（m³/h）。

V 为房间体积，立方米（m³）。

D. 送风、回风和排风系统的启闭宜连锁。正压洁净室连锁程序应先启动送风机，再启动回风机和排风机；关闭时连锁程序应相反。负压洁净室连锁程序应与上述正压洁净室相反。

E. 非连续运行的洁净室，可根据生产工艺要求设置值班模式送风，并应进行净化空调处理。

5.2.8 气流流型和送风量

气流流型的设计应符合下列规定。

A. 空调系统的气流流型和送风量应符合 C. 中的要求。空气洁净度级别要求严于 4 级时，应采用单向流；空气洁净度级别为 4~5 级时，应采用单向流；空气洁净度级别为 6~9 级时，应采用非单向流。

B. 空调系统应提供均匀的气流分布。

C. 空调系统应能提供符合生产工艺要求气流流速。

D. 空调系统的送风量应取下列三项中的最大值。

- 满足空气洁净度级别要求的送风量。
- 根据热、湿负荷计算确定的送风量。
- 按本节 A 和 E 要求向洁净区内供应的新鲜空气量。

E. 为保证空气洁净度级别的送风量，应按表 5-3 中的有关数据进行计算或按室内发尘量进行计算。

表 5-3　气流流型和送风量

空气洁净度级别	气流流型	平均风速（m/s）	换气次数（h^{-1}）
1~3	单向流	0.3~0.5	——
4、5	单向流	0.2~0.4	——
6	非单向流	——	50~60
7	非单向流	——	15~25
8、9	非单向流	——	10~15

注：1. 换气次数适用于层高小于 4.0m 的洁净室。

2. 应根据室内人员、工艺设备的布置以及物料输送等情况采用上、下限值。

F. 洁净室内各种设施的布置应考虑对气流流型和空气洁净度的影响，并应符合下列规定。

- 单向流洁净室内不宜布置洁净工作台，非单向流洁净室的回风口宜远离洁净工作台。
- 需排风的工艺设备宜布置在洁净室下风侧。
- 有发热设备时，应采取措施减少热气流对气流分布的影响。
- 余压阀宜布置在洁净气流的下风侧。

5.2.9 空气净化处理

A. 空气过滤器的选用、布置和安装方式应符合下列规定。

- 空气净化处理应根据空气洁净度级别合理选用空气过滤器。
- 空气过滤器的处理风量应小于等于额定风量。
- 中效或高中效空气过滤器宜集中设置在空调箱的正压段。

- 亚高效过滤器和高效过滤器作为末端过滤器时宜设置在净化空调系统的末端，超高效过滤器应设置在净化空调系统的末端。
- 设置在同一洁净室内的高效(亚高效、超高效)空气过滤器的阻力、效率应相近。
- 高效(亚高效、超高效)空气过滤器安装方式应严密、简便、可靠，易于检漏和更换。

B. 对较大型的洁净厂房的净化空调系统的新风宜集中进行空气净化处理。

C. 净化空调系统设计应合理利用回风。

D. 净化空调系统的风机宜采用变频控制。

E. 严寒及寒冷地区的新风系统宜设置防冻保护措施。

5.2.10 采暖通风、防排烟

A. 空气洁净度等级严于8级的洁净室不得采用散热器取暖。

B. 洁净室内产生粉尘和有害气体的工艺设备，应设局部排风装置。

C. 在下列情况下，局部排风装置应单独设置：

- 排风介质混合后能产生或加剧腐蚀性、毒性、燃烧爆炸危险性和发生交叉污染。
- 排风介质中含有毒性的气体。
- 排风介质中含有易燃、易爆气体。

D. 空调系统的排风系统设计应符合下列规定。

- 应防止室外气体倒灌。
- 含有易燃、易爆物质的局部排风系统应按物理化学性质采取相应的防火防爆措施。
- 排风介质中有害物质浓度及排放速率超过国家或地区有害物排放浓度及排放速率规定时，应进行无害化处理。
- 对含有水蒸气和凝结性物质的排风系统，应设坡度及排放口。

E. 换鞋、存外衣、盥洗、厕所和淋浴等生产辅助房间应采取通风措施，其室内的静压值应低于洁净区。

F. 根据生产工艺要求应设置事故排风系统。事故排风系统应设自动和手动控制开关，手动控制开关应分别设在洁净室内、外便于操作处。

G. 洁净厂房排烟设施的设置应符合下列规定。

- 洁净厂房中的疏散走廊应设置机械排烟设施。
- 洁净厂房设置的排烟设施应符合现行国家标准《建筑设计防火规

范》GB 50016 的有关规定。

5.2.11 风管和附件

A. 净化空调系统的新风管段应设置电动密闭阀、调节阀，送、回风管段应设置调节阀，洁净室内的排风系统应设置调节阀、止回阀或电动密闭阀。

B. 下列情况之一的通风、净化空调系统的风管应设防火阀。
- 风管穿越防火分区的隔墙处，穿越变形缝的防火隔墙的两侧。
- 风管穿越通风、空气调节机房的隔墙和楼板处。
- 垂直风管与每层水平风管交接的水平管段上。

C. 净化空调系统的风管和调节风阀以及高效空气过滤的保护网、孔板、扩散孔板等附件的制作材料和涂料，应符合输送空气的洁净度要求及其所处的空气环境条件的要求。

洁净室内排风系统的风管和调节阀、止回阀、电动密闭阀等附件的制作材料和涂料，应符合排除气体的性质及其所处的空气环境条件的要求。

D. 净化空调系统的送、回风总管及排风系统的吸风总管段上宜采用消声措施，满足洁净室内噪声要求。

净化空调系统的排风管或局部排风系统的排风管段上，宜采用消声措施，满足室外环境区域噪声标准的要求。

E. 在空气过滤器的前、后应设置测压孔或压差计，在新风管以及送风、回风管段上，宜设置风量测定孔。

F. 风管、附件及辅助材料的耐火性能应符合下列规定。
- 净化空调系统、排风系统的风管应采用不燃材料。
- 排除有腐蚀性气体的风管应采用耐腐蚀的难燃材料。
- 排烟系统的风管应采用不燃材料，其耐火极限应大于 0.5 小时。
- 附件、保温材料、消声材料和粘结剂等均采用不燃材料或难燃材料。

5.2.12 漏风检测

1~5 级洁净度环境的风管应全部进行漏风检测；6~9 级洁净度环境的风管应对 30% 的风管并不少于 1 个系统进行漏风检测。单位风管展开面积漏风量应符合表 5-4 的规定。检测结果应同时符合下列两项严密性指标。

表 5-4　金属咬接矩形风管单位展开面积最大漏风量（m³/h·m²）

管段及其上附件	试验压力（Pa）	最大漏风量（m³/h·m²）
总管（连接风机出、入口的管段）	1500 或工作压力 P	$0.0117 \times 1500^{0.65} = 1.36$ $0.0117 \times P^{0.65}$
干管（连接总管与支管或支干管的管段）	1000 或工作压力 P	$0.0352 \times 1000^{0.65} = 3.14$ $0.0352 \times P^{0.65}$
支管（连接风口的管段，包括接头短管）或支干管	700 或工作压力 P	$0.0352 \times 700^{0.65} = 2.49$ $0.0352 \times P^{0.65}$

注：圆形金属咬接和法兰连接风管以及非咬接、非法兰连接风管的漏风量按表中数值的 50% 计算。

由本条第 1 款得出的漏风量计算得到的系统允许漏风率应符合表 5-5 的规定。

表 5-5　系统允许漏风率 ε（漏风量／设计风量）

洁净室类别	合格标准
非单向流	$\varepsilon \leqslant 2\%$
单向流	$\varepsilon \leqslant 1\%$

A. 排放含有害化学气溶胶和致病生物气溶胶空气的风管应用焊接成型，并应按不低于 1.5 倍工作压力的试验压力进行试验，漏风量应为零。

B. 物料收集的排风管材料应无毒、不吸附、耐腐蚀，宜采用低碳不锈钢；食品级、医用级的管道宜采用 304 或 316L 不锈钢。管道应顺直、避免死角、盲管，连接风机进出口的管段应做到气流顺畅。

C. 风管内表面应平整光滑，不得在风管内设加固框及加固筋。

D. 不应从总管上开口接支管，总管上的支管应通过放样制作成三通或四通整体结构，转接处应为圆弧或斜角过渡。

E. 加工镀锌钢板风管不应损坏镀锌层，若有损坏，损坏处（如咬口、折边、焊接处等）应刷涂优质防锈涂料两遍。

F. 法兰和管道配件螺栓孔不得用电焊或气焊冲孔，孔洞处应涂刷防腐漆两遍。

G. 风管与角钢法兰连接时，风管翻边应平整，并紧贴法兰，宽度不应小于 7mm，并剪去重叠部分，翻边处裂缝和孔洞应涂密封胶。

H. 当用于 5 级和高于 5 级洁净度级别场合时，角钢法兰上的螺栓孔和管件上的铆钉孔孔距均不应大于 65mm，5 级以下时不应大于 100mm。薄壁法兰弹簧夹间距不应大于 100mm，顶丝卡间距不应大于 100mm。矩形法兰四角应设螺栓孔，法兰拼角缝应避开螺栓孔。螺栓、螺母、垫片和铆钉应镀锌。如必须使用抽芯铆钉，不得使用端头未封闭的产品，并应在端头胶封。

I. 在新风经过三级过滤（末级为高、中效或亚高效过滤器）、回风口上安有细菌一次通过率和尘埃按重量一次通过率均小于 10% 的净化空调系统中，风管上不应开清扫孔。不具备上述条件时可在风管上开清扫孔，清扫孔设于每 20m~30m 长的直管段端头，清扫孔的门应严格密封、绝热。过滤器前后应设测尘测压孔，系统安装后必须将测尘测压孔封闭。

J. 静压箱内固定高效过滤器的框架及固定件、风阀及风口上活动件、固定件、控杆等应做镀锌、镀镍等防腐处理。

K. 风管和部件制作完毕应擦拭干净，并应将所有开口用塑料膜包口密封。

5.2.13 厂房确认

5.2.13.1 用户需求说明

用户需求说明（URS）是用户对新建厂房、设备、仪器、公用工程和系统功能、操作能力和标准适用性的需求说明，是用户对该设备（系统）的具体输出要求的详尽描述，是设备（系统）的设计依据，决定了设备（系统）的性能，构成了系统验收的基础。URS 中所含要求和详细程度应与风险、复杂性和新颖性的程度相符，应能够按照要求充分支持后续的风险分析、技术说明、配置（设计）和确认。

通常在概念设计时就可以开始编写 URS 初稿，初稿不一定是完善的，随着项目不同阶段，会有新的要求出现，如对系统理解程度的深入，基于对供应商提供的设计说明、设备调查或设计等，需要对 URS 进行更新并最终完成。这些文件通常由使用部门编写，并由工程、QA、用户等相关部门审批。

A. URS 编写依据

    a. 质量方针技术策略

    b. 产品类型

    c. 生产工艺

    d. 设备技术说明

    e. 企业商业计划

    f. 环境和支持系统

    g. 设备调查或设计

B. 需明确的信息

    a. 项目背景：项目设计依据标准的出处，项目建成后会通过的 GMP 认证。

    b. 产品和工艺要求：洁净室内的生产品种和特性（如致敏性、生物安全要求等），生产工艺过程中的各种原辅料特性（如易挥发、有毒、易燃易爆等），生产工艺各流程的特性（如放热、产湿、保温、保湿等），生产设备对空气处理单元的特殊要求（如设备从房间采风，设备需排风等）。

    c. 系统运行参数要求：系统运行模式需求（如正常运行模式、消毒模式等），系统运行控制要求（如自动调节、自动连锁控制等），系统关键参数要求（如换气次数、压差、洁净度等）。

    d. 主要部件细节要求：各部件指定供应商或指定型号，各部件材质、类型等要求，各部件相互配合要求。

    e. 系统施工要求：施工工艺要求，施工管理要求。

    f. 系统验证要求：供应商资料需求，验证文件需求，验证内容需求。

用户需求说明的内容将直接影响设计单位的设计过程和结果，同时从组件选择和施工工艺上对施工单位造成一定的约束。用户需求说明的内容将对项目建设质量造成直接的影响，进而对洁净室与净化空调的验证活动产生一系列的影响。所以说，编写一个高质量的用户需求说明将是验证活动的良好起点。

5.2.13.2 详细设计

洁净室与空调送风系统的详细设计会形成各种文字说明和图纸，对验证活动影响较显著的资料一般包括以下内容。

- 暖通设计总说明
- 暖通施工总说明
- 房间平面布局图
- 工艺设备平面布局图
- 洁净区照明灯具平面布局图
- 洁净区互锁安装平面布局图
- 洁净区给排水平面布局图
- 送风风口平面布局图
- 回排风风口平面布局图
- 房间压差分布及气流流向图
- 房间压差表安装平面布局图
- 洁净室设计指标一览表

- 洁净分区平面布局图
- 空调分区平面布局图
- 空调系统原理图
- 空调系统管理和仪器图（P&ID）
- 新风、送风风管平面布局图
- 回风、排风风管平面布局图

在以上各项设计资料中，应针对用户需求说明中的要求设计并明确标出洁净室与空调送风系统的设计参数，为设计确认和项目施工调试及竣工验收提供依据。

洁净室与空调送风的显著特点就是具备多样性和复杂性，各施工单位在组件选购和施工工艺方面也有很多选择，所以，设计院出具的详细设计，在对项目施工建设的具体指导上难免有所偏颇。在此背景下，多数施工单位会将设计院的设计资料进行二次深化设计，二次深化设计的过程应遵循项目变更控制的要求进行管理，同时二次深化设计的结果应取得设计单位的认可方可生效。

5.2.13.3 系统影响性评估

在进行系统的验证前，应首先通过系统对产品质量的潜在影响（风险）来确定验证的范围和程度。系统影响性评估需要使用部门、QA、工程等部门的参与。

在对洁净室和空调进行系统影响性评估时，应结合各系统的功能分区、设备、工艺特点等细节情况综合考虑，过程中主要使用的图纸资料如下。

- 工艺设备平面布局图
- 空调分区平面布局图
- 空调系统原理图

一般来说，有洁净要求且有独立功能的洁净区域将被判定为直接影响系统，被称为洁净室；部分系统虽无洁净要求，但部分参数将作为生产工艺的决定性因素，如温度管理系统，包括冷库、温室等，此类系统也在直接影响系统之列。除直接影响系统之外的系统，可按照其具体功能定义为间接影响系统或无影响系统。用于洁净室的送风机组、回风机组、排风机组及对应的风管系统将被判定为间接影响系统，被称为空调机组。

对产品质量具有直接影响的系统除了需要遵循良好的工程质量管理规范（GEP）进行设计之外，还需要进行确认测试。间接影响系统和无影响系统只需要遵循 GEP 的要求进行设计、安装和调试。

5.2.13.4 部件关键性评估

在系统影响性评估后，需要进一步对直接影响系统进行部件关键性评估。通常只对"直接影响系统"的部件进行关键性评估。直接影响系统包含关键部件和非关键部件，而间接影响系统或无影响系统仅包含非关键部件。关键部件必须在验证中进行确认。部件关键性评估也对维护和校准计划的制定提供了参考。

在判断出关键部件（功能）后，使用失效模式影响分析（FMEA）对关键部件（功能）继续进行风险评估，确定部件（功能）所有潜在风险或薄弱环节对产品质量的影响，明确其在整个系统中的风险程度，对于中、高风险的应建议控制措施降低其风险，并评估采取控制措施后的风险级别是否降低，风险是否可控。

5.2.13.4.1 部件确定

确定部件时应充分考虑洁净室的部件清单，所有的有"部件编号"的部件都应该评估。

A. 洁净室主要部件

　　a. 回风风口

　　b. 排风风口

　　c. 静压箱

　　d. 高效过滤器

　　e. 洁净室壁板

　　f. 洁净室顶板

　　g. 地面

　　h. 门

　　i. 窗

　　j. 安全门

　　k. 洁净灯具

　　l. 地漏

　　m. 开关

　　n. 插座

　　o. 电话

　　p. 水池

　　q. 消毒设施

　　r. 消防设施

　　s. 房间压差表

　　t. 房间温湿度表

　　u. 门禁

B. 洁净室工艺参数

    a. 互锁功能

    b. 洁净室密封

    c. 房间布局

    d. 风量 / 换气次数

    e. 压差和气流方向

    f. 自净时间

    g. 悬浮粒子

    h. 微生物

5.2.13.4.2 风险评估

针对每一个系统部件或功能参数，使用失效模式影响分析（FMEA）的风险管理工具进行风险评估，并采取措施降低较高、中等级的风险（表 5-6、表 5-7）。

表 5-6　风险评估示例 1

关键部件/功能	说明或任务	失效事件	最差情况影响	严重性	可能性	可检测性	风险优先性
高效过滤器	送风空气流的终端过滤器，过滤送风空气流中的尘埃	高效过滤器过滤效率选择偏低或错误安装了低效率的过滤器	过滤能力不足，环境中悬浮粒子及微生物参数超标	中	中	中	中
		高效过滤器自身破损、泄漏，或安装问题导致边框泄漏	局部泄漏，环境中悬浮粒子及微生物参数超标	高	中	低	高
		过滤器阻塞，各房间送风量不足，换气次数偏低	环境中悬浮粒子得不到应有净化，悬浮粒子和微生物参数超标	中	中	中	中

表 5-7　风险评估示例 2

关键部件/功能	失效事件	风险优先性	建议采取措施	严重性	可能性	可检测性	风险优先性	评论
高效过滤器	高效过滤器过滤效率选择偏低或错误安装了低效率的过滤器	中	IQ 阶段对高效过滤器的合格证书和效率证书进行检查	中	低	中	低	风险可控

关键部件/功能	失效事件	风险优先性	建议采取措施	严重性	可能性	可检测性	风险优先性	评论
高效过滤器	高效过滤器自身破损、泄漏，或安装问题导致边框泄漏	高	OQ阶段进行过滤器及安装边框检漏测试 OQ阶段进行悬浮粒子测试 PQ阶段进行悬浮粒子和微生物的测试 编制SOP，规定高效过滤器定期更换周期 编制SOP、微生物监测SOP，对洁净室环境实行日常监测	高	低	高	低	风险可控
	过滤器阻塞，各房间送风量不足，换气次数偏低	中	OQ阶段进行风量测试 OQ阶段进行悬浮粒子测试 PQ阶段进行悬浮粒子和微生物测试 编制SOP，对风量参数实行定期监测	中	低	中	低	风险可控

系统的主要风险关注点及其控制措施应体现在验证方案中（包括必要的挑战性试验），制定适当的可接受标准并通过验证各阶段的确认数据和日常监控数据验证确认风险控制措施的可行性和科学性。

5.2.13.5 洁净室设计确认

设计确认是"通过有文件记录的方式证明厂房、系统和设备设计适用于其预期用途"。

设计确认是一项在整个设计阶段持续进行的动态过程，以保证所有与设备或系统的具体项目相关的设计文件（例如P&ID、布局图、功能说明等）均符合GMP要求，而且设计能够满足URS要求（除商务要求外）。对于有直接影响的设备（系统），将要进行设计确认。设计确认的深度要依据设备的复杂性和新颖程度而所有不同。

将根据对URS和系统（设备）供应商所提供的设计文件进行比较来编写DQ方案。

A. 洁净室进行设计确认需要准备的资料

　　a. 用户需求说明

　　b. 招标文件中的技术章节（等同于用户需求说明，或直接使用用户需求说明作为附件）

c. 投标文件中的技术章节（与招标文件中的技术章节响应）

d. 设计院详细设计文件

e. 施工单位二次深化设计文件

f. 施工单位出具的施工说明文件

g. 计划采用的各组件说明资料

B. 设计确认的执行内容　在施工之前，洁净室系统的设计与施工文件都要逐一进行检查以确保能够完全满足招标文件、用户需求说明以及中国 GMP（2010 年修订）要求。设计确认的形式是多样不固定的，会议记录、参数计算书、技术交流记录、邮件等都是设计确认的证明文件。但是通用做法是在设计文件最终确定后总结一份设计确认报告，设计确认报告一般包含以下内容。

a. 对用户需求说明的审核确认

- 针对设计院设计内容对用户需求说明提出的要求逐项核对确认。
- 针对施工单位提供的施工方案对用户需求说明进行确认。

b. 对中国 GMP（2010 年修订）要求的符合确认

- 施工图设计的关键参数是否符合中国 GMP（2010 年修订）要求。
- 施工图设计是否可以降低人为差错。
- 施工图设计是否可以防止药品交叉污染。

C. 设计确认的注意事项

设计确认是一个动态的过程，但这并不意味着在此过程中可以随意增加工作量。事实上，为避免设计确认的工作量过于繁重，设计确认过程中应注意以下几点。

a. 应对设计内容进行筛选，选择关键内容进行确认。

b. 每一次设计变更或深化设计后，应重点关注关键参数的改变情况。

c. 如设计内容发生较大的改变时，应尽可能地将设计分为几个层次清晰的小阶段分段进行。

5.2.13.5.1 空调系统调试

空调系统在完成机组装配、风管及配件安装后，由供应商配合药品生产企业或第三方根据设计要求对空调系统按照中国 GMP（2010 年修订）进行调试。该调试通常由单体设备调试、整机联合调试组成。

A. 单体设备调试　空调系统单体设备调试通常包含以下内容。

a. 风机

- 试运转前检查

- 风机启动

b. 水泵
  - 水泵外观检查
  - 水泵启动和运转

c. 冷却塔
  - 冷却塔运转前检查
  - 冷却塔运转

B. 整机联合调试　空调系统的整机联合调试通常包含以下内容。

a. PID 及平面图检查

b. 部件清单检查

c. 仪表清单检查

d. 仪表校准检查

e. 风管安装检查

f. 风管漏风（漏光）检查

g. 定风量阀和手动风阀测试

h. 系统配电测试

i. 总风量测试

j. 风量（风速）及平衡测试

k. 噪声测试

l. 高效过滤器完整性测试

m. 压差测试

n. 温、湿度测试

o. 自净时间测试

p. 洁净度测试

通过上述的单机和整机测试，可以及早发现系统安装、运行过程中所存在的问题并有效跟踪解决，为空调系统的确认提供较为完善的基础。

5.2.13.5.2　洁净室安装确认

IQ 将决定每一个系统已按照设计确认中设定的规格标准和供应商说明进行安装。所有被评为"直接影响"的系统都应当进行安装确认。安装确认时应对风险评估中建议在 IQ 中实施的测试进行确认。

A. 洁净室安装确认需要的文件　安装确认应在建设项目竣工验收之后进行，安装确认的目的是检查并证明洁净室系统中各组件自身以及装配关系、装配结果符合用户需求说明和施工设计文件的规定。洁净室系统的安装确认需准备以下竣工资料。

a. 竣工图

- 暖通设计总说明
- 暖通施工总说明
- 房间平面布局图
- 工艺设备平面布局图
- 洁净区照明灯具平面布局图
- 洁净区互锁安装平面布局图
- 洁净区给排水平面布局图
- 空调系统原理图
- 送风风口平面布局图
- 回排风风口平面布局图
- 房间压差表安装平面布局图

b. 施工单位的施工方案

c. 施工及验收记录：如高效过滤器安装记录。

d. 系统各部件合格证明材料

- 壁板、顶板的合格证明文件
- 洁净门、窗的合格证明文件
- 地面材料的合格证明文件
- 水池、地漏合格证明文件
- 开关、插座、照明灯具等电器元件的合格证明文件
- 洁净电话、指示灯等通讯元件的合格证明文件
- 电磁锁、闭门器等控制元件的合格证明文件
- 高效过滤器的合格证明文件
- 其他部件的合格证明文件

B. 安装确认的测试项目　洁净室系统的安装确认应从以下几方面进行。

a. 文件检查对上述文件资料进行逐项确认，所有文件资料应齐全、适用。

b. 现场的平面布局和竣工图应能保持一致。检查项目包括（但不限于）以下几个方面。

- 洁净室送风风口布局检查
- 洁净室回（排）风风口布局检查
- 洁净室房间及设施布局检查
- 洁净室房间门开向检查
- 洁净室灯具布局检查

- 洁净室电源插座布局检查
- 洁净室水池、地漏布局检查
- 洁净室互锁安装布局检查

c. 部件检查对构成洁净室系统的各种部件进行检查，检查部件的型号、规格、生产厂家、安装位置是否与用户需求说明和施工设计文件保持一致。

d. 主要部件安装结果检查

- 洁净室表面及密封性检查：洁净区的内表面（墙壁、地面、天棚）应当平整光滑、无裂缝、接口严密、无颗粒物脱落，避免积尘，便于有效清洁，必要时应当进行消毒。各种管道、照明设施、风口和其他公用设施的设计和安装应当避免出现不易清洁的部位，应当尽可能在生产区外部对其进行维护。排水设施应当大小适宜，并安装防止倒灌的装置。应当尽可能避免明沟排水；不可避免时，明沟宜浅，以方便清洁和消毒。

- 高效过滤器安装检查：每块高效过滤器均有过滤效率证书，所有高效过滤器都被正确安装，保存了完整的安装记录，检查高效过滤器安装记录中的高效型号规格、序列号、效率等级是否与高效过滤器效率证书一致。

C. 安装确认的注意事项　安装确认应当证明洁净室系统的建造和安装符合设计标准。如果在建设过程中有任何项目更改了原设计文件中所规定的指标，应有设计变更的批准文件。在这些批准文件中必须有设计确认的有关设计人员的签批，同时，设计变更文件中的内容应包括：变更的内容、变更的必要性、变更对总体设计的影响及费用等。提供这些文件的目的在于为使用者即药品生产企业提供从设计确认到实际建设过程中设计变更的详细文件，包括变更的内容、变更的依据和变更的轨迹，以供其审计和验证使用。

5.2.13.6 运行确认

OQ 应当证明洁净室系统的运行符合设计标准。运行确认是确认和记录系统的功能是否达到设计的要求。所有被评为"直接影响"的系统都应当进行运行确认。在执行运行确认时应对风险评估中建议在 OQ 中实施的测试进行检查。

A. 运行确认需要的文件　在运行确认阶段，应草拟出系统的标准操作规程；同时，测试过程中所使用到的各种测试仪器设备也应达到此条件。在运行确认过程中至少应检查以下文件。

a. 检查洁净室系统运行确认所需要的 SOP 是否都存在，并确认其处于已批准或草稿状态。

b. 检查测试用仪器仪表的操作 SOP 是否都存在，并确认其处于已批准状态。

B. 运行确认的测试项目　洁净室系统的运行确认应包含以下测试项目。

a. 测试用仪器仪表的校准检查。测试过程中所使用的所有仪器仪表均具有校准报告，且在有效期内。

b. 互锁门功能检查。同一房间的多扇房门应具备互锁功能，即当任意一扇房门打开时，该房间其他的所有房门都不能打开。

c. 洁净室照度测试。确认洁净室内各房间照度符合设计要求。

d. 洁净室噪声测试。洁净室处于空态时，非单向流房间其内部噪声应不超过 60dB（A），混合流房间其内部噪声应不超过 65dB（A）。更合理的噪声标准应由药品生产企业和施工单位协商确定。注：对于医药洁净厂房基本不存在空态状态，一般洁净室噪声测试时处于静态状态。

e. 风量和换气次数测试。确认洁净室每个风口风量符合设计要求，房间总送风量 / 换气次数满足设计要求。换气次数的计算公式为：
每小时换气次数 = 房间总送风量（m³/h）/ 房间体积（m³）

f. 风速测试。单向流设备的风速应满足中国 GMP（2010 年修订）中风速的要求：0.36~0.54m/s，或者工艺对设备自身的风速要求。

g. 洁净室压差测试。确认每个房间和外界的压差以及相邻房间之间的压差满足设计和中国 GMP（2010 年修订）要求。

h. 温、湿度测试。确认房间温、湿度参数满足设计要求。

i. 高效过滤器完整性测试。

- 一般选择 ISO 14644–3 中的测试方法，这里以光度计测试方法为例进行说明：在过滤器上游释放 PAO 气溶胶烟雾，气溶胶浓度一般保持在 20~80mg/m³。

- 可扫描过滤器的完整性测试：过滤器主体、过滤器框架以及安装边框必须密封完好以防止任何颗粒通过旁路泄漏。测量高效过滤器本身和安装边框的穿透率时，在下游通过光度计的采样头以逐行扫描检测的方式记录每个过滤器以及安装边框处穿透出的 PAO 气溶胶烟雾浓度，采样头的扫描速度应根据采样头尺寸确定。

- 不可扫描过滤器的完整性测试：使用光度计探头在尽可能接近

高效过滤器的风管横截面的中心点及四周各点检测下游浓度。检测穿透率（%）= 下游检测 PAO 浓度 / 上游 PAO 浓度 ×100%，记录每只过滤器及边框的最大穿透率，如无特殊规定，可扫描过滤器的完整性测试最大穿透率应 < 0.01%，不可扫描过滤器的完整性测试最大穿透率应 < 0.005%，供需双方也可根据项目的需求协商其他标准。

j. 气流流向的测试

● 对于乱流洁净室，气流流向应能明确标识出房间的气流从送风口进入，通过乱流形式，最终从回风口离开房间的整体趋势。对于洁净室孔洞处的气流方向，必须是从高压一侧吹向低压一侧，没有逆流或湍流。

● 对于单向流设备，气流流型应能明确显示出单向流的形状：气流方向呈直线型，各点风速均匀，没有死区或逆流。

k. 悬浮粒子测试

● 根据中国 GMP（2010 年修订）中的规定，洁净区环境按照所含的悬浮粒子数量分为四个洁净级别（表 5-8）。

表 5-8　中国 GMP（2010 年修订）洁净区要求

洁净度级别	悬浮粒子最大允许数 / 立方米			
	静态		动态	
	≥ 0.5μm	≥ 5.0μm	≥ 0.5μm	≥ 5.0μm
A 级	3520	20	3520	20
B 级	3520	29	352000	2900
C 级	352000	2900	3520000	29000
D 级	3520000	29000	不作规定	不作规定

中国 GMP（2010 年修订）中对 D 级动态悬浮粒子不作规定，企业可根据工艺要求来制定相应的标准。

● 运行确认阶段进行悬浮粒子测试时，应在静态条件下进行，测试仪器选择悬浮粒子计数器，测试时，预先根据相关规范的要求在房间内设置取样点，每点取样后进行最终结果计算，最终结果应能满足表 5-9 中各洁净级别对悬浮粒子数的要求。

表 5-9　不同法规中洁净级别的对应关系及环境标准

参考法规	描述			洁净级别			
				A	B	C	D
中国 GMP&欧盟 GMP&PIC/S	静态	最大悬浮粒子数 part/m³	0.5μm	3,520	3,520	352,000	3,520,000
			5.0μm	20	29	2,900	29,000
	动态	最大悬浮粒子数 part/m³	0.5μm	3,520	352,000	3,520,000	Not stated
			5.0μm	20	2,900	29,000	Not stated
		最大浮游菌数 cfu/m³		< 1	< 10	< 100	< 200
美国 FDA	动态	最大悬浮粒子数 part/m³	0.5μm	ISO5（class 100）	ISO7（class 10,000）	ISO8（class 100,000）	Not defined
		浮游菌行动限值 cfu/m³		1	10	100	Not defined

1. 房间自净时间应满足要求

- 洁净区房间的自净时间应 < 20 分钟，粒子浓度初始和目标值见表 5-10。

表 5-10　粒子浓度初始和目标值

洁净级别	粒子初始和目标浓度	
	初始浓度	目标浓度
	悬浮粒子大小 ≥ 0.5μm	
B 级	≥ 352000part/m³	≤ 3520part/m³
C 级	≥ 35200000part/m³	≤ 352000part/m³
D 级	≥ 352000000part/m³	≤ 3520000part/m³

- 当粒子计数器采样的浓度能够达到初始浓度时采用 100∶1 自净时间测试法，此方法是通过发尘的方式把洁净室内的 ≥ 0.5μm 悬浮粒子数增加到该洁净级别下静态悬浮粒子限值的 100 倍，然后记录洁净室内悬浮粒子数衰减的趋势，自 100 倍悬浮粒子数降至合格数据的时间段就是测试的自净时间。

- 当粒子计数器采样的浓度达不到初始浓度时采用洁净恢复率法，此方法是通过发尘的方式把洁净室内的 ≥ 0.5μm 悬浮粒子数增加极限值，然后记录洁净室内悬浮粒子数衰减的趋势，计算 5~10 个恢复率值，通过公式计算得到自净时间。

  两次相继测量值之间的洁净恢复率由以下公式计算

  $n = -2.3 \times 1/t \times \lg (C_n/C_1)$

式中，

n 为洁净恢复率。

t 为第 1 次和第 n 次测量的间隔时间。

C_1 为初始浓度。

C_n 为时间 t 过后的浓度

C. 运行确认的注意事项　运行确认执行之前，应确认安装确认已完成，并且没有未关闭的偏差或存在的偏差不影响运行确认的进行。

如果在调试工作进行过程中，洁净厂房与空调净化系统各项关键参数的获取均有 QA 的见证，在运行确认的过程中，可直接引用调试结果，不必增加额外的工作量。

5.2.13.7 性能确认

A. 性能确认的验证策略　洁净室系统的性能确认应在洁净区完成消毒并进行一次日常清洁消毒处理后进行，性能确认分为三个阶段。

a. 阶段一：静态测试静态是指所有生产设备均已安装就绪，但没有生产活动且无操作人员在场的状态。

静态测试过程中，除和空调系统连锁启动运行的设备外，其他洁净区内的所有生产及辅助设备均不得开启。

根据静态本身的定义要求，同时考虑到必要的测试人员和见证人员必须在场的实际情况，静态测试过程中，同一房间内的测试人员应不得超于两人。测试过程中，应对每个房间的人员数量进行控制，并将实际的人员数量记录在测试报告中。

静态测试的周期，可参考以下内容确定。

- 中国 GMP（2010 年修订）及相关标准指南中的规定
- 产品的工艺生产周期
- 洁净区消毒剂更换周期
- 同行业各公司的经验周期
- 供需双方协商确定的其他周期

静态测试期间，空调机组应不间断运行，不得随意变换运行模式。

静态测试过程中，可不依据洁净室日常消毒 SOP 和清场 SOP 对洁净区环境进行日常维护，仅在必要时进行即可。

b. 阶段二：动态测试是指生产设备按预定的工艺模式运行并有规定数量的操作人员在现场操作的状态。

"生产设备按预定的工艺模式运行"可理解为工艺设备在按照预定的工艺参数进行试生产或模拟生产活动。所以，在此过程中，除有特殊要求不得开启的设备外，其他洁净区内的所有生产及辅助设备应全部开启。

制药企业应结合生产工艺特点和实际的控制要求，对洁净区各房间的最大允许操作人员数量做出规定，动态测试过程中，各房间人数应按照此要求进行实际控制，并将对应的人员数量记录在测试报告中。动态测试过程中，洁净室内所有人员的一般行为应遵从洁净区人员操作 SOP 中的规定，操作人员应按照产品生产操作规程中的规定进行试生产操作或模拟生产操作，操作行为应尽可能地还原正常生产状态。

动态测试周期的确定和静态测试相同。在此期间，空调机组应不间断运行，不得随意变换运行模式。动态测试过程中，应依据洁净室日常消毒 SOP 和清场 SOP 对洁净区环境进行日常维护。

动态测试取样点数目和位置的确定将在静态测试的基础上采用风险分析的方法进行评估后加以完善以确定最终结果。

c. 阶段三：日常监测根据已批准的 SOP 对生产环境进行日常监控。测试从第一阶段开始持续一年，从而证明系统长期的可靠性能，以评估季节变化对生产环境的影响。

当洁净厂房与空调净化系统顺利完成阶段一和阶段二的验证活动时，则可正常投入使用。在阶段三的日常监测过程中，应周期性的对历史监测数据进行分析总结，及时查找和排除影响洁净室与空调系统运行的各种不稳定因素，使生产环境得到持续保持和改善。

B. 性能确认需要的文件 在运行确认完成后，应对设备或系统标准操作规程的草稿版进行修订，形成正式文件。正式签批文件中应对系统运行模式以及关键参数做出必要的规定。性能确认测试时，系统的运行状态应与 SOP 中所规定的模式保持一致。

除运行确认阶段检查的 SOP 外，在性能确认阶段，空调系统的运行以及环境的维持还应考虑以下 SOP 的共同作用。

a. 洁净室清洁消毒 SOP

b. 洁净室更衣 SOP

C. 性能确认的测试项目 洁净室系统的性能确认应包含以下测试项目。

a. 压差测试：静态测试与动态测试期间，房间压差应能持续的满足设计要求和 GMP 要求。

b. 温湿度测试：静态测试与动态测试期间，房间温湿度数据应能持续的满足设计要求。

c. 悬浮粒子测试：悬浮粒子测试应在静态和动态两个状态下分别进行，悬浮粒子的测试仪器和测试方法同运行确认阶段。悬浮粒子的可接受标准应根据测试状态进行选择。

d. 微生物测试：洁净区微生物监测的动态标准如表5-11。

表5-11　洁净区微生物监测的动态标准

洁净度级别	浮游菌 cfu/m³	沉降菌（φ90mm） 每4小时菌落数	表面微生物	
			接触（φ55mm） 每碟菌落数	5指手套 每个手套的菌落数
A级	< 1	< 1	< 1	< 1
B级	10	5	5	5
C级	100	50	25	—
D级	200	100	50	—

微生物测试应在静态和动态两个状态下分别进行。静态测试标准可以是企业内控标准。微生物的监测方法有沉降菌法、定量空气浮游菌采样法和表面取样法（如棉签擦拭法和接触碟法）等。微生物取样使用的培养基应根据不同的菌种和检测方法进行确定。

使用沉降菌法时，可在预先确定好的取样位置摆放φ90mm的培养基样品，空气中的微生物会沉降到培养基中，持续取样4小时完成取样。如采样过程不足4小时，应将测试结果平均到4小时的测试时间，再进行结果判定。

使用定量空气浮游菌采样法时，一般选用空气浮游菌采样仪在预先确定好的取样位置取空气样品，空气浮游菌采样仪可以将样品空气中的微生物吸附在培养基样品中，完成取样。

使用表面取样法时，一般选择有代表性的平面进行取样，选取φ55mm接触碟培养基贴合在取样位置10~30秒左右，取下即可。如取样表面为不规则平面，可采用棉签擦拭法，在与接触碟同等面积的区域内擦拭取样，擦拭后的棉签放入培养基中即可。

完成取样的培养基样品应按照规定的培养方法进行培养，使样品中的微生物生长至肉眼可见，培养结束后，通过计数确定样品中的微生物数量。

动态取样应当避免对洁净区造成不良影响。成品批记录的审核应当包括环境监测的结果。对表面和操作人员的监测，应当在关键操作完成后进行。

D. 性能确认的注意事项　洁净室系统的性能确认从根本上来说，应是生产环境的性能确认，生产环境的保持应建立在以下系统的共同作用下。

    a. 洁净室

    b. 空调机组

    c. 局部单向流

    d. 传递窗

    e. 空调自控系统

    f. 环境监测系统

      所以，洁净室的性能确认应在以上系统完成运行确认测试，且各系统不存在偏差或存在的偏差不影响性能确认测试的前提下进行。同时，性能确认的测试过程也是对以上系统综合能力的确认。

5.2.14 厂房设施的日常维护检查

厂房设施一旦发生故障，往往直接造成各生产区域的停产，在日常的管理维护上应做好计划性、预防性的维护工作，避免突发事故对生产及产品质量的影响。

5.2.14.1 空调设施的维护要点

空调设施可分为冷水机组、空调送风系统、冷却系统、洁净区等几部分。

A. 冷水机组的维护要点

    a. 制冷剂泄漏是冷水机组常见的故障。日常简便有效的方法就是观察机组表面是否有油迹，再进一步对油迹处用肥皂水检漏或用检漏仪检漏确认，针对泄漏点状况制定维修方案，并采取维修措施。

    b. 机组冷凝器散热不良造成的高压报警也是最为常见的故障，日常清洗必须停机并需要一天周期，因此提前做好冷凝器的保养是我们冷水机组日常维护重点。每年夏季使用前，用清洗设备清洗冷凝器水路泥垢，提高机组换热效率。日常每周对冷却循环水系统加入阻垢剂灭藻剂，防止结垢及滋生水藻。

    c. 每两年检测冷水机组润滑油性状，确认冷冻润滑油的性能，判断更换周期；更换润滑油时必须同步更换油过滤器、干燥过滤器。

    d. 冷凝器在线清洗新技术，利用水流冲刷胶球进入冷凝器水管路进行定期冲刷，模仿人工机械捅刷，通过程序控制对冷凝器的进出水管道四通阀转换，胶球随水流冲刷列管即可清理水管泥垢，保持机组最佳换热效率，达到节能并提高机组制冷性能目的（图5-32）。

冷凝器管内壁积累大量水垢、污垢、生物污泥，使冷凝器的传热效率降低。

图 5-32　在线清洗系统

B. 空调柜的维护要点

a. 每天巡查一次过滤器前后压差，过滤器达到两倍初始压差时，需要更换过滤器，并制作空调柜过滤器更换记录表（图 5-33），能够方便了解到何时更换及初始压差值。

图 5-33　空调柜过滤器更换记录表

b. 每月清洁一次空调柜内表面，防止内表面积尘，滋生霉菌。

c. 每周清洗疏通一次表冷器冷凝水排水器水封，防止水封堵塞造成柜内积水。

d. 每年对风机及电机轴承进行润滑，检查皮带松紧度，并调整。发现风机皮带开裂需立即更换。

e. 检查送风管道保温情况，发现有脱胶开裂情况立即进行打胶修补，否则产生冷凝水将造成保温大面积脱落，进而加大凝露现象的二星循环。

C. 冷却系统的维护要点

a. 每月检查冷却塔布水器喷淋均匀度。方形塔需对喷淋头全面检查，清理杂物及调整喷淋量以及修复泄漏故障点，确保冷却水均匀喷淋高效冷却；圆形塔检查旋转布水管是否能够旋转，布水管出水孔有无堵塞。

b. 检查风机三角皮带的松紧度及皮带的老化情况，及时调整更换。

c. 冷却塔风机三角皮带是否松弛，日常运行过程难以检查，我们可以通过加装智能仪表，通过测试风机的功率因素判断。比如，新装皮带调整松紧合适，此时观察风机智能仪表的功率因素 > 0.90；当皮带打滑后，仪器功率因素会急剧下降。我们可以通过记录皮带功率因素与冷却塔温度关系，制定当功率因素下降到一定值（如 0.8）即需要进行调整，这样可以保持冷却塔的冷却效果，降低冷水机组高压报警故障风险。

D. 洁净区的维护要点

a. 因固体制剂粉尘较大，对洁净区的卫生要求更加严格。每天需要对洁净区内清洁，每周需要进行大清场，涵盖设备表面、墙壁、地面，清洁后再使用消毒剂擦拭消毒；为防止微生物对消毒剂的耐受性，需每月更换一次消毒剂。

b. 每周大清场后对洁净区用臭氧消毒两小时，因臭氧消毒对人体的损害，消毒需在停产无人的状态下进行，根据验证时臭氧发生器电流与臭氧浓度的对应关系，消毒浓度确认可以通过巡查臭氧发生器的电流判断消毒浓度是否满足需求。因臭氧浓度与空间成正比关系，因此消毒时需要关闭外排风机，关闭新风阀，空调系统内循环，保持消毒区域浓度水平。消毒完成立即恢复正常通风，保持洁净区正压洁净状态。

c. 利用破损较大会形成高速风在高效外罩形成粉尘集聚效应的特点，

每月进行一次目视巡检高效过滤器风罩，检查是否有明显污迹情况，此方法检查判断大破损较迅速快捷。

d. 每季度检测一次洁净区尘埃粒子数，评估洁净区洁净度状况，如异常及时排查原因并进行修复。

e. 每年对洁净区高效全面进行一次检漏，采用尘埃粒子计数器检漏法简便有效。使用尘埃粒子计数器在离高效空气过滤网约15cm匀速移动，检测风速及粒子数，若发生粒子技术超纠偏限即认为有泄漏点，需进行堵漏或更换。

5.2.14.2 高低压配电设施的维护要点

A. 高压线路（含架空线、电缆及沿线设施） 定期巡视：每周不少于两次，掌握线路各部件的运行状况及沿线情况，做好护线工作。特殊巡视：在气候剧烈变化（如大风、大雾、暴雨等）、自然灾害（如地震、河水泛滥、山洪暴发、森林起火等）、线路过负荷和其他特殊情况时，对全线、某几段或某些部件进行特殊巡视。故障巡视：在线路发生故障或接到相关人员通知后，需立即进行故障巡视。查明线路发生故障的原因、故障地点及故障情况，以便及时消除故障和恢复线路供电。

a. 对架空线路沿线巡查的主要内容有：沿线、杆塔、导线、绝缘子、横担和金具、拉线、地锚、保护桩等。

b. 直埋电缆线路巡视检查内容：沿线路地面附近有无挖掘取土，进行土建施工，有施工时负责进行监督。引入室内的电缆穿管处是否封堵严密。

B. 高压开关柜

a. 运行值班人员负责进行10kV高压柜的日常巡视检查，巡检内容：开关柜电压、电流表，内部有无异常响声，综合保护、继电保护等是否正常，高压带电指示灯是否正常。特别是返潮天，柜内是否有呲呲声及臭氧味道，可判断高压柜内是否存在潮湿漏电隐患。

b. 高压柜应定期进行检修维护。断路器室每年一次维护检查，静触头、静触头盒检查，并用导电硅脂润滑。

c. 二次部分的检查维护：每年至少一次综合保护、继电保护装置的检查及功能测试；每三年至少一次过流、速断、差动、失压、零序等保护整定值校对；每三年至少一次电压、电流、电度表校验。

C. 低压配电柜及控制箱

a. 各区域维护责任单位值班人员负责每班一次日常巡视检查，巡检内容：柜面漆或其他覆盖材料（如喷塑）有否损坏；设备铭牌应完好，仪表指针刻度、指示灯、指示器是否指示无误；操作手柄是否损伤、变形，电压、电流表指示是否正常；有无故障报警指示。

    b. 每年一次低压柜框架式断路器停电检查维护内容：机械特性检测；主回路接触电阻检测；灭弧罩清理、整修；灭弧触头间距检查；内部操作、储能机构检查；电气、机械机构闭锁检测及保养；机构润滑、保养；智能脱扣器功能检查；分励、欠压等脱扣器功能检查。

    c. 电容无功补偿装置检查：每班一次检查投入情况是否正常；柜内接触器、电抗器、电容器桩头有无发热发黑变色情况；电容器有无鼓包情况；每班一次检查功率因数有没有达到 0.95 以上；自投装置工作是否正常。

  D. 变压器

    a. 油浸式变压器：瓷套管应清除尘土、油垢，并应无裂纹、破损、闪络放电痕迹和松动；密封胶垫应无老化龟裂，渗漏油时应压紧或更换。

    b. 干式变压器：定期检查线圈、铁芯、封线、分接端子及各部位的紧固件有无损伤、变形、变色、松动、过热痕迹及腐蚀现象；若有异常，应查明原因并排除。

清洁检查温控仪及测温装置有无异常，三相温度显示是否正常、温度数值和实际是否相符、整定值是否符合要求，若有异常应及时检修或更换。

有载调压开关每年用绝缘硅脂润滑运动部件。

5.2.14.3 除尘设施维护要点

A. 当发现环境粉尘异常增多应特别检查风管软连接及除尘器密封是否破损。

B. 依据粉尘收集量，可判断除尘器反吹系统或震动器，以及过滤袋是否有效。

C. 根据除尘器前后压差，确定捕集袋堵塞情况，达到规定压差值需立即更换。

D. 对于水膜除尘器，需每半年对水膜除尘器内部积垢进行清理。

E. 通过测试除尘风口的风速，判断除尘风管是否有堵塞情况，若堵塞，需要拆卸除尘风管清理粉尘，保障产尘间的负压及除尘效果。

F. 检查除尘柜电控箱内部积尘情况，若发现粉尘较多，可对嵌入式控制箱改为外装，并与除尘柜内部进行完全隔离，防止粉尘进行入电控箱造成除尘器停转。

5.2.14.4 蒸汽系统维护要点

A. 加热设备的疏水器，是否堵塞或直通漏汽是我们检查巡视的难点，我们可以通过加装冷凝水观察视镜，可方便检查冷凝水管的带汽情况；同时也可以观察冷凝水收集桶排空管道的闪蒸汽排放情况，判断冷凝水带汽状况。

B. 对维修后的蒸汽管道及管件，应及时恢复保温。因阀门检修频次高，普通保温拆卸一次就无法再利用，可采用可拆卸阀门保温套，方便检修阀门保温的恢复。

C. 锅炉停用 ≤ 15 天，需注满软化水进行保养；> 15 天需将锅炉内部排干，并进行烘烤，内部无水汽后封闭送排风口保养，可防止锅炉本体生锈。

D. 天然气锅炉每班需对燃气管道巡视，通过闻、听及手持式检漏仪进行泄漏检查；每月进行一次燃气泄漏报警系统及快速切断阀手动测试。

E. 每班冲洗水位计，每月手动试验一次安全阀，确保安装开启灵敏有效。

F. 每年需检查锅炉内部结垢及腐蚀情况，及时清除内部水渣水垢。

5.2.14.5 纯化水系统维护要点

A. 日常检测多介质过滤器、活性炭过滤器、保安过滤器、反渗透膜前后压差。大于初始压差 1.5 倍，需要对过滤器进行清洗或者更换滤芯。

B. 每月检查一次储罐呼吸阀滤芯，看是否有霉点，如有须立即更换。

C. 每月检测活性炭过滤器前后的余氯情况，当活性炭过滤后余氯检测值达到 0.1mg/L 时，需更换活性炭，保证活性炭过滤器吸附余氯效果。

D. 每年进行一次反渗透膜（RO）的化学清洗，使用食用柠檬酸配制成 pH 值为 4 的溶液进行酸洗，然后再用分析纯氢氧化钠配制成 pH 值为 11 的溶液进行碱洗，最后再用纯水冲洗到中性即可，达到清洁除垢目的。

E. 日常需要定时检查测试紫外灯的完好性，如有损坏及时更换。紫外灯根据厂家推荐使用时间更换，确保紫外线杀菌效果。

F. 假期停产过程，每天必须对反渗透开机运行 2 小时，保持反渗透膜（RO）湿润及换水养护。

G. 假期超过 5 天以上建议分配系统进行全面排空，防止微生物滋生。但若纯水间设置在生产二层，纯水分配管道复杂难以完全排空，用氢氧化钠配制成 pH 值为 11 的溶液灌满输送管道进行抑菌养护，效果显著有效。

H. 当纯水管道出现微生物超限情况，且经消毒后反复，即可判断管道滋生了微生物膜，必须进行再纯化处理即可消除微生物膜。

5.2.14.6 空压系统维护要点

A. 日常维护

a. 每班检查空压机内有无漏油、漏水现象，有无异响。

b. 检查空压机运行时排气温度，判断冷却器堵塞情况。风冷散热器使用压缩空气吹洗；水冷冷却器使用管刷人工刷洗，也可通过药剂使用泵进行循环药物清洗。

c. 每班手动排放干燥器、储气罐冷凝水一次，依据排放水量判断自动排水器工作状态。

B. 定期维护

a. 每月清洁空气过滤器，并特别检查过滤器是否有破损或堵塞情况，若有则及时更换。对于过滤器与压缩机采用软管连接情况的应特别注意检查软管是否有破损情况，这是日常容易忽略的地方，造成空气不经过滤直接进入压缩机，很容易污染冷却液，造成机油分离、油过滤器堵塞及磨损压缩机。

b. 每年更换一次精密过滤器滤芯，需注意部分精密过滤器配置的压差表是否能真实反应过滤器的压差情况。

c. 依据厂家提供保养手册定期更换三滤及冷却液。

5.2.14.7 环保设施维护要点

污水处理设施维护要点有以下几点。

a. 每班应及时检查清理格栅杂物，防止杂物进入系统，短期不易发现，大量积累后会引起生化池内、水泵、管道系统堵塞的停运恶性故障。

b. 污水处理设备水泵、风机等一般均有备用泵，对于发生故障应及时报修，保证污水处理的连续性。

c. 药剂箱定期清理，避免杂物堵塞损坏加药泵。

d. 采用污泥回流工艺，注意保持管道的运行状态，若需长期停运，则需清理回流管道内的污泥，防止污泥堵塞管道。

e. 采用生化工艺处理站，日常监测污泥指数，保持污泥活性。假期停产注意保持生化池的基本运行，必要时添加营养物，保持污泥活性。

f. 定期运行事故池回流泵，保持事故池水泵良好。

g. 假期长期停用加药系统需及时排空药剂，防止药剂变性堵塞腐蚀设备。

h. 斜板滤池需特别注意防止发生污泥膨胀问题，避免斜板发生翻板。

i. 定期清洗污水出水口，并清洗 pH 探头，但注意需要避开污水在线监控设备取样时间，以免吸入颗粒物造成数据异常。

5.2.14.8 消防设施维护要点

A. 消防水泵

　　a. 每周定点检查运行消防水泵 5 分钟，防止水泵长期停转卡死。

　　b. 定期检查水泵轴封、阀门，防止跑冒滴漏。

B. 消防管网

　　a. 日常巡视需注意巡视消防管网最远端及最高点压力，确保管网水压。

　　b. 室外消防管网维护后要及时排空，保障管网全部注满水，防止出现使用时管网不能及时出水的故障。

C. 火灾报警控制系统

　　a. 定期测试报警系统是否可靠。

　　b. 每月测试消防泵远程联控系统有效性。

　　c. 每年进行一次消防演练，检测系统的有效性。

5.2.14.9 防鼠防虫设施维护要点

A. 定期检查窗户纱窗是否完好。

B. 定期检查各空调新风口、排风口百叶是否完好有效。

C. 挡鼠板是否牢固可靠。

D. 定期巡检防鼠药盒药物情况。

E. 保持洁净区对非洁净区正压情况。

F. 定期测试驱鼠器、灭虫灯的有效性。

5.2.14.10 工艺管道维护要点

A. 工艺管道故障维修需做风险评估，避免管道维修对产品质量产生影响。

B. 压力管道必须确保泄压正常后再维修，维修后需做耐压测试评估。

C. 管道维修需保持原始状态及材质，禁止随意更改原设计。

5.2.15 仓库的规划与设置

5.2.15.1 仓储系统的法规和指南要求

5.2.15.1.1 中国 GMP（2010 年修订）对仓储系统的要求

A. 第五十七条　仓储区应当有足够的空间，确保有序存放待验、合格、不合格、退货或召回的原辅料、包装材料、中间产品、待包装产品和成品等各类物料和产品。

B. 第五十八条　仓储区的设计和建造应当确保良好的仓储条件，并有通风和照明设施。仓储区应当能够满足物料或产品的贮存条件（如温湿度、避光）和安全贮存的要求，并进行检查和监控。

C. 第五十九条　高活性的物料或产品以及印刷包装材料应当贮存于安全的区域。

D. 第六十条　接收、发放和发运区域应当能够保护物料、产品免受外界天气（如雨、雪）的影响。接收区的布局和设施应当能够确保到货物料在进入仓储区前可对外包装进行必要的清洁。

E. 第六十一条　如采用单独的隔离区域贮存待验物料，待验区应当有醒目的标识，且只限于经批准的人员出入。不合格、退货或召回的物料或产品应当隔离存放。如果采用其他方法替代物理隔离，则该方法应当具有同等的安全性。

F. 第六十二条　通常应当有单独的物料取样区。取样区的空气洁净度级别应当与生产要求一致。如在其他区域或采用其他方式取样，应当能够防止污染或交叉污染。

5.2.15.1.2《美国药典》对产品存储及运输温度要求的描述

A. 储藏条件的描述

 a. 冰冻结冰：温度维持在 -25~-10℃的区域。

 b. 冷冻：温度不超过 8℃的区域。

 c. 阴凉：温度维持在 8~15℃的区域。

 d. 受控低温冷藏：温度维持在 2~8℃的区域，在存储、运输和发放过程中有可能会偏移 0~15℃，但如果动力学温度不超过 8℃，则是允许的。

 e. 室温：温度维持在 20~25℃的区域，允许存储最大温度范围为 15~30℃，在存储、运输和发放过程中有可能会暂时暴露在 40℃的环境中，但如果动力学温度不超过 25℃，则是允许的。

 f. 暖温：温度维持在 30~40℃的区域。

B. 仓储、药房、冷藏车、运输码头和其他存储区对药品存储的要求

 a. 用于存储药品的低温设备需要得到确认，设备中数据记录仪表能够对空气温度和产品温度进行常规记录。

 b. 对环境温湿度有要求的产品，在药品仓储区不同存储区域需要装温湿度在线监测仪，可以连续检测 3 天，并记录每一天的最大值、最小值，且其具有温度曲线显示功能，通过分析温度监测曲线进

而指导对温度有不同要求的药品应该存放在什么区域。

　　c. 对于受控存储区域，温湿度超标时需要一个报告机制，并得到审核。

C. 环境受控设施的确认

　　a. 对于环境受控温度设备，只有供应商能够提供相关文件（比如：设备的确认文件）来确保其适用性和功能正常，才予以考虑进行使用。

　　b. 需要进行以下确认程序。

　　　● 在空载、满载条件下温湿度曲线的确认。

　　　● 对断电情况下温度超标时间的确认。

　　　● 在进出药品情况下的温湿度波动。

D. 确认方案　运行和性能测试应该作为正式确认方案的一部分，并基于预定运输计划进行现场测试或受控环境的测试。该测试应该反映实际条件及最差条件。温湿度监控装置应该放置于产品中。测试根据已完成的方案，通过使用典型的装载进行连续的现场运输测试。测试至少需要包括物理挑战和温度挑战试验。

5.2.15.2　仓库规划

5.2.15.2.1　货物接收区

货物接收区应考虑以下设计原则。

　　a. 接收区域应该提供足够的空间保证能够进行物料清点、验收和质量筛选。

　　b. 接收时应该决定接收的物料或产品是要进行处理还是为了将来的评估而将其隔离存储。

　　c. 应该建立适当的温度（湿度）受控区域从而保证采样、物料控制和发放等流程。

　　d. 应该考虑物料的隔离。

5.2.15.2.2　暂存区

A. 储存区域转移至生产区域的原则

　　a. 库存管理系统应该能够灵活地控制物料所要求的时间和温度。标准的库存分类包括：到期先出，先进先出，后进先出及仓库物料运转速度等。

　　b. 物料从一个储存区转移至生产区的过程中，温度超出受控温度的时间是一个关键影响因素。所以，在转移过程中，要严格控制转移的时间。

因此，增加符合物料转移储存空间的低温存储区域或冷藏箱是有必要的。

B. 生产储存区域的原则　温度受控的物料应该保证其产品的稳定性，超温时间应该能够与工艺验证中确定的生产计划一致。产品控制应该包括生产区的转移以及在生产区滞留的任何时间。

C. 储存区转移至运输区域的原则　为了保证物料的有效性和安全性，物料在分选、包装和运输过程中的温度值应该在受控温度范围之内。

D. 仓储货架和物料处理设备的原则

　　a. 货架材质的选取应该保证在受控环境下能够重复利用。为了避免微生物的滋生，有机材质在冷库或冷藏箱中不能长期使用。

　　b. 物料存储位置的尺寸和仓储管理系统应该保证能够容纳一批温度受控物料。

　　c. 每一个存储位置都应该由同一鉴定人员进行独立确认，从而保证存储位置在受控环境下是符合可接受标准的。

　　d. 在受控环境下，物料的提升设备和相关的电子扫描仪应该能够适用。

E. 搁板（托盘）设计的原则　选取的搁板应该能够适合物料的存储。塑料、金属或复合材质的搁板有助于防止微生物的滋生。搁板的安全性和易燃性的检查也应该作为设施风险评估的一部分。

F. 仓储区人流设计的原则

　　a. 在库房内，人流的设计应该只能限于对设备的操作。

　　b. 尽量限制第三方人员（如司机）进入环境受控区域。

G. 平面设计的原则

　　a. 行走路线最短。

　　b. 接近物料进出位置。

　　c. 降低物料超温时间。

H. HVAC　对于大型自动化立体库，暖房或恒温室一般采用 HVAC 送风。所以应根据存储条件、报警要求，完成流向设计和相应的验证活动。用于存储制药和生物原料的温度受控区域需要得到验证，验证范围包括以下几个方面。

　　a. 三维布点

　　b. 最大温度波动点确认

　　c. 恢复能力确认

　　d. 系统配置

  e. 设备冗余

  f. 校准

  g. 报警系统

  h. 文件确认

  i. 电源系统恢复

  j. 维护计划

  k. 监控系统

I. 防火控制 遵循当地的防火标准。

J. 电力 电力系统的安装和系统恢复应该能遵循可预见性损失原则。需要时增加不间断电源（UPS）。

K. 虫害防治

  a. SOP

  b. 自检

  c. 控制

  d. 杀虫剂的应用

  e. 防护措施

L. 报警系统

  a. 工程报警

  b. 质量报警

温度受控区域的报警必须具有声光报警和现场安全系统，每一个存储区域都应配置一个监测点。

M. 信息系统

  a. 对于库房仓储信息系统的安全应该进行分级管理并符合 GMP 或 GDP（药品优良运销规范，Good Distribution Practice）相关法规。而对于其系统文件，系统符合性及用户使用流程和培训应该得到相应的确认。

  b. 在系统故障、异地存储和紧急恢复计划发生的条件下，一个综合的保存和恢复计划应该包含对于计算机系统关键记录的系统备份和监控策略。

N. 仓储专用设备

  a. 动力传输设备

  b. 可移动式货架

  c. 蓄电池

O. 发货工序

a. 产品发货的要求需要明确规定应包括以下内容。

- 产品存储条件：温度、湿度及其他敏感条件，例如紫外线、二氧化碳浓度、辐射及压力等。
- 产品运输先决条件：危害级别、运输时间及运输方式、外界温度曲线（注明季节）、产品数量的改变及运输计划的要求、能力要求。

b. 制定药品发放流程图需要对以下内容进行确认。

- 每次进行装载的货物的尺寸
- 最优运输方法的选择
- 运输路线的选择
- 运输所用包装材料的选择
- 温度监控系统的选择
- 运输设备的准备
- 运输设备装载
- 运输设备发送
- 运输设备（方法或路线）的确认

c. 每个装载阶段应该对包装和再包装的要求从以下各方面进行确定。

- 陆地运输——非紧急国内运输
- 水路运输——没有时间限制
- 综合为一体的运输工具——国内或国际服务
- 快递（第二天）
- 特殊要求（时间、温度、敏感度、装载产品价值、附加值）
- 运输航道
- 客户（符合客户法规）
- 清洁过程中的温度控制
- 运输计划
- 监测要求
- 当地物料供应商

d. 包装及运输方案的制定从以下几个方面进行考虑。

- 考虑使用已完成温度调节的暂存箱，进而延长包装所需要的时间。
- 最大效率地确保产品有最低暴露机会，从以下几个方面进行考虑。运输物料之前对物料存储容器进行预调试，从而降低产品暴露时间；对所有用于装载产品包装的设备和系统部件进行预调试；对产品能够进行包装前的受控环境的预调试；运输容器的后包装处理；运输容器的温度监测（数据能够得到监测，并能记录和保存）；装载发放前的数据审核；运输和存储容器的清洁、消毒和暂存时间；运输和存储容器的预运行检查要求；文件检查和报告。

5.2.15.3 仓库的设置形式

按照仓库的建筑结构和设备自动化程度，可分为平面仓库、高层货架仓库、自动化立体仓库。

A. 平面仓库　平面仓库是以平面布局，自然码放、无高层货架的普通仓库，仓库空间布局如图 5-34 所示。包括接收区、分拣区、存储区、发货区等。特点是只有一层，结构简单，作业方便，造价较低。缺点是占用土地面积多，空间利用率低。有繁多的出入库流程和货位信息、错综复杂的货区等人工管理的问题。

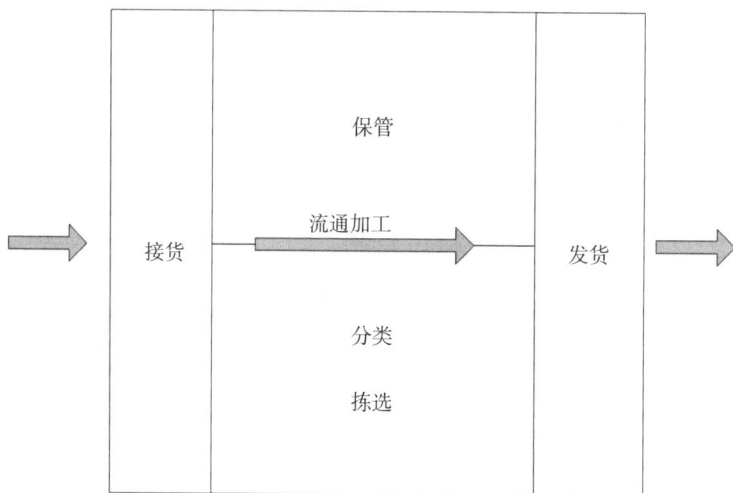

图 5-34　仓库空间布局

B. 高层货架仓库　高层货架仓库（图 5-35）是指一般建筑高度在 7~12m 之间，采用多层的货架储存单元货物，并配备起重运输设备，对货物出库和入库进行机械化作业的仓库。特点是采用多层货架，充分利用空间，土地占用少，机械化程度相对较高。

C. 自动化立体仓库　自动化立体仓库（图 5-36）是指一般建筑高度在 12~25m 之间，采用十几层至二十几层的货架储存单元货物，使用巷道式堆垛起重机堆垛，在计算机的控制下，对货物出库和入库进行自动化作业的仓库。特点是充分利用仓库的垂直空间；机械化和自动化程度高，节省人力，提高出入库效率。缺点是基建、设备及维护投资大，货架精度高且对货物尺寸有限制，对设备供应商依赖度高。

图 5-35　高层货架仓库

图 5-36　自动化立体仓库

自动化立体仓库系统及 WMS 系统的硬件结构采用客户机（服务器）的模式。控制系统采用工业以太网、堆垛机、AGV 小车与输送机控制设备通过现场总线进行通讯。

D. 三种仓库的成本（效率）对比（表 5-12）

表 5-12　各类型仓库成本对比表

种类	建筑成本	土地成本	设备成本	人工成本	运行成本	维护成本	作业效率
平面库	低	高	低	高	低	低	中
高层货架仓库	中	中	中	高	高	中	中
自动化立体仓库	高	低	高	低	高	高	高

5.2.15.4 仓储系统验证过程中的风险评估

在开始对仓储系统进行验证之前，通过系统影响性评估和部件关键性评估确定需要进行的验证工作，以证明仓储系统关键可控，并保证维持在良好状态。对仓储系统中各单元进行风险评估，如：药品贮藏、设施设备和计算机化系统等的状态、效果。

5.2.15.4.1 系统影响性评估

仓储系统中一般确定为直接影响系统的有：冷藏库、冷冻库和常温仓库、设施、设备和监控仪器等。

仓储系统中一般确定为间接影响系统的有：仓储货架、叉车等。

仓储系统中一般确定为无影响系统的有：货运电梯、变电柜等。

5.2.15.4.2 部件关键性评估

在系统影响性评估后，需要进一步对直接影响系统进行部件关键性评估。通常只对"直接影响系统"的部件进行部件的关键性评估。直接影响系统包含关键部件和非关键部件，而间接影响或无影响系统仅包含非关键部件。关键部件必须在验证中进行确认。部件关键性评估也对维护和校准计划的制定提供了参考。

部件关键性评估将根据功能和部件对产品的影响来评估其 GMP 关键程度，以产品的 5 个质量参数为基础（功效、特性、安全、纯度、质量）。系统的部件将被分类，每个部件按照设定的标准进行判断，确定为关键或非关键。

在判断出关键部件（功能）后，使用失效模式影响分析（FMEA）对关键部件（功能）继续进行风险评估，确定部件（功能）所有潜在风险或薄弱环节对产品质量的影响，明确其在整个系统中的风险程度，对于中、高风险的应建议控制措施降低其风险，并评估采取控制措施后的风险级别是否降低，风险是否可控。

以冷库为例，经过部件关键性评估，得出的制冷系统的关键性部件，如温湿度控制传感器、HMI、打印机、PLC。

针对每一个系统部件或功能参数，使用失效模式影响分析（FMEA）的风险管理工具进行风险评估，并采取措施降低较高、中等级的风险（表 5-13、表 5-14）。

表 5-13　冷库风险评估示例 1

功能 / 关键部件	说明 / 任务	失效事件	最差情况影响	严重性	可能性	可检测性	风险优先性
冷风机	为冷库提供送风	冷风机位置安装不合理	冷库温度分布不均匀	高	低	中	中
温度传感器	温度监测	校准不合格或仪表精度达不到要求，导致的测量错误	温度失控异常，导致房间温度环境异常	高	中	中	高
湿度传感器	湿度监测	校准不合格或仪表精度达不到要求，导致的测量错误	湿度失控异常，导致房间湿度环境异常	高	中	中	高
PLC 控制系统	用于设备运行的控制	硬件损坏	设备不能运行	中	低	中	低
		通讯错误	设备失控	高	低	中	中
		软件运行出错	设备运行不正常，达不到预期效果	高	低	中	中

表 5-14　冷库风险评估示例 2

功能 / 关键部件	失效事件	风险 优先性	建议采取措施	严重性	可能性	可检 测性	风险 优先性	评论
冷风机	冷风机位置安装 不合理	中	在 PQ 中进行空 载温度分布测试； 在 PQ 中进行满载 温度分布测试	高	低	高	低	风险 可控
温度 传感器	校准不合格或仪 表精度达不到要求， 导致的测量错误	高	IQ 中对安装和 校准证书进行检 查，建立 SOP， 定期校准	高	低	高	低	风险 可控
湿度 传感器	校准不合格或仪 表精度达不到要求， 导致的测量错误	高	IQ 中对安装和 校准证书进行检 查，建立 SOP， 定期校准	高	低	高	低	风险 可控
P 低 C 控制系统	通讯错误	中	在 IQ 时进行电 路图及 I/O 检查	高	低	高	低	风险 可控
	软件运行出错	中	在 OQ 中检查 P 低 C 软件备份	高	低	高	低	风险 可控

5.2.15.5　仓储系统验证

仓储系统的验证应重点考虑环境温度变化、冷藏药品稳定性数据、运输或配送的相关信息、包装部件的设计等。

应根据验证的结果修订运输规程、标准操作规程、装箱标准及发运流程等。

如使用电子记录作为数据的存储形式，应满足数据不可更改、可导出等要求，并进行必要的验证。对于自动化控制系统也应进行相关验证。

任何产品特性、内外包装、运输路径、气候条件等的改变，均需通过变更控制进行再验证。

冷库系统等应定期进行再评估和再验证，确保其能够达到预期结果。

5.2.15.5.1　用户需求说明

用户需求说明（URS）是用户对新建厂房、设备、仪器、公用工程和系统功能、操作能力和标准适用性的需求说明，是用户对该设备（系统）的具体输出要求的详尽描述，是设备（系统）的设计依据，决定了设备（系统）的性能，构成了系统验收的基础。URS 中所含要求和详细程度应与风险、复杂性和新颖性的程度相符，应能够按照要求充分支持后续的风险分析、技术说明、配置（设计）和确认。

通常在概念设计时就可以开始编写 URS 初稿，初稿不一定是完善的，随着项目不同阶段，会有新的要求出现，如对系统理解程度的深入、基于对供应商提供的设计说明、设备调查或设计等，需要对 URS 进行更新并最终完成。这些文件通常由使用部门编写，并由工程、QA、用户等相关部门审批。

从以下方面对仓储系统用户需求进行编制：项目的总体要求，设计要求，安全要求，安装区域及位置要求，安装环境要求，电力要求，设施（公用系统）要求，外观，材质与技术要求，控制系统及功能要求，仪器、仪表要求，清洁要求，制冷剂要求，设备运转要求，验证、确认要求，服务与维修要求，供应商对项目要求的确认。

设计确认：各专业的专家通过设计平面图及设计说明书进行初步认证。从而对硬件设备、设施技术指标的适用性进行审查以及对供应商进行确认，一般而言，设计确认只限于通过检查供应商文件确认设备的运行符合用户需求说明。仓储系统主要从以下几个方面进行设计确认。

    a. 项目总体要求确认。

    b. 总体方案设计要求确认。包括温度控制系统、湿度控制系统、数据传输系统、照明系统及相应的软件管理系统。

    c. 安全要求确认。安全性符合相应的国家标准。

    d. 安装区域及位置要求确认。按照总平面图和仓库局部平面图的位置确定设备的室内、室外的安装区域和位置。

    e. 安装环境要求确认。环境洁净级别要求、仓储温湿度、密闭进出料等要求。

    f. 电力要求确认。

    g. 设施（公用系统）要求确认。

    h. 外观、材质与技术要求确认。具体的技术要求，如主要材料、关键设备、部件的详细要求。

    i. 控制系统及功能要求确认。对控制系统的计算机软件、硬件的详细要求。

    j. 仪器、仪表要求确认。关键仪器、仪表的技术要求。

    k. 清洁要求确认。关键设备的清洗、维护要求。

    l. 制冷剂要求确认。

    m. 设备运转要求确认。向供应商提出设备的安装职责、试车程序、培训要求等。

5.2.15.5.2 安装确认

在进行仓储系统设备的关键部件进行评估之后，需要对所有部件进行安装确认，从而确定其安装是否符合 GMP 标准。

A. 先决条件的确认。安装确认方案得到批准后、方案执行前需要对参与方案的人员培训进行确认，包括质量管理人员和仓储管理人员以及测试人员，确认是否具备测试条件。

B. 文件的确认。获得供应商提供的安装文件，文件为最终版，标有"竣工"标记，并且是完整、可读的。例如，功能说明书、P&ID、部件清单、电路图、I/O 清单、维护手册、操作手册等文件为最终版。

C. P&ID 确认。确认设备安装状态与 P&ID 一致。在检查过程中需要对各个确认后的管道、阀门、仪表进行标识。

D. 部件安装确认。确认关键部件的标签、编号和型号与部件清单保持一致。

E. 仪器仪表校准检查。确认温湿度表已经完成了校准，且在校准周期内。

F. 电路图检查。确认电路安装与图纸一致。

5.2.15.5.3 运行确认

仓储系统主要从以下几个方面进行运行确认。

A. 顺序控制测试。确认控制系统的每个阶段均能按照 SOP 程序正常运行。

B. 断电测试。断电后确认所有阀门均能安全关闭，电源恢复后能自动启动。断电测试的持续时间须能充分获取过程中的所有波动阶段。当产品要求、用户需求或风险分析认为有必要减少功率损耗或灾难性故障引起的任何温度变化时，则执行断电测试。

C. 报警测试。报警能够正确的触发和复位。

D. 制冷性能测试。确认在空载条件下，冷库从环境温度降至规定温度的时间，此降温时间仅作为设备操作和维护的参考值。

E. 确认仓库在空载条件下能够按照预期的温度均匀性和稳定性指标运行，而使用的测试仪器是必须经过校准的而且在有效期内。仓储作为对物料的存储设施，存储空间的温湿度是一个重要参数，会直接影响其产品、物料的质量。

5.2.15.5.4 性能确认

A. 仓储系统温度分布影响因素　仓库的环境条件可能受下列因素影响，进行风险分析时应对这些因素进行评估，这些因素可归类为技术相关、日常操作相关和环境影响。

a. 技术相关

- 失效
- 故障
- 除霜程序
- 不同装载量

b. 日常操作

- 开门
- 装载物品

c. 环境影响

- 白天
- 夜晚
- 夏季
- 冬季

B. 测量设备 若传感器已进行校准且测量精度满足仓库确认要求，监控传感器或控制传感器皆能用于确认。

C. 传感器位置示意图 应为分布测试起草传感器位置示意图。电子或手绘位置示意图皆可。位置示意图应明确标示各传感器位置，用以方便辨识图中的各个传感器。位置示意图必须附带位置说明，方便追踪各个传感器位置的说明。针对额外的传感器位置，确认文件中须给出确切的说明。

D. 数据记录 在确认过程中进行数据记录的目的是收集相关数据，证明仓库环境内关键参数始终保持均一。

对所记录的数据进行分析，识别对环境（温度、湿度）产生影响的因素。数据记录频率建议如表 5-15 所示。

表 5-15 数据记录频率建议

分类	建议记录间隔时间	说明
冷藏室 （冷冻室）	5 分钟	冷藏室与冷冻室在除霜循环周期内温度的波动最多为 20 分钟
	10 分钟（季节性分布测试）	对于在未做保温措施的建筑内的独立设备，一旦证实会受到季节因素影响（如下雨或日照），则可以设置数据记录频率来提供足够的数据量
仓库	5 分钟	根据常温储存仓库环境受较长时间的环境周期波动（如下雨和日照）的影响设置数据记录频率

E. 仓储系统的性能确认 仓储系统主要是对产品、物料提供稳定的温湿度环境来保证其质量。对于温湿度的测试至关重要，所以需要详细的方案来制定测试方法。

    a. 开门测试：仓库中的开门测试通常在性能确认（季节性分布测试）中完成。应在不转移产品的条件下进行开门测试，开门测试需持续一段时间，用以显示室内环境条件产生的影响。通常包括开门前的温度平衡、开门和关门后的温度平衡。持续时间必须足够长，以获取过程中的所有波动阶段。当产品要求、用户需求或风险分析认为有必要减少开门引起的温度变化时，则需执行开门测试。

    b. 静态空载分布：对所有具有通风设备的仓库，需要执行静态满载温度分布以确认在仓库中储藏的物体对温度分布没有不良影响。温度分布测试必须不少于 72 小时。测试中必须使用空的容器进行装载模拟（不需要具有热容量）或作为性能确认阶段中 GMP 使用的同步性确认。

    在静态满载温度分布测试中，物体必须放在最可能对气流流型影响的位置，例如，物体放在货架前方或在气流流向位置上。

    c. 温度分布中传感器放置策略：每个库房中均匀性布点数量不得少于 9 个，一般分 3 层安装温度传感器，库房各角及中心位置均需布置测点，每两个测点的水平间距不得大于 5m，垂直间距不得超过 2m。空载分布中传感器放置时必须考虑下列因素。

- 设备四角
- 设备中心
- 产品储存位置
- 产品存放的位置可能影响空气混合
- 距离冷却系统供给最近的储存位置
- 待机模式和运行模式下的气流方向
- 可表示设备尺寸或环境受影响的位置
- 考虑门的数量和常规开门模式产生的最差的位置
- 监控探头旁可配置传感器来确认监控探头位置

    d. 温度分布中物品放置策略：须在分布测试过程中评估如物品转移和开门过程对储存物品的影响。因此在进行测试前，应将安装有传感器的物品或合适的替代品置于冷藏（冷冻）室中。未安装传感器的物品，仅用于确认对已储存物品和设备性能产生的影响（图 5-37）。

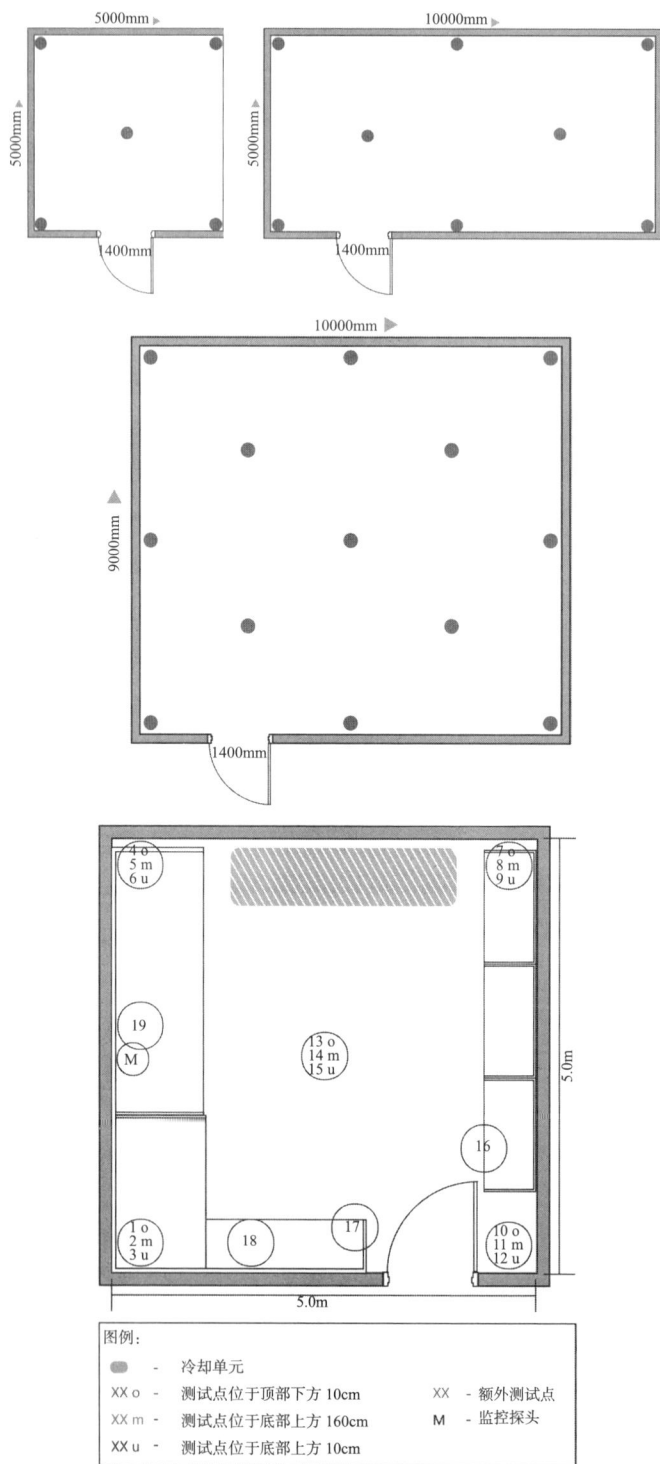

图例：

- 冷却单元

XX o - 测试点位于顶部下方10cm
XX m - 测试点位于底部上方160cm
XX u - 测试点位于底部上方10cm

XX - 额外测试点
M - 监控探头

图 5-37　温度分布中传感器放置策略示意图

- 仅能在用户需求中定义的储存区域放置物品
- 在热点内（在空载温度分布中确定）
- 在冷点内（在空载温度分布中确定）
- 门附近的区域（由于其物理特性，最不利的位置是在靠近门的上方）
- 处在气流方向中的存储区域（送或回气流）

    e. 若为洁净仓储系统其性能确认还需参考相关洁净部分的确认。

5.2.15.5.5 验证报告

在验证测试完成后需要出具相应的测试报告。无论对于计算机验证还是设备验证，其出具报告的流程是大体一致的。

验证报告包括了项目所涉及的活动、角色和责任，并且对每项测试给出了结论分析及总结。

5.2.15.5.6 季节性分布测试

直接暴露在外界环境中的仓库需进行季节性分布测试，从而评估酷热和寒冷季节等极端环境产生的影响，每次分布测试建议持续 7 天。操作使用TCU 的同时进行该分布测试，包括满载、开门、仓库进料（如材料搬运）和人员活动（如操作人员移动）等。

并不一定每年的风险评估或回顾都需要进行季节性分布测试（热、冷或二者皆有），视仓库所处位置的气候条件而定。

5.2.15.5.7 周期性回顾

需要对自上次回顾周期的温度监控数据进行趋势回顾，趋势包括但不限于：平均温度的漂移，向上或向下趋势，控制的变化（温控幅度、适当的报警设置）。

5.2.15.5.8 周期性再确认

仓库的周期性再确认包括温度分布以确定仓库内环境持续符合要求。根据对产品的影响评估再确认周期，一般分为至少每年、每三年、每五年进行周期性再确认，并将周期性再确认作为周期性回顾的一部分。

周期性再确认需要在"实际"的条件下进行，以确保正常的状态。

"实际"是指在执行的周期性确认时间点时的装载条件，必须考虑以下的因素：仓库必须处于稳定地及定期的运行范围；不能是空载（除用于备份目的的冰箱或冰柜大部分运行在空载状态下）；也可以接受在满载状态下的模拟温度分布。

5.2.16 工艺气体

5.2.16.1 工艺气体概念

ISPE GPG "工艺用气"中对工艺气体的定义为：对产品质量产生影响的

氮气、氧气、压缩空气、氩气、二氧化碳等气体。口服固体制剂生产工艺中使用的工艺气体通常是压缩空气，放本章节就压缩空气着重进行介绍。

5.2.16.2 工艺气体目的

口服固体制剂中使用的工艺气体（主要指压缩空气，后同）主要目的包括但不限于以下几方面。

- 雾化用气：例如湿法制粒时的喷浆雾化用压缩空气，包衣喷液雾化用压缩空气。
- 密封用气：例如湿法制粒机搅拌桨和切刀轴密封用压缩空气，流化床膨胀密封圈用压缩空气。
- 泡罩成型用气：例如泡罩包装时的泡罩成型用压缩空气。
- 清洁用气：例如设备清洁后用于吹干表面多数残留水的压缩空气。

5.2.16.3 相关法规要求

对于工艺气体的质量标准，只有部分药典对医用气体纯度和水分做了规定，对粒子和总活菌数，没有任何药典规定。实际制药生产过程中，工艺气体的质量标准应由用户根据其具体用途和使用环境而决定。当气体被用作辅料、工艺助剂或是药品制备过程中的一部分时，用户应评估其对产品的潜在影响，可通过各种风险分析程序和方法来识别和评估关键质量属性（CQA）和关键工艺参数（CPP）；如气体进入洁净区，则须至少符合洁净室环境所设的房间级别。

5.2.16.3.1 工艺气体质量标准

中国 GMP（2010 年修订）中没有对工艺气体质量标准进行定义，附录1"无菌药品"第四十二条中规定：进入无菌生产区的生产用气体（如压缩空气、氮气，但不包括可燃性气体）均应经过除菌过滤，应当定期检查除菌过滤器和呼吸过滤器的完整性。

中国 GMP（2010 年修订）"质量控制实验室"第 18.5 节"制药用气体的监测"：没有对制药用气体（如压缩空气、二氧化碳和氮气等）的质量有专门的规定，然而考虑到一些气体（如压缩空气）在药品的生产上通常会与药品直接接触，故建议应对其质量进行监测。制药用气体的监测频率和测试点的选择根据工艺用途和使用风险不同而不同。

中国 GMP（2010 年修订）"原料药"第 12.2 节"氮气和压缩空气系统的验证问题"：对于直接接触原料药产品的工业气体（压缩空气、氮气等气体）需要验证，依据产品的要求对气体的纯度、露点、尘粒、微生物、油或水含量等项目进行确认。

当前可参考的气体质量标准主要有：

- GB/T8979-2008 纯氮、高纯氮、超纯氮

- GB/13277.1–2008 压缩空气
- ISO–8573 压缩空气

5.2.16.3.2 含油量

含油量即碳氢化合物含量，其主要来源于工艺气体制备过程中产生的液态油、油蒸汽和油雾。工艺气体中的含油量标准可根据其工艺用途并结合使用风险来确定。通常来说，在无菌制剂中，直接接触产品的工艺气体应满足无油要求；而在固体制剂中，工艺气体中含油量的限度目前业内普遍认可的接受标准是 $\leq 0.1\mathrm{mg/m^3}$（参考 ISO –8573 "压缩空气"，表 5–16）。

表 5–16　含油量质量标准（参考 ISO–8573）

监测项目	参考标准	等级	含油量
含油量	ISO–8573	0	按照由设备用户或供应商的规定，要求比第 1 等更高
		1	$\leq 0.01\mathrm{mg/m^3}$
		2	$\leq 0.1\mathrm{mg/m^3}$
		3	$\leq 1\mathrm{mg/m^3}$
		4	$\leq 5\mathrm{mg/m^3}$
		5	$> 5\mathrm{mg/m^3}$

5.2.16.3.3 含水量

工艺气体中的水主要来源于空气自身中所含的水以及制备过程中产生的冷凝水。控制气体中的含水量将减少微生物在气体系统中生长的风险。水分含量有湿度、质量含量（g/L）、露点等多种表示方法，这些表示方法相互之间有对应关系，可以换算。工艺气体中的含水量标准可根据其工艺用途并结合使用风险来确定，通常来说，工艺气体中含水量的限度应保证对直接接触的产品不产生不利影响，而在固体制剂中，当压缩空气露点值即使在 10℃（参考 ISO–8573 "压缩空气"），对大多数固体制剂生产来说，也是可以接受的（表 5–17）。

表 5–17　含水量质量标准（参考 ISO–8573）

监测项目	参考标准	等级	含水量（压力露点值℃）
含水量	ISO–8573	0	按照由设备用户或供应商的规定，要求比第 1 等更高
		1	−70
		2	−40
		3	−20
		4	3
		5	7
		6	10

5.2.16.3.4 固体粒子和微生物

工艺气体中的固体粒子和微生物主要来源于大气尘埃、铁锈、管道内剥落物。工艺气体中的固体粒子和微生物标准可根据其工艺用途并结合使用风险来确定，通常来说，工艺气体中固体粒子和微生物的质量标准应至少不低于该区域产品生产允许所在的暴露区的空气质量。对固体制剂来说，生产所在区域处于控制区（D 级区），压缩空气中的固体粒子数和微生物质量至少应满足 D 级区空气质量标准。ISO-8573"压缩空气"中按照压缩空气的固体粒子数量对压缩空气进行了 1~5 级划分，见表 5-18。

表 5-18　固体粒子质量标准（参考 ISO-8573）

级别	每立方米颗粒的最大数量 /m³		
	0.1~0.5μm	0.5~1.0μm	1.0~5.0μm
0	按照由设备用户或供应商的规定，要求比第 1 等更高		
1	≤ 20000	≤ 400	≤ 10
2	≤ 400000	≤ 6000	≤ 100
3	—	≤ 90000	≤ 1000
4	—	—	≤ 10000
5	—	—	≤ 100000

5.2.16.3.5 氧含量

工艺气体中的氧含量标准可根据其工艺用途并结合使用风险来确定。

现行版《中国药典》《欧洲药典》《美国药典》中有关于医用压缩空气、氮气、氧气、二氧化碳等气体的一些指标规定，虽然针对的是医用气体，但是可供用户在确定工艺气体的质量标准时进行参考。

A. 纯度　对于氮气、氧气等气体一般需要控制纯度，纯度的标准要求如表 5-19 所示。

表 5-19　医用气体的纯度

气体种类	《中国药典》	《欧洲药典》	《美国药典》
压缩空气（氧气含量）	—	20.4%~21.4%	19.5%~23.5%
氮气	—	> 99.5%	> 99.0%
氧气	> 99.5%	> 99.0%	> 99.0%
二氧化碳	> 99.5%	> 99.5%	> 99.0%

B. 水含量　控制水分将减少微生物在气体系统生长的风险，水含量的标准如表 5-20 所示。水含量有很多种表示方法：湿度、质量含量（g/L）、露点等，这些表示方法之间有对应的关系，可以互相换算。

表 5-20　医用气体的含水量

气体种类	《中国药典》	《欧洲药典》	《美国药典》
压缩空气	未规定（GMP 实施指南推荐压力露点 ≤ -20℃）	≤ 67 ppm V/V	—
氮气	—	≤ 67 ppm V/V	—
氧气	—	≤ 67 ppm V/V	—
二氧化碳	—	≤ 67 ppm V/V	≤ 150mg/m³

5.2.16.4　工艺气体制备原理与制备方法

压缩空气制备原理：空气经过空气压缩机做机械功使其体积缩小，压力提高，从而形成压缩状态的空气。当外力撤销后，空气在内部压强作用下，又恢复到原来体积，从而形成一个空气动力源。

压缩空气制备方法：外界空气经粗、精两级过滤器除掉空气中大颗粒物后进入空气压缩机组，压缩机组利用内部阴、阳转子将空气压缩，产生的压缩空气经耐压管道输送至储罐进行缓冲，再利用干燥机除湿，然后分别经过孔径为 1μm、0.1μm 及活性炭过滤器过滤，除去压缩空气中的固体颗粒、油水混合物、微生物、异味等，使压缩空气得以净化，最后通过耐压管道输送至各使用点，各使用点根据工艺用途选择是否安装终端过滤器。（图 5-38）

387

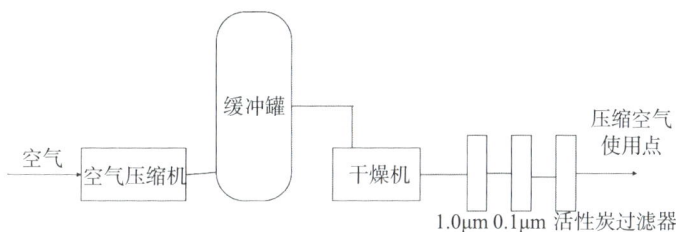

图 5-38　压缩空气制备流程示意图

5.2.16.5　工艺气体制备设备

A. 空气压缩机　空气压缩机按照工作原理通常可分为容积型、动力型空压机。制药行业通常使用的空压机类型有无油螺杆式空压机。

螺杆式空压机：回转容积式压缩机，其中两个带有螺旋形齿轮的阴、阳转子相互啮合，使两个转子啮合处体积由大变小。螺杆压缩机的工作循环可分为吸气、压缩和排气三个过程，随着转子旋转，每对相互啮合的齿相继完成相同的工作循环。被密封在齿间容积中的气体随齿移动所占据的体积也随之减小，导致压力升高，实现气体的压缩过程，当齿间容积与排气孔口连通后，即开始排气过程，从而将气体压缩并排出。螺杆式空压机特点为稳定性好、无油、低耗、低噪音，可用于直接接触药品的压缩空气制备（图 5-39）。

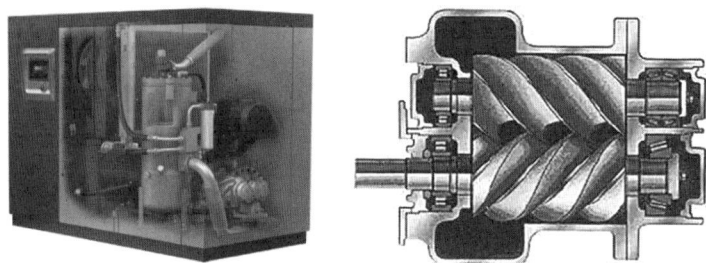

图 5-39　螺杆式空压机设备外观和工作原理示意图

B. 压缩空气干燥机　压缩空气按工艺要求通常使用吸附式干燥机和冷冻干燥机两类。冷冻干燥机一般可以将压缩空气的露点值降到 -20~10℃，吸附干燥机可使露点降低到 -70℃左右，甚至更低。

a. 冷冻干燥机：采用了降温结露的工作原理，主要由热交换系统、制冷系统和电气控制系统三部分组成。压缩空气首先进入预冷却器进行气 - 气或气 - 水热交换，除去一部分热能，然后进入冷热空气交换器，和已经从蒸发器出来被冷却到压力露点的冷空气进行热交换，使压缩空气温度进一步降低。之后压缩空气进入蒸发器，与制冷剂进行热交换，压缩空气的温度降至 0~8℃，空气中的水分在此温度下析出，通过气水分离器分离后，经过自动排水器排出。而干燥的低温空气则进入冷热空气交换器进行热交换，温度升高后输出（图 5-40）。

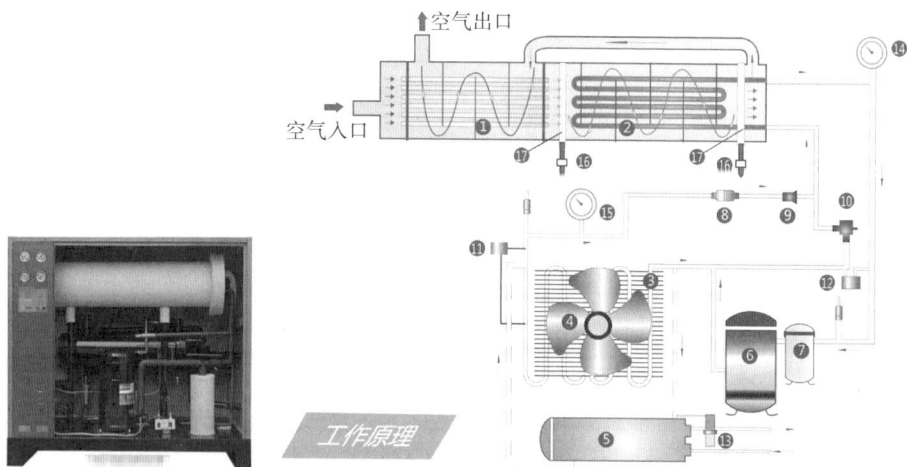

图 5-40　冷冻干燥机设备外观及工作原理示意图

b. 吸附式干燥机：吸附式干燥机是通过"压力变化"（变压吸附原理）来达到干燥效果。由于空气容纳水汽的能力与压力成反比，其干燥后的一部分空气（称为再生气）减压膨胀至大气压，这种压力变化使膨胀空气变得更干燥，然后让它流过未接通气流的需再生的干燥剂层（即已吸收足够水汽的干燥塔），干燥的再生气吸出干燥剂里的水分，将其带出干燥器来达到脱湿目的。两塔循环工作，无需热源，连续向用气系统提供干燥压缩空气（图 5-41）。

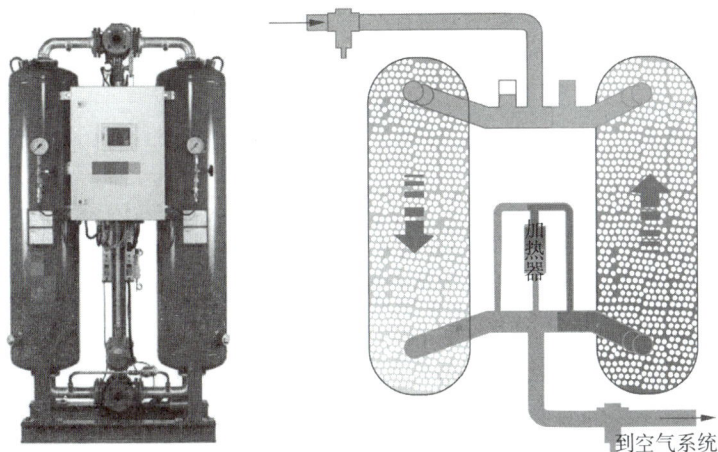

图 5-41　吸附式干燥机设备外观及工作原理示意图

5.2.16.6　工艺用气系统的生命周期及验证

本节以压缩空气系统验证为例进行讲解。

5.2.16.6.1　用户需求说明编写

用户需求说明（URS）在概念设计阶段形成，URS 应该在详细设计之前定稿，并在整个项目生命周期内不断审核及更新。

URS 应避免在确认活动开始之后进行变更，这样会浪费大量时间来修改确认方案及重复测试，任何一个 URS 性能要求标准的变更都需要在 QA 的变更管理下进行，在最终设计确认过程中，应对 URS 进行详细审核以保证设计情况满足用户期望，URS 的审核结果可以汇总到最终设计确认报告中。

一般来讲，工艺气体系统的 URS 主要包括以下几个部分。

A. 关键质量属性及关键工艺参数　如纯度、含油量、水分、粒子和总活菌数等。

B. 企业需求　如产气量、压力、EHS 需求等。

C. 期望属性　如设备的品牌、颜色、PLC 等。

5.2.16.6.2 设计确认

一般认为压缩空气的质量是由总送或用点的过滤器来保证的，但其油分、水分要靠制备单元和除水单元来去除，所以制备系统和分配系统都可以划为直接影响的系统，需要进行调试和确认活动。在施工之前，压缩空气系统的设计文件如用户需求说明（URS）、功能设计说明（FDS）、软件设计说明（SDS）等都要逐一进行检查以确保能够完全满足 URS 要求。压缩空气系统的设计确认中至少应该包含以下内容。

    A. 压缩空气的质量标准　压缩空气中的水含量、碳氢化合物（油雾）含量等指标是否符合使用要求。压缩空气制备系统的供气压力、供气量是否满足工艺使用的要求。

    B. 分配系统中的减压阀、安全阀安装位置、选型是否合理。

    C. 系统材质的要求　工艺气体的管道宜采用 316L 或者 304 不锈钢，气体系统一般不要求很高的表面光洁度。

    D. 焊接要求　分配系统的焊接规程是否得到批准，工艺气体的管道宜尽可能采用自动焊接。

    E. 控制系统的要求　对于气体质量要求较高的系统，应当设计必要的在线参数监测及报警功能对露点、压力等参数实施监测。在监测到参数超标时可以提供报警或切断气体供给。

    F. 日常取样要求　系统取样设计应该满足日常监测的要求，应至少在总供气口和系统最远点安装取样阀，在总供气口取样可以监控制备系统的状态，防止不合格气体进入分配系统，在最远点取样可以了解系统的最差点状况，监控系统状态。

5.2.16.6.3 工艺气体系统的风险评估

风险评估是系统设计和验证的基础，工艺气体系统的风险评估可以确定系统的关键点，确认分配系统的使用点能够达到使用工艺的要求。不应该存在影响工艺气体质量的高风险，应保证工艺气体的合格供给。为了能科学地进行风险评估，应十分了解产品和工艺要求、气体制备系统和分配系统的特性。风险评估应将风险降低到可接受的标准。在工艺气体系统中，对产品质量和患者安全的风险和控制措施如表 5-21 所示。

表 5-21　工艺气体系统常见风险

项目	可能风险	主要控制措施
纯度	工艺气体纯度不符合要求	设计过程制定合适的标准 验证中进行测试

项目	可能风险	主要控制措施
流量	流量过小，不能满足使用需求	设计过程中进行科学计算 非 GMP 因素，调试过程中进行测试
水含量	超出可接受标准	设计过程制定合适的标准 验证中进行测试 系统维护和日常监测
碳氢化合物（油雾）含量	超出可接受标准	设计过程制定合适的标准 验证中进行测试 系统维护和日常监测
悬浮粒子	超出可接受标准	设计过程中考虑过滤器的安装位置 验证中进行测试 系统维护和日常监测
微生物	超出可接受标准	设计过程中考虑过滤器的安装位置 验证中进行测试 系统维护和日常监测
除菌过滤器	材质不合格，未进行完整性测试	定期完整性测试
阀门及管道	材质不合格、焊接不合格、泄漏、引入杂质	设计过程中选择阀门选型 建造过程中控制焊接质量 建造和验证过程中检查材质
仪表和传感器	未进行校准，不能正确反映系统状态	验证过程中检查校验情况 根据仪表关键程度进行校验管理
安全阀	质量不合格，安全风险	非 GMP 因素根据安全要求定期校验
自控系统	系统失灵、输入/输出控制不正确	设计过程中制定控制原则 根据 GMP 进行调试和确认

风险评估应贯穿于工艺气体系统的整个生命周期。对工艺气体系统来说，风险评估的内容包括以下内容。

A. 系统设计将系统的风险降低到可控范围。

B. 确定验证测试活动的范围（调试、安装、运行和性能测试）。

C. 确保实施的验证行为可以降低系统运行风险。

D. 确定合适的预防性维护程序。

E. 确保在风险评估已经恰当执行的情况下运行系统。

5.2.16.6.4 安装和运行确认

安装和运行确认测试项目一般有以下内容。

A. 系统竣工图纸和系统资料的确认　应该检查这些图纸上的部件是否正确安装、标识，安装方向、取样阀位置、在线仪表位置等是否正确。

B. 空压机、过滤器、干燥器等关键单元的合格证、技术手册的确认　关键单元应该按照技术手册进行操作和维护，所以应该在安装确认中检查技术手册是否已经存在。

C. 过滤器的完整性测试报告的确认。

D. 缓冲罐及管道管件的材质证书、焊接记录的确认　洁净气体管道的材质和焊接质量是最终用气点质量的有力保证。

E. 系统关键仪表的校准证书的确认　气体系统中的关键仪表一般只有在线露点仪和压力表。

F. 缓冲罐及系统管道的试压记录、压力容器证书、泄漏实验记录、清洗钝化记录等确认　系统的关键工程测试记录是系统放行的前提条件。

G. 自动控制系统的安装确认包括接线图、PLC 输入输出和人机界面的检查　自控系统对于系统正常运行起决定性的作用。

H. 自动控制系统的关键报警与连锁的确认　主要是关键运行参数的报警必须能够正确触发。

I. 系统运行参数及数据存储的确认　压缩空气制备系统的关键参数如排气压力、排气量、露点是否达到设计标准，数据的存储功能是否有效。

5.2.16.6.5　性能确认

性能确认的目的是证明工艺气体系统在确定的操作参数及程序下气体质量能够满足设计和使用的要求。

性能确认应该对风险评估出的关键质量属性进行确认，证实工艺气体性能可以满足质量要求。工艺气体的关键质量属性包括：纯度、水含量、碳氢化合物（油雾）含量、悬浮粒子和微生物含量。性能确认最少连续进行三天，每天测试一次。

A. 纯度测试　测试是为了确认供气单元的纯化能力能够达到设计标准。一般总送每天进行测试。

B. 水含量测试　测试是为了确认分配系统管路没有引入水分。一般在干燥过滤器后、总送、每层的最远端及系统的最远端每天进行测试。

C. 碳氢化合物（含油量）测试　测试是为了确认制备单元能够达到设计标准，确认分配系统管路没有引入油分。一般在除油过滤器后、总送、每层的最远端、系统的最远端及系统的关键用点每天进行测试。

D. 悬浮粒子测试　测试是为了证明系统是洁净的，一般在总送、每层的最远端、系统的最远端和使用点及系统的关键用点每天进行测试。

E. 微生物测试　测试确认系统微生物含量满足要求，一般在总送、每层的最远端、系统的最远端和使用点及系统的关键用点每天进行测试。

5.2.16.6.6　日常监控和趋势分析

性能确认结束后，可进入系统的日常监测阶段。日常监测的目的是保证制备和分配系统能够持续提供满足质量要求的工艺气体。日常监测的测试点及监测频率需要根据性能确认的结果和各用点的用途来制定。系统日常监测的数据应该单独整理并保存，这样有利于对该系统的性能进行审核并进行趋势分析。日常监测的数据建议包括以下内容。

A. 系统的竣工图（标有测试点的 P&ID 图）

B. 气体纯度（如必要）

C. 水分含量

D. 粒子监测结果

E. 碳氢化合物测试结果

F. 微生物检测结果

G. 关键过滤器测试数据及参数

建立和分析日常监测的数据是为了确保系统维持了在性能确认过程中确认的性能参数，不存在任何性能恶化，用数据说明系统提供的工艺气体能持续满足已经建立的质量属性标准。

系统还需要必要的维护，如仪表校准、过滤器更换、管道定期的试压等，系统如出现重大变更（如使用点变化），需要重新对系统进行风险评估，根据风险评估的结果采取必要的验证和维护活动。

5.2.16.7 工艺气体检测方法

5.2.16.7.1 含水量（压力露点值）的检测方法

A. 检测仪器　目前最常用的检测仪器为露点仪（图 5-42）。

B. 检测方法　含水量的一般检测方法有光谱法、冷镜法、湿度计等，这里介绍最常用的露点仪测试法。

按照图 5-43 连接好露点仪，调节压缩空气至适当的压力和流量，记录下压力和流量值，开启露点仪进行自动检测，记录下检测值。

C. 注意事项

● 在检测开始之前，需保证检测系统处于稳定有效的状态，并在测量期间可以一直保持

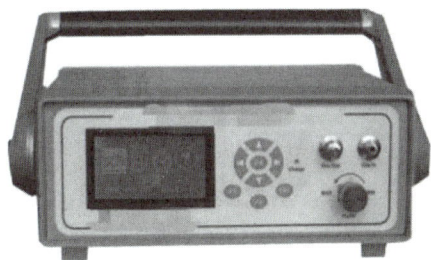

图 5-42　露点仪仪器外观示意图

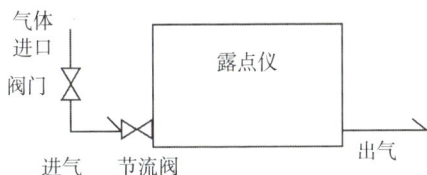

图 5-43　含水量检测方法示意图

稳定和有效。

● 取样应尽可能维持等动力条件。

● 用于处理进入取样系统的接触压缩空气的材料应不会对压缩空气的含水量造成影响。

5.2.16.7.2 含油量的检测方法

A. 检测仪器　目前最常用的检测仪器为空气质量检测（图 5-44）。

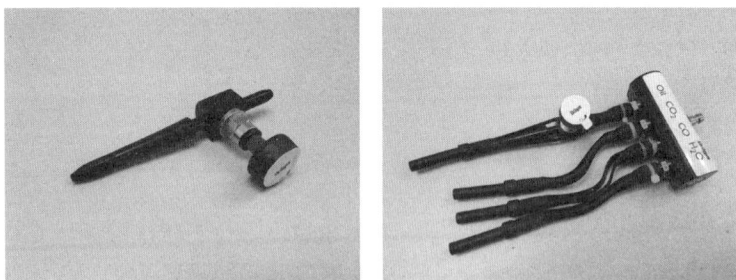

图 5-44　空气质量检测仪仪器外观示意图

3.94

B. 检测方法

● 按照图 5-45 连接压缩空气质量检测仪的取样及检测工具，调节压缩空气至适当的压力和流量，将油检测盒装入检测盒适配器，将插入适配器取样胶管开始检测，记录下检测值。

● 每个取样点采集时间为 5 分钟，撕去 impactor 保护膜，与标准图比较。

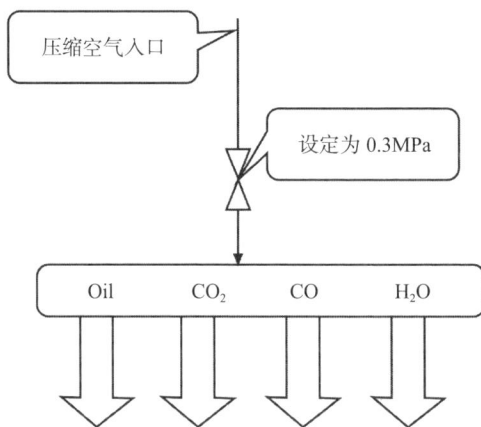

图 5-45　含油量检测方法示意图

C. 注意事项

● 在检测开始之前，需保证检测系统处于稳定有效的状态，并在测量期间可以一直保持稳定和有效。

● 取样应尽可能维持等动力条件。

● 用于处理进入取样系统的接触压缩空气的材料应不会对压缩空气的含油量造成影响。

5.2.16.7.3 固体粒子的检测方法

A. 检测仪器　目前最常用的检测仪器为尘埃粒子计数器（图 5-46）。

B. 固体粒子的一般检测方法　尘埃粒子计数器、扫描式电移动微粒分析仪、采用显微镜的膜表面取样等，这里介绍最常用的尘埃粒子计数器测试法。

- 按照图 5-47 连接好尘埃粒子计数器和高压扩散器，调节压缩空气至适当的压力和流量，记录下压力和流量值。

图 5-46　尘埃粒子计数器外观示意图

- 设置尘埃粒子计数器取样周期 T=60 秒，测点数 =3，每点测 3 次。

- 开启尘埃粒子计数器进行自动检测，记录下最终检测值。

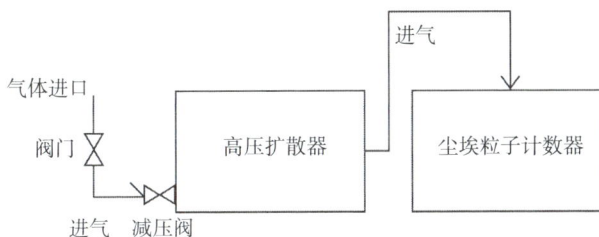

图 5-47　固体粒子检测方法示意图

C. 注意事项

- 在检测开始之前，需保证检测系统处于稳定有效的状态，并在测量期间可以一直保持稳定和有效。

- 取样应尽可能维持等动力条件。

- 用于处理进入取样系统的接触压缩空气的材料应不会对压缩空气的固体粒子造成影响。

5.2.16.7.4　微生物的检测方法

A. 检测仪器　目前最常用的检测仪器为浮游菌采样仪（图 5-48）。

B. 微生物的最常用的检测方法　狭缝取样器检测法。

- 按照图 5-49 连接好浮游菌检测仪和高压扩散器，调节压缩空气至适当的

图 5-48　浮游菌检测仪外观示意图

压力和流量，记录下压力和流量值。

- 设置采样体积为 1000L。

- 在浮游菌检测仪中放入培养皿，开启浮游菌检测仪进行自动检测。

- 当浮游菌检测仪采样结束完毕，盖上培养皿的盒盖并对培养基进行倒置培养，观察并记录微生物生长情况。

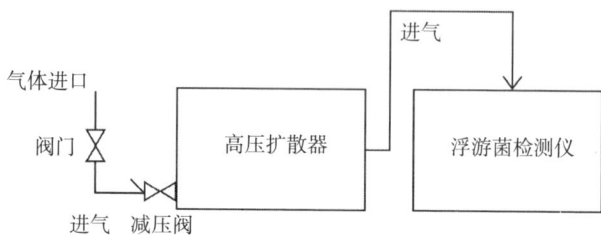

图 5-49　浮游菌检测方法示意图

C. 注意事项

- 在检测开始之前，需保证检测系统处于稳定有效的状态，并在测量期间可以一直保持稳定和有效。

- 取样应尽可能维持等动力条件。

- 用于处理进入取样系统的接触压缩空气的材料应不会对压缩空气的微生物造成影响。

- 浮游菌检测仪在使用前，应采用适当的消毒措施避免微生物在仪器中生长。同时在使用前应确保消毒剂已全部挥发，不会对采样用的培养基产生抑菌的效果。

6 口服固体制剂计算机信息管理

6.1 企业资源管理系统

6.1.1 概念及简述

ERP 是企业资源计划（Enterprise Resource Planning）的简称，是 20 世纪 90 年代美国一家 IT 公司根据当时计算机信息、IT 技术发展及企业对供应链管理的需求，预测在今后信息时代企业管理信息系统的发展趋势和即将发生变革，而提出的概念。ERP 包含客户或服务架构、使用图形用户接口和应用开放系统制作。除了已有的标准功能，还包括其他特性，如品质、过程运作管理、调整报告等。

ERP 是将企业所有资源进行整合集成管理，简单地说是将企业的三大流：物流、资金流、信息流进行全面一体化管理的管理信息系统。在企业中，一般 ERP 的管理主要包括三方面的内容：生产控制（计划、生产、质量）、物流管理（销售、采购、库存管理）和财务管理（会计核算、财务管理）。这三大系统本身就是集成体，它们之间互相有相应的接口，能够很好地整合在一起来对企业进行管理。

以下将针对 ERP 系统的各子模块逐一进行简单介绍，包括模块的基本功能以及系统使用后所起到的相应效果（图 6-1）。

6.1.2 生产管理

6.1.2.1 生产数据

生产数据，又名基础数据、工程数据、工艺规程等，要完成 ERP 的基础数据（例如 BOM 等）维护工作，是企业标准化、规范化管理的开始。其为 ERP 系统提供统一的物料信息，为 ERP 其他模块提供产品结构信息（BOM），为计算生产计划、核算成本、收料发料（委托外部加工、来料加工）提供基本的数据信息。能够提供自制物料的生产过程管理，为车间管理

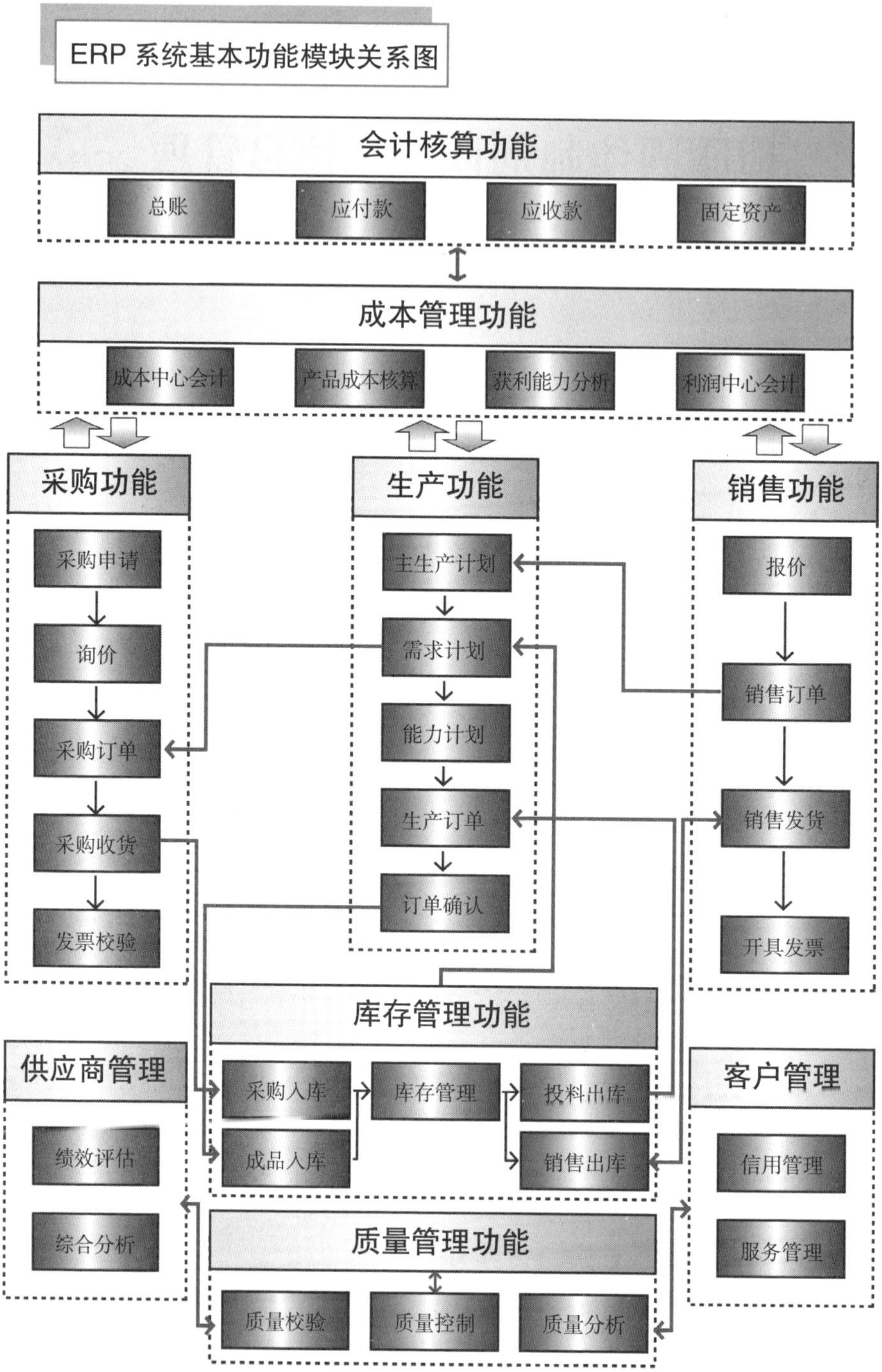

ERP 系统基本功能模块关系图

会计核算功能

| 总账 | 应付款 | 应收款 | 固定资产 |

成本管理功能

| 成本中心会计 | 产品成本核算 | 获利能力分析 | 利润中心会计 |

采购功能

- 采购申请
- 询价
- 采购订单
- 采购收货
- 发票校验

生产功能

- 主生产计划
- 需求计划
- 能力计划
- 生产订单
- 订单确认

销售功能

- 报价
- 销售订单
- 销售发货
- 开具发票

库存管理功能

| 采购入库 | 库存管理 | 投料出库 |
| 成品入库 | | 销售出库 |

供应商管理

- 绩效评估
- 综合分析

质量管理功能

| 质量校验 | 质量控制 | 质量分析 |

客户管理

- 信用管理
- 服务管理

图 6-1　PAT 过程分析技术在口服固体制剂工艺中的应用

提供基本的生产数据信息，促使企业对生产数据的标准化和规范化管理，加强企业基础管理。主要功能如下。

A. 物料维护　物料信息作为物流的基础，其信息的完善和准确非常重要。在生产数据模块中的物料维护功能中，可以根据用户编号判断物料管理权限，进行保护相应的列，对价格信息等敏感数据非可视保护。

B. 用户可以直接维护物料信息，也可以复制已有的物料信息，灵活方便地输入　物料信息区分为基本、库存、计划、成本几个部分；如果系统提供的信息不能满足要求，还可拓展使用系统提供的 8 个自定义项目。

C. 物料替代维护　维护可以替代的物料，为仓库发料提供参考。

D. 物料成批修改　根据物料的种类，成批修改物料的信息，使得物料的维护更加简单方便。

E. 中转站维护　定义工序转移的中转站。车间在生产工序转移时有时需要先转移至中转站，在中转站检验合格后才能继续生产。车间从仓库领用的原辅料有时也是暂存在中转站（原辅料暂存站），然后再分发到各工序上。中转站分为原辅料暂存站和中间体中转站。

F. 工作中心维护　工作中心是能力单元，如果决定因素是设备时还可以指定其具体包含的设备。

G. 工艺路线维护　按照产品的加工过程维护工艺路线，同时按照其配方定义每道工序的物料，形成工艺 BOM，包括子项数量、使用标记等。系统专门为制药生产企业设定了一系列控制参数，如中间站、中间体物料、子工序、质量控制点、平衡值上下限、收率上下限、是否物料平衡、链接 SOP 文件等。

H. 工艺 BOM 生效　对基本型工艺 BOM 的子项，进行增加、替换、删除等操作，形成并维护特殊版本的工艺 BOM，适应生产中的特殊需求。

I. 工艺临时更改单　对临时性的产品结构更改，以单据的形式通知计划部门，对计划 BOM 进行修改。

6.1.2.2 生产计划

根据市场需求核定生产能力，编制和制定企业的中长期计划、年度生产计划、季度生产计划；可以把企业全年的年度生产计划在时间上具体展开，详细地分配到各季度、生产车间。由企业的季度生产计划分解生成主生产计划，根据主生产计划制定相关需求和其他需求计划，协助管理人员编制和制定季度采购计划和采购预测计划，对主生产计划的变更情况和原因进行录入。管理人员可以对生产计划员提交的各种生产计划进行审核；对各类计划进行统计查询，及时快速地了解生产计划制定情况；可协助生产管理人员根据生产计划对生产过程进行监督和检查，纠正偏差，保证生产计划的顺利完成；生成统计报表，及时了解生产计划和生产进度。主要功能如下。

A. 年度计划　企业一般在年初制定本年的生产计划大纲，属于中期计划。根据年初预测制定，年末实现对比分析。年度计划可以分解为季度计划。

B. 季度计划　制定出年度生产计划后，为了便于控制，分解为季度生产计划，并且可以确定季度内每月的生产计划。季度生产计划属于中长期计划，利用中长期计划自动生成消耗预测计划，形成采购资金预测。

C. 月度计划　制定出季度生产计划后，按照生产周期的长短，还可以定义月度生产计划，以便于进一步预测月份中的采购、资金、设备状况，更细致的把握相关的生产信息。

D. 自定义计划　为了适应不同的制药企业对管理的细致程度的要求，系统提供了自定义计划功能，利用该计划，使用单位可以按照计划的各要素进行组合使用，从而确立最基本的计划单元，进行生产管理控制。

E. 主生产需求　根据市场销售计划、要货计划、月度生产计划、产品配方，预测、计算出本生产周期内的品种需求，提交需求的品种、数量、包装数量、需求日期等信息。

F. 主生产计划　主生产计划的形成，一般有如下方式：a. 通过销售订单形成；b. 从主生产需求分解形成；c. 手工定义主生产计划。主生产计划在未下达的情况下，模拟状态可以进行模拟生产。

G. 主生产计划变更　对于已经审批通过且下达，但未在关键工序开始投产的计划，出现紧急变更的情况，系统提供该功能，可以按照设定的相关参数重新进行分解计算和排产。该变更表可以记录下一个计划的所有变更情况。每次变更以变更顺序号来区别。只有处于执行状态的计划，才可以进行变更。如果要查询一个计划的变更情况，可以通过计划编号来进行关联。

H. 物料需求计划生成　通过对主生产计划的MRP运算，可定义相关的MRP策略。考虑销售计划、订单、中长期计划、现有库存、安全库存、已分配、在途因素，使计划编排更准确。按生产批量或者固定时間段自动排产，排产后可以进行能力平衡，确保计划的可执行性。

I. 其他需求计划　生产过程中，不出现在产品 BOM 结构的原料需求，通过其他需求计划维护、制定计划，和相关需求计划一起形成采购计划。该计划无法通过主生产计划来形成，只能手工输入。

J. 建议采购计划　根据主生产计划的计算结果，综合独立需求计划，形成时段内的建议采购计划，便于采购计划的编制和订单的下达。

K. 能力计划　按照资源清单和工厂日历的定义，进行时段负荷的平衡。对起止时间段内的可供资源、最大资源、负荷率、平均负荷进行平衡，并进行负荷追溯，明确查出负荷的产品、批号、数量等信息。

6.1.3 物料管理

6.1.3.1 采购管理

整个采购业务处理，包括请购单、订单、到货、入库、收到发票、采购结算、采购付款的业务过程，包含了供货商转移实物、票据的交换、款项的划拨过程，并且涉及多个岗位，包括需求的申请方（生产车间、维修部门等）、采购业务员、库房管理员、财务人员。因此保证信息传递及时性和准确性至关重要。

A. 能准确展示供应商的详细信息，清楚记载历史成交价格。

B. 能自行设定每个供应商的信誉等级、原材料的限量方式、采购周期、检验方式等。

C. 能够及时提醒更新供应商供货情况信誉等级。

D. 能够对供应商进行多角度统计分析。

E. 能够对采购计划和采购合同及时跟踪，通过价格档案、货源档案、最高限价、比质比价等多种手段降低采购成本，保证采购到货。

6.1.3.2 销售管理

整个销售业务处理，包括销售计划的制定、销售价格体系的制定、销售报价、订单、发票、收款，同时也包含向客户的实物转移、票据的交换、款项的收取过程，并且在企业中涉及多个岗位——销售业务员、发运部门、库房管理员、财务人员。

A. 将销售工作简单化，订单通过销售部门直接流转到生产部门，转化成生产计划。

B. 通过销售模块，对销售情况从多方面、多角度统计分析，并分析销售情况、利润情况等，对客户进行详细的管理。

C. 能详细记录每个客户的运输周期、送货方式等多方面信息，以及客户每次成交情况及成交价格。

D. 能自动跟踪每个客户的每种产品订单。

E. 能准确及时提醒每个客户回款情况，并根据回款情况自动更新客户的信誉等级等。

6.1.3.3 库存管理

基本目标为帮助企业确切掌握库存数量、控制存储物料的数量，保证稳定的物料供应来支持正常生产，同时又最小限度的占用成本。它能够结合、满足相关部门的需求，随时间变化动态地调整库存，精确地反映库存现状、库存变化历史以及发展趋势，并能从多层次查看库存状况。此外，该管理系统能提供基本的库存分析报告、帮助评价库存管理的绩效、提供不同的盘库方法用于库存的清点，范围可以从样品库存到连续库存。这一模块的功能主要有：为所有的物料建立库存；决定何时订货采购，同时作为采购部门采购、生产部门制作生产计划的依据；订购物料经过质量检验入库；生产产品检验入库；收发物料的日常业务处理工作。

A. 采购入库业务处理（需称重且某些原料需要质检部门检验）

- 对于需要称重计量并且需要质检部门检验的物料，首先进行称重校验，确认物料到货量。

- 称重完成后，系统自动生成收料单，传递到仓库；收料单系统不允许人为修改。

- 收料单详细记录供货单位、采购部门、采购员、入库仓库、物料批号、检验单号、应收数量、实收数量、入库金额等信息。

- 对入库业务允许根据企业实际自定义审批流程或免审。

- 质检部门出具化验结果后，通知仓库，仓库保管员可在系统中查找对应的报告单号，确认检验结果为合格，对收料单记账，系统自动登记仓库保管账。

B. 采购入库业务处理（不需要过磅且不需要质检部门检验）

- 对于不需要过磅计量且不需要质检部门检验的物料，比如五金、备品备件等，由仓库保管员确认无误后，办理正式入库手续。

- 在系统中录入收料单，录入时可参照采购计划或合同，对超出计划或采购合同一定数量比例的物料，系统发出提示警告。

- 收料单详细记录供货单位、采购部门、采购员、入库仓库、应收数量、实收数量、入库金额等信息。

- 对入库业务允许根据企业实际自定义审批流程或免审。

- 对收料单记账，系统自动登记仓库保管账。

C. 车间领料处理

- 车间领料员在库存系统中录入生产领料单。

- 仓库保管员审核领料单。

- 生产领料单上记录领料部门、领料人、出库仓库、生产品种及批号、领料用途、应发数量、实发数量、出库金额等信息。

- 根据打印的生产领料单到仓库领料，领料人应在生产领料单签字。

D. 调拨移库处理

- 用于在同一个单位在不同仓库、货位之间移动物料。对于本地仓库之间的物料转移，可采用"一步过账"调拨方式，同时改变两个仓库的物料库存，但是不改变物料的库存总量，只改变物品的存储分布。

E. 盘点业务处理

- 可以随时对仓库中的物料进行盘点，根据盘点表自动形成盘盈单、盘亏单。

- 盘盈单、盘亏单记账后自动增加、减少账面库存。

- 对于盘点后，需要报废、淘汰、积压的物资可以通过其他入库、出库单进行处理，减少账面库存。

F. 批号管理

- 对于批号管理的物料，出库方式支持先进先出、后进先出、人工选择批号三种方式。

- 在单据上详细记录物料的生产批号、生产日期、失效日期、入库日期、复检日期以及物料的原始批号。

- 系统自动形成批号明细账，对每一批号可详细跟踪来源、去向。

G. 库存控制

- 可设置是否允许出现负库存。

- 可设置是否进行批号、等级管理。

- 库存入库可进行最高限价控制。

- 可控制物料的来源，允许某种物料只能从某几个供应商处采购，以保证物料质量稳定。

- 可设置是否进行限额领料。

- 可设置是否进行货位管理控制。

H. 告警提示

- 超期存货告警：根据设置的最高库存量，分析物料的当前库存是否已经出现超储。

- 短缺存货告警：根据设置的最低库存量，分析物料的当前库存是否已经出现短缺。
- 过期存货告警：根据物料的失效期和所分析的时间提示是否有即将过期的物料，以便及时处理，避免过期产生损失。
- 积压存货告警：根据所确定的积压比例，汇总一个时间段内各种物料的出库量，进而分析是否存在积压现象。

I. 库存统计分析

- 可以查询任意时间的库存余额月报和日报，还可以分类汇总查询，也可查询相关的明细账，并可以一直关联查询相应的原始单据。
- 可以查询当前各仓库的物料，按批次汇总余额和明细清单。
- 可以查询任意时间的原始单据。
- 可以查询任意时间段内的收发存汇总表。
- 可以汇总统计任意时间段内的各种原始单据，形成分析汇总表。
- 可以分析仓库存货的存储库龄情况。
- 可以分析物料在各仓库的分布情况。

6.1.3.4 供应商管理

供应商管理以供应商信息管理为核心，以标准化的采购流程以及先进的管理思想为基础，从供应商的基本信息、组织架构信息、联系信息、法律信息、财务信息和资质信息等多方面考察供应商的实力，再通过对供应商的供货能力、交易记录、绩效等信息综合管理，达到优化管理、降低成本的目的。

基于供应商管理，可以实现原材料检验流程优化、供应商管控能力提升、供应商质量档案建设等目标，全面提高供应商管理水平。企业可重点建设以下几个项目，促使企业在物料管理方面的优化。

A. 原材料检验流程优化

- 实现从进料检验到入库全程信息的有效贯通，从库存模块导出供应商来料信息（如供应商编号、供应商名称、物料料号、物料名称、来料数量等），并实现自动报检。
- 系统自动识别出检验状态、抽样数量和检验项目，检验完成后系统中变更进货检验状态，仓库人员办理入库手续。

B. 供应商管控能力的提升

- 非合格供应商无法进料。
- 来料质量情况动态监控，超出目前范围自动预警发起改进。
- 供应商材料认证更严谨，未认证完成的物料无法进料。
- 供应商交货材料类别不在认证范围内，无法入料。

- 供应商业绩评价得分监控：评价得分低于某目标线自动发起预警消息，提交改善。

C. 建立可追溯的供应商质量档案

- 收集供应商管理的相关资料，可以随时查阅；统计分析的报告可以随时导出使用，如供应商现场评审及引入资料、现场审核、供应商月度考评、供应商季度考评信息的查阅。

D. 改进管理使之规范、可控

- 实现公司品质问题异常信息数据共享，可查阅任意时间段、任意供应商、任意料号、任意不良现象的信息。
- 改进流程规范，改进过程可跟踪，逾期预警。
- 建立品质问题经验库，以便经验传承。

6.1.3.5 质量管理

质量管理部分包含完成制药企业质量管理的两个重要组成：QA（质量保证）和 QC（质量检验），提供对生产经营全过程的监控、原材料和产品的检验。

A. QA 部分 QA 质量管理包括以下内容：

- 物料进厂监控：对到货记录逐笔登记，对供应商验证不合格、判断不合格品及经过检验不合格的物料进行监控、处理。
- 供应商认证：供应商认证是对供应商的综合考查，记录供应商的供货品种、供货能力、供货质量、企业状况等各方面信息，对供应商的供货资质进行合格确认，结合采购管理可实现对供应商供货资格的严格控制，杜绝从不合格供应商采购物料的可能。
- 库存物料监控：仓库当中的物料按 GMP 规定进行管理，对货位、状态、环境等指标进行监控，QA 随时对库存物料进行检查，对存在质量问题的物料进行处理。物料的复检可以按设定的复检周期及时请验。
- 生产过程监控：选择不同的工序，QA 审核开工检查单，包括清场记录、设备参数等，决定是否放行。对生产过程的批生产记录进行确认审核，并记录具体原因。工序之间禁有不合格的半成品或中间体流转，及时对有问题的半成品或中间体进行销毁处理。
- 稳定性测试：分别记录长期试验、加速试验和中间试验相对应检验项目的检验结果，同时对留样样品进行记录，并对取样、检验时间进行提前提醒。
- 环境监测测试：对环境监测测试进行记录，并对测试结果进行数据汇总和分析。

- 投诉管理：详细记录用户的投诉情况，进行投诉分析，并对投诉退货进行处理。退换货在制药企业中是经常发生的业务，退货登记为进行质量数据分析、提高质量管理提供了重要依据。投诉与不良反应监测报告严格按照 GMP 规范设计。

- 质量事故管理：在发生质量事故时，记录并处理质量事故，且对各类质量事故分类分析。

- 计量器具：对实验室各种计量器具和检验仪器以及某些重要设备进行验证，登记常用检验仪器的使用记录。在制作原始检验记录时，录入仪器（设备）、试剂以及人员等相关信息，并且对这些关键信息可进行跨模块查询。

- 销毁程序：对由仓库监控、生产监控、投诉处理、进厂监控过程中产生的需要销毁的物料进行处理，系统提供销毁处理单（包括指令申请和销毁内容），并提交定义的审批程序，由负责人审核。

- 质量分析：查询与质量监控相关的各个环节的信息，并能对相关数据查询时发现的质量或其他问题及时记录，进行结果分析。

B. QC 部分　QC 质量管理包括以下内容：

- 采购的到货记录审核：按照物料检验属性发送请验消息，自动生成请验单，并自动生成取样样式表、观察记录表、物料检验数据，人工进行相关数据的确认及审核，系统自动进行检验结果的回写，生成物料检验台账。

- 生产过程检验：对于生产出来的产品、在产品，生产记录过程中自动生成请验单，并自动生成取样样式表、观察记录表、物料检验数据，质检部门填写检验数据并审核，检验结论自动回写控制，并自动生成检验台账。检验合格的产品需要留样，对留样品要做不定期的留样观察、留样检测，发现问题及时填写留样品质量变化通知单。

- 库存物料检验：库存中的原料、产品按照定义的复检周期，系统自动提示请验，处理相关的质检状态，进行封存。QA 日常检查后可以直接下达请验单，提交 QC 进行检验处理，系统自动生成检验台账。

- 退货产品检验：对于退货产品，系统发送请验消息，自动生成请验单，进行相关取样记录、检验数据的审核，系统自动生成检验台账，并返回检验结论。

6.1.4 系统管理

系统管理主要是完成对系统的维护及管理工作，主要使用对象是企业的系统管理员，系统提供的主要功能有：用户管理、用户权限分配、用户使用日志查询、数据备份、数据恢复、会计实体维护等。

6.1.4.1 权限管理

A. 用户管理

- 用户管理的主要功能是对可以使用系统的用户进行注册、注销。
- 指定用户可以进入特定的会计实体或责任中心进行业务处理，并分配用户的功能权限、数据权限，维护用户权限以及口令的有效时间。

B. 用户权限分配

- 用户权限分配主要包含分配用户可以对何种会计实体进行业务处理，可以查询何种数据等一系列权限。

6.1.4.2 基础数据管理

管理各模块中使用到的基础数据，包括物料、BOM、供应商、客户、仓库、货位等。

A. 物料信息　不仅要包括物料本身的基础属性和信息，还要有与设计、计划、库存和成本相关的数据。基本属性一般有物料代码、物料描述、物料类型、购置代码、单位、单位换算、计划员或采购员等；并非每个物料都有与设计管理相关的数据，主要数据有重量、体积、版次、生效日期、失效日期等；与计划管理相关的数据有物料的提前期、需求时间、计划时间、运输时间、检验时间等；与库存管理相关的数据有订货批量、订货策略、优先库位、批号、安全库存、最大库存和最小库存等；与成本有关的属性则有账号、材料费率、人工费率、外协费率、间接费率、累计成本和计划价格等数据。

B. 物料清单（BOM）　物料清单是描述物料结构性的数据文件，是MRP计算物料需求量的控制文件，在制药行业也叫处方/配方。BOM文件内容包括父项物料代码、子项物料代码、工作中心、子项类型、数量类型、子项物料提前期等。BOM数据是否正确，直接影响到ERP系统运行结果，因此，要求BOM数据的准确度达到98%以上，否则ERP系统运行会存在很大的风险。

C. 供应商或客户　供应商或客户是采购和销售模块必不可少的数据，除去供应商或客户的名称、地址、联系方式、联系人等基本信息之外，还需要记录供应商或客户的信誉等级，以便在后续采购和销售过程中对供应商或者客户进行有效甄别。

D. 仓库或货位　仓库或货位是指企业放置各种原辅料、包材、产成品的地点和实际位置等，根据物料在生产过程所起作用的不同可以分成原料库、在制品库、成品库和废品库。再根据物料的特性分成各种特殊的货位，货位信息比较简单，通常由货位编码、名称和类型等组成。货位定义是 ERP 系统基础数据的基础，在建立物料数据前首先要建立货位数据。

6.1.4.3　接口预留

系统应预留出与 WMS、MES、LIMS 等系统的接口，方便 ERP 与各系统间的数据共享。

6.2　制造执行系统

6.2.1　概念及简述

MES 是制造执行系统（Manufacturing Execution System，MES）的简称。根据 2006 年颁布的《企业信息化技术规范 制造执行系统（MES）规范》援引制造执行系统协会（Manufacturing Execution System Association，MESA）的释义，将 MES 定义如下。

MES 能通过信息传递对从订单下达到产品完成的整个生产过程进行优化管理。当工厂发生实时事件时，MES 能够及时做出反应、报告，并根据当前的准确数据进行指导和处理。通过双向的直接通讯在企业内部和整个产品供应链中提供有关产品行为的关键任务信息。MES 系统应包含以下要素：

- 底层设计高度集成化，各类数据、计算、共享高度一致，不同于单类应用的简单连接。
- 采用先进和稳定的 IT 开发平台，系统稳定、安全、灵活、可扩充。
- 要有鲜明的行业特点，同时要在相关行业有丰富的使用案例。
- 软件提供者本身的业务保持持续健康的发展，保证产品持续发展，服务持续提供。
- 充分体现 MES 在企业信息化 ERP/MES/PCS 三层构架中的桥梁纽带作用，考虑好与上下系统功能上的无缝衔接及数据的集成。
- 符合相关制度和法规，适合企业管理特点。

ISA SP95 标准将企业控制集成系统的不同功能定义为不同层次，如零到二级的生产现场的控制系统——零级的传感器、设备，一级的控制器，二级的 PCS、DCS、SCADA 系统，三级的生产厂生产、维护和质量相关系统如 MES 系统、EAM 系统、LIMS 系统，以及四级的企业级系统如 ERP 系统、人事系统和学习培训系统。MES 被定义为三级系统，连接企业计划系统（四级系统，如 ERP）和生产现场的控制系统（零级至二级）。在没有 MES 系统连通、支持的情况下，各级自动化系统的沟通主要通过人工管理。如果决策管理层的信息系统如 ERP 和底层的控制系统如 DCS 处于相互独立的状态，将无法保证企业高质量低成本目标的实现。MES 系统作为生产管理系统的中间环节，起到信息集线器的作用，与其他系统交互作用，提供并接收相关系统的信息，起到为其他应用系统提供生产现场实时数据的通信工具的作用。

MES 系统广泛应用于口服固体制剂等制药行业中，支持自原辅料至终产品的全程生产活动的电子化、集中化的管理。在制药行业中，MES 为生产操作提供了电子化、无纸化的实时 IT 管理系统。通过资源管理、生产订单分派、生产订单执行、生产数据收集等手段，实现对生产操作的管理。MES 系统作为生产管理系统的中间环节，向其他系统提供有关信息并接收其他系统的相关信息——ERP 系统向 MES 系统提供生产信息，如产品名称、生产数量、产品批次号等信息；MES 系统向 ERP 系统反馈实际生产数据，如生产过程数据、成本、生产周期、成品数据、实际生产数量等生产数据。同时，MES 系统向控制层提供工艺规程、配方、指令等信息，并接收控制层反馈的生产过程中员工操作数据、设备运行数据、异常数据等生产数据。借此，MES 系统帮助口服固体制剂企业达成如下目标：

- 提高法规遵从性。
- 更有效计划生产行为。
- 提高客户满意度。
- 提高透明度。
- 改进信息流，减少纸质文档系统带来的问题。
- 改进数据完整性，提供更可靠的审计跟踪信息。
- 改进工艺信息收集和反馈，提高工艺理解。
- 缩短生产周期和交货时间。
- 减少过期订单，降低库存水平。
- 减少行政管理工作，提高管理效率。

6.2.2 确认与验证

作为计算机化系统，MES 的应用、确认和验证应满足相关法规的一般性要求。

6.2.2.1 确认

MES 系统的确认应基于法规要求和企业流程。确认的要点包括：

● 企业应基于实际，明确对 MES 系统的配置和设计要求；应当对供应商或第三方提供的确认与验证的方案、数据或报告的适用性和符合性进行审核、批准。

● MES 系统深入生产各个环节，与生产工艺和生产活动执行紧密相关，生产技术支持人员、工艺专家和质量保障人员应深度考虑用户需求制定和确认工作。

● MES 系统包括硬件和软件，因此其确认工作应同时涵盖硬件和软件，包括但不限于相关硬件、软件的安装、调试和升级。

● 作为企业资源管理层与执行控制层的中继系统，应充分重视 MES 系统的数据接驳和传输功能的完整、可靠，并确保系统兼容。

● 企业应及时建立、更新 MES 系统相关的操作规程和技术、质量保证文件。

6.2.2.2 验证

MES 系统的验证应依据法规要求和企业流程，遵照当前药品质量管理规范。此外，基于数据完整性、操作效率和数据集成易用性的考虑，在使用 MES 系统时，应尽量直接从控制层采集数据，避免采取人工录入的形式。

作为企业生产管理的主要系统和连接企业和控制层级数据流的中继层，MES 系统如果不能正常工作会给生产活动带来巨大的负面影响，并造成产品质量及供应链的风险。因此，针对系统损坏、不能正常工作的应急方案是重要和必要的。应急方案应可执行、及时，保证数据完整性并维持同等的质量和控制水平。

6.2.3 功能模块或模型

在 1997 年，MESA 发布了最初的 MESA-11 模型。基于当时的认识，该模型从操作层面定义了 MES 的 11 项核心功能（图6-2）。

MESA 最早提出的 MES-

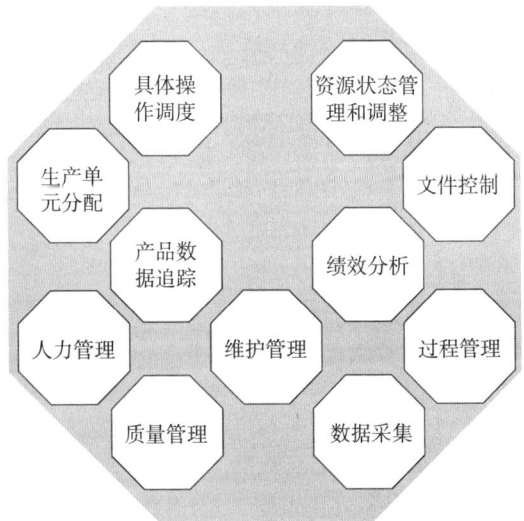

图 6-2　最初的 MESA-11 模型

11 模型仅专注于操作。在 2004 年，MESA 提出了协同 MES（c-MES）模型（图 6-3），将中心移至核心业务活动与业务操作的交互，如增强竞争力，合理将业务外包、供应链和资产的改善。

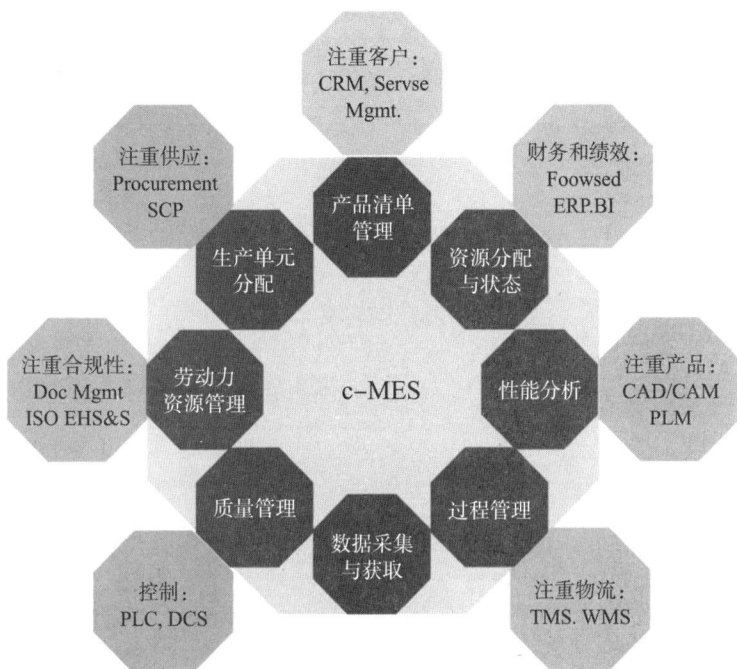

注重客户：
CRM, Servse Mgmt.

注重供应：
Procurement SCP

财务和绩效：
Foowsed ERP.BI

产品清单管理

生产单元分配

资源分配与状态

注重合规性：
Doc Mgmt
ISO EHS&S

劳动力资源管理

c-MES

性能分析

注重产品：
CAD/CAM
PLM

质量管理

数据采集与获取

过程管理

控制：
PLC, DCS

注重物流：
TMS. WMS

图 6-3　协同 MES（c-MES）模型

411

而在 2008 年提出的最新模型中，MESA 基于生产制造企业的常见战略举措重新定义了 MES 的框架（图 6-4）。MESA 的五个战略举措是实时企业、精益生产、质量和法规遵从、APM 和产品生命周期管理（PLM）。这些举措重新定义了 MES 系统——介于企业层级和实际生产控制层级的中继框架，并致力于在执行层面推进企业向着商业目标改进。

从企业电子系统规范角度，对于制药行业，可供参考的 MES 功能包括：

- 产品的长期生产规划。
- 生产作业指令管理和执行。
- 生产作业实绩收集和管理。
- 产品的计量管理。
- 各类物料的仓库管理和库存追踪。
- 生产过程的质量控制和管理。
- 产品的质量检验和管理。
- 产品发货前的判定和准发管理。

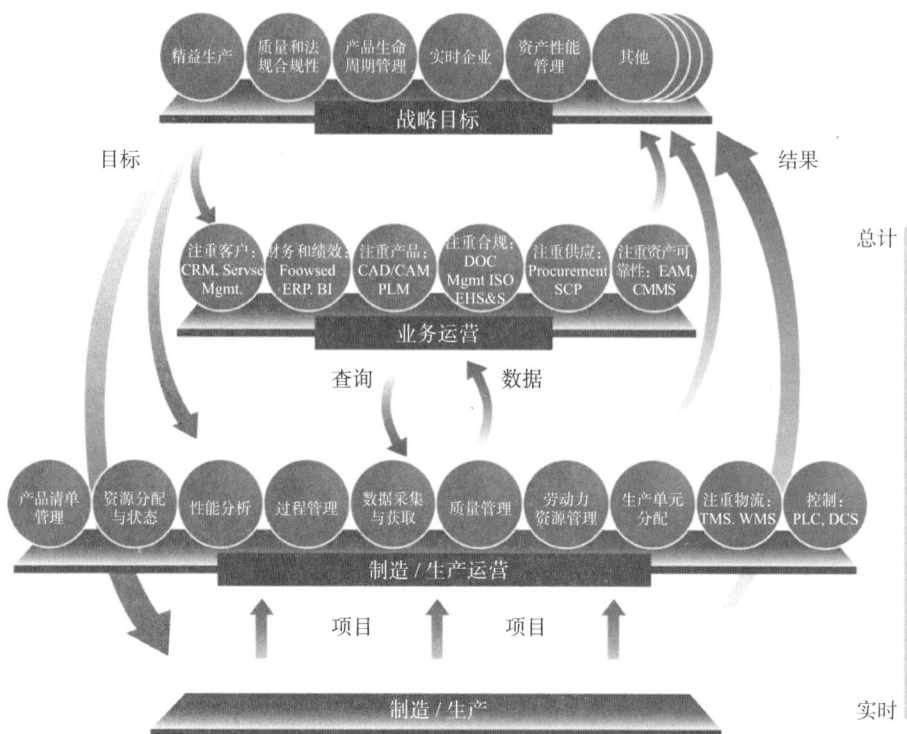

图 6-4　新定义的 MES 框架

6.2.4　在口服固体制剂生产中的应用

药品生产的质量要求非常严格，必须处于严密的监控之下，以此来确保每一阶段的质量合格不会受到环境或人为因素的影响。MES 系统的设计、使用应符合药品生产质量管理规范的一般要求，旨在最大限度地降低药品生产过程中污染、交叉污染以及混淆、差错等风险，确保持续稳定地生产出符合预定用途和注册要求的药品。

为符合上述要求，应使用 MES 系统提供标准化的生产流程结构，强制性保障实际生产行为的合理、合规，符合质量、工艺、安全方面的各项要求。企业在采用 MES 系统时，可充分利用 MES 系统的优势，促进口服固体制剂生产的标准化、先进化、高效化。

A. 通过 MES 系统，将离散的工艺步骤整合为完整的、充分可控的、实时响应的工艺流程；通过实时的、电子化的工作指令确保实际生产行为符合定义和批准的操作流程，排除标准外操作的可能性。

B. 使用 MES 系统可最小化操作人员经验等个体化差异对生产工艺的影响，降低生产工艺的变异性。

C. 利用 MES 系统的实时特性和工艺、产品理解的预设接受标准，主动、快速地对偏差及不符合项目做出反应。

D. 通过 MES 系统和 ERP 系统的对接，以自动化手段对物流进行管理，并对相应的标签、账目进行实时、准确的处理。

E. 利用 MES 系统实时记录生产过程中操作执行情况、工艺参数及测试项目结果，在实现无纸化生产的同时，提高生产文档管理的数据完整性可靠程度。

相应的，企业应在 MES 系统的设计、确认、验证和使用中保证。

a. 适应性：MES 系统的设计、使用应适应口服固体制剂生产的工艺链和生产特性。口服固体制剂包含散剂、颗粒剂、片剂、胶囊剂、膜剂等剂型。不同剂型的生产工艺和关键工艺参数、质量参数各不相同。MES 系统的设计、使用应充分考虑并贴合生产实际。

b. 可靠性：数据完整性是药品生产的基本要求，在设计、使用 MES 系统时，应确保建立并维护层级分明的完善授权体系、可靠的数据备份办法和切实、可执行的应急方案。

c. 强制性：作为生产行为的集成控制中心，MES 系统传达的指令应清晰明白、唯一、排他，以确保据此开展的生产活动符合注册要求的、已验证的、经批准的生产流程和工艺设计。

d. 实时性：应提供实时的数据收集以支持连续的生产实绩分析，能够实时发现偏差及不符合项，支持主动、即时的处理，以保证产品质量。MES 系统与对接的各系统时间应一致。

e. 可视性 / 可读性：MES 系统的应用语言应该是生产活动开展地的当地语言（如在中国范围内，系统语言应为中文），以确保各用户能够清楚理解系统传达的信息（如生产一线操作人员应能清楚理解系统指令、提示和报警内容）。

针对各核心功能，口服固体制剂生产中使用 MES 系统进行生产管理的注意要点如下。

- 物料信息应包含基本信息、质量信息和安全信息。

- 应对原辅料、中间产品和最终产品的存放条件和时间进行规定。

- 应对设备清洁周期进行规定。

- 各种形式文件的生命周期应可追溯。

- 应尽量使用自动化信息，避免人工录入。

- 人员应经过适当培训，具备相应资质。

- 人员授权应与其角色相匹配，避免无法正常进行工作或授权超出工作范畴的情况。

- 人员不应该在工作流中具有连续两级的审批权限。
- 工艺配方应适应产品需要，经适当验证，符合注册要求。
- 对于设备和操作人员的指令应清晰、可读、唯一、无异议。

在实际使用中，企业可能根据自身需要、产品特点、生产环境自动化程度和生产实际选择、使用 MES 不同功能模块并自行配置 MES 系统。可能存在电子系统和人工系统的对接，如在实际生产中，可能存在手工录入的操作记录、工艺数据，也可能存在从 MES 系统中导出数据用于人工分析和报告。在这种情况下，应保证有完整的规程确保数据完整性。

6.3 高级计划与排产系统

6.3.1 概念及简述

高级计划与排产（Advanced Planning and Scheduling，APS）系统，是对所有可能影响计划的因素，如物料、机器设备、人员、供应、客户需求、运输等，通过同步实时的数据采集或信息录入，模拟每个因素支持生产的能力，考虑多方面的优化条件，自动进行计划的生成、调整和优化。长期或短期的计划都可以通过 APS 系统得到调整优化后的生产或供应计划。

6.3.2 系统能力

APS 系统有同步规划的能力，根据企业在系统中所设定的目标（例如：最佳的顾客服务），同时考虑企业的整体资源供给情况和需求状况，以进行企业整体的供给规划与需求规划。在进行需求规划的同时，须考虑整体的供给情形。APS 系统的同步规划能力，不但使得规划结果更具备合理性与可执行性，而且使企业能够真正达到供需平衡发展的目的。

APS 系统还可根据企业现有资源进行最优生产计划规划，将企业的资源限制（例如：物料、产能、工具、设备、人员）与企业目标（最低生产成本、最短前置时间、最优机器使用效率）纳入系统规划计算的因素，系统自动生成一套最佳效能的生产计划。

APS 系统有实时规划的能力，可通过设备管理系统、MES 系统、SCADA、考勤系统等信息化系统自动实时同步现场生产情况，根据现场物料、设备、人员等资源变化情况自动调整后率的生产计划，使得规划人员能够实时且快速的处理类似物料供给延误、生产设备故障、紧急插单等例外事件。

6.3.3 计划排程常出现的问题

计划排程常出现的问题有：多品种少批量的生产，混合排产难度大；无法如期交货，太多"救火式"加班；订单需要太多的跟催；生产优先顺序频繁改变，原定计划无法执行；库存不断增加，却常常缺关键物料；生产周期太长，提前期无限膨胀；生产部门往往成为市场表现不佳的替罪羊等。

A. 相互冲突的生产计划排程的目标　例如满足客户交货期与生产成本之间的矛盾；产能最大化与浪费最小化之间的矛盾；库存成本最小化与客户需求的矛盾；批量采购与库存最小化之间的矛盾。

B. 复杂多约束的生产现场　复杂的工艺路径对各种设备的特殊需求各不相同；有限的生产设备、物料、库存、人员的约束；小批量多品种的生产模式；精益生产的多品种混排模式。

C. 动态变动的生产环境　临时订单改变，紧急插单的需求；产品流程变化，新产品研制流程的不确定性；机器设备故障检修，员工生病请假等。

APS要满足资源约束，均衡生产过程中各种生产资源；要在不同的生产瓶颈阶段给出最优的生产排程计划；要实现快速排程并对需求变化做出快速反应。APS会同时检查能力约束、原料约束、需求约束、运输约束、资金约束，保证供应链计划在任何时候都有效且具有模拟能力。不论是长期的或短期的计划具有优化、对比、可执行性。APS系统扩展到供应链的计划上，还包括供应商、分销商和出货点的需求。不同的软件供应商选用不同的优化算法搭建自己的高级计划系统软件，需要根据解决不同的问题来决定采用哪种算法引擎。

排程分为无限与有限：无限负荷需求只是证明能力的存在。它允许超出可用能力。有限排程只在可用能力内计划。

A. 基于能力约束　有限产能，工厂的实际产能是有限的：

    a. 工人人数有限。

    b. 每个工人的劳动能力有限。

    c. 机器数有限。

    d. 每台机器每天的运转时间有限。

    e. 生产作业的场地有限、库房的容纳能力有限。

APS用日程表真实模拟生产资源的可用性安排，如工人的上下班时段，机器的运转、中断和停工时段等。这也反映了实际生产中的有限产能约束。

B. 基于物料约束　物料库存有限、工厂的物料存货有限、供应商在一定时间内的供货能力有限、工厂自身的采购实力有限（线边量、现有量、在订量、采购提前期），因此可供生产的原料并不是取之不尽的，工厂的生产必然受到有限存货的约束。

6.3.4　固体制剂的排程方法

A. 定义固体制剂生产工艺流程及生产过程中使用的物料及中间体　在生产工艺流程中的每个单位工序或操作都带有所需物料以及产出物料的信息，所有单位工序和操作之间用逻辑关系连接在一起的同时，所有工序的物料信息的投入和产出也连接组成物料流程图。工艺流程包含物料流程，替代 ERP 的 BOM 图方法，以及 JIT 的方式，以单一的工艺流程代替以前分别存在的工作流和物流。这样计算出来的物料需求信息同时包含了工序的全部信息，特别是有精确的投料和产出的时间，对于生产过程控制、库存管理、企业减少资金占用意义重大。

B. 定义工艺流程的物料投入产出和中间品　每道工序的需求物料，首先看是否是仓库传来的物料或是从上道工序的产出物料，如果没有找到仓库物料或中间体，或者物料数量不够的，形成对仓库或上道工序的物料需求；每道工序的产出中间体，首先满足下道工序的物料需求，如果最终没有被下道工序投料的，形成中间体物料产出。这样在一个工艺流程中通过对每道工序投入产出物料的设定很容易就定义了整个流程的物料需求和最终产出，可以满足多种生产工艺需求。

C. 每个工序使用的资源（人、机）　在 APS 系统中，把资源附加在工序上。所以一个资源的出现，一定是某个工序使用资源。资源分成三种类别，第一是"约束资源"，即一个时间只能被一个工序占用的约束条件。约束资源形成了工艺流程在工作时间上的限制。比如一个约束资源已经被某个工艺流程计划所占用，相当于限制了其他占用该资源的工艺流程的工作时间。第二是"成本资源"，即给工序带来成本耗费的所有"占用"。比如一个工序对厂房的占用、租用设备的占用等等，这种占用没有时间上的约束，但是造成成本增加，是为了计算工序成本专门设定。第三种是兼有约束资源和成本资源两种性质的资源，是最常见的资源，如一般的机器设备（制粒机、压片机）、人员班组等。

D. 中途紧急插单　如果在整个工厂的生产计划都排好并付诸执行时接到

新的订单或者原客户的追加订单，管理者就遇到了一个非常棘手的问题。中途紧急插单，不接的话不但影响利润还会丢失客户，接单又不知是否能生产出来，可能存在很大的违约风险。APS 系统能帮助用户妥善处理这类插单难题，用户盘点好计划的执行情况之后把新订单输入 APS，立刻就可使用 APS 计算出能否插单以及插单后的最佳生产方案。

6.3.5 实施排程需要准备的资料

- 设备基本资料（机台、生产线等）：主要包括工作中心代号、工作中心名称、效率指数、资源组、设备之间替代关系等。
- 产品工艺与 BOM 资料：主要包括中间品物料编号、工艺、首选工作中心、前置工时、标准工时与产量、加工批量数、工序损耗率、物料用量、物料损耗率等。
- 依赖资源：主要包括工装、生产模具、容器等。
- 客户优先级：给每个客户一个优先级，用于排程时优先服务重要大客户。
- 班次：每天连续的工作时间段。
- 设备工作日历：用于定义每个设备在每一天的工作时间。
- 工人基本资料：工人代码和班组成员与技能。
- 与 ERP 对接：包括物料编号、生产配方、生产单。
- 与 WMS 对接：包括库存、拣料计划、发料单。

6.3.6 在生产过程中作用

APS 系统需要集成各个业务部门的系统，把生产相关的资源（人、机、料）全部调动起来，同时要把销售的需求、仓库的库存、采购的供应等相应部分联动起来，形成一个真正精确并联动的生产管理信息系统。APS 的算法和模型搭建完成并运行一段时间后，可以在系统中查询生产流程的困难与瓶颈，通过模型分析来选择可优化的约束点，控制生产计划在执行过程中的准时性，优化计划保证最短的时间完成相应的生产计划，改善计划执行的混乱与信息交互断层，以确保进度控制报表可以在最早时间处理生产异常情况，提升生产管理的水平与效率。

6.4 实验室信息管理系统

6.4.1 概念及简述

实验室信息管理系统（Laboratory Information Management System，LIMS）由计算机硬件和应用软件组成，能够完成实验室数据和信息的收集、分析、报告和管理功能。

LIMS 是基于公司内计算机局域网、专门针对实验室的整体环境而设计，是包含信息采集设备、数据通信软件、数据库管理软件在内的高效集成系统。它以实验室为中心，将实验室的业务流程、样品、人员、仪器设备、化学试剂、标准方法、图书资料、文件记录、科研管理、项目管理、客户管理等因素有机结合。LIMS 不仅是一套计算机管理软件，而且是采用数据自动采集、数据分析、用户输入、用户通知、信息和报表传输来集成实验室工作流程的整体解决方案。

药品检测业务是基于社会对 QHSE（Quality 质量、Healthy 健康、Safety 安全、Environment 环境）等的相关需求与规定而产生的。随着全球化和国际贸易的迅速增长，检测行业正在不断地扩大。同时，客户对数据准确性的要求越来越严格并且对检测的周期要求越来越短。因此，检测数据的处理量在急速增加，原有的人工管理模式已不太适合。在这一背景下，LIMS 系统出现，并在实际应用中得到了快速发展，成为一项崭新的实验室管理与应用技术。

6.4.2 与固体制剂生产结合的意义

固体制剂生产线较长，产品整个生命周期中的检验项目多且频繁，实施信息化管理可有效地规范检验流程，改进质量管理手段，提高分析数据的效率，实现质量数据网络内共享。

LIMS 系统主要落实在实验室，根据质量管理的需要，有时在固体制剂生产线上会有中控检验室，负责生产中定时、随时的检验项目。据检验业务管理要求，实现样品全流程管理，从样品申请登记、任务分配、分析数据的快速采集汇总、审核、处理、统计、分析，直至检验报告生成。有权限的用户和管理人员可在现场随时查看检验结果、趋势分析图，提高了信息传递的效率。另外，也有助于生产人员发现和控制影响产品质量的关键因素。

LIMS 也支持与其他信息管理系统的接口，关联的生产数据可在系统间实时传输。通过权限分配，生产用户可在 LIMS 终端同一个界面完成对检验、分析、生产数据的查询。

LIMS 系统可客制化分析报表，将生产、质量数据整合分析，挖掘分析数据的潜在价值，自动形成报表提供给管理者，为管理者决策提供依据。

6.4.3 系统管理功能介绍

LIMS 系统以样品生命周期为核心，采用科学的管理思想和先进的计算机管理技术，实现以实验室为核心的、透明化的全方位管理，规范检验监管流程。LIMS 系统实现了样品管理、仪器设备、质量检验、变更控制、记录和报告、标签管理等方面的全流程控制和严格的标准化管理；组成了一套实验室综合管理和产品质量监控体系，既能满足外部的日常管理要求，又保证实验室分析数据的严格控制，提高了管理者工作效率，降低了实验室运营成本；实现了实验室作业自动化运行、信息化管理和无纸化办公的目的。

LIMS 系统功能架构图见图 6-5。LIMS 可与 MES（制造执行系统）、WMS（仓储管理系统）系统集成，实现关联数据的实时传输，保证信息对称；还可与检验仪器集成，自动采集检验结果，最后汇总形成检验报告。

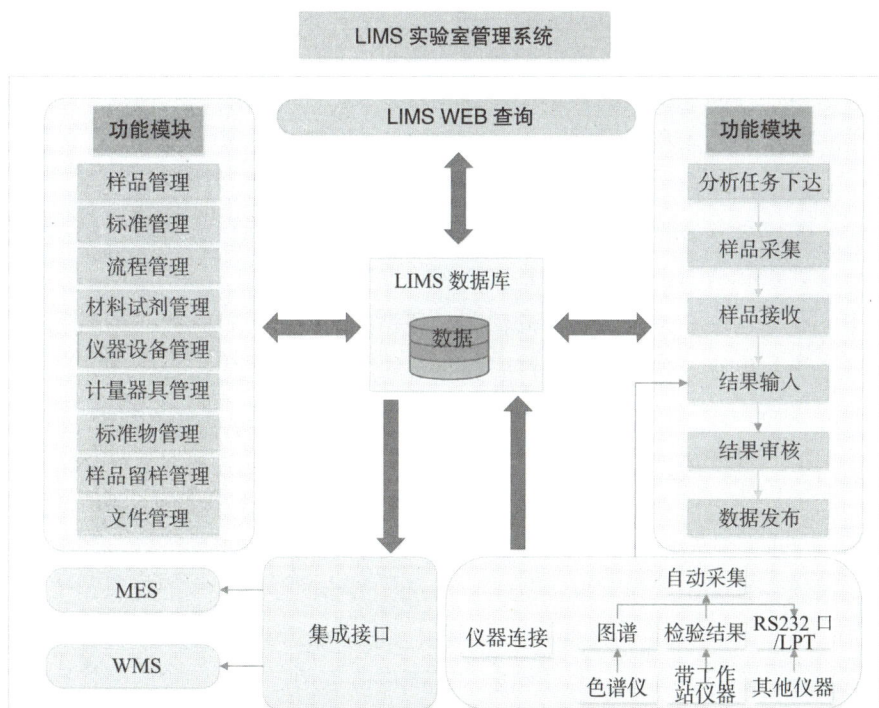

图 6-5　LIMS 系统功能架构图

LIMS 主要功能模块包括：

A. 样品管理　样品管理主要包含日常监测检验样品、留样样品、稳定性研究样品、环境监控样品四大模块，涵盖样品整个生命周期：登记、取样、接收、分配测试、录入结果、结果审核、报告放行，将样品模块的管理全过程进行动态管理，执行、减少和取消纸质记录，对每个样品进行标签管理、全程使用标签打印，进行样品生命周期的流转操作，适时查看任一样品所处生命周期状态，便于操作者和管理者随时掌握样品检测进度，适时调整工作计划。样品管理还可提高质量控制部门工作效率，确保产品及时放行，同时对大量产生的样品、检测、结果等动态数据进行数据备份，确保数据的完整性。

B. 材料试剂管理　试剂和标准物质的采购流程通常不在 LIMS 中进行管理，但是对提供这些试剂和标准物质的供应商需要进行管理。LIMS 还应对试剂的存放、库存等进行管理。对于严重影响试验结果的试剂和标准物质，LIMS 应在每次试验时录入或通过条码扫描的方式记录使用的试剂批号等信息。

系统在管理试剂和材料基本信息时可按化学试剂、化学药品、仪器运行用气体、办公用品、实验器皿、消耗品、危险品和毒品等进行分类。这样能够实现试剂和材料的购买申请、审批、出入库和领用等的管理。创建试剂和材料的发放领用记录，试剂和材料入库时，系统能自动增加库存；试剂和材料领用时，系统则会自动扣除库存，从而可以实现库存的自动更新管理。

要求具有多种查询功能和统计汇总功能，统计每月、每季、每年的消耗量和费用，并具有按月按季按年报表打印功能。

建立试剂和材料的供应商档案，包括供应商的名称，供应商所包含的生产单位名称，各种证件名称、有效期等信息。

C. 仪器设备、计量器具的管理　此模块可自动采集设备检验结果数据，形成检验记录。

可创建仪器的日常维护调度表，跟踪所完成的维护操作，同时还包括采取具体操作的注释说明。

仪器数据主要包含仪器的基本信息、仪器的预防性维护维修、仪器使用日志、仪器校验确认四大模块，用于管理仪器的使用、清洁、维护、维修、确认、校准等事项，确保所有用于 QC 检验的设备均处于正常运行和可控状态，避免因仪器处于非正确状态而影响产品的检测和放行。

D. 稳定性试验　稳定性试验主要包含制定稳定性试验计划、计划定期执行提示、稳定性试验结果汇总分析、不良趋势报告等，确保按照法规的要求完成稳定性实验。

E. 方法验证　此模块由专人负责维护管理，用于制定方法验证的计划、方法验证实施结果记录、在线存储验证的方法、检验方法变更和版本管理等。LIMS 应对检验方法进行严格的版本控制，通过在 LIMS 中的方法的版本更新和控制，保证实验室使用的检测方法是一致的并且是现行有效的。

F. 分析和报告、报表　分析和报告、报表管理包含对产品放行 COA、各类台账进行统一管理，实现全程电子化操作流程，尽可能减少无纸化记录，提高实验室工作效率和产品放行效率。另外可实现报表定制、趋势分析。

检验报告通常采用第三方报表工具或定制研发的报表工具来设置固定格式的报告模板，自动获取检测结果数据和客户要求的、说明检测或校准结果所必需的和所用方法要求的信息来自动的组织和生成报告。报告的生成过程中无需人工干预。报告的模板应按照实验室要求和《检测和校准实验室能力认可准则》的要求来制定，以确保提供必需的信息。所有报告中的信息必须是从系统数据库中抽取的，客观真实，保证数据的一致性。

G. 文件管理　文件管理是根据质量管理的需求，LIMS 系统提供各种文件的编辑、审批、发布流程。如实验室的规章制度、各种 SOP 等。此模块完善了文件的管理、保存、修改、销毁、归档处理、备份等文件的历史记录。

H. 人员管理　LIMS 中的人员管理不像人力资源系统，更偏重于对人员的检测能力、培训和授权的管理，包括人员技术档案、教育背景、现行工作岗位描述、培训记录等。LIMS 系统内保持人员的授权记录，根据授权记录，提供流程审批的权限，未经授权者是不能签发检验报告，也不能执行特定测试方法的实验。

I. 自动采集　通过对检验设备、仪器信号的自动采集，提高实验室的自动化能力，提高工作效率，同时确保数据的真实有效。

　　a. 仪器条件要求：实验室的检验检测设备需具备固定信号输出并能和数字信号通过转换协议稳定转换的设备。在设备采购之前需向厂家说明此需求。

　　b. 仪器接口方案：自动化检验检测仪器与 LIMS 系统的接口分成三

种类型：

- 模拟信号接口：通过 A/D 转换，将模拟信号转换成数字信号，完成数据处理，生成分析结果，保存到数据库中。
- 数据文件接口：通过系统软件生成分析结果并输出到通用格式的数据文件中，转换成统一格式，保存到 QMS 数据库中。
- RS-232 通信接口：将分析仪器与计算机通过电缆线直接连起来，通过串口通信协议，自动获得分析结果，上传到数据库中。

系统提供统一的仪器接口功能，用户可自定义仪器接口参数，不同仪器的参数设置是完全灵活的。用户通过技术培训后，可自行完成新购置仪器与系统的连接，无需供应商的技术支持。

6.4.4 系统未来发展方向

随着计算机化技术在实验室的普遍应用，优良的自动化实验室规范（GALP）的出现，LIMS 系统对实验室的方法、职责、管理和使用计算机化系统管理实验室数据等，都制订了技术细则。随着信息技术和科学技术的不断发展，越来越多的实验室使用可以进行数据采集和分析的温湿度计和检测试验环境的电磁干扰、辐射、振级的测量仪器（图 6-6）。通过 LIMS 和这些实时监控实验室环境的仪器的结合，有效的监控、分析实验室的环境条件，并可以将环境条件与仪器和测试项目进行关联，设置环境条件阈值，通过 LIMS 对测试人员进行提醒和警告，保证检测结果的准确性和有效性。

图 6-6　实验室系统检测分析界面图

6.5　过程分析技术与在线分析检测

6.5.1　概念及概述

过程分析技术（Process Analytical Technology，PAT）是一个综合系统，

是以实时监测原材料、中间体以及工艺关键参数和性能特征为手段而建立的一种设计、分析和控制的生产体系。它是药物开发、生产和质量保证的支撑，是创新和提高效率的管理框架体系，是一个包括化学、物理、微生物学、数学和风险分析在内的多学科综合分析方式。其目的是加强对生产过程的理解和控制，注重对风险的分析和管理。

美国食品药品监督管理局（FDA）指出，质量不是产品中检验出来的，而是在生产过程中形成的；或者是由过程设计所决定的［"质量来源于设计（QbD）"的理念］，即通过促进生产过程的改革创新，减少制药行业中的产品质量风险。PAT 提供了从现有的"文件质量检查"到"持续的质量保证"转移的机会，它可确保我们有"将质量设计入工艺"或"质量来源于设计"的能力，这样才能最终实现 GMP 的真实灵魂。

美国 FDA 用指导性的文件向制药工业发出通知，支持将 PAT 作为 cGMP 的开创性组成部分。PAT 是通过在工艺过程中实时测量原料、中间产品、在制品及工艺过程本身关键因素的一整套设计、分析和生产控制系统，目的是为了保证最终产品质量。

A. PAT 技术的主要功能

- 实时获取多变量数据和分析的有效工具。
- 对现代工艺过程的监控手段。
- 保持质量恒定，持续改进的信息来源。

B. PAT 技术的监控方法主要有光谱法（紫外 – 可见光、NIR 近红外光谱、拉曼光谱、计量学、荧光和冷发光传感器等）、色谱法、质谱法、核磁和电化学、热分析方法等。

6.5.2 优势体现

PAT 技术作为先进的在线分析和监测应用工具，用于化学反应分析的实时分析工具，其优势主要体现在以下几个方面。

A. 连续数据采集

a. 化学反应组分（反应物、中间体、目标物、副产物、催化媒介）。

b. 化学反应速率（反应的起始、速率或动态、终点）。

c. 关键工艺过程参数（临界条件、安全控制）。

d. 工艺过程的生产效率与产品质量（质量、重复性、产率）。

B. 可实现在生产条件下的原位分析

a. 高毒高活，高危险性或爆炸性反应化合物。

b. 高温高压反应与合成工艺。

  c. 无需破坏原来的无菌生产环境，无干扰性监测。

C. 先进性的工艺分析

  a. 可加速采取行动和缩短反应时间。

  b. 通过工艺过程的实时监控，保证药品批次间的质量一致性。

  c. 成本更低，效率更高。

6.5.3 在制药行业中的发展应用

  在国外，PAT 已经得到了相当先进的发展与应用；而我国在过程分析技术应用方面起步很晚，而且研发和制造此类产品的企业较少，特别是制药装备领域（图 6-7）更加罕见。

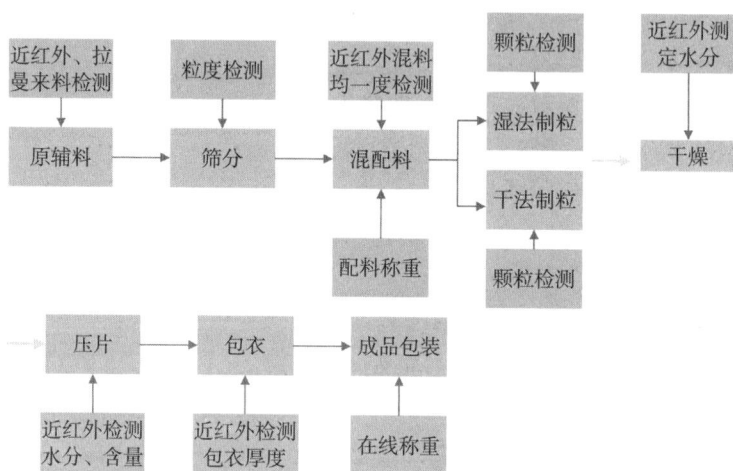

图 6-7　PAT 过程分析技术在口服固体制剂工艺中的应用

  国际上已经普遍认可 PAT 能够减少过程步骤，节约成本，降低能耗，提高自动化程度；从观念上将 PAT 视为持续革新改进的综合体系，而非仅仅从成本因素考虑。所以，PAT 技术是一种新的技术领域，更是一种新的管理理念，也是持续改进的思维驱动方式。随着制药工业自动化进程的日新月异，PAT 将会在更广阔的领域发挥更大的作用。

- 化学反应与合成工艺：产率提高、终点判断、杂质控制（NIR，NMR）。
- 浓缩工艺：各组分浓度检测。
- 粉碎制粒工艺：物料粒度实时监测（实时在线粒度分析系统）。
- 混合干燥工艺：混合均一度实时监测，物料水分检测（NIR，NMR）。
- 包衣工艺：包衣膜厚度的实时监测（NIR）。

- 结晶工艺：结晶过程中晶粒粒度与形状的实时监测（PVM，NIR）。
- 制药洁净区或关键工艺点环境实时监测：空气中尘埃粒子、浮游菌、风速压差、温湿度监测（尘埃粒子在线监测系统 FMS，瞬时微生物实时监测系统 IMD）。
- 生物制药工艺：蛋白质和抗体实时监测（NIR，NMR）。
- 制药纯水工艺：总有机碳（TOC）、浊度、液体中颗粒实时监测。
- 高毒高活工艺：高毒高活反应混合物的监控（NIR，NMR）。
- 冻干工艺：药物冻干过程的监控（NIR，NMR）。
- 提取工艺：有效组分的鉴定与浓度监测（NIR，NMR）。

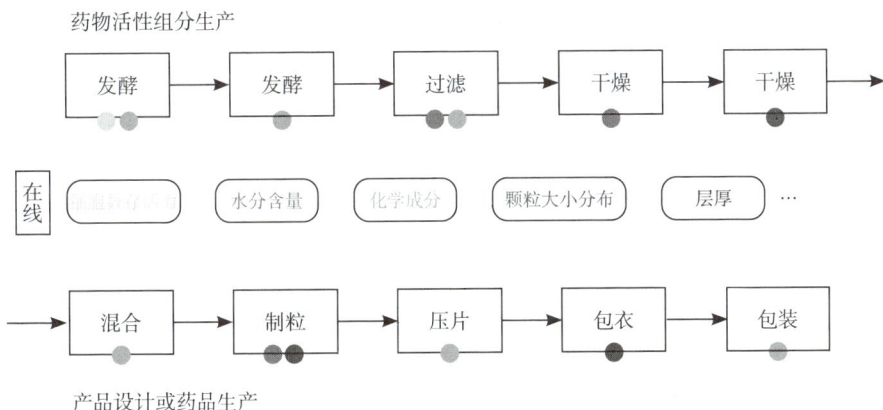

药物活性组分生产

在线　　　水分含量　　化学成分　　颗粒大小分布　　层厚　…

产品设计或药品生产

图 6-8　在线分析在制药业和生物技术领域的应用

6.5.4 过程分析技术工具分类

过程分析技术的工具包括四个部分：用于数据采集和过程分析的多变量工具；过程分析仪器；过程控制工具；持续改进和知识管理工具。通过这些工具可以将系统信息整合集成，利用特定的分析模块对整个过程信息进行系统地提取、校正和预测，从而有效控制产品质量。

从过程分析技术实施方式的角度，过程分析技术可分为在线或线上分析（On-line）、原位分析（In-line or In site）和非接触式分析（Non-invasive）。区别在于由人工从生产过程的取样点取样（包括原料、中间产品和最终产品）后将样品转移至分析实验室的离线分析，现代过程分析技术的实施多指在线分析方式。其中，在线分析（图 6-8）是指通过侧线（旁路）将样品从生产设备中引出，再由自动取样系统（可包含预处理系统）将样品引入仪器分析系统；原位分析则是无需取样侧线，直接将传感器或测量探头插入生产流程内部的某特定监测部位进行实时分析（Real-Time Analysis）；非接触分

425

析指所采用的传感器或测量探头不与样品直接接触，此类分析方式对于一些对人员有毒害或存在潜在危险的生产过程监测非常重要。

6.5.4.1 过程分析仪器

过程分析仪器是过程分析技术的核心工具之一，过程分析与控制均以过程分析仪的监测数据为基础。现代过程分析仪器主要包括光谱类仪器（包括近红外光谱、中红外光谱、拉曼光谱和紫外－可见光谱、分子荧光光谱仪等）、光谱成像类仪器和核磁共振谱等其他过程分析仪器。其中，近红外光谱分析技术因其仪器较为简单、分析速度快、非破坏性、无需样品制备、绿色无污染、适用样品类型广和多通道多组分同时监测等优点，在过程分析技术中得到了最为广泛的应用。

6.5.4.2 近红外光谱

近红外光是介于紫外－可见光和中红外光之间的电磁波，美国材料与测试协会（ASTM）定义近红外波长范围是780~2500nm（12800~4000cm^{-1}）。近红外光谱属于分子振动光谱，主要是共价化合键非谐振动的倍频和合频。分子结构中存在含氢基团（如C–H、N–H、O–H）的物质是近红外光谱信息的主要来源。

近红外光谱图的特点是谱峰宽且重叠干扰严重，因此采用近红外光谱技术进行分析时，常规的单波长吸光度校正方法已难以适用。近红外光谱定量分析通常需依靠多元校正方法，首先收集在组成及性质分布上有代表性的一组样品，采集这些样品的近红外光谱的同时，采用常规（参考）分析方法测定其待测性质（称为参考值）；然后采用多元校正方法（如偏最小二乘回归等）将样品近红外光谱数据与参考值进行关联，建立二者的定量关系，此即校正模型。模型建立后可用于预测分析，即可根据待测样品的近红外光谱及定量模型预测其相应待测性质。

近红外光谱技术的特点包括操作简便、快速，可不破坏样品进行原位测定，不使用化学试剂，无需样品预处理，可直接对各类型的固液相物料进行分析，加之与光纤等测量附件的配合，使得近红外光谱技术特别适用于在线分析。

近红外光谱分析技术由近红外光谱仪（包括测量附件）、仪器控制及多变量数据处理软件和校正模型三部分组成。光谱仪硬件用于采集样本的近红外光谱，仪器控制及多变量数据处理软件用于采集光谱并建立校正模型，校正模型则用于对待测样本进行定性或定量的预测分析。在线近红外光谱分析系统的硬件构成根据应用场景及对象还可能包括取样系统、预处理系统、数据通信模块、工业机柜等。

光谱仪主机是在线分析系统的核心。按照分光类型，主要分为滤光片型、光栅色散型、傅里叶变换型（Fourier Transform，FT）和声光可调滤光器型（Acoustic Optical Tunable Filter，AOTF）四类。各分光类型仪器都有用于在线分析的实例。用于过程分析的近红外光谱仪通常需具有以下特点：①测量速度快；②可实现多通道多指标同时测量；③仪器耗材少、维护简便；④可采用光纤远距离传输。

由于近红外光的波长介于紫外与中红外之间，因此其信号可以采用相对便宜的低羟基石英光纤进行传输，多数在线近红外光谱仪均可采用光纤方式来远距离传输光信号，使光谱仪主机远离恶劣环境或复杂现场的测样点。

除了传导光纤以外，目前针对制药行业不同关键质控点及测量对象有不同在线光纤测量附件，包括不同规格和材质的流通池及光纤探头，可以测量各种物态（液体、黏稠液体、粉末和颗粒等）、不同条件（高温、高压和腐蚀性溶液体系等）的样品。例如，透光性及流动性好的液体样品一般采用流通池或浸入式透（反）射探头，直接将光纤探头插入主管线或反应装置来实现液体样品的原位（In-line，In site）分析；而固体颗粒样品的原位在线测量则多采用漫反射光纤探头，将漫反射探头直接插入容器内，与粉末或颗粒样品直接接触测量。例如制剂生产中的流化床干燥过程中水分和溶剂含量的在线监测即是使用漫反射光纤探头测量。通常为避免粉末粘连等问题影响谱图质量，漫反射探头还可选配吹扫装置、转动装置及自动撤回装置等附加功能。

多通道样品测量是在线近红外光谱仪的优势，在硬件上主要通过光拆分及光纤多路器的方式来实现。光拆分方式即是经干涉仪分光后的光通过光学透镜等分光器均分为若干份各自进入光纤，然后通过光纤引入测量点，反射信号分别进入各自独立的检测器。这种方法的最大优势是实现了真正意义上的同时检测（各通道采用独立检测器）。另一种多通道的实现方式是光纤多路器，即通过机械切换的方式将一条入射光纤和多条出射光纤依次耦合对接，将光切入各通道；或者通过仪器内部的切换镜，将光路切至各样品通道。此方式的优点是光源光通量较大，成本也较低（各通道共用一个检测器）。不足之处是各通道间并非真正"同时"检测，需要依次切换，且有可移动的机械移动部件存在带来的机械劳损问题。

除光谱仪主机及光纤、探头等测量附件之外，在线近红外光谱系统还需要一些辅助系统，例如当实施在线分析（On-line）时，根据样品的性质可能需要取样及预处理系统。另外数据通信模块、工业机柜等均可以根据具体需要配置。取样系统的目的一般是从主管线中抽取样品进入旁路供分析：液体样品取样系统主要通过泵或压差来完成；固体样品取样系统则通过重力、真空输送或传送带的方式实现。样品预处理系统的主要目的是控制样品的温度、压力和流速等，以及脱除样品中可能影响光谱采集的固体催化剂、机械杂质和气泡等，确保连续、干净的样品进入在线分析仪的检测装置中进行测量。数据通信模块用于过程分析仪与过程控制系统（如 PLS 和 DCS）等的数据通信，向控制系统传输分析数据或接收控制系统下达的命令。目前过程分析仪与控制系统的通讯多采用 ModBus 通信协议（RS485 接口、双绞线传输）或基于 OPC 接口的以太网方式。

6.5.4.3 拉曼光谱

拉曼光谱也是近几年发展较快的一种过程分析仪。拉曼光谱也属于分子振动光谱，但其产生原理与红外和近红外光谱有很大差异：红外和近红外光谱为吸收光谱，而拉曼光谱为散射光谱。当单色光束照射到物质上时发生散射，散射光中包括由弹性碰撞产生的、与激发光波长相同的瑞利散射光和与激发光波长不同的拉曼散射光，两者的频率之差即为拉曼位移。拉曼位移是表征物质特性的物理量，不同的物质分子有不同的拉曼位移。拉曼光谱和近红外光谱是相互补充的技术，当用于某些过程分析时，拉曼光谱与红外光谱包括近红外光谱能起到相互补充的作用。水分子的拉曼信号很弱，可以较容易地获得含水样品的拉曼光谱。拉曼光谱技术具备与近红外光谱技术相同的优点，如快速无损、无污染、可实时在线分析等。拉曼光谱仪的激发光及散射信号均落在可见或近红外区，因此同近红外光谱仪一样可进行光的传输。光谱仪主机可放置在远离恶劣环境的区域。拉曼光谱常用于在线监控药物的结晶过程、晶型转变过程及湿法制粒过程等。

6.5.4.4 中红外光谱

中红外光谱的波长范围为 4000~400cm^{-1}，属于有机化合物分子的基频振动光谱。中红外谱区相比于近红外谱区吸收强，信息丰富且基团分辨能力强，能区别结构近似的物质，因此中红外光谱技术常用于物质分子结构解析及鉴定。传统红外光谱在测量附件上存在一系列限制：固体粉末分析需采用固体压片等较为麻烦的制样方法；液体分析则需使用较短光程的液体透射池，存在取样代表性差、气泡干扰严重和清洗困难等缺点。这些限制使得红外光谱在过程分析中的应用受到局限。近些年，随着衰减全反射（Attenuated Total Reflection，ATR）等测量附件和化学计量学的发展，已有一些将中红外光谱技术应用于过程分析的实例。例如在制药行业的 API 反应过程监测上使用衰减全反射傅里叶变换中红外（ATR-FTIR）方法与多变量数据分析结合，以离线 HPLC 数据为参考建立定量模型，监测反应原料及产物的转化水平。

6.5.5 在制药行业中的应用举例

6.5.5.1 PAT-NIR 近红外监测系统应用原理介绍

A. 应用背景介绍　对制药企业来说，混料是几乎每种药品都会有的一个生产环节，混料均匀度好坏直接影响到成品药的药效。混料过程是将多种物料混合由不均匀到均匀的工艺过程，反映在光谱上就是光谱由不稳定到稳定的过程。对混料均匀度的检测，一般的做法是在混料均匀的时刻停机，然后在混料罐中物料的不同部位取样进行实验室化验分析，如果其中某种成分的含量值一致的话，即认为混料达到均匀。由于该做法的时效性差，所以一般确定混料均匀的时刻后，就不再进行化验分析，以该时间来进行混料。对混料过程的理解仅凭经验和实验，无法提供精确有效的信息，无法对药物在混料过程中产生的质量问题进行跟踪。

目前的制药企业对混料均匀度没有一个标准的检测方法，业界普遍都是采用延长混料时间的方法来确保最终混料的均匀，但这种做法通常极大降低了生产效率，且最后的混料均匀度也不能保证。

B. 近红外检测方案的引入（图 6-9）　采用近红外光谱仪进行混料均匀度检测，快速高效。仪器直接安装在混料机上，仪器随混料机一起转动，通过视窗对混料的均匀度进行在线实时的检测分析。分析结果以 MBSD 趋势图和数据表的形式给出，简明、直观，对混料过程中的混料均匀度情况一目了然，从而缩短了混料时间，提高了混料的效率，产品的质量稳定性也得到保障。

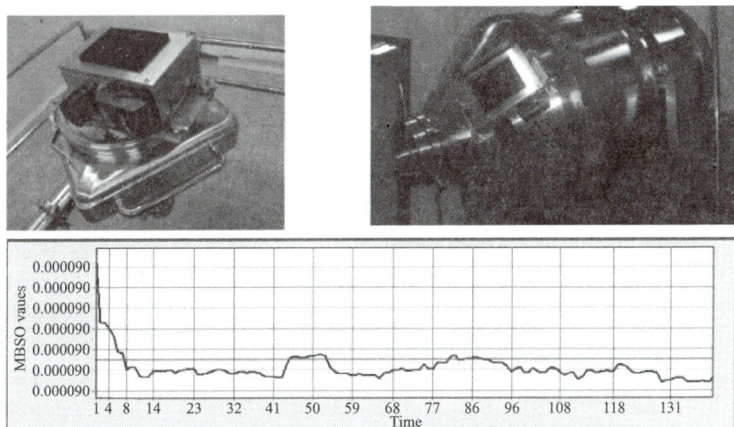

图 6-9　在线近红外光谱法测定混料的均一性

目前国外近红外检测技术在制药领域的应用已经非常成熟。《欧洲药典》

《美国药典》已把该项技术列为标准检测方法，其检测数据已得到美国 FDA 认可。国内在此领域应用也取得显著进展，现行版《中国药典》已将"近红外分光光度法指导原则"列入目录。

从药物的定性、定量分析，到生产过程各个阶段：包含合成、混合、干燥应用在线近红外光谱法的工艺包括有：合成、混合、干燥、菌检、加工、制剂压片和包装等在线监控过程都体现出近红外光谱的巨大潜力。

a. 主要功能：通过及时采集生产过程物料的光谱数据，预测物料的质量属性（如水分、粒度、含量均匀度等），实现生产过程的在线或线边监测。

b. 主要技术指标

- 近红外光谱仪主机：多通道同时检测（最多同时 4 个样品通道），每个样品检测通道都具备独立的检测器，可以同时监测生产流程的多个质控点。

- 验证系统：内置系统校验（适应 GMP 和美国 21CFR Part11），内部实时波长校准。

- 干涉仪：电磁式迈克尔逊干涉仪。

- 分束器：CaF2 分束器。

- 分辨率：$4cm^{-1}$（0.6nm 在 1250nm 处）。

- 波长准确度：$\pm 0.2cm^{-1}$（0.02nm 在 1250nm 处）。

- 光度线性度（美国药典标准）：斜率范围 1.0 ± 0.05，截距范围 0.0 ± 0.05。

- 光谱范围：（1000~2200nm）。

- 近红外软件

  操作软件：能够在中文 Windows XP 环境下运行国标界面便于操作。

  红外软件：菜单软件，图示式指令。包括：控制、采样及谱图处理、评价软件；不同数据形式之间的转换软件等功能。

c. 化学计量学软件及验证系统

- 近红外定量分析软件，定量算法包含有：经典最小二乘回归（CLR）、逐步多元线性回归（SMLR）、主成分回归（PCR）、偏最小二乘回归（PLS）及其各种改进算法如加权 PLS 和非线性 PLS；可提供多种光谱预处理方法和检验选择，同时具有自动优化建立模型的功能。

- 定性分析软件包：判别分析技术、相似度（Similarity）和距离

（Distance）匹配技术、光谱库建立和检索技术、QC Compare 光谱鉴别技术和 SIMCA 分类技术等。

● 校验系统：仪器内置自动波长校正功能，反射率测定标准（99%，80%，40%，20%，10% 和 2% 6 个反射标准物质）和可追溯美国国家标准技术研究所（NIST）用作波长准确度标准物质 1920x，以及测量方法软件。

● 硬件与软件已通过 cGMP 认证，满足美国 21 CFR Part 11 和《美国药典》《欧洲药典》标准。

C. 混料过程实现检测目的　实现对混料过程的检测，实时掌握混料的均匀度情况，选择最佳的出料时间，提高效率。

D. 对混合均匀度分析验证达标的指导意义　近红外光谱仪对混料过程中的物料均匀度情况进行分析，验证分析的结果完全能够达到实际要求（图 6-10）。

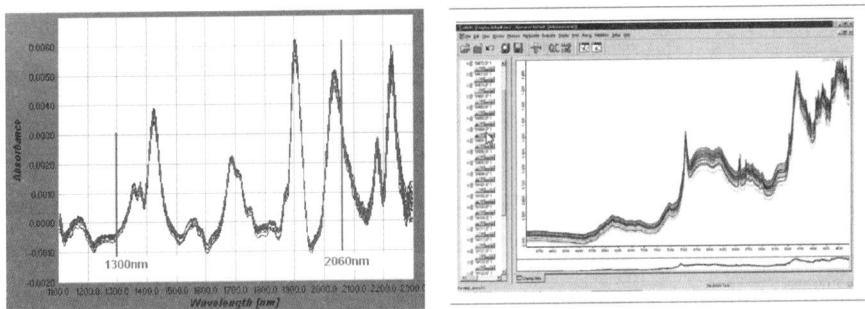

图 6-10　在线近红外光谱法 —— 颗粒剂光谱

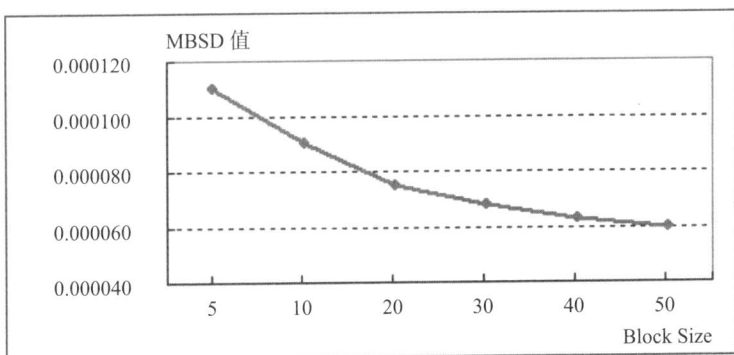

图 6-11　MBSD 与 Block Size 的关系

6.5.5.2 颗粒特征分析仪应用介绍

颗粒特征分析仪是一类面向颗粒的尺寸和形状测量的在线检测仪器，适用于颗粒化、球粒化和制粉过程，可在以下过程中对固体制剂工艺过程提供帮助。

- 研发
- 量产
- 技术转移
- 大规模的生产

其在提供过程分析同时可查看实时数据及应用图像，并且提供线上及线下的应用服务。技术标准如下。

- 检测颗粒尺寸范围：50~3000μm
- 检测最大颗粒速度：10m/s
- 数据简化 & CSV 量化数据导出
- 同款产品可应用于线上及线下

同时支持图像采集、图像分析、尺寸估计和 PDF 报告的直接导出。

目前 PAT 在线过程分析技术所提到的很多过程检测仪器及分析方法已在化工和制药生物技术领域得到广泛的应用，美国 FDA 针对近年制药行业市场环境和上下游厂商的需求程度也有进一步加速推广其应用趋势。

PAT 过程分析提供了经证明对多领域行业的质量管理与品质提升确实行之有效的测量平台，且所使用的方法与实验室常规分析方法保持一致性。

- 光谱（红外，近红外，紫外，拉曼光谱法）。
- 细胞计数，生物高效液相色谱等。

相信 PAT 在线过程分析技术将会为制药过程中完美的操作和控制过程发挥出更显著的作用。

6.6 计算机化系统验证

6.6.1 基于科学和风险的计算机化系统验证概述

随着时代的发展和技术的进步，当今国际新的制药理念（尤其是过程分析技术 PAT）不断地被提出并付诸实践，越来越多的计算机化系统在制药领域得到了广泛的使用（图 6-12）。

由于计算机化系统验证不同于一般的设备验证，对被监管公司和供应商进行系统的计划、规范设计、建造、确认、放行以及保证系统符合规范均提出了很多新的要求。同时，计算机化系统验证涉及除制药工程等多个专业（表 6-1）。

表 6-1 计算机化系统类型及涉及专业

序号	系统类型		专业类型
1	过程控制系统	集散控制系统 DCS	机电、自控、通讯、生产
2		可编程控制器 PLC	机电、自控、通讯、生产
3		数据采集与监视系统 SCADA	机电、自控、通讯、生产
4	可配置 IT 系统	企业资源计划 ERP	通讯、软件、管理
5		实验室信息管理系统 LIMS	通讯、软件、管理
6		文件管理系统 FMS	通讯、软件、管理
7		工作流程管理系统 WFMS	通讯、软件、管理
8	分析仪器		通讯、软件、药理药化
9	桌面应用程序	电子表格	软件
10		数据库	软件
11	基础设施和接口		通讯、软件

此外，基于科学的质量风险管理，质量管理体系（QMS）内的生命周期方法，可增减的生命周期活动以及数据的生命周期，也将在计算机化系统验证中得到充分地运用而贯穿其生命周期全过程。

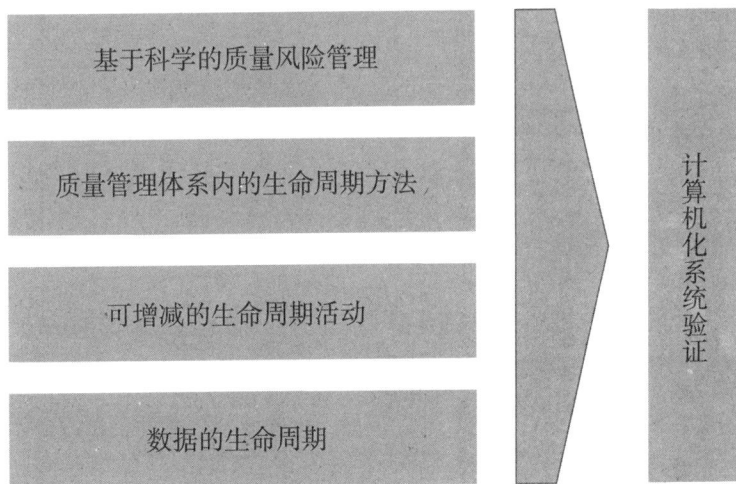

图 6-12 计算机化系统相关理念

6.6.1.1 概念及术语

关于本章节的重要概念"计算机化系统"（表 6-2）的汇总和对比：

表 6-2　计算机化系统定义

序号	法规 / 指南	定义
1	中国 GMP（2010 年修订）	计算机化系统：用于报告或自动控制的集成系统，包括数据输入、电子处理和信息输出
2	中国 GMP（2010 年修订）附录《计算机化系统》2015 年 12 月	计算机化系统由一系列硬件和软件组成，以满足特定的功能
3	PIC/S 指南 PI 011-3 受"GxP"环境监管的计算机化系统良好实践，2007 年 9 月	计算机化系统由计算机系统和所控制的功能或流程组成 计算机系统由计算机硬件、固件、安装设备和控制计算机操作的软件组成 所控功能可由所控设备和定义这些设备功能的操作流程组成，或其亦可为一个操作，而不需计算机系统中硬件以外的设备
4	ISPE GAMP 5 遵从 GxP 计算机化系统监管的风险管理方法，2008 年	计算机化系统包括硬件、软件和网络组件，再加上所控功能及相关文件

PIC/S 指南 PI 011-3 受"GxP"环境监管的计算机化系统良好实践（2007 年 9 月）给出了计算机化系统的形象表述，如图 6-13 所示。

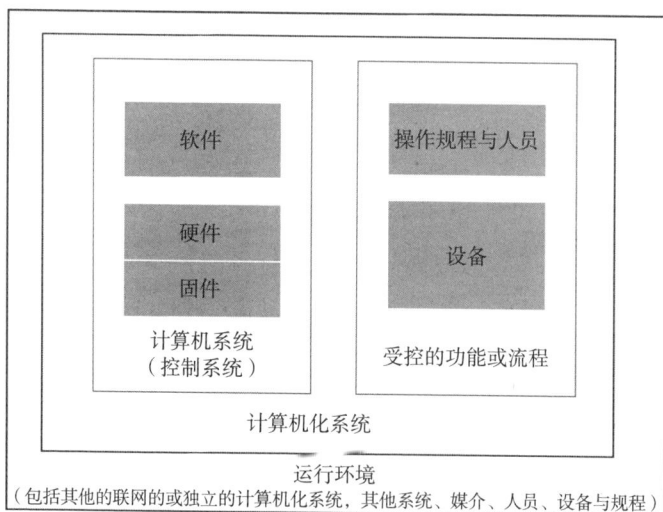

图 6-13　计算机化系统（PIC/S 指南 PI 001）

根据 PIC/S 指南所示的计算机化系统组成可以看出，计算机化系统的验证本质至少包含：

- 硬件（计算机系统的硬件、设备或系统硬件）
- 软件（计算机系统的软件、应用程序软件）
- 文件（操作规程建立确认及人员培训）
- 流程（工艺、检验等系统所要实现的实用性功能）

● 数据（因计算机化系统生成电子数据，故数据合规性需关注）

计算机化系统验证（Computer System Validation，CSV）：建立文件来证明系统的开发符合质量工程的原则，能够提供满足用户需求的功能并且能够长期稳定的工作。

良好自动化生产实践指南（Good Automated Manufacturing Practice，GAMP）：是由 ISPE 主编的实践指南。自 90 年代以来，不断改版的良好自动化生产实践指南被广泛使用并得到国际监管部门的公认，它是计算机化系统验证的指导方针。现行版本为第 5 版，即 GAMP 5。

GxP：基本的国际制药要求（法律或规范）。包括但不限于 GMP 药品生产质量管理规范、GLP 良好实验室管理规范、GCP 良好临床实验管理规范、GDP 良好配送管理规范、GPP 良好药品安全管理规范等。

6.6.1.2 计算机化系统生命周期

计算机化系统生命周期包括从概念提出到系统退役的所有活动。由以下四个主要阶段组成（图 6-14）。

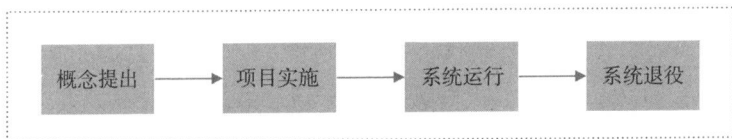

图 6-14　计算机化系统生命周期基本阶段

A. 概念提出（图 6-15）　在概念提出阶段，公司会根据业务需求和收益来考虑是否要实现某一个或多个业务流程的自动化。通常，在这个阶段会提出初始需求并考虑可能的解决方法。通过对范围、成本和收益的初步认识来决定是否需要进入到项目实施阶段。

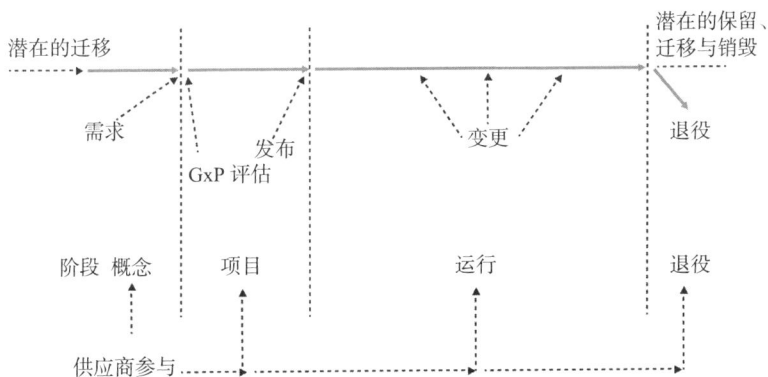

图 6-15　计算机化系统生命周期详细阶段

B. 项目实施（图 6-16） 项目阶段包括以下五个方面：

    a. 计划（包括验证计划、供应商的评估和选择以及质量及项目计划）。

    b. 规范（包括需求规范和设计规范）。

    c. 配置和（或）编程（包括源代码审核以及软硬件的集成过程）。

    d. 验证（包括模块测试、集成测试和系统测试）。

    e. 报告（包括验收、放行与投入使用）。

当然，项目阶段还包含风险管理、设计审查、变更和配置管理、可追溯性以及文件管理等在内的支持流程。

整个项目阶段的活动均是基于风险的决策而进行的。

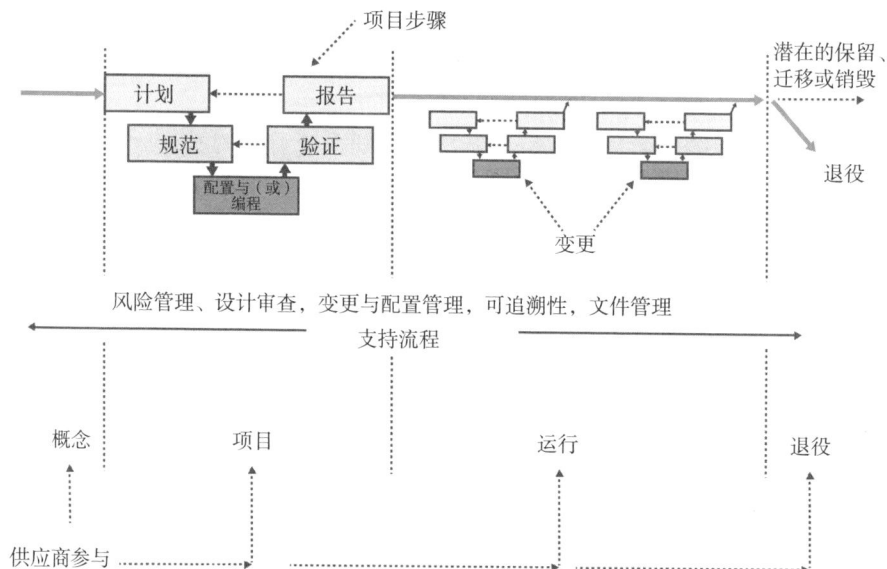

图 6-16 项目阶段活动及支持流程（GAMP 5）

C. 系统运行 系统运行通常是最长的阶段，由既定的、及时更新的、可操作的规程对其进行管理。为保证系统处于受控（包括其安全性）、符合预期用途并且符合法规要求的状态，需要对系统进行变更和配置管理。

D. 系统退役 当一个计算机化系统的现行功能不再适用，或执行一个新系统替代现有系统的功能时，该系统就从实际使用中引退。此阶段是生命周期的最后一个阶段，其目标是要消除对原系统的依赖并提供一个如何从原系统中取回相关数据的方法（保留、迁移还是销毁）。

6.6.1.3 计算机化系统软硬件分类

对计算机化系统进行软硬件分类也是质量风险管理的一部分（软硬件类别越高，相对而言的复杂性和新颖性就越高，风险相对也就越高），所以需要将软硬件分类同供应商评估以及 GxP 风险评估联系起来加以认识和理解。以上三者结合起来可确定出一个适宜的验证生命周期的方法。

值得注意的是，软硬件分类并没有特别明确的界限（尤指软件），因此并非意味着所有的软硬件均可精确划分到某个特定的类别。

A. 硬件分类　硬件分为两个类别：标准硬件组件和定制硬件组件（表6-3）。

表6-3　硬件分类及典型方法

硬件类别	注释	典型方法	典型示例
标准硬件组件	按型号、用途、规格等要求直接能从供应商处采购到的硬件设备	通过文件记录下生产厂家或供应商的详情、序列号和版本号 确认正确的安装流程 适用配置管理和变更控制	标准元器件 标准线缆 标准 PLC 模块
定制硬件组件	需要根据客户需求进行自定制的硬件设备	上述内容再结合： 设计说明 验收测试	电气柜 线槽和桥架

B. 软件分类　GAMP 5 将软件分为基础设施软件（1类）、不可配置软件（3类）、可配置软件（4类）和定制应用软件（5类）四个类别（表6-4）。

表6-4　软件分类及典型方法

软件类别	说明	典型示例	典型方法
基础设施软件	分层式软件 用于管理操作环境的软件	操作系统 数据库引擎 编程语言 电子制表软件 版本控制工具 网络监控工具	记录版本号，按照所批准的安装规程验证正确的安装方式
不可配置软件	可以输入并储存运行参数，但是并不能对软件进行配置以适合业务流程	基于固件的应用程序 COTS 软件	简化的生命周期方法： 用户需求说明 基于风险的供应商评估方法 记录版本号，验证正确的安装方式 基于风险进行测试 有用于维持系统符合性的规程
可配置软件	这种软件通常非常复杂，可以由用户进行配置以满足用户具体业务流程的特殊要求。这种软件的编码不能更改	SCADA 数据采集与监视系统 DCS 集散控制系统 BMS 楼宇管理系统 HMI 人机界面 LIMS 实验室信息管理系统 ERP 企业资源计划	生命周期方法： 基于风险的供应商评估 供应商的质量管理系统 记录版本号，验证正确的安装方式 在测试环境中根据风险进行测试 在工艺流程中根据风险进行测试 具有维持符合性的规程

软件类别	说明	典型示例	典型方法
定制软件	定制设计和编制源代码以适于业务流程的软件	内部和外部开发的IT应用程序 内部和外部开发的工艺控制应用程序 定制功能逻辑 定制固件 电子制表软件（宏）	与可配置软件相同，再加上更严格的供应商评估，包括进行供应商审计 完整的生命周期 设计和源代码回顾

与 GAMP 4 不同，GAMP 5 软件分类不再单独将"类别 2 固件"作为一个类别。随着科技的发展，固件的复杂程度越来越高，可根据其嵌入软件的性质划分到任何一个类别，如，在一个简单的实验室器具中可能有不可配置的固件，或者在一个新颖的过程分析技术（PAT）系统中也可能有定制的固件（图 6-17）。

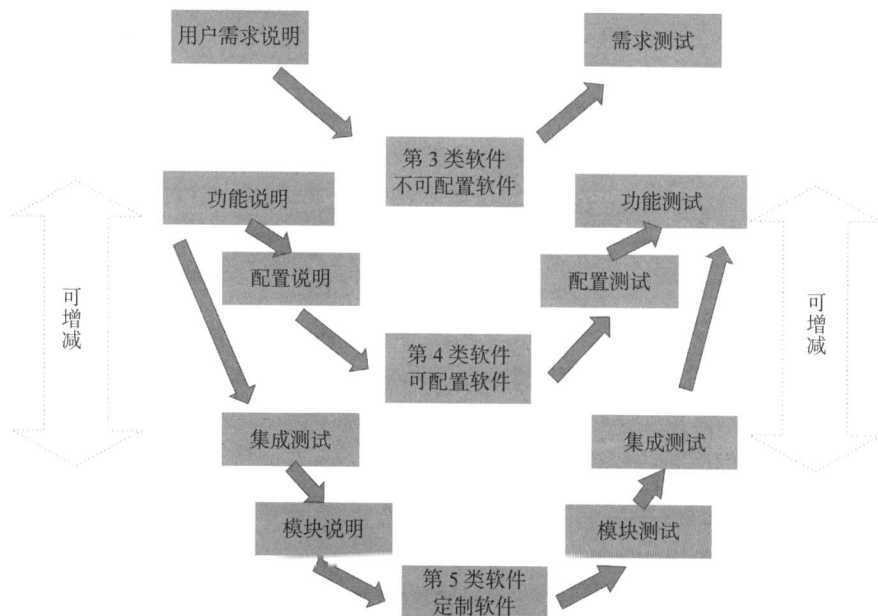

图 6-17　系统按软件分类及其可增减的生命周期模型

需注意的是，尽管固件已经不包括在第 5 版的 GAMP 中，但是像实验室 pH 计、分析天平本质上仍然为 2 类软件，并且等同于 USP 通则〈1058〉B 组仪器。

在制定《美国药典》通则〈1058〉组别（表 6-6）和 GAMP 的软件分类（表 6-5）并不一致，但可以发现如果复原 2 类软件，2 类软件和《美国药典》通则〈1058〉B 组仪器是完全相同的。

表 6-5　计算机化系统软件分类

软件类别	GAMP 4	GAMP 5
1	操作系统	基础设施软件
2	固件	不再使用
3	标准软件包	不可配置软件
4	可配置软件包	可配置软件
5	定制（预定）软件	定制应用软件

表 6-6　USP 通则〈1058〉分析仪器的认证 / 指导性原则中的软件分类

序号	软件类别	说明
1	固件	如 pH 计。计算机化的分析仪器包含的带有低水平软件（固件）的集成芯片，若没有合适的运行固件，仪器是无法工作的，且使用者一般不能改变固件的设计或功能
2	仪器控制、数据采集和处理软件	如紫外分光光度计。仪器的运行通过与之连接的计算机软件进行控制，仪器本身几乎不能进行控制，且软件对数据采集和采集后的计算是必需的
3	独立软件	如 LIMS。验证过程由软件开发者制定，且规定适合软件的开发模型

　　同时，从类别 3 到类别 5 是一个没有明确分界线的连续体，这意味着对其中一个类别的建议，可能对位于两个类别之间的系统或组件也是同样适用的。

6.6.1.4　计算机化系统质量风险管理

　　质量风险管理是评估、控制、沟通和风险评估的系统过程。计算机化系统的质量风险管理是一项非常重要且有益的工作，它将贯穿系统从初始概念提出至最终系统退役的全过程。

　　基于科学的质量风险管理应用，可使我们通过可控的与合理的方式将工作重点放在计算机化系统的重要方面。应该基于明确的流程理解与系统对数据完整性、产品质量和患者安全的潜在影响来进行质量风险管理。如对于控制或监控 CPP 的系统，其应可以追溯到产品的 CQA，并最终满足生产系统相关的法规要求。

　　本风险管理流程及方法借鉴了 ICH Q9 质量风险管理指南。

　　A. 目的及益处　计算机化系统的风险管理应用于系统的整个生命周期（图 6-18）。

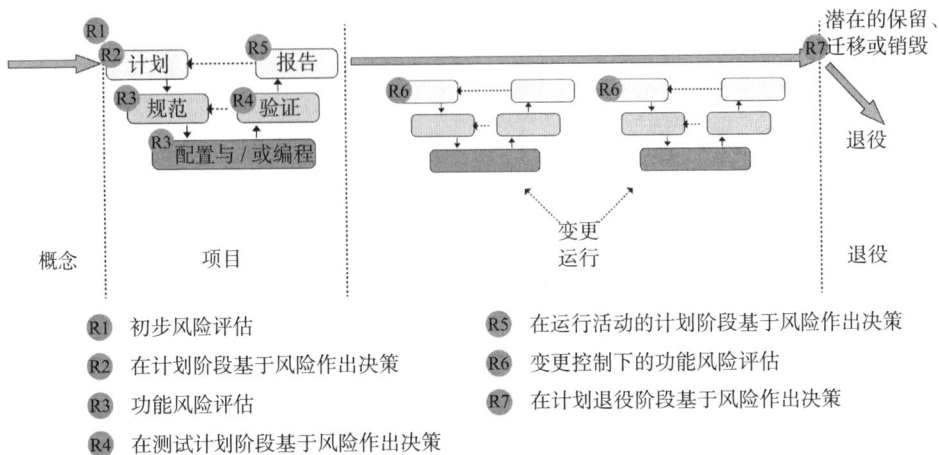

R1	初步风险评估	R5	在运行活动的计划阶段基于风险作出决策
R2	在计划阶段基于风险作出决策	R6	变更控制下的功能风险评估
R3	功能风险评估	R7	在计划退役阶段基于风险作出决策
R4	在测试计划阶段基于风险作出决策		

图 6-18　应用于计算机化系统整个生命周期的风险管理

计算机化系统的风险主要是针对患者安全、产品质量以及数据完整性而言的。其目的是：

a. 识别风险并将其消除，或者将其降低到一个可以接受的水平。

b. 针对具体的系统采取适宜的生命周期活动，提供依据和灵活的方法。

质量风险管理是用一种可控而且合理的方式侧重于计算机化系统的关键方面，其益处主要体现在：

a. 更加关注于患者安全、产品质量和数据完整性（最终目标），对 GxP 风险进行有效的识别和管理。

b. 根据系统的整体风险（GxP 风险、复杂性和新颖性、供应商评估）确定采用适宜的可增减生命周期的活动（及文件）。

c. 为充分利用供应商的活动（知识、经验和文件）提供依据。

d. 确保系统符合预期用途。

e. 加深对产品和流程的理解。

f. 提高系统合规效率。

g. 更好的识别潜在风险以及建议的控制措施。

h. 其他益处。

B. 质量风险管理流程　计算机化系统质量风险管理采取了同 ICH Q9 一致的框架进行风险评估、控制、交流与审查的系统化过程。如图 6-19 展示了 GAMP 用于质量风险管理的五步流程是如何应用 ICH Q9 流程来实现和维护系统合规的。

上述的五步流程将在计算机化系统生命周期的各个阶段所实施。

表6-7展示了每个风险管理步骤下的典型输入和输出。

C. 方法和工具　计算机化系统的风险管理工具一般采用简化的 FMEA 模型（表6-8）。

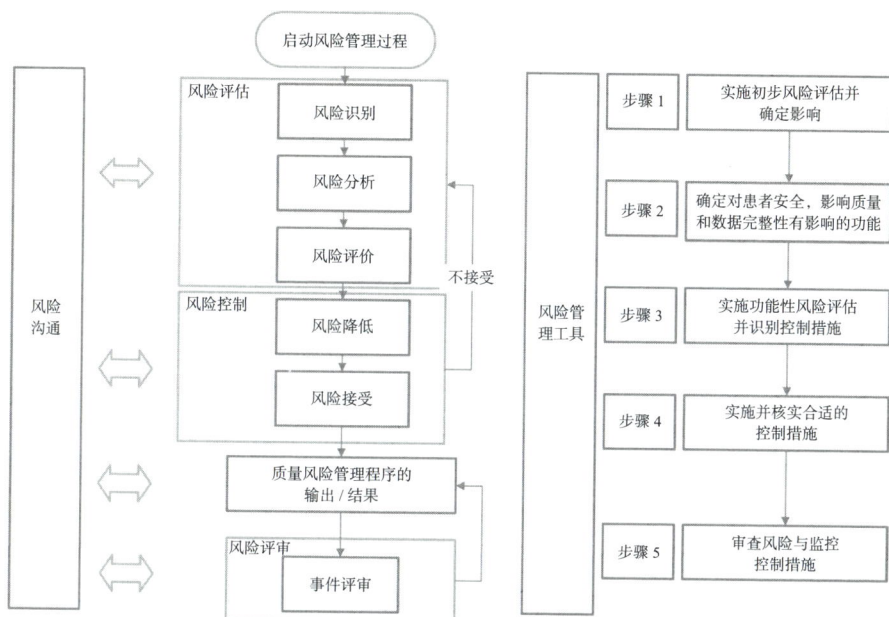

图 6-19　质量风险评估

表 6-7　GAMP 风险管理流程步骤下的典型输入或输出

步骤	内容	输入	输出
步骤一	实施初步风险评估并确定影响	从药物开发过程中提出的关于关键参数的生产工艺和信息	系统 GxP 影响评估结果 可增减的风险管理及项目活动计划
步骤二	确定对患者安全、产品质量和数据完整性有影响的功能	从药物开发过程中提出的控制策略	各功能的风险情况及其关联的潜在影响
步骤三	实施功能性风险评估并识别控制措施	在考虑风险的可能性 / 可检测性的基础上设计适当的规范标准	经过整体风险评价的功能被识别的必要的控制措施
步骤四	实施并核实合适的控制措施	通过风险评估识别出的控制措施	被实施的必要的控制措施 规范、实施、测试计划期间基于风险的可增减性

步骤	内容	输入	输出
步骤五	审查风险与监控控制措施	风险评估 测试结果和其他的控制证据 持续运行期间的性能核查 按要求进行的数据的迁移或保留	• 接受剩余风险或者重复实施额外的控制措施 • 运行活动计划时基于风险进行决策 • 变更控制时基于风险进行决策 • 系统退役计划时基于风险进行决策

表 6-8　简化的 FMEA 模式

风险级别		可能性			风险优先性		可检测性		
		低	中	高			低	中	高
严重性	高	2	1	1	风险级别	1	H	H	M
	中	3	2	1		2	H	M	L
	低	3	3	2		3	M	L	L

严重性 = 对患者安全、产品质量和数据完整性的影响 (或其他危害) 可能性 = 故障发生的可能性 风险级别 = 严重性 × 可能性	可检测性 = 危害发生前可发现的可能性 风险优先级 = 风险等级 × 可检测性

D. 案例分析

　　a. 实施初步风险评估并确定系统影响：计算机化系统的初步风险评估一般进行 GxP 关键性评估，进行评估之后对 GxP 关键系统再实施 GxP 影响分级。

　　b. 确定对患者安全、产品质量和数据完整性有影响的功能：根据系统所要实现的功能从上述的"GxP 关键性"和"影响级别"两个层面上进行判断和分析，确定并识别系统对于患者安全、产品质量和数据完整性有影响的功能。该思想和策略源自 ISPE GAMP 5《遵从 GxP 计算机化系统监管的风险管理方法》。鉴于此方法方向正确，但可操作性相对不强的情况，我们可以考虑借鉴 ISPE C&Q《调试与确认》中的问题判定（表 6-9）。

　　经过分析，表 6-9 所列的七个评判依据，已经全面地涵盖了"患者安全"（如第 2 个依据）、"产品质量"（如第 3 个依据）和"数据完整性"（如第 6 个依据）三个方面的考量。

表 6-9　系统 GxP 关键性评估

问题或依据	结论判定
系统是否生成、处理或控制用于支持法规安全性和功效提交文件的数据？	□是 □否
系统是否控制临床前、临床、开发或生产相关关键参数和数据？	□是 □否
系统是否控制或提供有关产品放行的数据或信息？	□是 □否
系统是否控制与产品召回相关要求的数据或信息？	□是 □否
系统是否控制不良事件或投诉的记录或报告？	□是 □否
系统是否支持药物安全监视？	□是 □否
是否 GxP 关键系统（上述回答有一个"是"即为 GxP 关键系统）？	□是 □否

　　c. 实施功能性风险评估并识别控制措施：表 6-10 展示了一个经过功能影响性评估后，进行的完整的 FMEA 评估流程。其中，"实施功能性风险评估并识别控制措施"是涵盖在以下几个方面中：

- 风险识别（失效事件、最差影响情况）。
- 风险评估（定性的方法：S/P/D/RPR）。
- 风险降低（建议采取措施）。

其中，"风险降低"可以从以下几个方面考虑：

- 修改工艺设计或者系统设计。
- 应用外部程序。
- 增加规范细节。
- 增加设计审查的次数与详细程度。
- 增加额外的更严格的验证活动。

若可能，通过修改设计来消除风险是最理想的方法，显然，随之带来的成本消耗也是较高的，需用户与供应商综合考虑。

表 6-10　部件关键性评估问题

序号	问题	备注
1)	部件是否用于证明符合所注册工艺的规定？	问题本身可能不适用
2)	功能或部件是否用于控制一个关键工艺参数？	—
3)	功能或部件的正常操作或控制对产品质量或功效是否具有直接的影响？	—
4)	从功能或部件获取的信息被记录为批记录、批放行数据或其他 GMP 相关文件的一部分？	—
5)	部件是否与产品、产品成分或产品内包材直接接触？	问题本身可能不适用
6)	功能或部件是否用于获得、维护或测量 / 控制可以影响产品质量的关键工艺参数，而对控制系统性能无独立的验证？	—
7)	功能或部件是否用于创建或保持某种系统的关键状态？	—

  d. 实施并核实合适的控制措施：应对步骤 3 中所识别的控制措施进行实施与核实，从而确保其实施是成功的。控制措施应该可以追溯到所识别的相关风险。

  验证活动应该证明控制措施在风险降低上是有效的。

  e. 风险审查与监控措施：在对系统进行定期审查期间，企业应对风险进行审查。审查应证实控制措施始终有效，并且如果发现了任何缺陷，则在变更管理下采取纠正措施。企业还应该考虑：

- 之前未被识别的危险是否存在。
- 之前被识别的危险是否不再适用。
- 与危险相关的风险是否不再可接受。
- 原始评估是否有效（如，当所适用的法规或系统用途发生变更后）。

6.6.2 基于科学和风险的计算机化系统验证

6.6.2.1 新建计算机化系统验证 – 基于风险的可增减的生命周期活动

  基于风险的可增减的生命周期活动对系统的整个生命周期均是适用的，本节主要针对计算机化系统的验证工作在项目阶段 V – 模型生命周期（图 6-20）的可增减性策略。

  "软硬件分类"是有效的质量风险管理方法的一部分。生命周期活动的"可增减性"是"基于风险"这一基础而来的。"软硬件分类"是生命周期活动可增减的典型决策因素之一。

活动可增减性的基础和依据是质量风险管理，其决策因素主要来自三个方面（图6-21）。

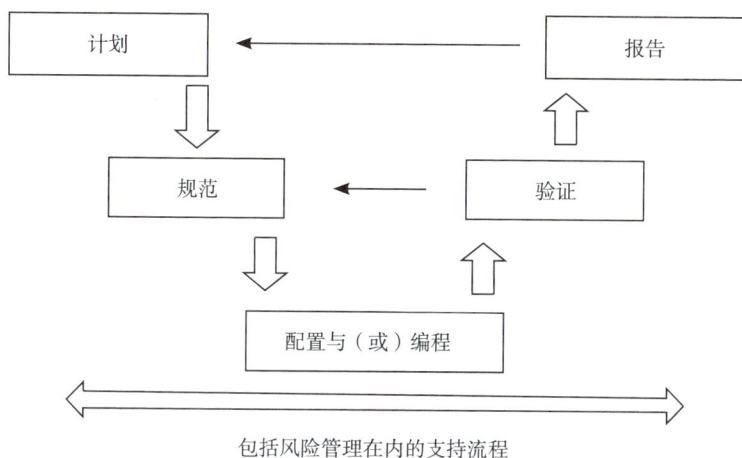

包括风险管理在内的支持流程

图6-20　项目阶段V模型生命周期

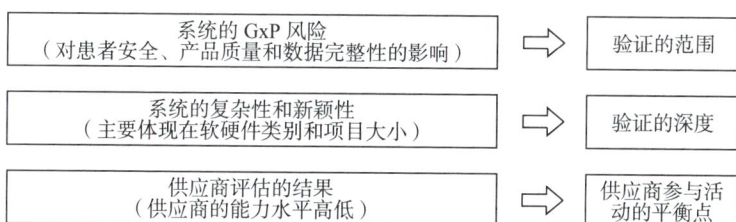

图6-21　活动可增减性的基础和依据

　　基于风险的可增减性策略并非是为节约成本和减少工作量寻找借口，而是以一种高效的方式合理利用资源，从而提高系统的合规效率，并更加关注于患者及公众安全。

　　活动的可增减性主要体现在范围和深度两个层面上。对于范围而言，其可增减性主要是在项目的规范阶段和验证阶段的可伸缩；对于深度而言，整个项目的各阶段活动（包括文件及实践）深度均是一个可增减的过程。

　　供应商在系统的建造及合规方面扮演着非常重要的角色，因此对于供应商参与活动的平衡点也将是V－模型生命周期中的一项重要工作。对于评估结果非常满意的供应商，可以考虑尽可能多地让其参与，从而充分利用其知识、经验和文件，用以提高系统合规效率和避免不必要的重复工作。例如，可要求供应商协助进行需求收集、风险评估、系统配置、方案编写和系统测试、支持及维护。其中，功能规范文件与其他规范文件的提供，理论上是供应商的明确职责。

图 6-22 展示的各阶段的验证活动（及文件）采用的是最大的生命周期（当然，如果认为在此活动基础上风险仍不可控，则可以采取其他的或者更复杂的方式或活动来加以控制），基于系统实际的风险情况做出评估和分析后可以根据决策的结果来适当调整或减少某些活动的范围和深度。

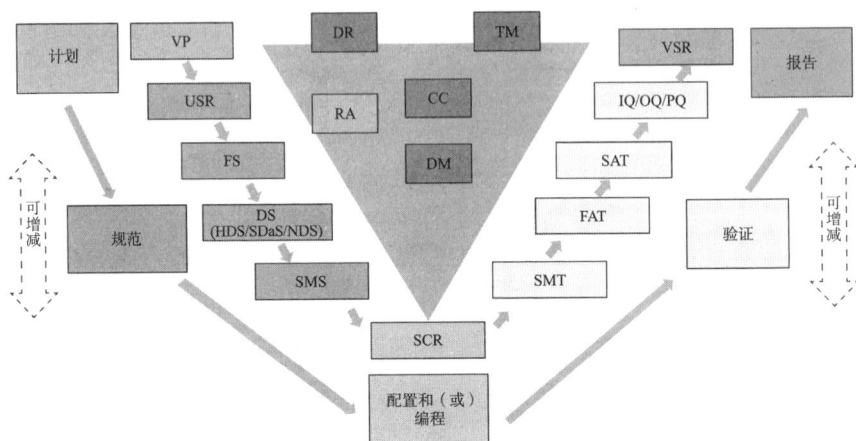

图 6-22 项目阶段 CSV 生命周期及文件架构

Vp：验证计划；URS：用户需求说明；FS：功能说明；DS：设计说明；HDS：硬件设计说明；SDS：软件设计说明；SMS：软件模块说明；SCR：源代码审核；SMT：软件模块测试；FAT：工厂验收测试；SAT：现场验收测试；IQ：安装确认；OQ：运行确认；PQ：性能确认；VSR：验证总结报告；DR：设计审核；TM：可追溯矩阵；RA：风险评估；CC：变更控制；DM：文件管理

A. 计划阶段

    a. 编写审核并批准用户需求说明并实施初步风险评估。

    b. 进行供应商评估审计并选择合适的供应商。

    c. 编写审核并批准验证计划。

B. 规范阶段

    a. 编写审核并批准功能说明。

    b. 编写审核并批准硬件设计说明，包括图纸。

    c. 编写审核并批准软件设计说明。

    d. 编写审核并批准软件模块说明。

    e. 编写审核并批准网络设计说明（如适用）。

    f. 编写审核并批准设计确认方案，执行测试及审查结果。

    g. 实施功能性风险评估和识别控制措施。

C. 配置和（或）编程阶段

    a. 订购硬件。

b. 构建系统。

c. 开发软件。

d. 制定配置管理计划。

e. 集成系统。

D. 验证阶段

a. 软件源代码审核。

b. 编写、审核、批准并执行软件模块测试方案，并审核结果。

c. 编写、审核、批准并执行 VIT 预测试方案（供应商内部），并审核结果（如适用）。

d. 编写、审核、批准并执行 FAT 测试方案（被监管公司提供见证的），并审核结果。

e. 运至现场。

f. 安装调试。

g. 编写、审核、批准并执行 SAT 测试方案，并审核结果。

h. 编写、审核、批准并执行 IQ 和 OQ 方案，并审核结果。

i. 编写、审核、批准并执行 PQ 方案，并审核结果（如适用）。

j. 编写审核并批准可追溯矩阵。

E. 报告阶段

a. 生成系统最终文件并进行审批。

b. 保证所有设计文件均为"竣工"版本。

c. 编写技术手册。

d. 为操作人员、工程师等进行培训。

e. 生成最终验证总结报告和移交检查表并进行审查。

f. 完成移交。

g. 系统放行投入使用（运行阶段持续维护）。

6.6.2.2 遗留计算机化系统验证简介

近年来，由于快速发展的新技术、监管期望的提高以及 GMP 法规的升版及发布等因素［如中国 GMP（2010 年修订）附录《计算机化系统》］，监管公司采取积极行动，以保持其已有 GxP 相关系统处于验证的状态。

A. 遗留系统的概念　未经验证或没有充足的证据证明其能满足现有法规要求的受 GxP 监管的在运行系统。在任何情况下，新系统未经验证便投运是不可接受的。遗留系统验证"不等同于前验证，也不是新系统的选择"。遗留系统的特点主要如下：

a. 已在生产中使用的。

b. 不认为是满足监管期望的。

c. 未经验证的。

B. 验证的益处 因遗留系统未得到充分的验证，故企业需证明继续使用该计算机化系统的合理性。

a. 保证系统满足需求，包括业务流程需求以及 GxP 需求。

b. 理解符合法规（如欧盟 GMP 附录 11）所需采取的行动。

c. 增强对旧系统的信心。

d. 证明用户能保证系统在一个合适的水平上运行。

e. 提供一个变更控制管理的基准线。

f. 潜在的减少系统维护费用。

g. 其他。

C. 需考虑的典型问题 遗留系统存在不符合最新法规期望的风险，如美国 21 CFR Part 11。因此，需对遗留系统进行审核，以分析其合规差距。通常需考虑：

a. 系统所有人。

b. 验证文件包。

c. 安全性。

d. 系统功能。

e. 数据完整性。

f. 数据归档。

D. 验证的基本流程方法

a. 引入生命周期的概念。

b. 规范和验证的方法。

c. 质量风险管理。

图 6-23 清晰展示了遗留计算机化系统验证的流程和方法。

E. 导致系统遗留的可能原因

a. 忘记将其纳入验证计划。

b. 未遵循相应的验证规程。

c. 最初经过验证，但之后忽略了再验证等工作。

d. 关于以下情况的变更：

- 范围与使用（使用中变更）。
- 法规（法规变更或升版）。
- 产品类型（更换产品）。
- 公司相关业务（转向他国市场）。

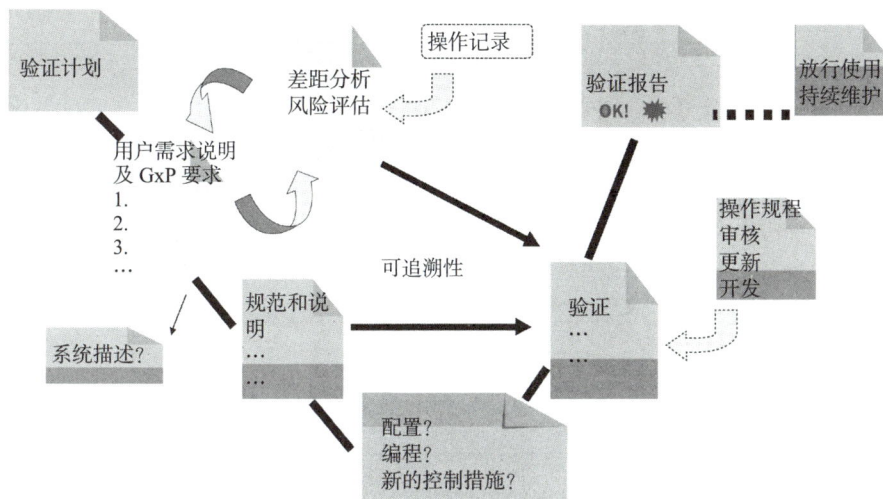

图 6-23　遗留计算机化系统验证 V- 模型流程

6.6.3 数据可靠性在口服固体制剂中的应用

制药行业中，GMP 风险主要体现在对患者安全、产品质量和数据完整性的影响。保障患者及公众的用药安全是 GMP 的终极目标，产品质量以及数据可靠性为此终极目标服务。

数据可靠性是制药领域一个非常重要的 GMP 要素，是制药质量体系确保药品质量的基石，也是全球药品监管机构持续关注的热点。为了规范制药行业的数据可靠性问题，全球各药品监管机构、协会组织等出台了多个法规指南。数据可靠性相关法规指南清单（其中也包含计算机化系统主要参考法规指南）如表 6-11 所示。

表 6-11　数据可靠性相关法规指南清单

机构组织	法规及指南	发布时间
FDA	数据完整性及与现行药品生产质量管理规范符合性行业指南	2016.4
FDA	21CFR Part11《电子记录与电子签名》	2016.5
EMA	数据完整性问答	2016.8
EU GMP	附录 11- 计算机化系统	2011.1
MHRA	GxP 数据完整性指南和定义	2018.3
PIC/S	PI041-1 在药品生产质量管理规范 / 药品流通质量管理规范（GMP/GDP）监管环境下的数据管理与完整性规范	2016.8
WHO	数据与记录质量管理规范	2016.5
NUPA	药品生产质量管理规范及附录计算机化系统	2015.5

机构组织	法规及指南	发布时间
NUPA	《药品数据管理规范》征求意见稿	2018.1
ISPE GAMP	基于风险方法的 GxP 合规性实验室计算机化系统	2012.10
ISPE GAMP5	良好自动化生产实践指南	2008.2
ISPE	记录和数据可靠性指南	2017.3
PDA	数据完整性行为守则要素	2016
TGA	数据管理与数据可靠性（DMDI）	2016.4
印度药协会	IPA 数据可靠性指南	2017.2

制药企业根据 GMP 法规的要求去搭建一个全面的数据完整性的管理体系并有效运行是非常重要的。对数据及记录的管理需考虑基于企业所使用的载体形式（如纯物理纸质记录、纸质和电子并存的记录、纯电子的记录及电子的签名）的不同，编写和实施与实际情况相一致的管理体系文件。

制药企业可以从人、机、料、法、环、测量六方面对企业硬件及技术环节进行分析。

人：可以扩展为两个方面的角色，一是制药企业自己的人员，二是与数据可靠性相关的合同方或是受托方，如合同实验室，计算机化系统工程或技术服务的供应商。各国 GMP 法规都对人员是否经培训且胜任职责，是否相互紧密合作提出要求；对于供应商提出了基于风险的审计要求。

机：对于新建系统，结合 GMP 法规要求、工艺要求、产品要求、公司质量策略要求、EHS 要求、运营维保要求等等提出系统 URS，供应商按照 URS 设计、开发和建造实施，然后按照既定的要求（结合风险评估的结果）去调试（及确认）系统；对于遗留系统可采取差距分析，然后评估和实施其相关的差距弥补活动（比如硬件的改造，软件和规程的弥补，确认验证的弥补等）来进行。

料：计算机化系统本身不涉及使用物料的问题，可以从另一个角度来考虑，比如数据、记录的载体形式：纯物理纸质记录、混合记录（打印出来的电子记录进行手写签名、誊抄电子记录到纸质批报、以纸质的文件去关联到一个电子的记录）、纯电子记录（即完全的电子记录和电子签名）。对于任何形式的记录，只要制药企业能够保证数据的完整性、安全性和可追溯性，是能够被任何监管机构所认可的。

法："法"是和"人""机"及"管理体系"紧密相结合的。计算机化系统以及数据可靠性保障所涉及诸如"风险评估""确认验证""操作""维护""保养""备份恢复""灾难（断电、断通讯、崩溃等）恢复""预防性维修""配置""变更""升级""退役"等活动方法，都需要以技术要素为根本，以管理手段为措施，由经培训的可以胜任工作的人员按照既定的管理要求去实施。

环：计算机化系统的物理环境需要满足要求并受控。比如：连接的公用工程（如电源、不间断电源、气源等）是否符合系统的使用需求，是否有冗余的网络和控制器，是否在另一个安全的位置进行备份，是否不会受到高温高湿或电磁的干扰，是否有物理的钥匙锁、门禁卡、指纹识别（或人脸、虹膜识别）对控制室或数据服务器房间进行保护防止非法侵入等。

测量：计算机化系统以及 QC 实验室所使用的相关仪器、仪表要经过校准或检定，可以追溯到国家或国际计量标准，并且在其有效期内；相关的检测仪器和分析方法要经过确认和验证。只有经过了校准、确认和验证，才能保障被测量数据的准确性，才能保证最终记录的准确性。

6.6.3.1 质量风险管理确保良好数据管理

质量风险管理是有效数据和记录管理程序的一个至关重要的组成部分。分配给数据和记录管理的努力程度和资源应该与其对产品的风险相适应。

记录和数据完整性风险应在数据生命周期中按照风险管理的原则评估、控制、沟通和审核。被监管公司应该基于自己特定的 GMP 活动、技术和工艺来设计合适的工具和策略用于数据完整性风险的管理。

6.6.3.2 管理层管理和质量审计

高层管理者有确保现场有效的质量体系达到质量目标的职责，员工角色、责任和权限，包括需数据管理的项目在整个组织被定义、交流和实施。

管理层应该创造一个员工被鼓励去沟通失败和错误，包括数据可靠性问题的工作环境，这样就可以采取纠正预防措施，组织产品和服务的质量就可以得到加强。

GMP 组织中所有 GMP 记录要提交给监管机构进行检查。这包括原始电子数据和元数据，比如保存在计算机化系统中的审计追踪。

6.6.3.3 外包组织、供应商和服务提供者

对采用第三方服务以提供数据及记录管理活动的行为提出了质量协议、评估审计、风险监控等措施、方法及要求。

6.6.3.4 良好数据和记录管理的培训

人员应接受数据完整性方面的培训并严格遵守。管理层应该确保人员经过培训可理解和区分正确和不正确的行为，包括蓄意作假和潜在的后果。另

外，应有培训关键人员，包括经理、主管和质量部门人员预防和发现数据问题的措施。管理层还应该确保所有人员在聘用时和根据需要时定期培训，以确保所有纸质和电子记录符合良好的文件规范。

6.6.3.5 良好文件规范

从数据完整性的 ALCOA 原则入手，针对纸质记录和电子记录的不同特性，以表格实例对照的形式详细阐述各自的技术保证及管理期望。

另外，对原始记录的审核、对原始记录或经确认无误的副本的保存是良好文件规范的重点，也是难点。

6.6.3.6 设计系统以保证数据质量及可靠性

不管是纸质还是电子记录都应该设计用来鼓励法规符合性和保证数据完整性和可靠性。为了保证电子数据的完整性，计算机化系统应在与其使用相适应的水平上验证。验证应实施必要的控制来保证数据的完整性，包括原始电子数据和任何来自系统的打印文档或 PDF 报告。此方法应确保实施 GDP和数据生命周期中正确地管控数据完整性风险，可以帮助确保电子数据 GDP验证的关键方面包括但不限于以下内容：

- 用户充分参与。
- 配置和设计控制。
- 数据生命周期的风险管理。
- SOP 和培训。

6.6.3.7 在数据生命周期中管理数据和记录

数据生命周期的质量风险管理需要了解数据流程及其固有局限性的科学和技术。基于工艺理解和科学合理原则的数据流程设计，以及质量风险管理，可增加数据完整性，也可带来一个有效和高效的业务过程。数据生命周期可分为如下阶段：

- 数据收集和记录。
- 数据处理。
- 数据审核和报告。
- 数据保存和检索。

6.6.3.8 企业建立数据可靠性管理体系的步骤

第一步，指南学习。成立小组学习全球数据可靠性法规与指南，掌握方法和指导原则。

第二步，体系搭建。按照学习的结果并结合企业的特点，形成符合自己企业的一套完善的技术及运营模式，搭建出数据及记录管理体系。

第三步，差距分析与纠偏措施。找到现有的实际数据及记录管理方法与基于本指南方法搭建的数据及记录管理体系之间的差距，制定纠偏措施予以弥补。

第四步，持续改进。在实践过程中，不断地按照 PDCA 原则去加以完善和补充。

6.6.3.9 处理数据完整性面临的挑战

制药行业有句谚语："没有记录，一切都是流言"；倘若"记录"本身就是"流言"呢？记录没有进行良好的管理，不能证明其准确、一致、值得信任和可靠，那么实际上离"流言"也就不远了。

数据可靠性并非是新话题，整个产品生命周期全过程从药物研发、技术转移、商业化生产、流通直至药品最终退市各个环节，数据及记录管理在整个过程中始终与影相随。倘若企业不能很好地处理数据完整性相关问题，那么可能将面临：

- 患者因此受到伤害或死亡。
- GxP 检查不通过。
- 企业形象、声誉受到影响。
- 面临民事及刑事案件。
- 公司的质量管理体系无法运行。
- 企业生产运营受到影响。
- ……

整个社会及制药行业的科学技术是不断发展进步的，这必然导致企业自动化程度的提高（比如自控代替人工，电子记录及签名代替手写记录及签名，在线 PAT 代替离线取样 QC 检测等）。由于有更好的技术及管理手段来管控数据记录相关的 GMP，随之而来的必然是法规出台相关要求来加以监管，行业出台相应的指南来引导和指引实施，技术的不断革新、监管的不断趋严、质量意识的不断提升，国内制药企业在该领域还要持续探索和提升。

7 口服固体制剂质量风险管理

　　风险管理原则被有效地应用于许多商业和政府领域，包括金融、保险、职业安全、公共健康、药物预警，以及这些行业的主管部门。如今，尽管在制药行业已经有一些运用质量风险管理的案例，也已经认识到风险管理在质量体系的重要性，但其应用仍然非常有限和零散，并没有体现出风险管理能提供的全部贡献。

　　在目前全产品全生命周期管理中，风险管理也被逐步强调贯穿药物研发、生产、销售全过程，药品多组分特别是中药制剂，不仅物质基础研究不足，生产工艺制订未与时俱进，过程控制也存在许多疑难，加之医药企业及其产品众多，造成管理参差不齐、区域差异、监管差异等各类问题。随着监管部门加大监管力度，增强了飞检、评价等监管活动，西奥多·罗斯福的名言"风险如火：受控则助尔，失控则毁汝"，风险失控导致企业质量不合格曝光频频，暴露出产品风险未得以有效控制的问题。

　　质量风险仅是全部风险中的一个，也是产品质量最关键的控制核心。企业应通过前瞻性辨识与控制在研发与设计、制造中的潜在质量问题，通过一个有效的质量风险管理方法进一步给患者提供高质量产品的保证。另外，通过过程控制和上市后跟踪，如果出现质量问题，则采用质量风险管理改善决策。有效的质量风险管理可以促使企业做出更好、更基于可靠信息的决策，健全质量管理体系，提高企业质量保证能力，也可以提供更强大应对潜在风险的能力保证，并且会对行业的水平和范围直接产生有利影响。

　　相对而言，口服制剂存在管理水平相对粗放、人员认识不足、企业投入较少、风险管理意识和体系建设尚显不足的问题。质量源于设计，风险源于认知，质量风险管理更在于对贯穿产品生命周期的风险进行评估、控制、沟通及评审的系统过程，这在ICH Q9中对风险管理的方法有了系统性的介绍。本章重点对口服固体制剂质量风险管理的策略和关键控制点的研讨提供帮助，促使在药品生产的全过程中有意识的识别、评估、降低并接受这些风险。

7.1 质量风险管理概述

7.1.1 质量风险管理法规要求

ICH Q9 质量风险管理是用于评估、控制、沟通和评审药物（医疗）产品贯穿整个产品生命周期质量风险的一个系统化过程。

中国 GMP（2010 年修订）中规定：

第四节 质量风险管理

第十三条 质量风险管理是在整个产品生命周期中采用前瞻或回顾的方式，对质量风险进行评估、控制、沟通、审核的系统过程。

第十四条 应当根据科学知识及经验对质量风险进行评估，以保证产品质量。

第十五条 质量风险管理过程所采用的方法、措施、形式及形成的文件应当与存在风险的级别相适应。

中国 GMP（2010 年修订）附录《计算机化系统》有规定，风险管理应当贯穿计算机化系统的生命周期全过程。作为质量风险管理的一部分，应当根据书面的风险评估结果确定验证和数据完整性控制的程度。

质量风险管理是构成有效药品质量体系不可或缺的部分，它能为识别、科学评估和控制潜在的质量风险提供主动的方法，在整个产品生命周期内促进工艺性能和产品质量的持续改进。

7.1.2 质量风险管理原则

"真正意义上的零风险是不可实现的"，质量风险管理需通过认识的提升来评估完善。质量风险管理的目的是按照完整的风险管理流程，使风险发生的可能性降低、严重性减轻或者提高风险发生时的可预测性，将风险危害降低到可接受的程度。

ICH Q9 明确质量风险管理核心是基于科学的原则，最大限度地降低风险，将风险降到可接受的程度。

质量风险管理的原则是：

质量风险评估是以科学知识和对工艺的经验为基础，并最终与产品提供服务的患者相关联；

质量风险管理过程的投入、正式程度与文件应当与风险水平相适应；质量风险管理应当是动态的、反复的、响应变更的、持续改进的。

质量、安全性和功效被设计或构建于产品之中。

生产工艺的每一步均予以控制，确保成品符合包括规格在内所有质量属性。

持续改进以及强化能力应当嵌入质量风险管理过程中。

7.1.3 质量风险管理应用

质量风险管理可以被运用于产品和工艺研发以及生产实施的不同阶段。ICH Q9 提供了质量风险管理的原则和方法实例，可应用于药品质量的不同方面。

质量风险管理过程应包括对原料药和制剂的物料与组分、效价和毒性的评估，应用于评估和控制产品生产中会出现的交叉污染风险、厂房或设备设计和使用、人员和物流、微生物控制、活性物质的理化特性、工艺特性、清洁程序、过程控制、成品质量标准相关的参数和特性，以及相应的监控方法和频次、相对于根据产品评估所建立的相关限度的分析能力等。控制策略有助于及时的反馈（前馈）和适当的纠正和预防措施。

在 ISO 15378：2015 中，特别强调风险管理过程要贯穿产品实现的全过程，并且要保持相关的记录，给出了一些明确要求实施风险管理的过程，如：变更控制、清洁或污染、投诉、设计开发控制、卫生与健康、标签、设备设施维护、物料管理、无合格或质量缺陷（处理）、虫害控制、采购和供应链、返工、追溯性、验证与确认。

7.1.4 质量风险管理流程

质量风险管理是一种事先的、有组织的活动，要求企业基于各种历史数据、理论分析、意见及涉及风险涉众，对所有风险相关的过程进行分析和评估，识别出潜在的风险，进而进行风险分级。通过风险评估的结果（即风险优先级别结果为高或中）来决定所需采用的适宜控制方法，从而达到质量风险管理的目的。

图 7-1 概述了质量风险管理的模型。图中并未标明判断节点，因为在此过程中的任何一个点均可能需要做出判断。这些判断可能会返回上一步，并进一步寻找信息，对风险模型进行调整，甚至可以根据支持这个判断的信息来终止风险管理流程。

7.1.4.1 风险评估

风险评估包括确定危害以及分析并评估与暴露这些危害相关的风险。质量风险评估将始于一个明确的问题描述或风险问题，如什么可能出现错误？会出错的可能性（概率）是多少？结果（严重性）是什么？

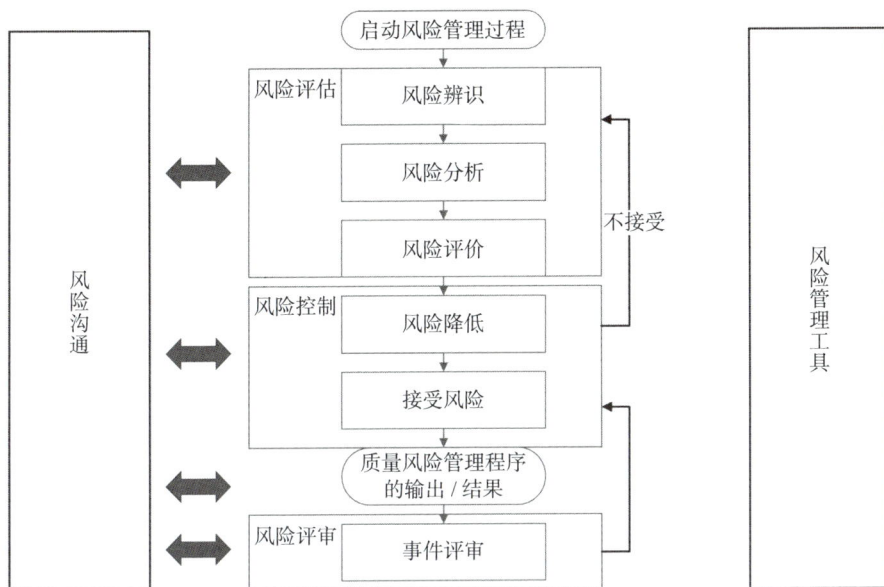

图 7-1　质量风险管理的模型

A. 风险辨识　风险辨识，又称风险识别，是指参考风险问题或风险描述，系统地利用信息来确定可能的危害（危险）因素的过程。这种信息可能包括历史数据、理论分析、指导性的意见等事宜。风险确认针对的是"什么可能出现错误？"这一问题，包括确定其可能的后果。这为质量风险管理流程的进一步工作提供了基础。可能出现的错误可以从以下方面考虑：

- 产品不符合标准
- 工艺不满足收率需要
- 设备故障
- 软件问题

值得注意的是新发现的失效问题应该随时加进来。

B. 风险分析　风险分析是对所关联已经确认了的危害因素进行估计。这是将危害发生的可能性及其危害严重性联系起来的一种定性或定量过程，并要考虑可检测性是否接受。风险分析时可从以下方面考虑：

- 毒理学
- 卫生学
- 工程
- 质量体系
- 用户或操作人员

- 专用设施

C. 风险评价　风险评价是对比风险分析和风险标准。以确定风险及风险分级是否能够接受和容忍的过程

风险评价的考虑因素：法规要求、先前知识、历史数据，或其他技术研究。

风险评价的方法：

- 定性法（PRR）：以高、中、低分配风险优先性的等级
- 定量法（RPN）：打分法，用风险优先性进行量化处理

风险评价的结果：高、中、低，或是数字乘积。

在整个风险评估过程中，风险分析是最重要的环节，需要相当有经验的技术人员以及质量相关人员共同完成。如果在风险分析过程中，因人员的专业技术或者评估出现差错，造成本来风险很高的因素被误评为低风险等级的风险，进而对其忽略，造成产品的质量缺陷，可能会影响患者的用药安全；或者本来很低的风险被误评为高风险，造成不必要的资源和成本的浪费。因此在风险分析过程中，需要组织者甄选正确的评估团队成员，确保所有相关部门都参与评估及所有参与风险分析的人员都理解风险的评估过程。

另外，需要指出的是风险评估的目的不是为了符合法规要求，而是用来评估如何才能确保法规的符合性，以决定行动的优先级。

7.1.4.2 风险控制

风险控制包括在降低和（或）接受风险方面所做出的决定。风险控制的目的是为了将风险降低到一个可接受的水平。在风险控制方面所投入的工作量需与风险的重要性成正比。

风险控制主要致力于如下方面：

- 消除风险发生的根本原因
- 风险结果最小化
- 减少发生的可能性
- 风险转移或分担
- 控制已经确认的风险引入新的风险

7.1.4.3 接受风险

接受风险可以是正式决定接受剩余的风险，也可以是并未确定剩余风险的消极决定。风险管理的接受标准如下：

- 正确的描述风险
- 识别根本原因

- 有具体的消除或降低风险的解决方案
- 已确定补救、纠正和预防行动计划
- 行动计划有效
- 行动有负责人和目标完成日期
- 随时监控行动计划的进展状态
- 按计划进行或完成预定的行动

7.1.4.4 风险沟通

风险沟通是决策者与其他人员之间分享有关风险和风险管理的信息的过程。各方可在风险管理流程中的任何阶段进行交流。

通过风险交流，能够促进风险管理的实施，使各方掌握更全面的信息从而调整或改进整改措施及其效果。应沟通的信息包括：风险的性质、发生的可能性、严重程度、可接受性、控制和纠正预防措施、可识别或预测性等。

7.1.4.5 风险评审

风险管理是一个持续性的质量管理过程，应当建立定期回顾检查机制，回顾检查的频率应基于相应的风险水平确定。

7.1.5 质量风险管理工具

ICH Q9 提供了用于制药质量不同方面的质量风险管理工具的原则和例子。在风险管理工具选择前应使团队关注于风险管理的以下方面：

- 确定描述初步的风险问题
- 定义风险评估的范围和边界
- 搜集找出现有的数据来支持评估
- 进行一个初步风险识别过程

风险初步识别可以快速地进行，根据风险的复杂程度和关键程度，这种初步的理解可以通过非正式的方式实现，如松散的团队讨论，或者更结构化的头脑风暴，如鱼骨图或联系图。

对风险的初步理解将会产生：

- 一个明确描述的问题
- 识别出有关待处理的风险的已有数据
- 形成一个对风险类型的共同理解，这些风险类型会在将来的评估中讨论

为了选择最合适的风险管理工具，风险评估团队要考虑非常有用的 10 个关键先决问题。

- 什么是要解决的问题或该风险评估的目的是什么？

- 评估的范围是什么？复杂吗？关键吗？
- 被评估的潜在负面事件（风险）的性质是什么？物理的和有形的危害源、系统或工艺出问题模式、偏差或与质量体系的规程不一致，还是其他？
- 风险及其原因是清楚明白的还是本质上未知？
- 这些风险的原因之间是独立的还是相互关联的？
- 对这些风险，已存在哪种层面的数据或理解？或者说，当前产品／工艺／系统在其生命周期中处于什么阶段？
- 已有数据集合主要是定性的还是定量的？
- 是否已有方法或数据可以用来进行经典的风险评级，如发生的可能性、影响的严重性、和（或）检测的能力来对风险进行分级？
- 风险评估所期望的结果类型是什么（按分级排序的风险登记表、危害源控制计划等）？
- 风险评估的结果将被提交给谁（被谁审核）？

对以上问题的回答将帮助团队利用后续的风险管理工具决策表，如表7-1 风险管理工具决策表所示，并最终选择合适的风险管理工具。

表 7-1　风险管理工具决策表

需要考虑的方面	FMEA	FTA	鱼骨图	HACCP	HAZOP	PHA	RR&F
如果对工艺／产品／系统的了解是有限的（如生命周期的早期阶段）	×	√	√	×	√	√	√
如果对工艺／产品／系统的了解是丰富的（如生命周期的后期阶段）	√	√	√	√	√	×	√
如果问题描述简单，或者简练的评估是合适的	√	√	√	√	√	√	√
如果问题描述高度复杂，或者要求详细的评估	√	√	×	√	√	×	×
要求风险评级	√	×	×	×	×	×	×
如果检测风险的能力受限	×	√	√	√	√	√	√
如果数据的性质更加定量化	√	√	×	×	×	×	×
如果要求证明风险控制的有效性	√	×	×	√	×	×	×
如果风险的识别是一个挑战，如果需要揭示隐藏的风险，或者如果要求结构化的头脑风暴	×	√	√	×	√	×	×

√ 在这种考虑下，工具可能是合适的并且设计用于此的，或者可以按这种方式执行
× 在这种考虑下，工具可能更少（或没有）能力实现或对于任务要么过分复杂或过分简单
对于这些类型的评估，这种工具的头脑风暴能力可能特别有益
这种工具的能力可以缩减以适应定性的或更简单的评估

对于风险管理流程，并不是要求一定要按正式的风险管理流程和方式来进行。在一些不复杂且潜在风险很低的情况下，非正式的风险管理流程也是可接受的。在日常的工作和业务中，我们每天都有可能需要对风险做决定。建议基于事件的复杂性和潜在的风险来决定选择合适的风险评估方法。对于不复杂和风险低的风险做决定，可考虑选择采用一个定性的风险方法（例如，决策树）。随着复杂性和风险的提升，可使用更复杂的风险评估工具。

目前制药企业在质量风险管理中常用的评估工具为 FMEA（包括设计阶段的 DFMEA 和过程评估的 PFMEA），其应用原则如下。

FMEA 虽然是一种前瞻性的可靠性分析和安全性评估方法，是一项用于确定、识别、预防或消除产品在系统设计、生产过程中已知的或潜在的失效、问题、错误的技术，但是具有一定的局限性。从操作层面上来说，运用 FMEA 对各失效模式进行评分的基础是风险评估人员对生产过程的熟练程度、操作经验和知识结构，具有一定的主观性。FMEA 无法对生产过程整体的风险进行评估，而只能将生产过程进行分解，对子环节、子过程的风险进行评估，这也加大了评估的复杂度和难度。对需要进行风险控制的失效模式，采取改进措施后的再评估过程也存在困难，耗费时间和资源。因此，在运用 FMEA 对药品生产过程中的风险进行评估时，需要结合不同的风险评估方法和工具，对生产过程的风险进行宏观层面上的整体评估，对取得相同 RPN 值的不同失效模式采用因事而制的风险控制管理措施进行管理，以确保药品生产的风险降至可接受水平，对最终产品的影响降至最低限度。

● 风险严重性分析，评估可能产生的失效模式危害产品质量及产品生产活动的严重程度（表 7-2）。

表 7-2　风险严重性分析表

类别	严重性系数	风险严重性描述
较小	1	对产品质量可能造成影响较小
中等	2	对产品质量造成影响
严重	3	对产品质量造成严重的影响

● 风险发生的概率分析，测定风险发生的概率（表 7-3）。

表 7-3　风险发生概率分析表

类别	严重性系数	风险发生的可能性描述
低	1	经常发生
中	2	可能发生
高	3	不可能发生

- 风险的可预测性分析，在潜在风险造成危害前，检测发现的可能性（表7-4）。

表7-4 风险可预测性分析表

类别	不可预测性系数	风险发生的不可预测性描述
可预测	1	风险的发生基本上都能预测
可部分预测	2	部分风险的发生可以预测
不可预测	3	风险的发生不可预测

- 质量风险等级的确定：风险系数（RPN）＝严重性系数（S）× 发生率系数（P）× 可预测性系数（D）（表7-5）。

表7-5 风险等级分析表

RPN	风险等级	采取措施
风险系数小于≤ 4	低	可以接受或忽略的质量风险
4 ＜风险系数＜ 12	中	警戒或采取暂时的措施
风险系数≥ 12	高	不可接受，应立即建立有效措施来控制解决

考虑到可能影响固体制剂生产工艺的因素较多，评估时须结合企业实际生产情况对可能影响产品质量的因素进行逐一分析，质量风险评估中首先要对企业的历史生产状况进行了解，同时咨询质量风险管理小组成员，对打分的合理性、科学性给出意见，得到具体的风险评估表，并确定生产的关键控制点。

- 根据 FMEA 原则编写的风险评估表（表7-6）。

表7-6 风险评估 FMEA 分析表

风险识别范畴	风险描述	风险可能导致的结果	风险分析				风险等级	风险控制主要措施	剩余风险分析				剩余风险等级
			S	P	D	RPN			S	P	D	RPN	

7.1.6 质量风险管理实施

大多制药企业已建立并制定质量风险管理的程序和方法，对文件、验证、偏差、共线生产等方面进行质量风险评估，目前主要存在以下问题：

- 没有明确的组织架构和人员负责质量风险管理的开展和推进。
- 没有持续将质量风险评估的工作深入开展。
- 没有确定的定期风险评估计划（风险最小化计划）及系统化的实施方案，实施内容未针对性涵盖质量事故、质量问题、退货、召回、抽检、投诉等关键要素。
- 质量风险管理应用比较浅，未明确针对不同风险评估内容选取不同的风险评估方法和工具。
- 没有定期对风险评估工作进行系统的总结、沟通、回顾、评审。
- 质量风险管理更多是用来应对，而不是设计时的控制策略制定，质量风险评估不要用来去辩解为何不去做。
- 缺乏应用质量风险管理的动力和足够的支持。
- 作为质量管理体系的推进器，尚没有整合到质量管理体系中来。

质量风险管理工作应围绕上述问题展开并完善制度，结合各企业产品风险情况进行评估确定风险评估工作开展程度，并考虑完善以下方面的工作：

- 风险控制应涵盖产品研发阶段，应确保新产品在小试研发阶段由 QA 人员参与并确保符合注册要求和 GMP 要求，应建立健全质量风险可控下的产品研发及转移管理制度。
- 应涵盖对法规的符合性评估。
- 应涵盖对注册标准的符合性评估。
- 应涵盖文件、记录的符合性评估。
- 应将风险评估方法纳入培训体系中。
- 应涵盖对物料供应商的合规性评估并确定物料关键属性。
- 对生产过程存在的关键风险（每一环节评估确认风险级别）进行有效控制达到风险接受标准。
- 应涵盖对偏差、变更、CAPA、不合格、投诉、回顾等趋势分析的评估。
- 应确保新项目、新系统、新工艺、新设备引入时进行风险评估。
- 应确保对关键工艺及步骤、关键公用系统或设备等进行风险评估。
- 应确保验证与确认工作基于风险评估开展。
- 进行产品质量的评估，必须有书面流程用于评估产品的稳定性特性。
- 应通过自检、回顾等进行回顾性风险分析。
- 应将风险评估纳入上市产品药物警戒管理。

质量风险管理还有两个关键点需要关注。

一个是需要专业的人员，有一句名言"风险管理与人和流程有关，与模型和技术无关"。质量风险管理应注重体系建设和人员的能力，如何制定风险可接受的标准，这需要相当丰富的经验以帮助制定，也与判断者的主观意识有关，对风险的接受程度意味着对产品风险的接受度，而面对同一种风险情况、同样的标准，不同的人判断的结果是不一样的。"这不是一个人、一个部门就能做到的，而是需要一个团队持之以恒地工作"，这需要团队能基于科学和风险的决策提供方法。

另一个是质量设计，质量源于设计（Quality by Design，QbD）是一套系统的、基于充分的科学知识和质量风险管理的研发方法，从预先确定的目标出发，强调对产品和工艺的理解以及工艺控制。质量风险管理的基本宗旨就是"质量源于设计"，良好的工艺设计能够有效地保证产品质量，在设计阶段重复地对关键控制点进行考虑对得到成功结果是至关重要的。对已识别出的危害进行控制的最佳解决方案就是对生产工艺中控制关键控制点的设备或系统的设计进行挑战以清除或降低该项危害发生的可能性。尽可能地通过设计消除风险、设计变更、设计流程、设计方法，从问题的源头出发，才是质量风险管理有效实施的根本。

7.2 质量风险管理在固体制剂生产及销售阶段的应用

7.2.1 口服固体车间厂房及公用工程风险管理

7.2.1.1 厂房设施设计的基本要求

药品生产企业厂房设施主要包括：厂区建筑物实体（含门、窗），道路，绿化草坪，围护结构；生产厂房附属公用设施，如：洁净空调和除尘装置，照明，消防喷淋，上、下水管网，洁净公用工程，如纯化水、注射用水、洁净气体的产生及其管网等。

厂房设施应能满足产品工艺和生产管理的要求，各类药品的品种、剂型、用途均不相同，对具体的操作环境、平面布置、附属设施等有着各自不同的要求，但确保药品的质量，避免发生污染、交叉污染、差错、混淆的GMP基本要求应贯穿于厂房和设施设计中。

厂房与设施的选址、设计、建造、改造及维护必须适用于所实施的操作。厂房设施应根据所生产的药品特性、用途等进行设计，综合考虑工艺流程、厂房设施的独立、专用和共用的需求、设备布置、密闭系统、空调系统的合理设置、操作空间设计、人物分流、密闭工艺、压差控制、送排风措施、生产环境的洁净等级、虫害控制、有效清洁和维护要符合相关规定。

非无菌药品厂房设施设计应有工艺设计、暖通、给排水、强电弱电、消防、环评等专业人员参与，应首先强调工艺设计先行，一切围绕工艺布局。

厂房设施的合理设计和实施，是我们规避生产质量风险及环境、健康与安全风险的最基本、最重要的前提，需充分考虑产品特性、合适的空间设计、合理的人流物流设计、恰当的隔离设计和密闭工艺以及合适的材料和控制。

7.2.1.1.1 产品性质

根据产品化学和物理性质考虑设施设计和保护水平，应基于生产进行的风险评估，包括但不限制于以下考虑。

毒性：设计时考虑专用生产线或设备，人体防护。

溶解度或清洁性能：预防交叉污染。

吸湿性：空气湿度控制、产量和批量。

温度灵敏度：温度控制。

光敏感性：灯光设计如采用红灯等。

稳定性：储存容器、储存条件、产品的暴露和暴露的时间等。

粒度大小和分布：流动性和过滤材料、相适应设备。

7.2.1.1.2 空间设计

有效分割，确保单一空间同时生产单一品种。确保足够面积，避免空间紧张造成混杂差错。

模块化指相同性质产品应在同一个生产区，相同步骤的工艺操作相对集中设置，有利于生产管理、产能调度、运行维护。

7.2.1.1.3 人物流向合理设计

生产区的各种物流按生产流程顺序布置，确保物流有序顺畅，避免不必要的往返增加混淆风险。

设备清洗应采用集中清洗站，自动清洗，确保效果；粉尘较大岗位就地清洗，避免污染扩散。

7.2.1.1.4 密闭工艺

工艺设备一体化和物流转运密闭化，尽量减少物料暴露工序，减少粉尘散发，减少清场工作量，减少差错。必要的密闭工艺可有效防止暴露的产品和物料之间产生交叉污染。

封闭式指在封闭系统中转移产品等（如气动转移，真空转移，或通过隔离蝶形阀）。开放式生产应考虑产品或物料暴露在环境中有潜在的对环境的污染，这需要加强设施的要求，如安装气闸或增加通风和空气过滤，或者依赖于 SOP（如降低操作者从一个区域到另一个区域的交叉污染）。

负压设计，有效除尘，产尘操作间（如干燥物料或产品的取样、称量、混合、包装等操作间）应当保持相对负压或采取专门的措施，防止粉尘扩散，避免交叉污染并便于清洁。

除尘系统考虑集中式系统除尘或就地式单机除尘，考虑排风与节能，回风利用要避免污染和交叉污染并考虑长期使用风管残留的影响。

设计时考虑生产清场和验证工作。

7.2.1.1.5 隔离方式和设施操作

隔离方式有在洁净区域和非洁净区域之间或者不同洁净等级区域之间，应用气锁间、更衣间、洁净走廊和非洁净走廊设计等。不同的设施使用，如专用于某个产品或多种产品但阶段式生产，减少产品交叉污染和混淆风险；多产品共用生产应有效地控制产品隔离，从而将产品交叉污染风险降低到最小。

7.2.1.2 厂房设施的质量风险管理

厂房设施的设计、确认、使用及维护等均需要在风险评估的基础上确定其产品质量过程中引入污染、交叉污染、混淆和差错的风险程度，并可控。以下列出厂房设计质量风险管理应考虑的方面。

厂房设计：应当根据厂房及生产防护措施综合考虑选址，厂房所处的环境应当能够最大限度地降低物料或产品遭受污染的风险。

共线生产设计：为降低污染和交叉污染的风险，厂房、生产设施和设备应当根据所生产药品的特性、工艺流程及相应洁净度级别要求合理设计、布局和使用，应当综合考虑药品的特性、工艺和预定用途等因素，确定厂房、生产设施和设备多产品共用的可行性，并有相应评估报告。

厂房的卫生方面：保护产品免受周围环境的危害，包括化学的、微生物的、物理的危害，保护环境（如人员、潜在的交叉污染）免受与所生产的产品相关的危害。

厂房设施的确认：依据产品好工艺设计等确定厂房、建筑、生产设备和（或）实验仪器的确认范围和程度。

厂房设施清洁和环境控制：根据使用需求和结果确定选择适用的清洁和环境控制策略，确保不对产品造成不良影响。

厂房设施的预防性维护：基于设备确认及使用情况风险回顾设定适宜的预防性维护计划。

计算机系统和计算机控制的厂房设施：选择计算机硬件和软件的设计（如模块、架构、容错）、确定验证范围（如关键性能参数的识别、要求与设计的选择、代码审查、测试的范围与测试方法、电子记录和签名的可靠性），确保计算机系统符合要求。

人员控制：厂房的设计应该遵循将污染最小化的原则，人员对于一个洁净的环境而言，永远是一个最大的污染源，因此，采用各种措施，比如合理设计人流、物流，将人流、物流以及访客区域尽可能分开就是一些可行的措施；对于物料之间的污染，从设计上将容易产生粉尘的单元操作间（如称量、混合）设计成负压，加大产尘操作间的换气次数，设计合适分布的虫蝇捕捉点，从质量风险管理的角度而言实际上是通过设计，将风险的发生度降低，从而降低整体风险的水平。

厂房和设施中合理的分区，如考虑适用的物流和人流、污染最小化、虫害控制防治措施以及防止混批、开放型或密闭型的设备等应在设备设施确认时进行风险评估确保合理控制。

新增产品、产品批量改变以及厂房设施新建、改建、扩建的设计、实施之前，厂房设施使用一段周期后，若厂房设施有发生影响产品质量的可能，或产生与设计功能不相符的偏差时需进行质量风险评估以确定验证内容的范围及深度。

应每年进行质量风险再评估，以确定在新的情况下厂房、生产设施的可行性，重点在污染和交叉污染、防止混淆与差错的措施并评估其适用性和有效性上。

7.2.1.3 厂房设施的质量风险点

7.2.1.3.1 工厂选址

避免选择大气含尘、含菌浓度高，产生有害气体的地址（不利于空气净化，严重时威胁产品质量）。

避免选择存在空气、水质污染，有震动或噪声干扰的地区（不利于空气净化和水处理，严重时威胁产品质量）。如不能远离严重空气污染区时，则应位于其最大频率风向上风侧，或全年最小频率风向下风侧。没有考虑最大频率风向将直接影响空气净化系统新风质量。

7.2.1.3.2 总体布局

应符合《工业企业总平面设计规范》，同时应满足新版 GMP 相关厂房设施的要求。

按照行政、生产、辅助和生活等划区布局。

7.2.1.3.3 厂房设施

墙体必须光滑、无裂缝、坚固、平整、垂直、耐磨、易于清洁并有较低的边界的缝隙数。天花板与墙面、墙面与墙面的圆弧半径大于 50mm，暴露的易于损坏的圆角处必须保护。

地面应该要求光滑、防渗透、连续、无尘、耐磨、易于清洁。应出现尽量少的地面连接，任何的连接其密封同地面的标准。所有区域的地面墙壁圆角应易于清洁。

地板类型应依靠当地行业和设计的初始铺设和后继维护的可行性进行选择。需认真设计钢筋混凝土地面，使其可连续地工作，地面不会被沉重的或永久放置的设备所破坏。

如果吊顶悬于混凝土车间楼面之下，建议保留 0.75~1.0m 的空间以铺设管道和维护。如果天花板空间是密封的，顶部最少应留有 1.5m 的空间以利于维护。顶部应有充足空间来容纳生产和物料处理设备。

所有需要维护的设施应编组，就不用直接穿过生产设备，应易于通过清晰标记的可移动面板来维护。

完工后的天花板应该是连续、平滑、刚硬、易清洁、缝隙数最少，并有一定程度消音作用。照明装置应该凹进天花板，与天花板齐平，并密封，且从房间中或吊顶上装卸灯具并便于维护。

多品种生产的产尘工序应不利用回风，如利用回风应有防空气交叉污染的措施。

除尘器宜设在机房内，与除尘房间相邻，机房门开向洁净区时，机房按洁净室要求。

提供适当的洗涤设备，包括热、冷水、肥皂、清洁剂、空气干燥器或专用毛巾及易进入厕所的清洁设备。

排水设施应大小适宜，安装防止倒灌的装置。应尽可能避免明沟，不可避免时，明沟宜浅，以方便清洁和消毒。

应根据所处理的产品、生产操作要求及外部环境状况配置空调净化系统，使生产区有效的通风（包括温度控制、必要的湿度控制和空气净化过滤）。

对可能直接与产品接触系统，如，空调系统或非直接与产品接触的系统，诸如通过换热器，应实施风险评估来降低故障风险。

7.2.13.4 生产区域

任何固定于地面的机器和设备应该安装固定在方形底座上，其与地面是平滑连接的以便于清洁。

在有粉尘操作或使用易燃液体的某些区域，必须安装接地保护来避免静电的蓄积（可能带来安全隐患）。

起始物料的称量通常应在专门设计的称量室内进行。

在产尘区域（如，取样、称量、混合与加工、干燥产品包装），应采取专门的措施避免交叉污染并便于清洁。

在生产区域内可进行中间控制，但不得给生产带来风险。

468

传递窗：应有送风系统。

生产操作应尽可能设计成封闭系统以防止粉尘的产生。粉尘应从源头处进行控制，以减少交叉污染的风险。如果这些不能做到，所有用作加工颗粒、粉末、片剂和胶囊的设备必须配置适当的除尘设备。

使用移动式真空吸尘器，必须安装高效过滤器，需要仔细控制以防止交叉污染。

单独的区域进行发放给生产或包装前，质量控制部门取样期间，成分、药品容器、密封件及标签的签收、鉴别、贮存及拒收；在处理前，拒收的成分，药品容器、密封件及标签的贮存；已发放的成分、药品容器、密封件及标签的贮存；中间体的贮存；生产与加工操作；包装和贴标签操作；药品发放前的隔离贮存；发放后药品的贮存；控制与实验室操作。

7.2.1.3.5 清洁

车间主要设备物件应尽可能就地清洁。清洁和排水设施应该垂直铺设。应提供其他设备和物料容器足够的清洁区域，设计上应能隔离已清洁和污染的设备，该区域能与生产区域隔离。

过筛可能是最易产生粉尘的操作，必须注意抑制粉尘，不能有效抑制时要有除尘设施。

清洁工具洗涤、存放室宜设在洁净区域外。如需设在洁净区内，其空气洁净度等级应与本区域相同。

设有清洗间，清洗间大小和功能齐全，能够清洗各类生产设备、设备部件、容器、筛网、滤袋、软管、器具等。

洁净区域内，在清洁完一个生产房间后，使用过的拖把、洗涤车等清洁工具，需要清洗后，才能进行下一个生产房间的清洁。

避免已清洁的设备部件、模具和未清洗设备部件、模具共用同一储存区域。清洗后的设备、物品、工器具等应尽快干燥并在适宜的环境下保存。

7.2.1.3.6 消毒

消毒剂应具有高效、环保、残留少、水溶性强等特征。使用符合《消毒管理办法》要求的消毒剂，每月轮换交替使用，以防止微生物产生耐受性。

消毒剂应现配现用。

针对不同的消毒对象制定适宜的清洁或消毒方法和频次。清洁或消毒对象包括墙面、地面、设备、地漏、洗手池、空调风口等。

通过季度和年度环境监测报告的数据分析，评估清洁或消毒方法的有效性。

洁净厂房人员进入控制。

建立企业内部管理流程，定期对生产人员进行培训。当体表有伤口、患有传染病或其他可能污染药品疾病时，要求生产人员要及时报告。主管和医务人员有责任对其进行必要的隔离和监督，避免其直接接触药品。

建立生产区域人员进入权限制度，控制非生产人员（如外部技术服务人员，外来参观人员等）进入生产区域和不同生产区域的人员流动。

当外部非生产人员不得不进入生产区域时，必须有人员陪同，培训并监督其执行洁净区域的更衣流程和个人卫生事项要求。如：不得化妆和佩戴饰物；生产区、仓储区应当禁止吸烟和饮食，禁止带入食品、饮料、香烟和个人用药品等非生产用物品；避免裸手直接接触药物、药用辅料、与药品直接接触的包装材料和设备表面。

设立门禁系统或者中央监控系统等硬件设施，是控制和减少非生产人员进入药品生产区域非常有效的措施之一。

7.2.1.3.7 厂房设施检查维护

厂房应当仔细维护，确保维修活动无影响产品质量的危险。厂房应按详细的书面规程进行清洁，如果需要，进行消毒。

建立厂房设施的日常检查流程，制定厂房设施完好标准，检查范围包括：生产车间地面、墙面和吊顶、建筑缝隙（如：外窗、外门、喷淋头、空调风口、灯具等）、建筑物外墙和屋面防水、技术夹层和空调机房等。定期对厂房设施进行维护保养，保持良好的厂房设施 GMP 状态，将厂房设施对生产活动的潜在不良影响降到最小。

在生产环境下进行的作业应有相应的环境保护措施。施工时可能会产生交叉污染，如大的粉尘、异味和噪声，都必须得到质量管理部门评估批准并完成相关培训后方可进行施工。

建立 GMP 相关的厂房设施竣工图清单，每年进行一次现场确认和更新，并注明更新原因。新版图纸发出前，旧版图纸必须回收销毁。每张图纸一式两份。

7.2.1.3.8 物料控制

减少物料处理工艺步骤和缩短物料运输距离。

采取合适的保护措施，避免污染和交叉污染。

进入有空气洁净度要求区域的原辅料、包装材料等应有清洁措施，如设置原辅料外包装清洁室，包装材料清洁室，必要时脱除外包装并将物料放置在洁净托板或容器上等。

设置人员和物料进出生产区域的通道，极易造成污染的物料（如部分原辅料、生产中废弃物等）必要时可设置专用出入口。

7.2.1.3.9 仓储区

仓储区的储存面积和空间、设施设备应和生产规模和生产品种相适应，物料和产品应有序存放。

仓储区设施设备的状态应良好，储存条件良好，如仓储区保持清洁、卫生；不应有积水、墙壁发霉和破损、设施设备损坏等影响物料和产品储存的情况。

仓储区有取样区，洁净级别与生产要求一致。

接收区和发货区应采取有效措施避免受天气条件的影响。

特殊物料仓储区应符合相关法规和规定要求（毒、麻、高活性易燃易爆、易挥发等）。

仓储区应按 GMP 要求进行物理划分或计算机化控制或其他等同的控制方式，特别关注待检区、不合格区、退货区的划分应明确，以满足 GMP 要求。

仓储区的人员进出应有控制。

7.2.1.4 公用工程对固体制剂产品质量风险控制点

制药企业生产公用工程系统包括给水排水、供气和供热、强电和弱电、制冷以及通风和采暖等系统。

7.2.1.4.1 给水排水

给水排水系统涉及处理以及排水用的泵房、冷却塔、水池、给排水管网、消防设施和纯水生产供应设施。任何一个给水系统都包括原水取用设施、水处理或净化设施、输水泵及泵房、输水管和管网。口服固体制剂用水主要在于原水、纯化水和废水控制，本节主要对原水及纯化水的质量风险控制进行说明。

A. 原水

- 应定期检测水质，如自井水的需要观察出水情况。
- 应依据原水质量确定适当的制水系统。

B. 纯化水

- 纯化水、注射用水储罐和输送管道所用材料应当无毒、耐腐蚀；储罐的通气口应当安装不脱落纤维的疏水性除菌滤器；管道的设计和安装应当避免死角、盲管。
- 应当对制药用水及原水的水质进行定期监测，应符合现行版《中国药典》的要求，并有相应的记录。应制订警戒限度、纠偏限度。
- 活性炭等过滤器基本操作分反洗、正洗、运行三种。活性炭滤料清洗分新装滤料及正常使用后滤料清洗两种情况，应制订相应的清洗要求，并确定适当的指标，如当进出水压差或流量下降时，考虑是否反洗操作或查看上布水器是否堵塞；若使用阻垢剂，应提供相关证书。

- 精密过滤器、微孔过滤器定期清洗并检查滤芯是否完好，并应定期更换（破损时应立即更换）。
- 紫外灯灭菌通过紫外灯管点燃时长和紫外灯相对指示强度表作为更换灯管的依据，并确保运行正常。
- 空气呼吸器定期清洗或更换。空气呼吸器清洁方法可打开呼吸器的外盖，取出呼吸器滤芯，用 0.3MPa 压力的饮用水反冲 10 分钟，再放入高压灭菌锅灭菌 30 分钟后取出，放回呼吸器中，盖严外盖即可。
- 离子交换再生需要用到大量的碱和酸，其废液应按照要求处理，再生的次数应不超出验证的范围。
- 贮罐应有足够大的容量。大的贮罐，其内表面积大、水流动速度低，容易滋生细菌。
- 纯化水系统清洁、消毒周期应与验证结果一致。
- 停产后恢复生产前，要对纯化水系统设备进行清洗，更换或修理零部件，如过滤器和转子流量计、紫外灭菌装置全部拆开进行清洗。
- 各种管道阀门如有泄漏，要及时修理或更换阀门，并且进行消毒。
- 分配系统应确保循环，不易滋生微生物。
- 检测用试液、电导率均符合要求，人员需经过培训。
- 系统发生改造等变更，需进行验证。

7.2.1.4.2 供热

供热包括为保证生产设备运行的加热以及冬季采暖提供的蒸汽、热水（油）或热空气。本节主要对蒸汽的质量风险控制点进行说明。

考虑到对产品质量的影响，公用系统中的蒸汽需要考虑使用工业蒸汽或是洁净蒸汽以及控制气体的纯度、油分、水分等物理参数。

A. 锅炉用气

- 噪音符合要求。
- 锅炉房通向房外的门向外开启，锅炉房内的工作间或生活间直通锅炉间的门向锅炉间内开启。
- 锅炉房地面平整无台阶。为防止积水，底层地面应高于室外地面。设备布置在地下室时，需有可靠的排水设施。
- 水质符合要求。
- 天然气的使用符合要求。
- 锅炉房应设置备用给水泵，当任何一台水泵停止运行时，其余给水泵的总流量应满足所有锅炉蒸发量的 1.1 倍。

- 给水箱的容积、个数和高度，给水泵有足够的灌注头，以免发生汽蚀和影响正常给水。
- 仪表控制室应布置在锅炉操作层上，并宜选择朝向较好的部位。
- 确保各使用点供气压力。

B. 纯蒸汽

- 原料水压力、压缩空气压力、工业蒸汽压力符合要求。
- 纯蒸汽系统凝水质量检测符合要求。
- 取样频率及取样点：按照验证结果进行取样，纯蒸汽发生器出口及最远端应取样。

7.2.1.4.3 供气

制药企业的压缩空气主要用于液体制剂中的灌装机，固体制剂中的制粒机、加浆机、填充机、包装机、印字机，提取工艺中的提取罐，此外，还有化验中试用气、粉体物料输送、干燥、吹料吹扫、气动仪表元件、自动控制用气等。

因为制剂用的压缩空气与药品直接接触，所以压缩空气必须经过净化处理：必须经过验证，以证明系统符合生产要求；还须符合 GMP 有关要求以及无油压缩空气的有关认证。本节主要介绍口服固体制剂对压缩空气的质量风险控制点。

应对压缩空气制气系统、管道、使用点等进行验证，确认符合生产要求。

材质应适用于压缩空气。

应为无油压缩机。皮带松紧程度，用手指压皮带中部，以皮带被压下 10~15mm 为合适。用手转动机器 1~2 转，检查皮带轮是否可用手轻易盘动或其他障碍。

三级过滤器应按周期更换，避免过滤器阻塞。

压缩空气质量检查：检查干湿程度用露点表示；含尘量用尘埃粒度和浓度表示；含油量用单位体积压缩空气含油质量多少表示。

压缩空气干燥机运行维护正常。

工作结束后，应关掉电源开关，并排尽储气罐中的冷凝水，放尽储气罐中的气体。

直接接触药品的部位应考虑增加终端过滤器。

压缩空气系统定期验证，进行使用点增加或改造，应评估进行必要的验证工作。确保每年至少作一次再验证或回顾性验证，压缩空气系统更换，改造或大修后必须作再验证，若系统长期停止运行，要在正式生产时连续三天

（每天一次）的监控。

7.2.1.4.4 通风

空调净化系统是一个能够通过控制温度、相对湿度、空气运动与空气质量（包括新鲜空气、气体微粒和气体）来调节环境的系统的总称，重点控制三个在关键的位置可能对产品与工序造成影响的方面。

- 关键位置的空气温度有可能影响产品或产品接触表面。
- 关键位置的空气相对湿度有可能影响产品的水分含量或产品接触表面（通过腐蚀等方式）。
- 关键位置的气体污染可能影响产品纯度或产品接触表面。如污染物，包括颗粒与气味，需要考虑过滤器的效率。

空气运动以确保操作人员舒适并不会对产品造成不良影响，如：室内压力、换气、气体流量、气流方向与速度。

空气净化系统不是良好的工艺、设施、设备设计和良好的操作工序的代替物，它不能清洁已经污染的表面，不能控制有过量污染物产生的工艺，也不能作为不良的设计或不良的设备维护的补偿措施，当调查一个受污染的区域时，空气净化系统很少会是持续性污染问题的原因或解决方法。

7.2.1.4.5 空气净化系统质量风险控制点

厂房纵轴应尽量布置成东、西向，以避免有大面积的窗和墙受日晒影响。

厂房主要进风面一般应与夏季主导风向成 60~90° 角，不宜小于 45° 角。

散放大量热和有害物质的生产过程，宜设在单层厂房内。

空气净化系统生产需要时应运行，停产期间也应保持必要的通风。

及时检查鼠、虫、鸟类防护罩有无破损情况。

在管道或风机中安装设备可监测风机的气流量来确定设备运行正常。风门驱动器位置（用于估计 HVAC 系统是否需要重新平衡）供风管道压力。

应考虑安装必要的空调净化系统的监测设备以监测如风机轴承磨损、风机叶变形。对于风机马达应将控制接触器连接电线，以便当设备元件过载时能够发出警报，确保马达的当前情况可以被监测，震动或声音输出可能被监测。风机速度（或实际电流，以显示由于风机负载量而增加的压力损失）。

安置传感器需考虑安置在容易校准的位置。仪器说明和安装需要考虑局部清洁要求。尽量保持风动控制线最短。

冷却盘管出口温度，冷却盘管上最低成本的物质：铜管上的铝翼。在较差的环境中，这些翅片将被腐蚀，元件的有效性降低，翅片最终将腐蚀致元件无法充分运行的程度。对此问题的详细说明，每种都使第一次成本增加，但也延长操作寿命。带铝翼铜管，铝翼使用聚酯材料涂层，或者带铜翼铜管，铜翼被电镀。

具备长时间的设计寿命等级的风机能够在没有维护的情况下长时间持续使用。将润滑点分组会减少成本，当工厂在运行时能够加入润滑油。

在过滤器组中安置一个校准过的压差传感器，可在每个过滤器安置一个未经校准的工程信息压力计，通过校准进行示值对比。

洁净室为防止外界空气渗入造成污染，必须保持一定的正压，并通过调节送风量大于回风量和排风量的总和来实现。药品生产的洁净室的正压值，在《规范》中有具体规定。但在系统的运行中随着时间的推移，因过滤器积尘阻力增加，门与传递窗开、关，工艺排风的变化等因素的影响，原先调定的正压值是会变的。为维持室内的规定的正压值就需采用有效调控措施。

7.2.1.4.6 用电

制药厂用电主要包括用于生产的动力用电设备、车间和建筑物照明、防雷及安全自动报警系统、通信工具与显示仪表等用电设施。

电力设施对于口服固体制剂质量的主要风险在于能否持续为生产、检测等设备仪器提供稳定的电压。在出现意外断电时，是否有备用电源或措施保证设备仪器能继续工作或完成既定的停机流程，以防止在重新供电后出现产品损毁、程序混乱、数据丢失等当前工作无法持续的危害。

7.2.1.5 厂房及公用设施的 GMP 设计审核及案例分享

质量风险管理的基本宗旨就是"质量源于设计（QbD）"。良好的设计能够有效地保证产品质量。在设计阶段多次对关键方面进行考虑对最终能否取得成功结果至关重要。

GMP 设计审核是对制药厂房设施项目设计的所有方面进行审核，以确认其能够最好地符合预期用途并符合相关法规要求的一种方法。

GMP 设计审核的次数取决于项目的大小和复杂程度。通常情况下，在制药厂房概念设计、基础设计、详细设计的三个阶段都可以进行 GMP 符合性审核。

基于"质量源于设计（QbD）"的理念，GMP 设计审核有助于：

- 对设计进行有文件记录的审查，审查其与操作和法规预期要求的符合性。
- 保证所提出的概念能够符合设计基础中所规定的要求。
- 保证所提出的设计能够最大程度降低对产品质量或患者安全性的风险。

- 对设施、公用工程和设备进行有计划的评估。

7.2.1.6 共线风险评估

中国 GMP（2010 年修订）第四十六条提出了"为降低污染和交叉污染的风险，厂房、生产设施和设备应当根据所生产药品的特性、工艺流程及相应洁净度级别要求合理设计、布局和使用，并符合下列要求：（一）应当综合考虑药品的特性、工艺和预定用途等因素，确定厂房、生产设施和设备多产品共用的可行性，并有相应评估报告"的要求。

欧盟 GMP 第一部分 药品生产的基本要求中第三章《设施与设备》、第五章《生产》等均关注了交叉污染的内容。

初步的共线生产评估是在概念设计的后期，即在概念设计和详细设计之间进行，或是在现有生产线引入新产品之前，以确定所审查的共线生产线所有产品是否适合共线生产，并有足够的风险控制措施。

初步的多产品共线风险评估，需分析拟共线产品清单，确认是否有 GMP 中要求的高致敏性药品（如青霉素类）或生物制品（如卡介苗或其他用活性微生物制备而成的药品）、β- 内酰胺结构类药品、性激素类避孕药品以及某些激素类、细胞毒性类、高活性化学药品等需要使用专用厂房设施和设备的产品。若有则直接评定为只能在单一车间生产，不再进行多产品共线风险评估工作；若没有则进行多产品风险评估工作。

正式的多产品共线风险评估需从拟共线产品的特性、工艺设计、临床用途、厂房、生产设施和设备适用性，预先对风险进行辨识。采用风险评估工具对辨识出的风险进行评价，针对高风险项目制定风险控制措施，降低污染和交叉污染。

需要注意的是，确保在共线商业化生产之前，这些风险控制措施均已制定，共线生产引发污染和交叉污染均已经降低到预期的水平。

药品的共线生产可以减少企业的厂房设施和生产线建造成本，便于企业进行集中优化管理，节省企业管理和生产资源。目前我国很多药品生产企业不同程度地采用共用生产厂房设施、生产线、设备等方式生产不同种类规格的药品，但与此同时也加大了药品发生混淆、差错和交叉污染的风险。评估共线生产的风险是为了找出共线生产可能存在的危害、危害来源及产生危害的原因，并有针对性地制定控制措施。

7.2.1.6.1 共线生产风险识别

共线生产质量风险的识别可使用鱼骨图（图 7-2）从人、机、料、法、环五大因素对共线生产逐一展开分析和评价，找出风险点进行控制，把降低风险的措施落实到每个环节。

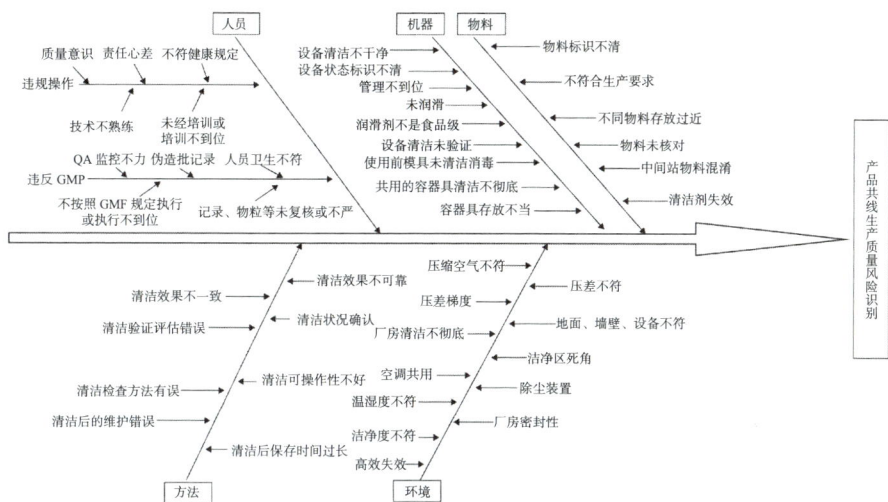

图 7-2 某生产线共线生产风险鱼骨图

7.2.1.6.2 共线生产风险失败模式建立

为了更深入了解共线生产过程质量风险，需建立风险失效模式影响分析（FMEA）详细分解分析共线生产风险因素及风险严重程度，来减少、控制未来生产过程失败。

7.2.1.6.3 共线生产风险分析及评价

通过人、机、料、法、环等因素对共线生产进行风险分析及评价。按照风险评估工具 FMEA 建立的下列风险评估表。由于各公司的实际情况不同，本风险评估表只列出最常见的风险和控制措施，其中的 RPN 分数仅作参考，企业需根据实际情况由各企业自行确定。且由于篇幅问题，风险评估表不包括剩余风险评估部分，企业需要根据实际情况完成剩余风险的评估。

A. 共线生产人员风险（表 7-7）

表 7-7 共线生产人员风险分析表

风险识别范畴	风险描述	风险可能导致的结果	风险分析				风险等级	风险控制主要措施
			S	P	D	RPN		
人员	生产操作人员对共线生产品种的工艺规程和岗位操作规程不熟	可能会出现操作方法、参数控制出现偏差，产生质量风险	3	1	2	6	中	对操作员工进行工艺规程和岗位操作规程的培训，并进行效果评估合格后上岗
人员	共线生产物料、记录等未复核	可能导致记录、物料有遗漏，错误，影响产品可追溯性，影响产品质量	2	2	2	8	中	制定记录、物料复核表，做到复核签名

B. 共线生产设备风险（表 7-8）

表 7-8　共线生产设备风险分析例表

风险识别范畴	风险描述	风险可能导致的结果	风险分析				风险等级	风险控制主要措施
			S	P	D	RPN		
设备	共线生产设备清洁不干净	设备清洁不干净，导致污染	3	2	2	12	高	1. 设备清洁过程按清洁 SOP 执行； 2. 设备清洁完毕后及使用前，用 75% 乙醇擦拭机体内外表面消毒
设备	共线设备未进行验证或超过验证周期未验证	设备性能不稳定，造成生产产品不合格	3	1	1	3	低	对用该设备生产的不同品种单独进行性能确认；并根据定期再确认
设备	共用的原辅料称量、转运所用器具及容器清洗不彻底	造成交叉污染，影响产品质量	3	1	2	6	中	1. 车间对清洁 SOP 进行确认，确保清洁效果； 2. QA 进行检查，检查确认合格后挂已清洁卡

C. 共线生产物料风险（表 7-9）

表 7-9　共线生产物料风险分析表

风险识别范畴	风险描述	风险可能导致的结果	风险分析				风险等级	风险控制主要措施
			S	P	D	RPN		
物料	共线车间原辅料、包装材料标识不清或错误	造成物料使用错误，产品生产质量不合格或返工	3	2	1	6	中	1. 接收原辅料人员核对物料是否正确； 2. 使用原辅料人员复核原辅料信息是否正确
物料	共线生产的物料存放距离过近	导致交叉污染或是拿错使用，影响产品质量	3	2	1	6	中	1. 采用阶段式生产（不同品种）； 2. 不同物料及不同批次的物料存放有适宜的间距，并有相应的状态标识； 3. 检查每件物料外应有物料卡

D. 共线生产清场风险（表 7-10）

表 7-10　共线生产清场风险分析表

风险识别范畴	风险描述	风险可能导致的结果	风险分析				风险等级	风险控制主要措施
			S	P	D	RPN		
清场	没有合适的清洁检查方法	清洁可能达不到预期的效果，影响产品质量	2	1	1	2	低	制定使用前检查设备清洁状况的方法，并对相关人员进行培训

风险识别范畴	风险描述	风险可能导致的结果	风险分析				风险等级	风险控制主要措施
			S	P	D	RPN		
清场	清洁后到使用前的维护错误	导致清场失效，影响产品质量	2	1	2	4	低	1. 人员经培训合格后方能上岗操作； 2. 已清洁设备在清洁、干燥的条件下存放； 3. 凡清场合格的工作室，门应常闭，人员不得随意进入
清场	清洁效果不佳	残留超标，污染产品	3	2	2	12	高	1. 按照厂房、设备等清洁规程进行日常清洁维护； 2. QA 检查，检查确认合格

E. 共线生产环境风险（表 7-11）

表 7-11　共线生产环境风险分析表

风险识别范畴	风险描述	风险可能导致的结果	风险分析				风险等级	风险控制主要措施
			S	P	D	RPN		
环境	高效过滤器破损	洁净区洁净度受到破坏，使药品受污染	3	1	2	6	中	建立净化空调系统高效检漏操作制度，完善日常监督检查机制进行检查并定期做环境净化检测
环境	洁净区（产尘间）与洁净区之间没有压差梯度	影响产品质量	2	2	2	8	中	安装压差计，QA 每班进行监督，做好记录
环境	悬浮粒子、沉降菌、浮游菌等洁净度指标不符合	对药品会造成污染，影响产品质量	3	2	2	12	高	定期监控检测评估，定期对系统维护保养，定期对系统进行全面检查确认

7.2.2 系统影响性评估

系统是具有特定功能的一组工程组件（如设施、设备、管道、仪表、计算机硬件和计算机软件）。在系统确定的过程中应考虑整个系统的功能，而不用考虑系统中的某些部件。

初步的系统影响性评估在工程的早期，即在系统界定和设备订货之间进行。由于直接影响系统要进行验证或确认活动，所以对供应商及其文件的要求相对于其他系统就要更严格，必要时需要进行设备或系统的供应商审计。

系统影响性评估流程图源于 ISPE 基准指南第 5 卷《调试和确认》，如图

7–3 所示。

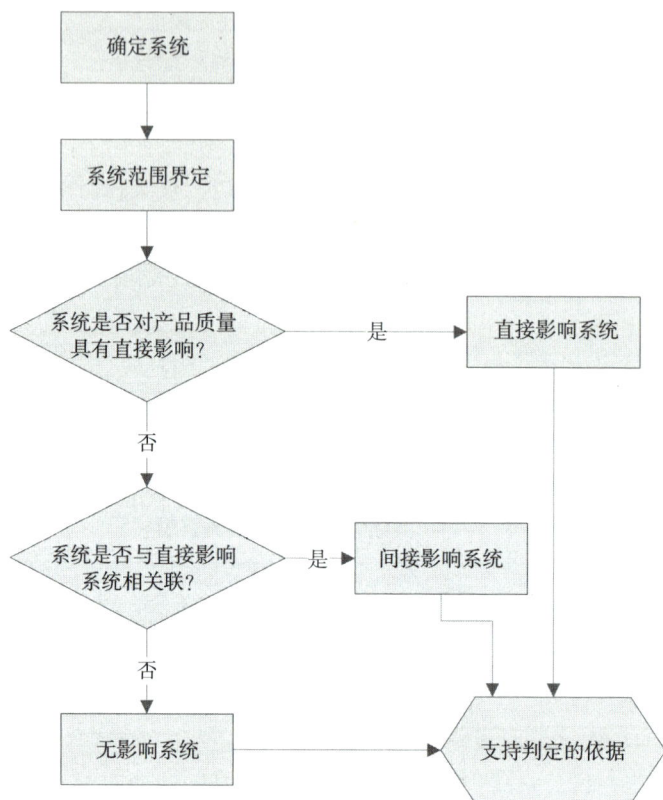

图 7–3　系统影响性评估流程图

7.2.2.1　确定系统

口服固体制剂项目中的常见系统举例如下：

- 称量系统
- 制粒系统
- 混合系统
- 沸腾干燥系统
- 压片系统
- 包衣系统
- 胶囊填充机系统
- 泡罩包装系统
- 纯化水系统
- 供热通风与空调系统
- 空调自控系统

7.2.2.2 系统范围界定

系统范围的界定可以使用 P&ID 图、设备清单等工程文件，根据系统设计的目的和范围，对其具有直接影响的功能或部件归入最适宜的系统之中。

7.2.2.3 系统影响性评估

系统影响性评估工作将系统分为三类，直接影响系统、间接影响系统和无影响系统。可以使用表 7-12 中的 9 个问题进行系统影响性的判断。

表 7-12　影响系统评估表

序号	问题	举例
1	系统是否直接影响关键工艺参数或关键质量属性	制粒系统、混合系统
2	系统是否与产品或工艺流直接接触，并对最终产品质量有潜在影响或给患者带来风险	粉碎筛分系统、混合系统
3	系统是否提供辅料或用于生产某一成分或溶剂，而这些物质的质量（或其缺失）可能对最终产品质量有潜在影响或给患者带来风险	纯化水系统、包衣机系统（提供包衣液）
4	系统是否用于清洁、消毒或灭菌，并且系统故障可能导致清洁、消毒或灭菌的失败，从而给患者带来风险	纯化水系统、移动 CIP 系统
5	系统是否提供一个合适的环境（如：氮气保护，温湿度的维护，且这些参数为产品 CPP 的一部分时）来控制与患者相关的风险	GMP 要求的 HVAC 系统；工艺压缩空气系统、隔离器系统
6	系统是否产生，处理或存储用于产品放行或拒收的数据，关键工艺参数，或 FDA 21 CFR Part 11 和欧盟 GMP Vol. 4，Annex 11 中相关的电子记录	电子记录电子签名系统，SCADA
7	系统是否提供容器密封或产品保护，如失败将会给患者带来风险或导致产品质量下降	泡罩包装机系统
8	系统是否提供产品识别信息（如：批号、有效期、防伪标志）	贴标机系统、电子监管码系统、包装机系统（打印产品识别信息）
9	系统是否对产品质量没有直接影响，但是支持直接影响系统	冷冻水系统

所列 1~8 个问题中任何一个的答案为"是"，系统即必须被评估为具有直接影响，直接影响系统进行验证活动。

如果所列 1~8 个问题的答案均为"否"，第 9 个问题为"是"，则系统被评估为间接影响系统。

如果所有问题的答案均为"否"，则系统被评估为无影响系统。

间接影响系统或无影响系统要遵循 GEP 的要求进行设计、安装和调试。

481

7.2.2.4 部件关键性评估

对于系统影响性评估阶段判定为直接影响的系统将会继续进行部件关键性评估工作（CCA）。根据罗列的功能和部件对产品质量的影响来评估其 GMP 的关键程度。对于每一项会对产品质量产生影响的功能、所有提供该功能的设备、部件或仪表都归类为关键和非关键两种，如图 7-4 所示。

这种归类将根据 ISPE 基准指南第 5 卷《调试和确认》和 ISPE 良好实践指南《基于风险分析的调试和确认》（表 7-13）中提出的问题进行。

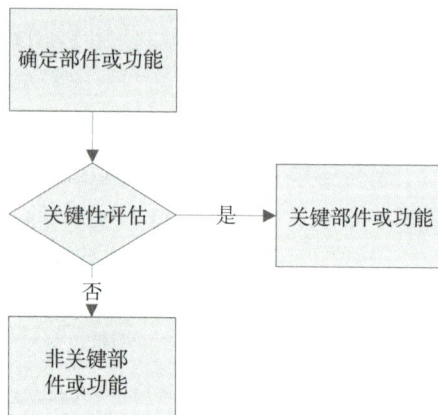

图 7-4 部件关键性评估流程图

表 7-13 部件关键性评估表

序号	问题	举例
1	部件是否用于证明符合所注册工艺的规定	注册工艺中明确要求的混合方式等
2	功能或部件是否用于控制一个关键工艺参数	搅拌转速、混合时间
3	功能或部件的正常操作或控制对产品质量或功效具有直接的影响	摇床的转速控制功能、除菌过滤功能
4	从功能或部件获取的信息被记录为批记录、批放行数据或其他 GMP 相关文件的一部分	称量系统的称重记录
5	部件是否与产品、产品成分或产品内包材直接接触	筛网、模具
6	功能或部件是否用于获得、维护或测量或控制可以影响产品质量的关键工艺参数，而对控制系统性能无独立的验证	沸腾干燥机的温度传感器
7	功能或部件用于创建或保持某种系统的关键状态	仓库的温控功能

以上七个问题中只要有一个问题的答案是"是"，就将该功能或部件归类为关键的功能或部件，后期将对关键性功能或部件进行调试和确认。

7.2.2.5 厂房设施系统风险评估重点

固体制剂生产中应重点关注厂房设施设备、验证、物料管理、生产过程控制等方面，风险评估工具可依据 ICH Q9 并根据实际情况选择。

7.2.2.5.1 厂房

- 布局合理，尽量避免不同工序间物料的交叉流动，降低交叉污染风险。

- 建筑材料应选择高防火等级，坚固耐用，环保材料，以降低对人员及物料的影响。
- 操作间应有合适的照明，以利于操作。
- 墙角部位应采用圆弧设计，以利于清洁。
- 地漏的设置应合理，且应有防止空气倒灌的装置，应规定清洁及消毒剂灌封的操作要求，最大限度地降低其对生产环境的污染。

7.2.2.5.2 空气净化系统

- 房间内进、排风口的布局应合理，一般采用顶送侧回的方式，确保生产操作区的空气洁净度符合相关法规的要求。
- 应采用低、中、高效过滤器，高效过滤器应定期进行完整性测试，各房间压差应制定标准，且有压差表以用于日常监测。
- 产尘房间应尽量采用直排方式，如利用回风，应证明不会对其他房间造成污染。
- 换气次数、新风量应有依据相关法规要求确定，并经过验证，确保环境的洁净度级别符合设计要求。

7.2.2.5.3 纯化水系统

- 制水设备的选型要考虑实际生产需求量，设备正式投入使用前应经过确认。
- 定期进行水质检测。
- 储存、输配系统要经过验证，确保使用点水质符合质量标准要求。
- 发生变更时要进行评估或重新验证，确保对系统无不利影响。

7.2.2.5.4 压缩空气系统

- 设备选型要满足实际生产需求，需配备除油、除水设施，确保压缩空气质量。
- 发生变更时要进行评估或重新验证，确保对系统无不利影响。

7.2.2.5.5 生产设备

- 设备选型要根据生产工艺、批量合理选择。
- 与产品直接接触的部件材质应尽量选择不锈钢，且对抛光度有明确要求，以利于清洁防止交叉污染。
- 必须使用特殊材质的部件应选择化学稳定性好，对产品质量无不良影响的，且表面应抛光，以利于清洁防止交叉污染。
- 与产品直接接触的部件应尽量避免死角。
- 设备投入使用前应经过确认，以证明其在工艺要求的参数范围内能够稳定、可靠运行，控制参数的实际偏差范围符合设备说明书的规定。

7.2.2.5.6 计算机化系统

计算机化系统是指受控系统、计算机控制系统以及人机接口的组合体系。在药品生产质量管理过程中所应用的计算机系统和被其控制的功能或流程均可以称为计算机化系统。

计算机化系统，包括计算机硬件、软件、外围设备、网络、云基础设施、操作人员和相关文件（如用户手册和标准操作规程），并且各个部分应当符合《计算机化系统》附录的要求。

计算机化系统风险评估是对每一个关键系统的功能或业务流程进行风险的识别、分析和判断，并根据风险级别给出风险控制所应采取的措施。风险管理应当贯穿计算机化系统的生命周期全过程，应当考虑患者安全、数据完整性和产品质量。作为质量风险管理的一部分，应当根据书面的风险评估结果确定验证和数据完整性控制的程度。

【应用实例】计算机化系统按是否连接网络可分为网络版和单机版两个，现在以单机版计算机化系统为例制定一份风险评估：某公司对于单机版计算机化系统有如表 7-14 中描述的 12 项需求，那么该公司的计算机化系统风险评估就应该依照自身需求来进行风险评估和风险控制，参见表 7-15。

表 7-14　用户需求表

序号	URS	描述	必需 / 期望
1	计算机化系统供应商	供应商提供产品能满足企业需求	必需
2	操作人员不够专业	操作人员能正确完成对计算机化系统的安装、验证、运行等工作	必需
3	计算机化系统操作规程	已建立计算机化系统操作规程	必需
4	系统安装位置	安装在适当位置，能防止外来因素的干扰	必需
5	计算机化系统的档案资料不全	有详细资料说明系统的工作原理、范围、目的、安全措施，以及如何与其他系统或程序对接	必需
6	计算机化系统的操作软件	操作软件符合法规要求	必需
7	计算机化系统使用	使用系统可以获得预期结果	必需
8	权限设置	已对系统进行权限设置	必需
9	数据审计跟踪系统	开启审计跟踪	必需
10	电子数据和纸质数据共存	已有文件规定电子数据和纸质数据的主次	必需
11	数据转换或迁移	数据转换或迁移时，数据的数值和含义未发生改变	必需
12	计算机化系统变更	已在变更控制文件中加入计算机化系统变更的相关内容	必需

表 7-15　计算机化系统风险评估表

风险识别范畴	风险描述	风险可能导致的结果	风险分析				风险评估	预防措施
			S	P	D	RPN		
系统采购	计算机化系统供应商	供应商提供产品不能满足企业需求	3	2	1	6	低	对供应商进行评估
人员培训	操作人员不够专业	操作人员非专业人员，不能正确完成对计算机化系统的安装、验证、运行等工作	3	2	1	6	低	对人员进行培训
文件管理	计算机化系统操作规程	未建立计算机化系统操作规程	3	1	1	3	低	建立计算机化系统操作规程
	计算机化系统的档案资料不全	操作人员无法掌握系统的工作原理、范围、目的、安全措施，以及如何与其他系统或程序对接	3	1	2	6	低	检查有无系统的说明书及档案资料
系统验证	系统安装位置	未安装在适当位置，不能防止外来因素的干扰	3	1	2	6	低	对安装位置进行确认
	计算机化系统的操作软件	未对操作软件进行确认	2	2	1	4	低	对软件进行确认
	计算机化系统使用	未对系统进行确认，无法确认系统可以获得预期结果	2	1	1	2	低	进行安装、运行、性能确认
用户管理	权限设置	未对系统进行权限设置	3	1	1	3	低	对权限设置进行确认
系统功能	数据审计跟踪系统	系统无审计跟踪或未开启审计跟踪	2	1	2	4	低	对审计跟踪功能进行确认
	电子数据和纸质数据共存	未明确以电子数据为主还是以纸质打印稿为主	2	1	1	2	低	在文件中明确规定
	数据转换或迁移	数据转换或迁移时，不能确认数据的数值和含义是否发生改变	3	1	1	3	低	在调试时对数据转换或迁移进行确认
系统生命周期管理	计算机化系统变更	无预定操作规程	2	1	1	2	低	在变更控制文件中增加计算机化系统变更的相关内容

网络版的计算机化系统因其软件类型归属于 4 类软件，不同于其他 3 类软件只需基于 URS 进行风险评估即可。网络版计算机化系统需要供应商提供一些材料，材料包括但不限于供应商质量控制体系（QMS）证明文件、资质证明、软件设计风险评估报告（或者设计规范）等。

网络版计算机化系统还要基于风险的测试，评估应用软件在测试环境下按照设计要求进行的风险和应用软件在业务流程中按照设计要求运行的风险（表 7-16）。

表 7-16　网络版计算机化系统运行风险评估表

风险识别范畴	风险描述	风险可能导致的结果	风险分析				风险评估	预防措施
			S	P	D	RPN		
网络管理	主系统控制第三个分系统采集数据	采集数据不准确	3	2	2	12	高	与单机版（同型号仪器、软件）进行数据准确性测试

7.2.3　工艺设备对固体制剂产品质量风险控制点

7.2.3.1　产品关键质量属性（CQA）

关键质量属性指物质具备的直接或间接影响物质安全、鉴别、强度、纯度的物理、化学、微生物方面特性。

固体制剂产品关键质量属性应由工艺技术专家和 QA 基于工艺知识和产品知识进行辨识，通常包括但不限于以下几个方面。

- 含量
- 含量均匀度、片重差异、装量差异
- 溶出度、释放度
- 粒度
- 有关物质
- 水分
- 酸碱度、pH 值
- 残留溶剂
- 微生物限度
- 鉴别
- 尺寸大小、刻痕及分割性

7.2.3.2　产品关键工艺参数（CPP）

关键工艺参数的变量影响关键质量属性，应由工艺技术专家和 QA 基于工艺知识和产品知识对关键质量属性方面进行识别、监测或控制，保证工艺生产需求的质量。

7.2.3.3 工艺用户需求（PUR）

工艺用户需求基于产品知识、工艺知识、cGMP 法规和产品质量体系方针，由工艺技术专家和 QA 进行识别提出，与产品或工艺的输出质量及 GMP 法规符合性紧密相关。

7.2.3.4 工艺设备的关键方面（CA）

关键方面是指对应产品关键工艺参数的工艺设备的功能、特征、性能和持续保持产品质量和患者安全所必须的生产工艺和系统的性能或特征，应响应工艺用户需求。

7.2.3.5 工艺设备关键方面质量风险控制点

关键方面由若干个关键方面设计要素组成，是产品质量风险的控制点组成部分，应由工程技术专家参照 GEP 要求通过风险评估进行识别或设计。

表 7-17 是常用固体制剂工艺设备的质量风险控制点示例，用户应根据关键质量属性、关键工艺参数、工艺用户需求、关键方面的需求进行识别。

487

表 7-17　工艺设备关键方面识别表

工艺设备	关键质量属性 CQA	关键工艺参数 CPP	质量关键方面风险控制点
自动配料系统	鉴别、含量、微生物限度	加入原辅料的顺序、量程、精度、校准	称量配料顺序应先称配辅料，再称配原料 识别不同物料的程序或措施（避免差错和混淆） 采用的称量衡器有符合工艺要求的量程和精度，经过检定和校准，保证物料重量准确 加料及出料无论采取什么方式都要避免或减少系统震动以免影响称量结果和精度 容器内部、进料和出料部件应光滑无死角，避免物料残留，便于清洁消毒 清洁方式（WIP 或 CIP） 可靠的数据记录、输出和存储功能
粉碎机	粒度、含量、水分、微生物限度	筛网目数、转速	根据物料性质，选用适合结构原理的设备 和目标粒度相对应的孔径的筛网或筛板 和物料相适应的刀片形状 刀片和筛网或筛板的间隙 主轴转速在工艺范围内控制调节的装置 粉碎室温度的控制装置 进料量调节装置 出料气固分离装置 主轴密封的防止粉尘进入和防止润滑油泄露的装置（润滑油或脂采用食品级）

口服固体制剂制造风险管控关键技术要点

488

工艺设备	关键质量属性 CQA	关键工艺参数 CPP	质量关键方面风险控制点
粉碎机	粒度、含量、水分、微生物限度	筛网目数、转速	容器内部、进料和出料部件应光滑无死角，避免物料残留和便于清洁消毒 清洁方式（WIP 和 CIP）
筛分机	粒度、微生物限度	筛网目数、振动频率、振动幅度	筛网的材质应采用不锈钢或涤纶，应坚固耐疲劳 适当的振动频率和振动幅度，避免对颗粒造成破坏 垫圈的材质应符合食品级标准 结构简单，无死角，避免物料残留和便于清洁消毒 清洁方式（WIP）
挤出制粒机	粒度、水分、微生物限度	筛网目数、转速	根据物料性质，选用适合的结构原理设备 筛网或筛板的孔径及筛板厚度 刀片（螺杆）形状 刀片（螺杆）和筛网或筛板的间隙 主轴转速调节装置 主轴防止粉尘进入和防止润滑油泄露的密封结构（润滑油或脂采用食品级） 容器内部、进料和出料部件应光滑无死角，避免物料残留和便于清洁消毒 清洁方式（WIP）
高剪切制粒机	粒度、水分、含量、含量均匀度、微生物限度	原辅料装填顺序、搅拌、速度、搅拌时间、黏合剂的添加速度、温度和方式、制粒切刀速度、制粒终点判定方式、出料方式	按工艺流程的投料顺序，搅拌速度在合适的范围内可调节的装置，搅拌时间的设定和控制装置 搅拌和容器内壁的间隙 黏合剂加热、保温、搅拌速度、搅拌时间的设定和控制装置 黏合剂的加入方式、速度、黏合剂液滴大小 制粒切刀速度在合适的范围内可调节的装置，制粒时间的设定和控制装置 搅拌轴和制粒切刀轴的防止粉尘进入和防止润滑油泄露的密封装置（润滑油或脂采用食品级） 容器内部、进料和出料部件应光滑无死角，避免物料残留和便于清洁消毒 制粒终点判断方式：电流法、PAT 采用彻底的出料方式，减少物料残留 适合的清洁方式（WIP 或 CIP） 可靠的数据记录、输出和存储功能
流化床制粒机	粒度，水分、含量、含量均匀度、微生物限度	混合时间、喷液量、喷液速度、制粒时间、干燥时间、进风温度、湿度、风量、排风温度，产品温度、颗粒水分	喷枪喷液角度、喷液速度、雾化液滴大小、喷嘴高度、停气不喷液的控制调节装置 黏合剂加热、保温、搅拌速度、搅拌时间的设定和控制装置 排风风量、风压、风量在合适范围内可调节装置 进风处理系统应由除湿系统、加热系统及两级以上空气过滤器组成

工艺设备	关键质量属性 CQA	关键工艺参数 CPP	质量关键方面风险控制点
流化床制粒机	粒度，水分、含量、含量均匀度、微生物限度	混合时间、喷液量、喷液速度、制粒时间、干燥时间、进风温度、湿度、风量、排风温度，产品温度、颗粒水分	进风筛网结构、目数 合理的气固分离过滤袋结构及材质（配压差监测） 密封垫圈、视窗及视窗密封圈材质应符合食品级标准 密闭取样器 进风温湿度和排风温度检测控制装置 干燥终点判断方法：水分测定、PAT 干燥时间控制装置 使用洁净压缩空气 清洁方式（WIP 和 CIP），清洁用水排放要有空气隔断装置 可靠的数据记录、输出和存储功能
箱式干燥机	水分、微生物限度	进风温度、湿度、风量、排风温度、产品温度、干燥时间、颗粒水分	进风过滤系统：如采用洁净区空气，应有拦截该区域颗粒物的空气过滤器，如采用洁净区外空气，应由两级以上空气过滤器组成，第二级空气过滤器推荐 H12–H14 高效过滤器（配备压差监测与 PAO 测试口）；根据工艺需要，可以考虑空气除湿系统 能够灵敏检测、控制温度的加热系统 循环风量，新风量，排风量的调节控制装置 托盘材质：304L 或 316L 不锈钢 干燥室内与进风（循环风）空气接触的金属部位均应采用不锈钢材质，密封圈或密封胶符合食品级标准 干燥室内结构应简单避免死角，便于清洁 干燥时间控制装置 干燥终点的判断方法：水分测定、PAT 适合的清洁方式（WIP） 可靠的数据记录、输出和存储功能
流化床干燥机	水分、微生物限度	进风温度、湿度、风量、排风温度、产品温度，干燥时间、颗粒水分	排风风量、风压、风量在合适范围内可调节装置 进风处理系统应由除湿系统、加热系统及两级以上空气过滤器组成 进风筛网结构、目数 合理的气固分离过滤袋结构及材质（配压差监测） 密封垫圈、视窗及视窗密封圈材质应符合食品级标准 密闭取样器 进风温湿度和排风温度检测控制装置 干燥终点判断方法：水分测定、PAT 干燥时间控制 使用洁净压缩空气（如果气固分离过滤袋采用反吹） 适合的清洁方式（WIP 和 CIP），清洁用水排放要有空气隔断装置 可靠的数据记录、输出和存储功能

490

工艺设备	关键质量属性 CQA	关键工艺参数 CPP	质量关键方面风险控制点
干法制粒机	粒度、水分、微生物限度	轧辊压力、进料速度、薄片厚度、筛网目数	连续可控的进料方式、脱气装置、供料装置中轴的防止粉尘进入和防止润滑油泄露的密封装置（润滑油或脂采用食品级），轧辊材质选用不锈钢，根据物料性质选择轧辊表面花纹，轧辊直径，工作压力稳定可调节范围的压力装置，轧辊冷却装置，冷却液及润滑油要有可靠的防泄漏装置防止泄漏污染物料。可调节的进料速度，轧辊速度，整粒速度，与工艺要求相当的筛网或筛板孔径，整粒刀和筛网或筛板间隙，与物料接触非金属部分材质选用食品级，并耐清洗消毒 适合的清洁方式（WIP） 可靠的数据记录、输出和存储功能
整粒机	粒度、水分	筛网目数、整粒类型、整粒速度、微生物限度	根据物料性质，选用适合的结构原理设备 与工艺要求粒度相当的孔径的筛网或筛板 刀片形状 刀片和筛网或筛板的间隙 主轴转速调节装置 主轴防止粉尘进入和防止润滑油泄露的密封结构（润滑油或脂采用食品级） 容器内部、进料和出料部件应光滑无死角，避免物料残留和便于清洁消毒 清洁方式（WIP）
混合机	混合均匀度	批量、混合速度、混合时间、微生物限度	根据物料性质，选择合适原理的混合机 旋转式混合机：加料方式、有效容积、装量系数和卸料方式 固定容器式混合机：内部轴密封的防止粉尘进入和防止润滑油泄露的装置（润滑油或脂采用食品级），搅拌装置应光滑无死角，便于卸料和清洗消毒 转速在一定范围内可控制、调节装置 混合时间可设定、调节装置 清洁方式（WIP 或 CIP） 可靠的数据记录、输出和存储功能
压片机	外观、片重、片重差异、片厚、水分、脆碎度（如包衣）、硬度（如包衣）、溶出度、崩解度、含量均匀度、微生物限度	转速、预压力、主压力、填充深度、加料器转速	连续可控的进料方式，供料机构中轴密封的防止粉尘进入和防止润滑油泄露的装置（润滑油或脂采用食品级） 加料器转速调节装置 装量调节装置 转速调节装置 预压压力调节装置 主压压力调节装置 使用前冲模完好性检查，冲模润滑油采用食品级 药片除尘装置 金属异物检测、剔除装置

工艺设备	关键质量属性 CQA	关键工艺参数 CPP	质量关键方面风险控制点
包衣机	外观、包衣增重、水分、溶出度或崩解度、释放度、微生物限度	包衣液浆制备：投料顺序、制备时间、搅拌时间 预加热：片床温度、排风温度、锅体转速、加热时间 喷液：进风温度、供液浆泵转速、液浆温度、雾化压力、喷液浆量、排风温度、锅体转速 干燥：进风温度、锅内负压、片床温度、排风温度、锅体转速、干燥时间 冷却：进风温度、锅内负压、片床温度、排风温度、锅体转速、冷却时间	包衣液浆配制设备有效容积、加热装置、加热温度可设定调整，搅拌形式、搅拌速度、搅拌时间可设定调整 喷枪位置、喷液速度、喷液角度、液滴大小可调节、停气不喷液装置 进风温度、风量、风压可设定调整装置 排风风量、风压可设定调整，有防止外部空气倒灌的装置 片床温度监测控制装置 锅内压差监测控制装置 锅体转速可设定调整装置 进风处理系统应由除湿系统、加热系统及两级以上空气过滤器组成 出料方式应彻底无残留产品 使用洁净压缩空气 清洁方式（WIP 或 CIP），清洁用水排放要有空气隔断装置 可靠的数据记录、输出和存储功能
硬胶囊填充机	装量、装量差异、水分、溶出度、含量均匀度、微生物限度	真空度、转速、供料速度、充填杆（转移针）及计量盘尺寸	真空度调节控制装置 连续可控的进料方式，供料装置中螺旋推进器非金属材质应为食品级，避免与料斗出口内部摩擦 装量调节控制装置 盛粉容器料位调节控制装置 转速调节控制装置 使用前充填杆（转移针）及计量盘完好性检查 空胶囊分解单元、药粉充填单元、胶囊锁合单元、剔废单元及成品输出单元要有可靠的轴承密封结构，防止粉尘进入和防止润滑油泄露的措施（润滑油或脂采用食品级） 使用洁净压缩空气 如使用公用真空系统，应有防止倒灌的装置 胶囊除尘及剔废：结构简单，便于清洗，应有效对胶囊除尘并剔除空胶囊及残损胶囊 清洁方式（WIP） 可靠的数据记录、输出和存储功能
颗粒包装机	装量、装量差异、水分、溶化性、含量均匀度、微生物限度	转速、计量容积	计量调节控制装置 转速调节控制装置 包材打印信息控制装置 封合温度控制装置 停机加热工位产品保护或剔除装置 清洁方式（WIP） 可靠的数据记录、输出和存储功能

7.2.3.6 工艺设备对固体制剂产品质量风险控制点

由于各公司的产品和实际生产情况不同，表7-18列出工艺设备对固体制剂产品的可能存在的质量风险的预分析（PHA），不对风险的危害性（关键性）、可能性和可识别性进行识别。

表7-18　工艺设备对产品质量影响的预风险分析表

口服固体制剂通用工艺与设备	可能存在的质量风险	如何控制质量风险
称量、配料	如果对天平的灵敏度、称重范围已做出适当的选择，经校准且操作正确，就工艺设备而言，原料药（API）和辅料的配料称量，不应会对产品质量带来高风险。然而，有时原料药和辅料对称重的环境（如：光、热、湿度、氧气等）非常敏感，则应该采取适当措施。无菌干粉产品制造和操作不在讨论范围内	首先需要知道被称量或配料的原料药及辅料的属性，然后采取适当的措施对光敏感化合物，则选用紫外光过滤器；对高温敏感的物料，则降低操作室的温度；对高湿度敏感，则降低操作室的湿度；易氧化，则填充氮气，等等（对温湿度敏感，则应对称量间的温湿度进行控制，易氧化，则填充氮气等）
粉碎、筛分	细颗粒可在整粒研磨和筛分过程中产生过多的细小颗粒，这会影响到粉末的流动和导致分离，造成在胶囊灌装或制片的过程中引起的重量失控，进而影响到生产效率和低质量 粒度分布太宽将会引起粉末流动性和含量均匀性的挑战，导致混合均匀性和含量均匀性较差 磨筛筛孔的大小（目数）会影响到颗粒粒度的大小，混合体积和密度，进而影响到片剂的打片的效率、崩解性和API的溶出度	在开发阶段应对筛网进行充分评估和建立明确指标 在批次主记录中，明确的指定筛孔的规格。应注意的是筛孔的大小（目数）和筛的几何形状（如丝网线的编织是凸起或平滑都是关键的因素，应明确规定） 在生产过程中密切监控 给操作员提供培训以确保操作员了解关键工艺参数的重要性并按照主批次上的指示进行操作 用滚筒压机制粒时，滚筒压机压力强度是控制粒度的关键因素
粉体的储存和传输	防爆：在粉末加工时，会产生静电，静电的聚积，再加上潜在的可燃环境，会有潜在爆炸的危险 根据OSHA所有火灾有三个必要条件：燃烧的燃料、氧气、点火源（热、火花等）。细粉爆炸还要有两个额外的因素：粉尘颗粒达到一定的浓度，以及高浓度的粉尘被局限在一小空间里 运输、储存 黏性混粉在储存时可能导致结块，导致流动性不良。在运输或转移过程中，震动和引进空气，会导致颗粒分离，影响到均匀性 长时间贮存还可促进微生物增长	识别危险和防爆： 对混合料中粉末性质的认识，例如：热能，电能，机械能，化学能，等等 用不可燃物代替易燃材料 防止形成爆炸性的环境，如用惰性气体填充容器或减少尘埃云的形成，使其密度低于最低可爆浓度，尽可能消除潜在点火源 安装防爆设备 为工厂人员提供充分的培训 在配方或工艺开发阶段应评估混粉运输、储存的影响 建立有效的存储时间和条件 贮存后，在进行下一个步骤操作之前，进行几个混合旋转，以松动压实的混粉 自由流动粉末，可以考虑在储存之前把混粉包装在聚乙烯袋内，并用真空密封 设备装载程序和设备应进行优化，以尽可能减少分层影响到剂量

口服固体制剂通用工艺与设备	可能存在的质量风险	如何控制质量风险
制粒	混粉直接压片：混粉直接压片是把各原料（原料药和辅料）混合之后就直接打片，不需要再进行任何加工 直接压片的优点是这个过程不需要制粒 直接压片的风险：因为它不需要制粒，混粉的粒度分布将取决于原料的颗粒的规格和分布（原料药和辅料）	只能用筛分和粉碎对混合物粒度分布进行细微的改善。直接混粉压片法粒度和粒度分布的控制主要是在产品开发过程中适当选择原料（原料药和辅料），应严谨的控制每批原料颗粒大小是否符合设立的规格
	干法造粒（辊压式）： 典型的干法辊压式制粒是把混粉通过有一定间隙大小的反旋转辊，形成丝带或薄片。然后将缎带或薄片整粒以产生所需大小的颗粒 通常，润滑剂会被添加到混粉，以防止混粉黏在滚筒上。润滑剂的分布和用量和均匀性都会影响片剂的质量（即硬度、崩解和溶出度） 额外的散粉可以添加到制成的颗粒，以改善需要的性能，如流动、压缩性、调味料、解体、减少黏冲、花斑、加强外观等 干燥制粒的关键参数是平衡制粒，以改善平均时间内的流动特性，但仍然可以保持充分压缩性来打片。在制粒过程中，一部分的压缩性能会被用于形成丝带	
	干法制粒（辊压式）潜在风险： 因设备磨损和设置不当可能造成的金属污染 在丝带或薄片形成过程中，部分制粒的压缩性会失去 由于在制粒过程中不适当混合或混粉流动性不良，会造成较差质量的丝带或薄片 在辊压过程中，原料的损失，会导致低产量和原料药比例的变化。如果未将细粉再回收，这种影响则会更明显	建立适当的处方，在制粒之后仍能具有良好的结合和压缩性能 正确的选择设备，这对于干法制粒来说是很重要的。整粒过程会影响到颗粒的粒度，原料药的含量的和均匀性。如果磨筛没有很好的维护和整粒的间隙没有正确设置，一些金属颗粒可能会脱落，而掺入混粉中。料斗、螺杆和搅拌器都可能很容易地影响颗粒的质量。给操作者适当的培训也很重要，以确保制粒可以正确的执行，以达到理想的颗粒 密切监控辊压力，如果需要的话，应作及时调整 建立一套实用的规格，来控制原料质量，保证颗粒的一致性 优化辊压力，形成高质量的丝带或薄片
	湿法造粒材质属性潜在的风险： API：粒度分布至关重要 配料添加顺序：一般而言不重要。大多数情况下，它可在制粒之前，通过有效的混合来减少影响 制粒液：在工艺和配方开发过程中要评估此关键因素	在开发阶段评估和优化 API 的粒度 基于原料和配方的性质来决定此项的重要性。如果需要的话，则在润湿之前，加以干混，以增加均匀性 了解原料和产品的属性，正确选择合适的设备和工艺

494

口服固体制剂通用工艺与设备	可能存在的质量风险	如何控制质量风险
制粒	湿法制粒工艺属性潜在的风险： 制粒液添加需要评估的因素有：用量、黏度（尤其是黏合剂先溶解在制粒液中后再加入混粉）、流体温度、添加速度、搅拌速度（叶轮和斩波器）、混合温度控制等 弱颗粒会造成颗粒的物理性不稳定。结果在贮存、运输、胶囊或制片过程中，颗粒的粒度大小和分布会发生变化。此外，批次与批次间的相异，会比较大 过度制粒会影响颗粒的性质，影响溶解崩解和溶出度	在研发阶段需了解产品的属性，建立在制造过程中要监视的关键工艺参数 用在线监测工具（如 PAT），如扭矩或功耗、温度传感器等等，明确地建立制粒终点并加以监测
干燥	水分含量的要求可能是关键参数。检测方法：干燥失重（LOD）或其他测量方法 干燥过程工艺的参数和效率是至关重要的。它会影响到颗粒的关键属性 如果需要更高的温度达到目标的LOD，这可能会导致不良的降解产物，或对药物产品稳定性的影响（例如保质期、有效期、稳定性）	评估水含量及其对产品关键质量属性的影响在研发期一定要详细研究，最终水的含量范围需要确定 LOD 是测量固体材料中高含量水分的常用方法。为了获得可重现的结果，应在 LOD 测量之前筛出样品以分散大的聚块 过度干燥会造成细颗粒的产生，并附在干燥器具壁上。这会影响粉末的流动，杂质，溶解，原料药含量偏差，含量均匀性，稳定性等等问题。在干燥过程中，必须平衡风量和温度，以减少细小颗粒和不良粉末流动性
混合	低效混合： 容器几何形状 混合模式或设计 旋转或旋转速度的次数	增加混合效率可用： 一些搅拌机类型具有不对称的几何形状，而有较大的混合能力 透过摇晃的混合容器，速率可以显著增加 可以通过放置挡板来诱发不对称性而增强混合力 更改加载的顺序 对于自由流动的粉末，旋转的次数是一个主要关键参数，但转动速率则不很重要。对于黏性粉末，混合取决于剪切速率。轮换率是非常重要的
	混粉的分层： 粒度分布或密度的差异 较大的颗粒度差异或粒子密度差异，会造成较大的混粉分离	降低混粉分离的方法： 保持颗粒材料粒度分布尽可能窄。这对于干混相尤为重要 在配方中加入更多的黏合剂的成分，并降低混粉配制后的后续处理手续（如搬运，摇摆和震动等） 减小整粒筛网的口径

口服固体制剂通用工艺与设备	可能存在的质量风险	如何控制质量风险
混合	药物剂量对混合均匀性的影响：低剂量药物剂量的混合料（例如低于1%）对均匀度具有挑战性的影响	如果可能，尽量增加药物剂量。如果不可能，则使用递加稀释法或重复多次的筛分和混合，可以提高混合均匀性 将原料药磨成小直径，增加黏性。利用其小粒子与其他辅料间力亲和力，来增加其扩散力
	混合器的负载量影响混合效率 高混合器的负载将减少粒子在混合过程中可活动的空间，并可能形成混合盲区	降低混合器的负载量可以提高混合速度虽然从生产效率的角度来看，这种策略可能不是最佳的，但降低混合器的负载量可以减少混合死区形成的几率 通常混合器的负载量的工作体积是在50%~70%左右
包衣	包衣溶液的制备 包衣材料的浓度会影响包衣的效率 包衣溶液的黏度会影响喷雾操作和结果。黏度太高容易有气泡，气泡和难溶的辅料颗粒会影响包衣后的外观	注意包衣溶液搅拌的速度和溶液温度。选择有效率的叶轮搅拌机，同时尽量减少引入气泡。确定包衣溶液的贮存时间和条件，避免包衣材料的沉淀和微生物的生长 包衣溶液的黏度可以通过使用最优化的包衣浓度和（或）包衣液里聚物的分子量进行调整，以达到最有效率的包衣
	喷雾前片剂的温度和水分含量会影响到包衣重量的准确控制	正确设置温度侦测器的位置，并了解实际侦测到的温度。裸片表面温度对涂层是至关重要的。了解初始裸片的含水量（LOD），以便对于了解整个包衣的过程是很重要的
	裸片的性能，如孔隙度、表面、硬度和含水量都和包衣的质量息息相关 裸片脆性：太脆的裸片，容易造成片剂边缘受损	裸片的孔隙度和表面特性会影响包衣材料与裸片的相互作用。这些特点主要建立在产品开发过程中。片剂制造时冲头使用的压力和冲头表面的特性，只对涂层的结果提供细微的影响 对于高脆性的裸片，选择合适的包衣机、水平旋转的包衣滚筒的转速和挡板的高度，对于尽量减少对裸片着陆到滚筒表面的影响是很重要的。一开始，使用较高的喷雾率来建立一个"保护"层是一个好的选择。然后，对进气的体积、温度、片剂的温度和含水量也应进行评估，以便能够使用高喷雾率
	裸片的物理稳定性，有些片剂有很长的弛豫时间，不适合在压片之后就进行正包衣	对有很长的弛豫时间的片剂，只有等片剂达到稳定之后才能进行包衣
	包衣滚筒的装载（即片剂体积与包衣滚筒容积的比值）会影响包衣的质量	如果批量大小不能改变，包衣滚筒转动速度、挡板设计、喷枪设计、喷枪数量和片剂的距离、喷雾速率等等参数均可优化以达到良好的包衣效果

496

口服固体制剂通用工艺与设备	可能存在的质量风险	如何控制质量风险
包衣	喷雾设备： 喷雾枪可能会堵塞或失灵 在某一区涂雾材料太多或太少 枪喷嘴的大小应选择适宜 喷枪喷嘴必须保持清洁和无产品的积累	正确组装喷枪。喷枪必须清洗，免于受喷枪的缺陷或异物堵塞，造成包衣的不顺利 喷枪喷嘴必须保持清洁和无产品积累。在涂层过程中经常检查喷嘴 喷枪的位置或几何形状。喷枪支数，喷枪与喷嘴之间相的排列和距离，从喷枪到滚筒最深处的空间，都是重要参数，并确定管和喷枪的连接是紧密的 校准喷雾的速率，调整喷枪和片剂床的角度和距离，以达到喷涂前所需的喷雾模式 准确记录设备的装置，可以提高涂层的重现性
	包衣喷雾溶液的干燥和包衣喷雾溶液的进料没有达到平衡，使片剂的水分含量有所改变	优化的包衣工艺是能使包衣喷雾的干燥率和包衣喷雾的进料率达到平衡，如此可使片剂的水分含量应保持不变 进气温度会影响包衣的干燥效率（水蒸发）和包衣的均匀性。高进气温度提高了水相包衣工艺的干燥效率，降低了片芯的渗透率，降低了包衣片裸片的穿透力、减低包衣膜的强度。过量的空气量和高温度增加了喷雾剂在喷雾过程中过早干燥，进而降低了涂层的效率和包衣片表面的平滑
	喷雾材料没有及时干燥，可能造成孪晶、片剂表面的侵蚀、黏接等	降低喷雾速率或增加包衣舱温度或提高包衣滚筒转动速度
片剂	重量控制差 粉流不良 凸轮选择不当 碎片 弱片	裸片重量由可用于填充模腔内的容积决定。因此，混合料具有良好的流动性，而能流进或被推进填充模具时，裸片才能达到预期的重量。由此，粉末的良好流动是重要的关键。当正确体积的混合料填入模具时，它还需要有良好的压缩能力和润滑性，以成为一个良好的裸片 对于那些稍缺制片机器和适当的安装、调整设备，仍可以补救和缓解短缺，例如调整冲头穿透力、降低压片速度和增加压片时间、压力，选择合适的凸轮、冲头选择等 使用带有自动反馈的过程控制的压片机 评估在造粒、干燥过程中是否产生过多的细颗粒

口服固体制剂通用工艺与设备	可能存在的质量风险	如何控制质量风险
片剂	片剂外观不良 黏冲 刻字黏冲 边缘缺陷	润滑剂不足 冲头设计不当 应用预压 评估在造粒、干燥过程中是否产生了过多的细颗粒
	片剂不符合预期的崩解速度和溶出度： 崩解和溶出度太快 崩解和溶出度太慢	如果片剂太软则增加片剂硬度，如果不能做到这一点，那么就需要研究造粒过程，增加压缩的空间 如果溶出度太慢，且无法通过降低片剂硬度来解决，则检查制粒过程是否过度，以及润滑的过程是否过度而影响到溶出度 密切监测片剂含水量
胶囊剂	装量不一致可能起因于： 混粉的流动性不良 颗粒粒度的差异太大造成分层 混粉聚成团 流量特性较差 料斗中的混粉不足 太多静电 装量不足 含量均匀不足	改善装量不一致的方法： 改善混粉的流动性 经整粒的过程径来减少颗粒粒度的差异 减少黏结，增大颗粒大小，增加颗粒硬度 增加混粉的流动性 将容器接地，减少细颗粒 降低胶囊填充速度 增加混粉的黏合性 降低填充速度
	胶囊体长太短或混粉溢出胶囊 胶囊体出现凹痕 胶囊体长太长	调整胶囊闭合的装置 胶囊闭合装置没对准 胶囊闭合不足
	胶囊有裂痕或有针孔并导致混粉渗漏	在大多数情况下，胶囊的细针孔或胶囊圆顶有裂痕，有可能是由于在分离空胶囊的过程中使用的真空度过高 降低真空度，减低分开胶囊的吸力
	过多细粉尘导致胶囊关闭或充填不良	在混粉中有太多的细粉，应用真空除尘或增加颗粒的粒度或较硬的颗粒
	溶出度在稳定性评价中显著降低 胶囊形成交联键	将酶添加到溶解介质中
包装	内包装是指与产品直接接触的包装层 包装的重要性： 防止任何可能改变产品性能的不利外部影响 防止生物污染 防止人身伤害 携带正确的产品信息和标识 篡改明显或儿童抵抗或防伪	

生产工艺带来的质量风险至少包括两个方面，一是药品生产各个工序的生产操作及其先后顺序可能带来的质量风险，这方面的风险也就是 GMP 明

确给出的"污染（微粒污染、微生物污染、病毒污染）、交叉污染、混淆、差错"。这些方面的质量风险可以根据 GMP 的要求，逐一分类排查并制定风险控制措施。第二方面的质量风险与经过批准的注册生产工艺不一致。对于药品生产来说，是致命的薄弱环节。

除生产管理和生产工艺以外，与现行版《中国药典》、注册生产工艺、药品使用相结合的药品生产过程的质量风险管理，满足现行版《中国药典》规定品种质量指标的药品质量判定，还需要基于药典凡例与通则的基本要求。按照药典的要求，进行所生产品种涉及的物料、辅助用品，如过滤介质、纯化水等的药品质量风险管理。药品质量风险管理应重点关注药品的毒副作用，密切关注药品生产过程中有可能加重药品不良反应及毒副作用的那些因素，包括生产操作、物料与产品方面的指标，如果有质量指标不能满足要求的，就需要根据相关的要求增加新的质量控制方法。

口服固体制剂的质量风险也取决于厂房设施、设备、公用工程等稳定有效支撑，避免造成污染、交叉污染。

对于口服固体制剂而言，关键生产流程或工序的质量风险控制才能保证产品质量与效益均一。

7.2.3.7 生产工艺的质量风险管理

7.2.3.7.1 工艺设计中的质量风险管理

工艺设计是界定商品化制造工艺的活动，通过计划中的主生产和控制记录反映，其在产品研制、试验、批量生产等研发阶段就应贯穿质量风险管理，确认批量生产时的质量风险程度及措施。工艺设计应经过评估，显示出工艺的可重复性、可靠性和耐用性。

工艺设计一般应包括实验设计、工艺研发、临床试验产品生产、中规模批次和技术转移。申报者早期工艺设计实验应该依照可靠的科学方法和原则进行，包括药品文件编制管理规范；应该论证小规模或中规模条件下研发的设计空间与提交的生产规模工艺间的相关性，并讨论在扩大规模过程中的潜在风险，设计出的商业化制造工艺应能够稳定地产出符合其质量属性的产品。该阶段的控制策略和记录应保存证明并经内部审核，健全研发质量管理体系，确保质量信息等在随后的工艺和产品生产周期内的应用和价值。

工艺设计也应同步考虑操作人员的可操作性，如人体工学角度考虑操作人员简易操作；生产包装流程设计，如为保护已经过内包装的产品设计外包装，枕包、塑胶一次性盒子等，以确保产品的可用性。

在产品研发期间应对工艺设计进行确认，记录在生产工艺研究过程中所收集到的监控数据，建立关键属性或工艺终点的监控测量系统，以及工艺的控制策略，该策略应具有一定的工艺调节能力以确保所有关键属性受控。

7.2.3.7.2 工艺控制中的质量风险管理

工艺控制强调变异以保证产品质量，控制由重要工艺控制点的物料分析与设备监控组成。与工艺控制类型和范围有关的决策可以借助于更早时候开展的风险评估，之后可随工艺经验的获得以加强和改进。

7.2.3.7.3 工艺变更中的质量风险管理

所有生产商均应确认其是否已充分了解生产工艺，以便为其产品的商业流通提供高水平的保证。如果只专注于确认工作，而忽略对生产工艺和相关变异的关注，将不能保证质量。在建立和确认工艺之后，生产商必须保持工艺在工艺生产期内处于受控状态，即便是材料、设备、生产环境、人员和生产工序发生变更的情况下。生产商应使用持续和不断发展的方案来收集和分析产品和工艺数据，对工艺受控状态进行评估，这些方案可以确定工艺或产品问题，或找出工艺改善的适当时机，可以通过在工艺设计或工艺确认描述的一些活动进行评估和实施。要求对有关产品质量和制造经验的信息和数据进行定期审查，以确定对既定工艺的所有改变是否合理和必要。对产品质量与工艺性能不间断的反馈是工艺维护的一个基本特征。

7.2.3.7.4 工艺验证的质量风险管理

工艺性能验证方法应基于合理的科学，以及生产商对产品和工艺的整体理解水平和可验证的控制。在工艺性能验证中，应使用所有相关研究（例如，经过设计的实验、实验室小试、中试以及商业化批次）的累积数据来确定生产条件。为充分理解商业化工艺，生产商需考虑规模效应。如果有工艺设计数据提供保证，通常不需要在商业化大规模生产探索整个运行范围。

7.2.3.7.5 工艺参数的质量风险管理

应采用风险评估方法确定工艺的范围和深度以及起始物料波动对产品质量的潜在影响。应根据设计阶段所实施的相关研究和对工艺的理解，以及产品生命周期的不同阶段，对关键步骤和关键工艺参数进行识别、论述和记录。应评估关键工艺参数，筛选产品与工艺相关的关键质量属性、影响与工艺相关的关键质量属性的工艺步骤、影响 CQA 的工艺参数，结合工艺参数范围进行风险评估确定工艺参数的内在关键性、控制措施进行风险控制确定工艺参数最终关键性。在工艺验证和确认期间，应对关键工艺参数进行监测，采用新的生产处方或工艺进行首次工艺验证时应当涵盖该产品的所有规格。企业可根据风险评估的结果采用简略的方式进行后续的工艺验证，如选取有代表性的产品规格或包装规格、最差工艺条件进行验证，或适当减少验证批次。

7.2.3.7.6 工艺规程的质量风险管理

工艺规程的制订应当以产品注册资料以及国家相关要求为制订和修改依据，同时应与工艺验证结果一致。工艺规程是产品生产的基本准则，具有唯一性，应依据批量和规则建立各自的工艺规程和批记录。工艺规程的参数及标准应与实际操作参数及标准相一致，工艺规程的修改应经书面批准并确认是否需要再验证及药监部门批准。

工艺规程的制订及变更应基于风险评估的结果而定，风险点应考虑合规性、受控性、可操作性、纲领性、操作性与实际一致、批记录的相符性及与验证结果的一致性等。

7.2.3.7.7 工艺核对工作的质量风险管理

药品生产企业应按照中国 GMP（2010 年修订）《药品注册管理办法》补充申请事项的相关要求以及按照《已上市中药变更研究技术指导原则（一）》《已上市化学药品变更研究的技术指导原则（一）》《关于开展药品生产工艺核对工作的公告》和中药生产工艺信息登记模板征求意见等相关技术要求开展充分的研究验证。

药品生产企业承担药品质量安全的主体责任，必须严格按照药品监管部门批准的生产工艺组织生产。药品生产企业应重视设计的科学性，发挥研究的主动性，研究建立全面、系统的质量风险管理体系。药品生产企业改变已批准的生产工艺，必须经过充分的研究和验证，并按照《药品注册管理办法》的有关规定提交药品注册补充申请。

根据"确认变化、风险评估、有效论证、变更实施"的原则，对药品工艺的一致性进行验证。

工艺核对需要在风险管理的基础上建立质量体系，充分论证现行生产工艺的可靠性，提供合理的解释，并按照要求及时修改。

在口服固体制剂的工艺核对中，仍有一些疑点有待进一步研究和探讨，在此汇总部分以供讨论。

- 中药热敏性、挥发性成分研究比较复杂，考虑梳理产品注册资料，结合具体产品开展变更前后对比等研究，确认质量影响程度，及时与专业部门人员保持沟通。

- 中药材产地不明、药材含量不均一、中药材提取和粉碎入药前的炮制规格存在异议，随着技术和设备设施发展，其提取工艺程度有所差异，原规定粗碎和细粉程度和药材润洗程度、处方投料量的确定应是粉碎前或粉碎后量，烘干前或烘干后等，应结合现行生产条件和法规等要求，评估验证其影响。

- 挥发油提取不足、加入芳香水、提取加水量、提取药材加入顺序、提取收膏、挥发油收集、合并浓缩、浸膏收率超限、原药材灭菌、单独粉碎变更混合后粉碎、干燥方式、收膏密度、醇沉方式等工艺明确或变更。

- 关键工艺参数确认，如醇沉或水沉前药液相对密度、醇沉含醇量或水沉加水量、醇沉或水沉温度等。

- 颗粒剂尾料加入下批次量控制、胶囊剂由粉末填充改为制粒后填充，或相反变更、制剂生产工序顺序调整等。

- 未明确辅料种类及辅料用量，如未见 pH 调节物料及用量。

- 产品批准收载入药典后，其执行工艺与标准与法定标准的一致性。

- 提取与制剂批批对应、连续三批生产、物料变更的三批验证等过程控制也应通过风险评估确定适当的方法。

7.2.3.8 生产过程中主要的风险评估案例

7.2.3.8.1 生产工艺风险评估

生产工艺风险评估的重点是对关键质量属性和关键工艺参数的评估。利用质量风险管理的方法对生产工艺进行风险评估，确定产品的关键质量属性、生产工艺中的关键步骤、关键中间体控制和关键工艺参数，并为确定商业化生产中的关键设备、关键步骤的工艺验证、确定关键物料（原料和中间体）及其质量指标、确定工艺中的中间控制点以及设备的预防性维护计划提供依据。

A. 关键质量属性评估　关键质量属性是产品符合其预期用途的根本。明确药品的关键质量属性及其影响程度，一方面可以研究和控制对产品质量有影响的产品特性，另一方面可以明确在工艺验证以及商业化生产中需持续关注的项目，以保持工艺的稳定性。

ICH Q8 中提到了进行药品的开发的质量源于设计（QbD）方法，ISPE PQLI Part 1 采用质量源于设计（QbD）理念来实现产品，其概念和原则中使用图 7-5 进行了 QbD 方法和工具的全瞻性说明。

QbD 的方法是以预先设定目标产品质量概况（QTPP）作为产品研发的起始点，在确定产品关键质量属性（CQA）的基础上，基于风险评估和实验研究来确定关键物料属性（CMA）和关键工艺参数（CPP），通过对先前知识、风险评估和实验研究确定设计空间（可选择），进而建立能满足产品性能且工艺稳健的控制策略，并实施产品和工艺的生产周期管理（包括持续改进）。

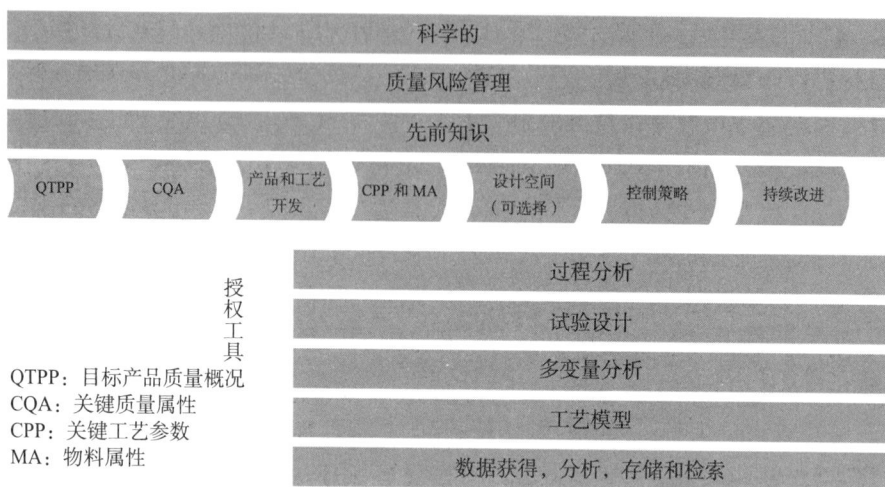

图7-5　质量源于设计方法和工具全瞻图

工艺开发早期，产品属性的可用信息有限，对关键质量属性（CQA）的首次评估可来自早期开发的先前知识和（或）类似产品，而非宽泛的产品特征。

目标产品质量概况（QTPP）是产品质量属性的前瞻性总结，是产品质量的预期目标。其定义了与质量、安全和功效相关的质量属性，如给药途径、剂型、生物利用度、规格和稳定性等；这些质量属性是确保预期产品质量并最终保证药品有效性和安全性所必须的。

所有的质量属性都是产品的目标元素，这些属性可以是关键的，也可以是非关键的。一个属性是否为CQA，取决于当该属性超出可接受范围时，以风险评估获得的该属性对药品的有效性和安全性的影响程度和不确定性。

初步获得的CQA及理解可用于指导产品和工艺的开发。随着对产品和工艺的进一步理解，持续评估并调整初步获得的CQA及理解。随着反复的质量风险管理以及理解的不断深入，最终确定相关的CQA。对于口服固体制剂，CQA的一般举例为：鉴别、含量、含量均匀度、溶出度、杂质等。

PDA第60号技术报告中曾指出，关键质量属性不等同于标准，二者也未必一一关联。标准是一系列检验列表，涉及分析规程及适当的可接受标准（如数值限度、范围或其他检验的要求标准）。关键质量属性中识别的某些产品属性可由单项检验法来检测，可为其构筑一个单项检验标准（如用单项检验：溶出度来评价作为关键质量属性的活性药用成分的溶解度、硬度、孔隙度）。若在工艺中可良好控制并持续获取某些关键质量属性，标准可不涵盖这些属性，而某些非关键属性可包括在标准中。

另外，产品的 CQA 的确定是一个始于药品研发早期的持续性活动，需要随着产品和工艺知识的不断增加而更新。

B. 关键工艺参数评估　　遵循 QbD 的原则以及基于科学和风险的方法，需要在工艺开发和理解阶段以及工艺控制策略定义阶段根据先前知识和初始的试验数据对工艺进行反复的风险评估，这对保证产品的质量以及加深对工艺的理解是至关重要的，而关键工艺参数（CPP）评估则是其中必不可少的一环。

对新产品而言，对工艺有充分的科学理解和认识并被可实现的系统所支持，遵循 ICH Q8 制药开发采用研发的数据来描述；对于老产品或者是已经存在的产品而言，通过提供与产品生产过程有关的先前知识、质量历史文件和不同产品各自的需求来描述。不论新产品还是老产品，工艺知识的主要内容都是 CPP 以及 CPP 对产品 CQA 的影响的评估与确定，工艺知识理解与控制流程如图 7-6 所示。

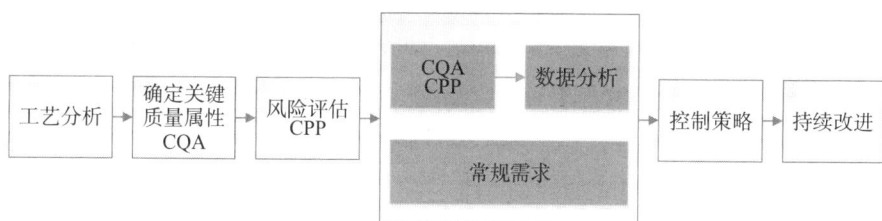

图 7-6　CQA&CPP，工艺知识理解和控制图

PDA 技术报告 60《工艺验证：一个生命周期的方法》提供了一个关键工艺参数评估的决策树举例，用于指导分配与质量风险评估相关的参数。决策树将工艺参数分为关键、重要、非重要三类。

● 关键工艺参数（CPP）：若工艺参数变化可能影响关键质量属性，则将该参数指定为关键工艺参数。

● 重要工艺参数（KPP）：产品开发试验或是生产过程中表明对工艺性能产生影响的工艺参数可将其归类为 KPP。重要工艺参数可能会影响工艺性能属性，但不会影响产品 CQA。在一些工艺中，辨识并适当地控制重要工艺参数非常有用，因为工艺性能测量可能是证明批间一致性的重要手段。

● 非重要工艺参数（Non-KPP）：指在产品开发试验或生产过程中，

对工艺性能或产品的质量属性的影响风险低的参数，即除了上述关键工艺参数（CPP）和重要工艺参数（KPP）之外的工艺参数。

基于风险的关键工艺参数（CPP）评估方法可采用失效模式和影响分析（FMEA），目的在于识别和评估产品工艺中所有与产品的关键质量属性（CQA）相关的关键工艺参数（CPP）。评估方法如下。

- 组成风险评估主题专家（SME）团队。
- 对生产工艺中各个操作单元进行识别。
- 识别影响各个操作单元关键质量属性（CQA）的潜在关键工艺参数。
- 在确定了潜在关键工艺参数之后，将针对每个已经确定的潜在关键工艺参数进行分析，分析其失效时可能产生的危害。
- 确定风险优先性，并采取或调整合适的控制措施。
- 评估过程形成文件进行记录。
- 定期风险回顾。
- 持续监控、改进。

非常清晰的工艺知识不仅需要以生产和技术的角度出发，而且还与设施、系统的组织条件相关，如关键方面等。这既要与常规质量管理、生产管理体系结合，也要和车间一线操作人员、设备人员等有良好的风险交流。在此情况下完成的关键工艺参数（CPP）评估活动，风险评估小组 SME 都将更加深刻的理解工艺知识。

在当今法规形势下，基于风险的关键工艺参数（CPP）评估方法是每个企业都需要建立的。关键工艺参数（CPP）评估不仅是工艺设计阶段的关键，商业化生产阶段工艺验证的先决条件，持续工艺确认的关注内容，也是审批记录开发、优化或其他质量管理领域的有效应用工具。

C. 工艺的质量风险管理　应根据生产工艺的复杂程度选择合适的风险评估工具进行评估。应依据产品编写生产工艺规程，并将工艺验证、清洁验证的要求固化到工艺规程内，以指导生产。各工艺步骤风险管理的重点如下：

a. 配料：重点关注物料种类、重量的准确性，双人复核制的制定及落实，对需要筛分、粉碎的物料应按照要求进行处理后再进行称配。

b. 制粒：粉末直接混合：重点关注混合类型、混合转速、混合时间、加料顺序等，本阶段对成品含量均匀度有影响。

- 湿法制粒：高速搅拌制粒阶段：重点关注干混合阶段搅拌桨转

速、混合时间；加液阶段搅拌桨转速、加液速度；制粒阶段搅拌桨转速、切刀转速、制粒时间。本阶段对终产品的含量均匀度、溶出度有影响。流化床干燥阶段：重点关注进风温度、进风风量。本阶段对终产品的有关物质有影响。

- 干法制粒：重点关注送料速度、制粒压力、整粒机筛网规格及转速。本阶段对终产品的溶出度、含量均匀度有影响。
- 流化床喷雾制粒：混合阶段：应关注物料混合均匀度，此阶段物料处于流化状态容易使物料因粒度、密度差异而分层，另外其混合效果较差，一般不用于小剂量产品的混合。喷雾阶段：重点关注进风温度、进风风量、喷液速度，本阶段对终产品的有关物质、溶出度、含量均匀度有影响。干燥阶段：重点关注进风温度、进风风量，本阶段对终产品的有关物质有影响。

c. 总混：重点关注混合类型、混合转速、混合时间等，本阶段对成品含量均匀度有影响。

d. 压片：重点关注生产速度、主压力、填料器转速，本阶段对成品片重差异、含量均匀度、溶出度有影响。

e. 填充：重点关注生产速度、压缩量，本阶段对成品装量差异、含量均匀度、溶出度有影响。

f. 包衣：重点关注喷液速度、进风温度、进风风量，本阶段对成品的性状、有关物质有影响。

g. 内包装：重点关注生产速度、压合温度，本阶段对成品的长期稳定性有影响。

ISPE 基准指南 2 口服固体制剂（第三版）中，总结一些常规的失败模式和对主要单元操作的加工控制策略，如表 7-19 所示。

表 7-19　常见失败模型和主要单元操作的工艺控制策略

单元操作	常见失败模式	工艺控制措施
制粒	均匀性失败	对喷液流速和制粒切刀速度的反馈控制
干燥	过分干燥或干燥不足	监测和控制干燥空气的水分含量，近红外探头确定干燥终点
整粒	粒度分布失败	在线过筛分析、激光粒度分析仪
压片	松片，薄片，裂片	自动压片监测和控制，制粒水分分析仪
胶囊填充	漏粉、高水分含量	正确地调整并建立填充设备的参数设置
包衣	过分喷浆，低收率，药片整洁	适当调整喷枪喷头、包衣液流速控制，温度控制

D. 工艺验证的风险评估　以某片剂产品工艺验证为例，介绍运用质量风险管理工具，分析和评估片剂生产过程中各因素对产品质量的影响，确定生产工艺的关键步骤和关键工艺参数，通过加强员工培训、完善工艺规程和 SOP 等管理和控制措施，降低或消除质量风险，提高质量风险的控制能力，以确保连续生产出符合预定用途和注册要求的产品。

a. 对验证产品生产全过程中采用鱼骨图（图 7-7）从人、机、料、法、环五大因素进行分析，对可能存在的风险予以识别、分析、评估。

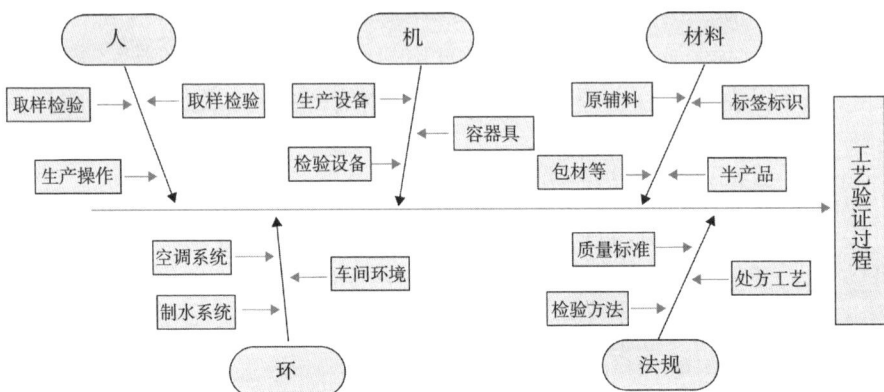

图 7-7　风险识别鱼骨图

b. 对已识别的风险进行分析评价（表 7-20）。

表 7-20　已识别风险分析评价例表

风险识别范畴	风险描述	风险可能导致的结果	风险分析					控制措施	验证方法
			S	P	D	RPN	风险等级		
方法	称量复核	物料投料未进行称量复核，则可能出现产品处方量偏离，与处方标准不一致，生产的产品不符合其质量标准要求	3	2	2	12	高	制定配制称量复核操作规程，并按规定执行	检查配制称量操作规程，现场检查称量复核记录
方法	粉碎	物料粉碎不彻底或粒度不符合要求，可能导致混合不均匀	2	1	1	2	低	按照 SOP 规定的加料速度、粉碎参数操作	过程监控参数并记录，对粉碎后产品检查粒度

风险识别范畴	风险描述	风险可能导致的结果	风险分析					控制措施	验证方法
			S	P	D	RPN	风险等级		
方法	取样方法	物料、中间产品、产品取样方法不科学,可能出现取样样品的质量不能代表物料或产品的整体质量	2	1	1	3	低	制定取样管理规程,并按规定要求执行	检查取样管理规程,现场检查取样操作规范性情况

在工艺验证风险评估过程中,影响因素、风险等级的判断,风险控制措施的制定是基于评估者对产品关键生产工艺、关键质量控制属性的理解,可能会因评估者对产品理解的不同出现不同的评估结果。失败模式影响分析法(FMEA)用于药品工艺验证风险评估,需根据品种的生产工艺、质量控制目标具体分析,采取不同的风险控制措施。

E. 关键质量控制点的质量风险管理 固体制剂的基本生产工艺步骤包括原辅料称量、粉碎与过筛、混合、制粒、干燥、压片等(图7-8),其中每一道工序都需要在适宜的工艺条件下进行,这些工艺条件将直接影响产品的最终质量。

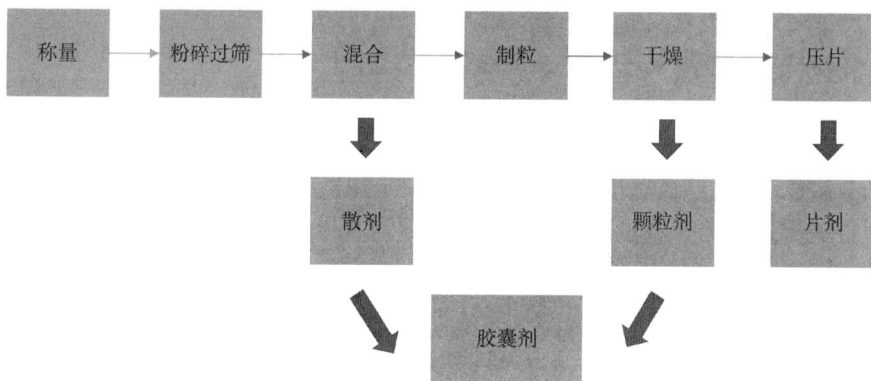

图7-8 固体制剂工艺流程图

确定固体制剂的一般生产工艺流程和操作步骤后,要从生产工艺参数、操作人员、仪器设备、生产现场监测等方面来对固体制剂的关键质量控制点进行质量风险管理。质量风险管理包括风险评估、风险控制和风险审核等环节。固体制剂的生产工艺的风险评估主要步骤如下。

a. 风险识别:对固体制剂工艺质量控制点风险的识别主要采用流程

图法，从原料的称量配制至最终成品生产每一过程关键质量控制点通过对其相关的人、机、物、法、环等环节与活动进行分析。

固体制剂工艺质量控制点风险管理一般采用基础风险管理实施方法（鱼骨图、流程图）、风险排列过滤法等方法，列出不符合质量目标的潜在风险，并对造成该风险的原因进行分析，见表7-21。

表 7-21　固体制剂关键质量控制点风险识别（节选）

生产步骤	质量标准	潜在的风险	影响因素
原辅料称量	称量准确、不产尘	投料不准确，粉尘较大、造成交叉污染	称量仪器的校准、操作人员等
粉碎、过筛	粉碎的粒度	混合不均匀	粉碎速度、筛网的目数和完好性等
混合	混合的均匀度	均匀度差，影响产品的均一性	混合方法、混合的时间
制整粒	粒度、水分符合要求、颗粒流动性好	影响产品装量（重量）差异、崩解时限、脆碎度等	进风量（物料的沸腾状态）、进风温度、物料温度、黏合剂浓度、黏合剂用量、喷雾流量、喷雾压力、干燥时间、整粒筛网等
干燥	颗粒水分符合要求	压片黏冲、裂片等	干燥时间、温度等
总混	含量均匀，粒度均匀	影响成品含量、影响装量（重量）差异、压片速度	混合时间、混合转速或频率、混合容器的选择

b. 风险分析及风险评价：风险分析是对已识别出的风险进行定性或定量分析，查找已识别的风险发生的可能性，以及能否被及时发现。通过分析每个风险发生的可能性以及严重程度，对风险进行深入的描述。一般采用失败模式影响分析法（FMEA）对已识别的潜在质量风险进行评估（表7-22）。

表 7-22　风险评估分析例表

操作步骤	影响因素	风险评估				风险等级
		S	P	D	RPN	
称量	称量仪器校准	3	1	1	3	低
	称量的准确性	3	1	1	3	低
粉碎	加料速度	2	1	2	4	中
	物料细度	2	1	1	2	低
	筛网目数	3	1	2	6	中
	筛网完好性	3	2	1	6	中

操作步骤	影响因素	风险评估				风险等级
		S	P	D	RPN	
混合	混合方法	3	1	2	6	中
	混合时间	2	2	2	8	中
制整粒	物料温度	3	2	1	6	中
	进风量	3	1	1	3	低
	黏合剂浓度	2	1	1	2	低
制整粒	黏合剂流量	2	2	1	4	中
	喷雾压力	3	2	1	6	中
	干燥时间	3	1	1	3	低
	颗粒粒度	3	2	2	12	高
总混	混合时间	3	2	1	6	中
	混合速度或频率	3	2	1	6	中

c. 风险控制：风险控制是在风险评估结果的基础上，采取相应的纠正措施将风险控制在一定范围之内。其主要解决以下问题：①风险是否可接受；②采取何种措施能够降低、控制或消除风险；③控制风险的过程中是否引入新的风险以及新的风险是否可控。风险控制的目的在于将风险降低到可以接受的水平。风险控制措施的制定要考虑风险的严重性与实施风险控制的成本。

根据风险分析，确定关键控制点并通过措施将风险等级降低，将其控制在可接受的控制范围，并对生产过程中关键控制点进行监控，形成关键控制点监控记录（可作为批生产记录的一部分）。如根据称量过程识别的风险，在生产时先检查称量衡器的校准状态，企业还可以用标准砝码定期对衡器自检，称量应有专人进行独立复核，并记录复核过程和结果；如颗粒粒度，应建立相应的半成品质量标准，每批进行检测，建立检验记录（表 7-23）。

表 7-23　风险控制措施即剩余风险分析例表

操作步骤	影响因素	风险等级	风险控制措施	剩余风险评估				剩余风险等级
				S	P	D	RPN	
粉碎	加料速度	中	制定粉碎标准操作规程	2	1	1	2	低
过筛	筛网目数、完好性	中	筛网完好性及目数的检查确认	3	1	1	3	低

操作步骤	影响因素	风险等级	风险控制措施	剩余风险评估				剩余风险等级
				S	P	D	RPN	
混合	混合方法、时间	中	测定混合均匀度；检查确认混合时间；对混合参数验证，确定参数范围	3	1	1	3	低
制整粒	黏合剂流量、喷雾压力	中	制定制粒标准操作规程，并检查记录	3	1	1	3	低
	颗粒粒度	高	筛网完好性及目数	3	1	1	3	低
总混	混合时间	中	检查确认混合时间；对混合参数验证，确定参数范围	3	1	1	2	低

d. 风险审核：风险审核是用来评价整个风险管理活动的有效性、科学性和适用性，从而判断风险管理过程中各个风险控制手段的实施效果，以及最终的风险管理效果是否可以达到预期目标。固体制剂关键质量控制点应在整个生产过程中定期开展风险审核，建立质量风险管理体系，回顾生产工艺中已经确认的风险，预测可能出现的新的风险，通过不断循环，使固体制剂的生产工艺始终处于稳定可控的状态。

通过风险评估确定质量关键控制点进行风险控制，确定控制措施和质量关键控制点控制范围，并通过工艺验证确定控制范围科学、控制措施有效。必要时完善工艺规程和 SOP 等管理和控制措施，降低或消除质量风险，提高质量风险控制能力，以确保连续生产出符合预定用途和注册要求的产品。

7.2.3.8.2 包装工艺风险评估

欧盟 GMP 附录 15《确认与验证》中，提及：

7.1 进行内包装时，设备工艺参数的变化可能对包装的完整性与相应功能有重大影响，如：泡罩板、小袋、无菌部件，因此应对成品和散装产品的内包装和外包装设备进行确认。

7.2 应对上述内包装设备的关键工艺参数所设定的最小与最大运行范围进行确认，如温度、设备速度、密封压力或其他任何因素。

药品容器系统包括生产设备使用、防止不当使用、避光、产品密闭性、微生物阻隔及稀薄产品环境的维护等各种功能。

包装完整性，主要与产品密闭度，微生物负载量以及氧气、水蒸气等潜在反应气体的有效屏障维护相关，有时也与真空维护相关。

包装工艺风险评估关键点在包装完整性的，可以使用鱼骨图（图 7-9）

的方法对可能影响包装完整性的各个要素进行分析。

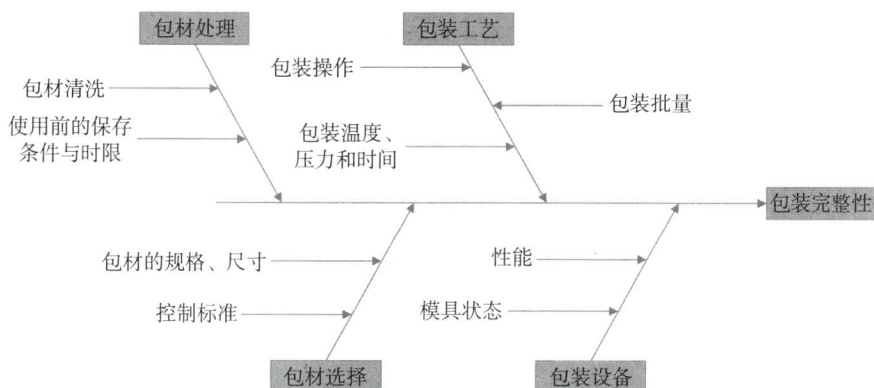

图 7-9　鱼骨图分析

包装设备：模具状态；包装设备的性能，如包装速度；包装设备的确认活动与确认状态的维护。

包装工艺：成型温度、热封温度；对密封位置的理解；密封机理：热封合或黏合；设计、装配、影响完整性质量工艺的关键要素；包装批量；在线控制。

包材选择：挑选合适的包装材料，如规格、尺寸以及证明选用组件满足标准的要求。

包材处理：清洗或是非洗即用；使用前的储存条件。

风险层面可考虑每项要素对包装完整性的显著影响，如对不合格检测项目进行分析，对包装设备考虑通过设备控制系统自动检测并报警，可以自动采取恢复措施；也可以由操作人员巡检发现问题，采取控制措施。

7.2.3.8.3　清洁过程风险评估

清洁和清洁验证从相关的工艺系统、污染物和设备清洗辅助系统（如，化学和机械特性）中进行风险评估和确认。这些系统要经过设计审核，然后根据相关的可接受标准进行确认，以证明该系统的相关要求已经得到满足。

在清洁执行的过程中，有很多因素导致清洁工艺不成功，每个因素都存在不同的潜在风险，必须进行充分的分析和评估，确保清洁工艺顺利地进行（图 7-10）。

A. 人员　对于参与清洁验证的相关人员，特别是与清洁验证相关设备清洁的操作人员，进行相关清洗规程的培训，保证设备清洁的一致性，必要时在清洁验证过程中可以采用不同的班组人员对设备进行清洗，从而证明清洗 SOP 的耐用性。执行清洁验证的人员必须全部通过清

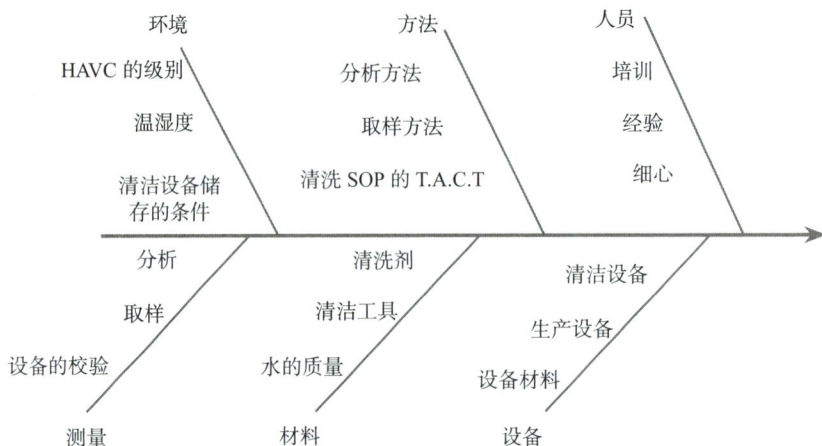

图 7-10　鱼骨图分析

洁验证方案的培训，在执行过程中，应采用有经验的人员，尤其是取样操作人员，且必须通过回收率实验的考试。

B. 设备　可根据产品使用的设备链和产品的相似性对设备链进行分组验证，对于同一类别的设备链，可以选择最差条件的设备链验证。

设备可能影响清洁验证结果的因素有：生产设备是否与产品接触、设备取样点选择、清洁设备、设备材质、设备几何形状等。

C. 方法　可能影响清洁验证效果的方法因素包括：各设备清洁标准操作规程、化学试剂残留测试方法、微生物污染检查方法、棉签化学样取样方法、微生物取样方法等。

D. 材料　为达到一定的洁净度，设备的清洗需要使用相关的清洗剂和清洁工具。必须严格的选用清洗剂和清洁工具；清洗剂不能采用大宗芳香型，必须采用成分单一和制药行业允许的清洗剂，且在清洁验证执行的过程中要测定清洗剂残留；必须选择没有任何脱落物质的清洁工具，重要的清洁工具的变更可能导致清洗程序的重新验证。

设备清洗所采用的水的质量对于最终可接受标准的制定有着很大的影响。不同的水质清洗代表着不同洁净要求，最终清洗水的质量好坏决定着清洁验证微生物的限度制订原则。

E. 环境　环境因素严重影响着清洁验证过程的微生物残留，不同级别的环境有不同的微生物和悬浮粒子要求。

环境因素中可能影响清洁验证的因素有空调系统、房间温湿度等，这些因素可能影响到清洁验证中干净设备保留时间以及脏设备保留时间。

F. 测量　测量主要考虑清洁验证分析过程中用到的仪器、仪表可能存在的风险。清洁验证过程中涉及的所有设备的仪器仪表必须进行校准，以确保数据的准确性。考虑到不同人员操作的差异性，取样操作应由经过严格培训并能严格遵守规程的人员进行，同时为保证样品具有较好的重现性，取样操作应由完成回收率实验的人进行操作。棉签使用前用取样溶剂（水）预先清洗，以防止纤维残留在取样表面。不同材质的回收率实验必须在方案进行前完成，应由同一个人至少进行 3 次操作，结果应大于或等于 50%，三次结果的 RSD 应不大于 20%。为确保产品的安全性，在计算残留量时应以最低的回收值代入，即算得最大可能残留量。为最大程度的降低污染的风险，对于不同材质的回收率结果进行对比，采取回收率最低的材质作为最终回收率。回收率测试的所有工具需要记录，棉签的规格、型号、厂家等均应与实际取样时保持一致。

G. 总结　对清洁工艺风险评估过程进行总结，列出评估出的各要素、设备关键取样点以及各取样点需要进行的取样工作和其他需要控制的内容。

7.2.3.8.4 储存及运输风险评估

对任何温度控制过程来说，最重要的是期望产品或物料在一个受控的环境中被储存运输，并将温度控制到规定的温度范围内。

运输风险评估应对储存与运输过程中的潜在危害源进行识别，并分析危害的严重性和可能性，从而确定储存及运输环境对产品或物料的潜在影响，以下为运输风险评估应考虑的因素。

A. 产品特性　产品特性是风险识别过程中重要的一个参考因素，不同的产品对储存和运输条件的要求也不一样。温度敏感产品的运输必须维持产品处于可接受的温度范围。

B. 储存、运输　药品储存、运输过程中的风险分析可以从以下几方面进行考虑：

    a. 仓储设施：冷藏室、冷冻室、温度监控系统等。对于要求在冷藏环境中储存的材料来说，储存温度一般为 2~8℃。

    b. 运输路线：正常路线、应急路线等。

    c. 运输方法：陆运、海运、空运等。药品运输过程中需要考虑整个运输环节，即从仓库发运到客户接收。药品运输过程可能使用多种运输工具。对于使用多种运输工具的药品，需特别关注产品离开冷藏车交给物流部门的转运、储存、机场装机、飞行、出机场、到客户的过程，还需要考虑海关存储的问题，如有海运还应考虑潮湿环境、颠簸等恶劣环境条件对药品的影响。

    d. 运输季节变化：夏季高温天气等。对温度敏感的产品需要评估运输季节的变化对产品的影响，尤其是高温条件下的运输。可以参考运输路线上各地最近几年的气温情况，并依此对最差条件进行考量。

    e. 运输过程中的活动：打包或拆包、装卸货、开门等。药品运输过程同样受到装货卸货、外界温度、受控环境空间内的物料温度和数量等因素影响。大型冷库应有程序来限制"开门"状况，并且仓库需要附加措施，如风幕等来减少装货和卸货对物料温度的影响。产品挑拣、包装及运输过程中的操作活动必须始终符合时限控制标准，以保证物料或产品的功效和安全。

    f. 运输设备：冷藏车、集装箱等。对运输设备风险控制措施的确认通常涉及设计确认、安装确认、运行确认与性能确认。确认的范围和程度可以根据风险评估的结果进行界定，并通过定期审核和持续监控来评估温度受控系统随时间的变化情况。个别系统基于风险评估结果可忽略一些测试要素。

C. 其他情况，如人员、运输时间等。在药品运输确证风险分析中还应根据各个单位的实际情况进行考虑，需要关注人员在运输过程中的关键作用，良好的培训、标准化的操作可以有效降低运输过程中的风险。另外，对于整体的运输时间需要把控和分析，因运输过程温度的相对不可控性，越长的运输时间带来的风险越大。

在产品储运阶段发生质量异常的产品，需将产品退回企业。退回的产品应经调查并进行风险评估，评价是否可通过返工重新销售。质量风险系数较大的产品需相关部门召开质量分析会，讨论决定产品的处置问题。

一般情况下，只允许外包装破损而内包装完好且药品检验合格的产品通过更换外包装的方式进行返工，且返工应有完整的返工记录。

7.2.4 生产现场质量风险管理

实施现场管理是为了保持现场的良好状态，对人（人员卫生、操作习惯）、机（设备设施、容器具）、料（物料、产品）、法（加工过程和方法、检验）、环（环境，包括洁净度、温湿度、压差、环境卫生）、文件（含记录）等进行有效的管理。实施现场管理的根本目的，是为了提高效率，防止差错发生，防止物料和产品的污染和交叉污染，包括：

- 定置管理：保证现场整齐有序，同时也提高效率。
- 状态标识管理：防止物料和产品的混淆、污染和交叉污染。
- 卫生管理：包括人员卫生、环境卫生、设备（容器具）清洁等，防止污染。
- 物料防护：包括选用合适的容器和包装形式，保证物料安全。
- 物料平衡：包括收率的记录，如实记录不合格产品的来源、去向等。

7.2.4.1 生产现场质量风险管理主要方面

A. 人员进入控制　风险控制的手段始终是对人员的控制。依靠人员来实现风险控制是控制质量风险的最不具吸引力的解决办法，因为人员行动不能够进行验证且可变性高。制定的控制策略涉及良好的规程、细致深入的培训、直接监管、责任与义务、对有效性的定期审查等。尽管人员是最不可控的，我们仍需要始终坚持通过质量风险管理的深入开展来提高人员的认知和能力，确保人员在生产过程中各司其职，做好应知应会，这是生产管理的基础工作。生产过程中人的因素导致的质量风险在于是否由有资质的人员从事生产操作和管理。

B. 人员培训及教育　在员工的教育、经验及工作习惯基础上辨识初始的和（或）正在进行的培训，并对先前的培训进行周期性的评估（如，有效性）；辨识人员的培训、经验、资格以及实际能力，以进行一个可靠的操作，并且不会对产品质量产生负面影响。

C. 生产物料的控制　应建立供应链的可追溯性和相关风险，正式评估从原料药起始原料到药品成品，并定期确证。应有适当措施来降低原料药的质量风险。应对原料药的制造企业与流通企业进行审计，以确认其是否符合相关药品生产和药品流通的质量管理规范。药品生产许可持有者应自行或通过合同代表自己的实体行动来确证符合性。应基于风险来实施审计。应在用质量风险管理程序中规定的间隔进行进一步审计，以确保维护标准与持续使用经批准的供应链。对于辅料和辅料供应商进行质量风险评估和供应商审计。

每次收到起始物料时，应检查各包装的完整性（包括是否有防篡改铅封），检查送货单、采购单、供应商的标签和批准的生产商及制剂生产商保存的供应商信息是否相符。每次接收时所做的检查均应记录。应有适当的规程或措施，确保辨识每一容器中的起始物料。中间体与半成品应在适当的条件下贮存。

应进行风险评估，以考虑运输工艺的各种变量、持续严格的控制和监

515

测的条件对运输的影响，如：运输过程的延迟、数据记录仪故障、液氮灌装、产品敏感性及其他相关因素。

D. 印刷物料控制　基于不同产品标签和同一标签的不同版本之间可能出现混淆，设计标签管理程序。应特别注意印刷好的包装材料。应将其应存放在足够安全的条件下，以防止未经批准人员进入。切割式标签或其他散装印刷材料应分别置于封闭容器内储存与运输，以防混淆。包装材料只能由专人按照经批准的书面规程发放。

每批或每次发放的印刷好包装材料或内包装材料，均应设置特定的批号（编号）或识别标志。

过期或废弃的印刷好的包装材料或内包装材料，应予销毁并有相应记录。

标签发放时应严格控制，认真检查其均一性，应与一批或单批生产记录中说明的标签一致。核对发放的、已使用的及回收的标签，若发现成品数量与发出的标签数量不符，差额超出根据历史水平先前定下的数量范围，则需对这些偏差作出评估，按照要求调查原因。结余的有关批号或控制号的标签，全部应销毁。制订发放标签的详细控制程序。

包装和标签操作时应预防可能引起的混淆，包装开工前，确保完全清场并检查包装和标签材料的适用性和正确性，检查结果以批生产记录形式提供证明文件。

E. 环境监测　根据洁净度级别和空气净化系统确认的结果及风险评估，确定取样点的位置并进行日常动态监控。

应当按照质量风险管理的原则对 C 级洁净区和 D 级洁净区（必要时）进行动态监测。监控要求以及警戒限度和纠偏限度可根据操作的性质确定，但自净时间应当达到规定要求。

其他公用设施如蒸汽、压缩空气、纯化水等也应基丁风险评估基础制定监测方法。

F. 清场操作　开始前，应采取措施保证工作区与设备的清洁，无任何与本批操作无关的起始物料、产品、产品残留或文件。

在包装操作开始前，应采取适当措施，确保工作区、包装线、印刷机及其他设备已处于清洁状态，无任何与本批包装无关的产品、物料或文件。应按照清场核对单要求进行清场。

应在灌装前清洁待灌装容器。应注意避免并清除容器中任何玻璃碎片、金属颗粒类污染物。

G. 生产时限　应制定完成每一生产阶段的时间限制，保证药品质量。在制定的时间限制下产生的偏差，如这些偏差不损害药品质量，是可以接受的。这些偏差应有文字文件证明。

生产的批次数目与取样的数量应根据质量风险管理的原则，建立允许的正常变化范围与趋势，并提供足够的数据进行评估。每个生产企业必须确定满足质量要求所需验证的批次，在该水平下，工艺能始终如一地生产出符合质量规定的产品。

H. 交叉污染　所有的产品应当通过恰当的设计与制造设施操作来避免交叉污染。预防交叉污染的措施应当与风险一致。应当使用质量风险管理基本原则来评估与控制风险。

一般应避免在生产区域使用药品生产设备生产非药用产品。如果经过适当的论证，采取了防止该非药用产品与药品交叉污染的措施，是允许这种行为的。有毒物质，如杀虫剂（除用于药品生产以外）和除草剂的生产和（或）存贮不应在药品生产和（或）存贮区域进行。在生产的每一阶段，应保护产品和物料免受微生物和其他污染。

517

I. 污染的控制　制订和遵循预防不需消毒药品污染微生物的适当程序。制订和遵循预防已消毒药品污染微生物的适当程序。这些程序包括所有消毒过程的验证。

对于易产尘区域应采取有效措施降低污染水平，以尽可能减少由于带有活性成分的粒子的扩散而对其他生产操作带来的污染。不仅包括排风设施的设置、操作间气流方向的设计、生产操作间压差的控制，还应包括生产过程中人员的操作（尽量采取降低产尘的操作，如轻拿轻放等）及人员流动路线的控制（防止由于操作人员的流动对其他操作区域生产环境带来的影响），集尘设施的清理周期及清理方法等。

J. 避免混淆　同一房间内不应同时或连续进行不同产品的生产操作，除非经充分验证证明无混淆或交叉污染的风险。

K. 防止差错　应当对产量和物料平衡进行核实，确保其在接受的标准以内。每批产品应当检查产量和物料平衡，确保物料平衡符合设定的限度。如有差异，必须查明原因，确认无潜在质量风险后，方可按照正常产品处理。

应尽可能避免出现任何与指令或规程的偏差。一旦出现偏差，应由主管人员签字批准，必要时，通知质量控制部门。

L. 标识　所有物料、半成品容器、主要设备以及必要的操作室均应贴签标识或以其他方式标明所加工的产品或物料、含量（如可能）和批号。如有必要，还应标明生产阶段。

容器、设备或设施所用标识应清晰明了，其格式应经过企业批准。不同的颜色标识上使用文字来说明有助于区分被标识物状态（如：待验、合格、不合格或清洁）。

M. 文件与记录管理　即使纸质文件设计得非常好，填写错误的风险仍然存在。优化操作人员录入整个生产过程，减少手动输入的电子系统，有助于大大降低风险。

记录的设计应基于以往的差错和存在的混淆确定是否需要对记录中关键信息增加文件性说明或要求，确保记录填写规范，数据准确。

生产批记录的设计应确保能反映生产工艺过程，关键参数和数据被记录，其设计应经过相关部门进行会审，并在实际操作中持续完善。其风险评估应考虑与批准证明性文件一致的合规风险和数据完整性两个方面。

N. 取样控制　由于取样或可检测性限制（例如病毒清除或微生物污染），产品属性不容易测量的情况，或中间体和产物不能被高度表征，以及定义明确的质量属性不能被确认的情况。为降低取样过程产生的各种风险所采取的预防措施，尤其是无菌或有害物料的取样以及防止取样过程中污染和交叉污染。

为避免印刷包装材料取样时存在混淆的风险，每次只能对一种印刷包装材料取样，所取印刷包装材料的样品不能再放回原包装中。样品必须有足够的保护措施和标识，以防混淆或破损。成品的取样应考虑生产过程中的偏差和风险。

取样方案，包括每一单元操作及属性的取样点、样品数和取样频率。样品数应该对批内和批间质量均足以提供统计学置信度。选定的置信水平可以考察中的特殊属性相关的风险分析为基础。此阶段取样应比日常生产中的典型取样更广泛。

O. 中间工艺控制　应当实施任何必要的中间控制与环境监测，并予以记录。

生产区内可设中间控制区域，但中间控制操作不得给药品带来质量风险。

工艺中采取的管理措施或控制措施或预防措施，如 IPC、双人复核、定期检测等。

选择的测量设备、确认范围或量程，如电子秤，称量范围 0.05~200kg；测量设备的精确度，比如精确到 0.01g。

P. 过程分析技术　过程分析技术是一个通过对关键的质量、性能参数进行实时测量，用以设计、分析和控制生产过程的系统。目前在国际上使用的过程分析技术工具包括：过程分析仪器、多变量分析工具、过程控制工具以及持续提高的管理系统等。

近红外光谱分析技术（near-infrared spectroscopy，NIRS）是目前发展最快和最具有前景的过程分析技术之一，有望在药品生产过程控制中发挥重要作用。据文献报道，NIRS能够作为制药单元操作过程如混合、干燥、提取、结晶等的有效检测手段，实现单元设备的数字化和定量化运行。

过程分析技术的应用，有望改变目前主要依靠经验和事后检验来决定过程是否完成的现状，消除药品生产过程质量控制的盲点。

Q. 问题调查　在对偏差、可疑产品缺陷以及其他问题进行调查时，应当运用适当程度的根本原因分析。可以使用质量风险管理原则来确定根本原因。如果不能确定问题的真实根本原因，则应当考虑识别出最可能的根本原因并予以解决。一旦怀疑或确定人为错误为根本原因，则应当予以评估，以确保没有忽略可能存在的工艺、规程或系统性的错误或问题。应当制定并实施适当的纠正和（或）预防措施（CAPA），作为对调查的答复。应当根据质量风险管理原则，对纠正和（或）预防措施的有效性进行监督与评估。

R. 不合格处理　产品回收需经预先批准，并对相关的质量风险进行充分评估，根据评估结论决定是否回收。回收应当按照预定的操作规程进行，并有相应记录。回收处理后的产品应当按照回收处理中最早批次产品的生产日期确定有效期。

制剂产品不得进行重新加工。不合格的制剂中间产品、待包装产品和成品一般不得进行返工。只有相关风险充分评估后充分研究数据证明再制后，不影响安全性和有效性，符合相应质量标准，且经药品监管机构批准，才允许返工处理。返工应当有相应记录。

7.2.5 产品销售阶段质量风险管理

7.2.5.1 药品不良反应

药品不良反应（ADR）是指合格药品在预防、诊断、治疗过程中，在正常用法用量下出现的与用药目的无关的有害反应。

药品上市前研究的局限性是客观存在的，随着上市后临床使用人群的扩大和复杂性变化，使得对药品的追踪监测和持续评估成为必需。企业应建立

ADR 小组，负责 ADR 监测和报告工作，包括 ADR 监测专职人员、质量部门、客服部门、销售部门相关人员。

目前药品生产企业在 ADR 报告方面普遍存在以下问题：

- 为减少麻烦，即使发现 ADR 也倾向于直接经济赔偿，不愿意报告，瞒报漏报现象普遍存在。
- 企业对上市产品 ADR 监测重视程度不足，ADR 工作人员不稳定，且多为兼职，知识结构不完善。
- 企业虽按《药品不良反应报告和监测管理办法》要求建立 ADR 小组和制度，但并没有将 ADR 工作作为日常工作来开展，而仅仅是用于危机公关。

《药品不良反应报告和监测管理办法》规定企业要撰写定期安全性更新报告（PSUR），就是要强化企业的主动监测和报告 ADR 的意识，希望企业能主动收集 ADR 信息，主动分析这些信息，进而寻找解决问题的方法。企业想要自己的产品能够保持长久的生命力，就必须主动做好 ADR 监测和报告并完成 PSUR，否则，药品监管机构将不予以该药品再注册。

7.2.5.2 上市后产品稳定性考察

在药品注册阶段进行的稳定性研究，一般并不是实际生产产品的稳定性，具有一定的局限性。采用实际条件下生产的产品进行的稳定性考察的结果，是确认上市药品稳定的最终依据。在药品获得批准上市后，应采用实际生产规模的药品继续进行长期实验。根据继续进行的稳定性研究的结果，对包装、贮存条件和有效期进行进一步的确认。

A. 持续稳定性考察　其目的在于监控已上市药品在有效期内的质量，以便发现市售包装药品与生产相关的任何稳定性问题（如杂质、含量或溶出度特性的变化），保证按照经验证的生产参数制造的产品质量维持在稳定的趋势。还可以在有效期内持续监控药品质量，并确定药品可以或预期可以在规定的贮存条件下，符合既定质量标准的各项要求。

持续稳定性考察主要针对市售包装药品，但也需兼顾待包装产品和贮存时间较长的中间产品。持续稳定性考察中应关注以下方面：

- 实验设备是否经过确认，确保能够持续提供实验要求的条件。
- 样品的包装是否与上市产品一致，储存条件是否符合标准的要求，并有完整记录。
- 实验项目是否与法定标准一致。

- 方法是否进行验证或确认。
- 考察批次和检验频次的确定是否科学、合理，是否包括重大变更和重大偏差的批次。
- 数据的采集是否科学，是否采用趋势分析方法对考察结果进行评价。
- 对不符合质量标准的结果或重要的异常趋势进行调查。

B. 产品质量回顾分析　产品质量回顾分析的目的是确认工艺稳定可靠，以及原辅料、成品适用现行质量标准，及时发现不良趋势，确定产品及工艺改进的方向。产品质量回顾分析应当考虑以往回顾分析的历史数据，还应当对产品质量回顾分析的有效性进行自检。产品质量回顾分析工作流程包括：

- 质量部门制定 PQR 管理程序，并对各职责部门相关人员进行培训。
- 质量部门制定年度产品质量计划，按计划分配任务到各职责部门，并规定时限。
- 各职责部门按要求收集产品相关信息或数据，交质量部门。
- 质量部门收集相关信息或数据，进行汇总和整理，并进行趋势分析。
- 质量部门召集专门会议，组织相关人员讨论，对产品的相关信息或数据进行分析、讨论和评价，并对重大事项进行风险评估。
- 质量部门记录、汇总会议的分析讨论结果及产品质量回顾年度的质量状态总结，形成报告，报质量负责人或质量受权人审批，批准后的报告分发到各职责部门。

产品质量回顾分析工作可能存在的问题是收集信息不完全，常见的包括：

- 产品的偏差情况，如工艺偏差、检验偏差等。
- 产品的变更情况，如原辅料变更、工艺变更、设备变更（含设备大修）等。
- 产品质量投诉及处理。
- 退货和不合格品处理。
- 产品不良反应。
- 接收监督检查和外部抽检的情况。

8 口服固体制剂制造管控要点

8.1 制造管控要点概述

8.1.1 概述

口服固体制剂的制造管控与其他剂型的制造管控有其共同点也有其特殊点，主要是关注固体制剂生产厂的质量体系能否确保其所生产的产品符合质量要求，工厂的操作实践是不是符合 GMP 的要求，所生产的产品的工艺、配方、质量标准，是不是符合产品注册文件的要求等。而除监管部门的 GMP 检查、注册现场检查外，企业内部自检也是重要的一环。

8.1.2 口服固体制剂质量管控的关注点

口服固体制剂的特点是通过胃肠道给药。这种给药方式必须要保证患者服用的药品能够被充分溶解并吸收到体内，只有被吸收的有效成分才能起治疗作用。因此，必须要关注产品溶出特性。这就要求整个生产过程当中所采用的设备、步骤、操作过程、操作参数等必须与申报文件一致。因为这些参数是用来保证所生产出来的产品的每一片，每一粒，都能够符合溶出要求的。产品放行的溶出度测试是一个抽样检查，每个批次仅测 12 个片或者胶囊。这个检测并不	定能够完全代表整个批次的溶出情况。产品放行溶出度的测试结果必须有工艺验证的结论做前提。因此，验证文件中关于如何保证溶出度和关于溶出度的测试方法验证或确证就十分重要，是质量管控特别关注的要素。

口服固体制剂的另外一个特点是要保证每个片剂或每个胶囊中的有效成分含量都是均一的，以此保证患者每次服用药物都会发挥应有的疗效。生产中含量的均一程度是通过含量均匀度测试来体现的，但却是通过工艺中的混合均匀度和粒重均一性的控制来达到的。因此，也应关注企业的生产工艺是如何保证每个批次里每一粒的含量都是一样的。需要指出的是含量均匀度的测试是一个抽样测试，并不一定能完全代表一个批次的每一粒的含量均一度的实际情况。含量均匀度必须要有验证文件作为支持文件。生产工艺中每一粒药的含量均一程度是由其重量（片重和胶囊填充量）来控制的。因此，如何验证压片机的片重均一性和胶囊填充量的一致性从而保证粒重的变化范围在一个可控的范围内是需要关注的重点之一。当每一粒药的重量都被控制在一定的稳定范围之后，其含量均匀度就完全取决于原料药，即有效成分，在每粒药里的含量是否均一，也就是在粉体中的含量是否均一。粉体中的原料药含量的均一程度是通过制粒和总混的均一性来达到的。因此现场检查中应关注总混均一度的验证，这是保证含量均一度的源头。本章的第五节专门从确认和验证的角度来讨论如何保证产品的均一性，包括制粒、混合、压片和填充等。

同其他剂型产品一样，口服固体制剂必须要保证每一粒在有效期之内的药效。因此，保证产品稳定性也是关注的重点之一。除具备全面的稳定性实验和稳定性研究的文件报告之外，在生产过程中还需要关注每一步操作，其参数是不是在注册文件所要求的范围内，尤其是温度、湿度的控制。除了温湿度，制剂过程中每一个步骤的存储时间也是要考虑的，因为药品的有效成分在制成成品之前可能没有最终的成品稳定。因此，企业应该有规程保证所备原物料、中间体、制成品及待包装品的存储时间及其支持文件或数据。此外，还要特别关注产品对于氧气、光等环境因素是否敏感。如果敏感，则必须检查对这些因素的控制措施是不是到位。最后，另外一些重要的影响固体制剂产品稳定性的因素是产品的包装、储存和运输。固体制剂的现场检查应涵盖对产品包装的设计、形式及其储存和运输条件对产品稳定性影响的研究报告、确认、验证文件或数据的审核。

口服固体制剂质量的另一特点是防止污染、交叉污染和混淆等。本章从物料管理的角度讨论如何保证所用的物料不受其他物料或者杂质的污染、混淆；重点讨论生产过程的每一步如何控制物料不被交叉污染、不被其他物料的污染、不被前一个生产的产品污染等。厂房、设施、系统的合理设计、确认和正确使用、维护是防止污染、交叉污染的重要手段。本章还专门对厂房、设施和系统如何控制污染做论述。

实验室检测是口服固体制剂质量控制的重要手段。总体来说，固体制剂对实验室的检查和其他剂型的产品不应该有太大的区别。但是口服固体制剂有其特殊的检查点和检查项目，如溶出度的检查。

8.2 物料管理控制考虑要点

口服固体制剂的物料包含原辅料、包装材料、其他辅助物料、中间产品和成品，现场检查的主要区域为仓库和生产区域（图 8-1）。

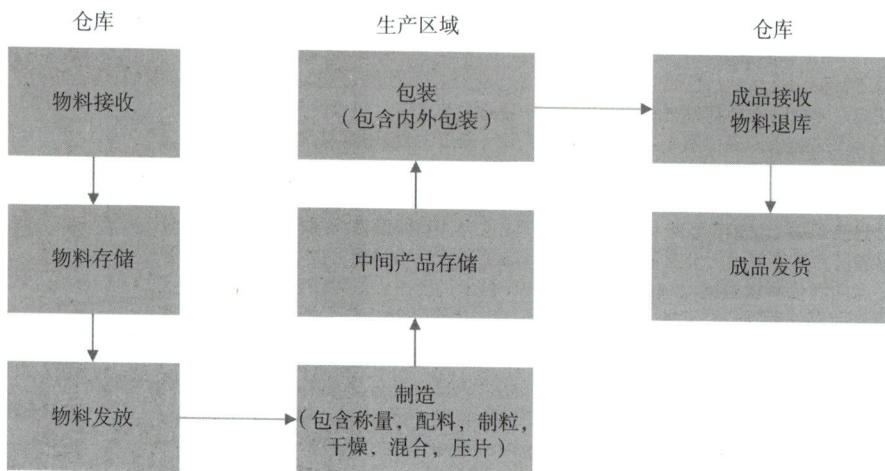

图 8-1　厂区内物料流转图

8.2.1 仓库管理考虑要点

仓库的平面布局需要符合 GMP 的要求，一般仓库会划分几大区域：收发货区、取样区、不合格品区、退货区、特殊储存区和一般储存区。每个区域应能有效区分，防止混淆和差错，可以对区域进行物理区分，也可以通过计算机化管理系统在单独包装容器上进行状态标识。为防止不合格物料误用，一般不合格区和退货区建议采用物理分隔。特殊储存区的储存环境一般有异于一般储存区（如特定的温湿度要求）。为防止特殊储存区的储存环境受到一般储存区的影响，应通过物理分隔的措施保证其储存环境的稳定性。

8.2.1.1　物料接收（表 8-1）

A. 仓库接收的物料

- 测试用物料：用于供应商确认、设备确认或者工艺测试用的非商业性物料。
- 生产耗材：裹包膜、热熔胶、打印色带、胶带等。
- 内包装材料：铝箔、PVC、PVDC 等。
- 外包装材料：标签、说明书、小盒、纸箱等。
- 原辅料。

B. 物料接收时确认其是否有有效的入库单据。对于进口物料在仓库入库核查时，必须附有进口许可证。

C. 收料时检查物料外包装完好状态和清洁状态，目视不清洁的物料需用有效地清洁方式清洁后，方可进入仓库接收发货区，如：用丝光毛巾擦，用吸尘器吸。

D. 接收物料时需要检查的信息

- 供应商信息：供应商名称、地址是否与质量部批准的供应商名录一致。
- 物料信息：物料名称、规格、批号、质量证书、是否贴有完整的标签。
- 数量核查：采购单、送货单、CoA（如有）应与实际收料数量一致，如不一致，需要查找原因。对于特殊物料，如易制毒化学品或贵重物料，需要每个包装单元称重，双人复核。
- 运输过程温、湿度监控确认（如有）：如果物料运输需要控制温湿度，仓库在收料的时候，还需要核对随货的温湿度记录仪数据，检查记录结果是否合格。
- 包装完整性检查：物料的内外包装破损，或者外包装破损内包装虽未破损但在周转过程中存在破损的可能性，或其他可能影响物料质量的问题，应当向质量管理部门报告并进行调查和记录。
- 如果物料用于制造或直接接触产品，则必须进行密封性检查。如，原辅料、中间产品、待包装产品、内包材等。

E. 对于有取样包的包装材料的收货，取样包需要单独的批号管理。

F. 不同的物料可以按照不同的方式进行接收。

表 8-1　物料接收检查表

检查点 物料	物料信息	供应商 信息	数量核查	温湿度 确认	包装完 整性	密封性	是否取样 检验
测试用物料	●	●	●		●		○
生产耗材	●	●	●		●	○	
内包装材料	●	●	●	○	●	●	●
外包装材料	●	●	●		●		●
原辅料	●	●	●	○	●	●	●

●：代表必需；○：代表可能需要

G. 每次接收均应当有记录，内容如下。

- 交货单和包装容器上所注物料的名称。

- 企业内部所用物料名称和（或）代码。
- 接收日期。
- 供应商和生产商（如不同）的名称。
- 供应商和生产商（如不同）标识的批号。
- 接收总量和包装容器数量。
- 接收后企业指定的批号或流水号。
- 有关说明（如包装状况）。

H. 样品只能被经过培训的、有资质的人员严格按照书面的取样操作规程进行取样。被取样的容器必须有标识，标明取样的数量和取样人员。

I. 仓库接收的物料，应按照 GMP 要求进行批号管理和标识，防止混淆和差错。

8.2.1.2 物料储存

A. 物料的储存应遵守下列规定。

- 只有相同类型、相同供应商和相同批号的物料可以放在同一托盘上储存。
- 应遵守推荐的储存方式，如向上放置等。
- 物料应采用安全、稳定、整齐、牢固的方式放在托盘上。
- 每个准备入库的托盘，货物堆放的高度从托盘底部到货物最高点的距离需要按照货物的性质进行规定。如贵重物料的供应商托盘外有保护措施，应先将供应商托盘整个卸到收料平台，再拆包转移至公司托盘并固定。
- 托盘上码放的物料高度应经过验证或测试，确保能保证物料安全有效。

B. 有高架库的仓库，在物料存储的过程中，必须规定对物料存放的要求，如：重的物料应放置在货架的低层区域。易碎品（如玻璃瓶、成品等）应放置在货架中低层。快速移动的物料应靠近货架的前端和低层区域存放，周转慢的物料靠近货架的后端和高层区域存放等。

C. 合格、待验、不合格的物料在仓库中应有相应的标识或区域管理。

D. 整个仓库需要按照物料的储存要求进行温湿度监控，其中对温湿度有特殊要求的物料，如，香精需要低温保存，需要有特定的储存区域。

E. 法规要求单独存放的物料，如，精神药品、麻醉药品，需要单独存放，上锁管理。

8.2.1.3 物料发放

A. 所有物料均需由质量部放行之后才能发放使用，物料发放需符合以下原则。

- 先进先出原则：先入库的物料先使用，以批号为准。
- 先到使用效期先出原则：先到使用效期的物料先使用，以有效期限为准。
- 先放行先出原则：先放行的物料先使用，以放行日期为准。首先遵循的原则为"先到使用效期先出"。当"先到使用效期先出"的原则因故不能实行时，就按实际情况执行"先进先出"或"先放行先出"的发货原则。另外，在实际操作过程中，还有零头先发原则，整包发放原则。

B. 物料从洁净等级低的区域发放至洁净等级高的区域时，需将物料转移至洁净级别高的区域托盘上，清洁和静置15分钟以上方可拉进洁净度等级高的区域。

C. 仓库按照生产的需求进行物料的发放，将物料发入物流缓冲间或生产准备区，与生产人员进行交接，填写交接记录，记录需包含品名、批号、数量等。

- 不允许同时交接两个及两个以上生产批次的物料，固态原辅料连配除外。
- 对于原辅料交接：非标准包装的原辅料在发放时，需进行重量复核；对于未拆封的整包装，需清点数量。
- 对于包装材料交接：仓库发放时，需与生产人员核实数量。

D. 当生产过程中物料数量不能满足生产需求时，需要进行物料补发。物料的补发需要有相关的操作流程来规定。

8.2.1.4 成品的接收、储存与发放

A. 接收

- 生产部将成品摆放在托盘上，交接给仓库。成品堆垛不得超出托盘边缘，且高度不得超出验证的最差情况。
- 有成品接收入库记录，记录入库产品的品名、规格、批号、数量。对成品零头箱数量需要单独清点记录。
- 成品入库后，为"待验"状态。

B. 储存　成品需分类、分批号、分品种存放，同一批产品尽量集中存放。采用计算机化系统管理仓库，做好相应库位的标识，与物料储存一致。

C. 发放

- 只有经过质量部放行的产品才能进行发放销售。所有销售的发货

527

必须依据有效的销售合同，所有成品的发放必须经指定人员签名。

- 对于需要拆箱的情况，仓库可以使用一个空箱，将批号、生产日期、失效日期、数量手写在外箱上，贴上"零头箱"标签。

- 发运的零头包装只限两个批号为一个合箱，合箱外应当标明全部批号，并建立合箱记录。

- 每批产品均应当有发运记录。根据发运记录，应当能够追查每批产品的销售情况，必要时应当能够及时全部追回，发运记录内容应当包括：产品名称、规格、批号、数量、收货单位和地址、联系方式、发货日期、运输方式等。

- 仓库发放成品的时候，以下信息需要核对：提货车辆符合成品的运输要求；随货同行单或装箱清单上的信息与成品一致，出库时需核对产品名称、批号和数量后才能发货；成品在运输车辆中的码放需要经过运输验证。

D. 物料退库

- 未使用完的物料退库时，应在每个容器或包装上贴上退库标签，封口处理，保留容器或包装上的原有标签。

- 从洁净区域退回仓库的物料，生产人员在物料缓冲间对退库物料进行栈板更换，与仓库人员交接、核实数量后，将物料退库标签交给仓库人员，仓库人员在仓库区域对物料进行裹膜，并将物料退库标签贴在裹膜外。

- 一般废物每批生产结束后或每天收集后封好并贴上标识送至缓冲间，交由仓库人员处理。

- 制药废物每批结批后，贴上标识送至缓冲间，交由仓库人员处理。

8.2.2 生产区域管控考虑要点

所有的物料经过批准放行后，最终都会来到生产现场，在口服固体制剂的各个工段，由于物料的性质、工艺的设备与风险点不一样，检查要点也不一样。

8.2.2.1 制造

在口服固体制剂的制造阶段，主要的工艺有：称量、配料，粉碎、筛分，制粒，干燥，混合，压片等，这些工艺涉及的物料以原辅料为主，包含一些盛放原辅料的塑料袋和不锈钢容器。该阶段所有的操作均在洁净区进行，人员需经过培训取得相应岗位资质，以防止物料出错、混淆、污染和交叉污染。

A. 称量、配料

- 物料称量时的顺序：先辅料再原料，先固体再粉末。
- 用于称量的工具需要清洁，必要时需灭菌；也可以使用一次性的灭菌取样勺进行称量。每一个称量工具仅能称量同一种物料的同一个批次。
- 每一种物料称量后，应及时进行清洁，确保不会污染下一批的物料。
- 产尘量较大的原辅料，可以在有回风的称量罩内进行，避免粉尘外溢。
- 为防止出错，该步骤应当由他人独立进行复核，并有复核记录。
- 称量室内，一次移入一种物料进行称量，防止混淆。按照处方量称量，每称完一种物料后，立即将剩余物料封好，贴好退库标签，标明剩余重量，然后移出称量室。
- 除对温湿度有特别要求的物料在投料前称量外，其余的固体原辅料均可以提前进行称量，按照处方配料好，将称完的原辅料标识并密封好，按照制造批次将所有处方涉及的原辅料放置在同一个已经清洁的容器中，上锁或封签储存，确保容器在储存过程中不会在未知情况下被打开。
- 所有的称量操作均应有记录。

B. 粉碎、筛分、制粒、干燥、混合、压片　在接下来的这些制造工艺操作中，员工按照生产工艺步骤逐步将物料投放使用，在关键工序中执行中间过程控制检查，确保产品质量合格。检测后的中间体按照制药废物的要求进行报废。所有物料在投放前，均需检查物料的名称和使用量是否与处方一致。每个工段完成后的中间产品，在转移至下一工段的过程中，均需有防止污染和混淆的措施。每一段工艺操作完成后，均需要对相应的设备和房间进行清洁，以确保不会产生交叉污染。

8.2.2.2　中间产品的储存

在生产区内存放的所有中间产品均需密封保存：

- 容器上必须有标签标明名称、用于何种产品、该产品的批号及目前的状态。
- 必须按成品的批号分隔在不同的指定区域。
- 不允许将不同成品批号的中间产品放在同一托盘上。
- 必须上锁或封签储存，确保容器在储存过程中不会在未知情况下被打开。

- 每一工序的中间产品的储存时间和存放条件应经过验证或有稳定性数据支持，超过储存时间的中间产品不能进入下一工序的生产。

8.2.2.3 包装

口服固体制剂的包装分为内包装和外包装两个部分，在此阶段涉及的物料以包装材料和生产耗材为主。关键的检查点在于进出包装材料的物料平衡和版本的控制。

- 是否有指定的区域用于存放领进的包装材料。
- 是否对产线剔除品，中间过程控制待检样品，检查合格品有标识和区域管理。
- 是否有对报废的包装材料的处理流程。
- 开箱的包装材料是否无人时上锁。
- 印刷包装材料的版本变更时，是否有合适的措施，确保产品所用印刷包装材料的版本正确无误。是否及时将正确版本的包装材料样张发放至现场用于核对。
- 作废的旧版印刷模板是否收回并予以销毁。

8.3 生产设施管控要点

本节主要介绍口服固体制剂厂房设施设备管控相关要求，重点关注厂房设计、设施设备管理如何降低或减少污染和交叉污染。从人员、设备、物料、生产操作、生产环境、中间控制、包装过程特殊关注点以及生产数据完整等方面讨论审计关注点。

8.3.1 常规口服固体制剂

常规见口服固体制剂种类包括：

- 片剂
- 胶囊剂
- 软胶囊剂
- 颗粒剂

这些剂型的一般生产工艺如下：

- 片剂、胶囊剂和颗粒剂的前期生产步骤相同，包括原料或辅料称量制备、制粒；以及一些根据具体产品制定的辅助步骤，如物料的粉碎和过筛，制粒前物料的混合，特定湿法制粒后的干燥步骤等。
- 制粒后的颗粒剂生产包括包衣、包装或直接包装。

- 制粒后的片剂生产步骤包括压片、包衣及包装。
- 制粒后的胶囊剂生产步骤包括胶囊填充及包装。
- 软胶囊剂的生产工艺比较特殊，其主要生产步骤包括明胶液制备、物料或内容物称量制备（原料药和辅料在溶剂中溶解）、制丸、定型、洗丸、干燥和包装。

根据 GMP 的相关要求，口服固体制剂的生产环境（在外包装前）应该在洁净室内进行以防止生产环境造成的污染。

8.3.2 环境设施

- 在同一生产车间内生产的所有口服固体制剂产品，以评估是否应采取特殊的措施或清洁方法预防不同产品间的交叉污染。
- 洁净区内的人流和物流，特别是对洁净区可能出现人流和物流交叉的地方的管控。
- 洁净区内各房间和走道之间的压差梯度，以防止各步骤间交叉污染，特别是产尘的房间和步骤。
- 洁净区允许存在的人数限制，这是基于洁净空调系统的处理能力确定的。
- 洁净区内生产设备的清洁策略，特别关注在规定清洁周期下的生产设备的状态是否对产品质量有影响。

8.3.3 人员物料出入洁净区

在洁净室内进行口服固体制剂生产前，相关人员和物料需要按照规定的程序进入洁净室，口服固体制剂生产的现场审计可以从人员、物料出入洁净室开始。

8.3.3.1 更衣过程的考虑

- 更衣流程：防止不合理的流程使非洁净服进入洁净区（二次更衣室）。
- 洁净室人员的防护措施：发罩、口罩、手套等，防止产品被暴露的皮肤和毛发污染。
- 更衣室内的手清洁和消毒设施的设置。
- 更衣室的压差梯度：更衣室是洁净区和非洁净区之间的缓冲区，必须有充足的压差梯度保证外界空气可以进入洁净室，并且有相关的监控措施。

相关要求：

- 洁净服的设计和材料是否会对洁净区造成污染、掉屑、掉粉以及可藏带工具（未经相关处理程序）进入洁净区等。

- 更衣过程：通过操作人员演示与相关文件（可以包括现场张贴的更衣后图片）的要求比较。
- 手清洁，干燥和消毒设施是否正常运行，灌注消毒剂是否在效期内，相关的标签信息是否正确。
- 洁净区和非洁净区的划分，规定压差范围的控制（压差表校验状态，现场监控记录，现场压差核对）。
- 连接洁净区和非洁净区的缓冲区域两边的门是否允许同时打开。
- 对于重复使用的洁净服的定期清洁要求，防止长时间使用的洁净服对产品的污染。

8.3.3.2 物料进入洁净区的考虑

- 工厂采取的措施防止不同区域内的（洁净区和非洁净区）空气的交叉污染，物料需要通过缓冲区或传递窗进入洁净区，且缓冲或传递窗两边的门不能同时打开。
- 工厂采取的措施防止物料的外包装对洁净室的污染。

相关要求：

- 是否有联动装置防止缓冲区或传递窗两边的门同时打开，联动装置是否有效。
- 缓冲区或传递窗是否有压差控制（压差表校验状态、现场监控记录、现场压差核对）。
- 确认物料进入洁净区前的外包装处理程序是否有效（外包清洁、去除外包），洁净区内的物料包装是否清洁。

8.3.3.3 人员、物料离开洁净室的考虑

人员离开洁净室的审计主要是脱下的洁净服若是多次使用，需防止对清洁洁净服的污染；若为一次性物品（如手套、口罩、发罩等），防止其再次使用。

剩余物料和产品离开的洁净区主要关注是否会造成不同区域的空气的交叉污染（物料缓冲区或传递窗的门是否同时打开）。若内包装产品通过传送带运输至外包间（在一般区域）包装，则传送口附近是否有压差监测保证洁净区对一般区域的持续性正压。

8.3.4 口服固体制剂的生产过程管控要点

口服固体制剂生产过程的管控的关注点至少包括下列方面：

8.3.4.1 人员

生产现场人员主要包括生产人员，现场管理人员包括质量监控人员、临时进入现场的设备维修人员以及需要进入现场取样的 QC 人员等。

- 在生产车间内的员工资质是否确认，有没有接受过必要的培训。
- 现场人员的健康和个人卫生情况是否有要求，有没有相关的监管措施。

相关要求：

- 是否有人员限制措施，防止未授权和未经过培训的人员进入生产现场。
- 对人员的现场操作对比相关的 SOP 确认其是否按照规定程序执行（包括生产操作，设备维护操作和相关的取样操作）。
- 工厂是否建立洁净区内人员健康卫生相关的 SOP，以确保员工的健康卫生状况不会对产品造成污染。防止患病员工特别是传染病员工接触产品；采取措施防止有开放性伤口的员工对产品的潜在污染风险；对进入生产区域时的人员当前健康状况的确认（体温，伤口，身体状况等）；对员工定期的职业体检；对洁净区人员定期的微生物监控（穿着的洁净服易于产品接触部位的微生物监控）。

8.3.4.2 设施设备

本章节主要从生产现场管理的角度讨论对设备的要求，这里所指的设备不仅指生产设备，也包括洁净区厂房、辅助工具和物料运输管道（固定管道和软管）。

口服固体制剂生产设备的关注主要有如下几方面：

A. 产前的设备的清洁状况，防止未清洁设备对产品的污染。

B. 设备的计量校验状态，以确保监控的生产参数符合生产工艺的规定。

C. 设备的维护状态，防止故障或破损设备对产品质量的不良影响。

具体考虑要点：

A. 设备的维护状态

- 操作房间的天花板、墙壁和地板是否有破损，特别是天花板的破损会否造成碎屑掉入产品中。
- 对比公司执行的设备预防性维护计划和在设备上的相关标签，确定相关的维护工作按照计划执行。
- 检查现场设备的状态：生产设备是否有跑冒漏滴现象，加入的润滑剂是否会接触产品（润滑剂类型是否适宜），操作面是否有破损等。

- 辅助工具是否破损：特别是筛网是产品中的外来杂物主要来源之一，在产前和产后都要检查其完整性；注意非金属辅助工具如玻璃或塑料类工具（木制工具禁止在洁净区使用）的完整性，因为口服固体制剂的生产工序中通常有金属探测检查这一控制手段，但是对混入产品的非金属碎屑，除了目检外，若无其他有效的检出手段。

- 辅助工具和模具的储存措施，以防止其在储存期间受损。

B. 设备的校验状态

- 对比执行的设备校验计划和在计量设备上的相关标签，确定相关的校验是否按照计划执行，设备使用应在计量效期内。

- 对设备实际的计量状态进行确认，确认使用的计量设备是否存在偏移（刻度基准偏移，指针低于 0 刻度等）、不稳定状况（监控数值、指针不停波动变化）等。

- 对于手提的计量设备或标准件（如标准砝码），是否在适宜的条件下保存防止受潮、受损等对测量结果有影响的环境因素。

- 检查相关的记录，确认其测量结果是否真实有效的记录；对于需要定期内校或日校的设备（如天平），检查其定期校验记录是否适宜（校验范围是否包含实际操作范围等）。

C. 设备的清洁状态

- 通常设备的清洁分为两类状态：待清洁和已清洁。确认未生产设备，设施和辅助工具的实际清洁状态与其清洁标签上注明的状态是否一致，特别是设备上难清洁部位如卡箍、密封圈等结构复杂、表面不平的部位。

- 确定现场设备设施的清洁是否按照清洁策略执行，如清洁有效期、产后待清洁时间、同一产品连续生产中的清洁周期等。

- 已清洁的辅助设备、软管及容器的储存，是否有措施防止其在储存过程被污染。

- 防止错误使用未清洁的辅助设备、软管的措施：划定区域，状态标识等。

D. 工厂是否识别在生产区域内的所有公用设施使用点，如纯化水、洁净压缩空气等，并对其质量进行定期监控。

E. 对于耗损性材料如高效滤芯、目检灯管、UV 灭菌灯管等是否按照规定周期更换，更换依据（使用时间、使用批次数、产量数记录），更换证据（运行记录），部分耗材更换后的状态确认（如高效滤芯安装后的完整性）。

F. 设备运行记录或台账的审核，设备运行记录或台账用于设备操作，维护和清洁的追溯，其上的相关记录应和生产、维护和清洁记录相吻合。

8.3.4.3 物料

通常在生产区的物料分为两类。生产物料：原料药、辅料、产出的中间体以及包材；辅助物料：溶剂、清洁剂、消毒剂等。本章节只是讨论物料在生产现场的管理，需要关注下列方面：

- 物料标识（信息标识和状态标识）：识别物料和来自不同步骤的中间体，防止其混用、误用和遗失。
- 适宜的物料保存措施：防止其在储存过程中受到污染或质量发生变化。
- 中间体在生产区域的储存时间，对于特定的产品，其稳定性受到中间体储存时间的影响。
- 有效的生产辅助物料在生产现场的使用，防止误用。
- 物料或中间体在各步骤之间的转移，防止交叉污染。

对于生产物料的控制考虑：

- 脱包物料、散装物料、剩余物料、生产出的中间体的储存容器的检查（是否清洁，破损等防止交叉污染）。
- 物料和中间体的储存条件的控制，根据物料或中间体的特性，控制相关影响其质量的储存条件，如光照、空气、温度、湿度等。
- 通过检查相关记录，如中间体生产记录、生产区物料储存台账、中间体转移记录等确认中间体的储存时间是否符合相关的规程要求。
- 物料、中间体上的标签正确显示有关信息：物料名称、批号、生产时间等。
- 物料和中间体上有正确的状态标签：待检、合格或放行使用、不合格或待处理，防止不符合状态的物料或中间体的误用。
- 除了标签标识外，对于不合格物料或中间体，工厂是否有相关措施防止其进入正常的生产流程（如隔离区域）。
- 对不同工序的中间体，除了标签，工厂是否有相关措施防止其混用（如指定存放区域）。
- 对于生产中的尾料，其管理和物料、中间体的管理一致，防止交叉污染和误用。
- 在生产结束时，对于现场剩余的生产物料需要及时清理和贴标，等待后续处理，防止交叉污染或（和）混用在新的生产中。

- 对印刷标签，特别是散标，在储存时工厂需要采取措施防止混用，如标签柜，专用的标签容器等。对于生产剩余标签分为两种：废标签和剩余可用印刷标签。这两种标签的数量都需要详细记录和复核，废标签交由专人按规定流程销毁，剩余标签可以单独储存待下次生产用。

对于辅助物料的控制考虑：

- 溶剂：在特定的口服制剂生产过程中需要使用到溶剂，如在软胶囊的生产过程，会使用酒精等溶剂进行洗丸（清除胶囊壳外的油污），对于该溶剂的管理要求包括：容器储存、贴标识别、定点放置、防止混用，还要特别关注对回收利用的溶剂的回收处理记录，以及相关标签上是否注明回收溶剂及回收次数。

- 清洁剂、消毒剂：在生产过程中，工厂会使用清洁剂和消毒剂对人员（即在更衣过程中对手清洁消毒）或生产后设备进行清洁消毒。对于这类物料的关注方面包括：清洁剂和消毒剂不能污染到物料、中间体和产品，因此，若在生产现场内保存清洁剂和消毒剂（原液和制备后溶液），需要有专用容器专人管理，必要时原液保存在上锁的柜子中，相关的记录和台账需要审核；清洁剂和消毒剂只能使用在规定的地方和操作中，特别对于产后设备的清洁，清洁剂和消毒剂的使用必须包含在相关记录中；对于清洁剂，特别是消毒剂，其预期效果是通过特定浓度来实现的，相关的配制记录、配制后的有效期，以及定期监控（部分消毒剂浓度随时间而变化）需要审核（体现在相关记录以及标签上）。

8.3.4.4 生产操作

对生产现场的操作需要关注下列方面：

- 所有的操作必须遵守已制定的规程。
- 对已确定的关键参数的监控应能够保证其及时性和正确性。
- 生产人员对于参数迁移的解读和措施。
- 生产参数的监控包括：生产参数的范围是否适宜，生产参数的范围由其波动对产品质量的影响以及监控设备本身的精确性所决定。生产参数监控的频率是否适宜，频率的确认需要体现操作的完整性（包括初始值和操作终点的参数值）；体现参数的变化（比如反映出过程中的温度的升降）；适宜的监控频率能提高异常的及时发现率，有效控制不合格品数量。确认操作人员对生产参数特别是关键生产参数偏移的处理是否适合或符合已制定的规程。

- 确认生产人员对操作及生产参数的记录的及时性和正确性。
- 对关键参数采用两种或两种以上监控方法：如在设备本身安装监控探头（如温湿度等），还采用远程监控（中央控制室的温湿度显示），若在此情况下出现监控结果差异，需要制定相应的处理方法，如允许的差异范围，主数据、基础数据、可靠数据的确认等。

8.3.4.5 生产环境

对生产现场影响质量的环境要关注下列方面。

- 确定所有影响最终产品的质量属性的环境因素。
- 药品制造环境监控方法。
- 防止产品质量受到环境影响的措施。

生产操作要求：

- 首先按照口服固体制剂生产的基本环境要求，防止物料中间品或成品在生产现场受到交叉污染，洁净区的压差变化必须有监控，不同洁净级别之间应具备压差控制。
- 按照洁净室相关标准，检查洁净区的温湿度应控制在限定范围内。
- 对于生产过程中会产尘的操作，这些操作需要在隔离的房间内生产，同时通过对洁净走道的负压监测防止含有颗粒的空气污染其他生产步骤。
- 对于有特殊环境要求的产品，应建立对可能影响产品质量的环境因素的监控和预防产品质量变化措施。温湿度敏感产品或物料：应在生产和现场储存过程中采取适宜的措施防止温湿度对产品或物料的影响，如控温控湿，控制在非规定温、湿度环境中的操作时间和储存时间等，对相关的记录进行审核。光敏感产品或物料：应在生产和现场储存过程中采取适宜的措施防止光源对产品或物料的影响，如控制光照度、使用特殊波长的灯照明、采用特殊包装、控制在光照环境中的操作时间等。易受空气氧化产品或物料：应在生产和现场储存过程中采取适宜的措施防止空气对产品或物料的氧化，如加入保护性气体、控制产品操作时在空气中的暴露时间、采取特殊的密封方法等。

8.3.4.6 生产现场的标识系统

所有在生产车间的物料、工具和设备必须拥有标签，在生产现场需要关注下述几类标签：

A. 信息标签

- 物料标签，显示容器内的物料信息：物料名称或代号、生产批系、生产日期、生产商或人员或班组等。

- 生产信息标签，显示生产设备、容器中内容物的信息：物料名称或代号，生产批系，生产日期，生产人员等。
- 管道标签，显示管道中内容物名称或代号，也可以用色标在固定管道上代表专属物料（如蓝色代表一般饮用水，绿色代表纯化水等），此外固定管道上还需有方向标签指示物料运输方向，防止误操作造成交叉污染。

B. 物料状态标签，显示物料的不同状态 待检，合格或放行，不合格或待处理。

C. 设备特定标签

- 设备维护标签，设备维护信息包括维护日期、维护人、维护有效期或下次维护时间；此外还有状态标签显示设备当前状态：使用、停用和维修等。
- 设备清洁标签，设备清洁信息包括清洁日期、清洁人、清洁有效期等；设备清洁状态（已清洁和待清洁）也是需要标识的。
- 设备校验标签，显示检验日期、校验人、校验有效期或下次校验日期等。

除了之前的章节中的相关规定，对于生产现场的标签应关注：

- 检查标签和其所代表的实际情况以及相关记录是否吻合。
- 当状态改变时，贴标是否及时。
- 贴标是否完整，信息是否缺失。

8.3.4.7 对于口服固体制剂的中控

中控在口服固体制剂的生产中是十分重要的，同时它也能帮助员工对生产过程中发现的偏差或偏移做出及时调整和解决

对于生产现场的中控，通常通过两个主要方面来实行的：取样操作和中控测试。

对中控取样需要关注下面几个方面：

- 每次取样的取样量：足够用于检测和分析；可根据需求确定额外样品量用于生产状况分析。
- 每次取样时的取样范围：确保取样能反映出生产设备的整体运行状况，如混合制粒过程取样需要考虑从设备不同部位、不同点的取样（在经过有效验证后，混合后的取样范围可以简化）；软胶囊制丸过程的取样需要考虑到制丸机输液管的数量；片剂压片过程的取样需要考虑压片冲头数量。
- 在长时间持续性生产过程中的取样间隔：如制丸，压片和填充过程。

对于长时间持续性生产，取样间隔必须包括生产初期和生产末期；在制定生产过程中的取样间隔时，可以考虑两次取样之间的不合格品出现的风险和处理成本。对设备处在生产状态不稳定期时（如新增设备，大修后的设备等情况），还可考虑增加取样频率。

- 作为口服固体制剂生产的中间监测，除了通常的数值型标准，企业还需要制定描述性标准，照片标准或实例标准（缺陷看板）用于产品的外观检查判定：如异形丸、漏油丸和内容物杂质、气泡确认等。
- 操作人员必须懂得如何解读中控样品的检测结果，以及应该采取何种紧急措施：生产设备调试、生产暂停、隔离不合格中间体或产品等。

对于中控的考虑要点：

- 根据相关步骤制定的合理的取样方案：包括取样时间、每次取样数量、总取样量等。
- 员工的取样操作是否按照相关规程执行，对样品的检测结果不会产生不良影响。
- 确认中控取样记录操作人员按照要求取样（取样时间、样品数量）。
- 确认取样标准，特别是对于外观类的标准，标准样品作为一种特殊产品标准，需要质量部门的审核和批准。
- 通过确认员工对中控标准的正确理解，以及出现偏移或偏差时的紧急措施。
- 一般情况下，在中控检测结果出来前，中间体不能流入后续生产步骤。

对中控实验室或测试需要关注下面几个方面：

- 确认资质的检验人员
- 经确认、校验和定期维护的仪器设备
- 合格的试剂与根据已制定规程配制溶液
- 验证或确认过的检验方法
- 对检测结果没有影响的适宜测试环境等

8.3.5 洁净区辅助房间

除了主要的生产操作间，一般情况下，洁净生产区域还包括一些辅助房间，如清洗间、工具或模具储存间、洁净服洗涤储存间等。

对于这些辅助房间，需要关注以下方面：

- 清洗间内的足够的纯化水使用点用于设备工具和洁净服的清洗。
- 在使用水的房间（辅助间或特殊的生产房间如溶胶间），地面的设计需要有助于积水的排放，使用洁净地漏（采用水封等措施，防止虫害通过地漏进入洁净室、微生物滋生、防返溢、异味等）。

- 辅助房间也要有足够的进风口和回风口保证其内环境符合洁净区要求，工厂需要定期对辅助房间进行清洁以免对生产过程造成不良影响。

对辅助房间的考虑要点：

- 辅助房间内的公用设施使用点的编号和定期监控需要审核。
- 洁净地漏的设计，维护措施（如添加消毒水）记录需要审核。
- 现场确认辅助房间的清洁状况：是否有积水、积垢，地面和墙壁的破损；辅助房间定期清洁记录需要审核。
- 对房间的环境监控（压差和温湿度）。

8.3.6 口服固体制剂的包装和贴标过程的考虑要点

生产企业需要确保每个包装的产品符合相关要求：贴标正确，封口完整，每件包装内产品没有缺少或过多（少粒或多粒），无金属碎屑进入，包装上正确打印生产信息和监管码等。

生产企业通常采取全检方式确保每件产品符合上述包装要求。目前常用的全检方式分为三类：全自动在线全检系统、人工全检、半自动在线全检系统。

A. 对于全自动在线全检系统　通过安装设备的连续监控（拍照对比、产品称重、金属探测、卷标定位和监管码扫描等）在生产线上及时找出不合包装要求的产品。

- 设备的相关确认，维护状态和校验状态。
- 对自动化在线监控设备的日常挑战性测试，是用于确认监控设备的监测能力的有效性，在连续性的生产过程中，至少要在生产初期和生产结束时对自动化在线监控设备进行挑战性测试；对于某些长时间的连续性生产，可以根据在生产过程中的影响因素确定额外的测试，如换班后，更换卷标后等。

B. 人工全检　人工全检方法主要是通过目检实现以及产品装量确认，人工目检也必须被验证，且下列方面需要在验证时考虑：目检环境的照度和适宜的背景；是否有辅助工具帮助目检；目检持续时间（长时间目检造成疲劳，降低目检正确性）；按照规程要求完成的目检速度等。

C. 半自动在线全检系统　一般指设备自动运送产品，操作人员完成相关的目检监测（如操作人员在流水线上全检）。对于这类全检方式，除了要按照人工目检的基本要求（照度，持续时间等）外，还需要考虑设备运送产品的速度和人员目检速度是否匹配。

8.3.7 口服固体制剂生产的数据完整性

8.3.7.1 生产批记录

本章节主要阐述数据完整性方面的关注点：

A. 从记录的发放和使用角度考虑其数据完整性的要求。

B. 记录过程中符合 ALCOA 的数据完整性原则。

生产批记录及生产相关记录：

A. 记录的生成和分发是否有控制　分发负责部门及分发编号；分发的记录应装订完好并标有页码防止员工更换记录。

B. 记录设计清楚，能完整地追溯相关操作或运行。如生产批记录至少包含：

- 产品名称和剂量，以及剂型。
- 各物料的名称或代号、批次、规格，按配方理论数量（重量、体积，活性单位等），实际每件数量和总数量，必要时包括总数量的计算。
- 生产前的状态检查及相关的确认。
- 生产步骤，产线编号，设备编号，操作指导，操作起止时间及日期，过程的参数监控时间和有效范围，直接操作人员签字，关键步骤或操作的复核人签字，中控取样操作（包括样品信息），测试结果或放行决定，使用计量与测试仪器编号和状态（校验效期），关键步骤的理论收率和实际收率。
- 生产过程中异常处理的信息。
- 包装贴标记录还要包括包装规格信息，包材和标签样品，包装前后的物料平衡结果。

C. 记录的数值必须按照规定填写，不能简写（如两位数代表年份）或不按照规定修约，造成记录数据歧义。

D. 对于填写错误的数据按照规程更改，包括原因、更改人签名、更改时间、更改后数值。

8.3.7.2 电子数据的审计

生产现场的计算机系统的数据完整性应关注下列方面：

- 系统登入控制和各级别的权限的合理划分。

541

- 审核通过系统对电子数据的操作、变更和删除。
- 基于基本操作系统的数据的安全性，非授权的删除。
- 系统中报警事件的处理以及对最终产品质量的影响。
- 系统对设备的操作功能，如通过系统控制电磁阀的开关。
- 产生的电子数据的储存和备份方案。
- 中控系统显示数据和设备现场通过计量仪器获取数据之间的差异及处理。

8.3.8 口服固体制剂生产的关注点

表8-2是口服固体制剂的各生产工序中关注点。

表8-2　口服固体制剂生产关注点

工序	关注点
文件	检查现场有无相关操作文件，文件完整且为现行版本，复印内容需清晰可见 文件受控发放，分发记录齐全
记录	记录的书写：真实、及时、准确、完整 记录的发放：受控、审批
环境	各生产功能间的压差、温湿度符合要求
粉碎筛分	用于粉碎、筛分的筛网孔径、目数是否与生产指令一致 在生产前后检查筛网，确保筛网的完整性 用于粉碎、筛分的物料信息（代号、品名、重量、批号）是否与生产指令一致 粉碎、筛分后的物料标签：信息准确性、完整性，以及书写的规范性 核对物料的收率、物料平衡，是否在规定的范围内 清场：无上批次物料的遗留，设备设施表面清洁
称量	称量罩内每次只称量一种物料，称量时应区分称量器具 称量人员操作应规范：手套、称量罩下、扎口、防交叉污染等 物料标签：信息准确性、完整性以及书写的规范性 物料台账：账卡物相符、账物相随、盘赢盘亏 分次称重：每个包装均须贴上标签，在配料单上应分别注明批号及数量，在标签上应注明第几桶 衡器：有校验合格证，日常按程序执行校准，砝码配置合理 检查称量室温湿度、称量系统的风速以及过滤器（初、中、高效）的压差应在规定范围内，有过滤器更换标识 检查称量室的状态标识 中控：每批抽查3个物料，与指令量是否一致 清场：无上批次物料的遗留，设备设施表面清洁
制粒	制粒投料前应有复核过程，确认制粒工序所使用的物料信息（代号、重量、批号）与生产指令一致 制粒投料顺序正确 制粒设备运行程序及参数设置应与SOP一致，制粒过程的各项运行参数在要求范围内。制粒终点控制方式明确 整粒机筛网孔径及整粒速度符合要求，在生产前后检查筛网，确保筛网的完整性

工序	关注点
制粒	捕集袋：安装是否到位，在制粒结束后是否检查漏点 制粒室与外界相连的线管、水管、气管的密封好，无泄漏点 中控：制粒结束检查干燥失重、水分。取样的规范性、代表性 制粒后物料的标签：信息准确性、完整性以及书写的规范性 核对制粒的收率、物料平衡，是否在规定的范围内 清洁、清场：无上批次物料的遗留，设备设施表面清洁。关注喷枪、制粒缸内部或底部的清洁、大盘顶部、取样口的清洁、捕集袋或除尘袋的更换等
混合	总混投料前应有物料复核过程，确认混合工序所使用的颗粒及外加辅料信息（代号、品名、重量、批号）与生产指令一致 总混投料顺序正确 总混设备运行程序应与 SOP 一致，关注混合转速、混合时间 总混现场安全控制措施完善，可防止混合桶在旋转时人到现场受到伤害 总混后物料的标签：信息准确性、完整性以及书写的规范性 取样的规范性、代表性 核对总混的收率、物料平衡，是否在规定的范围内 清场：无上批次物料的遗留，设备设施表面清洁
压片	压片前应有物料复核过程，确认压片所使用的颗粒信息（代号、品名、批号、数量）与生产指令一致 操作人员熟知片重范围与计算方式，片重调节方法 模具：清洁、完好、规格正确 压片设备运行程序及参数设置应与 SOP 一致 天平：放置在天平台上，有校验合格证，日常按程序执行校准，砝码配置合理 压片过程操作人员按要求检查片重差异；片芯按规定过金检仪，且金检仪经过标准金属片的灵敏度测试 压片过程的不合格有明确存放地点，并按不合格品程序处理 物料的标签：信息准确性、完整性，以及书写的规范性 中控：厚度、硬度、片重差异、脆碎度、片芯外观 核对压片的收率、物料平衡，是否在规定的范围内 清场：无上批次物料的遗留，设备设施表面清洁，关注压片机、筛片机、金检仪、冲头的清洁度、除尘柜的清洁
胶囊充填	胶囊充填前应有物料复核过程，确认充填所使用的颗粒、空心胶囊信息（代号、品名、批号、数量）与生产指令一致 操作人员熟知粒重范围与计算方式，粒重调节方法 模具：清洁、完好、规格正确 胶囊充填设备运行程序及参数设置应与 SOP 一致 天平：放置在天平台上，有校验合格证，日常按程序执行校准，砝码配置合理 胶囊充填过程操作人员按要求检查粒重差异；胶囊按规定过金检仪，且金检仪经过标准金属片的灵敏度测试 胶囊充填过程的不合格有明确存放地点，并按不合格品程序处理 物料的标签：信息准确性、完整性，以及书写的规范性 中控：粒重差异、拣囊后的外观 核对胶囊充填的收率、物料平衡，是否在规定的范围内 清场：无上批次物料的遗留，设备设施表面清洁，关注充填机、金检仪、拣囊机的清洁度、除尘柜的清洁

544

工序	关注点
包衣	包衣投料前应有复核过程，确认包衣工序所使用的片芯、包衣辅料信息（代号、品名、重量、批号）与生产指令一致 包衣溶液配制的准确性，配制后包衣溶液的存放时间在规定期限内 包衣设备运行程序及参数设置应与 SOP 一致，包衣过程的各项运行参数在要求范围内 物料的标签：信息准确性、完整性以及书写的规范性 中控：外观 核对包衣的收率、物料平衡，是否在规定的范围内 清场：无上批次物料的遗留，设备设施表面清洁，关注包衣腔体、配浆罐、喷枪、除尘柜的清洁
内包	内包前应有复核过程，确认内包工序所使用的各类中间产品、内包材信息（代号、品名、重量、批号）与生产指令一致 内包设备运行程序及参数设置应与 SOP 一致，内包过程的各项运行参数在要求范围内 内包上的批号、生产日期、有效期等信息应进行首件复核 （颗粒剂内包）衡器：有校验合格证，日常按程序执行校准，砝码配置合理 （颗粒剂内包）操作人员熟知袋重范围与计算方式，袋重调节方法 （颗粒剂内包）操作人员按要求检查袋重差异 操作人员按要求检查密封性、装量、外观、印刷内容 关键操作：剔废的准确性 中控：密封性、装量、外观、印刷内容 核对内包的收率、物料平衡，是否在规定的范围内。关注中间产品与包装材料使用比例情况 清场：无上批次物料的遗留，设备设施表面清洁，关注与药品直接接触的设备表面
外包装	外包前应有复核过程，确认外包工序所使用的各类产品、外包材信息（代号、品名、数量、批号）与生产指令一致 外包设备运行程序及参数设置应与 SOP 一致 外包上的批号、生产日期、有效期等信息应进行首件复核 中控：核对任务单、印刷内容、印刷质量、包装外观、内部产品、合格证 核对外包的收率、物料平衡，是否在规定的范围内
外包装	清场：无上批次物料的遗留，设备设施表面清洁 关注印刷包材的管理
清洗站	检查清洗剂的用量及清洗程序规定的时间与打印条是否符合 设备运行参数是否与工艺要求一致 待清洁工器具：状态标识 已清洁工器具：工器具清洁效果、定置存放、状态标识、有效期管理 清洁工器具的领用记录
洗衣	检查打印条（洗衣的电子记录）与洗衣的程序应一致 设备运行参数应与工艺要求一致 关注检查洁净服的完整性、配套齐全、有序折叠；状态标识与有效期的管理 关注各区域洁净服的清洗、发放记录与实际应一致 清场：无上批次物料的遗留，设备设施表面清洁，关注洗衣机的内部
消毒液配制、发放	消毒液的配制、发放是否符合 SOP 关注配制量与使用量；状态标识、有效期

8.4 厂房设施及设备管控考虑要点

本章节主要讨论在口服固体制剂的厂房设施与生产设备的相关管控考虑的要点。

8.4.1 厂房设施检查基本要求

厂房、公用设施、固定管道竣工图纸的审核要点：

- 厂房内的人流、物流、废弃物流向是否合理，能否将差错、混淆、混药、交叉污染减少到最低限度，设计图与现场是否一致，有无变更。
- 洁净室的压差设计是否合理，防止交叉污染。
- 高致敏性药品的生产要在单独的设施中进行（如青霉素、生物制品、某些抗生素、激素和细胞毒素的生产要在专门的设施中进行）。

8.4.2 虫害控制要求

- 防止昆虫（飞虫、爬虫）、动物（尤其是龋齿动物）及鸟类等进入建筑物内设施的管理规程及记录。
- 垃圾箱、废弃物料清洁消毒规程及记录。
- 杀虫剂、除草剂的使用管理规程和记录，防止杀虫剂等有毒化学在生产设施内的使用。
- 是否定期对虫害控制措施进行回顾性评估，并对薄弱环节进行及时改进，如不同季节的虫害控制措施有相应的区别。

8.4.3 生产区域设施的考虑

- 盥洗室、休息室、吸烟区和饮水间不能直接和生产区或储藏区相连。盥洗室要有足够的卫生设施，如洗手池和干手设备。
- 生产区域内的储藏区：保障物料、中间产品和产品的储藏条件的设施，监控报警装置。
- 限制区域非授权人员进入的门禁装置。
- 操作室应有足够的生产操作空间，充足的照明（特别是对于目检岗位）。
- 在洁净室的产尘房间有捕尘装置，捕尘装置的效果确认，捕尘装置不应对产品造成污染，产尘房间与相邻操作区域应有缓冲间和压差控制。

- 洁净室的房间回、排风竖井应避免死角，便于清洁消毒。
- 洁净室的排水要有防止倒灌的空气阻断装置，热排水应有单独的排水管道，避免造成水蒸气倒灌污染。
- 洁净室的地面、墙壁、天棚采用坚固、不脱落容易清洁和消毒的材料，表面光洁平整、无裂缝、砂眼，连接处密封完好。
- 厂房设施需要制定合理的定期清洁和维护计划与规程，并有相关的执行记录。

8.4.4 管道设备的考虑

- 管道，装置的连接处不应有难清洁的地方，穿越墙壁、天棚、地面的管道与穿越面的缝隙应密封，电缆和护套之间也要可靠密封。
- 管道上应贴标识，标出物料和流向。照明灯具应有可靠密封，其维护检修不应对环境造成不良影响。

8.4.5 生产设备的考虑

- 设备的工艺操作部分安装在洁净区（非工艺部分可以安装在技术区，方便进行检修、维护，不干扰洁净区生产活动），与技术区要有良好的隔离密封。
- 建立设备生命周期管理：包括采购、安装、确认、变更、报废的文件和记录等。
- 设备接触药品部位的材质证明文件，设备内部应平整光洁，与物料接触部分结构简单，易清洁消毒，应保证其不与药品发生反应、吸附或释放等不利影响。
- 关键设备对药品质量产生不利影响的风险评估。
- 设备的润滑剂、冷却剂使用管理规程，泄漏可能污染药品的润滑剂符合食品级标准的证明文件。
- 设备模具的采购、验收、保管、维护、使用、发放及其报废的管理规程和相关记录。
- 经过改造或者大修的设备的变更记录、大修后设备进行的确认报告。
- 设备、设施清洁操作规程、记录、清洁效果的风险评估报告。
- 设备、设施使用维护保养记录、非预期性偏差的调查报告。
- 设备状态标识、设备确认的参数范围。
- 工艺设备进风系统应同生产级别相同、排风处理系统应符合环境法规要求。

- 衡器、量具、仪表的校验、使用记录。
- 过滤器、过滤芯、过滤袋等的清洗、更换、消毒、完整性测试的记录及相应证明。
- 冷库、冰箱等储藏设备的确认、校正和维护，意外情况的应急措施。

8.4.6 公用设施考虑要点

8.4.6.1 制药用水

- 制药用水设备档案。
- 工艺用水系统循环图。
- 操作文件、日常检查记录、过滤器更换记录。
- 纯化水管道的清洗、消毒、维护保养规程及相关记录。
- 纯化水系统的风险评估（偏差以及变更情况）。
- 原水（生活饮用水）的定期监控。
- 纯化水系统的验证情况、水质定期监控及趋势分析（电导率、TOC、微生物等）。

8.4.6.2 洁净空调系统及工艺用气

- 空调系统设备档案。
- 空调系统图。
- 操作文件、日常检查记录、过滤器更换记录。
- 空调系统的清洗、消毒、维护保养规程及相关记录。
- 空调系统的风险评估。
- 偏差以及变更情况。
- 空调系统的验证情况、洁净区环境定期监控及趋势分析（浮游菌、沉降菌及表面微生物等）。
- 工艺用气体系统的确认（如除油，除水等）、工艺用气定期监控及趋势分析。
- 工艺用气体系统的清洁，维护保养规程及相关记录。

8.5 工艺验证与确认考虑要点

产品均一性重点考察：粉体中的原料药含量的均一程度，即混合均匀度的验证；压片机的片重均一性和胶囊填充的一致性的验证，从而保证片重和粒重的变化范围在一个可控的范围。

产品溶出度重点考察：保证溶出度的验证；影响溶出度的关键参数的

验证。

产品稳定性重点考察：制剂过程中的各步骤半成品的存储时间及条件的验证；产品稳定性研究资料与稳定性控制措施的对应；产品包装验证；持续工艺确认。

8.5.1 关键参数

8.5.1.1 影响总混均匀度的因素

物料粉体性质的影响，如粒度分布、表面特点、堆密度、含水量、流动性、黏附性等都会对其产生影响。原辅料直接混合时，粉体性质一般由各个物料的特性及物料生产厂家的工艺及质量控制决定；若原辅料需要加工处理，则其加工处理方式对粉体性质会产生新的影响；若制粒后混合，颗粒的粒度分布、密度、含水量、流动性等会影响混合效果。各个组分的比例也将对混合效果产生影响，因处方在验证前已确定，故不可调整；但需要注意，主料含量比例小或含有剧毒药物的品种应该按药物的性质用适宜的方法使药物均匀度符合规定。

设备类型如容器的尺寸、挡板的设计、表面的粗糙度以及旋转的角度，操作条件如转速、装料体积、装料方式、混合时间等都会直接影响混合的效果。应当选择适当的填充体积、转速和适当的防静电措施以防结块。

由此可知，原料及其关键辅料供应商变更、设备变更、批量变更、制粒干燥参数变更、混合参数变更均应有验证支持。

8.5.1.2 影响溶出度的因素

原料性质，例如一些难溶性原料的不同晶型或者粒度可能具有不同的溶解度，因此原料的物理性质会影响到将来做成制剂后的产品的释放溶出和生物利用度；处方内有无促进崩解溶出的成分对溶出也有影响。颗粒的表面特性也会影响产品溶出，颗粒形成过程会有许多内在的孔隙，会影响物料的吸收和溶解速度等；颗粒是否致密，也会影响压片工艺和药片的溶出度。压片过程、压力和速度共同作用于颗粒，所获得素片的硬度不同，也会在一定程度上影响溶出。包衣增重、包衣成膜情况，尤其是肠溶衣的包衣效果，可能影响产品溶出行为。

由此可知，根据对产品的了解，经过风险评估，影响溶出度的各个关键参数均需经过验证。例如：原料变更供应商或变更原料生产工艺、制粒干燥参数、压片参数、包衣参数等。

8.5.1.3 影响产品稳定性的因素

影响产品稳定性的因素首先可能来自原料自身，氧气、温度、光照等条件均有可能影响产品稳定性。相应地，如何隔绝或降低不良因素的影响，是保证产品稳定性的重要环节。除关注生产过程与稳定性控制有关的参数，如温度、湿度外，半成品储存期限及储存条件、产品包装设计及包装验证均会对产品稳定性造成影响。

因此，企业应该有规程保证所备原物料、中间体、制成品及待包装品的存储时间及其支持文件或数据。

除了产品自身稳定性，工艺的稳定性也会影响产品质量的稳定输出。故"必须建立一个持续和不断发展的程序，收集和分析与产品质量有关的产品和工艺数据"，用以"探测出并非期望的工艺变异"，从而实现"评估工艺性能，发现问题和确定是否采取行动整改、提前预见和防止问题，从而使工艺保持受控"。

8.5.1.4 关键参数的确定

中国 GMP（2015 年修订）第 54 号公告附件 2《验证与确认》："第二十条 企业应当有书面文件确定产品的关键质量属性、关键工艺参数、常规生产和工艺控制中的关键工艺参数范围，并根据对产品和工艺知识的理解进行更新。"

关键质量属性和工艺参数通常在研发阶段或根据历史资料和数据确定。

8.5.2 关键工序及控制参数

固体常规剂型各操作单元的关键工序及控制参数，片剂工艺通常分为干混直接压片、湿法制粒和干法制粒；胶囊剂通常分为直接灌装和制粒灌装；颗粒剂灌装与包装同步进行。实际各个企业应根据产品特性确定关键参数（表 8-3）。

表 8-3　口服固体制剂各工序关键参数

工序	关键控制参数	考察指标	关键质量属性
原辅料控制	供应商、粉碎或过筛的筛网目数	粒度、晶型、水分	均匀度、溶出
干粉混合	批量、投料顺序、混合速度、混合时间	混合均匀度	均匀度
湿法制粒	批量，制粒机切刀和搅拌的速度；添加黏合剂的速度、温度和方法；原料装料的顺序；制粒终点判定；湿法整粒方式和筛网尺寸	粒度、密度、流动性、颗粒可压性	均匀度、溶出、稳定性
湿法制粒干燥	批量；进风温度、湿度和风量和出风温度；产品温度；干燥时间；整粒筛网	水分、粒度	稳定性、溶出、均匀度

工序	关键控制参数	考察指标	关键质量属性
干法制粒	辊压压力、进料速度、薄片厚度、真空压力、筛网孔径、辊压表面	堆密度、薄片强度、颗粒可压性	均匀度、溶出
颗粒混合	批量、混合速度、混合时间	混合均匀度	均匀度
颗粒（干粉）储存	储存条件、储存时间	含量、水分、有关物质、微生物限度	稳定性
压片	压片机转速、主压力	片子外观、片重、片重差异、片厚、脆碎度、水分、硬度、溶出度或崩解度、含量均匀度	均匀度、溶出
包衣	进风温度及风量、锅内负压、片床温度、喷液速度、浆液温度和雾化压力、喷浆量、排风温度及风量、锅体转速	外观、包衣增重、水分、硬度、溶出度或崩解度	溶出
胶囊填充	胶囊填充机机速	装量差异、水分、溶出度、含量均匀度	均匀度、溶出
素片或待包装品储存	储存条件、储存时间	含量、水分、溶出、有关物质、微生物限度	稳定性
包装	包材确认；包装机速度、温度、压力	密封性、外观	稳定性
颗粒剂灌装	灌装机机速	装量差异、密封性、外观	均匀度、稳定性

8.5.3 工艺验证步骤

中国 GMP（2015 年修订）第 54 号公告附件 2《验证与确认》："第二十一条 采用新的生产处方或生产工艺进行首次工艺验证应当涵盖该产品的所有规格。企业可根据风险评估的结果采用简略的方式进行后续的工艺验证，如选取有代表性的产品规格或包装规格、最差工艺条件进行验证，或适当减少验证批次。"

中国 GMP（2015 年修订）第 54 号公告附件 2《验证与确认》："第二十四条 企业应当根据质量风险管理原则确定工艺验证批次数和取样计划，以获得充分的数据来评价工艺和产品质量。企业通常应当至少进行连续三批成功的工艺验证。对产品生命周期中后续商业生产批次获得的信息和数据，进行持续的工艺确认。"

例如，使用括号法：基于科学和风险的验证方法，就如同在工艺验证中对某种已经确定的、合理的极端设计因素（如剂量、批量、包装量）的批次进行测试。该种方法假定验证的极端值可代表对任何中间值进行的验证。在对剂量的范围进行验证时，如果规格相同或组分非常相近（如基本制粒工艺类似而压片重量不同的片剂，或基本成分相同而以不同填充量填充到不同规格胶囊壳的胶囊）可使用括号法。括号法适用于相同容器密闭系统中不同容器规格或不同灌装量的情况。

8.6 质量管理体系及文件管理

根据药品生产质量管理规范，质量管理体系应包含影响药品质量的所有因素，确保持续稳定地生产出适用于预定用途、符合注册批准或规定要求和质量标准的药品，并最大限度减少药品生产过程中污染、交叉污染以及混淆、差错的风险。

质量管理体系涉及产品实现过程、质量保证体系及贯穿在上述过程的确认与验证、质量风险管理、质量管理文件体系及数据可靠性，即贯穿于药品生产、控制及产品放行、发运的全过程中，最终实现为患者提供高质量的产品（图 8-2）。

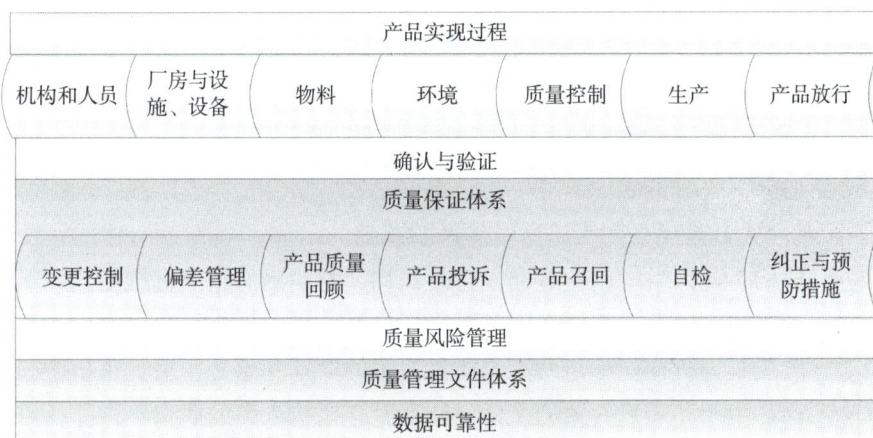

图 8-2　各个工序关键参数

8.6.1 质量管理体系相关文件（表 8-4）

表 8-4　质量管理体系相关文件清单

事项	涉及文件	基本信息
检查历史	检查报告	回顾近期检查报告及结果

事项	涉及文件	基本信息
检查对象的基本信息	主要文件	生产设备清单 标准操作规程（SOP）清单； 生产运营过程中产品及服务是否有委托外部机构进行 了解设备设施是共用还是专用
产品相关的基本信息	产品趋势回顾	产品质量评价及过程控制
	产品清单	产品和物料的基本信息
	物料清单	
工艺相关的基本信息	批生产记录	产品质量标准及测试方法 工艺流程及详细描述 稳定性研究结果等
	验证主计划或相关的计划活动清单	验证状态
变更	变更清单	最近与新产品、设备、厂房维修或扩建等相关的主要变更
其他	偏差清单、投诉清单、退货清单、纠正与预防措施清单	产品质量问题的处理情况

8.6.2 质量管理体系

8.6.2.1 机构与人员

机构和人员是建立和实施质量体系的基础。

- 机构：药品生产企业应建立管理机构，有明确的组织机构图。质量管理机构应独立于其他机构，履行质量保证和质量控制的职责。

  质量管理机构应参与所有与质量有关的活动和事务，负责审核所有与药品生产和质量有关的文件。质量管理机构人员的职责不得委托给其他机构的人员。

- 人员：企业应配备足够数量并具有适当资质（含学历、培训和实践经验）的人员从事管理和各项操作。应明确规定每个部门和每个岗位的职责，所有人员应明确并理解自己的职责，熟悉与其职责相关的要求，并接受必要的培训，包括上岗前培训和继续培训。

  不同岗位的人员均应有详细的书面工作职责，并有相应的职权，其职能可委托给具有相当资质的指定代理人。每个人所承担的职责不应过多，以免导致质量风险。岗位的职责不得有空缺，重叠的职责应有明确的解释。

8.6.2.2 质量保证体系

A. 变更管理

a. 基本流程及要求：应有变更管理规程，明确规定变更管理，应包括变更的提出、审核登记评估、批准和验收等基本流程。流程中应明确职责、变更涉及范围、变更级别、评估范围。（图8-3、表8-5）

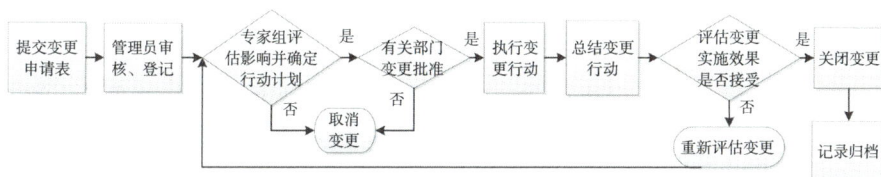

图8-3　变更管理流程图

表8-5　变更管理流程表

基本流程	要求	
提交变更申请表	应明确规定变更涉及范围和目的；发起者提出变更申请，并评估变更是否符合变更范围，初步评估变更内容和变更实施的影响	
管理员审核、登记	变更管理员接受变更申请表并检查是否符合要求，如符合要求，进行登记，并分发特定编号，确保可追溯	
专家组评估并确定行动计划	变更影响评估及行动计划	变更的影响评估由相关职能部门的专业评估，变更评估时需采用质量风险管理 评估是变更控制系统中最关键的部分，评估内容包括： 产品或物料、设备或设施或公用系统或厂房、计算机系统、质量标准、检验方法和方法验证、稳定性研究、工艺验证、法规与注册、质量协议、培训系统、文件系统等 应对上述内容逐一评估，识别变更实施存在的风险及必要行动。变更行动计划中应列出具体的行动内容及计划完成时间
	变更级别	规程中应明确描述变更级别如主要变更和次要变更的定义。变更级别应基于变更影响评估结果
批准变更	不影响注册的变更，内部批准即可，最终批准应为质量部 一旦识别到变更涉及注册，即变更超出目前注册文件的描述，应报告药监部门，并得到涉及国家批准方可执行变更	
执行变更行动	相关的变更行动应在变更批准后按计划执行。变更负责人及行动负责人应确保变更行动均按计划执行	
总结变更行动	应对所有的行动计划进行一一汇总	
评估变更实施效果是否接受	该评估可贯穿在每个行动计划中 如适用，评估应基于数据	
关闭变更	当确认所有的计划已完成，并实现预期目的，可关闭变更	

b. 关键要点

- 是否有变更流程，是否包含对影响产品质量或法规符合性的变更进行充分的描述。
- 评估中是否包含原辅料、工艺、文件及设备评估，变更评估是否基于质量风险，评估是否全面。
- 规程中是否描述何种情况下的变更，应通知药监部门。
- 变更批准机构是否独立于生产。

B. 偏差管理　偏差指偏离已批准规程或标准。依据中国 GMP（2010 年修订），第二百四十八条，部门负责人应确保所有人员严格、正确执行预定的生产工艺、质量标准、检验方法和操作规程，防止偏差的产生。因此，企业应建立偏差程序，明确偏差处理职责、流程和文件要求，并充分培训，确保偏差的识别、确认、发起、分级、调查、影响评估均以一致、合适和及时的方式执行，并详细记录。

a. 基本流程和要求（图 8-4、表 8-6）

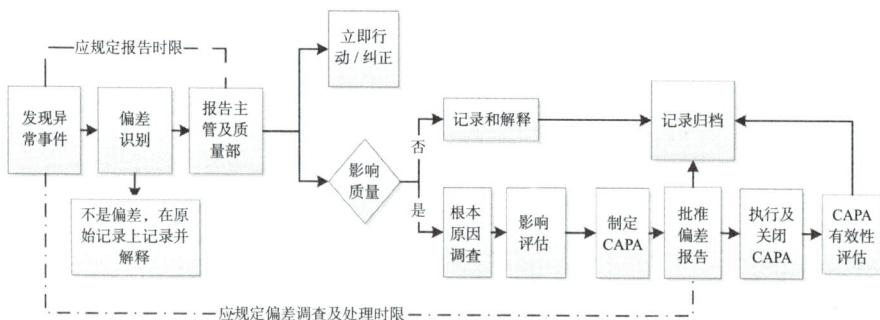

图 8-4　偏差管理流程图

表 8-6　偏差管理流程表

基本流程	要求
发现异常事件	应有偏差管理规程，药品生产企业所有人员均接受该规程培训，使之具备识别偏差能力 对于异常事件，应及时报告质量管理部门
偏差识别	质量管理部门应基于对产品质量的影响，对偏差进行分类。流程中应包含偏差分类原则 偏差应立即报告质量管理部门。流程中应定义"立即报告"时限，确保对已上市产品有潜在影响的偏差及时上报
立即行动或纠正	为防止偏差导致的影响继续扩大或恶化所采取的行动措施，立即行动包括物料或产品隔离，暂停生产，设备清洗、消毒和净化，设备停用，紧急避险等 如识别到对已放行产品存在影响，应冻结涉及批次产品。纠正：如全检、重新包装、取样、重新检测

基本流程		要求
调查	根本原因调查	对产品质量有潜在影响的偏差，必须进行根本原因调查 根本原因调查，应采取适宜调查工具，如 5 Why，鱼骨图，失效模式分析等
	影响评估	对产品的影响：考虑直接涉及产品，也需考虑对其他产品的影响。应考虑对已上市产品质量的影响 对质量体系的影响：包括验证状态、注册文件、质量协议等
	预防纠正措施	应针对根本原因，制定预防和纠正措施 CAPA 应根据预防纠正措施规程，执行及关闭 CAPA，必要时，进行 CAPA 有效性评估
关闭偏差		只有识别到根本原因并制定合理的预防和纠正措施，方可关闭偏差 CAPA 可通过 CAPA 管理体系进行追踪及评价 上述过程，均应有在偏差系统或记录中记录。所有的记录均应按文件管理规定的流程归档

    b. 关键要点

- 是否有偏差处理程序，明确各部门和人员在偏差处理过程中的职责。
- 人员是否进行培训，具备偏差识别能力。
- 偏差上报、调查和处理时限是否基于偏差的严重程度（基于分级）。
- 偏差根本原因调查是否全面彻底，识别的根本原因是否合理。
- 影响评估是否包含对产品质量和对质量管理体系的影响的评估。
- 产品处置是否基于药品的安全性、有效性和质量可控。
- 预防和纠正措施是否针对根本原因。
- 是否存在因类似原因而反复发生的偏差。
- BISPL 认为偏差和相关的 CAPA 是批放行流程中非常重要的环节。是否遵循如下规则：偏差在未确定根本原因或最可能原因之前不允许关闭；批次在调查结束之前不允许放行；如果偏差的根本原因无法确定，调查则需上报至质量部门；在有确认的 OOS 存在时，活性原料药、中间产物和成品不允许放行；纠正措施（如 SOP 重新修订与培训）必须在关闭偏差、做产品影响评估和最终批处理决定之前正式确定；如果由 CMO 实施放行，那么 CMO 必须遵守在合同规定下给出的批相关文件要求的承诺。

C. 产品质量回顾　依据中国 GMP（2010 年修订），第二百六十六条：应每年对所有生产的药品按品种进行产品质量回顾分析，以确认工艺稳定可靠，以及原辅料、成品现行质量标准的适用性，及时发现不良趋势，确定产品及工艺改进的方向。质量回顾是指企业对生产和质量相关的数据进行回顾分析。

应建立产品年度回顾程序，明确规定产品质量回顾机制，包括完成时限、产品质量回顾内容、关键过程能力控制指数、关键质量属性分析等。

a. 基本流程和要求（图 8-5、表 8-7）

图 8-5　产品质量回顾流程图

表 8-7　产品质量回顾流程表

基本流程	要求
年度回顾计划	产品质量回顾负责人应定期制定产品质量回顾计划，并指定负责人
数据收集	产品质量回顾负责人可在回顾程序中，明确规定需收集的生产和检验相关数据；相关职能部门应在规定时限内完成数据汇总，交给指定负责人 至少应包含中国 GMP（2010 年修订）第二百六十六条相关数据
数据分析	应采用适宜的数据分析工具，对数据进行趋势分析。应对分析结果作出评价。必要时，应组织相关职能部门对数据（事件）进行讨论评价 原辅料和包装材料： 回顾所有收到的原辅料（活性成分和辅料）或待包装产品及包装材料，回顾其检测结果是否符合测试标准 中控结果和分析数据： 对关键的中控数据和分析数据进行统计和趋势分析 超规和超趋势： 超规测试结果—列出回顾期内成品的超规项目、超规批号及产品名称，原因，物料的最终处理方式和相关的 CAPA。并对 OOS 整体情况进行评估 偏差： 列出所有回顾年度中影响产品的相关偏差，包括偏差编号、偏差原因、偏差批次，相应的 CAPA 以及该批产品的最终处置情况； 评估时应特别注意因相同或类似原因所导致的偏差 变更： 列出所有回顾年度中影响该产品的相关变更，包括变更的编号，变更原因，变更描述等 同时需要回顾和评估变更对产品质量的影响以及变更的有效性。应特别注意工艺变更和分析方法变更的评估 稳定性： 汇总回顾期内的所有稳定性研究批次和所有稳定性计划实施的结果，包括 OOS 和制定的 CAPA（如适用） 汇总所有回顾年度中开始、正在进行及完成的产品稳定性研究的批次，并给出评估结论。若观察到任何的不良趋势应加以评估 投诉： 需对回顾期内所有技术类产品投诉以及相应的调查进行统计，评估制定 CAPA 的有效性 产品召回： 应对回顾年度中发生的产品召回情况做出统计并列明相应批号、数量、原因及处置结果并作出评估

基本流程	要求
数据分析	质量相关的退货： 在年度回顾中需对那些由于质量原因而发生的退货进行统计并写明相应的产品批号及最终的处置结果。此项目中不包括因技术类投诉而发生的产品退换及非质量原因引起的商业退货 验证与确认： 评估工艺是否在已验证状态，判断是否需要进行再验证 由变更、日志记录、CAPA 等导致的所有工艺设备和共用设施系统需进行验证与确认，并评估其确认与验证的状态 纠正预防措施回顾： 对回顾期内所有的关闭和未关闭的 CAPA 及 CAPA 的有效性进行汇总 这部分的回顾可与 CAPA 系统链接，此系统中会反映回顾期内 CAPA 的执行情况和有效性，以及采取的相关的措施 药品注册变更： 汇总需要递交药品注册变更的产品和已递交或备案或拒绝批准的药品注册的所有变更。上述变更应被递交，如不能，需记录文件结果 上市后的后续行动： 对于新产品或已上市产品的注册变更，需回顾按照注册要求规定完成工作的相关情况 承诺完成的涉及产品稳定性的工作 承诺完成的在规定期限内完成的相关行动 质量协议与合同： 回顾与产品相关的服务合同，包括外包活动，与之相关的产品和操作，以及与之有关的技术安排。记录合同方的名称与地址以及提供的服务类型（如测试、包装、维护和校验等） 回顾质量协议与合同的现状，并确认是否符合最新要求 上年度产品质量回顾遗留问题的完成情况： 对上年度 PQR 中提出的整改计划的完成情况进行汇总，对已完成整改的效果进行评估。对尚未完成的整改计划，应要求相关负责人说明原因，并将该未完成的整改计划在本年度的 PQR 中提出并跟踪
识别不良趋势并制定预防性行动计划	回顾负责人应和相关部门共同对产品质量年度中发现的问题和不良趋势制定相关的改进和预防行动计划，并就行动计划达成一致意见 行动计划应包含负责人、完成时间
总结报告	本回顾周期： 需对本回顾周期生产数据和检验数据进行总结 识别到的不良趋势及改进和预防行动计划 综上分析，给出当前产品生产的情况及结论 上一回顾周期： 需对上一回顾周期的预防和改进行动，以及其他遗留事项的完成情况进行总结报告
报告批准、归档	负责最终产品放行的质量受权人应确保质量回顾分析按时进行并符合要求 报告至少应有作者和质量受权人签字 产品质量回顾报告完成后，应按文件管理规定进行归档保存
改进和预防性行动的跟踪	各行动计划负责人，应按计划实施和完成改进和预防性行动，并根据纠正和预防措施管理体系，评价效果 产品质量回顾负责人，应在下一个回顾周期总结行动计划实施的完成情况及进行效果评价

b. 关键要点

- 是否有经批准的产品质量回顾程序。
- 是否定期制定产品质量回顾计划，确保所生产药品均按要求进行回顾评价。
- 是否对每种产品及其生产所使用的物料（原辅料、中间体和包装材料）进行全面的评价，包括质量标准、检验结果、超标准调查、变更控制。
- 是否包含产品生产所使用的生产设施与设备、工艺参数的变更及验证状态的回顾。
- 是否对生产过程中的关键工艺参数进行统计分析。
- 是否对关键质量属性进行趋势分析。是否包含产品检测结果超标准或超趋势的回顾。
- 是否包含因偏差、投诉等事件引发的纠正预防措施有有效性的回顾。
- 是否包含对产品注册变更的回顾。
- 是否包含新产品或已上市产品的注册变更中承诺完成的上市后工作的回顾。
- 是否对产品质量回顾中识别到的改进和预防措施进行跟踪评价。

D. 投诉　投诉，即来自客户对产品质量等相关问题的反馈，是客户满意度的直接体现；同时，也是药品质量提升的机会点。企业应建立投诉处理程序，明确规定投诉处理职责、处理流程，确保投诉事件的接收与及时处理。可能会导致产品召回的重大产品质量缺陷必须适当并有效地处理。

- 基本流程（图8-6、表8-8）

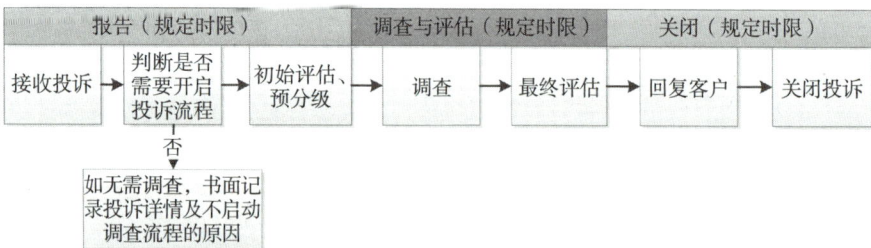

图8-6　投诉流程图

表8-8　投诉流程表

流程		关键要点
报告	接收投诉	应确保产品服务热线的通畅 应明确投诉信息接收后在内部的顺利传递 不良反应事件必须评估以确定产品质量是否有问题。不同相关部门之间的沟通方式需要在批准的书面文件中详细描述
	开启投诉流程	所有与质量相关的投诉，都应当被充分的调查及书面记录；流程应确保能接收到客户反馈的与质量相关的投诉 如无需启动调查流程，应书面记录并说明原因 应有专人及足够的辅助人员负责进行质量投诉的调查和处理，并向质量受权人报告
	初始评估和预分级	分级：流程中应明确分级依据；通常情况，根据药品安全隐患的严重程度 1级：使用该药品可能会导致不可逆的健康损害、疾病甚至死亡 2级：使用该药品可能引起暂时的或者可逆的健康危害的或可能导致产品无法使用和（或）失效，或可能严重限制了其使用性或疗效（不适用于严重症状，如：急救用药） 3级：使用该药品一般不会引起健康危害 严重质量缺陷的汇报：如发现1级及2级中可能引起产品召回的质量缺陷，投诉处理人员应立即（在规定时间内）向质量受权人报告
调查与评估	调查	立即行动：可能需要采取立即行动以解决存在的问题或消除或限制所识别缺陷的影响 根本原因调查：应对产生投诉缺陷的根本原因进行充分调查；如未确定根本原因或最可能的根本原因，不能关闭投诉。如果未能找到最可能的根本原因，则该投诉必须上报至质量部管理层 调查中，应关注是否为重复发生的投诉
	影响性评估	影响性评估应包括投诉批次、投诉产品的其他批次、其他产品，包括已放行至市场上的产品和未放行的产品；评估投诉缺陷对患者的安全、产品质量和疗效的影响 如果投诉调查期间的影响分析显示未放行批次的质量可能受到影响，投诉负责人必须立即通知产品放行负责人 如调查过程中，发现存在重大质量问题，在采取相应措施的同时，需考虑是否有必要从市场召回药品并及时向当地药品监督管理部门报告
	纠正和预防措施	应基于调查的根本原因和影响评估结果，制定纠正和预防措施。确保纠正预防措施的可行性及充分性
最终评估		应基于上述根本原因调查及影响性评估，判定投诉结论（认可或不认可）、最终判定投诉分级、产品处置以及是否需要启动市场行动
关闭		应在规定时限内将调查记录反馈给客户
其他		时限管理：各阶段时限的设置应基于缺陷分级（投诉缺陷的严重程度）与客户需求。投诉管理程序中应有时限管理规定及调查延期相关的要求 投诉样品：程序中应包含投诉样品的管理规定。应建立样品台账，对投诉样品进行追溯。包括样品接收、存储时限、样品去向等 投诉记录：从投诉接收到投诉关闭的整个过程，均需按规定进行记录。所有投诉记录应按要求进行保存

E. 召回

药品应建立产品召回流程，必要时可迅速、有效地从市场召回任何一批有质量缺陷或怀疑有质量缺陷的所有产品，内部的沟通以及与监管机构和客户的沟通方式应有明确流程规定。流程中应规定，相关人员应确保非工作时间对紧急事件（可能引起产品召回的重大质量事件）的处理。

a. 基本流程（图 8-7、表 8-9）

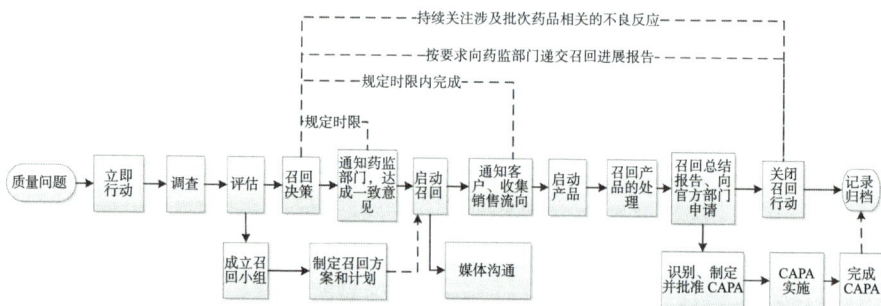

图 8-7　召回流程图

表 8-9　召回流程表

流程	基本要求
质量事件	接收或发现产品质量问题，来源包括：持续稳定性研究中确认的 OOS、OOT 或不良趋势；生产过程中发现的缺陷；其他内部调查发现的缺陷（偏差）；投诉等
立即行动	确定是否需要采取立即行动或紧急行动 确定是否需要进行批次冻结；如是，应立即冻结受影响批次产品 判断该质量缺陷或问题是否有潜在的市场行动？如是，应根据流程规定，及时上报
调查	充分的根本原因调查 调查报告中，需包含（最可能的）根本原因、预防纠正措施
评估	评估包括： 对受影响的产品、批次和受影响市场或客户的影响评估 健康危害评估 缺陷产品如召回，可能导致的市场供应中断的评估
成立召回小组	应根据评估结果，必要时，立即成立召回小组，应明确各成员的职责
召回方案和计划	制定召回方案和计划，计划中至少应包含行动计划、负责人及完成时间，并至少应就如下方面做好准备： 致药监部门的通知函、召回计划和调查报告 致客户的召回信函 媒体沟通问答 受影响批次销售记录 产品召回策略
召回决策	基于调查和评估结果，做出是否执行市场行动的决策、召回级别及召回范围
通知药监部门	需基于召回级别，依据当地法规，在规定时限内通知药监部门，并与药监部门就召回决策达成一致

流程	基本要求
通知客户、收集流向	应在规定时限内，通知涉及药品经营企业或终端使用单位（如涉及）或客户（如涉及），停止销售、使用涉及批次产品
	同时，应收集涉及批次产品的销售流向
产品召回	应尽快从市场上召回所有受影响批次产品，应确保账物一致
	召回产品存放于指定库位，并与其他产品有效隔离，隔离区域应能够明显识别并受控
召回进展报告	从召回启动至关闭召回行动，应持续关注涉及批次药品不良反应
	应根据规定，向药监部门递交产品召回进展报告
召回结束申请	根据销售流向，完成涉及批次产品的召回后，应向药监部门递交召回结束申请
关闭召回行动	得到药监部门的批准后，方可关闭召回行动
记录	召回过程中，涉及记录均应按规定保存、归档

    b. 关键要点
- 是否建立召回程序。
- 是否包含重大质量事件处理的相关描述。
- 召回级别是否基于健康危害评估。
- 产品召回过程中是否包含销售产品、召回产品、已使用产品、药监抽样等数量的平衡计算要求。
- 召回方案中是否包含账物平衡的措施及要求。
- 是否在规定时限内通知药监部门。
- 是否在规定时限内完成客户通知。
- 是否包含对召回产品的管理（接收、保存、销毁）。
- 是否有通过定期的模拟召回（召回演练）来评估召回流程的有效性。

  F. 纠正措施与预防措施

    a. 基本流程：纠正和预防措施必须进行系统化管理。执行纠正和预防措施是为了使质量管理或合规问题出现的可能性最小化，避免错误的重复发生。通过管理投诉、拒绝、不符合情况、召回、偏差、审计或检查发现项和流程表现不良趋势所产生的纠正和预防措施来实现。CAPA 在以下情况启动：
- 当基于根本原因分析而提出的改进措施成为调查的一部分时（如偏差、投诉和召回）。
- 记录提出基于审计和检查结果的整改措施。

- 记录基于内在（如流程改进）和外在（如法规变动）因素所提出的改进措施。

CAPA 系统必须确保及时执行，并且要保证后续措施和监控的效力，以防止相同的事件再次发生。CAPA 系统是建立在合理的根本原因分析和相应措施之上来实现产品和流程的改进。CAPA 管理系统应由 CAPA 措施执行的工作流程和管理方式组成，包括 CAPA 的时限管理要求、事件及重复发生概率的定义。

b. 关键要点

- 是否有纠正和预防措施的书面程序。
- CAPA 是否针对根本原因进行制定。
- 是否包含 CAPA 实施、时限、负责人等相关规定，确保 CAPA 的有效实施。
- 是否包含 CAPA 有效性评价的相关规定。

G. 自检

a. 基本流程（图 8-8）：应建立内部质量审计（自检）程序，通过内部质量审计评估是否符合受影响市场的 cGMP，驱动连续改进的质量系统要素是否有效来实施。内部质量审计用于加强工厂质量系统，是一个用来识别潜在未知合规性风险的工具。自检应涉及所有 GMP 相关区域，包括但不限于质量系统、设备和设施、物料和产品管理、实验室系统、生产系统、包装和贴标系统等。自检分三类：

- 年度自检：根据年度自检计划一年中覆盖所有 GMP 有关的系统的自检。
- 针对性自检：当发生严重质量事件时，进行的额外的针对性自检。
- 飞行检查：在未事先通知被检查部门的情况下进行的自检，在一年中，覆盖所有 GMP 有关的系统。

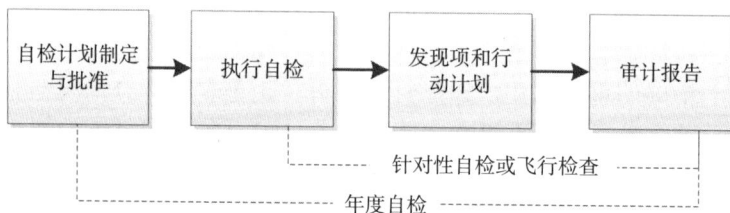

图 8-8　自检流程图

通过上述三类的自检，识别出缺陷项目，对缺陷项目进行分类（重大、主要、次要、建议），形成自检的报告，有关部门负责改正预防措施的实施，自检负责人负责定期跟踪有关改正预防措施的实施情况，整改完成后，制定检查整改报告。

b. 关键要点：

- 是否有内部质量审计（自检）的书面程序。
- 年度自检是否涵盖所有 GMP 相关的区域。
- 各系统审计频率的制定是否合理的评估，如基于内在质量风险和合规相关风险。
- 自检过程中，是否有相关记录。
- 对自检过程中的发现项，是否制定合理的纠正和预防措施，包括行动内容、负责人及完成时限。
- 是否有相应的追踪程序，确保纠正和预防措施的有效实施。
- 自检完成后是否有自检报告。

H. 文件管理　文件包括质量标准、工艺规程、操作规程、记录、报告等。应建立有一套完整的文件生命周期管理系统，包括对受控文件、记录的更新、维护和控制的管理。受控文件的归档由经验证的文件管理系统完成。记录保存的政策应确保记录文件能符合法律法规的要求。对保存时间的要求，应确保能充分追溯和保护或保存记录。无保存价值的记录将根据适当的时间范围规定，通过正常的途径进行处理。

a. 文件生命周期（图 8-9）

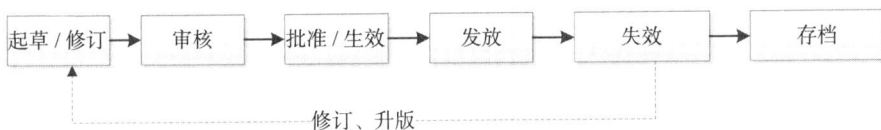

起草/修订 → 审核 → 批准/生效 → 发放 → 失效 → 存档

修订、升版

图 8-9　文件生命周期流程图

b. 关键要点（表 8-10）

- 是否建立文件管理程序。
- 是否清晰界定文件涉及范围。
- 文件管理流程中是否清晰定义各类文件审核要求。
- 与 GMP 相关的文件是否经过质量管理部门的批准。
- 文件管理程序中是否清晰定义各类文件的管理要求，包括起草、修订、审核、批准、生效、受控文件的控制和保存期限的相关要求。

- 文件修订是否有清晰的沿革，便于追溯。
- 文件是否有版本控制，现场存放的文件是否为最新版本的文件。
- 文件的存档是否条理分明，便于查阅。
- 文件升版后，是否对相关人员进行培训。
- GMP 相关文件的归档场所，是否能最大限度地减少损坏。
- 记录是否满足符合数据可靠性的原则 "ALCOA 原则"（可追溯的、清晰的、同步记录的、原始的或真实的、准确的）。

表 8-10　各类文件其他相关要点

文件类型	关键要点
工厂主文件	流程中应清晰定义工厂主文件包含的范围
标准操作规程	操作规程是用于指导设备操作、维护、清洁、验证、检验、取样等生产活动的文件，应确保文件的编写具科学性和可操作性
工艺规程	应使用经批准的工艺规程；工艺规程应以注册标准的工艺为依据。工艺规程至少应包含如下信息：生产处方、生产操作要求、包装操作要求 生产操作要求中，应包含：设备、生产工序（包含关键步骤）、运行参数、中控取样与测试、设备清洁、包装材料、标识相关规定 工艺规程的修订，应按照变更管理控制流程的要求进行修订、审核和批准
批记录	批记录应确保可追溯产品生产、包装和检验相关的所有信息，对关键步骤及参数，应详细记录 批记录是产品放行的依据，批记录的应基于工艺验证、注册文件、工艺规程，确保注册标准和法规的符合性 批记录的修订，应按照变更管理控制流程地要求进行修订、审核和批准
质量标准	物料和成品应有经批准的现行质量标准 产品生产过程的中间品和半成品，基于风险，也应有质量标准
记录	记录规则和要求应有经批准的书面程序（良好记录规范） 应使用经批准的现行版表格记录数据；检验记录是产品放行的重要依据，检验记录设置应基于方法验证、注册文件，确保注册标准和法规的符合性 所有记录应按良好记录规范的要求规范填写 记录表格的设置应确保记录可追溯产品检验相关的所有信息；检验过程中的关键信息应详细记录，如样品称量、供试液配制，测试所使用的关键设备等 记录不仅包括纸质记录，还包括所有与 GMP 活动相关的电子记录。记录管理流程中，应包含电子记录的管理

I. 数据可靠性

　　a. 数据生命周期：包括数据的生成、采集、记录、处理、审核、报告、存储、备份、销毁。

　　b. 数据形式：纸质记录和电子记录。

　　c. 基本原则

　　　　- 贯穿数据生命周期的基本原则：使用质量风险管理；符合

"ALCOA 原则"（可追溯的、清晰的、同步记录的、原始的或真实的、准确的）；必须遵守良好文件管理规范。

● 生命周期中各阶段应遵循的基本原则（表 8-11）

表 8-11　数据生命周期表

数据生命周期	基本原则
生成	数据的生成，应可追溯至个人 对于计算机化系统，如可能，必须实施授权的唯一账号规则。当技术不可行时，必须有适当的控制措施以确保可追溯性，如流程控制 "测试至合格"的行为是不允许的 所有生成的数据，均不可随意删除
采集、记录	须建立系统或流程确保所涉范围内的 GMP 活动的时间或日期同步 当被监管的行为，如质量决定，基于计算机产生的报告时，这些报告必须经过验证且得到保护以确保数据可靠性。报告中的数据必须可追溯至源头。报告必须包含所有该报告预定用途所需的数据 对于混合系统，电子数据的打印件不是原始数据。只有当第一时间抓取的原始数据无法电子化永久保存时，纸质记录才可以作为原始数据。该情况下，纸质记录必须包含能重建事件的必要数据
处理	不可修改或关闭审计追踪或其他提供可追溯性的等同功能 必须建立系统或流程确保数据得到有效审核，并记录审核结果
审核	当技术可行时，电子记录必须以合规的方式进行电子化审核和签名 系统管理员权限不能分配给数据对其利益有直接影响的人员（数据的生成、数据审查或批准）。如果不可避免，须使用具有不同权限的双用户账户，以确保变更的可追溯性
存储	必须建立流程确保数据在整个保留期内可用： 纸质记录：应归档到安全可控的纸质档案中 电子数据：关闭和禁止数据的改写，包括禁止改写初步数据和中间处理数据；由独立、指定的归档人员，对电子记录进行安全可控的存档
备份	必须有备份和恢复流程以防止数据丢失或伪造，如备份电子记录以保证灾害恢复
销毁	应建立销毁数据的流程，数据的销毁必须经过适当的审批和记录
异常情况	如观察或发现到任何数据完整性问题，需要启动偏差管理系统，并进行适当的调查和建立相应的纠正措施。必要时，应当报告相对应的药监部门
其他要求	为确保数据可靠性，对于纸质系统或计算机化系统的变更，应严格遵循变更控制流程 必须遵循计算机化系统验证的原则以确保数据可靠性 对于数据生命周期中为确保数据可靠性进行的数据管理，人员应有与其岗位和职责相适应的培训和资质 当使用通用和（或）共享账号时，必须对此进行程序控制，并定义谁拥有通用账号的权限及该账号相关的权限配置。必须有控制措施确保数据能追溯至个人

d. 数据可靠性的控制（表 8-12）

表 8-12　数据可靠性控制措施

数据可靠性属性	控制措施	ALCOA
审计追踪	必须包括：用户账号、时间戳、与记录关联、旧数据 VS 新数据、执行的行动、修改理由 必须开启 如果审计追踪被关闭或更改，必须有能力发现	可追溯的 原始的 准确的
用户账号（电子系统）	在计算机化系统里必须是唯一的 不能重新被分配或删除 与一个个人或一个技术用途相关联，如非人界面	可追溯的
密码	必须得到保护 必须有密码控制措施（即复杂度、有效期、长度等）	可追溯的
姓名（纸质）	登记在签名日志中，包括首字母，并定期更新 必须清晰可辨	可追溯的
电子签名	必须包含：用户全名、用户账号、签名含义、签名时间 必须永久和所签记录相关联	可追溯的 准确的
时间戳（电子系统）	必须：系统自动应用、修改被锁定、使用清楚的时间格式 小时、分钟 必须包含时区信息	同步记录的
日期（纸质）	使用清楚的日期格式	同步记录的
记录格式	必须可识别 适用于任何结构，如数据库，文件夹	清晰的
权限控制（电子的）	必须：在系统的用户需求规范和（或）功能规范中详细说明权限，角色和批准；包括账户管理流程；确保权责分离；能被审计追踪 只有在完成培训之后，才能获得用户访问权限，培训应有文件记录 定期回顾权限控制，确保仅有被授权人员	准确的
权限控制（纸质）	必须：物理控制、防止损坏和修改 记录的每一页应唯一标识	准确的

e. 关键要点
- 数据的记录是否遵循良好文件管理规范。
- 记录的分发是否受控。
- 数据的生成是否可追溯至个人。纸质记录是否签名和日期，用户账号在计算机系统中是否唯一。
- 计算机系统，是否设置分级权限管理并清晰定义用户权限。
- 数据是否是在产生或被观察到的时候被记录下来。
- 计算机系统的时间或日期戳是否安全，不被人员篡改。
- 记录是否妥善保存，确保在保存期限内清晰、可读、可追溯。

- 计算机系统的审计追踪是否开启，如关闭，是否能被发现。
- 计算机系统如无审计追踪功能，是否有相应的措施实现可追溯。如日志的程序控制使用、记录版本控制或其他纸质加电子记录的组合，来实现可追溯性。

J. 持续改进　应对产品和流程进行不断重新评估和优化。随着客户和全球法规要求的不断改变和发展，实施支持和认可持续性改进的正式架构，使得产品的质量体系能够适应当下和未来的要求。

持续改进措施的范围包括渐进式、突破性的提升，可通过建立管理评审、生命周期流程和数据驱动系统来推动持续性改进的措施并取得成果。

8.7 质量控制实验室的管理

8.7.1 概述

质量控制独立于生产，质量控制涵盖药品生产、放行和市场质量反馈的全过程，包括进厂原辅料、包材、公用系统、中间体及成品质量标准及分析方法的制定、取样、检验和产品的稳定性考察，还涉及产品质量的决策。

质量控制实验室的核心目的在于获取反映样品乃至代表的批产品或物料质量的真实客观的检验数据，为质量评估提供依据。达成核心目的，潜在风险涉及的关键环节包括人员，设施和设备、检验用材料，取样和样品，检验方法和检验过程，检验结果的超标准调查。

以下就口服制剂质量控制实验室的关键管控环节进行阐述。

8.7.2 实验室相关管理资料（表 8-13）

表 8-13　实验室管控要点

产品检验报告（COA）	质量标准包括成品、半成品、原辅料及包材的质量标准。检查的质量标准及测试方法应依据的相关的法规
测试方法	
质量标准	
关键设备	测试过程中所使用的关键设备
人员培训计划	新员工和在岗员工应制定培训体系
OOS 列表，包括无效的 OOS	对于 OOS，通过 OOS 列表确定是否有重复发生的 OOS；对于无效的 OOS 是否有充分的论述

结合上述文件制定质量控制实验室的管理策略。

8.7.3 实验管理管控要点

8.7.3.1 质量控制实验室管理相关流程

质量控制实验室的管理分为常规产品和物料的放行检测（基本流程如图8-10）、留样管理和稳定性试验三部分。

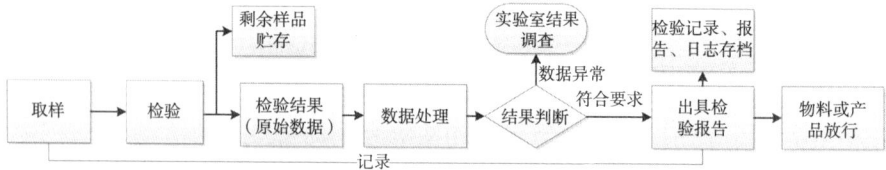

图 8-10　实验室管理按样品流转流程图

8.7.3.2 取样

A. **取样要求**　为了获得准确的检验数据，取样所获得的样品在对整批物料或产品的质量来说应具有代表性，同时应避免取样过程对样品、产品和物料造成的污染、交叉污染和混淆。取样关键要点如下：

a. **人员**：应经过取样相关的理论和技能培训。

b. **厂房和设施**

- 取样间的洁净级别应等同生产区域，并遵守一致的管理规定。
- 取样间的人流和物流通道应分开，避免交叉污染。
- 取样区域应有层流，防止污染。
- 只有经过授权的人才有权限进入取样间。
- 取样间的清洁规程，应规定取样间的清洁程序和清洁频次，以及取样间环境的监测。
- 取样所使用的取样工具需要定期清洁，防止其对样品的污染（取样工具保存时防止污染的措施也需要关注）。

c. **方法**

- 每一种物料、产品都要有详细的取样方案及操作规程。
- 取样方案中应明确取样的方法、取样器具，确定取样点、取样频率以及样品的数量。需要取得样品数量应该有科学依据，基于统计学原理进行计算，以确保样品具有代表性。中间控制的样品应该至少从工艺流程的开始、中间和结束过程进行取样。取样量的计算需要考虑作为样本量的单位，例如在包装袋取样时，样本量是按照包装袋总数量还是包装袋单位包装件数量计算（一个单位包装件内含有多个包装袋）。

- 取样操作规程应细化，使取样操作具可操作性，使样品具代表性。取样方法必须明确说明，其中信息应该包含样品数量（一个或多个）及每个样品的取样量、样品取样位置（例如底部、下面、里面、外面、上面、中间或者是周边）。如果要取多个样品，应该在取样方法里说明样品是否应该混合。原料和辅料的鉴别用样品应单独存放，不允许混合。样品混合需要在进行实验前根据批准的检测方法进行测试。对于生产工艺中间过程控制，生产单位应制定相应的关键控制点和取样检测频率。

- 取样操作规程应详细描述避免污染和交叉污染的措施及注意事项，如不允许同时打开不同物料包装，取不同物料时，必须更换手套等。

- 取样后剩余部分的处置和标识。主要指的是对剩余部分的密封操作及标识（至少包含取样人签名和日期），将取样给物料带来质量受损的风险降至最低。

- 取样后，样品的标识和密封（如需要）要求。如样品名称、批号、取样日期、取样量及样品来源（即样品取自哪个包装）、样品储存条件、取样人等信息。如需要，应标明取样时间和样品测试允许时间。

- 取样记录，应能体现上述关键要素。如样品名称、批号、取样日期、取样量及样品来源（即样品取自哪个包装）、取样工具以及取样人等信息必要条件，在必要的条件下，需记录取样时的温度、湿度以及样品暴露的时间。

- 取样的异常处理流程。取样时，取样人员需要对产品（物料）外包装和物料外观进行现场检查，需核对标签，如品名、生产日期和失效日期等信息。如果发现不符合的现象，取样人员应立即停止取样，将观察到的不符合现象记录在取样记录中，并及时汇报，启动调查流程。

B. 管理关注点　获得具代表性的样品及避免取样过程对物料造成污染、交叉污染和混淆，是取样这一环节的核心要求。重点关注以下几方面：

- 通过取样操作确认取样员培训效果。
- 是否有明确、科学和完善的取样计划。
- 是否有取样操作规程。
- 实际取样过程中是否严格执行取样计划。

● 取样标识和记录。

8.7.3.3 检验

关于检验过程的要点至少包含以下方面：

A. 人员　检验人员应经过相关理论和技能培训，并通过考核。

B. 仪器和设备　USP〈1058〉分析仪器确认，将实验室设备可分为 3 类，可供参考（表 8–14）。

表 8–14　实验室设备分类

分类	预定用途	举例	要求
A 类	不具备测量功能	磁力搅拌器、涡旋混合仪	无需确认
B 类	具测量功能或提供可影响测量结果的实验条件	分析天平、pH 计、烤箱等只有硬件，无软件系统的设备	安装和运行确认 校准和维护流程及使用时的确认，如 pH 计在使用前应使用标准液进行校准
C 类	包括仪器硬件及控制系统	高效液相色谱仪、气相色谱仪、质谱仪	包括仪器和控制系统的安装、运行、性能确认；校准和维护流程 高效液相色谱仪、气相色谱仪，在使用过程中，应进行系统适应性试验来确认仪器性能可以满足预期实验要求

B 和 C 类仪器和设备：应使用经过确认和校准，且在有效期内的仪器和设备。应特别注意校准的量程范围涵盖检验的使用范围。

● 容量分析用的玻璃容器应经过校准且合格。

● 玻璃和塑料器皿的采购、存放、清洁、使用和校准应有详细的流程。使用时，应检查器皿的完整性；需严格按确认过的清洁方法进行清洁，避免器皿引入污染。

C. 物料，包括试剂、试液、标准品或对照品、培养基和检定菌　要求：应从可靠的供应商处采购上述物料，按要求标识，以便追溯；有详细的配制或使用及贮存方法；试液应标注有效期，如需特殊存储条件应注明；均在有效期内使用。其他要点如下：

　a. 培养基

　　● 适用性检查：微生物计数用培养基均应进行适用性检查。由脱水培养基或按处方配制的培养基应采用验证的灭菌程序进行灭菌。若采用已验证的配制和灭菌程序制备培养基且过程受控，那么同一批脱水培养基的适用性检查试验可只进行 1 次。如果培养基的制备过程未经验证，那么每一灭菌批培养基均要进行适用性检查试验。试验的菌种依据现行版《中国药典》的规定，可增加生产环境及产品中常见的污染菌株。

- pH 值：应确定每批培养基灭菌后的 pH 值。
- 有效期：配制好的培养基的有效期应基于稳定性考察实验结果。
- 固体培养基配制后只允许 1 次再融化。融化的培养基应置于 45~50℃的环境中，不得超过 8 小时。

b. 检定菌：应有检验所需的各种检定菌还按照现行版《中国药典》的要求，并建立检定菌保存、传代、使用、销毁的操作规程和相应记录。检定菌应按规定的条件贮存，贮存的方式和时间不应对检定菌的生长特性有不利影响。检定菌不能超过 5 代。

c. 标准品和对照品：法定标准品和对照品的管理应符合现行《中国药典》的要求。应有标准品、对照品的管理规程，包括采购、接收、标识、储存、处置和分发流程及注意事项（是否在使用前干燥等）。首次开启需标明开启日期，并签名。工作标准品或对照品应建立工作标准品或对照品的质量标准以及制备、鉴别、检验、批准和贮存的操作规程。每批工作标准品或对照品应用法定标准品或对照品进行标化，并确定有效期。效期应基于稳定性考察数据。

d. 标准液和滴定液：标准液和滴定液的制备应按照现行版《中国药典》"试剂、滴定液"的要求规定。同一份对照品溶液一般不重复使用，如需重复使用，应基于稳定性及有效期的研究数据。标准液、滴定液应标注最后一次标化的日期和校正因子，并有标化记录。

D. 方法，质量标准、检验方法和检验操作规程

a. 质量标准：药品生产所用的原辅料、与药品直接接触的包装材料、中间产品、待包装产品及成品均应有经批准的现行质量标准；成品的质量标准需与注册标准一致并应符合现行版《中国药典》的相关要求。

b. 检验方法和操作规程

- 一般来说，检验方法必须经过验证或确认。检验方法必须经过验证或确认是物料和产品放行的前提，才可以可靠有效地反映产品的内在质量。
- 除外观、崩解时限、密度、重量、pH 值、装量等，按照实验室日常测试操作步骤测试即可，无需验证。其他分析方法只有经

过验证或确认的分析方法才可以用于物料和产品的检验以及清洁验证。

- 成品的检验方法需与现行版《中国药典》相一致，收载的应与批准的注册标准的方法一致。
- 检验操作规程的内容应与经确认或验证的检验方法一致。

E. 环境

- 根据中国 GMP（2010 年修订）第六十四条，实验室设计应确保符合预期用途，并应严格遵守操作规程中的要求，最大限度减小实验环境对检验结果造成的影响。如，天平使用过程中应避免气流的影响，以及必要的温湿度控制。
- 微生物实验室应划分成相应的洁净区域和活菌操作区域，并确保有效分隔，将交叉污染的风险降到最低。
- 活菌操作区应配备生物安全柜，以避免有危害性的微生物对实验人员和实验环境造成的危害。
- 微生物限度检查，应在不低于 D 级背景下的 B 级单向流空气区域内进行。
- 洁净区的建造及布局应易于清洁，无死角，应按规定的操作程序进行清洁、消毒；并按规定的方案进行环境监测（包括取样频率、取样点、检测项目）。
- 洁净区的人流和物流应分开，并按规定的操作程序进出，以最大限度地避免污染。

F. 记录　记录贯穿于样品取样、检验整个过程中，检验人员应及时、完整的填写检验记录和相关日志。实验室检验记录应按照注册标准的要求和质量标准书写，常见检验项目的记录内容，可参考现行版《中国药典》相关规定。

记录在设计时，应结合各测试项目，确保关键步骤及参数（如供试品用量、供试液制备过程）均被详细记录。

实验室的纸质记录的发放和管理需要符合文件管理的要求。

初始的记录和文档，以初始生成的格式（即纸质或电子形式）或以"真空副本"进行保留。原始数据必须以能永久保存的形式同步并准确地记录。对于一些不能存储电子数据或仅有数据打印输出的简单电子设备（例如天平或 pH 计），打印数据构成原始数据（图 8-11）。

简单 　　　　　　　　　　　　　　　　　　　　　　　　　　　　　复杂

液相色谱－质谱联用

pH 计　　　过滤器完整性测试仪

　　　　　紫外分光光度计　　　高效液相　　　　　　实验室信息　　　企业资源
　　　　　　　　　　　　　　　色谱系统　　　　　　管理系统　　　　计划管理系统

　　　　　红外光谱仪　　　　　　　　　　　　　　纠正与预防
　　　　　　　　　　　　　　　　　　　　　　　　措施系统

无软件　　　简单软件　　　　　　　　　　　　　　　　　　　　复杂的软件

纸质打印可代表初始数据 ━━━━━━━▶　　　　纸质打印无法代表初始数据

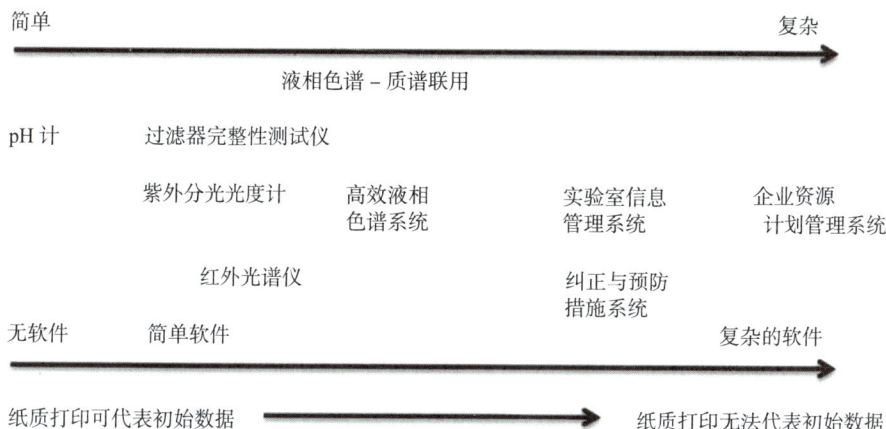

图 8-11　图示列举了简单设备图谱（左）到复杂的计算机化系统图谱（右），
及将打印数据作为"初始数据"的对应关系

　　为确保数据可靠性，数据（包括原始数据）生命周期的各个阶段，包括数据的初始生成和记录、处理（包括转换和迁移）、使用以及数据保留、归档或调取和销毁，应符合下列 ALCOA 原则（表 8-15）。

表 8-15　ALCOA 基本要求

原则	纸质记录	电子记录
可追溯性 可追溯至数据由谁生成	操作者手工签名	用户应使用与实施任务相适应的访问权限进行账户登录，确保电子记录中存档的人员操作行为可以归属到特定个人
清晰性 清晰和留存性要求数据可读、可理解，并可以在记录中清晰地呈现步骤或事件发生的顺序，以保证所有开展的 GxP 活动可以在 GxP 规定的记录保存期限内的任何时候，通过回顾这些记录而被完整重现	使用永久的不易擦除的墨水 使用单划线进行记录的修改，并记录姓名、日期以及修改原因（即，纸质版相当于审计追踪）；被修改的记录仍需可读 记录应受控分发 由独立、指定的归档人员将纸质记录归档到安全可控的纸质档案中	以保证电子数据在活动发生时刻以及进入事件序列下一个步骤之前被妥善保存 使用安全的有时间戳的审计追踪，独立记录操作员的行为 设置分级权限管理，明确定义各用户的权限。所有用户应仅执行被赋予的权限操作 禁止关闭审计追踪 关闭和禁止数据的改写，包括禁止改写初步数据和中间处理数据 备份电子记录以保证灾害恢复 由独立、指定的归档人员，对电子记录进行安全可控的存档 当计算机化系统用于电子化采集、处理、报告或储存原始数据时，系统设计应始终提供具有保留全套审计追踪的功能来显示对以前保留的数据和初始数据的所有更改情况。数据的所有改变应该可以关联到数据修改者，应记录更改的时间并给出原因。用户应该没有权限修改或关闭审计追踪功能 当一个计算机化系统缺乏计算机生成的审计追踪，应使用替代方法：如日志的程序控制使用、记录版本控制或其他纸质加电子记录的组合，来实现可追溯性

原则	纸质记录	电子记录
同步 同步数据即数据在其产生或被观察到的时刻被记录下来	书面规程、培训、审核等，以保证人员在活动进行的同时直接在正式受控文件上记录数据（如，实验室记录本等） 在纸质记录中应记录活动发生的日期（对于时间敏感的活动，也应记录时间）	保证电子数据在活动发生时，进入事件序列下一个步骤之前，被提交到持久保存的媒介 系统时间或日期戳安全，不被人员篡改 规程或维护程序保证 GxP 操作之间的时间或日期戳同步
原始性 原始数据包括数据或信息的首次或源头采集，以及为完全重建 GxP 活动执行而要求的全部后续数据	原始数据的例子包括存储在孤立的计算机化实验室仪器系统（如紫外 - 可见光谱仪、红外光谱仪等）中的原始电子数据以及元数据，存储在网络数据库系统（如 GBS 等）中的原始电子数据以及元数据，纸质版原始记录、天平读数的打印记录等	
准确性 意味着数据正确、真实、有效、可靠。对于纸质和电子记录，实现数据准确的目标需要适当的规程、过程、系统和控制来组成质量管理体系	对生成打印输出的设备进行确认、校准并维护，如天平和 pH 计 对生成、保持、发布或归档电子记录的计算机化系统进行验证 验证分析方法 由授权人员将关键数据录入计算机需要由第二个授权人员独立确认和放行 确保分析天平打印输出的样品重量记录的准确性，天平在使用前应进行适当的校准与维护。此外，同步和锁定分析天平的时间或日期的元数据设置将保证打印输出中时间或日期的准确性	

G. 检验结果和出具检验报告　当检验项目完成检验后，依据要求对检验结果进行记录并由有资质的第二个人进行复核。确保所有记录的数据符合数据完整性的要求。如需要，按照规定流程进行计算、修约。完成数据处理后，与质量标准中的可接受标准进行比对，做出合格或不合格的判定。

出具检验报告书。当所有的检验项目均符合质量标准时，方可放行物料。

所有测试结果均需进行报告，对于测试过程中的异常数据，均应有记录及解释，如需要，启动实验室调查。

H. OOS 和 OOT 的调查　超出质量标准的实验结果（OOS）：结果超出设定质量标准。

超出趋势（OOT）的实验结果：结果在标准之内，但这个结果与长时期观察到的趋势或者预期结果不一致。

对于任何超出质量标准及趋势或预期的分析结果都须进行调查。首先，实验室调查需确认是否是因实验室错误（如，样品称量错误，计算或稀释错误）导致的超趋势或可疑结果。如实验室原因被排除，必须对生产区域进行根本原因调查。任何形式的复测均需经过质量部批准。对于无效 OOS 的结果应基于充分的调查并被记录。

I. 剩余样品的处理　实验结束后，检验人员需将剩余检验样品放回指定处，样品应在规定条件下存储及销毁，销毁应有记录。

8.7.3.4 留样

留样是用于药品质量追溯或调查的物料、产品。每批药品均应有留样，留样应有代表性，能代表被取样批次的产品或物料。要点如表 8-16 所示。

表 8-16　留样管理流程

管理流程	按照经批准的操作规程对留样进行管理
包装形式	成品 - 与药品市售包装形式相同 制剂生产用每批原辅料，应适当密封 与药品直接接触的包装材料，如成品留样，可不留样
留样量	成品：至少能确保按照注册批准的质量标准完成二次全检 原辅料：至少满足鉴别要求
贮存条件	成品：注册批准的贮存条件 原辅料：按规定的条件贮存
保留时间	均保存至药品有效期后一年
定期检查	定期检查的操作规程（检查数量、频率、判定标准） 在不破坏留样外观完整性的前提下，至少每年对成品留样进行一次目检观察，并记录 如有异常，应进行彻底调查并采取相应的处理措施
留样记录	留样记录应包含整个留样样品的生命周期，从留样取样、检查、使用及报废

8.7.3.5 稳定性试验

A. 稳定性试验分类（表 8-17）

表 8-17　稳定性试验分类

根据实验目的和实验条件	影响因素试验	此项试验是取 1 批产品在比加速试验更激烈的条件下进行，目的是考察制剂处方的合理性与生产工艺及包装条件
	加速试验	此项试验是在加速条件下进行，目的是通过加速药物制剂的化学或物理变化，探讨药物制剂的稳定性，为处方设计、工艺改进、质量研究、包装改进、运输、贮存提供必要的资料
	长期稳定性试验	在接近药品的实际贮存条件下进行，目的是为制订药品的有效期提供依据
产品不同阶段生命周期中的稳定性	上市前阶段	影响因素试验、加速试验、长期稳定性试验
	上市后阶段	最初通过生产验证的 3 批规模生产的产品：加速试验、长期稳定性试验 持续稳定性考察：长期稳定性试验
其他	对储存时间较长的中间产品进行稳定性考察	

B. 流程及关键要点（表 8-18）

表 8-18　稳定性试验研究管控要点

编号	基本流程	关键要点
1	稳定性试验设计	经批准的稳定性试验方案（包括试验目的、稳定性试验类型、贮存条件、样品包装、试验间隔时间点、取样量、检验项目、测试方法等） 至少每年应考察一个批次，除非当年没有生产 需考虑稳定性考察的情况： 重大变更或生产和包装有重大偏差的药品应列入稳定性考察； 采用非常规工艺重新加工、返工或有回收操作的批次； 物料变更可能引起药品有效期变更 加速试验和长期试验样品的包装应与上市产品的初级包装一致 持续稳定性试验间隔时间点：至少包含开始、中间及效期时
2	稳定性样品取样及贮存	取样规程：取样方案应确保样品的代表性 记录：应包含样品从入库、取出测试至销毁的全过程，确保可追溯性 样品量：保证所有试验点的测试，如两倍全检样品量 样品标识：至少包含名称或批号、贮存条件、研究的初始时间、执行人或日期 设备：用于贮存稳定性样品的恒温恒湿箱，需对温湿度采取必要的监控及报警系统，确保异常情况的及时处置
3	各试验点样品取出	各试验点的样品应按规程描述的时限要求取出并记录 有效期试验点样品必须按时取出
4	样品检验	检验方法：应经过确认和验证 检验项目：口服固体制剂稳定性重点考察项目包括性状、含量、有关物质、崩解时限或溶出度或释放度，水分（仅胶囊剂）和软胶囊要检查内容有无沉淀（仅胶囊剂） 有关物质（含降解产物及其他变化所生成的产物）应说明其生成产物的数目及量的变化，如有可能应说明有关物质中何者为原料中的中间体，何者为降解产物，稳定性试验重点考察降解产物 此外，应定期检查微生物限度的符合情况
5	数据分析及结果评价	应采用适宜的统计分析方法对稳定性数据进行分析，确保及时发现异常趋势 一旦发现异常趋势或超标准的结果应立即书面通知质量保证部，并启动调查 年度产品质量回顾报告中，需对回顾期内稳定性研究进行评估 稳定性研究结束后，应最终出具稳定性报告

C. 稳定性试验结果超标准和超趋势调查和处理　一旦发现异常趋势或超标准的结果应立即书面通知质量保证部，并启动调查。对任何确认的重大不良趋势和不符合质量标准的结果，应评价对已上市的产品是否有影响，必要时应启动召回。

9 非常规的固体制剂的工艺和质量控制要点

9.1 片剂

9.1.1 口崩片

9.1.1.1 概述

口崩片（Orally Disintegrating Tablets，ODT）是指在口腔内，不需用水即可在极短时间内能快速崩解的固体剂型。常用的口崩片制备技术包括：冷冻干燥法、压片法、模制法及 3D 打印等。口腔崩解片可影响药物的溶解速率，特别是难溶药物溶解速率，故制成口腔崩解片可提高药物的生物利用度（对小剂量 ≤ 60mg 或分子量小的水溶性药物，调节 pH 使药物在口腔内以非离子形式存在）。

口崩片的优点：

A. 吸收快、生物利用度高。

B. 口崩片不必用水送服，大大提高儿童患者的服药依从性，解决婴幼儿服药难的问题。

C. 避免肝脏的首过效应。

口崩片的缺点：

A. 药物的口感问题，药物的苦涩感或刺激性味道较重则不宜制成口崩片。

B. 包装运输问题。

9.1.1.2 质量控制关键点

A. 崩解时限　从口崩片的定义上看，崩解时限是口崩片的关键质量属性。现行版《中国药典》规定，除冷冻干燥法制备的口崩片外，口崩片应进行崩解时限检查。

不同国家对口崩片定义及其崩解时限的要求并不一致，如欧洲对口崩片崩解时限的要求小于 3 分钟。美国工业指南（Guidance for Industry：Orally Disintegrating Tablets）中要求口崩片体外崩解时限应小于或等于 30s。现行版《中国药典》（通则 9021）规定口崩片应在 60 秒钟内全部崩解并通过筛网。

B. 口感　现行版《中国药典》在通则中规定：口崩片应在口腔内迅速崩解或溶解、口感良好、容易吞咽，对口腔黏膜无刺激性。良好的口感应该包括：无苦味或其他刺激性味道、无不良气味、无明显的砂粒感等。口崩片的口感可能影响到患者对口崩片产品的偏好，甚至是用药的顺应性。尽管如此，口感的评价没有标准化的方法，标准不明确，评价具有较强的个人偏好和主观性。将口崩片标准中定入口感标准极具争议。尽管如此，仍有必要在产品的开发阶段，对口崩片口感进行评价，作为处方和工艺确定的依据之一。

C. 脆碎度　与其他片剂类似，口崩片应具有适当的片剂硬度和脆碎度，以保证口崩片在储存、运输和分销时的片剂完整性。是否测定脆碎度及脆碎度的标准，应综合考虑口崩片的生产工艺和包装。对于采用冷冻干燥法制备的口崩片可不进行脆碎度检查。对于脆碎度较差的口崩片，也可以从包装的角度进行解决，并不强制要求按常规片剂的要求，进行脆碎度的测定。

D. 水分　口崩片能够快速吸收口腔内的水分，实现片剂的崩解分散。这一特性，也使口崩片容易吸收环境中的水分，导致药物降解、变色、形态改变，甚至在储运时液化、溶解。因此，控制口崩片中的初始水分以及包装的防潮，对口崩片产品至关重要。因此，有必要监测产品的初始水分及稳定性过程中的水分变化。

E. 外观　对于冷冻干燥法制备得到的口崩片，良好的外观形态是实现快速崩解的关键。良好的外观包括：外形饱满、疏松多孔、无明显的塌陷、无贴壁和黏壁现象等。

F. 溶出检查　口崩片在含服后 1 分钟或更短时间内，会崩散成溶液、混悬液或其他药物小丸等。对于水溶性药物，口崩片在崩散后，药物能够快速释放，溶解成溶液。因此，崩解试验可以代替溶出试验，满足此类产品的质控要求。但对于难溶性药物或含肠溶、缓释、掩味小丸的口崩片，口崩片崩散后，药物并不会立即释放、吸收。对于此类口崩片，还应按照现行版《中国药典》（通则 0931）进行溶出度检查。溶出方法应根据制剂类型确定，如肠溶型口崩片应进行耐酸试验、缓释型口崩片应采用多点溶出度标准，而对于速释型的口崩片，则可采用单点的溶出度标准。对于使用掩味型的口崩片，可制定中间介质中包含早期时间点的多点溶出度标准，早期时间点用于评价药物在口腔的药物释放，判定掩味的效果。

9.1.2 肠溶片

9.1.2.1 概述

肠溶片是指在胃液中不崩解，在肠液中能够崩解和吸收的一种片剂，通常是用肠溶性包衣材料进行包衣的片剂。肠溶片的优点就是对胃没有刺激，在肠道内定点释放。

9.1.2.2 质量控制关键点

A. 耐酸试验　肠溶片设计是为防止原料药物在胃内分解失效、对胃的刺激或控制原料药物在肠道内定位释放。因此，药物提前释放会影响肠溶片的功能和效果。耐酸试验采用 0.1mol/L 盐酸溶液，待溶出介质温度维持在 37℃ ±0.5℃，取供试品 6 片，2 小时后取样测定，计算在酸性介质中的溶出量。耐酸试验后，调整溶出介质 pH 值（方法一）或将肠溶片取出至其他缓冲盐介质（方法二），继续测定肠溶片在其他缓冲盐介质中的溶出。

B. 其他缓冲盐介质中的溶出　现行版《中国药典》采用 pH6.8 磷酸盐缓冲盐介质，考察肠溶片的释放度。除此之外，还应考察肠溶片在肠溶材料溶解 pH 值附近的溶出，以便全面评价肠溶片在全肠段，尤其是在小肠上段（pH5.5）的溶出行为。

9.1.3 缓释片和控释片

9.1.3.1 概述

控释制剂系指在规定释放介质中，按要求缓慢地恒速或近似恒速释放药物，其与相应的普通制剂比较，给药频率比普通制剂减少一半或给药频率比普通制剂有所减少，血药浓度比缓释制剂更加平稳，且能显著增加患者的顺应性的制剂。

控释制剂主要特点：

A. 恒速释药，减少了服药次数　接近零级释放过程，通常可恒速释药 8~10 小时。

B. 保持稳态血药浓度，避免峰谷现象　血药浓度平稳，能克服普通制剂多剂量给药产生的峰谷现象。

控释制剂的类型：

A. 按给药途径分类　口服控释制剂、透皮控释制剂、眼内控释制剂、直肠控释制剂、子宫内和皮下植入控释制剂等。

B. 按剂型分类　控释片剂、控释胶囊剂、控释微丸、控释栓剂、控释透皮贴剂、控释膜剂、控释混悬液、控释液体制剂、控释微囊、控释微球、控释植入剂等。

缓释制剂是指口服药物在规定释放介质中，按要求缓慢地非恒速释放，且每日用药次数与相应普通制剂相比至少减少 1 次或用药间隔有所延长的制剂。

缓释制剂的特点：

A. 减少服药次数，减少用药总剂量　每日一次或数日一次，特别适用于慢性疾病需要长期服药的患者。制成缓释制剂可以用最小的剂量达到最大的药效，减少了总剂量。

B. 保持稳态血药浓度，避免峰谷现象　血药浓度平稳，能克服普通制剂多剂量给药产生的峰谷现象。

缓释制剂的类型：

A. 按照给药途径分类

- 经胃肠道给药：片剂（包衣片、骨架片、多层片）、丸剂、胶囊剂（肠溶胶囊、药树脂胶囊、涂膜胶囊）等。

- 不经胃肠道给药：注射剂、栓剂、膜剂、植入剂等。

B. 按制备工艺分类

- 骨架缓释制剂：水溶性骨架片、脂溶性骨架片、不溶性骨架片。

- 薄膜包衣缓释制剂：片芯或微丸包衣，使其在一定条件下溶解或部分溶解而释放药物，达到缓释目的。

- 缓释乳剂：水溶性药物可制成 W/O 型乳剂，由丁油相对药物分子的扩散具有一定的屏障作用，而起到缓释的作用。

- 缓释胶囊：药物经微囊化后，可起到缓释作用。可进一步制成其他剂型。

- 注射用缓释制剂：油溶液型和混悬液型注射剂，通过减少药物的溶出速度或减少扩散而达到缓释目的。

- 缓释膜剂：将药物包裹在多聚物薄膜隔室内，或溶解分散在多聚物膜片中而制成的缓释制剂。

9.1.3.2 质量控制关键点

A. 释放度检查　缓控释制剂应符合现行版《中国药典》（通则 9013）缓

释、控释和迟释制剂指导原则的有关要求，并应进行释放度检查（通则 0931）。

B. 溶出过程的观察及数据收集　溶出过程中溶出现象的观察及数据收集有利于理解缓释、控释制剂的释放机理和释药过程（如缓、控释片在溶出过程中的溶胀、溶蚀过程），采用非常规的方法（如溶出过程中取出样品测定尺寸、烘干测定重量等方式）收集相关数据，为处方和工艺优化提供必要的数据支持。

9.1.4　多层片

9.1.4.1　概述

将不同种类的颗粒依先后次序填入模孔压制成的片剂称多层片。多层片的每一层都由单独的质量控制装置和物料框架控制重量，一般可压制 2~3 层或多层。化学不相容的药物活性成分，能够通过多层片技术，不相容的药物活性成分物理隔离，制备成复方制剂；可以通过改变不同层的处方，将不同功能层组合在同一片剂中，从而获得不同的释放曲线（渗透泵、胃滞留、胃漂浮等）。

尽管双层片技术具有上述的优点，但其复杂的构造，也对多层片的制备造成了不同程度的挑战，包括：

● 各层重量控制不准确（尤其是对于不同药层重量差异较大的多层片）。
● 层与层之间的交叉污染。
● 层与层之间的分离。
● 层与层之间的相互渗入。
● 储存期间，层与层之间物理和化学的相互作用和影响。
● 大规格药物的外形尺寸可能影响到吞咽。

多层片与复方片的区别：

多层片不一定可以制成复方片，因为多层片中的多种成分之间混合接触后可能会发生化学反应，使其疗效降低，甚至产生有毒成分。多种成分之间混合接触后可能会发生化学反应的问题可以通过制剂的一些手段来避免，比如分别制粒或者粉末包衣，之后混合压制成片。

复方片是一个产品的组分概念，而多层片是一个从制备工艺考虑的产品结构概念，两者的涵盖范围和侧重点不同。如 A、B 两种组分不管是采用什么工艺制备在同一释药单元中，只要经过同一途径给药，都可以理解为复方，而不必考虑是否是某种片剂。

多层片与单层片的区别：

多层片相对于单层片而言是制备工艺的问题。除避免相互作用外，还可以通过这个手段来达到控制药物释放等其他目的。如一个组分缓释同时另一个速释等，或者双层渗透泵中有一层是助推层。

9.1.4.2 质量控制关键点

A. 单层重量的监测与控制　与传统片剂生产不同，多层片需要同时监测单层重量与总重量。其中，单层重量的监测与控制是多层片压片的重点与难点，尤其对药层与药层间差异较大的多层片。单层重量的监测时，最直接的方式是取出压制成形的单层称重。但多数的多层压片机都不具备在线单层取样的功能，因此采用这种方式监测单层重量较为困难。另一种方法是压力控制，通过监测单层的压片压力，并将结果反馈至控制单元，系统自动调节填充量，使单层重量和压片压力在压片过程中保持不变。除此之外，也可以将多层片，通过人工将不同层剥离、称重，得到单层的重量。

B. 外观和颜色　外观和颜色不仅是药物外形美观的问题，同时，通过在不同功能层添加色素，可以通过目视观察的方式，对多层片压片工序进行控制，及时发现不同层间的污染、混入以及单层重量偏差和填充厚度不均匀的问题，并对不同功能层进行区分。理想的多层片，不同层间的边界应清晰，药层内无杂色点，同一层在不同角度的厚度一致，无明显偏移。

C. 脆碎度　与普通片类似，多层片也需要监测片剂脆碎度，以保证药物在后续工序及储运过程中的完整性。多层片中不同层间的黏结力可能较弱。因此，在脆碎度测定时，除关注片剂的磨损外，如多层片脆碎度测定过程出现不同层间的分离，应判定为脆碎度不合格。

除此之外，不同药层材质及其机械性能等性质存在不同，多层片在储存过程中也可能出现不同层间的分离。因此，有必要在稳定性过程中，监测多层片的脆碎度，尤其注意观察不同层的分离现象。

D. 崩解和溶出检查　多层片应进行崩解或溶出试验。对于部分多层片品种来说，保持不同层之间在体外和体内的完整性是实现其功能的前提条件。对于此类产品，除关注药物崩解时限和溶出量外，应注意观察多层片在崩解和溶出的现象，尤其是否出现不同药层间脱落与分离现象。如存在此类现象，应仔细评估其影响。

9.1.5 泡腾片

9.1.5.1 泡腾片概述

系指含有碳酸氢钠和有机酸，遇水可产生气体而呈泡腾状的片剂。泡腾片中的原料药物应是易溶性的，加水产生气泡后应能溶解。有机酸一般用枸橼酸、酒石酸、富马酸等。

优点：

A. 剂型新颖，服用方便、起效迅速。

B. 口感好，患者依从性好，特别适用于儿童、老年人以及吞服固体制剂困难的患者。

C. 1~5min 内快速崩解。

D. 生物利用度高，能提高临床疗效。

E. 偏酸性，可增加部分药物稳定性和溶解性。

F. 由于崩解产生的大量泡沫增加了药物与病变部位的直接接触，可以更好地发挥疗效，所以泡腾片还用于口腔疾病、阴道疾病等的防治用药。

G. 便于携带、运输和贮存。

缺点：

A. 生产工艺复杂，难度大。

B. 成本高。

C. 包装要求严格，防吸潮。

D. 溶解后才能服用，不能直接吞服。

泡腾片剂常规制备方法有湿法制粒、干法制粒、直接粉末压片三种。

A. 湿法制粒　当黏合剂为含水溶液时，为避免制粒过程中发生酸碱反应，宜将泡腾崩解剂的酸源和碱源分开制粒，干燥，混合均匀后压片。从理论上说，使用无水乙醇等有机溶剂制粒有利于制剂的稳定，但很难保证它们完全无水，从而可能影响制剂的稳定性和增加成本。

B. 干法制粒　干法制粒可连续操作、耗能低、产量高。最大的优点是在制粒过程中，不需要加入黏合剂，从而最大限度地避免了泡腾崩解剂的酸源和碱源与水接触，非常有利于提高泡腾片的稳定性。

C. 直接粉末压片　选择适当的药物组分和辅料，不经过制粒直接进行压片，具有省时节能、工艺简单、可以避免与水接触而增加泡腾片稳定性等优点。但该法对物料的流动性和压缩成形性要求较高，所以在实际应用过程中受到一定限制。

9.1.5.2 质量控制关键点

A. 水分　泡腾片遇水可产生气体，生产和储存过程引入水分，可能导致泡腾片发泡性能的降低，甚至提前崩散。因此，需要严格控制样品中水分。

B. 崩解时限　取 1 片，置 250ml 烧杯（内有 200ml 温度为 20℃ ±5℃的水）中，即有许多气泡放出，当片剂或碎片周围的气体停止逸出时，片剂应溶解或分散在水中，无聚集的颗粒剩留。除另有规定外，同法检查 6 片，各片均应在 5 分钟内崩解。如有 1 片不能完全崩解，应另取 6 片复试，均应符合规定。

本文就多层片的发展及制约多层片生产和质量原因进行了阐述。在专用压片机上进行，如何克服常见的双层片问题，如硬度不足、片层分离、片重差异大、产量低、片层交叉污染等，使用改进的压片机可能不是在 GMP 条件下的优质双层片剂的最好的生产方法。

9.2 胶囊剂

9.2.1 概述

胶囊剂是指原料药或与适宜辅料充填于空心胶囊或密封于软质囊材中制成的固体制剂，可分为硬胶囊、软胶囊（胶丸）、缓释胶囊、控释胶囊和肠溶胶囊，主要用于口服。

9.2.2 质量控制关键点

根据药典规定，胶囊剂在生产与贮存期间应符合下列规定：

A. 胶囊剂的内容物不论是原料药物还是辅料，均不应造成囊壳的变质。

B. 小剂量原料药物应用适宜的稀释剂稀释，并混合均匀。

C. 硬胶囊可根据下列制剂技术制备不同形式内容物充填于空心胶囊中：

- 将原料药物加适宜的辅料如稀释剂、助流剂、崩解剂等制成均匀的粉末、颗粒或小片。
- 将普通小丸、速释小丸、缓释小丸、控释小丸或肠溶小丸单独填充或混合填充，必要时加入适量空白小丸作填充剂。
- 将原料药物粉末直接填充。
- 将原料药物制成包合物、固体分散体、微囊或微球。
- 溶液、混悬液、乳状液等也可采用特制灌囊机填充于空心胶囊中，必要时密封。

D. 胶囊剂应整洁，不得有黏结、变形、渗漏或囊壳破裂等现象，并应无异味。

E. 胶囊剂的微生物限度应符合规定。

F. 根据原料药物和制剂的特性，除来源于动植物多组分且难以建立测定方法的胶囊剂外，溶出度、稀释度、含量均匀度等应符合要求。必要时，内容物包衣的胶囊剂应检查残留溶剂。

G. 除另有规定外，胶囊剂应密封贮存，其存放环境温度不高于30℃，湿度应适宜，防止受潮、发霉、变质。生物制品原液、半成品和成品的生产及质量控制应符合相关品种要求。

胶囊剂的质量应符合现行版《中国药典》"制剂通则"项下对胶囊剂的要求。

A. 外观　胶囊剂外观应整洁、不得有黏结、变形或破裂现象，并应无异味。硬胶囊剂的内容物应干燥、松紧适度、混合均匀。

B. 水分　中药硬胶囊剂应进行水分检查。取供试品内容物，照水分测定法（通则0832）测定，除另有规定外，不得超过9%。

C. 装量差异（表9-1）　除另有规定外，取供试品20粒（中药取10粒），分别精密称定重量，倾出内容物（不得损失囊壳），硬胶囊囊壳用小刷或其他适宜的用具拭净；软胶囊或内容物为半固体或液体的硬胶囊囊壳用乙醚等易挥发性溶剂洗净，置通风处使溶剂挥尽，再分别精密称定囊壳重量，求出每粒内容物的装量与平均装量。每粒装量与平均装量相比较（有标示装量的胶囊剂，每粒装量应与标示装量比较），超出装量差异限度的不得多于2粒，并不得有1粒超出限度1倍。

表9-1　胶囊剂的装量差异

平均装量或标示装量	装量差异限度
0.30g 以下	±10%
0.30g 及 0.30g 以上	±7.5%（中药 ±10%）

凡规定检查含量均匀度的胶囊剂，一般不再进行装量差异的检查。

D. 含量均匀度　除另有规定，硬胶囊剂中每一个单剂标示量小于25mg或主药含量小于每一个单剂重量25%的；内充非均相溶液的软胶囊均应检查含量均匀度。凡检查含量均匀度的制剂，一般不再检查重量差异；当全部主成分均进行含量均匀度检查时，复方制剂一般亦不再检查重量差异。含量均匀度按照现行版《中国药典》四部"含量均匀度检查法（通则 0941）"进行检查。

E. 崩解时限　硬胶囊或软胶囊：除另有规定外，取供试品 6 粒，按片剂的装置与方法（化药胶囊如漂浮于液面，可加挡板；中药胶囊加挡板）进行检查。硬胶囊应在 30 分钟内全部崩解；软胶囊应在 1 小时内全部崩解，以明胶为基质的软胶囊可改在人工胃液中进行检查。如有 1 粒不能完全崩解，应另取 6 粒复试，均应符合规定。

肠溶胶囊：除另有规定外，取供试品 6 粒，按片剂装置与方法，先在盐酸溶液（9→1000）中不加挡板检查 2 小时，每粒的囊壳均不得有裂缝或崩解现象；将吊篮取出，用少量水洗涤后，每管加入挡板，再按上述方法，改在人工肠液中进行检查，1 小时内应全部崩解。如有 1 粒不能完全崩解，应另取 6 粒复试，均应符合规定。

结肠肠溶胶囊：除另有规定外，取供试品 6 粒，按片剂装置与方法，先在盐酸溶液（9→1000）中不加挡板检查 2 小时，每粒的囊壳均不得有裂缝或崩解现象；将吊篮取出，用少量水洗涤后，再按上述方法，在磷酸盐缓冲液（pH6.8）中不加挡板检查 3 小时，每粒的囊壳均不得有裂缝或崩解现象；续将吊篮取出，用少量水洗涤后，每管加入挡板，再按上述方法，改在磷酸盐缓冲液（pH7.8）中检查，1 小时内应全部崩解。如有 1 粒不能完全崩解，应另取 6 粒复试，均应符合规定。

人工胃液，取稀盐酸 16.4ml，加水约 800ml 与胃蛋白酶 10g，摇匀后，加水稀释成 1000ml，即得。

人工肠液，即磷酸盐缓冲液（含胰酶）（pH6.8）（现行版《中国药典》通则 8004）。

凡规定检查溶出度或释放度的胶囊剂，一般不再进行崩解时限的检查。

F. 溶出度与释放度　胶囊剂的溶出度与释放度按照现行版《中国药典》第四部"溶出度与释放度测定法（通则 0931）"进行检查。

G. 微生物限度　现行版《中国药典》规定以动物、植物、矿物质来源的非单体成分制成的胶囊剂，生物制品胶囊剂，照非无菌产品微生物限度检查；微生物计数法（通则 1105）和控制菌检查（通则 1106）及非无菌药品微生物限度标准（通则 1107）检查，应符合规定。规定检查杂菌的生物制品胶囊剂，可不进行微生物限度检查。

H. 包装储存　胶囊剂对高温、高湿不稳定，高温、高湿环境不仅会使胶囊剂吸湿、软化、变黏、膨胀、内容物结团，还会造成微生物滋生。

因此，对于胶囊剂来说，选择适当的包装材料与储存条件尤为重要。通常选择密封性良好的玻璃容器、透湿系数小的塑料容器和泡罩式包装，在小于 25℃、相对湿度不超过 45% 的干燥阴凉处，密闭储存。

9.3 散剂

本章主要介绍散剂的分类和各类散剂的特点，以及散剂工艺技术和制备装备，结合散剂的工艺流程，介绍了一般散剂和特殊散剂的辅料要求及制备工艺控制要点等。本章节编写主要参考现行版《中国药典》等法规指南。

9.3.1 概述

散剂（powders）系指原料药物或与适宜的辅料经粉碎、均匀混合制成的干燥粉末状制剂。散剂是最古老的传统剂型之一，古代《伤寒论》《名医别录》和《神农本草经》中均有大量散剂的记载。

目前，散剂通常用在中药剂型中，中药散剂系指药材或药材提取物经粉碎、混合均匀制成的粉末状制剂。现行版《中国药典》一部已收载 50 多种中药散剂，如七厘散、八味清新沉香散等。在现代医疗中，由于片剂、胶囊剂等现代固体剂型的发展．化学药品的散剂已不常见，现行版《中国药典》二部仅收载了 3 种，如牛磺酸散、磷霉素氨丁三醇散等。

散剂除了可直接作为剂型，也是其他剂型如颗粒剂、胶囊剂、片剂、混悬剂、气雾剂、粉雾剂和喷雾剂等制备的中间体。因此，散剂的制备技术与要求在其他剂型中具有普遍意义。

9.3.1.1 分类

9.3.1.1.1 按给药途径分类

散剂按给药途径可分为口服散剂和局部用散剂，口服散剂一般溶于或分散于水、稀释液或者其他液体中服用，也可直接用水送服。局部散剂可供皮肤、口腔、咽喉、腔道等处应用。

9.3.1.1.2 按医疗用途分类

分为内服散剂与外用散剂两大类。外用散剂又可分为撒布散剂、吹入散剂、牙用散剂。

9.3.1.1.3 按药物组成分类

分为单味散剂（俗称"粉"，由单味药制得）与复方散剂（由两种以上药物制成）。单味散剂是由一种药物组成的散剂；复方散剂是由两种以上的药物组成的散剂。

9.3.1.1.4 按药物性质分类

分为含毒性药散剂、含液体成分散剂、含低共熔组分散剂。

9.3.1.1.5 按剂量分类

分为剂量型散剂（系将散剂分成单剂量，由患者按包服用的散剂）、非剂量型散剂（系以总剂量形式包装，由患者按医嘱自己分取剂量应用的散剂）。

此外，也可按散剂的不同成分或性质不同，将散剂分为：剧毒药散剂、浸膏散剂、泡腾散剂等。

9.3.1.2 特点

9.3.1.2.1 优点

A. 粒度小，比表面积大，易分散、吸收迅速、起效快。

B. 外用散剂的覆盖面积大，具保护收敛等作用。

C. 剂量易控制，便于婴幼儿和老人服用。

D. 工艺简单，适于医院制剂，存储、运输、携带较为方便。

E. 对疮面有一定的机械性保护作用。

F. 口腔科、耳鼻喉科、伤科和外科应用散剂较多，也适于小儿给药。

9.3.1.2.2 缺点

剂量较大，易吸潮变质；刺激性、腐蚀性强的药物以及含挥发性成分较多的处方一般不宜制成散剂。

9.3.1.3 制备

散剂的制备工艺分为粉碎→过筛→混合→分剂量→质量检查→包装等几个步骤，粉碎、混合及分剂量是其关键工艺过程，本节结合几种散剂的制备说明散剂的质控要点。

9.3.1.3.1 含毒剧药散剂的制备

毒剧药往往剂量很小，称量时费工费时，服用也极不方便，易损耗。因此，常在毒剧药中添加一定比例的赋形剂（稀释剂），制成稀释散或称倍散。

在调剂工作中常用 10 倍散、100 倍散和 1000 倍散。倍散的稀释倍数可按药物的剂量而定，如剂量在 0.01~0.1g 者，可配制 10 倍散；剂量在 0.01g 以下，则应配成 100 倍散或 1000 倍散。

另外，在含毒剧药散剂的制备中，为了判断药物与赋形剂是否混合均匀，同时也为了区别稀释散与未经稀释的原药及稀释倍数的大小，一般习惯于向稀释散剂中加着色剂，并使不同稀释倍数的散剂形成一个颜色梯度，稀释倍数越大，颜色越浅，这样从颜色上就可起到警示作用。

9.3.1.3.2 可形成低共熔混合物散剂的制备

两种或多种固体药物经混合后有时出现润湿或液化现象，这种现象称为低共熔。对可形成低共熔混合物的散剂的配制，应根据形成低共熔混合物后对药理作用的影响，以及处方中所含其他非共熔性固体成分量的多少而定。

一般有以下几种情况：

A. 药物形成低共熔物后，药理作用增强，宜采用低共熔法混合，然后再用其他非共熔性药粉吸收共熔物。如氯霉素与尿素。

B. 药物形成低共熔物后，药理作用无变化，如薄荷脑与樟脑、薄荷脑与冰片等。若处方中其他非共熔性固体成分较多，则可采用先形成低共熔混合物，再与其他固体成分混合的方法，使分散均匀。若处方中其他非共熔性固体成分较少，不足以吸收低共熔混合物，则分别以其他固体成分稀释低共熔成分，再将两部分轻轻混合，使分散均匀。

C. 处方中如含有挥发油或其他足以溶解低共熔混合物的液体时，可先将低共熔混合物溶解其中，借喷雾法喷于其他非共熔性固体成分中，混匀。

9.3.1.3.3 含液体药物散剂的制备

在复方散剂中，有时含有液体组分，如挥发油、非挥发性液体药物、酊剂、流浸膏、药物煎汁及稠浸膏等。对于这些液体药物的处理，应视药物的性质、用量及处方中其他固体成分的多少而定。一般可利用处方中其他固体组分吸收这些液体药物后，研匀。

如果液体组分含量较大，而处方中固体组分不能完全吸收时，可另加适量赋形剂（吸收剂），如磷酸氢钙、淀粉、糖粉等，至不呈潮湿为度。

如果液体组分比例过大，且属非挥发性物质，此时可加热蒸去大部分水分，加入固体药物或赋形剂，拌匀，低温干燥，再研匀或粉碎即可。

9.3.1.3.4 眼用散剂

施于眼部的散剂要求极细腻，现行版《中国药典》规定应通过 200 目筛，且眼用散剂应要求无菌。

一般配制眼用散剂的药物多经水飞或直接粉碎成极细粉，配制的用具应灭菌。

9.3.2 质量控制关键点

现行版《中国药典》四部（通则 0115）规定了散剂的质量检查项目，包括：

A. 粒度　除另有规定外，化学药局部用散剂和用于烧伤或严重创伤的中

589

药局部用散剂及儿科用散剂，照粒度和粒度分布测定法（通则0982单筛分法）测定。化学药散剂通过七号筛（120目，125μm）的粉末重量以及中药散剂通过六号筛（100目，150μm）的粉末重量不得少于95%。

B. 外观均匀度　取供试品适量，置光滑纸上，平铺约5cm，将其表面压平，在明亮处观察，应色泽均匀，无花纹与色斑。

C. 干燥失重　除另有规定外，按照干燥失重测定法（通则0831）测定，在105℃干燥至恒重，减失重量不得超过2.0%。

D. 水分　中药散剂按照水分测定法（通则0831）依法规定，除另有规定外，不得超过9.0%。

E. 装量差异　单剂量包装的散剂，依法检查，装量差异限度应符合规定。凡规定检查含量均匀度的散剂，一般不再进行装量差异检查。

F. 装量　多剂量包装的散剂，按照最低装量检查法（通则0942）检查，应符合规定。

G. 无菌　用于烧伤或创伤的局部用散剂，按照无菌检查法（通则1101）检查，应符合规定。

H. 微生物限度　除另有规定外，按照微生物限度检查法（通则1107）检查，应符合规定。

9.4　颗粒剂

9.4.1　概述

颗粒剂系指原料药物与适宜的辅料混合制成具有一定粒度的干燥颗粒状制剂，供口服用。其中粒度范围在105~500μm的颗粒剂又称细粒剂。

20世纪70年代以前，国内口服固体制剂主要以片剂和胶囊剂为主。在制剂技术及药用辅料的不断发展之下，为了方便服用（特别是一些中药剂），逐步出现了块状形式且可以冲服的剂型，称为冲剂。该剂型便于服用、携带、贮存，在20世纪的药品工业生产中取得了飞速的发展。1995年版《中国药典》将1990年版"冲剂"重新定义为"颗粒剂"，使颗粒剂定义更为科学化。

9.4.1.1　分类

颗粒剂可分为可溶颗粒（通称为颗粒）、混悬颗粒、泡腾颗粒、肠溶颗粒、缓释颗粒和控释颗粒等。

混悬颗粒　系指难溶性原料药物与适宜辅料混合制成的颗粒剂。临用前加水或其他适宜的液体振摇即可分散成混悬液。

泡腾颗粒 系指含有碳酸氢钠和有机酸，遇水可放出大量气体而呈泡腾状的颗粒剂。泡腾颗粒中的原料药物应是易溶性的，加水产生气泡后应能溶解。有机酸一般用枸橼酸、酒石酸等。

肠溶颗粒 系指采用肠溶材料包裹颗粒或其他适宜方法制成的颗粒剂。肠溶颗粒耐胃酸而在肠液中释放活性成分或控制药物在肠道内定位释放，可防止药物在胃内分解失效，避免对胃的刺激。

缓释颗粒 系指在规定的释放介质中缓慢地非恒速释放药物的颗粒剂。

控释颗粒 系指在规定的释放介质中缓慢地恒速释放药物的颗粒剂。

9.4.1.2 特点

A. 飞散性、附着性、聚集性、吸湿性较小，有利于分剂量使用。

B. 溶解或混悬于水中使用，有利于药物在体内吸收，保持了液体制剂起效快的特点，但较液体制剂性质稳定，便于服用、携带、贮存。

C. 适当加入芳香剂、矫味剂、着色剂等，可制成色、香、味俱全的药物制剂，患者乐于服用，对小儿尤为适宜（某些颗粒剂含糖量较高，对老年人和糖尿病患者不适用，目前已有无糖的颗粒剂）。

D. 可对颗粒剂进行包衣，使颗粒剂具有防潮性、缓释性或肠溶性等，但必须保证包衣的均匀性。

E. 因含糖较多，贮存、运输、包装不当时，易引湿吸潮、软化或结块，影响质量。

F. 多种颗粒混合时易发生离析现象，从而导致剂量不准确。

9.4.1.3 分装工艺

颗粒剂是基于片剂和胶囊剂发展起来的一类剂型，其主要的生产工艺与片剂和胶囊剂类似，仅在剂型成型的工位存在一定的差异。片剂特有的压片工位、胶囊剂特有的胶囊充填工位就不存在颗粒剂的生产工艺流程中。颗粒剂特有的颗粒分装岗位与片剂和胶囊剂的分装岗位也存在明显的差异。颗粒剂基本工艺流程如图 9-1。

物料预处理 → 制粒 → 混合 → 分装 → 外包装

图 9-1 颗粒剂的基本工艺流程

颗粒剂的分装设备经过制药机械工艺的不断发展，逐渐从手动半自动化发展到全自动智能充填设备，其充填能力也从传统的单通道单列充填发展到现在的多通道多列充填。

591

充填的计量方式包括：容积式和称重式。其中容积式包括量杯式、气流式、计量泵式和螺杆式。称重式按称量方式可分毛重式和净重式；按称量动作可分间歇式和连续式。

量杯容积式：包括固定式量杯和可调容积式量杯。这种计量方式与物料的流动性及颗粒的密度和粒度分布有很大关系。物料的流动性能确保装量的稳定性，颗粒的密度及粒度分布对量杯的设计和选择是关键。

固定式量杯采用定量的量杯量取产品，并将其充填到包装容器内的方式，更换产品规格时需更换不同的量杯以确保装量合适。

可调容积式量杯是在一定范围内随着产品容量变化而自动或手动调节容积的量杯量取产品，并将其充填到包装容器内的方式。这种方式如果产品容积超出一定范围时需要更换量杯的尺寸，当采用自动调整量杯容积的方式时，物料的密度均一性是关键。在物料密度比重较为稳定的情况下，可通过电子检测装置监测各瞬时物料的容积变化的电子信号，通过放大，驱动容积自动调节机构，达到自动调节装量的目的。

气流容积式：利用真空吸附原理量取定量容积的产品，并采用净化压缩空气将产品充填到包装容器内的机器。其核心结构：充填轮，轮辐内装有量杯。

工作过程为充填轮作匀速间歇运动，当轮中量杯口与料斗接合时，恰好配气阀也接通真空管，物料就被吸入量杯。当量杯转位到包装容器上方，杯中物料被由配气阀输送来的压缩空气吹到容器中。

此计量方式与物料密度均一性也有一定关系，同时其真空度和吹气压力的调试和选择，对装填过程装量的稳定性也十分重要。

计量泵容积式：利用计量泵中转轮上定量容腔和转数量取产品，并将其充填到包装容器内的方式。转轮形状有圆柱形、棱柱形等，构成槽形、扇形、轮叶形等计量腔体。转轮容积可以是固定的，也可设计为可调的。

固定容积转轮计量方式：定量包装，只能通过更换转轮来改变计量。结构简单，计量容腔不可调，装量由物料密度决定。适用于密度稳定，流动性好，无结块的细粉粒物料。在物料性质能保证的情况下计量精度能达到2%~3%。

可调容积转轮计量方式：与固定容积转轮计量方式相近，其转轮具有一定的可调空间，以适应物料的批间差异，以及规格相近的产品充填。当产品规格相差较大时，仍需通过更换转轮来调整装量。其特点是装量可调，但结构比固定式容积转轮复杂。

螺杆容积式：在一个圆形或半圆形槽里设计一道螺旋，通过动力带动螺旋旋转，依据螺旋的转动速度和次数将物料从料斗中，充填到包装容器内。

其依靠螺旋的容腔来计量物料，同时通过螺旋的转动速度和次数来控制装量。其中物料密度、充填比及料位的变化都会对计量产生一定影响，但相比其他容积计量方式来说，其受物料流动性的影响相对较小。

称重式计量方式：是将物料按预定质量充填到包装容器内的方式。

毛重式：是指计量时，产品连同包装容器一起称重。这种方式对包装形式有一定要求，适合于能利于充填且能平衡称重的产品。包装容器本身重量的差异对充填装量有直接影响。适用于流动性较好，且物料质量占整个包装质量百分比较大的产品。

净重式：与毛重式类似，唯一不同就是其直接通过计量容积模块称量出需包装物料的重量，再转移到包装容器内。不受容器质量变化的影响，精确度较高。

间歇式称量方式：物料的称量和充填是两个独立的工位。物料在通过容积式的量取后，输送到称量计量单元进行确认后，符合规定的送至充填料斗进行充填；不符合规定的，剔废处理。

连续式称量方式：其称量原理与间歇式类似，主要差异为其称量方式是通过连续称重，分阶段收取的方式实现的。如电子皮带秤，其由一段称量皮带实际物料的重量控制，物料在皮带上运行过程中，其电子秤能将物料的重量变化转化为电信号，来控制送料阀门，从而控制物料的量；螺旋电子秤，其原理与皮带秤类似，螺杆推送物料后，称重模块进行确认，对物料的变化通过调节器转化为电信号反馈至螺杆的伺服电机，控制电机转速从而控制螺杆推送物料的重量，并形成实时连续的动作。

9.4.2 质量控制关键点

9.4.2.1 质量要求

A. 颗粒剂应干燥，颗粒均匀，色泽一致，无吸潮、结块、潮解等现象。

B. 除另有规定外，中药饮片应按各品种项下规定的方法进行提取、纯化、浓缩成规定的清膏，采用适宜的方法干燥并制成细粉，加适量辅料（不超过干膏量 2 倍）或饮片细粉，混匀并制成颗粒；也可将清膏加适量辅料（不超过清膏量的 5 倍）或饮片细粉，混匀并制成颗粒。

C. 凡属挥发性药物或遇热不稳定的药物在制备过程中应注意控制适宜的温度条件，凡遇光不稳定的药物应遮光操作。

D. 除另有规定外，挥发油应均匀喷入干燥颗粒中，密闭至规定时间或用包合等技术处理后加入。

E. 根据需要颗粒剂可加入适宜的辅料，如稀释剂、黏合剂、分散剂、着色剂以及矫味剂等。

F. 为了防潮、掩盖药物的不良气味等需要，也可对颗粒进行包薄膜衣。必要时，对包衣颗粒应检查残留溶剂。

G. 颗粒剂应干燥、颗粒均匀、色泽一致，无吸潮、软化、结块、潮解等现象。

H. 颗粒剂的微生物限度应符合要求。

I. 根据原料药物和制剂的特性，颗粒剂的溶出度、释放度、含量均匀度等应符合要求。

J. 单剂量包装颗粒剂在标签上要标明每袋（瓶）中活性成分的名称及含量。多剂量包装的颗粒剂除应有明确的分剂量方法外，在标签上要标明颗粒中活性成分的名称和重量。

K. 除另有规定外，颗粒剂应密封，置干燥处贮存，防止受潮。

9.4.2.2 质量检查要点

A. 粒度　除另有规定外，照粒度和粒度分布测定法（现行版《中国药典》通则 0982 第二法 双筛分法）检查，不能通过一号筛与能通过五号筛的总和不得过 15%。

B. 水分　中药颗粒剂照水分测定法（现行版《中国药典》通则 0832）测定，除另有规定外，水分不得过 8.0%。

C. 干燥失重　除另有规定外，化学药品和生物制品颗粒剂照干燥失重测定法（现行版《中国药典》通则 0831）测定，于 105℃干燥至恒重，含糖颗粒应在 80℃减压干燥，减失重量不得过 2.0%。

D. 溶化性　除另有规定外，颗粒剂照下述方法检查，溶化性应符合规定。

　　a. 可溶颗粒检查法：取供试品 10g，加热水 200ml，搅拌 5 分钟，可溶颗粒应全部溶化或轻微浑浊。

　　b. 泡腾颗粒检查法：取供试品 3 袋，将内容物分别转移至盛有 200ml 水的烧杯中，水温为 15~25℃，应迅速产生气体而呈泡腾状，5 分钟内颗粒均应完全分散或溶解在水中。

　　颗粒剂按上述方法检查，均不得有异物，中药颗粒还不得有焦屑。混悬颗粒以及已规定检查溶出度或释放度的颗粒剂可不进行溶化性检查。

E. 装量差异　单剂量包装的颗粒剂按下列方法检查，应符合规定（表 9-2）。

F. 检查法　取供试品 10 袋（瓶），除去包装，分别精密称定每袋（瓶）内容物的重量，求出每袋（瓶）内容物的装量与平均装量。每袋

（瓶）装量与平均装量相比较［凡无含量测定的颗粒剂或有标示装量颗粒剂，每袋（瓶）装量应与标示装量比较］，超出装量差异限度的颗粒剂不得多于 2 袋（瓶），并不得有 1 袋（瓶）超出装量差异限度1 倍。

表 9-2　颗粒剂的装量差异

平均装量或标示装量	装量差异限度
1.0g 及 1.0g 以下	± 10%
1.0g 以上至 1.5g	± 8%
1.5g 以上至 6.0g	± 7%
6.0g 以上	± 5%

凡规定检查含量均匀度的颗粒剂，不再进行装量差异的检查。

G. 装量　多剂量包装的颗粒剂，照最低装量检查法（现行版《中国药典》通则 0942）检查，应符合规定。

H. 微生物限度　以动植物、矿物质和生物制品为原料的颗粒剂，需照非无菌产品微生物限度检查：微生物计数法（现行版《中国药典》通则 1105）和控制菌检查法（现行版《中国药典》通则 1106）及非无菌药品微生物限度标准（现行版《中国药典》通则 1107），应符合规定。生物制品规定检查杂菌的颗粒剂，可不进行微生物限度检查。

9.5 微球

9.5.1 概述

微球（microspheres）的定义是指药物溶解或分散于高分子材料中形成的微小球状实体，球形或类球形，一般制备成混悬剂供注射或口服用。微球粒度范围一般为 1~500μm，小的可以是几纳米，大的可达 800μm，其中粒度小于 500nm 的，通常又称为纳米球（nanospheres）或纳米粒（nanoparticles），属于胶体范畴。

制备微球的载体材料很多，主要分为天然高分子微球（如淀粉微球、白蛋白微球、明胶微球、壳聚糖等）和合成聚合物微球（如聚乳酸微球）。

微球制剂作为一种新型给药技术，既能通过调节和控制药物的释放速度实现长效的目的，又能保护药物不受体内酶的影响而降解，掩盖药物的不良口味，减少给药次数和药物刺激，降低毒性和不良反应，提高疗效。此外，微球还与某些细胞组织有特殊亲和性，能被器官组织的网状内皮系统所内吞或被细胞融合，集中于靶区逐步扩散释出药物或被溶酶体中的酶降解而释出药物，从而起到靶向治疗的作用。我国在微球制剂领域的研究开始于 20 世纪 70 年代。

9.5.1.1 制剂特点

微球注射剂能显著延长药物的作用时间、减少用药次数、改善患者的顺应性。以纳曲酮为例：使用普通片剂，须每日口服 40~50mg，并至少持续使用半年；而纳曲酮微球只需一个月注射一次。更重要的是一些微球制剂能够保护药物——特别是多肽、蛋白药物，防止其在体内过早降解；在精神药品领域微球制剂还能防止药品的滥用。

9.5.1.2 生物学特性

A. 缓释性　微球中药物的释放可以通过骨架溶蚀［如聚乳酸（polylactic acid，PLA）和乳酸或羟基乙酸共聚物（poly lactic-co-glycolic acid，PLGA）的降解］、表面溶蚀（如聚邻酯和聚酐类聚合物的降解）、整体崩解、水汽膨胀、解离扩散及解吸附等方法，使微球中包裹的药物释放速度变慢，成为长效制剂。可减少给药次数，消减药物峰谷现象。

B. 靶向性　微球靶向给药系统是依据机体不同的组织部位的生理学特性对不同大小微粒的不同阻留性而建立的，通过生物体内的物理和生理作用能使这些混悬微粒选择性的聚集于肝、脾、肺、淋巴等部位，释放药物而发挥疗效。

C. 栓塞性　药物微球通过动脉插管注入肿瘤供血动脉后，对肿瘤毛细血管网的栓塞较为完全，直径大于 12 μm 的微球被一级毛细血管网所截获，直径更小的微球能到达毛细血管末梢阻断至毛细血管前动脉水平，所以与常规栓塞剂相比更不易形成侧支循环，癌组织坏死更彻底，在发挥栓塞作用的同时，微球中的药物可集中在肿瘤区释药，故既可产生栓塞效应，又可作为抗癌药物的携带者，使肿瘤区的药物长时间的维持在较高浓度水平。

9.5.1.3 载体材料

A. 天然高分子　明胶、海藻酸盐、壳聚糖、蛋白类。

B. 半合成高分子材料　纤维素衍生物。

C. 合成高分子材料　生物降解：聚乳酸（PLA）、丙交酯乙交酯共聚物（PLGA）；生物不降解：聚氨酯、硅橡胶 聚丙烯酸树脂。

9.5.2 质量控制关键点

● 形态及粒度分布

● 载药量及包封率

● 微球的释放

● 稳定性

9.6 微型胶囊

9.6.1 概述

利用天然的或合成的高分子材料（称为囊材）作为囊膜壁壳，将固态药物或液态药物（称为囊心物）包裹而成的直径在 1~5000μm 的药库型微小胶囊，称为微型胶囊，简称微囊。微型胶囊的制备过程称为微型包囊术，简称微囊化。使药物溶解或分散在高分子材料骨架中，形成的骨架型微小球状实体，称为微球，微囊和微球的粒度同属微米级。有时微囊与微球没有严格区分，可通称为微粒。微囊可进一步制成片剂、胶囊、注射剂等制剂，用微囊制成的制剂称为微囊化制剂。

微囊化是 20 世纪 50 年代发展起来的技术，60 年代初期开始在药剂学上得到应用并成为药物的载体（给药系统）。近年来已经有 30 多类药物制成微囊，如解热镇痛药、抗生素、避孕药、维生素、抗癌药、多肽、蛋白质等。药物微囊化后主要有以下几方面特点：

A. 提高药物的稳定性　囊壁能够在一定程度上隔绝光线、湿度和氧的影响，一些不稳定药物制成微囊，防止了药物降解。如易氧化物 β- 胡萝卜素、易水解药物阿司匹林制成微囊化制剂，提高了药物的化学稳定性。易挥发的药物如挥发油等制成微囊能够防止挥发，提高了制剂的物理稳定性。

B. 掩盖药物的不良气味及口味　如大蒜素、鱼肝油、氯贝丁酯、生物碱及磺胺类药物等。

C. 防止药物在胃肠道内失活，减少药物对胃肠道的刺激性　如尿激酶、红霉素在胃肠道失活，氯化钾对胃刺激性大，微囊化可克服这些副作用。

D. 缓释或控释药物　采用缓释、控释材料将药物微囊化后，可以延缓药物的释放，延长药物作用时间，达到长效目的。如复方甲地孕酮微囊注射剂、慢心律微囊骨架片等。

E. 使液态药物固态化，便于制剂的生产、贮存和使用　如油类、香料和脂溶性维生素等。

F. 减少药物的配伍变化　如阿司匹林与氯苯那敏配伍后阿司匹林降解加速，分别包囊后得以改善。

G. 使药物浓集于靶区　抗癌药物制成微囊型靶向制剂，可将药物浓集于肝或肺部等靶区，降低毒副作用，提高疗效。

9.6.1.1 常用囊材

用于包囊的各种材料称为囊材，对囊材的一般要求是不起有害反应，与囊心物或药物具有化学相容性，应有成膜性、可塑性等。具体要求包括：性质稳定；有适宜的释药速度，或有定位释放的性能；无毒、无刺激性；能与药物配伍，不影响药物的药理作用和含量测定；有一定的强度和可塑性，包封率高；有适宜的黏度、渗透性、溶解性等。常用的囊材按体内的反应可分为生物降解的和生物不降解的。按来源分类有以下几种：

A. 天然高分子囊材　可用于微囊囊材的天然高分子材料，主要是蛋白质类和植物胶类，具有稳定、无毒、成膜性能好的特点，是最常用的囊材。但规格难于限定，批与批之间的差异较大。

  a. 明胶：明胶的原料胶原是一种动物来源的纤维蛋白。明胶是胶原在酸或碱性条件下温和水解的产物。它是氨基酸与肽交联形成的直链聚合物，是一种相对平均分子质量为15000~25000的水溶性蛋白质，可生物降解，几乎无抗原性。明胶分子与其他蛋白质一样，在其等电点以上的溶液中，以带负电的粒子形式存在，而在等电点以下溶液中，以带正电的粒子形式存在。明胶是一种典型的两性高分子电解质，在不同pH溶液中可成为阳离子、阴离子或两性离子。药用明胶按制备时水解方法不同，分为酸法明胶（A型）和碱法明胶（B型）。用酸处理的A型明胶，分子链中含"自由"氨基等碱性基团较多，等电点在7~9，25℃时10g/L溶液的pH为3.8~6.0；而用碱处理的B型明胶，分子链中"自由"羧基等酸性基团较多，等电点在4.7~5.0，25℃时10g/L溶液的pH为5.0~7.4。两者成囊性无明显差别，通常可根据药物对酸碱性的要求选择A型或B型。用于制备微囊的常用量为20~100g/L。

  明胶作为天然高分子材料有许多优点：原料易得；具有良好的生物降解性；良好的生物相容性与组织相容性；具有可以连接其他配体的活性基团；可以用单凝聚、复凝聚、改变温度、溶剂–非溶剂、乳化缩聚、喷雾干燥等多种方法制备微囊，可以应用醛类或辐射等方法交联固化，缓释的时间长短可由交联程度调控；具有较大的包封率和载药量，稳定性好。

b. 阿拉伯胶：阿拉伯胶为糖及半纤维素的复杂聚集体，其主要成分为阿拉伯酸的钙盐、镁盐、钾盐的混合物。一般常与明胶等量配合使用，作囊材用量为 20~100g/L，亦可与白蛋白配合用作复合囊材。

c. 海藻酸盐：海藻酸盐是多糖类化合物，常用稀碱从褐藻中提取而得，一般以钙盐或镁盐形式存在。海藻酸钠能缓缓溶于水中，不溶于乙醇、乙醚及其他有机溶剂。可与甲壳素或聚赖氨酸合用作复合囊材。因海藻酸钙不溶于水，故海藻酸钠可用 $CaCl_2$ 固化成囊。海藻酸盐热稳定性较差，120℃，20 分钟高温灭菌或 80℃，30 分钟低温循环灭菌都可促使海藻酸盐逐步断键。用环氧乙烷灭菌也可引起黏度降低和断键。采用膜滤过除菌的产物黏度和平均相对分子质量都未发生变化。

d. 壳聚糖（又称脱乙酰壳多糖）：壳聚糖是甲壳素脱乙酰化后制得的一种天然聚阳离子多糖，甲壳素来源于昆虫、甲壳类动物的外骨骼，是 $N-$ 乙酰氨基葡萄糖以 β-1, 4- 糖苷键结合而成的一种氨基多糖。甲壳素在水及有机溶剂中均难溶解，而壳聚糖可溶于酸或酸性水溶液，且无毒、无抗原性，在体内能被葡萄糖苷酶或溶菌酶等酶解，具有优良的生物相容性和生物降解性，成囊性能良好，在体内可溶胀成水凝胶。

e. 蛋白类：蛋白类常用作囊材的有白蛋白（如人血白蛋白、小牛血清白蛋白）、玉米蛋白、鸡蛋白、小牛酪蛋白等，可生物降解，无明显抗原性。常采用不同温度加热交联固化或加入化学交联剂（甲醛、戊二醛或丁二烯）固化，通常用量在 300g/L 以上。

B. 半合成高分子囊材　半合成高分子囊材大多是纤维素类衍生物，如羧甲基纤维素、甲基纤维素、乙基纤维素、羟丙甲基纤维素、醋酸纤维素酞酸酯等，其特点是毒性小、黏度大、成盐后溶解度增大。由于易水解，故不宜高温处理，需临用时现配。

a. 羧甲基纤维素盐：羧甲基纤维素（CMC）盐，属阴离子型高分子电解质，如羧甲基纤维素钠（CMC-Na）常与明胶合用作复合囊材。CMC-Na 遇水溶胀，体积可增大 10 倍，在酸性溶液中不溶。水溶液黏度大，有抗盐能力和一定的热稳定性。也可制成铝盐 CMC-Al 单独使用。

b. 醋酸纤维素酞酸酯（CAP）：醋酸纤维素、酞酸酯分子中含游离羧基，为肠溶性，在强酸中不溶，可溶于 pH > 6 的水溶液。可单独作囊材，也可与明胶配合作复合囊材。

c. 乙基纤维素（EC）：乙基纤维素化学稳定性好，适用于多种药物的微囊化，不溶于水、甘油和丙二醇，可溶于乙醇，但遇强酸易水解，故不适用于强酸性药物。

d. 甲基纤维素（MC）：甲基纤维素作囊材用量为 10~30g/L，亦可与明胶、聚维酮、CMC-Na 等配合作复合囊材。

e. 羟丙甲基纤维素（HPMC）：羟丙甲纤维素能溶于冷水成为黏性胶体溶液，不溶于热水，长期贮存稳定，有表面活性。

C. 合成高分子囊材　合成高分子囊材有非生物降解的和生物降解两类。非生物降解且不受 pH 影响的囊材有聚酰胺、硅橡胶等，生物不降解但可在一定 pH 条件下溶解的囊材有丙烯酸树脂、聚乙烯醇。

近年来可生物降解的合成聚合物材料受到普遍重视，它们可以通过水解或酶解，使其链长或骨架改变或破坏，由不溶性的大分子变为可溶性小分子。理想的生物降解材料应经一定时间后完全降解，释药后无残留物。如聚酯、聚合酸酐、聚氨基酸、聚乳酸（PLA）、丙交酯 – 乙交酯共聚物、聚乳酸 – 聚乙二醇嵌段共聚物（PLA–PEG）等，其特点是无毒、成膜性及成球性好、化学稳定性高，可用于注射。生物溶蚀材料也用于同样研究，它们不一定发生化学降解，但可以在体内降低其整体的完整性而逐步溶解，并释放药物。

聚酯类是迄今研究最多、应用最广泛的生物降解合成高分子材料。它们基本上都是羟基酸或其内酯的聚合物。常见的羟基酸是乳酸和羟基乙酸。乳酸包括 D 型、L 型及 DL 型，直接由一种乳酸缩合得到的聚乳酸相对分子质量较低，用 PLA 表示。由羟基乙酸缩合得到的聚酯用 PGA 表示。由乳酸与羟基乙酸直接缩合的，用 PLGA 表示。通常所用的高相对分子质量聚乳酸，是由两分子乳酸缩合成丙交酯，再通过开环聚合而得的聚酯，实际上应称为聚丙交酯，它的基本结构和性质和小分子聚乳酸相似。由 D-、L-、DL- 丙交酯通过与乙交酯开环聚合而得的聚酯，也可用 PLGA 表示。

消旋丙交酯 – 乙交酯共聚物在共聚时通过改变其中丙交酯和乙交酯的比例或改变聚合物相对分子质量，可以准确控制材料的降解速率和机械性能，若丙交酯：乙交酯 =75:25 的共聚物为囊材，在体内 1 个月可降解。如果两者比例为 85:15 的囊材，在体内 3 个月可降解。

其他广泛研究的还有 ε- 己内酯（PCL）、聚 3- 羟基丁酸酯（PHB）、聚氰基丙烯酸酯、聚甲基丙烯酸酯。

9.6.1.2 微囊化方法

制备微囊的方法总的来说分为三类，一类为物理化学法，又称为相分离法，包括单凝聚法、复凝聚法、溶剂 – 非溶剂法、改变温度法、液中干燥法等。第二类为物理机械法，包括喷雾干燥法、喷雾冻凝法等。另一类为化学法，包括界面缩聚法和辐射交联法等。可根据药物和囊材的性质、微囊的粒度、释放性能以及靶向性要求，选择不同的微囊化方法。

A. 物理化学法　物理化学法成囊在液相中进行，是在囊心物与囊材的混合溶液中，加入另一种物质或不良溶剂，或采用适宜方法使囊材溶解度降低而凝聚在囊心物周围，形成一个新相，这种制备微囊的方法称为相分离法。由于应用设备简单，高分子材料来源广泛，可将多种药物微囊化，相分离法现已成为药物微囊化的主要工艺之一。

　a. 单凝聚法：单凝聚法是相分离法中较常用的方法，它是在一种高分子囊材（如明胶或 CAP）溶液中加入凝聚剂以降低囊材溶解度，使之凝聚成囊的方法。其基本原理是将药物分散在明胶材料溶液中，然后加入凝聚剂（强亲水性电解质硫酸钠或硫酸铵的水溶液，或为强亲水性的非电解质如乙醇或丙酮），由于明胶分子水化膜中的水分子与凝聚剂结合，使明胶溶解度降低，从溶液中析出而凝聚成囊。此时凝聚相为高黏度、半流动的凝胶。凝聚过程是可逆的，一旦解除促进凝聚的条件，就会发生解凝聚，使凝聚囊很快消失。在制备过程中可以利用这种可逆性，经过几次凝聚与解凝聚过程，直到析出满意的凝聚囊。最后再采取措施使囊壁交联固化定型，成为不凝结、不粘连、不可逆的球形微囊。

　　单凝聚法常用的囊材有明胶、CAP、EC、CMC 或海藻酸盐等。影响高分子囊材凝聚的主要因素是囊材的浓度、温度及电解质的性质。囊材浓度越高，越易凝聚；温度升高，不利于凝聚；电解质中阴离子促进胶凝作用比阳离子大。

　　欲制得不可逆的微囊，必须加入固化剂固化。凝聚囊的固化可利用囊材的理化性质，如用 CAP 作囊材时，可利用 CAP 在酸性下不溶的性质，凝聚成囊后，立即倾入强酸介质中进行固化；用明胶为囊材时，常用甲醛作固化剂，通过胺缩醛反应使明胶分子相互交联而固化。

　b. 复凝聚法：复凝聚法是使用两种在溶液中带相反电荷的高分子材料作为复合囊材，在一定条件下，两种囊材相互交联且与囊心物凝聚成囊的方法。天然高分子材料中的多糖、脱氧核糖核酸、海藻酸钠、琼脂分子中都含有羧基，属于阴离子型。而明胶、酪蛋白等蛋白质分子中既含有自由的羧基，又含氨基，在不同的 pH 下，可以带正电荷或带负电荷，因此属于两性离子高分子材料。经常使用的两种带相反电荷的高分子材料的组合包括：明胶 – 阿拉伯胶（或 CMC、CAP、海藻酸盐）、海藻酸盐 – 聚赖氨酸、海藻酸盐 – 壳聚糖、海藻酸 – 白蛋白、白蛋白 – 阿拉伯胶。

在用单凝聚法及复凝聚法得到满意的微囊之前，有时还需升高温度或加水稀释，以提高凝聚物的亲水性，降低凝聚物的黏度，并提高界面张力，才能保证囊形良好并减少粘连，然后再交联固化。交联固化时，明胶常用醛类，CAP 可加酸，海藻酸盐加 $CaCl_2$，蛋白质可加热或用醛类。

复凝聚法及单凝聚法对于固态或液态的难溶性药物均能得到满意的微囊，但药物表面必须能被囊材凝聚相润湿，从而使药物能混悬或乳化于囊材凝聚相中，随凝聚相分散成囊，因此可根据药物性质加入适当的润湿剂。

c. 溶剂 – 非溶剂法：溶剂 – 非溶剂法是将囊材溶于某溶剂中（作为溶剂），药物混淆或乳化于囊材溶液中，然后加入一种对囊材不溶的溶剂（作为非溶剂），使囊材溶解度降低，引起相分离，而将药物包裹成囊的方法。药物可以是水溶性或亲水性的固态或液态药物，但必须对溶剂和非溶剂均不溶解，也不起反应。使用疏水材料，要用有机溶剂溶解，疏水的药物可与囊材混合溶解，如药物是亲水的，不溶于有机溶剂，可混悬在囊材溶液中。加入争夺有机溶剂的非溶剂使囊材降低溶解度而从溶液中分离，形成微囊，滤过，除去有机溶剂，即得。

d. 改变温度法：改变温度法通过控制温度成囊，不需加入凝聚剂。常用乙基纤维素作囊材，先在高温下将其溶解，然后温度降低使囊材溶解度降低而凝聚成囊。加入聚合物稳定剂可改善微囊间的粘连。如一种用聚异丁烯（PIB）为稳定剂与 EC、环己烷组成的三元体系，在 80℃溶解成均匀溶液，缓慢冷却至 45℃，再迅速冷却至 25℃，EC 即可凝聚成囊。

e. 液中干燥法：从乳状液中除去分散相挥发性溶剂以制备微囊的方法称为液中干燥法，亦称乳化 – 溶剂挥发法。多种化学结构不同的聚合物都可用作液中干燥法的囊材。液中干燥法的干燥工艺包括两个基本过程：溶剂萃取过程和溶剂蒸发过程。按操作，可分为连续干燥法、间歇干燥法和复乳法。前两种方法应用 O/W 型、W/O 型及 O/O 型乳状液，复乳法应用 W/O/W 型或 O/W/O 型复乳。三种方法都先要制备囊材的溶液，乳化后的囊材溶液处于乳状液的分散相，与连续相不相混溶，但囊材溶剂应对连续相有一定溶解度，否则萃取过程无法进行。连续干燥法及间歇干燥法中，如使用的囊材溶剂亦能溶解药物，则制得的是实体状微球，否则得到的是微囊；复乳法制得的是微囊。

B. 物理机械法　物理机械法包括喷雾干燥法、喷雾冻凝法等，其中喷雾干燥法最常用。

a. 喷雾干燥法：喷雾干燥法包括流化床喷雾干燥法与液滴喷雾干燥法。流化床喷雾干燥法又称空气悬浮法，设备装置基本上与片剂悬浮包衣装置相同，是利用垂直强气流使囊心物悬浮在包衣室中，囊材溶液通过喷嘴喷射于囊心物表面，包衣室中的热气流将溶剂挥干，囊心物表面形成薄膜而得微囊。喷雾干燥法比锅包衣法粘连较少，干燥较快。本法制备的微囊粒度一般在 35~5000μm 范围，囊材可以是多聚糖、明胶、醋、纤维素衍生物及合成聚合物。

液滴喷雾干燥法可用于固态或液态药物的微囊化，粒度范围为 5~600μm。工艺是先将囊心物分散在囊材溶液中，再用喷雾法将此混合物喷入惰性热气流使液滴干燥固化。如囊心物不溶于囊材溶液，可得到微囊；如能溶解，可得微球。

喷雾干燥法的影响因素包括混合液的黏度、均匀性、药物及囊材的黏度、喷雾的速度、喷雾方法及干燥工艺等。制备过程中微囊带电容易引起粘连，囊材溶液中可加入聚乙二醇、二氧化硅、滑石粉及硬脂酸镁作为抗黏剂，或在处方中使用水或水溶液，或采用无间歇连续喷雾工艺，均可减少微囊带电而避免粘连。

喷雾干燥法的缺点是在微囊壁上易形成较大的空洞通道，因此它适用于掩盖口味及臭味或把液态囊心转变为固态形式，不适用于制备以缓释或控释为目的的微囊。通过增加囊材含量、减少囊心物含量可以得到壁膜较紧密坚实的微囊，因此根据实际需要来调整囊心物和囊材的比例可得到所需质量的囊壁。

b. 喷雾冻凝法：喷雾冻凝法是将囊心物分散于熔融的囊材中，再喷入冷气流中凝聚成囊的方法。与上述喷雾干燥法不同之处在于它不是利用热空气使喷雾液滴中溶剂受热而蒸发，而是利用冷的有机溶剂、非溶剂以及固体吸附粒子冷却和脱溶剂作用而干燥。适合于挥发油等易挥发、对热特别敏感或不稳定易氧化的药物。

喷雾冻凝法的囊材也可以是低熔点的蜡类、脂肪酸和脂肪醇等，它们在室温均为固体，在较高温度能熔融，制备时在喷雾室内通入循环冷空气使原来熔融状态的囊材冷凝成微囊。

C. 化学法　化学法利用单体或高分子在溶液中发生聚合反应或缩合反应，产生囊膜而制成微囊。本法的特点是不加凝聚剂，通常先制成 W/O 型或 O/W 型乳剂，再利用化学反应交联固化。

　　a. 界面缩聚法：界面缩聚法亦称界面聚合法，是将两种以上不相容的单体分别溶解在分散相和连续相中，通过在分散相与连续相的界面上发生单体的缩聚反应，生成微囊囊膜包裹药物形成微囊。

　　b. 辐射交联法：辐射交联法是将明胶或聚乙烯醇在乳化状态下，经 γ 射线照射，乳滴发生交联，形成微囊，再处理制得粉末状微囊。该法特点是工艺简单，但一般仅适合于水溶性药物，并需有辐射条件。

9.6.1.3 微囊中药物的释放特性

药物微囊化后，一般要求药物能定时定量地从微囊中释放出来，达到临床预定的要求。

A. 微囊中药物释放的速度与机制　微囊中药物释放的规律视微囊的种类和药物的性质而定，有的是零级释放，有的是一级释放，也有的符合 Higuchi 方程。要深入了解微囊释药的规律，应考虑释药机制，通常有以下三种。

　　a. 扩散：药物通过囊壁扩散，即微囊进入体内后，体液向微囊中渗透，使药物逐渐溶解，经囊壁而扩散到介质中，囊壁不溶解，这基本上是物理过程。而已溶解或黏附在囊壁表面的少量药物发生短暂的快速释放，被称为突释效应，然后囊心物才溶解形成饱和溶液而扩散出微囊。

　　b. 囊壁溶解：囊壁溶解的速度主要取决于囊材的性质、体液的体积、组成、pH 及温度等，不涉及酶的作用，亦属于物理化学过程。

　　c. 囊壁材料的降解、水解或在酶的作用下酶解：酶解是化学过程或生化过程。微囊进入体内后，囊壁可受胃蛋白酶或其他酶的消化与降解成为体内代谢产物，而使药物释放出来，但仍需经溶解和扩散才能进入体液。

B. 影响微囊药物释放速度的因素　一般用合成的可生物降解聚合物做囊

材的微囊，在降解之前，药物早已开始释放。如对聚酯的降解研究认为，聚酯最初阶段的降解为水解，以后酶解和水解才同时发生。酶解开始时主要使聚合物的相对分子质量降低，然后微囊才开始失重；释药的最初阶段主要靠扩散，此后释药速度主要取决于聚合物的降解（蚀解）。明胶微囊的释药机制包括酶的作用、囊壁的水合（膨胀）、降解、药物的解吸、扩散等。因此微囊的释药特性受到许多因素的影响，包括：

a. 与药物的有关因素：药物的解离常数、药物在聚合物相及水相的溶解度、扩散能力与分配系数、药物的粒度和多晶型。

b. 与囊材的有关因素。聚合物的相对分子质量或平均相对分子质量、结晶度、交联度、多孔性、孔隙的弯曲度、膨胀特性及降解特性、囊壁的厚度、聚合物基质的几何形状及尺寸、水合界面厚度等。

c. 其他因素：如载药量、增塑剂、填充剂、稀释剂、扩散剂、介质的 pH 等。

d. 以上诸因素的相互影响：这些因素比较复杂，许多细节尚未深入研究。

常见的影响微囊释药的因素：

A. 微囊的粒度　在囊壁材料和厚度相同的条件下，一般微囊粒度愈小则表面积愈大，释药速度也愈大。也有研究表明微囊粒度增大时释药速度也增大，其解释为大的囊心物在制备微囊时未能包封完全。

B. 囊壁的厚度　囊壁材料相同时，囊壁愈厚释药愈慢。也可以说，囊心物与囊材的质量比愈小，释药愈慢。增大药物与囊材比例会增大药物含量，提高释药速度。

C. 囊壁的物理化学性质　不同的囊材形成的囊壁具有不同的物理化学性质。孔隙率较小的囊材，形成的微囊释药慢。如明胶形成的囊壁具有网状结构，孔隙很大，药物嵌入网状孔隙中，释放较快。聚酰胺形成的囊壁孔隙较小，药物释放比明胶慢得多。常用的几种囊材形成的囊壁释药速度的顺序为：明胶＞乙基纤维素＞苯乙烯－马来酐共聚物＞聚酰胺。

若用界面缩聚法包囊，在水相中加入二乙烯三胺（或三乙烯四胺）交联剂，所形成的聚酰胺囊壁孔隙增大，可使释药加快。用明胶－阿拉伯胶复凝聚法成囊，若欲延缓释放，可加入适量低黏度（0.4 cPa·s）的乙基纤维素，使其沉淀在囊壁孔隙内堵塞部分孔隙而降低释药速度。

复合囊材亦有不同的释药速度。如磺胺噻唑微囊化时，以明胶－海藻酸钠形成的囊壁释药最快，明胶－果胶形成的囊壁释药最慢。

D. 药物的性质　药物的溶解度与微囊中药物释放速度有密切关系，在囊材等条件相同时，溶解度大的药物释放较快。药物在囊壁与水之间的分配系数大小反映了水中溶解度大小，故亦影响释放速度。因此使药物缓释的方法之一，是将药物先制成溶解度较小的衍生物或缓释型固体分散体，然后再微囊化。

E. 附加剂的影响　加入疏水性物质如硬脂酸、蜂蜡、十六醇以及巴西棕榈蜡等作附加剂，能够延缓药物释放。

F. 工艺条件　成囊时采用不同的工艺条件，对释药速度也有影响。如其他工艺相同，仅干燥条件不同，则释药速度也不同。冷冻干燥或喷雾干燥的微囊，其释药速度比烘箱干燥的微囊大。

G. pH 的影响　在不同的 pH 条件下微囊的释药速度也可能不同。如以壳聚糖－海藻酸盐为囊材的尼莫地平微囊，在 pH7.2 时释药速度明显快于 pH1.4 时，这是由于囊材中的海藻酸盐在 pH 较高时可以缓慢溶解以致微囊破裂。

H. 溶出介质离子强度的影响　在不同离子强度的溶出介质中微囊释放药物的速度也不同。

9.6.2　质量控制关键点

微囊的质量评价，除制成制剂应符合药典有关制剂的规定外，大致还包括以下内容：

A. 微囊的形态、粒度及其分布　微囊的形态应为圆球形或椭圆形的封闭囊状物，大小应均匀，分散性好。微囊粒度要求应根据要制成的剂型及用药途径给定。如制成注射剂，应符合混悬型注射剂要求。

微囊的形态可用光学显微镜和电子显微镜观察并提供照片。粒度测定可用自动粒度测定仪、Coulter 计数仪，也可用显微镜测定，每个样品测定的微囊不少于 500 个。粒度分布可以粒度为横坐标，以频率为纵坐标，绘制直方图。频率可以用粒子个数为基准数，即每一单元粒度的个数除以总数，也可以质量为基准计算，即每个粒度范围的微囊所占的质量分数。粒度分布亦可用跨距表示，跨距与小分布愈窄，即大小愈均匀：

跨距 $= (D_{0.9} - D_{0.1}) / D_{0.5}$

式中：$D_{0.1}$，$D_{0.5}$，$D_{0.9}$ 分别表示粒度分布图中相应于 10%，50%，

90% 处的粒度。

B. 微囊中药物的含量　微囊中药物含量测定一般采用溶剂提取法。溶剂的选择原则应使药物最大限度溶出而溶解囊材最少，且溶剂本身不干扰含量测定。

C. 微囊的载药量与包封率　对于粉末状微囊，可以仅测定载药量，对于混悬于液态介质中的微囊，可用离心或滤过等方法分离微囊，再计算载药量和包封率。

载药量可由以下公式求得：

微囊载药量 ＝（微囊内的药量／微囊的总质量）×100%

包封率可由下式计算：

包封率 ＝［微囊内的药量／（微囊内药量＋介质中药量）］×100%

D. 微囊中药物释放速度

10 固体制剂新技术发展与展望

10.1 冻干片技术

10.1.1 概念

冻干片技术是一种用于制造口腔崩解片（Orally disintegrating tablets，简称ODT）的方法，它不采用压片的方法，而使用真空冷冻干燥的方法直接制造出固态片剂。为与压片法的口腔崩解片产生区别，冻干片剂的产品常称作冻干片（图10-1）。冻干片剂使药液先冻结成固态，然后在固态下直接去除溶剂得到干燥态的药品。

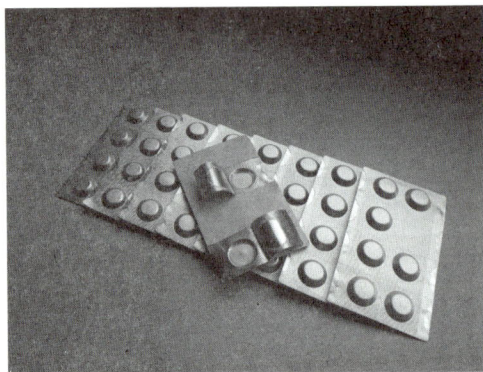

图 10-1　一种冻干片产品

10.1.2 发展历史

冻干片剂起源于口腔崩解片的技术，1970年代末，惠氏（Weyth）公司开展一种在水中或舌上能迅速溶解的固体制剂的处方及基本工艺研究，并在随后引入谢勒（R.P.Scherer）公司作为合作伙伴，重点研究将其产业化制备的生产工艺。20世纪80年代初，谢勒（R.P.Scherer）公司利用冷冻干燥技术制得了多孔疏松破片产品，此种产品不需用水送服即可快速溶于舌上，随后将这种方法命名为Zydis。

1998年，美国FDA将口腔崩解片定义为创新剂型，2008年还发布口腔崩解片指南，明确定义口腔崩解片是一种含药的固体制剂，置舌面上时，可迅速崩解。口腔崩解片的特点包括质轻、粒度小、所含组分溶解性好及崩解迅速。

口腔崩解片开发的目的就是为了提高药物使用的方便性，解决特定适应证和特殊患者人群的用药顺应性。该类产品被设计为当遇到唾液后能迅速崩解和溶解，而无需咀嚼、不用整片吞咽或用水服用。这种给药方式希望能对儿童、老年、吞咽困难及服药顺应性差的患者带来益处。

目前，已有的口腔崩解片技术有冻干法、直接压片法、湿法压片法、湿法制粒压片法等，在欧美上市的口腔崩解片主要采用冻干法或直接压片法，直接压片法是制备崩解片最为简单的方式，该法采用普通片剂的生产工艺，便可制备崩解片，但对于原辅料的粉体学性质尤其是流动性存在特定要求。冷冻干燥法是在低温条件下，将药物定量分装于一定模具中冷冻成固态，再通过升华作用去除水分。冻干片密度小、孔隙率大，在口腔内能迅速崩解，口感好，但强度不高、易碎、较难保持片剂完整性。

10.1.3 冻干片剂的优势

冻干片剂提供了一种新型给药技术，能够给服药困难的群体提供一种便捷的给药解决方案，如抗拒型服药，无水服药等状况。

冻干片剂制造出的冻干片，能够在口腔内快速分散，直接通过黏膜吸收迅速起效，改善服药顺应性，降低肝脏首过效应，减少毒副作用。

冻干片剂取消了传统的制粒、混合、压片、包衣等易产尘的工艺，大大降低了污染和交叉污染的风险。

10.1.4 冻干片剂的工艺

冷冻干燥法是为了提高难溶性和低渗透性药物溶出度和口服生物利用度的一种技术。口腔崩解片冷冻干燥法就是将药品溶液在低温下速冻成固体，然后在真空条件下直接升华干燥，除去冰晶的一种干燥方法。

口腔崩解冻干片的处方组成主要包括 API 及其他辅料，可使冻干后制剂具有一定形状和强度。为使冷冻干燥制备的片剂疏松多孔，药物溶液或混悬液中必须保持一定量的气泡，制备的关键首先在于"速冻"。其次，为使药物在混悬液中分布均匀，在混悬液中加入一定量长链高分子物质和表面活性剂，如多肽类（明胶）、多糖类（右旋糖酐等）、胶类（阿拉伯胶）、纤维素类、海藻酸盐类、PVP、聚乙烯醇等，同时因其结构特点也可保持混悬液中的小气泡。根据不同处方需要还可以加入其他辅料，常用的有润湿剂（乙醇）、抑菌剂、抗氧剂及香料等。在口腔崩解片处方中基质辅料比非常重要，既保证口服后迅速溶解，使药物溶出，又能保持足够的硬度防止贮存和运输过程破坏。

冷冻干燥法制备片剂，与传统片剂有很大不同，其片剂中无崩解剂存在，且片剂外观呈疏松片状，重量轻，虽内含较多细小空隙，但硬度基本没有，遇水即散（或坍塌）。基于片剂具有较高的孔隙率，少量水分即可在短时间内沿孔隙进入片剂内部，达到快速释药过程。冷冻过程中，通过加快冷冻速度，可使有些药物在重结晶过程中晶格的排列发生改变，使结晶颗粒粒度减小，比表面积增大，从而达到增加药物溶解度的效果。

冻干片剂的工艺包含原辅料配液混合、定量灌装、低温冻结、进冻干箱、低温干燥、出冻干箱、品质检查和密封包装，其主要工艺流程如图10-2。

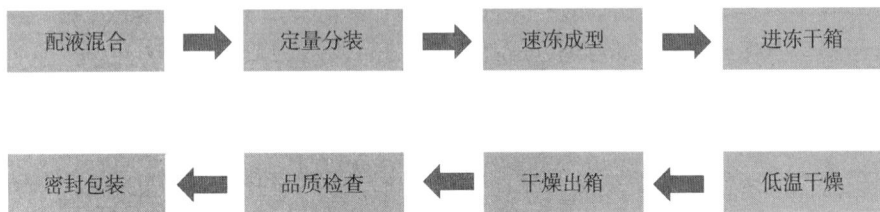

图10-2　冻干片剂工艺流程简图

冻干片剂的原辅料配液混合工艺主要是将原料和辅料按照一定比例进行配比混合，此溶液一般浓度都比较高，以保证冻干后会有一个好的形态。辅料成分主要为稀释剂、保护剂和赋形剂，主要起填充片剂、冻干时保护有效成分和形成良好的冻干形态的作用。

药液配制完成以后，通过计量泵进行定量灌装。在灌装前首先需将包材进行冲压成型，然后将灌装针头对准成型的包材凹槽，再启动灌装程序进行灌装，灌装的精度必须符合现行版《中国药典》中对于片剂的有关规定。灌装过程需对灌装的液量进行取样，确保灌装的准确性与一致性。

药液灌装入包材的凹槽后，需速冻成型。常规的机械制冷不足以在极短的时间内将药液冻结，因此应采用液氮直喷技术使药液瞬间冷凝，药液完成速冻后需要在低温环境中储存。

冻结后药品在低温环境中储存达到过冷状态后，再装入冻干片剂机板层上，整个过程需快速完成或者在持续的低温环境中自动完成，确保药品在装箱转运过程中不会融化。

药品装载到冻干机的过程中，冻干机的板层需预先维持低温，确保在持续的装载过程中药品不会融化。装载完成以后，关闭冻干机箱门，进行抽真空与低温升华干燥。干燥结束后进行复压掺气，待箱内恢复到常压后打开箱门进行卸料操作。

　　干燥后的产品是一个完全敞开的状态，由于冻干产品固有的较强吸湿性，进行卸料操作时，产品与空气直接接触可能会影响最终含水量，因此干燥出箱的操作需在一个控湿环境下快速完成。

　　药品在速冻、冻干或转运过程中，由于冷热膨胀原理、干燥动力学特性和药包材材料特性的影响，可能会产生药品形态的异样或破损、包材凹槽内药片的移位或缺失等现象，因此在密封包装前需对已干燥的产品进行视觉识别和记录，待包装后进行残次品的剔除。

　　干燥后的产品经过视觉识别和记录以后，进行热熔压合，再进行版块裁切。裁切完成后根据视觉识别的记录将不合格的药版进行剔除，合格的药品进入后续的装盒工艺。

10.1.5　冻干片剂设备

　　冻干片剂的设备根据制备工艺定制，达到过程自动化与机械自动化的高度融合。

10.1.5.1　速冻成型机（图 10-3）

　　速冻成型机是实现包材成型、药液灌装、包材拆切和速冻成型的自动化设备。速冻成型机结构包含包材装载机构、包材成型机构、包材牵引机构、药液配制罐、药液灌装系统、包材裁切机构、速冻隧道和控制系统。

图 10-3　速冻成型机

速冻成型机的工作流程：把成卷的包材安装到包材装载机构上，第一次装载时需人工将包材穿过成型机构和裁切机构，在牵引机构上固定；包材装载完成后，将药液配制罐与药液灌装系统确认连接；启动机器后牵引机构依次将包材牵引到成型工位冲压成型，灌装工位定量灌装，再裁切成适当的大张尺寸包材，进速冻隧道凝固，再通过传输带将大张尺寸的包材输送到下游工位。

速冻成型机的关键参数包括冻干用的药包材的理化性质；配制罐的搅拌形式和温度控制；成型机构的模具精度、速度、互换性和包材成型质量；牵引机构的同步性和牵引精度；裁切机构的裁切质量和精度；速冻隧道的控温精度、最低温度和运行速度；以上各系统的匹配性与连续性。

10.1.5.2 片剂真空冷冻干燥机（图 10-4）

片剂真空冷冻干燥机是一种专门用于制造冻干片剂的过程控制设备。它与普通的冻干机最大的不同点是板层间距小板层数量多，冷凝器的总体捕水量小。冻干片剂机的结构包含板层、冻干箱、冷凝器、制冷系统、真空系统、硅油循环系统、气动和液压系统、掺气复压系统、清洗灭菌系统和控制系统。

片剂真空冷冻干燥机的工作流程：制冷系统将板层降温到设定温度，并维持低温状态；通过人工或者机械装置将含冻结药液的包材放满冻干板层，关闭箱门；启动真空系统对整个容器进行抽真空，到达设定真空值后对内部环境的真空度进行控制；板层冷冻到达维持时间后，启动硅油循环系统对板层进行加热，使药液中的溶剂升华；升华结束后破真空出箱，冻干结束。

片剂真空冷冻干燥机的关键参数包括进料阶段板层制冷的温度与偏差、升华过程容器内的真空度与偏差和升华终点判断的压力升值。

10.1.5.3 泡罩包装机（图 10-5）

泡罩包装机是一种用于冻干片剂后密封包装的机械设备，其主要结构包括定位机构、检测装置、热封机构、压痕机构、裁切机构、牵引机构和控制系统。

泡罩包装机的工作流程：将冻干后的产品放到定位机构上，定位机构将产品送入检测装置；检测装置主要运用视觉识别技术对产品的外观质量进行检查和确认，并形成数据储存；通过热封机构对冻干后的产品进行密封；通过压痕机构压出撕裂线，便于使用时冻干片的取出；通过裁切机构将大版分割成小版便于后续的包装。

泡罩包装机的关键参数包括定位装置的精度、检查装置的合格标准与不合格数据库以及热封温度、牵引速度和精度。

图 10-4　片剂真空冷冻干燥机

图 10-5　泡罩包装机

10.2 纳米制药技术

10.2.1 概述

纳米的研究范围通常是指 1~100nm。最早提出纳米尺寸上科学和技术问题的是著名物理学家、诺贝尔奖获得者理查德·费恩曼，纳米尺寸上的多学科交叉展现了巨大的生命力，迅速形成了一个有广泛学科内容和潜在应用前景的研究和应用领域。

纳米技术在医药领域近年来有了更深入的研究和应用，在肿瘤治疗和影像学中已有相关的研究和应用。

10.2.2 医药纳米技术的主要优势

A. 药物增溶　减小粒度、控制粒度分布，可提高药物溶解性，易于吸收。

B. 可靶向释放（被动靶向分布）。

C. 可控释放（尺寸大小）。

D. 易于透皮吸收、易于穿过生物屏障（如血脑屏障、血眼屏障、细胞生物膜屏障）等。

10.2.3 纳米药物制备技术

纳米粉体药物制备的关键是控制药物颗粒的大小和获得较窄且均匀的粒度分布，减少或消除粒子团聚现象，保证用药有效、安全和稳定。

制备纳米材料中最基本的原则：将大块固体分裂成纳米微粒；由单个基本微粒聚集，并控制聚集微粒的生长，使其维持在纳米尺寸。在该原则下纳米药物粉体制备技术可细分为3类，即机械粉碎法、物理分散法和化学合成法。

10.2.3.1 机械粉碎法

机械粉碎法除了有振动磨、气流粉碎机、超声喷雾器等设备外，还研究开发出了新的机械粉碎技术，如超临界流体技术、超临界流体—液膜超声技术、高压均质法—气穴爆破技术等先进技术。

高压均质法—气穴爆破法系利用高压均质设备，在高压下将微粉化药物与表面活性剂溶液挤出直径约 25μm 的孔隙。由于被挤流体在孔隙中的动压瞬间极大地增加，而在挤出孔隙时其静压迅速减小，在室温条件下发生水的剧烈沸腾，产生气穴和爆裂现象，使药物微粉进一步崩碎。经过 10~20 次循环可得到粒子大小在 100~1000nm、固体含量 10%~20% 的纳米混悬剂。

机械粉碎法优点是成本低、产量高、工艺简单。

图 10-6 为超临界二氧化碳萃取法制备纳米粒子原理示意。

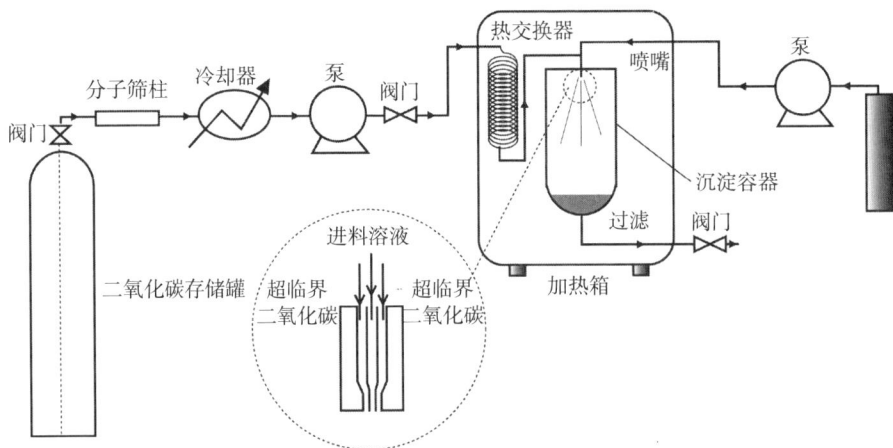

图 10-6　超临界二氧化碳萃取法制备纳米粒子原理示意图

溶液经泵加压和超临界二氧化碳通过同轴喷嘴喷入沉淀容器，当超临界二氧化碳注入沉淀容器时使溶液膨胀，产生颗粒沉积，所得颗粒在过滤器上进行收集，沉淀容器内继续通入二氧化碳来除去颗粒中的溶剂，得到纳米粒子。

10.2.3.2 物理分散法

目前，常用的物理分散法有乳化－溶剂挥发法、高压乳化法、逆向蒸发法和溶剂蒸发法等方法。

10.2.3.2.1 乳化–溶剂挥发法

乳化–溶剂挥发法基本包括四个步骤：药物的加入、乳滴的形成、溶剂的去除、微球的干燥和回收。乳滴的性能是乳化–溶剂挥发法的关键因素，决定微球的粒度和粒度分布。

乳化–溶剂挥发法优点是操作简单方便、能够提高药物稳定性和能够延缓药效释放。

图 10-7 为喷雾干燥法制备牛血清白蛋白纳米粒子原理示意。

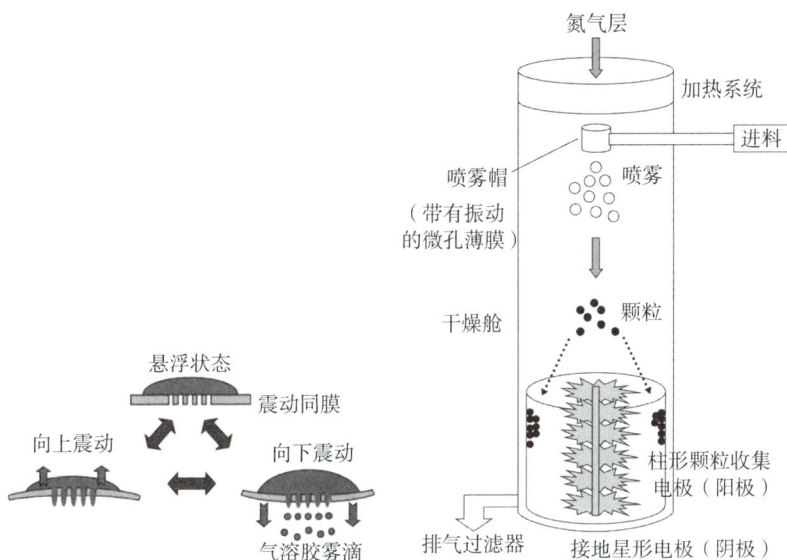

图 10-7　纳米喷雾干燥原理示意图

使用材料：牛血清白蛋白（BSA）、组分 V、聚山梨酯、纯水。

使用设备：Spray Dryer B90（Buchi Labortechnik AG Flawil Switzerland）。

原理：将不同浓度的 BSA 和聚山梨酯 80 水溶液溶解在纯水中，所有溶液再通过 0.45μm 的过滤器过滤，经过喷雾帽（带有振动的微孔滤膜）压电晶体驱动雾化成气溶胶雾滴，经干燥后被柱形颗粒收集电极收集，形成 BSA 纳米颗粒。

10.2.3.2.2 高压乳化法

高压乳化法的原理是用高压推动液体通过狭缝，流体在短距离内加速到非常高的速率，利用非常高的剪切力和空穴力撕开颗粒至亚微米尺度。该法包括两种基本技术：热乳匀法和冷乳匀法。

高压乳化法优点是制备的粉体粒度分布窄，且均匀；制备过程不易受外界环境影响。

10.2.3.2.3 逆向蒸发法

逆向蒸发法是将磷脂等膜材料有机溶剂，加入待包封的药物水溶液进行短时超声，直到形成稳定的 W/O 形乳状液，减压蒸发除去有机溶剂，应用适当的方法除去未包入的药物，即得纳米药物粉体颗粒。

10.2.3.2.4 溶剂蒸发法

溶剂蒸发法一般采用聚合物和药物的有机溶液与水在乳化剂存在下形成稳定乳液，经高压匀乳或超声后，在连续搅拌及一定温度和压力条件下蒸去溶剂即得纳米混悬液或假胶。影响药物粉体粒子大小的因素有乳化剂、相比例、搅拌速度和蒸发速度等。

10.2.3.3 化学合成法

常用的化学合成法分为乳化聚合法和乳液法两种。

10.2.3.3.1 乳化聚合法

乳化聚合是一种经典的、常用的高分子合成方法，系将两种互不相溶的溶剂在表面活性剂的作用下形成微乳液，在微乳滴中单体经成核、聚结、团聚、热处理后得纳米药物粉体粒子。影响药物粉体粒子大小的因素包括：pH、乳化剂和稳定剂种类及用量、单体浓度等。

目前，乳化聚合法已应用于制备阿苯达唑口服纳米球、口服胰岛素毫微球、口服胰岛素聚维酮脂质体、缓释的左炔诺孕酮纳米粒。

10.2.3.3.2 乳液法

乳液法是指通过纳米微乳化技术制成的一类粒度在纳米级、各向同性且热力学和动力学稳定的胶体分散体系。其工艺过程是：

A. 将水、表面活性剂和助表面活性剂的混合物加热到与脂质相同温度。

B. 在温度高于脂质的熔点下，加入脂质熔融体，并搅拌。

C. 当以合适的比率混合时，在温和搅拌下就可以获得透明的、热力学稳定的微乳体系。

10.3 热熔挤出技术

10.3.1 热熔挤出技术的概述

自 20 世纪 30 年代起，热熔挤出技术（Hot Melt Extrusion，HME）便已应用于塑料和食品行业。20 世纪 80 年代，HME 被当作提高难溶性 API 的溶解度和生物利用度的技术。HME 技术作为新型的药物传递技术，创造性地将加工技术与药学结合起来进行药物传递研究。该技术可在聚合物载体中对 API 进行分子分散，增强其功效。对于不能采取其他方式进行溶解的新型活性成分，可采用 HME 进行溶解，生成的聚合物溶体适于直接形成片剂、球体、植入剂、粉剂、膜剂或贴剂。

HME 技术结合了固体分散体技术和机械制备的诸多优势，实现了无粉尘、可连续化操作、良好的重现性以及极高的生产效率。该技术不仅可以促进难溶性活性成分溶解从而提高其生物利用度，还可用于延缓水溶性活性成分的溶解，制备缓控释或肠溶制剂；此外，还能应用于制备掩味微丸或者其他特殊形状的制剂，如膜剂、棒剂等。由于整个挤出过程持续时间很短且无须加入水或有机溶剂，因此不需加热干燥，不易发生水解等问题。热熔挤出原理如图 10-8。

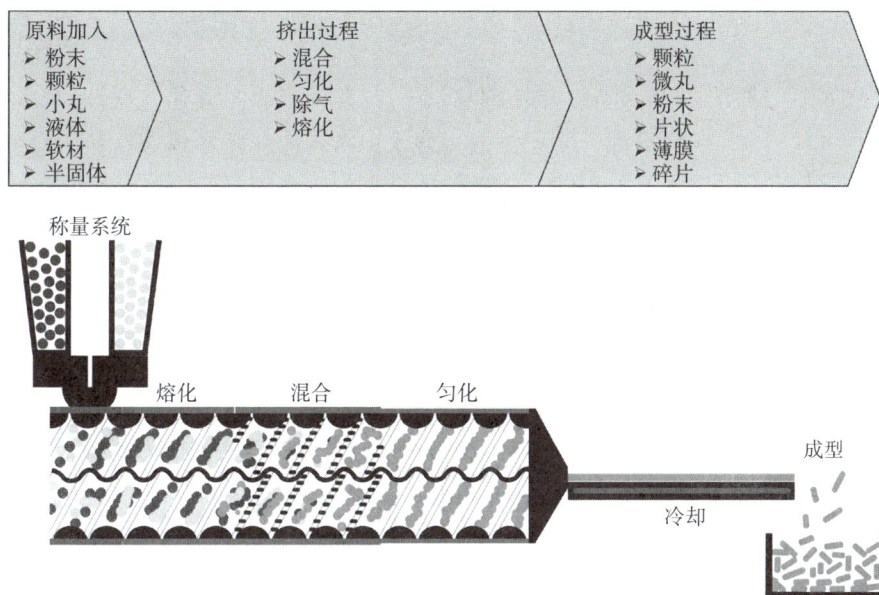

图 10-8　热熔挤出原理示意图

热熔挤出的技术特点：

- 连续的工艺过程
- 可一次形成最终产品
- 过程中无有机溶剂问题（安全，节约，环保）
- 产品中无溶剂残留
- 无需表面活性剂，极少使用增塑剂
- 改善可溶性差药物的生物利用度
- 适配过程分析仪器（PAT）可实现过程设计
- 剂型新颖（植入型给药新剂型、直接挤出透皮吸收产品、共挤缓释产品）

10.3.2 热熔挤出设备

HME 技术的设备为熔融挤出机，可分为柱塞式和螺杆式，柱塞式由于混合能力不强，逐渐被淘汰。螺杆式挤出机分为单螺杆、双螺杆和多螺杆，目前在制剂领域应用最多的为前两种。单双螺杆挤出机都是由加料系统、传动系统、螺杆机筒系统、加热冷却系统、机头口模系统、监控系统以及下游辅助加工系统构成。

单螺杆挤出机采用整体式结构，由加料段、熔融段、计量段三部分构成，见图 10-9。

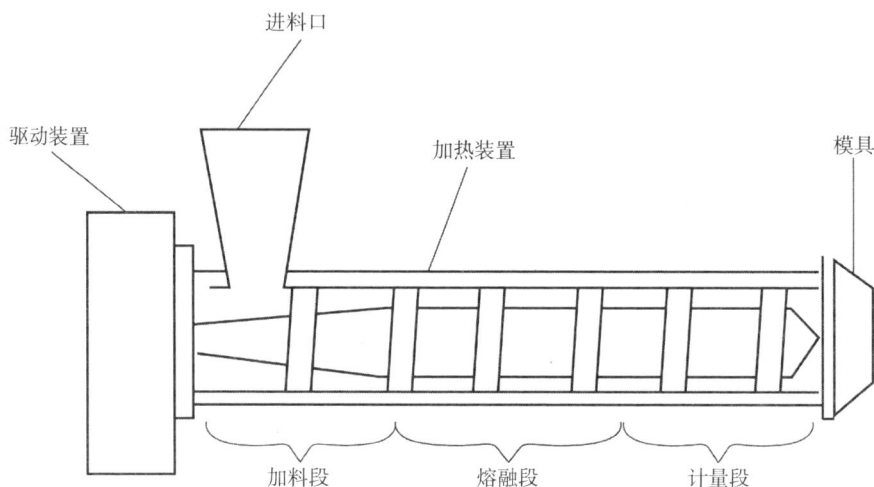

图 10-9　单螺杆挤出机示意图

与单螺杆挤出机相比，双螺杆挤出机具有更多的优点：

A. 物料的平均滞留时间短。停留时间的分布范围窄，一般在 1~10 分钟之间。

B. 在高剪切和啮合力的作用下，物料的混合效果会更好一些。

C. 两根螺杆互相啮合，彼此刮擦，具有较高的自洁能力，减少物料的浪费。

D. 操作参数可控性强，可连续操作进行挤出和混合过程，各个区段的螺杆可以任意搭配，具有灵活多变的特性，模口也能按照形状任意改变。

E. 混合能力加强；分布型混合和分散性混合相互交错，使得药物和载体物料的混合更加均匀。

由于常见的用于食品行业或化工行业的挤出机一般螺杆及机筒的机械

结构都较为复杂，因此如何实现对于挤出机螺杆及机筒的拆卸和清洗以满足GMP要求也是热熔挤出技术在制药行业应用的一大难点。目前模块化的双螺杆挤出机被认为是最适合制药行业的热熔挤出设备，见图10-10。

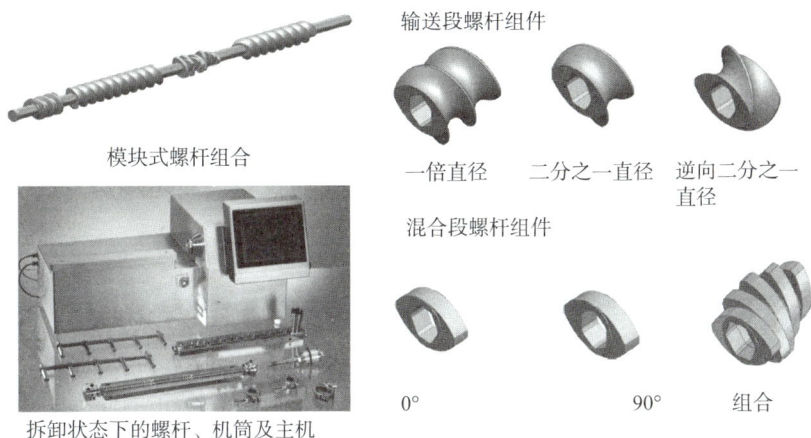

图 10-10　双螺杆挤出机

模块式的螺杆组合可更换不同的螺杆组件，其中主要分输送段和混合段。输送段主要起向前输送物料作用，并配合机筒加热物料，使聚合物熔融；混合段负责将 API 等主要成分均匀混合分布到熔融状态的聚合物中，通过增减混合段的数量或调整混合段间的角度组合可有效调整混合剪切力，以适配不同处方及工艺。因此螺杆的组合是热熔挤出过程中的重要工艺参数。

10.3.3　热熔挤出的工艺流程

热熔挤出过程中，API 和载体以及各种辅料首先借助体积式单螺杆或双螺杆喂料机以定量的方式连续加入挤出机。这些原辅料具有各种形状和流动特性，对原料进行精确、可重现的计量，再将其装入挤出机对热熔挤出工艺相当重要。为保证进料的精确，常常会使用带有称量反馈的喂料机，实时监控喂料过程中失重的速率，实现对喂料螺杆转速的反馈控制，以实现均匀准确地连续喂料。此外对于不同的物料，有时需要选择或设计不同的螺杆。

进料后，在挤出机的机械作用力和机筒外加热量的作用下，首先将物料熔融，然后进行分布和分散混合使 API 和各种辅料均匀分散于载体中，再进一步进行脱挥操作将降解的小分子和水分等从物料中脱除，最后由挤出机螺杆建压将物料从机头挤出。在整个混合挤出过程中由于各种物料的熔点不同，因此应当对机筒实现精确地分段温度检测和控制。此外因为每种聚合物的流变性质不同，常需要对螺杆进行模块化的设计和更换以应对不同的产品工艺需求。在挤出机的末端借助挤出口模将分散有 API 的聚合物挤出，针对模型可以有不同的设计，来制成下游固体剂型生产所预期的剂型。常见的一些使用热熔挤出的剂型模型包括膜剂模型（如透皮贴剂和口溶疗法）、共挤出模型（形成填埋避孕药和皮下控释制剂的共挤出物）、挤出滚圆模型（形成段状物，方便滚圆处理）。

物料从挤出机中挤出后，可以采用风冷、水冷、冷却辊等进行冷却定型，最后根据药剂的需要进行粉碎、切粒或者收卷等以得到制备的目标形态，如图 10-11 所示。

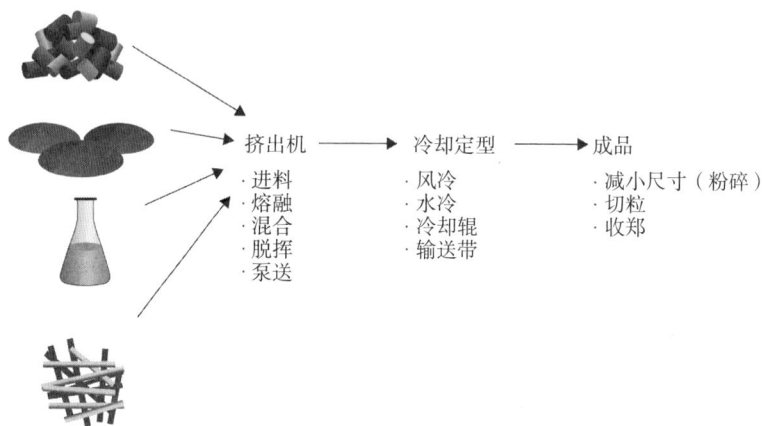

图 10-11　热熔挤出工艺流程示意图

通过热熔挤出来生产的一些新剂型在临床上已经得到了广泛应用，其中一些常见的包括诺雷得（Zoladex）、维格列汀二甲酸胍、奥拉帕尼、苏沃雷生等。表 10-1 为美国 FDA 批准的热熔挤出技术制备的产品。

表 10-1　FDA 批准的热熔挤出技术制备的产品

商品名	公司	原料药物	聚合物	适应证
Covera-HS	Pfizer	盐酸维拉帕米	羟丙基纤维素（HPC）	高血压与心绞痛
Cris-PEG	Pedinol Pharmacal	灰黄霉素（griseofulvin）	聚乙二醇（PEG）	真菌感染（甲癣）
Implanon	Organon	依托孕烯（etonogestrel）	乙烯 - 醋酸乙烯共聚物（EVA）	避孕
Kaletra	Abbott Laboratories	洛匹那韦（lopinavir）利托那韦（ritonavir）	聚乙烯吡咯烷酮 / 聚乙烯醇（PVP/PVA）	HIV 感染

商品名	公司	原料药物	聚合物	适应证
Norvlr	Abbott Laboratories	利托那韦	PEG- 甘油酯	HIV 感染
Noxafil	Merck	泊沙康唑（posaconazole）	醋酸羟丙甲基纤维素琥珀酸酯（HPMCAS）	侵袭性真菌感染
Nuroten	Reckitt Benckiser Healthcare	布洛芬	羟丙甲基纤维（HPMC）	疼痛
Nuva Ring	Merck	炔雌醇、依托孕烯	EVA	避孕
Onmel	Merz	伊曲康唑（itraconazole）	HPMC	甲癣
Orzurdex	Allergan	地塞米松	聚乳酸 – 羟基乙酸共聚物（PLGA）	黄斑水肿；葡萄膜炎

10.4 连续生产

10.4.1 概述

连续生产是产品制造的各道工序前后必须紧密相连的生产方式，即从原材料投入生产到成品制成为止，按照工艺要求，各个工序必须顺次连续进行。连续生产是一种原材料被持续不断送入系统而同时系统终端将持续不断产出成品的生产方式。

连续生产的应用可以为口服固体制剂行业的生产带来颠覆性的革命。产品以批次生产进行时，一个工序接着一个工序完成。批次生产方式中，每个工序的生产及放行时间实际上并不长，但在生产过程中，由于每个生产工序完成后都需要进行检验，检验结果合格后物料才能进入下一个工序进行生产，致使需要花费大量的时间用于产品周转和检验。比如，一种药品的生产及放行时间平均用时约 2 天，但加上在各工序的转运、检验以及等待转运、检验的暂存时间，使得生产总流程需要 30~60 天才能完成。

为了缩短生产时间、提高生产效率，大部分制药企业都采取加大批次投放量以减少取样次数及中间检验次数的手段，但这同样也带来了很多弊端：一是设备体积、重量越来越大，变得越来越笨重、不灵活且占用空间大。另外，生产车间还必须考虑分级除尘净化、公用工程管道分布、人流物流通道等因素，再加上药品离线检验、现场清场和设备清洗维护时需要在生产空间预留出中间品暂存空间等，导致药企厂房的占地面积越建越大，需要更大的初始成本、更长的生产加工时间、更多的资源投入和更高的运行维护成本；二是造成多批次大量物料在生产现场各个工序之间多次频繁的转移，这使得药品生产成了劳动密集型操作，对不同工序之间的批量物料的安全和有效的转移也提出了质量挑战；三是随着单批次产量的增大，工艺放大的风险增加，产品质量的平行放大性无法保证，在大批次的生产中，一个小小的意外可能意味着整个批次产品的报废；四是造成大量库存，会给生产企业带来额外资金周转压力。此外更换批次时间长以及断续生产，还会造成交货期长、市场反应慢等不利影响。

与批次生产的笨重繁琐相比，连续生产无疑大大提高了生产的灵活性。例如一条常见的小试连续生产线，产量在 5~15kg/h 之间，由于连线生产设计紧凑，一整条线从称量到压片或胶囊填充可以在一个房间内完成。当进行小试工艺摸索时，批次生产需对每个工艺参数进行多次甚至数十次对照实验。而连续生产时，只需在不停机情况下调整工艺参数即可连续获得不同的对照实验结果，其高灵活性将极大地缩短新药研发周期；而中试及商业生产时，只需运行确定下来的工艺参数，并延长生产时间，即可理论上最大产量达到每天 360kg（15kg/h × 24h），可满足相当种类药品的产量需求。特别是对于治疗流感的药物等具有季节性特征的产品，更可以根据当前的市场需求生产，通过临时减少或增加生产时间加强紧急情况下的反应能力，方便快捷地对产量进行调整。由于在工艺放大过程后，生产设备仍维持在小试设备大小，主要工艺流程在同一房间，因此大大降低工艺放大的风险，同时大大减少了占用厂房的空间，不再需要耗费额外的人力和程序进行物料的周转。

连续生产工厂占地面积小，因此可以建造在灵活或移动式的环境中，例如集装箱，或将厂房组成模块化建造，可方便快捷的进行拼装、拆卸和移动。有些台式的连续生产系统甚至只需要几平方米的空间。如此灵活的生产系统可以运输到任何指定位置并立即投入应用（如流行病发生地、军事用途、太空旅行等）。连续生产作为一种制造技术，正在逐步成为制药业未来技术竞争和市场竞争的新焦点，并有可能成为开启制药新时代的钥匙。

尽管还未得到广泛应用，但连续生产对于制药工业来说，并非完全是新事物。一些连续制药生产工艺（如分离）已经使用了几十年。在口服固体制药生产中，干法制粒、压片、挤出以及胶囊填充等本身都是连续生产工艺。然而，由于过去这些工艺中没有能持续生产的同时又能持续保证质量的方法，所以仍然是使用批的方式进行连续生产。而诸如连续的制粒、干燥、混合等工艺，在化工及食品行业已经有了相当的应用，但是这类应用并不能符合药品生产中的 GMP 标准和对产品质量的跟踪控制。

药品的质量问题是重中之重，连续生产的实施并非只是工艺的变化，更需要应用 PAT 过程分析技术等方法对生产质量控制体系进行同步的改革。只有当实时的质量保证在连续生产工艺的控制中得到完全使用，真正的连续生产才能在制药工业得到实施。

10.4.2 连续生产的发展状况

连续生产在制药领域的实施正处于起步阶段，虽然国际上对于连续生产制药的热情持续已久，但由于连续生产技术进入制药领域的时间较晚，且实现技术难度较大，真正有实际进展的成果还屈指可数，但也取得了可喜的成绩。

2016 年 4 月，美国强生公司位于波多黎各的药品生产基地的 HIV 病毒药物地瑞拉韦片的连续生产车间工艺转换获得美国 FDA 批准，这是美国 FDA 首个批准批次生产向连续生产的生产工艺变更。

总部位于印第安纳州的礼来制药公司投资近 4000 万美元在位于爱尔兰的基地建设药品连续生产工厂，该工厂将成为礼来制药的全球连续生产中心。

辉瑞公司和葛兰素史克公司也已经在连续生产领域展开合作。葛兰素史克公司还在新加坡建立了一个连续生产生产厂，用于生产原料药和呼吸系统药物。

美国 Vertex 制药投资 3000 万美元在美国波士顿建设面积约 4000 平方英尺的连续生产药品生产车间。医药代加工公司好利安制药也在新泽西州建设连续生产车间用于 Vertex 公司的产品生产。

在制药企业加快推进连续生产实施的同时，世界各国监管部门也在积极响应。美国 FDA 通过各种法规及指南的出台，持续为医药行业的连续生产铺平道路。"面向 21 世纪的制药 CGMPs– 基于风险的方法"可以追溯到 2003 年，随后 2004 年又发布了"PAT 指南"。ICH 对连续生产也实行间接支持，例如 2006 年的 ICHQ8 和 Q9，2009 年的 ICHQ8 R1 以及 2013 年的 ICH Q11。FDA–EMA 的质量源于设计（QbD）也认可这种从经验向机械过程理解的转变，这将为制药公司提供更多的自由，使连续生产成为可能。然而，成功实施连续生产的一个关键因素是有效的整厂控制策略。在这方面，主要目标是提供优秀且稳定的产品质量和降低与终端产品离线测试相关的高质量成本。如果实现了完全自动化和受控的流程概念，则可以执行实时放行测试（RTRT）。

值得一提的是，2017 年 6 月 23 日，美国 FDA 通过《联邦公报（Federal

Register）》发布口服固体制剂的连续生产当前建议（Current Recommendations for Implementing and Developing Continuous Manufacturing of Solid Dosage Drug Products in Pharmaceutical Manufacturing）公开征求意见稿。美国FDA的这份建议征求意见稿的发布，旨在鼓励企业创新和实施连续生产的同时，提出连续生产的原则要求。这在推动连续生产制药在全球范围内的发展和进步，有着不可忽视的作用。

在国内，2016年10月，中华人民共和国工业和信息化部联合国家发改委、科技部、商务部等五部委，根据国家"十三五"规划纲要和《中国制造2025》，编制了《医药工业发展规划指南》，指南中着重提到"支持建设5家以上应用连续生产技术的药品生产车间，探索药品生产方式从间歇生产到连续生产的转变。"新趋势要求我们必须在提高产品质量和生产技术方面做出改变，响应"中国制造2025"的国家战略，共同推进制药连续生产进程，最终推动我国制药工业更快、更强地发展。

10.4.3 连续生产的特点

连续生产作为制药领域的新兴生产技术，相比于传统的批次生产方式而言，主要有以下特点：

A. 降低设备占用空间　连续生产支持产品生产不间断地进行，允许24小时不间断生产。连续生产线相对紧凑，工艺步骤、设备以及相应空间的减少使连续生产运行变得更加高效。而在批生产系统中，由于需要料桶转运、缓存、检验等操作，布局相对复杂，需要的空间也比连续生产大很多。

批生产和连续生产既可按同层水平布局设计，也可按多层垂直布局设计，但是如果采用多层垂直布局设计，会使物料的处理变得最为便利。批生产每个步骤完成后都需将物料转运到下游设备上进行加料，这样耗费了大量的时间和人工，而且物料转运时需要用大量的IBC。在连续生产时，采用垂直重力流布局，物料从原包装袋或桶直接加入到连续生产线中。空的原包装袋或桶可以直接作为废品处理掉。连续生产工艺没有中间产品或需要中间干预的停止点，因此不需要用到IBC。那与IBC相关的存储房间、IBC清洗设备等在连续生产中都不需要，这样与批生产相比减少了大量的厂房面积，同时也节省了IBC操作和清洗所需的人工。尽管连续生产在在线分析和过程控制方面的成本也很高，但最后总的投资成本还是远远低于传统批生产。

B. 提高生产效率　连续生产由于其可不间断生产的特性，相比于传统的生产方式，在相同时间内可以生产更多的产品。在未来，药品将有可能借助 PAT 技术及智能化控制系统实现实时检测放行，可以将往常一个批次需要一个月才能完成的生产任务缩短到一天内完成。这意味着在一个成熟化的连续生产工厂内，原料将源源不断的输入系统，而成品将会源源不断从系统终端输出流向市场。

C. 灵活性　灵活性是连续生产的一个重要优点：通过现有的连续生产线，新工艺可以被迅速的开发出来。与其他工业（比如石油化工）相比，制药工业的连续生产一般都不需要一年 365 天持续运行，而只需要运行一到数周，然后再切换成其他的产品或工艺。对于某些产量超大的特殊产品，可有一条专用连续线进行整年生产。在同一套连续生产系统中，既可进行药品开发，同时又能直接用于生产，给药企提供了额外的灵活性。此外，通过减少生产时间和增加紧急情况下的反应能力，根据当前的市场需求使用连续生产，可以很方便地对产量进行增加和减少。通过有选择地引入连续工艺步骤也给生产环境带来额外的灵活性。例如，混合、制粒及压片可以连续进行，而包衣可以仍然在批模式下完成。

D. 不存在批次放大的验证要求　连续生产设备的规模和体积不会随着产品产量的变化而变化，不会像批次生产方式那样，设备的体积随着批量的增加要相应地发生变化，也不存在在批量放大的过程中，设备表面积与体积发生巨大变化而导致产品性状、质量发生重大差异的情况发生。尽管有些产品每年的市场需求量多达数吨，但通常情况下，API 的需求量只有几千克到几百千克。因此，连续生产线可以设计成 0.1~5kg/h 的 API 生产速率，以及五倍的后段生产能力。在某些情况下，可以减少或完全消除工艺放大（更多的时候为了连续处理较低的产量而进行工艺缩小）。例如，一个标准的 16 毫米的双螺杆制粒机每小时的产量是几千克，运行一个月的产量是几千千克，这可能足以满足一年的全球需求。而且，同样的双螺杆制粒机也可以在产品研发阶段使用，这样使得复杂而棘手的工艺放大工作变得多余。这同样适用于那些难于工艺放大的系统，如生物反应器、生物分离过程、粉末混合机或流化床系统。

通过消除可能成为产品上市路径上巨大瓶颈的工艺放大这个步骤，连续生产将使生产过程变得更加敏捷，可以快速地适应市场需求的变化，随时增加产量而不会有放大相关的问题。此外，连续生产还能显著地促进靶向治疗方法、特别是突破性新药所需的临床研发的进展。

E. 减少人为干预　连续生产可以节省批次生产中各工序间的物料转运环节，且生产线连续不间断生产，自动化程度高，最大限度地减少生产人员数量以及人与物料的接触几率，减少生产过程的人为干预，既可节省人工成本又可降低人为操作失误几率。

F. 减少库存　连续生产由于其生产效率高和生产周期短等特点，可实现按需生产，且不需要各工序间的物料转运环节，可有效减少半成品、成品库存。

G. 加速供应链　现有的供应链可能要持续几个月，甚至一年或更长。例如，公司 A 完成几个合成步骤后，将中间产品运送给公司 B 和公司 C，公司 B 和 C 完成后续的合成步骤。最后，API 再运回公司 A 完成药品的生产。采用这种方式，公司需要花很长的时间才能适应市场需求的变化，且不能在紧急需要（如流行病爆发）的情况下及时采取行动。此外，长供应链使临床开发阶段变得复杂化。例如，从 Ⅱ 期临床到 Ⅲ 期临床需要大量的 API 物料。为了避免明显的延误，在 Ⅲ 期临床投资的决定必须在 Ⅱ 期的结果出来之前做出。在这方面的错误选择可能会导致大量的损失，如投资不需要的设备和场地、延误进入市场的时机、因专利寿命周期较短而产生的收入损失。端到端的连续生产工厂可以显著改善这种情况，并减少存储和中间运输成本。

H. 缩短研发周期　在批次生产中，每个生产工艺流程都会有数个重要工艺参数（CPP），即自变量。为了研究每个自变量对药品质量（CQA）的影响，需在控制其他参数的情况下，先对单个参数进行数次甚至数十次的对照试验，通过逼近法寻求此参数的最优值，而后再依次研究其他参数。最终可能需要进行数百次甚至更多的实验，光在工艺摸索阶段就要耗费大量的人力、物力及时间。而在连续生产中，只需在不停机的情况下不断调整单个参数，既可以不断得到不同结果。不但能快速优化工艺，而且得到的结果可以反映 CPP 与 CQA 的变化趋势关联性，更全面地理解整个工艺过程。

当然，连续生产的优势也不仅体现在上述几个方面，随着连续生产方式在制药领域的推广及发展，其他优势也将逐渐凸显。总之，连续生产可在优化产能、减少生产空间、降低人工费用等因素的基础上，降低生产成本。业内人士乐观地认为制药领域的未来属于连续生产，这种新的生产方式将具有多种多样的应用可能性。

10.4.4 连续生产工艺

口服固体制剂连续生产主要有三种工艺路线：直接压片、干法制粒和湿法制粒。

所有的口服固体连续生产工艺路线都以相同的方式开始：使用喂料器连续将原辅料加入到连续生产系统中（为了保证加料量恒定以及各原辅料比例正确，喂料器一般采用失重式控制），然后将原辅料进行连续混合，使API和辅料均匀分布。混合完成后，不同的工艺路线所需要的下游设备会不一样。

直接压片是三种工艺中最简单的，物料从连续混合机出来后，由于使用了能提高粉末流动性和可压性的特殊辅料，因此可以直接进入压片机或胶囊填充机，被压成药片或制成胶囊。

如果采用干法制粒工艺，物料从混合机出来后就被送至压辊干法制粒机，干法制粒机将粉末压成薄片，并粉碎成颗粒。除了压辊制粒，在化工行业常见的熔融制粒法也是未来口服固体制剂行业潜在的连续干法制粒方式。干颗粒无需干燥即可直接去压片或填充胶囊。

湿法制粒工艺相对复杂，常见的湿法制粒方式为混合后的物料进入双螺杆制粒机制成湿颗粒，再进行连续干燥。干燥颗粒经过整粒后去压片或填充胶囊。此外软材通过湿法挤出后再连续滚圆形成含药丸心也可以视作一种连续湿法造粒方式。

上述三种工艺生产的药片最终都可加入连续包衣机连续得到最终的包衣片，并最终可以与流水线式的包装生产线相连，直接完成包装并流向市场。

10.4.5 连续生产设备

连续生产要将原辅料制成相应的固体制剂需涉及多种单元操作。其中一些单元设备，如干法制粒机、压片机、胶囊填充机本来就是连续型生产方式，但是由于大多数设备本身性能不够完善，尚不能进行连续生产；同时也有一些单元设备，如连续混合机、双螺杆制粒机、流化床连续干燥机、连续包衣机是专门为连续生产系统而设计。

10.4.5.1 连续喂料机

连续生产采用的喂料机通常为失重式喂料器，是由料斗、破架桥机构、输送螺杆、称重系统和控制器组成的机器（图10-13）。在操作中，料斗、物料和输送螺杆被共同连续地进行称重。随着物料送出后，测量真实的失重速率，并将它与所需要的失重速率（设定值）加以比较。失重式喂料器通过调节输送螺杆速率来自动修正偏离设定点的偏值，从而可以均匀准确地连续喂送物料。

10.4.5.2 连续混合机

在制药连续生产中使用的连续混合机为一种管状混合机（图10-14）。管状混合机主要包含圆柱形的腔体及搅拌轴等。圆柱形腔体的直径一般从3"到6"。搅拌轴沿轴线方向布置有许多叶片。搅拌轴的速度、叶片的形状和数量以及叶片的倾斜角度会对混合性能有直接影响，可以根据需要进行调节。粉体从混合机一端加入，通过旋转叶片及持续加入的粉体向前推动，从另一端排出。粉体在混合机中的停留时间（RTD）的长短，对于混合性能的影响非常关键。除了通过改变上述参数来改变粉体停留时间以外，不同厂家的连续混合机还有各自独特的一些设计。如在混合机出口处增加挡板，通过改变挡板的角度来改变RTD；调节改变混合机的倾斜角度也可以改变RTD。

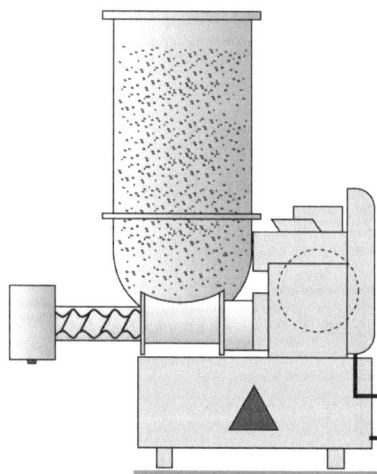

图 10-13　连续喂料机示意图

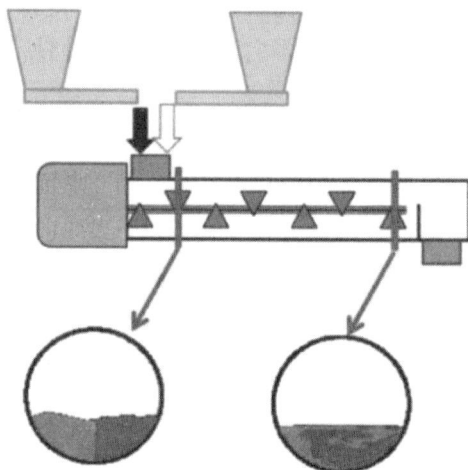

图 10-14　连续混合机示意图

10.4.5.3 双螺杆制粒机

双螺杆制粒机（图10-15）是一种理想的连续制粒工具，可在极短的时间内在同一台机器中进行输送、混合、润湿和剪切。双螺杆制粒机最初由双螺杆挤出机转换而来，其结构与双螺杆挤出机基本相同，主要包括传动、加料装置、料筒、螺杆、机头、加浆装置等几个部分，与挤出机最显著的区别是不需要口模。此外，料筒一般为分体式，以满足药品生产中GMP要求的清洁规范。

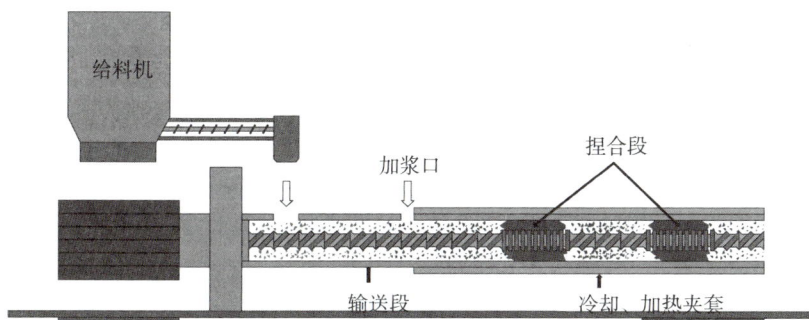

图 10-15　双螺杆制粒机示意图

与连续混合机一样，物料在双螺杆制粒机中的停留时间分布（RTD），是表征制粒机性能的一个重要参数。了解 RTD 及 RTD 的影响因素对连续制粒及其控制是非常重要的。

双螺杆制粒机同时也是一个高效的混合机。制粒机内物料的流动类似于一个连续式混合机。不同的揉捏和混合螺杆元件可以延长物料停留时间（RTD），并在此过程中形成轴向混合。因此，在某些情况下，原辅料不经过连续混合机，可以按比例直接进入双螺杆连续制粒机中完成混合。

10.4.5.4　连续干燥机

连续生产的干燥是基于传统的干燥技术。其原理是控制所有湿颗粒在干燥室内的停留时间一致，以使所有颗粒经过相同时间的干燥后得到含水量相同的干颗粒。目前使用较多的方式是半连续分区式流化床，将传统的批生产流化床产品锅分隔成多个区域，分别为加料区、干燥区、出料区。加料区和出料区各一个，而干燥区一般有多个。物料流遵循先进先出的原则，连续的物料流被分成不同的小块，每一小块物料在不同的隔腔内进行干燥，干燥完后排出然后再重新加载湿物料，周而复始，形成连续的干燥工艺。卧式连续流化床也可以实现连续干燥，此外国外还有在干燥室内设置一定长度的管道，使所有颗粒匀速通过管道以控制停留时间。

10.4.5.5　连续包衣机

连续包衣机的原理类似于卧式连续流化床，即在传统包衣机的基础上纵向延长包衣室，使药片在上下运动之外慢速向后方运动，最终出料。其原理同样是要控制所有药片在包衣室内的停留时间一致，使所有通过包衣室的药片包上相同厚度的包衣膜。连续包衣技术在国外已经出现相当长一段时间，但是由于过去没有成熟的前段连续生产工艺与之对接，使得该技术在国内推广相对缓慢。

10.4.6 连续生产中的 PAT 技术

PAT 即过程分析技术，是实现真正连续生产的核心。随着制剂生产由单独批次生产转向连续生产，PAT 技术扮演着越来越重要的作用。

10.4.7 连续生产智能化控制

在固体制剂的连续生产过程中，需要应用 PAT 技术来实现对生产过程的"内在理解"。从研发阶段开始，首先应确定产品需要达到的要求，并基于风险分析的方法定义产品质量的潜在关键属性（CQA）。下一步应定义一个可以提供质量属性（CQA）连续监测的生产工艺过程，同时进行原料和产品的风险分析，进一步确认该产品的关键质量属性（CQA），并基于实验设计（DOE）的方法定义设计空间（Design Space）、关键控制参数（CPP）和控制策略。

由于整个连续化生产线通常会涉及多个数据来源，例如来自整线的 SCADA 系统或者 DCS 系统的单变量工艺数据，这些数据来源系统又包括装料系统、连续喂料、双螺杆制粒、连续干燥系统、压片和连续包衣系统；来自测量关键质量属性（CQA）的 PAT 分析仪表的多变量数据，例如原位或在线形式的近红外或拉曼仪表的混合物料的 API 含量、微波颗粒的含水量分析以及原位影像粒度分布分析；来自实验室管理系统 LIMS 的原料参数数据和最终产品的质量数据写回 LIMS 系统；来自 MES 系统的产品批次编号和生产工单号等生产管理数据等。以上数据来源具有数据种类繁多、采集时间周期不同和需要数据的双向通讯等特点。

整线控制的系统架构中可采用一种 PAT 数据管理软件对众多数据源的数据进行统一的管理，包括采集、处理、归档和分析。软件平台还可以提供关键质量属性（CQA）的在线监测和质量评估，根据评估规则实时决定产品质量是否在规定质量区间内；能提供生产质量数据的记录和归档，作为数据放行的数据基础；能支持对 PAT 分析仪表进行校验管理，验证管理和适应性测试等操作；同时应符合美国 FDA 的 CFR 21 Part11，欧盟 ANNEX 11 以及中国 GMP（2010 年修订）对计算机化系统的电子签名和审计追踪等要求。

10.4.7.1 智能化数据的采集

A. 工艺数据采集　PAT 数据管理软件应使用符合工业标准的开放接口连接来自于自动化系统的数据，自动化系统应包括 SCADA、DCS、Batch 等系统。PAT 数据管理软件通过 OPC 从自动化系统读取干燥器温度和通风风量，制粒螺杆转速和黏合剂添加速度，整粒机电机转速这些关键控制参数（CPP）；相同的 OPC 通信接口也应可用于传递 Batch 系统的批次操作和阶段的启动停止等信息给 PAT 数据管理软件；同时自动化系统和 PAT 数据管理软件的在线工作状态（心跳信号）也应实现通信。具体方式为自动化系统主机作为 OPC 服务器提供 OPC 的 DA 服务，在 PAT 数据管理软件的采集站上进行 OPC 主机名（或 IP 地址）和 OPC 服务器名称等组态，不需要在 OPC 服务器上安装 PAT 数据管理软件的软件服务。

B. 检测数据采集　PAT 数据管理软件应可连接不同类型的分析仪表来捕捉过程分析数据。根据分析仪表厂商提供的 OEM 版软件驱动，PAT 数据管理软件不仅可以收集分析仪表的原始光谱数据，还可以对仪表进行全面的配置，包括校验、参考操作和系统适应测试。PAT 数据管理软件应提供分析仪表的完全配置和控制（需要分析仪厂商提供的驱动软件）。PAT 数据管理软件能集成整线上所有分析仪表的数据采集、管理和配置，不同类型的仪表可以具有统一的操作平台，利用这一优势可以使得仪表的培训和操作更加容易。通常情况下，仪表不得未经过初次性能检查就按照出厂设置进行工作，所以 PAT 数据管理软件应可通过软件工作流的顺序管理功能，且使用内部和外部标准执行校验和系统性能测试。PAT 数据管理软件会保留结果记录并与之后的测量结果保存在一起。具体方式为 PAT 数据管理软件在分析仪表自带主机上安装 PAT 数据管理软件对应分析仪表的接口软件，把分析仪表主机定义为采集站，完成分析仪表的完全配置和数据原始光谱和其他参数的采集。

C. LIMS 数据采集和回读　如果最终用户已经建立起 LIMS 系统，PAT 数据管理软件应能和 LIMS 系统进行双向的数据交互通讯。具体方式为来自 LIMS 的原料参数数据，如含水量、密度、粒度分布等，可作为背景数据记录到数据系统中，也可用于原料和 API 组分的分析仪表校验模型的建立；最终产品的大量关键质量参数（CQA）应由 PAT 数据管理软件写入 LIMS 系统，作为 LIMS 系统的归档数据存储。

10.4.7.2　智能化数据的建模分析

PAT 数据管理软件应能根据批次、时间等元素过滤已经存储的生产过程数据并发送到化学计量学软件，由外部化学计量学软件工具 Matlab、Umetrics SIMCA 和 CAMO UnscramblerX 建立 PLS 或 PCA 模型，并检查相关的工艺过程。除了模型组态，PAT 数据管理软件还应能驱动模型验证和优化，通常使用离线方式。

631

PAT 数据管理软件应可在整线生产的不同层级进行组态和使用模型：

A. 分析仪模型　模型建立在特定的分析仪表数据的基础上。基于 PAT 数据管理软件采集的原始光谱和 HPLC 等实验室分析的同期对应的样品分析，采用偏最小二乘法（PLS）和过滤算法建立校验 PLS 模型，应能采用主成分分析（PCA）法建立 PCA 模型进行识别测试。

B. 单元操作模型　模型建立在特定的单元操作（数据来自于自动化系统、分析仪表等）数据的基础上。例如双螺杆制粒机的温度和螺杆转速、固体料和黏合剂喂料速度等数据，建设采用主成分分析（PCA）法，建立 PCA 模型进行关键控制参数（CPP）的关系确认。

C. 高级过程或产品（生产线）模型　这是 PAT 数据管理软件应建立的最全面的模型。它基于一条完整的生产线的不同单元的操作数据。这些数据从原料属性参数到中间单元操作的产品属性和关键控制参数（CPP），一直到最终产品的关键质量属性（CQA）。PAT 数据管理软件应能使最终客户可以开发一个总的过程模型，采用高级控制策略实现对整线产品质量参数的监视和控制，从而确保最终产品的关键质量属性（CQA）处于标准之内。

10.4.7.3　智能化反馈执行

单元操作模型或过程模型作为开发一个控制模型的基础，被用来执行高级过程控制行为（反馈和前馈控制，模型预估控制等）。PAT 数据管理软件应提供基本的计算功能、高级计算功能（如移动平均标准偏差）和逻辑脚本的编辑功能。

PAT 数据管理软件应始终关注工艺过程的质量方面内容，并把相关信息提供给自动化控制系统。自动化控制系统继而关注于控制和修正行为。二者通过 OPC 接口进行实时通讯完成高级控制。PAT 数据管理软件可以和批次系统密切联系并实现配方步骤和 PAT 数据管理软件方式之间的紧密互动。这种同步能实现 PAT 数据管理软件对某批次的一个特定操作（或阶段）发出结束条件。

A. 数据可视化　PAT 数据管理软件应提供图形用户接口，可以交互地被用来收集数据，建立新的 PAT 方式，或者查找目前或者之前的产品批次的额外信息。所有的关键质量参数（CQA）都可在线监视。这些可视化应能由 PAT 数据管理软件人机界面完成或者嵌入到自动化系统架构中去。

B. 反馈回路控制系统　为把 PAT 集成到控制回路，PAT 数据管理软件应配置成把过程分析仪表预测的关键质量参数（CQA）返回到过程控制系统。控制系统可以把这些参数通过传统 PID 控制或者高级控制（APC）技术的方式用于内部批次控制，PAT 数据管理软件应能在线地把相关测量的数据发给控制系统，并可将数据再发送到其他 OPC 服务器。

10.4.7.4　智能化控制的记录与追溯

PAT 数据管理软件应能记录 PAT 方式的操作执行过程中产生的全部的测量和计算数据，并附带批次背景信息。相关数据应可供主流报表工具使用。PAT 数据管理软件需要具有一个开放通用的报表模块，例如采用微软的报表服务，用于供用户方便查询数据库，进行数据追溯。同时数据还应能无缝集成到 OFFICE 应用程序或其他统计软件包中去。

PAT 数据管理软件应提供可以实现数据的浏览、过滤和查询，可供建模软件使用正确数据，用于建立和优化模型。

10.5　3D 打印

10.5.1　3D 打印及 3D 打印制药

3D 打印即快速成型技术的一种，是一种以数字模型文件为基础，运用粉末状可黏合材料，通过逐层打印的方式来构造物体的技术。3D 打印通常是采用数字技术材料打印机来实现的，常在模具制造、工业设计等领域被用于制造模型，后逐渐用于一些产品的直接制造。目前，该技术在工业、建筑、汽车、航空航天、医疗等多领域均有应用，并正在被更多的领域所关注。

3D 打印制药是通过 3D 打印技术生产药片的过程，是 3D 打印技术在制药领域的应用，其依赖于计算机辅助设计，采用逐层打印方法制造出药品。在打印药品时，打印机制造出的是药物化合物，而非常见的聚合物。3D 打印的药物适合个体化治疗，不仅适用于不同的剂量，也适用于不同的剂型，通过设计和打印个体化剂型，使药物合并成单一药片或药丸，不仅可以使患者的治疗和时间安排更方便，而且还可以增加依从性。3D 打印技术在制药领域的应用，意味着药品生产的一大进步。

10.5.2　3D 打印与传统制造的对比

与其他药品生产工艺相比，3D 打印在产品复杂度、灵活性和产率上较为特别。作为一种层层堆积的工艺，3D 打印以生产公差换取个体化。同时，作为一种操作成本低的自动化工艺，3D 打印以规模换取按需生产。3D 打印与传统制造的巨大的差异，为先进的药物给药创造了机会。

与传统药品制造工艺相比，3D 打印制药技术具有很多有吸引力的优势：

A. 由于快速操作系统的高生产率，可大大缩短和简化制药工艺过程。

B. 药品的药物装载能力高，具有非常高的期望精度和准确度，尤其对有特殊用途的小剂量药物非常有效。

C. 可减少材料浪费，节省生产成本。

D. 可适应更多类型的药物活性成分，包括水溶性差的肽和蛋白质，以及用于特定疾病治疗又无需批量生产的药物。

另外，与人们普遍认为的 3D 打印速度缓慢的理解不同，3D 打印技术完全可以实现药物的批量生产。目前 3D 打印设备可实现在一台打印设备上每天生产数以万计的片剂产品。

与目前制药企业需要维护昂贵的专业设备以制造数量较少的药物的情况不同，3D 打印制药技术理论上只通过简单地更换制药过程中使用的原料药粉末，甚至仅仅通过更换"墨盒"就可以实现药物的生产。这种不断更换"墨盒"的方法还可以在特定情况下实现现场制药，即在患者身边或者在医院、药房等场所制造单体患者需求的药物，并可通过改变药物含量、组分为个体患者配置定制化药物，实现个体化需要。

10.5.3 3D 打印药品生产技术的发展

从本质上来说，制药行业是保守的，并且抗拒改变。多年来，药品生产技术及工艺流程一直没有实质性发展，虽然现有的工艺流程针对成本效益进行了最大优化，但并不灵活，很难与未来的药品研发及临床使用相适应。

3D 打印制药技术的出现有可能彻底改变药品的生产和管理方式，对制药行业、护理人员和患者产生深远影响，虽然很难使药品的大批量生产做出改变，但在药物的研究开发过程中越来越受到重视。该项技术在制药领域的应用已初显端倪。

2015 年 8 月 5 日，首款由 Aprecia 制药公司采用 ZipDose 3D 打印技术制备的 SPRITAM（左乙拉西坦，levetiracetam）速溶片得到美国 FDA 上市批准，并于 2016 年正式售卖。SPRITAM 具有层状、高度多孔结构，相比于传统药片质地更加疏松，能够迅速吸收液体塌陷形成悬浮液，更容易被人体所吸收，这种独特结构不能用传统的制药方法实现。该药物的获批上市意味着 3D 打印技术进一步向制药领域迈进，对未来实现精准性制药、针对性制药有着重大的意义。

尽管 3D 打印技术在制药领域的应用相比于在其他领域的应用稍显低调，但自从 SPRITAM 问世以来，短短两三年内，世界各地的大型制药公司和科研机构在 3D 打印制药技术上均有突破，仅 2017 年就成果显著。

2017 年 1 月，美国哥伦比亚大学开发了一种 3D 打印生物相容性微型装置，可植入体内释放药物，释放量由磁铁在体外进行控制，能够更精确地注射化疗药物，减少药物对人体造成的不良影响。7 月，英国诺丁汉大学与制药公司 GSK 联合开展"用喷射与 UV 光引发 3D 打印片剂"的研究项目，开启了个体化用药、改进小规模临床试验和"功能分级剂量设计"的先河。9 月，英国伦敦大学学院与生物科技公司 FabRx 达成合作，采用选择性激光烧结技术生产 3D 打印药物，药物剂量非常精确，而且未发现药物降解现象。10 月，我国陕西 3D 打印产业技术创新联盟举办了一场科技成果发布会，会上，3D 打印药物更适用于老人、孕妇、儿童、急症患者等特殊人群的药物受到广泛关注。11 月，阿根廷企业 Life Solutions Integrales 研发出首台专门用于制药的 3D 打印机，用户可以自由组合不同形状的药片以及材料，进而更好地控制药物释放到患者体内的时间和方式。12 月，英国生物科技公司 FabRx 重新调整了其 Magic Candy Factory 3D 打印机，使之能够生产剂量精确的片剂、胶囊、咀嚼制剂等药物，并能将多种药物组合在一起。同在 12 月，美国初创公司 Vitae Industries 研制的制药 3D 打印机，兼具生产药物和糖果的功能，工作效率高，还可以在完成任务后自动清理。英国制药公司 Cycle 和美国 3D 打印公司 Aprecia 达成合作，将用 3D 打印技术研制孤儿药（用于预防、诊断、治疗罕见病的药物），有望减少服药量进而克服吞咽困难，造福罕见病患者。

目前，3D 打印制药技术和 3D 打印制药设备还处于技术研究阶段，从研究成果上来看，3D 打印药物呈现出溶速快、药物释放时间可控、个体针对性强等特点，更加适用于老年人、孕妇、儿童、急症患者、罕见病患者等特殊人群，使得该技术受到制药企业的广泛关注。

10.5.4 3D 打印在制药工业应用（表 10-2）

3D 产品在产品的复杂性、个体化和定制化生产方面与传统生产工艺不同。传统的药品，如片剂，简单、均一，通常具有 2 年以上的有效期。3D 打印产品可以创造出复杂、个体化的产品，以及用于快速消费的产品。复杂产品可以改变药物对患者的影响，改进药物的顺应性和有效性。个体化产品可以降低副作用，简化儿童和老年人群的治疗。定制产品可以扩展急救用药的性能，为不太稳定的新药创造市场机会。总体来说，3D 打印技术在创新治疗和改进现有治疗的顺应性、安全性和有效性方面发挥了作用。

10.5.4.1 增加产品的复杂程度

药物给药剂型在近年的时间里在复杂程度方面不断演进。从草药到软膏、粉剂和乳剂，至 1878 年由 Robert Fuller 博士制备出片剂，20 世纪的剂型演进主要由聚合物科学推动。聚合物科学是缓释和迟释片剂、透皮系统和长效植入剂的基础。1996 年，3D 打印技术在药品的应用被首次报道，它在剂型演变中引入了新的元素，即计算机控制的物质排列。20 世纪的药品生产技术，药物与辅料在药品中的分布几乎完全由混合和包衣来控制。计算机控制物质的排列是剂型演变领域的跨越式改变，可能会激发速释、缓控释及复合药物产品的新变化。

A. 加快药物崩散　由于药品的结构能够影响到药物释放，复杂的 3D 结构为给药创造了新的机会。通过 3D 打印制药技术，可以在药片中创建特殊的网格结构，使其内部具有丰富的孔洞，具有极高的内表面积，能在短时间内被少量的水溶化，改善药物的释放行为，从而提高疗效并降低副作用，这对于儿童、老年人以及具有吞咽性障碍的患者服药具有重要意义。例如美国 FDA 最近批准的 3D 打印药品，SPRITAM，具有单一的多孔结构。它是通过 3D 打印工艺，不经压制，将粉体结合得到。这一结构含有 1000mg 左乙拉西坦，能够在服用少量水后几秒内崩解。

此外，增加溶出的策略还包括打印高表面积的形状及通过热熔挤出打印无定型物。3D 打印也可以为高活性 API 创造新的生产选项。

为解决与高活性药物职业暴露相关的问题，研究人员开发出无粉打印工艺，将 API 包裹在多层辅料中。其他则打印含 API 为 3ng 的极低剂量药品，其 RSD 为 10%。现在对于传统工业，在纳克级别是否可获得更好或更差的含量均匀度还不清楚。流化床制粒可以生产出 1μg 的片剂，其 RSD 小于 5%。

B. 改变药物的释放曲线　虽然 3D 打印技术可以用于速释给药产品，但 3D 打印研究主要集中于缓控释制剂。对于追求对释药动力学及药物靶点进行控制的研究人员，可以增加产品复杂程度的 3D 打印技术是非常有力的工具。

早期的工作显示 3D 打印可以复制已经存在的缓控释固体剂型，如骨架型片剂、用于脉冲释药的不溶或肠溶包衣的储库型双层片或包衣片，以及渗透泵。

3D 打印制药技术可以通过分层打印的方式在药片上改变药物的分布。比如，对于含有单一活性药物的药品，可以将大量的活性药物放入药片的中心，药片从内到外活性药物含量渐变降低，从而修改药物的释放曲线，便于靶向和有针对性地控制药物释放；对于含有多种具有不同释放速率的活性药物的药品，可以将某些（或某种）活性药物一起分装用于瞬时释放，将另外的活性药物打印在分开的隔室中用于持续释放，以满足对不同活性药物的不同释放速率的要求。3D 打印药物所具有的可改变溶出曲线的特点，有助于推动研发和制造更有效的针对性药物。

C. 复杂植入剂的制造　除固体给药剂型外，具有复杂药物释放曲线的 3D 打印植入剂也经常在文献中报道。

D. 在复合药物产品的应用　毫无疑问，最复杂的药物产品是药物 – 器械和药物 – 生物复合产品。计算机控制的物质排列，由于其内在的复杂性，对制备重要复合产品具有特殊的作用。在药物 – 器械方面，研究人员通过打印比米粒还小的无线控制的胶囊和磁力控制的微转运体，来应用于可控制的口服给药系统。另一些研究提出打印被动、载药器械，如载有抗生素的导尿管和主要由乙烯醋酸乙烯共聚物（ethylene vinyl acetate，EVA）组成的宫内孕器。对于药物 – 生物复合产品，3D 打印常见的应用是药物洗脱支架，主要用于药理控制的组织工程。

10.5.4.2 个体化

3D 打印制药技术最重要的突破是能够为患者量身定做药品。医学及药学的实践正在朝着个体化的方向发展，"一种剂量不适合所有人"，未来的药物将针对个体患者的需要而定制，同时考虑遗传图谱、年龄、种族、性别、表观遗传和环境因素的差异，以及内置即时、释放控制等，即针对个体提供特定治疗方案，以获得最大限度的治疗效果和最小的副作用。

个体化给药常常基于生物标记物对患者人群进行分类，辅助决定治疗方案。个体化也可用于个体化剂型的设计。与传统工艺相比，3D 打印有利于个体化。同时，自动化、小规模的 3D 打印操作成本可忽略不计。3D 打印产品可以使多批次、小规模、个体化批次的生产在经济上变得可行。这一生产模式也可以实现个体化给药、个体化植入以及个体化产品设计，改进顺应性。

A. 药物成分个体化　患者由于治疗的需要，常需每天服用多次、多种类的药物，会给患者造成很大的困扰，甚至会引起患者的反感，影响治疗效果。3D 打印制药技术通过在复杂的层结构中添加不同的原料药粉末，使药片中包含多种药物成分，可一次治疗多种疾病，让患者在单次给药中获得所需的所有药物。患者通过服用单一的药品即可实现所需要的治疗，减少具有复杂医疗需求的患者服药的种类和次数，尤其适用于婴幼儿、吞咽药物有困难的患者以及每天服用多种药物并容易发生混淆的老年人使用。

B. 药物剂量个体化　由于病情和病人体质不同，固定剂量的药片并不完全适用于所有患者或处于不同病情阶段患者，因此基于患者解剖学和药物代谢方面人群差异，个体化药物释放具有潜在的重要性。

个体化给药可以依据病人的体重和代谢，调整给药剂量。对于口服给药形式，通常通过简单的装置，如药勺或微片计数器实现，或将药片粉碎或掰开服用。

3D 打印制药技术通过一层一层打印的方法，可以根据患者的实际情况量身定做药品，在打印时增加或减少原料药物，在药片中添加药物的最佳剂量，代替采用标准剂量的药片，以满足患者的服用需求。另一个个体化给药概念是打印含多种药物复方制剂"polypills"，以将患者的所有药物都结合到单个日剂量中，以减少患者的服药数量，或者将少量（低于标准剂量）API 加入到一粒片剂中，以避免粉碎或掰开药片服用，致使给药剂量不精确的情况发生。

对于某些适应证，更加精准、个体化的给药具有更多潜在的好处。3D 打印剂型可以保证成长中儿童的精确给药，可以允许一些高活性药物，如茶碱、强尼松的个体化给药。

C. 药物形状个体化　3D 打印制药技术以其独特的制药原理及方法，能够按需制造几乎任何尺寸和形状的药片，以满足不同患者的个体化偏好。尤其对于不喜欢吃药的儿童，可以将药片制成各种有趣的形状，使之产生兴趣。例如，伦敦学院大学为儿童打印定制动物形状的药品。

D. 个体化在植入剂中的应用　植入剂的个体化体现在允许打印能匹配患者解剖学特点的植入剂。这一技术吸引了如气管夹板和骨移植等的医疗器械。载药 3D 打印植入剂也有文献报道。个体化载药植入剂也有提到。MIT 的研究人员最近报道另一种个体化植入剂，即含多种药物的植入剂，用于筛选药物在患者肿瘤中化疗的有效性。这些种类的植入剂可以 3D 打印。

10.5.4.3 按需生产

与家用喷射打印机相似，3D 打印机可以在短短几分钟内打印出不同形状的产品。在以下三种情况下，按需生产的能力对公共健康有益，即直接在患者身上打印、及时打印或其他资源有限的情形下，以及打印不稳定的药物，用于立即服用。

A. 直接在患者身上打印　尽管在患者身上打印似乎不现实，挤出和喷射技术已经用于按需制造组织工程支架和伤口愈合凝胶。

B. 及时打印或其他资源有限的情形下　按需打印在及时或资源有限的情形下，如灾区、急救室、手术室、救护车、ICU 病房和军事行动中非常有用。

　　另一个时间紧急的情形是药物开发。3D 打印的应用可以在药物开发阶段加速处方的优化，提高药物开发效率。3D 打印制药技术可以通过快速灵活的制药方法生产具有不同成分的小批量药物，从而简化现有制药工艺中繁琐的设备操作流程以及昂贵的设备维护费用，这使得制药企业能够以更安全和更低成本的方式来测试新研发的药物，从而大大提高新药物的研发进程，降低研发资金及资源的投入。例如，Milan 大学的研究团队 2021 年使用这一概念打印和测试了一系列注射模制迟释胶囊。

C. 不稳定药物的打印　按需喷射打印不稳定药物最早开始于 2011 年。研究人员在 2014 年应用 3D 打印这一概念。3D 打印制药技术使"按需制药"成为现实，医生和患者可以在打印机上按需打印药品，需要多少打多少，不需要则不打印。"按需制药"可以有效地减少由于药品库存而引发的一系列药品发潮变质以及过期等问题。诺丁汉大学的团队提出用于心绞痛的硝酸甘油，在储存中有降解的趋势，如果生产后立即使用，可以减少降解的影响。

表 10-2　3D 打印药物技术的应用

应用分类	3D 打印的能力		药物给药应用举例	潜在的药物和经济效益
增加产品的复杂度	打印无法模制或难于制造的形状		可以口腔崩解的高度多孔产品； 近似零释放的环状产品	改善药物顺应性； 改进药物的有效性； 降低副作用； 基于复方产品的新治疗用途
	数控的物质排列		可用于调节释放的辅料成分； 在打印时控制 API 的多晶型； 复杂的药物-器械结合产品	

应用分类	3D 打印的能力		药物给药应用举例	潜在的药物和经济效益
个体化	使用同一设备打印多种形状		潜在药物的个体化给药；为成长中的儿童设计的个体化给药；匹配患者个人的载药植入剂；为儿童定制的口服固体制剂形状	减小副作用；适合的儿童给药剂量；减小植入后的并发症；增加儿童给药的顺应性
	在简单、模块化的设计中改变组合方式		在单一剂型中结合不同药物和释放机理的复方制剂 "Polypills" 技术；不同填充的中空产品，用于控制药物释放速率	降低长者的用药负担；基于患者的解剖学特点和药物代谢，设计合理的药物释放
按需生产	没有中间加工，从数字设计快打印		在急救中打印；直接在患者身上打印；减少药物开发过程中的实验障碍	扩展手术和急救药物的能力；减少新药上市所需时间
	在医护中心打印		效期较短的药物	新药上市

10.5.5 3D 打印制药技术

10.5.5.1 3D 打印技术的共性

根据输入材料和操作形式的不同，目前存在几种不同的 3D 打印技术，其共同特点为大多数的 3D 打印技术从数字设计到生产固体制剂之间都遵从相同的操作。

A. 设计　目标产品以计算机设计出来。设计可以是通过计算机辅助设计软件（CAD）3D 形式，或与要打印层相对应的一系列的 2D 图片。

B. 将设计转化为机器可读的格式　3D 设计被转化为 STL 文件格式，用于描述 3D 模型的外表面。3D 打印软件将这些表面切割成独立的可打印层，转化为层层数字指令，提供给打印设备。对于采用 3D 打印技术制造的独立物体，软件可以针对在何处打印支撑材料、提供打印过程中的支架给出建议。

C. 原材料的处理　原料药可以处理成为颗粒、丝状物或黏合剂溶液，以便打印。

D. 打印　原料药以自动、层层堆积的方式加入和固化，以生产出目标产品。

E. 移除和后处理　打印结束后，产品可能需要干燥、烧结、抛光或其他后处理工序过程。在这个阶段，没有打印的材料可能被收集起来，回收，继续用于打印工序。

10.5.5.2　3D打印技术介绍

A. 黏合剂层积法（图10-16）　用于药品生产的主要的3D打印技术是喷射层积在粉床上。在这个工艺步骤中，喷射打印机将以小液滴形式存在的药物或黏合剂以精准的速率、运动和大小喷射在粉床上。没有结合的粉床则作为自由成形或多孔结构的支撑材料。打印设备中的液体配方可能只含有黏合剂，粉床可能含有活性成分及其他辅料。此外，API也可以以溶液或纳米混悬液的形式喷射在粉床上。

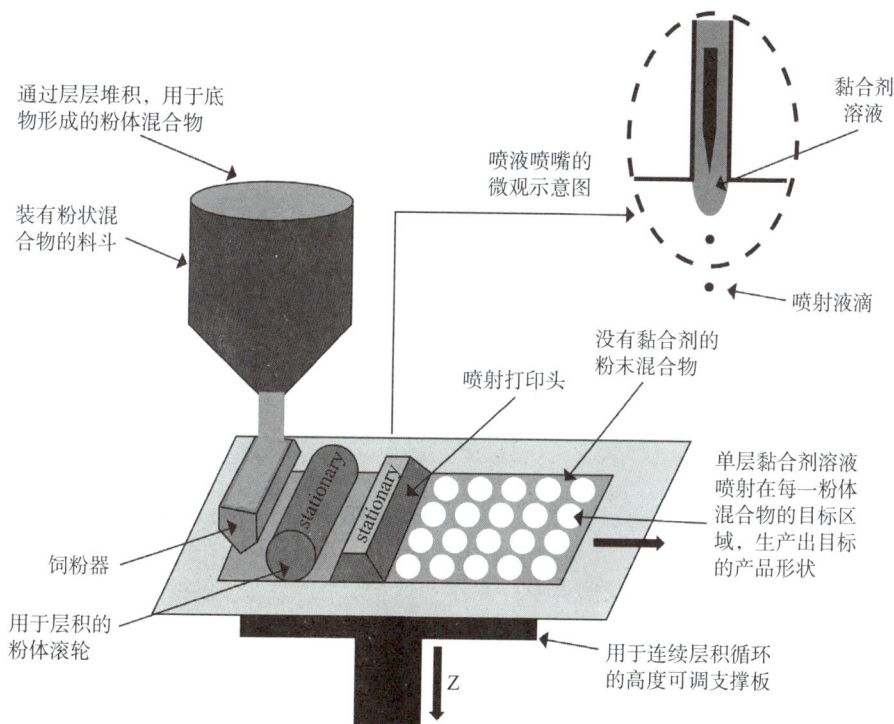

图 10-16　黏合剂层积法 3D 打印工艺示意图

黏合剂层积法的固化机理与湿法制粒干燥相同：颗粒间形成黏合剂固体桥，或经溶解和重结晶将颗粒连结。与制粒相同，喷射打印技术中，溶剂的选择和粉体的性质可能影响干燥后的 API 晶型。由于它与药品生产中广泛使用的制粒具有共同点，粉床喷射层积技术在原料的处理和潜在的药物给药方面具有广泛的应用前景。

B. 材料喷射法（图 10-17） 喷射 3D 打印中，粉床并不是必须的。喷射技术可以打印自由成形结构，以类似石笋的方式，一滴一滴的固化。常用的喷射材料包括熔融的聚合物和蜡、紫外固化树脂、溶液、混悬液以及复杂多组分液体。材料喷射与黏合剂层积显著不同，在应用上更具挑战。整体配方需要考虑喷射和快速固化。产品的几何形状高度依赖于液滴飞行的路径、液滴碰撞和表面润湿。与黏合剂喷射和其他技术相比，材料喷射的一个优势是精细度。喷射液滴直径约 100μm，材料喷射得到的层厚度小于液滴直径（由于表面润湿、蒸发和收缩的原因）。基于此，研究人员用材料喷射技术打印给药用的微粒。

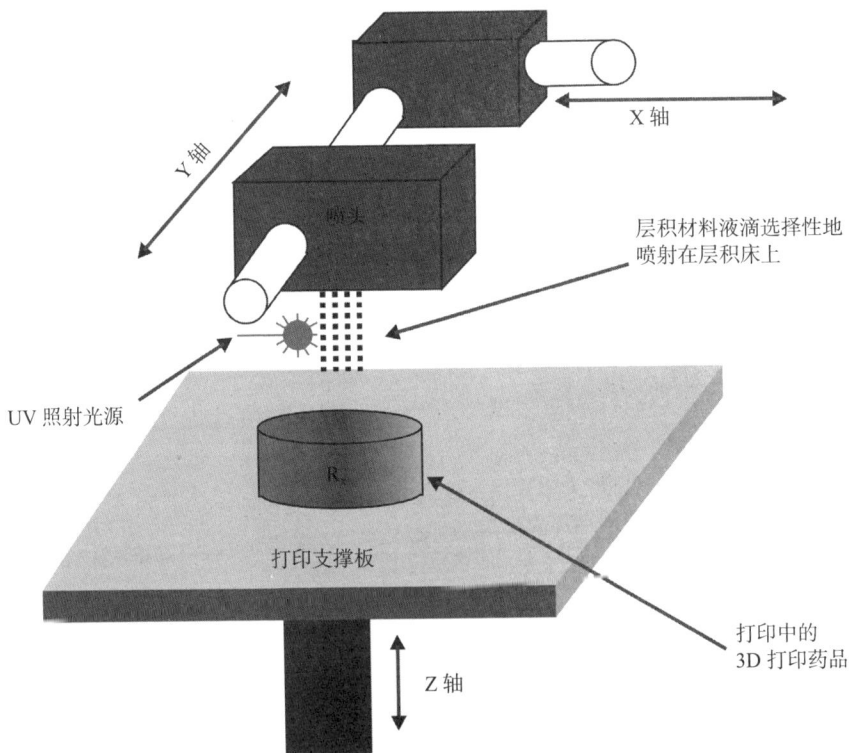

图 10-17　材料喷射法 3D 打印工艺示意图

C. 挤出技术（图 10-18） 从全球来看，挤出技术是最广泛使用的 3D 打印技术。由于这种技术的通用性，全球对于其应用于药品生产的兴趣逐渐增加。在挤出工艺中，材料从机器控制的喷头中挤出。与需要粉床的黏合剂层积不同，挤出技术可以在任一基底上打印，但正由于其缺少粉床，挤出物常常需要大量的支撑材料。可以用于挤出 3D 打印的支撑材料种类较多，包括熔融聚合物、糊状物和胶体混悬液、硅胶和其他半固体。

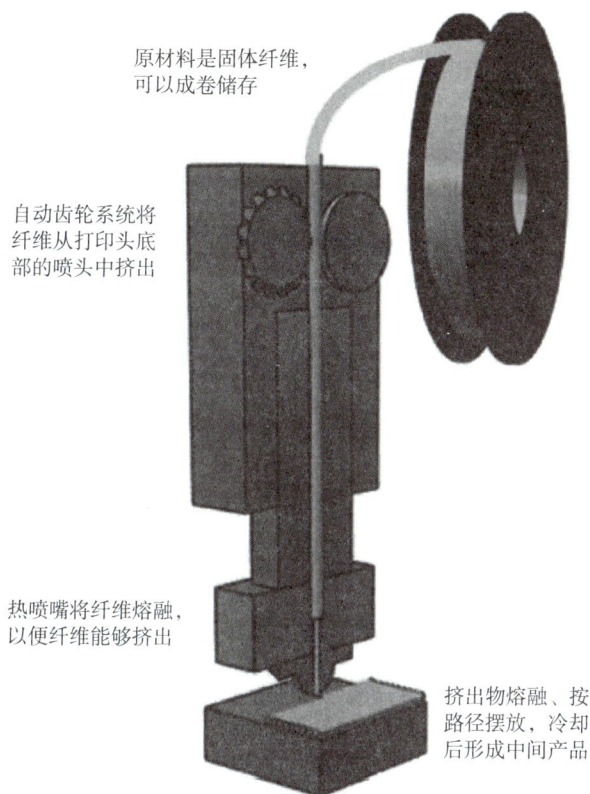

原材料是固体纤维，可以成卷储存

自动齿轮系统将纤维从打印头底部的喷头中挤出

热喷嘴将纤维熔融，以便纤维能够挤出

挤出物熔融、按路径摆放，冷却后形成中间产品

图 10-18　挤出法 3D 打印工艺示意图

常见的挤出打印技术是熔融纤维制造（Fused Filament Fabrication, FFF），商品名为 Fused Deposition Modeling™（熔融层积成型，FDM®）。当其他挤出系统使用液体或半固体配方用于打印时，FFF 系统则使用固体聚合物纤维。受益于便宜的设备、使用相对不挥发和无气溶胶的原料药，FFF 系统目前是最流行的家用 3D 打印技术。

与喷射系统相比，FFF 系统和其他挤出系统的设备更为简单，输入材料更为多样，尤其是复杂的药用材料，如聚合物、混悬液、硅胶等。潜在的缺点包括工艺或后处理时需要热溶剂或交联剂；难于处理的支撑材料和较慢的打印速率。挤出材料的黏度通常比喷射材料更高，这增加了打印过程中液体流开始和结束所需的时间。同时，整个产品和支撑结构也需要打印。在黏合剂层积技术中，只有黏合剂溶液需要打印。尽管挤出技术有其局限性，但它简单、通用的特点，使其广泛用于药品的 3D 打印中。

D. 粉床熔融技术　粉床熔融技术涉及烧结或使用低熔点黏合剂黏结高熔点颗粒。两种情况都需要热，所需要的热量通常由激光提供。加热粉末最近另一种方式是高速烧结：喷射层积一种染料，之后采用定向红外辐射吸收。与聚乳酸等可热处理材料的挤出不同，粉床熔融更快速，但也更复杂。

E. 光聚合技术　光聚合技术涉及将液体树脂暴露于紫外或其他高能光源下，以诱发光聚合反应。这一技术主要的局限性是需要能光聚合的原材料。在药品生产中，能够光聚合的原材料并不常见。同时，残留的树脂可能带来毒性。因为没有聚合的材料与打印产品在化学上不同，可能含有具有基因毒性结构预警的官能基团。光聚合系统的潜在优势是其是现有最快和最高精细度的 3D 打印技术。药物给药应用的例子是 3D 打印的可光聚合凝胶。

F. 笔状 3D 打印　笔状 3D 打印是挤出 3D 打印工艺的扩展，其层层组装是使用手持设备人工控制的。研究人员正考虑将这一技术用于手术过程中 3D 结构材料的层积。

G. 使用 3D 打印模具　每一种 3D 打印技术在合理时间内何种材料可以打印，何种材料不可以打印方面，有其局限性。使用 3D 打印物体作为模具可以使药物生产商使用不可打印材料，生产出复杂结构的物体。模具化加速由 3D 打印单元剂型的复制速度。3D 打印产品通过收缩和模制，可以使用毫米级 3D 打印产品生产出微米级产品。

10.5.6　3D 打印制药技术展望

目前，3D 打印技术用于药物的研发与制造是当前国际上的研究热点，3D 打印制药能够实现药品更高的精准性以及个体化，并能减少药品的生产环节。医院或患者甚至可以按需打印制造相关药品，对于精准医疗、方便购药、解决药品短缺及避免药品过剩等问题具有重要意义。总之，3D 打印制药技术开启了先进药品生产新时代的大门，其内置的灵活性非常适用于个体化定制药品。相信随着科技的进步和发展，3D 打印技术在制药领域的应用将越来越广泛，管理进一步规范化，3D 打印制药设备也将越来越趋向于标准化，3D 打印药品的大范围临床使用和个体化医疗的实行也将指日可待。

名词术语中英文对照表

中文	英文	英文缩写
关键质量属性	Critical Quality Attribute	CQA
过程分析技术	Process Analytical Technology	PAT
美国食品药品监督管理局	Food and Drug Administration	FDA
药品生产质量管理规范	Good Manufacturing Practice of Medical Products	GMP
质量源于设计	Quality by Design	QbD
质量源于制造	Quality by Manufacture	QbM
失效模式与效应分析	Failure Modes and Effects Analysis	FMEA
危害分析及关键控制点	Hazard Analysis and Critical Control Points	HACCP
生物药剂学分类系统	Biopharmaceutical Classification System	BCS
药时曲线下面积	Area Under Curve	AUC
质量风险管理	Quality Risk Management	QRM
制药质量体系	Pharmaceutica Quality System	PQS
世界卫生组织	World Health Organization	WHO
国际人用药品注册技术协调会	The International Council for Harmonisation of Technical Requirements for Pharmaceuticals for Human Use	ICH
国际制药工程协会	International Society for Pharmaceutical Engineering	ISPE
美国注射剂协会	Parenteral Drug Association	PDA
哈里斯修正案	Kefauver–Harris Amendments	
简略新药申请（仿制药申请）	Abbreviated New Drug Application	ANDA
新药申请	New Drug Application	NDAs
临床研究申请	Investigational New Drug	INDs
生物利用度	Bioavailability	BA
生物等效性	Bioequivalency	BE
处方药付费法案	Prescription Drug User Fee Act	PDUFA

中文	英文	英文缩写
美国药品审评与研究中心	Center for Drug Evaluation and Research	CDER
政策与程序手册	Manual of Policies and Procedures	MAPP
对基于问题审评	Question-based Review	QbR
通用技术文件	Common Technical Document	CTD
欧盟药事法规集	European Union Drug Regulating Authorities Law	EudraLex
欧洲药品管理局	European Medicines Agency	EMA
良好临床实验管理规范	Good Clinical Practice	GCP
活性药物成分	Active Pharmaceutical Ingredient	API
人类免疫缺陷病毒	Human Immunodeficiency Virus	HIV
获得性免疫缺陷综合征	Acquired Immune Deficiency Syndrome	AIDS
欧洲联盟	European Union	EU
意向书	Expression of Interest	EOI
空调净化系统（供热通风与空气调节）	Heating, Ventilation, and Air Conditioning	HVAC
美国联邦管理法	Code of Federal Regulations	CFR
材料与试验协会	American Society for Testing and Materials	ASTM
互认协议	Mutual Recognition Arrangement	MRA
临床试验用药	Investigational Medicinal Product	IMP
基本的国际制药要求（法律或规范）	Good x Practice	GxP
聚乙二醇	Polyethylene Glycol	PEG
填充剂	Filler	
质量属性	Quality Attributes	QAs
物料属性	Material Attributes	MAs
工艺参数	Process Parameters	PPs
关键物料属性	Critical Material Attributes	CMAs
美国药典国家处方集	United States Pharmacopoeia-National Formulary	USP-NF
功能性相关的物料特性	Functionality Related Characteristics	FRCs
凝胶渗透色谱	Gel Permeation Chromatography/Size Exclusion Chromatography	GPC/SEC
多角度激光光散射仪	Multi-Angle Light Scattering	MALS
关键工艺参数	Critical Process Parameter	CPP
国际标准化组织	International Standards Organization	ISO
粒度分布	Particle Size Distribution	PSD

中文	英文	英文缩写
激光衍射	Laser Diffraction	LD
豪斯系数比	Hausner	HR
压缩指数	Compression Index	CI
在线清洗	Clean in Place	CIP
压缩度（卡尔系数）	Carr Index	C
方锥形料桶	Intermediate Bulk Container	IBC
干燥失重	Loss on Drying	LOD
美国药典	United States Pharmacopoeia	USP
固相分数	Solid Fraction	SF
键合指数	Bonding Index	BI
脆性断裂指数	Brittle Fracture Index	BFI
制片规范手册	Tableting Specification Manua	TSM
苯二甲酸醋酸纤维素	Cellulose Acetate Phthalate	CAP
甲基纤维素	Methyl Cellulose	MC
甘油	Glycerol	
丙二醇	Propylene Glycol	PG
乙基纤维素	Ethyl Cellulose	EC
可编程逻辑控制器	Programmable Logic Controller	PLC
聚乙烯吡咯烷酮	Polyvinyl Pyrrolidone	PVP
质量检验	Quality Control	QC
全自动在位清洗	Wash in Place	WIP
泡罩包装技术	Press Through Packaging	PTP
聚氯乙烯	Polyvinyl Chloride	PVC
聚偏二氯乙烯	Polyvinylidene Chloride	PVDC
聚乙烯	Polyethylene	PE
聚丙烯	Polypropylene	PP
聚酯	Polyethylene Terephthalate	PET
环烯烃共聚物	Copolymers of Cycloolefin	COC
企业资源计划	Enterprise Resource Planning	ERP
自动化技术	Automation Technology	AT
信息技术	Information Technology	IT
国际物品编码协会	Globe Standard 1	GS1

中文	英文	英文缩写
计算机化系统验证	Good Automated Manufacturing Practice	GAMP
用户需求说明	User Requirements Specification	URS
工艺用户需求	Process User Requirement	PUR
一般用户需求	General User Requirement	GUR
安全、环境与健康	Environment, Health, Safety	EHS
工程质量管理规范	Good Engineering Practice	GEP
功能说明	Functional Specifications	FS
设计说明	Design Specification	DS
硬件设计说明	Hardware Design Specification	HDS
工厂验收测试	Factory Acceptance Test	FAT
安装确认	Installation Qualification	IQ
软件设计说明	Software Design Specification	SDS
软件模块说明	Software Model Specification	SMS
设计确认	Design Qualification	DQ
调试	Commissioning	
现场验收测试	Site Acceptance Testing	SAT
运行确认	Operational Qualification	OQ
安装/运行确认	Installation and Operation Qualification	IOQ
性能确认	Performance Qualification	PQ
系统影响性评估	System Impact Assessment	SIA
标准操作规程	Standard Operation Procedure	SOP
个人计算机	Personal Computer	PC
目标产品质量档案	Quality Target Product Profile	QTPP
工艺性能确认	Process Performance Qualification	PPQ
相对标准偏差	Relative Standard Deviation	RSD
标准化验证方法	Standard Vadlidation Method	SVM
混合均匀度	Blend Uniformity	BU
超趋势	Out of Trends	OOT
超标准	Out of Specification	OOS
实验设计	Design of Experiment	DoE
筛选试验	Plackett–Burman	PB
统计过程控制图	Statistical Process Control	SPC

口服固体制剂制造风险管控关键技术要点

中文	英文	英文缩写
运行性能确认	Operation Performance Qualification	OPQ
接受质量限	Acceptance Quality Limit	AQL
定位外清洗	Clean out of Place	COP
高效液相色谱	High Performance Liquid Chromatography	HPLC
最低日治疗剂量	Minimum Treatment Daily Dosage	MTDD
设备内表面积	Surface Area	SA
比表面积	Specific Surface Area	SSA
下一产品活性成分的残留水平	The Acceptable Residue Level in the Next Product	ARL
已清洁产品活性成分的最小日剂量	The Minimum Daily Dose of the Active of the Cleaned Product	MDD
安全系数	The Safety Factor	SF
同一设备中生产的下一制剂的最大日剂量	The Largest Daily Dose of the Next Drug Product to be Manufactured in the Same Equipment	LDD
可接受日暴露量	Acceptable Daily Exposure	ADE
无可见损害作用水平	No Observable Adverse Effect Level	NOAEL
服用下一产品患者体重	Body Weight of Patient Taking Next Product	BW
综合不确定度	A Composite Uncertainty Factor Determined from Such Factors as Interspecies Differences, Intraspecies Differences, Subchronic to Chronic Extrapolation	UFC
基于毒理学家判断的因子	A Factor Based on the Judgement of the Toxicologist	MF
与给药途径相关的药代动力学因子	A Pharmacokinetic Factor to Account for Different Routes of Exposures	PK
每日允许暴露量	Permitted Daily Exposure	PDE
菌落形成单位	Colony Forming Unit	CFU
总有机碳	Total Organic Carbon	TOC
定量限	Limit of Quantization	LOQ
干净设备保留时间	Clean Equipment Hold Time	CEHT
脏设备保留时间	Dirty Equipment Hold Time	DEHT
温度、行动、考虑、时间	Temperature, Action, Consideration, Time	T.A.C.T
质量保证	Quality Assessment	QA
国际易腐食品运输协定及此类运输所用特殊设备协会	Agreement on the International Carriage of Perishable Foodstuffs and on the Special Equipment to be Used for Such Carriage	ATP

中文	英文	英文缩写
风险评估	Risk Assessment	RA
制造执行系统	Manufacturing Execution System	MES
自动导引运输车	Automated Guided Vehicle	AGV
仓储管理系统	Ware House Management System	WMS
生化需氧量/化学需氧量	Biochemical Oxygen Demand/ Chemical Oxygen Demand	BOD/COD
一般区	Controlled Not Classified	CNC
换气次数	Air Change	AC
空调系统	Process & Instrument Diagram	P&ID
聚 α- 烯烃	Ploy-Alpha-Olefin	PAO
国际药品认证合作组织	Pharmaceutical Inspection Co-operation Scheme	PIC/S
不间断电源	Uninterruptible Power Supply	UPS
良好配送管理规范	Good Distribution Practice	GDP
自动导引运输车	Automated Guided Vehicle	AGV
仓储控制系统	Ware House Control System	WCS
人机接口	Human Machine Interface	HMI
输入输出	Input and Output	I/O
良好实践指南	Good Practice Guide	GPG
功能设计说明	Functional Design Description	FDS
物料清单	Bill of Material	BOM
物料需求计划	Material Requirement Planning	MRP
实验室信息管理系统	Laboratory Information Management System	LIMS
产品检验报告	Certificate of Analysis	COA
化学品安全技术说明书数据库	Material Safety Data Sheet	MSDS
制造执行系统协会	Manufacturing Execution System Association	MESA
过程控制系统	Process Control System	PCS
企业系统与控制系统集成国际标准	The International Standard for the Integration of Enterprise and Control Systems	ISA SP
数据采集与监视系统	Supervisory Control and Data Acquisition	SCADA
企业资产管理系统	Enterprise Asset Management	EAM
资源状态管理和调配	Resource Allocation & Status	
文件控制	Document Control	
绩效分析	Performance Analysis	

中文	英文	英文缩写
过程管理	Process Management	
数据采集	Data Collection & Acquisition	
维护管理	Maintenance Management	
质量管理	Quality Management	
产品数据追踪	Product Tracking & Genealogy	
人力资源管理	Labor Management	
生产单元分配	Dispatching Production Units	
具体操作调度	Operation/Detailed Sequencing	
产品生命周期管理	Product Lifecycle Management	PLM
高级计划与排程	Advanced Planning and Scheduling	APS
管理规程文件	Standard Management Procedure	SMP
质量管理体系	Quality Management System	QMS
自动化实验室规范	Good Automated Laboratory Practices	GALP
软件即服务	Software-as-a-Service	SAAS
核磁共振波谱法	Nuclear Magnetic Resonance	NMR
粒子可视测量	Particle Vision & Measurement	PVM
实时分析	Real Time Analysis	RTA
傅里叶变换	Fourier Transform	FT
声光可调滤光器	Acoustic Optical Tunable Filter	AOTF
偏最小二乘回归	Partial Least Squares Regression	PLS
集散控制系统	Distributed Control System	DCS
Modbus 通讯协议	Modbus Protocol	ModBus
OPC 技术	OLE for Process Control	OFC
衰减全反射	Attenuated Total Reflection	ATR
衰减全反射傅里叶变换中红外	Attenuated Total Reflection Fourier Transformed Infrared Spectroscopy	ATR-FTIR
近红外移动窗标准偏差	Moving Block Standard Deviation	MBSD
经典最小二乘回归	Clusterwise Linear Regression	CLR
逐步多元线性回归	Stepwise Multiple Linear Regression	SMLR
主成分回归	Principal Component Regression	PCR
簇类独立软模式法	Soft Independent Modeling of Class Analogy	SIMCA
美国国家标准技术研究所	National Institute of Standards and Technology	NIST
计算机化系统验证	Computer System Validation	CSV

中文	英文	英文缩写
工作流程管理系统	Workflow Management System	WFMS
良好药品安全管理规范	Good Pharmacy Practice	GPP
商用现成品或技术	Commercial-off-the-shelf	COTS
楼宇管理系统	Building Management System	BMS
英国药品和保健产品监管局	Medicines and Healthcare Products Regulatory Agency	MHRA
澳大利亚药品管理局	Therapeutic Goods Administration	TGA
印度制药协会	Ipapharma	IPA
数据管理与数据可靠性	Data Management and Data Indigrity	DMDI
企业管理解决方案软件	System, Applications and Products	SAP
资产绩效管理	Asset Performance Management	APM
产品生命周期管理	Product Life-Cycle Management	PLM
定性法	Proportional Reporting Ratio	PRR
风险等数定量法	Risk Priority Number	RPN
故障树分析	Fault Tree Analysis	FTA
危险与可操作性分析	Hazard and Operability Analysis	HAZOP
质量风险的预分析	Primary Hazard Analysis	PHA
风险排序和过滤	Risk Ranking and Filtering	RR&F
设计阶段的FMEA	Design Failure Mode and Effects Analysis	DFMEA
过程评估阶段的FMEA	Potential Failure Mode and Effects Analysis	PFMEA
预防纠正措施	Corrective Action and Prevention Action	CAPA
安全性、一致性、剂量、纯度、质量	Safety, Integrity, Strength, Purity and Quality	SISPQ
关键性评估工作	Component Criticality Assessment	CCA
固体制剂工艺设备的关键方面	Critical Aspect	CA
美国职业安全与健康管理局	Occupational Safety and Health Administration	OSHA
重要工艺参数	Key Process Parameter	KPP
非重要工艺参数	Non-Key Process Parameter	Non-KPP
风险评估主题专家	Subject Matter Expert	SME
工艺反应过程控制	In Process Control	IPC
药品不良反应	Adverse Drug Reaction	ADR
产品质量回顾	Product Quality Review	PQR
合同加工外包	Contract Manufacture Organization	CMO

中文	英文	英文缩写
一般业务系统	General Business Systems	GBS
口崩片	Orally Disintegrating Tablets	ODT
聚乳酸	Polylactic Acid	PLA
乳酸/羟基乙酸共聚物（丙交酯乙交酯共聚物）	Polylactic-co-glycolic acid	PLGA
羧甲基纤维素	Carboxymethylcellulose	CMC
羧甲基纤维素钠	Carboxymethylcellulose Sodium	CMC-Na
醋酸纤维素酞酸酯	Cellulose Acetate Propionate	CAP
乙基纤维素	Ethyl Cellulose	EC
聚乳酸-聚乙二醇嵌段共聚物	Polylactic Acid Polyethylene Glycol	PLA-PEG
ε-己内酯	Polycaprolactone	PCL
聚3-羟基丁酸酯	Poly-3-hydroxybutyrate	PHB
聚异丁烯	Polyisobutylene	PIB
三维	3 Dimensional	3D
乙烯-醋酸乙烯酯共聚物	Ethylene Vinyl Acetate	EVA
麻省理工学院	Massachusetts Institute of Technology	MIT
熔融纤维制造	Fused Filament Fabrication	FFF
熔融层积成型	Fused Deposition Modeling	FDM
实时放行	Real Time Release Testing	RTRT
联邦公报	Federal Register	
主成分分析	Principal Component Analysis	PCA
比例-积分-微分控制	Proportion Integration Differentiation	PID
高级控制	Advanced Process Control	APC
牛血清白蛋白	Bovine Albumin	BSA
油包水	Water in Oil	W/O
热熔挤出技术	Hot Melt Extrusion	HME

名词解释

口服固体缓控释制剂：系指能让药物在体内缓慢地恒速或非恒速释放以控制药物的吸收速度的一大类高端制剂。

口服固体制剂：是指药物以固体形式经口服进入体内并在胃肠道释药或吸收的一大类制剂的总称。

关键质量属性（Critical Quality Attribute，CQA）：产品的某种物理、化学、生物学或微生物学性质或特征，应在适当的限度、范围或分布之内，以确保预期的产品质量。

关键物料属性（Critical Material Attribute，CMA）：对产品质量属性有明显影响的物料的某种物理、化学、生物学或微生物学性质或特征，应在适当的限度、范围或分布之内。

生物药学分类系统（Biopharmaceutical Classification System，BCS）：将药物按照其水中溶解度和肠道渗透性进行区分的一套科学分类体系。

ICH：人用药品注册技术协调会（The International Council for Harmonisation of Technical Requirements for Pharmaceuticals for Human Use）。国际权威的药物技术研究组织。在全球范围内通过各个专家组工作协调制订关于药品质量、安全性和有效性的技术规范，推动各个成员国药品注册技术要求的一致性和科学性。

质量源于设计（Quality by Design，QbD）：基于科学和质量风险管理，具有拟定目标，并强调对产品与工艺的了解以及工艺控制的系统性产品开发策略。

辅料功能性（Functionality）：辅料在制剂处方中起到的具体作用。

辅料功能性指标（Functionality Related Characteristics）：影响辅料功能性的可控的物理和化学指标。

容器密闭系统（Container Closure System）：所有起到将产品与外界环境隔绝并起到保护作用的包装总和。

包装组成（Packaging Component）：一个包装系统的单个组成部分。

初级包装组成（Primary Packaging Component）：与产品直接接触的包装组成。

次级包装组成（Secondary Packaging Component）：不与产品直接接触的包装组成。

称量罩自净活动：通过开启称量罩，使称量罩区域内的颗粒浓度降低至起始浓度的 0.01 倍时所做的活动。

风淋间：是洁净厂房的配套设备，用于吹除进入净化厂房的人体和携带物品附着的尘埃，同时风淋室也起汽闸作用，防止未经净化的空气进入洁净领域，是进行人身净化和防止室外空气污染洁净区的有效装备。

互锁装置：指两道门具有互锁联动的功能，即当一道门被打开时，另一道门将打不开，只有当两道门关上时，才能打开其中的任一道门，设置互锁装置以确保区域压差，防止交叉污染。

静压箱：是送风系统减少动压、增加静压、稳定气流和减少气流振动的一种必要的配件，它可使送风效果更加理想。静压箱是一种既能允许气流通过，又能有效地阻止或减弱声能向外传播的装置。

气溶胶：由固体或液体小质点分散并悬浮在气体介质中形成的胶体分散体系，又称气体分散体系。

粉碎：对固体物料施加外力，使其分裂为尺寸更小的颗粒。

粉体：粉体是无数个细小颗粒的集合，它是固体物质的一种特殊形式。

粒度：颗粒的粒度定义为所占据空间大小的尺度，它是一种几何长度概念，指粉体颗粒某个维度的线性尺寸。

粒度分布：又称分散度，是指不同粒度尘粒在全体粉尘中所占百分数。按计量方法不同，分为计数分布和计重分布。

压制性：在给定压力下，粉体被压缩（体积减小）的能力。

休止角：在重力场中，粒子在粉体堆积层的自由斜面上滑动时所受重力和粒子之间摩擦力达到平衡而处于静止状态下测得的最大角。

架桥：粒子间形成拱结构而闭塞的现象。

偏析：粉体流动过程中，由于颗粒间粒度、颗粒密度、颗粒形状及表面性状的差异、粉体层的形成呈现出不均匀的现象称为偏析。

稀相输送：特点是气流速度较高，物料在管道中呈均匀分布，呈飞翔状态，空隙率很大，物料的输送主要靠较高速度的空气所形成的动能，因而称为稀相输送。

密相输送：特点是气流速度小于经济速度而大于柱塞速度，通常在 2~15m/s 之间。此时物料在管道内已不再均匀分布而呈密集状态，但管道未被物料堵塞，仍然依靠气流的动能来输送称为密相输送。

柱塞输送： 当气流与固体颗粒摩擦损失的降低正好等于颗粒浓度增加所造成的压力降，若气流速度降低将不能支持固体颗粒，此时物料输送密度增大而气流速度减慢，输送管道就会产生栓塞。物料在管道中是一段一段的，称为柱塞输送。

制粒： 制粒是将粉末、熔融液、水溶液等不同状态的物料加工制成具有一定形状与大小的颗粒状物的操作。对于固体制剂来说，制粒不仅可以改善物料的粉体学性质如流动性、可压性和堆密度，还可以改善含量均匀度和生物利用度等。

湿法制粒： 湿法制粒是指物料加入润湿剂或液态黏合剂，靠黏合剂的架桥和黏结作用使粉末聚结在一起而制备颗粒的方法。湿法制成的颗粒具有流动性好、圆整度高、外形美观、耐磨性较强、可压性好等有点。湿法制粒适合热稳定性好、遇水稳定的物料制粒。

干法制粒： 干法制粒是将药物和辅料的粉末混合均匀、压缩成大片状或板状后，经整粒刀碎成颗粒的方法。干法制粒适用于对热敏感的物料和遇水不稳定的药物。干法制粒效率高、耗能少，且批产能受设备的影响较小。

架桥作用： 湿法制粒过程中，液体进入颗粒孔隙，在颗粒间以液体桥类的形式连接颗粒，经干燥后固化形成一定强度的颗粒。从液体架桥到固体架桥的过渡主要有以下二种形式：架桥液中被溶解的物质（包括可溶性黏合剂和药物）经干燥后析出结晶而形成固体架桥。高黏度架桥剂靠黏性使粉末聚结成粒，干燥时黏合剂溶液中的溶剂蒸发除去，残留的黏合剂固结成为固体架桥。

固体桥： 是黏合剂干燥或可溶性成分干燥后析晶形成的。固体桥产生的结合力主要影响粒子的强度和溶解度。

湿颗粒液体饱和度（S）： 在颗粒空隙中液体所占的体积与总空隙体积比。$S \leq 0.3$ 时，液体在固体粒空隙间的填充量少，液体以分散的液体桥连接颗粒，全气为连续相，称为钟摆状；当液体量增加到 $0.3 < S < 0.8$ 时，液体桥相连，液体成连续相，空气成为分散相，称为索带状；$S \geq 0.8$ 时，粉末成毛细管状，颗粒通过毛细管吸附相连，在颗粒表面出现气–液界面，但固体表面还没完全被液体润湿；当 $S \geq 1$ 时，液体充满颗粒内部和表面，形成的状态被称为混悬状，此时颗粒开始变为黏稠的浆糊状而不适合进行湿颗粒的筛分。

真密度 ρ_t： 是粉体质量（W）除以真体积 V_t 求得的密度，真实体积不包括颗粒内外空隙的体积。

粒密度 ρ_g：是粉体质量除以粒体积 V_g 所求得的密度，粒体积包括颗粒内部空隙的体积，通常采用水银置换法测定颗粒粒体积。

流出速度：可用单位时间内从容器的小孔中流出粉体的量表示。

压缩度：压缩度 $C=$（振实密度－堆密度）/ 振实密度 $\times 100\%$，压缩度是粉体流动性的重要指标，其大小反映粉体的团聚性、松软状态。

豪斯比：豪斯比 $HR=$ 振实密度 / 堆密度。用于表征粉末的流动性，筛分及压缩特性。它与相对湿度无关；对于粒子形状及其敏感；它随粒度的减小而增大。由于测法简单，因此找到它与粉末其他参数的相关性很有必要。

松密度：又称堆密度，是指弥漫粉剂在不受振动的情况下粉剂的质量 m 与其充填体积 V（包括粉末之间的空隙）的比值。

振实密度：振实密度是指在规定条件下容器中的粉末经振实后所测得的单位容积的质量。振实密度或者说体积密度（在一些工业领域称为松装密度）定义为样品的质量除以它的体积，这一体积包括样品本身和样品孔隙及其样品间隙体积。

角速度：一个以弧度为单位的圆（一个圆周为 2π，即：$360°=2\pi$），在单位时间内所走的弧度即为角速度。公式为：$\omega=Ч/t$（$Ч$ 为所走过弧度，t 为时间），ω 的单位为：弧度每秒。

线速度：物体上任一点对定轴作圆周运动时的速度称为"线速度"（linear velocity）。它的一般定义是质点（或物体上各点）作曲线运动（包括圆周运动）时所具有的即时速度。它的方向沿运动轨道的切线方向，故又称切向速度。它是描述作曲线运动的质点运动快慢和方向的物理量。物体上各点作曲线运动时所具有的即时速度，其方向沿运动轨道的切线方向。

Froude 常数：流体力学中表征流体惯性力和重力相对大小的一个无量纲参数，记为 F_r。它表示惯性力和重力量级的比，即：$F_r=U2/gL$，式中 U 为物体运动速度，g 为重力加速度；L 为物体的特征长度。

薄膜包衣：指在片芯或微丸之外包一层薄的高分子聚合物衣，形成薄膜，称之为薄膜包衣。

缓控释：所谓缓释制剂系指用药后能在长时间内持续放药以达到长效作用的制剂，其药物释放主要是一级速率过程。而控释制剂（Controlled Release Preparations）系指药物能在预定的时间内自动以预定的速度释放，使血药浓度长时间恒定维持在有效浓度范围之内的制剂，其药物释放主要是在预定的时间内以零级或接近零级速率释放。

肠溶衣：肠溶衣系指药物外层包裹的，使药物能在 37℃ 的人工胃液中 2 小时以内不崩解或溶解，而在人工肠液中 1 小时内崩解或溶解，并释放出药物的包衣，可防止药物在胃中破坏以及药物对胃的刺激性等。

扭矩： 又称转矩，指使机械元件转动的力矩称为转动力矩。机械元件在转矩作用下都会产生一定程度的扭转变形，所以称扭矩。转矩是各种工作机械传动轴的基本载荷形式，与动力机械的工作能力、能源消耗、效率、运转寿命及安全性能等因素紧密联系，转矩的测量对传动轴载荷的确定与控制、传动系统工作零件的强度设计以及原动机容量的选择等都具有重要的意义。扭矩是指电机的额定转矩表示额定条件下电机轴端输出转矩。转矩等于力与力臂或力偶臂的乘积，在国际单位制（SI）中，转矩的计量单位为牛顿·米（N·m）。扭矩值变化指示了搅拌桨的负载。

孔隙率： 是指块状材料中孔隙体积与材料在自然状态下总体积的百分比。

露点： 又称露点温度（Dew Point Temperature），在气象学中是指在固定气压之下，空气中所含的气态水达到饱和而凝结成液态水所需要降至的温度。在这温度时，凝结的水飘浮在空中称为雾、而沾在固体表面上时则称为露，因而得名露点。

蒸汽容积： 指饱和蒸气压，在密闭条件中，在一定温度下，与固体或液体处于相平衡的蒸气所具有的压强称为饱和蒸气压。同一物质在不同温度下有不同的饱和蒸气压，并随着温度的升高而增大。

雾化： 是指通过喷嘴或用高速气流使液体分散成微小液滴的操作。被雾化的众多分散液滴可以捕集气体中的颗粒物质。液体雾化的方法有压力雾化、转盘雾化、气体雾化及声波雾化等。指使液体经过特殊装置化成小滴，成雾状喷射出去。

流化速度： 指介质在流化状态下克服自身重力向上移动时所对应的风速称为流化速度，其中在循环流化床锅炉中使床层阻力不再增加的风量为最低流化风量，对应的风速为最低流化速度。

内摩擦角： 反映物料的摩擦特性，包括物料之间产生相互滑动时需要克服由于颗粒表面粗糙不平而引起的滑动摩擦，以及由于颗粒物的嵌入、连锁和脱离咬合状态而移动所产生的咬合摩擦。

表面摩擦角： 物料在倾斜面上滑落时的最小角称为滑动角，它表示每个颗粒同壁面的摩擦。物料层同固体壁面之间的摩擦角称为表面摩擦角。

筛分法： 是让粉体试样通过一系列不同筛孔的标准筛，将其分离成若干个粒级，分别称重，求得以质量分数表示的粒度分布。

激光衍射/散射法： 是指采用颗粒对激光的散射，散射后的光相互干涉形成衍射谱图，然后再根据相应的理论模型来计算得到粒度分布。

易炭化物：药物中存在的遇硫酸易炭化或易氧化而成色的微量有机杂质。

塌床：所谓塌床，就是床料过厚物料处于非流化状态。

整粒：使结块、粘连的颗粒分散开，以得到大小均匀的颗粒。

费休氏法：全称卡尔·费休法，是 1935 年卡尔·费休（Karl Fischer）提出的测定水分的容量分析方法。费休氏法是测定物质水分的各类化学方法中，对水最为专一、最为准确的方法。费休氏法有滴定法与库仑电量法两种测定方法。

雾化器：将料液在干燥室内喷雾成微小液滴的装置。

极化：指物料在外加电场的条件下，其所含水分子发生两极分化，性质偏离原有状态的现象。

混合：指用机械的或流体动力的方法，使两种或多种物料相互分散而达到一定均匀程度的单元操作。

对流混合：是指在搅拌的作用下，不同组分的固体颗粒进行大幅度的位置移动，在来回流动过程中进行混合。

扩散混合：是指在微观状态下，两个相邻的颗粒之间的局部混合，由于相邻颗粒间相互改变位置，会引起粉体颗粒之间相互渗透。扩散混合过程可以使物料达到完全均匀的混合程度。

剪切混合：是指由于不同组分的固体颗粒的运动速度不同，在粉体中会形成很多滑移面，各个滑移面之间发生相对滑动，像薄层状的流体一样进行混合。

相对标准偏差（RSD）：就是指标准偏差与测量结果算术平均值的比值，即：相对标准偏差（RSD）＝标准偏差（SD）/计算结果的算术平均值（X）×100%。

分料：由于混合物各成分间密度或粒度的差异，在操作过程中造成密度大、粒度小的颗粒下沉而密度小、粒度大的颗粒上浮的现象。

均化：通过采用一定的工艺措施，达到降低物料各成分的波动振幅，使物料各成分均匀一致的过程。

混合均匀度：混合均匀度指在外力的作用下，各种物料相互掺和，使之在任何容积里每种组分的微粒均匀分布程度。

弹性形变：在弹性极限内，物料在外力作用下产生变形，当外力取消后，物料变形即可消失并能完全恢复原来形状的性质称为弹性。这种可恢复的变形称为弹性变形。

塑性形变：是物料在一定的条件下，在外力的作用下产生不可逆形变，当施加的外力撤除或消失后该物体不能恢复原状的一种物理现象。

脆性形变：物料在外力作用下产生脆性和延性断裂，脆性断裂是由裂痕迅速传播而产生，而延性断裂是随着大面积形变的产生而产生的断裂。

固相分数：固相分数又称相对密度（D），是片剂密度（$\rho_{片}$）与物料真密度（ρ_t）的比值，即 $SF/D=\rho_{片}/\rho_t$。固相分数与孔隙率（ε）的关系：$\varepsilon=1-D$。

抗张强度：指片剂单位面积的破碎力：$\sigma=2F/\pi DL$。其中 F 表示片剂的径向破碎力，D 表示片剂的直径，L 表示片剂的厚度。片剂的抗张强度是反映物料的结合力和片剂质量评价的一个重要指标，比硬度指标更具有实际意义。

键合指数：键合指数反映物料在解压时对压片所产生的键合的保留能力，可用来表征物料压片后保持完整性的趋势。

可压制性：粉体压制成一定强度片剂的能力，由抗张强度和固相分数曲线来表示。

可压片性：指粉体在压片机的压力作用下压制成一定强度片剂的能力，有抗张强度 – 压力曲线表示。

压缩性：物料受到压力后体积缩减的性质。反映粉体压缩后体积缩减的难易程度．

可制造性：表示片剂的压碎力（和抗张强度相关）和压制力（和压片压力有关）之间的关系

停留时间：压力在冲头和压轮中心垂直之前达到（停留时间中值）达到峰值，停留时间定义为冲头保持与压轮的垂直位置的时间。

空心胶囊：主要由明胶、增塑剂和水组成，根据需要还可以加入其他成分，如色素、抑菌剂、遮光剂等。明胶是空心胶囊的主要成囊材料，是由骨、皮水解而成。

硬胶囊剂：指采用适宜的制剂技术，将药物（填充物料）制成粉末、颗粒、小片、小丸、半固体或液体等，充填于空胶囊中制成的胶囊剂。

软胶囊剂：指将液体药物直接包封，或将药物与适宜辅料制成溶液、混悬液、半固体或固体，密封于软质囊材中制成的胶囊剂。可用滴制法或压制法制备。软质囊材是由胶囊用明胶、甘油或其他适宜的药用材料单独或混合制成。

缓释胶囊剂：是指在水中或规定的释放介质中缓慢的非恒速释放药物的胶囊剂。比如将药物制成小丸，然后分别在外面包上溶解速率不同的薄膜，然后按照比例装在空胶囊壳中，在消化道中这些溶解速率不同的薄膜逐渐溶解从而达到缓释效果。缓释制剂可延缓药物在体内的释放、吸收、分布、代谢和排泄过程，以达到延长药物作用的目的。缓释胶囊剂应符合控释制剂的有关要求并应进行释放度检查。

控释胶囊：是指在规定的释放介质中缓慢地恒速释放药物的胶囊剂。控释胶囊剂应符合控释制剂的有关要求并应进行释放度检查。

肠溶胶囊：系指将硬胶囊或软胶囊用适宜的肠溶材料制备而得，或用经肠溶材料包衣的颗粒或小丸填充于空胶囊而制成的胶囊剂。

药品包装材料：也可称为药包材，指药品生产企业生产所使用的直接与药品接触的包装材料和容器。

泡罩包装（PTP）技术：也称为"通过压力进行包装"，是将塑料薄片加热软化并置于模具内，通过抽真空吸塑、压缩空气吹塑或模压成型的方法使其成型为泡罩，之后将药品置入泡罩内，再将涂有黏合剂的药用覆盖材料在一定的温度、压力条件下进行热封，从而形成泡罩包装。

污染：在生产、取样、包装或重新包装、贮存或运输等操作过程中，原辅料、中间产品、待包装产品、成品受到具有化学或微生物特性的杂质或异物的不利影响。

交叉污染：不同原料、辅料及产品之间发生的相互污染。

洁净区：需要对环境中尘粒及微生物数量进行控制的房间（区域），其建筑结构、装备及其使用应当能够减少该区域内污染物的引入、产生和滞留。

清洁验证：有文件和记录证明所批准的清洁规程能有效清洁设备，使之符合药品生产的要求。

气锁间：设置于两个或数个房间之间（如不同洁净度级别的房间之间）的具有两扇或多扇门的隔离空间。设置气锁间的目的是在人员或物料出入时，对气流进行控制。气锁间有人员气锁间和物料气锁间。

人员净化用室：人员在进入洁净区之前按一定程序进行净化的房间。

物料净化用室：物料在进入洁净区之前按一定程序进行净化的房间。

制造执行系统（Manufacturing Execution System，MES）：是美国 AMR 公司（Advanced Manufacturing Research，Inc.）在 20 世纪 90 年代初提出的，旨在加强 MRP 计划的执行功能，把 MRP 计划同车间作业现场控制，通过执行系统联系起来。这里的现场控制包括 PLC 程控器、数据采集器、条形码、各种计量及检测仪器、机械手等。MES 系统设置了必要的接口，与提供生产现场控制设施的厂商建立合作关系。制造执行系统 MES 能够帮助企业实现生产计划管理、生产过程控制、产品质量管理、车间库存管理、项目看板管理等，提高企业制造执行能力。

企业资源计划系统（Enterprise Resource Planning，ERP）：为企业提供了一个统一的业务管理信息平台，将企业内部以及企业外部供需链上所有的资源与信息进行统一的管理，这种集成能够消除企业内部因部门分割造成的各种信息隔阂与信息孤岛。企业资源计划系统，是指建立在信息技术基础上，以系统化的管理思想，为企业决策层及员工提供决策运行手段的管理平台。企业资源计划的核心管理思想就是实现对整个供应链的有效管理，主要体现在以下三个方面：体现对整个供应链资源进行管理的思想；精益生产、并行工程和敏捷制造的思想；体现了集成管理思想。

数据采集与监控系统（Supervisory Control and Data Acquisition，SCADA）：是一种软件应用程序，它用于远程实时遥控数据采集过程，以实现对设备和条件的控制。SCADA 可用于电场、石油和天然气精炼、通信、运输以及水和废物控制。SCADA 系统包括硬件和软件，硬件收集数据并将其送至装有 SCADA 软件的计算机，计算机处理这些数据并即时展现。SCADA 还将所有事件记录存储到硬盘或者发送到打印机。当条件恶化时，SCADA 通过声音警报给出警告。

可编程逻辑控制器（Programmable Logic Controller，PLC）：可编程逻辑控制器是种专门为在工业环境下应用而设计的数字运算操作电子系统。它采用一种可编程的存储器，在其内部存储执行逻辑运算、顺序控制、定时、计数和算术运算等操作的指令，通过数字式或模拟式的输入输出来控制各种类型的机械设备或生产过程。

分布式控制系统（Distributed Control System，DCS）：也叫集散控制系统，是以微处理器为基础，采用控制功能分散、显示操作集中、兼顾分而自治和综合协调的设计原则的新一代仪表控制系统。也可直译为"分散控制系统"或"分布式计算机控制系统"。它采用控制分散、操作和管理集中的基本设计思想，采用多层分级、合作自治的结构形式。其主要特征是它的集中管理和分散控制。目前 DCS 在电力、冶金、石化等各行各业都获得了极其广泛的应用。

过程控制系统（Process Control System，PCS）：是以保证生产过程的参量为被控制量使之接近给定值或保持在给定范围内的自动控制系统。这里"过程"是指在生产装置或设备中进行的物质和能量的相互作用和转换过程。表征过程的主要参量有温度、压力、流量、液位、成分、浓度等。通过对过程参量的控制，可使生产过程中产品的产量增加、质量提高和能耗减少。一般的过程控制系统通常采用反馈控制的形式，这是过程控制的主要方式。

协同制造执行系统：也叫协同 MES 体系结构，美国先进制造研究中心 AMR（Advanced Manufacturing Research）就提出了 MES 的名称，2004年，国际制造执行系统协会（Manufacturing Execution System Association，MESA）提出了协同 MES 体系结构（c-MES）。

在制品：在制品是工业企业正在加工生产但尚未制造完成的产品。广义的在制品，就车间来讲，属于车间的尚未制成的产品，就企业来讲，指从原材料投入生产起到制成成品前，需要继续加工的一切在产品，包括各生产阶段加工中的产品和准备在本企业中进一步加工的半成品。狭义的在制品则指介于原材料与半成品之间和半成品与成品之间的产品，即处于正在各生产阶段加工中的产品，或已加工完毕尚未检验或已经检验尚未入库的半成品。

资产绩效管理（Asset Performance Management，APM）：是一个整体的概念，它是从设备全生命周期管理的角度，包括了设备管理工作的改进、实施、维护和绩效改善等各个方面。

产品生命周期管理（Product Life-Cycle Management，PLM）：就是指从人们对产品的需求开始，到产品淘汰报废的全部生命历程。PLM 是一种先进的企业信息化思想，它让人们思考在激烈的市场竞争中，如何用最有效的方式和手段来为企业增加收入和降低成本。

备份：备份是作为一个替代物而创建的一个或多个电子文件的副本，以防止原始数据或系统丢失或不能使用（例如，在发生系统崩溃或磁盘损坏时）。需注意的重要一点是备份不同于归档，因为电子记录的备份副本通常仅出于灾难恢复的目的而临时储存，并且可能被定期覆盖。不应依赖这种临时备份副本作为一种归档机制。

归档：归档是一种保护记录免受进一步更改或删除的可能性，并且在整个要求的保留期内在独立的数据管理人员控制下储存这些记录的过程。归档的记录应包括，相关的元数据与电子签名。

审计追踪：审计追踪是元数据的一种形式，它包含药品质量管理规范（GXP）记录的创建、修改或删除相关操作的关联信息。在不模糊或覆盖原始记录的前提下，审计追踪提供生命周期详细信息的安全记录，例如，在纸质或电子记录中对信息的创建、添加、删除或改动。无论哪种记录媒介，审计追踪均有助于重建与此类记录有关事件的历史，包括何人于何时由于什么原因实施了什么操作。

数据生命周期：数据产生、记录、处理、审核、分析与报告、转移、储存与检索，以及监测，直至退役与清除过程的所有阶段。在数据整个生命周期所有阶段，应有一个计划的方式来评估、监测和管理数据以及这些数据的风险。评估、监测和管理的方式应与对患者安全、产品质量和（或）决策可靠性的潜在影响相适应。

数据可靠性：是指贯穿整个数据生命周期的数据采集是完整的、一致的和准确的程度。所收集的数据应该是可归属的，清晰可溯的，同步记录的，原始的或真实副本，并且准确的。保障数据可靠性需要适当的质量和风险管理系统，包括遵守合理的科学原则和良好文件规范。

有效期：标识于原料药的包装或标签上，表明在规定的储存条件下，在该日期内，原料药的标准应符合规定的要求，并且超过这个日期就不能再使用

复验期：原辅料、包装材料贮存一定时间后，为确保其仍适用于预定用途，由企业确定的需重新检验的日期。

物料平衡：产品或物料实际产量或实际用量及收集到的损耗之和与理论产量或理论用量之间的比较，并考虑可允许的偏差范围。

方差分量分析（Variance Component Analysis）：可用于固定效应模型，可估计每个随机效应的分布对因变量方差的影响，特别适用于混合模型分析，如裂区设计、单变量重复测量分析及随机区组设计。通过方差成分分析可考察各层次因素的变异大小，提供可能减少数据变异的方法。

放行标准：是为充分保证产品在整个效期内合格、产品放行而建立的企业内控标准，通常放行标准要高于国标。

风险评估：在风险管理过程中，组织信息用于支持一个风险决策的一个系统过程。风险评估包含对危害的识别、对暴露在已识别的危害环境下的相关风险的分析与评价。

关键工艺参数：一个对关键质量属性有明显影响的工艺参数。该参数需要在一个特定的较窄范围内予以监控，以确保该工艺能生产出预期质量的产品。

目标产品质量概况：药品质量特征的前瞻性总结，即考虑到药品的安全性和有效性，为确保期望质量，药品应达到的理想状态。

药品质量体系（PQS）：为在质量方面指导和控制制药公司而建立的管理体系。（ICH Q10 依据 ISO 9000：2005）

工艺统计度量：对产品生产工艺关键控制点控制或指标数据进行收集、整理、分析，反映其波动程度，运用统计方法进行数据度量，确定其控制水平。

非重要工艺参数：已证明易于受控或可接受限度宽泛的一个输入参数。如超出可接受限度，非重要运行参数可能会对质量或工艺性能产生影响。

关键部件：系统的一个部件，其运行、接触、数据、控制、报警，或故

障会对产品的质量有直接的影响。

目标产品质量概况：药品质量特征的前瞻性总结，即考虑到药品的安全性和有效性，为确保期望质量，药品应达到的理想状态。

影响性评估：评估系统的运行、控制、报警和故障状况对产品质量影响的过程。

工艺验证：为证明工艺在设定参数范围内能有效稳定地运行并生产出符合预定质量标准和质量特性药品的验证活动。

风险矩阵图：又称风险矩阵法（Risk Matrix），是能够把危险发生的可能性和伤害的严重程度综合评估风险大小的定性风险评估分析方法。它是一种风险可视化的工具，主要用于风险评估领域。

持续工艺确认（Continuous Process Verification，CPV）：通过对产品工艺能的连续监测、监控与趋势分析评价生产工艺的性能，并对持续工艺确认的范围和频率进行周期性的审核和调整，确保工艺和产品质量始终处于受控状态，并对工艺变更和工艺验证及质量回顾提供支持。

医药洁净室：空气悬浮粒子和微生物浓度，以及温度、湿度、压力等参数受控的医药生产房间或限定的空间。

医药工业洁净厂房：包含有医药洁净室的用于药品生产及质量控制的建筑物。

受控环境：以规定方法对污染源进行控制的特定区域。

悬浮粒子：用于空气洁净度分级的空气悬浮粒子尺寸范围在 0.1μm~1000μm 的固体和液体粒子。

微生物：能够复制或传递基因物质的细菌或非细菌的微小生物实体。

含尘浓度：单位体积空气中悬浮粒子的数量。

空气洁净度：以单位体积空气中某种粒度的粒子数量和微生物的数量来区分的空气洁净程度。

气流流型：空气的流动形态和分布状态。

单向流：通过洁净区整个断面、风速稳定，大致平行的受控气流。

非单向流：送入洁净区的空气以诱导方式与区内空气混合的一种气流分布。

混合流：单向流和非单向流组合的气流。

传递柜（窗）：在医药洁净室隔墙上设置的传递物料和工器具的窗口。两侧装有不能同时开启的窗扇。

空态：设施已经建成，所有动力接通并运行，但无生产设备、物料及人员。

静态：所有生产设备已经安装就位，但没有生产活动且无操作人员在现场的状态。

动态：设施以规定的状态运行，有规定的人员在场，并在商定的状态下工作。

高效空气过滤器：在额定风量下，按最易穿透粒度（MPPS）粒子的捕集效率在 99.95 % 以上的空气过滤器。

医药工艺用水：医药生产工艺过程中使用的水，包括：生活饮用水、纯化水、注射用水。

纯化水：蒸馏法、离子交换法、反渗透或其他适宜的方法制得的，不含任何附加剂，供药用的水，其质量应符合现行版《中国药典》纯化水项下的规定。

自净时间：医药洁净室被污染后，净化空气调节系统在规定的换气次数条件下开始运行，直至恢复到固有的静态标准时所需时间。

恢复时间：医药洁净室生产操作全部结束、操作人员撤出现场，空气中的悬浮粒子达到静态标准时所需时间。

非无菌药品：法定药品标准中未列有无菌检查项目的制剂和原料药。

浮游菌：医药洁净室内悬浮在空气中的活微生物粒子，通过专门的培养基，在适宜的生长条件下，繁殖到可见的菌落数。

沉降菌：用特定的方法收集医药洁净室内空气中的活微生物粒子，通过专门的培养基，在适宜的生长条件下，繁殖到可见的菌落数。

用户需求标准（User Requirement Specification，URS）：即用户需求说明，是指使用方对设备、厂房、硬件设施系统等提出的自己的期望使用需求说明，设计方依据这个需求等提出自己具体的方案，设备供应商依据客户提供的 URS 方案设计施工。

功能性标准（Functional Specifications，FS）：设备供应商用来说明自己的产品或为使用方设计的系统符合使用方的 URS 要求的功能性描述。

设计标准或描述（Design Specification，DS）：设备供应商用来说明自己的产品或为使用方设计的系统符合使用方的 URS 要求的设计性描述。

系统影响性评估（SIA）：用以辨别系统对产品质量或者工艺表现及性能有直接影响或间接影响的系统层面的评估

部件关键性评估（Component Criticality Assessment，CCA）：通过对直接影响系统的关键性部件进行风险评估，确定其在整个系统中的风险程度，并建议控制措施降低其风险。

工厂验收测试（Factory Acceptance Testing，FAT）：或出厂验收测试，

用来验证供应商提供的系统及其配套系统是否符合技术规范要求而开展的一系类活动。

现场验收测试（Site Acceptance Testing，SAT）：用来验证供应商提供的系统的安装是否符合应用规范和安装指南要求而开展的一系列活动。

设计确认（DQ）应当证明厂房、设施、设备的设计符合预定用途和要求。

安装确认（IQ）应当证明厂房、设施、设备的建造和安装符合设计标准。

运行确认（OQ）应当证明厂房、设施、设备的运行符合设计标准。

性能确认（PQ）应当证明厂房、设施、设备在正常操作方法和工艺条件下能够持续符合标准。

管理系统/模块：将工厂的质量体系按照管理对象的不同分为不同的管理子系统/模块，对这些子系统/模块对药品和管理体系的价值和性能进行度量。

工厂主文件：由生产商建立的文件，包含关于在指定场所实行的药品生产操作和（或）控制，以及在相邻的建筑物内进行的任何与该药品紧密关联的操作的具体和实际的 GMP 信息。

设备生命周期：从设备需求提出，经过设计，采购（生产），安装，确认，日常维护到设备退役的一个过程。

审计团队：由两个或两个以上的经过资质确认的审计员组成，对企业进行审计。必要时，审计团队可以引入主题专家。

预审调查问卷：审计团队在预审阶段使用的，以调查问卷形式对受审方的质量体系，产品属性以及产品历史信息等做概括性的了解。

预审阶段：在现场审计前，审计团队以通过对审计相关方提供的文件资料的审核，或直接与审计相关方沟通的形式辅助现场审计。

半自动在线全检：经过培训的人员配合生产线对每件产品进行设定标准的检查，并将不合格品隔离的操作。

标识系统：用于生产现场的设备设施和储存物料的状态和信息的识别，防止混用或错用。

辅助房间：在生产场地内，不直接参与生产，用于工具清洗、物料储存和工具储存的区域。

辅助物料：不用于产品生产，只对设备、厂房设施以及人员进行清洁和消毒，防止未达到清洁标准的设备设施和人员对产品的污染。

计量校验：评定计量器具的计量性能，确定其是否合格所进行的全部工作。

清洁策略：生产企业制定的对生产设备和设施的清洁规程包括清洁方法，清洁周期以及验收标准等。

全自动在线全检系统：安装在生产线上的能自动对每件产品进行设定标准的检查，并对不合格产品报警或剔除。

人工全检：经过培训的人员对每件产品进行设定标准的检查，并将不合格品隔离的操作。

生产环境：围绕或影响产品制造和质量的所有过程条件。

生产批记录：为一个批次的产品完成所有的生产活动和达到预期结果提供客观证据的文件，它能提供该批产品的生产历史以及与质量有关的情况。

尾料：在一个批次产品的正常生产过程中剩余的物料或中间产品。

预防性维护：以预防故障为目的，通过对设备的检查、检测，发现故障征兆或为防止故障发生，使其保持规定功能状态，在故障发生之前所进行的各种维护活动。

中控：在生产过程完成前执行的检查。中控的功能是监控并在需要时调整生产过程以符合标准。

验证：有文件证明任何操作规程（或方法）、生产工艺或系统能达到预期结果的一系列活动。

趋势分析：对已有的监控数据进行统计，找出相关控制参数是否存在上升或下降的趋势，趋势本身可能对整个生产过程或产品质量产生不利影响。趋势分析并不局限于常规的检测数据，还包括异常或超标结果及偏差。

括号法（Bracketing approach）：一种基于科学和风险的验证方法，使得在工艺验证中仅需对某种已经确定的、合理的极端设计因素（如：剂量、批量、包装量）的批次进行测试。该种方法假定验证的极端值可代表对任何中间值进行的验证。在对剂量的范围进行验证时，如果规格相同或组分非常相近（如：基本制粒工艺类似而压片重量不同的片剂，或基本成分相同而以不同填充量填充到不同规格胶囊壳的胶囊）可使用括号法。括号法适用于相同容器密闭系统中不同容器规格或不同灌装量的情况。

超出质量标准的理化检验结果（OOS 结果）：结果超出设定质量标准。其中包括注册标准以及企业内控标准。

超出趋势的理化检验结果（OOT 结果）：结果虽在质量标准之内，但是仍然比较反常，与长时期观察到的趋势或者预期结果不一致。

超出期望的理化检验结果（OOE 结果）：在一个短时期内得到的一系列结果中的非典型、异常结果。一个 OOE 结果符合质量标准，但超出检验方法所期望的变动范围。

批：经一个或若干加工过程生产的、具有预期均一质量和特性的一定数量的原辅料、包装材料或成品。为完成某些生产操作步骤，可能有必要将一批产品分成若干亚批，最终合并成为一个均一的批。在连续生产情况下，批必须与生产中具有预期均一特性的确定数量的产品相对应，批量可以是固定数量或固定时间段内生产的产品量。

3D 打印：是一种以数字模型文件为基础，运用粉末状金属或塑料等可粘合材料，通过逐层打印的方式来构造物体的技术。

3D 打印制药：是通过 3D 打印技术生产药片的过程，是 3D 打印技术在制药领域的应用，其依赖于计算机辅助设计，采用逐层打印方法制造出药品。

个体化：指针对个体患者的需要，同时考虑遗传图谱、年龄、种族、性别、表观遗传和环境因素的差异，针对个体提供特定治疗方案，以获得最大限度的治疗效果和最小的副作用。

顺应性：用药的顺应性又称为依从性，指患者对药物治疗方案的执行程度。

黏合剂层积法：通过将黏合剂以小液滴的形式，以精准的速率、运动和大小喷射在粉床上。之后经干燥固化，完成元件制造的 3D 打印技术。

材料喷射法：将打印材料以类似石笋的方式一滴一滴的喷射层积、快速固化，打印自由成形的结构的 3D 打印方法。

熔融纤维制造法：又称之为熔丝制造法，将制造用的线状卷材熔融后，从喷头挤出，层层堆叠，完成元件制造的 3D 打印技术。

粉床熔融法：通过激光或红外辐射等热源，将粉床烧结，完成元件制造的 3D 打印技术。

笔状 3D 打印法：是挤出 3D 打印工艺的扩展，是指通过手持设备人工控制，现场打印的一种 3D 打印技术。

精准医疗：是一种将个人基因、环境与生活习惯差异考虑在内的疾病预防与处置的新兴方法。

连续生产：连续生产是产品制造的各道工序，前后必须紧密相连的生产方式，即从原材料投入生产到成品制成时止，按照工艺要求，各个工序必须顺次连续进行，是一种原材料被持续不断送入系统而同时系统终端将持续不断产出成品的生产方式。

过程分析技术：PAT 以实时监测生产过程中原材料、中间体和过程的关键质量和性能特征为手段，建立起来的一种设计、分析和控制生产的系统。

实时放行测试：根据工艺数据，评估和保证中间品和（或）成品达到可接受质量的能力。FDA 认为，实时放行是将"过程检测和在生产过程中收集到的其他测试数据，作为成品实时放行的基础，既而保证每一批成品都符合可接受标准。"

停留时间分布（RTD）：连续操作设备中，由于设备中物料的返混，在同一时刻进入设备的各部分物料可能分别取不同的流动路径，在设备内的停留时间也不相同，从而按统计规律形成一定的分布。

冻干片剂：冻干片剂是一种用于制造口腔崩解片（Orally Disintegrating Tablets，ODT）的方法，它不采用压片的方法，而使用真空冷冻干燥的方法直接制造出固态片剂。

Zydis：是 R.P.S Scherer 公司开发的一种用于制造口腔崩解片的技术。Zydis 片剂在 3 秒内溶于口中。Zydis 技术由 RP Scherer 公司（目前由 Catalent Pharma Solutions 拥有）在 1986 年开发。该技术的第一个商业应用是在 1993 年 8 月，当时在瑞典推出了默克公司的法莫替丁新剂型。

首过效应：某些药物口服后在通过肠黏膜及肝脏而经受灭活代谢后，进入体循环的药量减少、药效降低效应。因给药途径不同而使药物效应产生差别的现象在治疗学上有重要意义。